U0790725

省部级示范性高等职业院校重点专业建设规划教材

水利水电工程施工

（修订版）

主　编　李　桢　李华鹏
副主编　张　松　双学珍
　　　　徐正东　娄忠秋
主　审　张智涌

黄河水利出版社
·郑州·

内 容 提 要

本书是省部级示范性高等职业院校重点专业建设规划教材，是为适应现代高职教育培养应用型、技能型人才的需求，结合示范建设对专业改革发展的要求，按照教育部颁布的水利水电工程施工课程标准编写完成的。本书共分十三个项目，主要内容有：施工导流与截流，钢筋混凝土工程，爆破工程，基础工程，土石坝工程，混凝土坝工程，地下建筑工程，渠道及渠系建筑工程，水电站厂房工程，施工组织概论，施工进度计划，施工总布置与施工管理等。

本书可作为高等职业院校、高等专科学校、成人高等学校及职工培训的水利水电工程施工课程的教材，也可作为水利、水电类专业技术人员的参考书。

图书在版编目(CIP)数据

水利水电工程施工/李桢，李华鹏主编．—郑州：黄河水利出版社，2014.1 （2020.8 修订版重印）

省部级示范性高等职业院校重点专业建设规划教材

ISBN 978-7-5509-0710-2

Ⅰ.①水… Ⅱ.①李… ②李… Ⅲ.①水利水电工程－工程施工－高等职业教育－教材 Ⅳ.①TV5

中国版本图书馆 CIP 数据核字(2014)第 001732 号

组稿编辑：王路平 电话：0371-66022212 E-mail：hhslwlp@163.com

出 版 社：黄河水利出版社 网址：www.yrcp.com

地址：河南省郑州市顺河路黄委会综合楼 14 层 邮政编码：450003

发行单位：黄河水利出版社

发行部电话：0371-66026940、66020550、66028024、66022620（传真）

E-mail：hhslcbs@126.com

承印单位：河南承创印务有限公司

开本：787 mm×1 092 mm 1/16

印张：23

字数：530 千字 印数：6 001—8 000

版次：2014 年 1 月第 1 版 印次：2020 年 8 月第 3 次印刷

2020 年 8 月修订版

定价：50.00 元

前言

本书是根据国家“十二五”教育发展规划纲要及《中共中央 国务院关于加快水利改革发展的决定》(2011 年中央 1 号文件)、《国家中长期教育改革和发展规划纲要》(2010~2020 年)、《教育部关于全面提高高等职业教育教学质量的若干意见》(教高〔2006〕16 号)、《教育部关于推进高等职业教育改革创新引领职业教育科学发展的若干意见》(教职成〔2011〕12 号)等文件精神,按照现代水利职业教育要求,在总结水利类高等职业教育多年教学改革经验的基础上,在全国水利水电高职教研会指导下,结合示范建设对专业改革发展的要求编写的教材。本套教材以学生能力培养为主线,融“教、学、练、做”为一体,体现实用性、实践性和创新性的特色,是一套紧密联系生产实际的高职高专教育精品规划教材。

为不断提高教材内容质量,本次修订版,编者根据近年来国家及行业颁布的最新规范、标准,以及在教学实践中发现的问题和错误,对全书进行了全面系统的修订、补充和完善。

水利水电工程施工是高等职业技术院校水利水电建筑工程、水利工程、水利工程施工技术等专业的主干课程。它将传统的水利工程、水电工程、施工组织与管理等内容进行融合,按照工作过程中对知识与技能的需求进行重构,最终形成本教材。通过学习和实践,学生可获得工作中所需的职业技能。

本书主要讲述水利水电工程施工过程中的施工导流与截流,钢筋混凝土工程,爆破工程,基础工程,土石坝工程,混凝土坝工程,地下建筑工程,渠道及渠系建筑工程,水电站厂房工程,施工组织概论,施工进度计划,施工总布置,施工管理等内容。

本书由四川水利职业技术学院承担编写工作,编写人员及编写分工如下:绪论和项目一至项目四由李桢编写,项目五至项目七、项目九由李华鹏编写,项目八由娄忠秋编写,项目十由双学珍编写,项目十一、十二由张松编写,项目十三由徐正东编写。全书由李桢、李华鹏担任主编,李桢负责全书统稿;由张松、双学珍、徐正东、娄忠秋担任副主编;由张智涌担任主审。

本书在编写过程中参阅了有关文献,特对相关文献作者致以衷心的感谢!

由于编写时间紧迫,编者理论和实践经验不足,书中错误和遗漏在所难免,恳请广大读者批评指正并提出宝贵意见。

编 者

2020 年 8 月

目录

前 言
绪 论 ………………………………………………………………………………… (1)
项目一 施工导流与截流 ……………………………………………………… (4)
任务一 施工导流 ……………………………………………………………… (4)
任务二 围堰工程 ……………………………………………………………… (10)
任务三 施工导流水力计算 …………………………………………………… (18)
任务四 导流方案的选择 ……………………………………………………… (22)
任务五 截流工程 ……………………………………………………………… (28)
任务六 拦洪度汛 ……………………………………………………………… (33)
任务七 蓄水计划与封堵技术 ………………………………………………… (35)
任务八 基坑排水 ……………………………………………………………… (37)
项目二 钢筋混凝土工程 ……………………………………………………… (46)
任务一 钢筋工程 ……………………………………………………………… (46)
任务二 模板工程 ……………………………………………………………… (55)
任务三 混凝土工程 …………………………………………………………… (64)
项目三 爆破工程 ……………………………………………………………… (101)
任务一 爆破的概念与分类 …………………………………………………… (101)
任务二 爆破材料及起爆方法 ………………………………………………… (106)
任务三 爆破施工 ……………………………………………………………… (116)
任务四 控制爆破 ……………………………………………………………… (121)
任务五 爆破施工安全知识 …………………………………………………… (125)
项目四 基础工程 ……………………………………………………………… (128)
任务一 基坑开挖与地基处理 ………………………………………………… (128)
任务二 岩基灌浆 ……………………………………………………………… (142)
项目五 土石坝工程 …………………………………………………………… (154)
任务一 土的施工分级和可松性 ……………………………………………… (154)
任务二 土石方开挖 …………………………………………………………… (156)
任务三 土料压实 ……………………………………………………………… (161)
任务四 碾压式土石坝施工 …………………………………………………… (167)
任务五 面板堆石坝施工 ……………………………………………………… (174)
项目六 混凝土坝工程 ………………………………………………………… (181)
任务一 砂石骨料生产系统 …………………………………………………… (181)

任务二　混凝土生产系统 …………………………………………… (186)
任务三　混凝土运输浇筑方案 …………………………………… (189)
任务四　混凝土的温度控制和分缝分块 ………………………… (193)
任务五　坝体接缝灌浆 …………………………………………… (203)
任务六　碾压混凝土施工 ………………………………………… (206)
项目七　地下建筑工程 ………………………………………… (212)
任务一　地下建筑工程的施工程序 ……………………………… (212)
任务二　钻孔爆破开挖法 ………………………………………… (220)
任务三　掘进机开挖 ……………………………………………… (232)
任务四　衬砌施工 ………………………………………………… (233)
任务五　喷锚支护 ………………………………………………… (239)
项目八　渠道及渠系建筑工程 ………………………………… (248)
任务一　渠道开挖与衬护 ………………………………………… (248)
任务二　混凝土水闸施工 ………………………………………… (253)
任务三　渡槽施工 ………………………………………………… (260)
项目九　水电站厂房工程 ……………………………………… (267)
任务一　厂房施工特点及混凝土分期 …………………………… (267)
任务二　厂房混凝土施工 ………………………………………… (268)
任务三　厂房二期混凝土施工 …………………………………… (278)
任务四　厂房上部结构施工 ……………………………………… (281)
项目十　施工组织概论 ………………………………………… (282)
任务一　施工组织设计 …………………………………………… (282)
任务二　施工进度计划 …………………………………………… (283)
任务三　施工总体布置 …………………………………………… (288)
项目十一　施工进度计划 ……………………………………… (292)
任务一　施工进度计划的作用和类型 …………………………… (292)
任务二　施工总进度计划的编制 ………………………………… (293)
任务三　流水施工 ………………………………………………… (296)
任务四　网络进度计划 …………………………………………… (307)
项目十二　施工总布置 ………………………………………… (321)
任务一　施工总布置的任务、内容和设计原则 ………………… (321)
任务二　施工总布置的步骤和方法 ……………………………… (324)
任务三　施工临时设施布置及风、水、电供应 ………………… (329)
任务四　施工总布置实例 ………………………………………… (334)
项目十三　施工管理 …………………………………………… (339)
任务一　施工进度控制 …………………………………………… (339)
任务二　施工成本控制 …………………………………………… (341)

任务三 施工质量控制 …………………………………………………… (345)
任务四 施工安全管理 …………………………………………………… (351)
任务五 工程招标投标与合同管理 …………………………………… (354)
参考文献 ……………………………………………………………… (358)

绪论

水利水电工程施工是一门理论与实践紧密结合的专业课。它是在总结国内外水利水电建设先进经验的基础上,从施工机械、施工技术、施工组织与管理等方面,研究多、快、好、省地进行水利水电建设基本规律的一门科学。

水利水电建设可概括分为规划、设计、施工等阶段。各阶段既有分工,又有联系,相辅相成。水利水电工程施工这门科学的主要特征是实践性和综合性。前者要求通过施工实践,检验规划设计的方案,使工程完建并投入使用,这就要求理论结合实际,因时因地分析问题和解决问题;后者要求在施工过程中,既要领会规划设计的意图,又要根据施工条件和水利水电建设的方针政策,优质快速地进行工程建设,这就要求综合运用与水利水电建设有关的科学技术和组织管理方面的经验与知识,使问题得到圆满的解决。

一、水利水电工程施工的任务和特点

水利水电工程施工的主要任务可归纳如下:

(1)依据设计、合同任务和有关部门的要求,根据工程所在地区的自然条件,当地社会经济状况,设备、材料和人力等的供应情况以及工程特点,编制切实可行的施工组织设计。

(2)按照施工组织设计,作好施工准备,加强施工管理,有计划地组织施工,保证施工质量,合理使用建设资金,多、快、好、省地全面完成施工任务。

(3)在施工过程中开展观测、试验和研究工作,促进水利水电建设科学技术的发展。

水利水电工程施工的特点,突出反映在水流控制上:

(1)水利水电工程施工常在河流上进行,受水文、气象、地形、地质等因素影响很大。

(2)河流上修建的挡水建筑物,关系着下游千百万人民的生命财产安全,因此工程施工必须保证施工质量。

(3)在河流上修建水利工程,常涉及许多部门的利益,这就要求必须全面规划、统筹兼顾,因而增加了施工的复杂性。

(4)水利水电工程一般位于交通不便的山区,施工准备工作量大,不仅要修建场内外交通道路和为施工服务的辅助企业,而且要修建办公室和生活用房。因此,必须十分重视施工准备工作的组织,使之既满足施工要求,又减少工程投资。

(5)水利水电枢纽工程常由许多单项工程组成,布置集中、工程量大、工种多、施工强度高,加上地形方面的限制,容易发生施工干扰。因此,需要统筹规划,重视现场施工的组织和管理,运用系统工程学的原理,因时因地地选择最优的施工方案。

(6)水利工程施工过程中爆破作业、地下作业、水上水下作业和高空作业等,常常平行交叉进行,对施工安全很不利。因此,必须十分注意安全施工,防止事故发生。

二、我国水利水电工程施工的成就与展望

在我国历史上，水利建设成就卓著。公元前250年以前修建的四川都江堰水利工程，按“因势利导，因时制宜”的原则，发挥了防洪和灌溉的巨大效益。用现代系统工程的观点来分析，该工程在结构布局、施工措施、维修管理制度等方面都是相当成功的。此外，在截流堵口工程中所使用的多种施工技术至今还为各地工程所沿用。

新中国成立以后，在党和政府的正确领导下，我国的水利水电事业取得了辉煌的成就。有计划、有步骤地开展了大江大河的综合治理，修建了一大批综合利用的水利枢纽工程和大型水电站，建成了一些大型灌区和机电灌区，中小型水利水电工程也得到了蓬勃的发展。

随着水利水电事业的发展，施工机械的装备能力迅速增长，已经具有实现高强度快速施工的能力；施工技术水平不断地提高，进行了长江、黄河等大江大河的截流，采用了很多施工的新技术、新工艺；土石坝工程、混凝土坝工程和地下工程的综合机械化组织管理水平逐步提高。水利施工科学的发展，为水利水电事业展示出一片广阔的前景。

在取得巨大成就的同时，我国的水利水电建设也付出过沉重的代价。如由于违反基本建设的程序，不遵循施工的科学规律，不按照经济规律办事，使水利水电建设事业遭受相当大的损失。我国目前大容量、高效率、多功能的施工机械，其通用化、系列化、自动化的程度还不高，利用并不充分；新技术、新工艺的研究推广和使用不够普遍；施工组织管理水平不高；各种施工规范、规章制度、定额法规等的基础工作比较薄弱。

为了实现我国经济建设的战略目标，加快水利水电建设的步伐，必须认真总结过去的经验和教训，在学习和引进国外的先进技术、科学管理方法的同时，发扬自力更生、艰苦创业的精神，走出一条适合我国国情的水利水电工程施工科学技术的发展道路。

三、水利水电工程施工组织与管理的基本原则

总结过去水利水电工程施工的经验，在施工组织与管理方面，必须遵循以下的主要原则：

(1)全面贯彻多、快、好、省的施工原则：在工程建设中应该根据需要和可能，尽快地完成优质、高产、低消耗的工程，任何片面强调某一方面而忽视另一方面的做法都是错误的，都会造成不良的后果；

(2)按基本建设程序办事；

(3)按系统工程的原则合理组织工程施工；

(4)实行科学管理；

(5)一切从实际出发，遵从施工的科学规律；

(6)要做好人力、物力的综合平衡，连续、有节奏地施工。

四、本课程的主要内容和特点

本课程是一门实践性、综合性很强的专业课。根据这一特点，本教材着重阐述水利水电枢纽工程及其有代表性的水工建筑物的施工程序、施工方案、施工方法和施工组织管理

方面的基本原理。

本教材的主要内容如下：

(1)施工导流与截流和施工组织概论两个项目是以整个枢纽工程为对象，主要介绍枢纽工程的施工程序、施工组织设计的基本内容和要求。

(2)爆破工程和基础工程两个项目，由于和水利水电枢纽工程、各单项工程的施工都有联系，故集中阐明其原理和方法，并将其应用与具体的工程对象联系起来进行考虑。

(3)枢纽工程中有代表性的建筑物，选择了土石坝工程、混凝土坝工程、地下建筑工程、渠道及渠系建筑工程和水电站厂房工程的建筑物，通过对这些建筑物的施工介绍，举一反三，以说明各类单项施工工程的特点、原理和方法。

(4)施工管理主要着眼于施工企业的经营、管理活动，阐述现代管理的原理和方法。

本教材以阐述施工技术、施工组织管理的基本原则和基本方法为主，对于施工机械，由于学时和篇幅的限制，仅结合施工技术、施工方案的论述作适当介绍。

根据教材的内容和特点，学习时应着眼于掌握基本概念、基本原理、基本方法，并配合生产实习、课堂作业、毕业设计等其他教学环节来运用所学的知识，这样才能有效地掌握本课程的内容。

项目一 施工导流与截流

施工导流是水利水电枢纽总体设计的主要组成部分,是选定枢纽布置、永久建筑物型式、施工程序和施工总进度的重要因素。

施工导流贯穿于工程施工的全过程,导流设计要妥善解决从初期导流到后期导流(包括围堰挡水、坝体临时挡水、封堵导流泄水建筑物和水库蓄水)施工全过程中的挡、泄水问题,以保证在干地施工和施工期内不影响或尽可能少影响水资源的合理使用。

施工过程中导流设计的主要任务是:周密地分析研究水文、地形、地质、水文地质、枢纽布置及施工条件等基本资料,在保证上述要求的前提下,选定导流标准、划分导流时段、确定导流设计流量;选定导流方案及导流建筑物的型式,确定导流建筑物的布置、构造及尺寸;拟定导流建筑物的修建、拆除、堵塞的施工方法以及截断河床水流、拦洪度汛及基坑排水的措施等。

任务一 施工导流

河床上修建水利水电工程时,为了使水工建筑物能在干地施工,需要用围堰围护基坑,并将河水引向预定的泄水建筑物泄向下游,这就是施工导流。

施工导流的方法大体上分为两类:一类是全段围堰法导流(即河床外导流),另一类是分段围堰法导流(即河床内导流)。

一、全段围堰法导流

全段围堰法导流是在河床主体工程的上下游各建一道拦河围堰,使上游来水通过预先修筑的临时建筑物或永久泄水建筑物(如明渠、隧洞等)泄向下游,主体建筑物在排干的基坑中进行施工,主体工程建成或接近建成时再封堵临时泄水道。这种方法的优点是工作面大,河床内的建筑物在一次性围堰的围护下建造,如能利用水利枢纽中的永久泄水建筑物导流,可大大节约工程投资。

全段围堰法按泄水建筑物的类型不同可分为明渠导流、隧洞导流、涵管导流等。

(一)明渠导流

上下游围堰一次拦断河床形成基坑,保护主体建筑物干地施工,天然河道水流经河岸或滩地上开挖的导流明渠泄向下游的导流方式称为明渠导流。

1.明渠导流的适用条件

如坝址河床较窄,或河床覆盖层很深,分期导流困难,且具备下列条件之一者,可考虑采用明渠导流:

(1)河床一岸有较宽的台地、垭口或古河道;

(2)导流流量大,地质条件不适于开挖导流隧洞;

(3)施工期有通航、排冰、过木要求;

(4)总工期紧,不具备洞挖经验和设备。

国内外工程实践证明,在导流方案比较过程中,如明渠导流和隧洞导流均可采用时,一般是倾向于明渠导流,这是因为明渠开挖可采用大型设备,加快施工进度,对主体工程提前开工有利。对于施工期间河道有通航、过木和排冰要求时,明渠导流更具有明显的优势。

2. 导流明渠的布置

导流明渠布置分在岸坡上和滩地上两种布置形式,如图1-1所示。

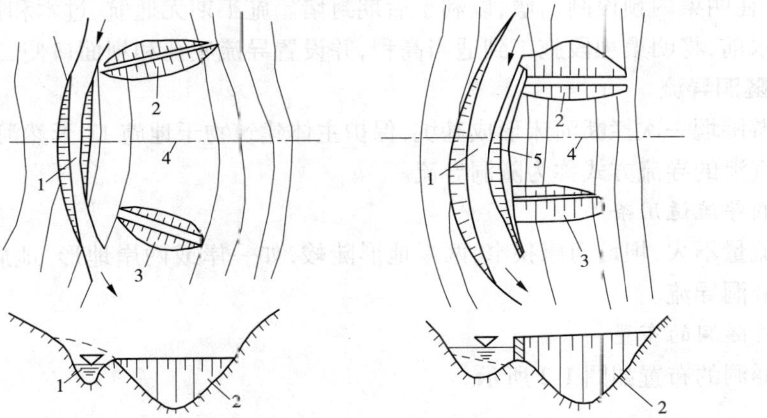

(a)在岸坡上开挖的明渠　(b)在滩地上开挖并设有导墙的明渠

1—导流明渠;2—上游围堰;3—下游围堰;4—坝轴线;5—明渠外导墙

图1-1　明渠导流示意图

1)导流明渠轴线的布置

导流明渠应布置在较宽台地、垭口或古河道一岸;渠身轴线要伸出上下游围堰外坡脚,水平距离要满足防冲要求,一般为50~100 m;明渠进出口应与上下游水流相衔接,与河道主流的交角以30°为宜;为保证水流畅通,明渠转弯半径应大于5倍渠底宽;明渠轴线布置应尽可能缩短明渠长度和避免深挖方。

2)明渠进出口位置和高程的确定

明渠进出口力求不冲、不淤和不产生回流,可通过水力学模型试验调整进出口形状和位置,以达到这一目的;进口高程按截流设计选择,出口高程一般由下游消能控制;进出口高程和渠道水流流态应满足施工期通航、过木和排冰要求;在满足上述条件下,尽可能抬高进出口高程,以减少水下开挖量。

3. 导流明渠断面设计

1)明渠断面尺寸的确定

明渠断面尺寸由设计导流流量控制,并受地形地质和允许抗冲流速影响,应按不同的明渠断面尺寸与围堰的组合,通过综合分析确定。

2)明渠断面形式的选择

明渠断面一般设计成梯形。渠底为坚硬基岩时,可设计成矩形。有时为满足截流和通航的不同目的,也有设计成复式梯形断面。

3)明渠糙率的确定

明渠糙率大小直接影响到明渠的泄水能力,而影响糙率大小的因素有:衬砌的材料、开挖的方法、渠底的平整度等,可根据具体情况查阅有关手册确定,对大型明渠工程,应通过模型试验选取糙率。

4.明渠封堵

导流明渠结构布置应考虑后期封堵要求。当施工期有通航、放木和排冰任务,且明渠较宽时,可在明渠内预设闸门墩,以利于后期封堵。施工期无通航、过木和排冰任务时,应于明渠通水前,将明渠坝段施工到适当高程,并设置导流底孔和坝面口使二者联合泄流。

(二)隧洞导流

上下游围堰一次拦断河床形成基坑,保护主体建筑物干地施工,天然河道水流全部由导流隧洞宣泄的导流方式称为隧洞导流。

1.隧洞导流适用条件

导流流量不大,坝址河床狭窄,两岸地形陡峻,如一岸或两岸地形、地质条件良好,可考虑采用隧洞导流。

2.导流隧洞的布置

导流隧洞的布置如图1-2所示。

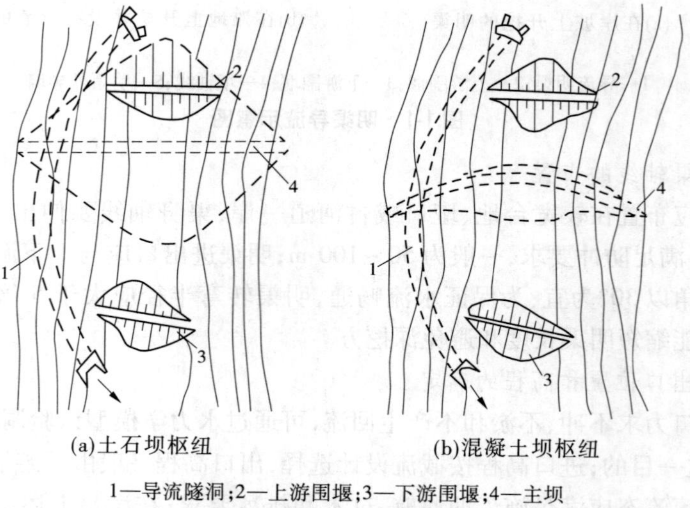

(a)土石坝枢纽　(b)混凝土坝枢纽

1—导流隧洞;2—上游围堰;3—下游围堰;4—主坝

图1-2　隧洞导流示意图

(1)隧洞轴线沿线地质条件良好,足以保证隧洞施工和运行的安全。

(2)隧洞轴线宜按直线布置,如有转弯时,转弯半径不小于5倍洞径(或洞宽),转角不宜大于60°,弯道首尾应设直线段,长度不应小于5倍的洞径(或洞宽);进出口引渠轴线与河流主流方向夹角宜小于30°。

(3)隧洞间净距、隧洞与永久建筑物间距、洞脸与洞顶围岩厚度均应满足结构和应力的要求。

(4)隧洞进出口位置应保证水力学条件良好,并伸出堰外坡脚一定距离,一般距离应大于 50 m,以满足围堰防冲要求。进口高程多由截流控制,出口高程由下游消能控制,洞底按需要设计成缓坡或急坡,避免成反坡。

3. 导流隧洞断面设计

隧洞断面尺寸的大小,取决于设计流量、地质和施工条件,洞径应控制在施工技术和结构安全允许范围内,目前国内单洞断面尺寸多在 200 m^2 以下,单洞泄量不超过 2 000 ~ 2 500 m^3/s。

隧洞断面形式取决于地质条件、隧洞工作状况(有压或无压)及施工条件,常用断面形式有:圆形、马蹄形、方圆形,如图 1-3 所示。圆形多用于高水头处,马蹄形多用于地质条件不良处,方圆形有利于截流和施工,国内外导流隧洞多采用方圆形。

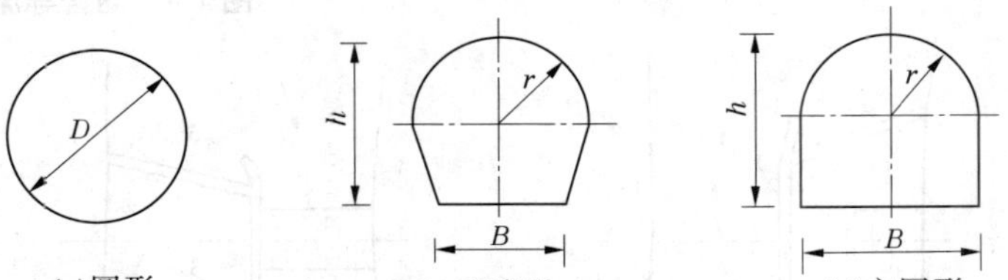

(a)圆形　(b)马蹄形　(c)方圆形

图 1-3　隧洞断面形式

洞身设计中,糙率 n 值的选择是十分重要的问题,糙率的大小直接影响到断面的大小,而衬砌与否、衬砌的材料和施工质量、开挖的方法和质量则是影响糙率大小的因素。一般混凝土衬砌糙率值为 0.014 ~ 0.017;不衬砌隧洞的糙率变化较大,光面爆破时为 0.025 ~ 0.032,一般炮眼爆破时为 0.035 ~ 0.044。设计时,根据具体条件,查阅有关手册,选取设计的糙率值。对重要的导流隧洞工程,应通过水工模型试验验证其糙率的合理性。

4. 隧洞封堵

导流隧洞设计应考虑后期封堵要求,布置封堵闸门门槽及启闭平台设施。有条件者,导流隧洞应与永久隧洞结合,以利节省投资(如小浪底工程的三条导流隧洞后期将改建成三条孔板消能泄洪洞)。一般高水头枢纽,导流隧洞只可能与永久隧洞部分相结合,中低水头则有可能全部相结合。

(三)涵管导流

涵管导流一般在修筑土坝、堆石坝工程中采用。

涵管通常布置在河岸岩滩上,其位置在枯水位以上,这样可在枯水期不修围堰或只修一小围堰而先将涵管筑好,然后修上下游全段围堰,将河水引经涵管下泄,如图 1-4 所示。

涵管一般是钢筋混凝土结构。当有永久涵管可以利用或修建隧洞有困难时,采用涵管导流是合理的。在某些情况下,可在建筑物基岩中开挖沟槽,必要时予以衬砌,然后封上混凝土或钢筋混凝土顶盖,形成涵管。利用这种涵管导流往往可以获得经济可靠的效果。由于涵管的泄水能力较低,所以一般用于导流流量较小的河流上或只用来担负枯水期的导流任务。

为了防止涵管外壁与坝身防渗体之间的渗流，通常在涵管外壁每隔一定距离设置截流环，以延长渗径，降低渗透坡降，减少渗流的破坏作用。此外，必须严格控制涵管外壁防渗体的压实质量。涵管管身的温度缝或沉陷缝中的止水必须认真施工。

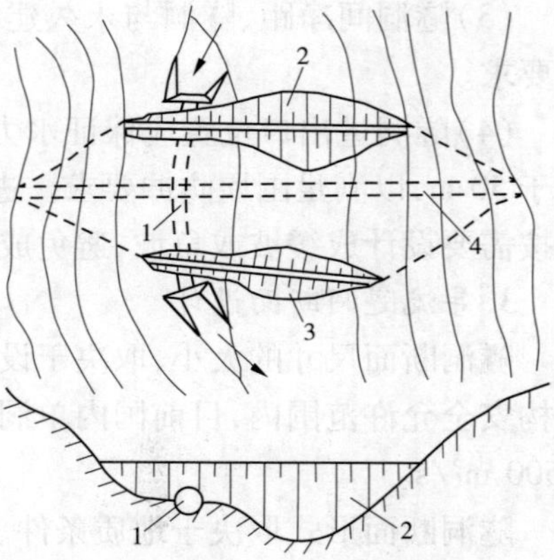

1—导流涵管；2—上游围堰；3—下游围堰；4—土石坝

图 1-4　涵管导流示意图

二、分段围堰法导流

分段围堰法，也称分期围堰法或河床内导流，就是用围堰将建筑物分段分期围护起来进行施工的方法。图 1-5 是一种常见的分段围堰法导流布置示意图。

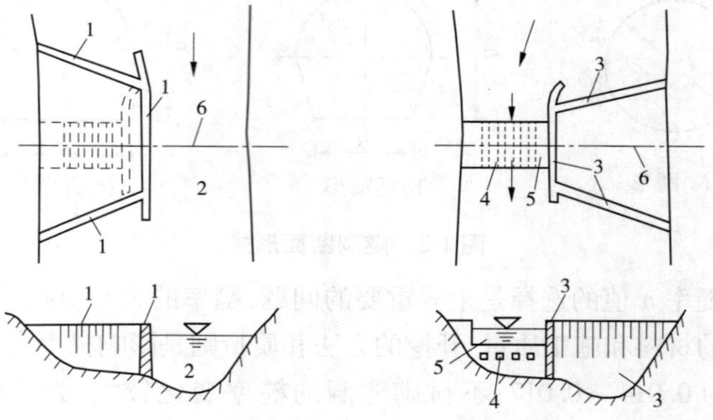

(a)一期导流(束窄河床导流)　　(b)二期导流(底孔与缺口导流)

1——期围堰；2—束窄河床；3—二期围堰；4—导流底孔；5—坝体缺口；6—坝轴线

图 1-5　分段围堰法导流布置示意图

所谓分段，就是从空间上将河床围护成若干个干地施工的基坑段进行施工。所谓分期，就是从时间上将导流过程划分成阶段。如图 1-6 所示为导流分期和围堰分段的几种情况，从图中可以看出，导流的分期数和围堰的分段数并不一定相同，因为在同一导流分期中，建筑物可以在一段围堰内施工，也可以同时在不同段内施工。必须指出，段数分的越多，围堰工程量越大，施工也越复杂；同样，期数分的越多，工期有可能拖的越长。因此在工程实践中，二段二期导流法采用的最多（如葛洲坝工程、三门峡工程等）。只有在比较宽阔的通航河道上施工，不允许断航或其他特殊情况下，才采用多段多期导流法（如三峡工程施工导流就采用二段三期的导流法）。

分段围堰法导流一般适用于河床宽阔、流量大、施工期较长的工程，尤其在通航河流和冰凌严重的河流上。这种导流方法的费用较低，国内外一些大、中型水利水电工程采用较广。分段围堰法导流，前期由束窄的原河道导流，后期可利用事先修建好的泄水道导流，常见泄水道的类型有底孔、缺口等。

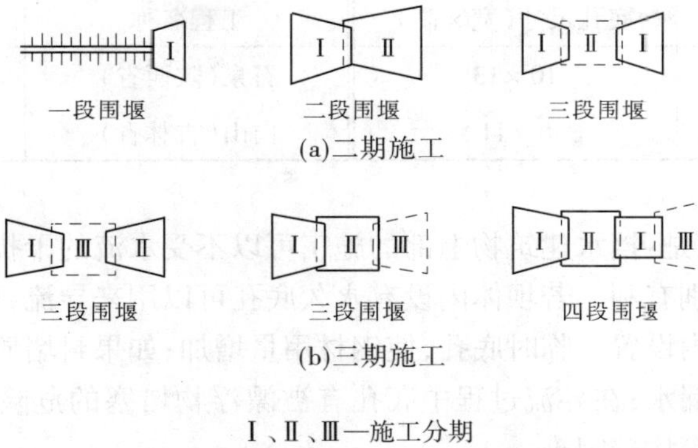

图1-6　导流分期与围堰分段示意图

(一)底孔导流

利用设置在混凝土坝体中的永久底孔或临时底孔作为泄水道，是二期导流经常采用的方法。导流时让全部或部分导流流量通过底孔宣泄到下游，保证后期工程的施工。如系临时底孔，则在工程接近完工或需要蓄水时要加以封堵。底孔导流的布置形式如图1-7所示。

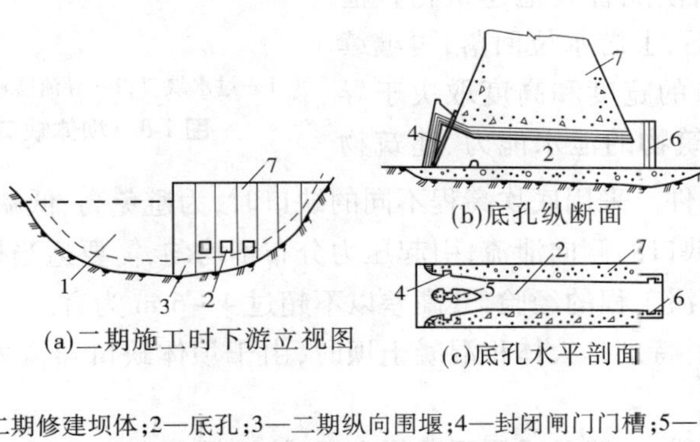

图1-7　底孔导流的布置形式

采用临时底孔时，底孔的尺寸、数目和布置，要通过相应的水力学计算确定，其中底孔的尺寸在很大程度上取决于导流的任务（过水、过船、过木和过鱼），以及水工建筑物结构特点和封堵用闸门设备的类型。底孔的布置要满足截流、围堰工程以及本身封堵的要求。如底坎高程布置较高，截流时落差就大，围堰也高。但封堵时的水头较低，封堵措施就容易。一般底孔的底坎高程应布置在枯水位之下，以保证枯水期泄水。当底孔数目较多时，可把底孔布置在不同的高程，封堵时从最低高程的底孔堵起，这样可以减少封堵时所承受的水压力。

临时底孔的断面形状多采用矩形，为了改善孔周的应力状况，也可采用有圆角的矩形。按水工结构要求，孔口尺寸应尽量小，但某些工程由于导流流量较大，只好采用尺寸较大的底孔，如表1-1所示。

表 1-1 水利水电工程导流底孔尺寸 （单位:m×m）

工程名称	底孔尺寸(宽×高)	工程名称	底孔尺寸(宽×高)
新安江(浙江省)	10×13	石泉(陕西省)	7.50×10.41
黄龙滩(湖北省)	8×11	白山(吉林省)	9.0×14.2

底孔导流的优点是:挡水建筑物上部的施工可以不受水流的干扰,有利于均衡连续施工,这对修建高坝特别有利。若坝体内设有永久底孔可以用来导流,更为理想。底孔导流的缺点是:由于坝体内设置了临时底孔,使钢材用量增加;如果封堵质量不好,会削弱坝体的整体性,还有可能漏水;在导流过程中底孔有被漂浮物堵塞的危险;封堵时由于水头较高,安放闸门及止水等均较困难。

(二)坝体缺口导流

混凝土坝施工过程中,当汛期河水暴涨暴落,其他导流建筑物不足以宣泄全部流量时,为了不影响坝体施工进度,使坝体在涨水时仍能继续施工,可以在未建成的坝体上预留缺口,如图1-8所示,以便配合其他建筑物宣泄洪峰流量,待洪峰过后,上游水位回落,再继续修筑缺口。所留缺口的宽度和高度取决于导流设计流量、其他建筑物的泄水能力、建筑物的结构特点和施工条件。采用底坎高程不同的缺口时,为避免高、低缺口单宽流量相差过大,产生高缺口向低缺口的侧向泄流,引起压力分布不均匀,需要适当控制高、低缺口间的高差。根据湖南省柘溪工程的经验,其高差以不超过4~6 m为宜。

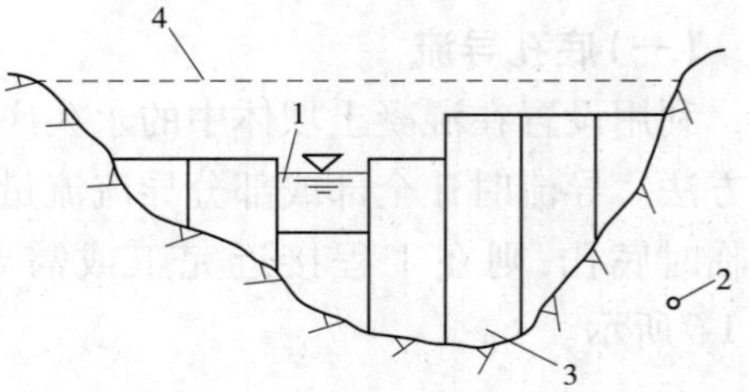

1—过水缺口;2—导流隧洞;3—坝体;4—坝顶

图 1-8 坝体缺口过水示意图

在修建混凝土坝,特别是大体积混凝土坝时,由于坝体缺口导流方法比较简单,常被采用。

上述两种导流方式,一般只适用于混凝土坝,特别是重力式混凝土坝枢纽。至于土石坝或非重力式混凝土坝枢纽,采用分段围堰法导流,常与隧洞导流、明渠导流等河床外导流方式相结合。

任务二 围堰工程

围堰是导流工程中临时的挡水建筑物,用来围护施工中的基坑,保证水工建筑物能在干地施工。在导流任务结束后,如果围堰对永久建筑物的运行有妨碍或没有考虑作为永久建筑物的一部分时,应予拆除。

水利水电工程中经常采用的围堰,按其所使用的材料,可以分为土石围堰、混凝土围堰、钢板桩格型围堰和草土围堰等。

按围堰与水流方向的相对位置,可分为横向围堰和纵向围堰。

按导流期间基坑淹没条件,可以分为过水围堰和不过水围堰。过水围堰除需要满足一般围堰的基本要求外,还要满足围堰顶过水的专门要求。

选择围堰型式时,必须根据当时当地的具体条件,在满足下述基本要求的原则下,通过技术经济比较加以选定:

(1)具有足够的稳定性、防渗性、抗冲性和一定的强度。

(2)造价便宜,构造简单,修建、维护和拆除方便。

(3)围堰的布置应力求使水流平顺,不发生严重的水流冲刷。

(4)围堰接头和岸边连接都要安全可靠,不致因集中渗漏等破坏作用而引起围堰失事。

(5)必要时应设置抵抗冰凌、船筏的冲击和破坏的设施。

一、围堰的基本型式和构造

(一)土石围堰

土石围堰是水利水电工程中采用最为广泛的一种围堰型式,如图1-9所示。它是利用当地材料填筑而成的围堰,不仅可以就地取材和充分利用开挖弃料作围堰填料,而且构造简单,施工方便,易于拆除,工程造价低,可以在流水中、深水中、岩基或有覆盖层的河床上修建。但其工程量较大,堰身沉陷变形也较大,如柘溪水电站的土石围堰一年中累计沉陷量最大达40.1 cm,为堰高的1.75%(一般为0.8%~1.5%)。

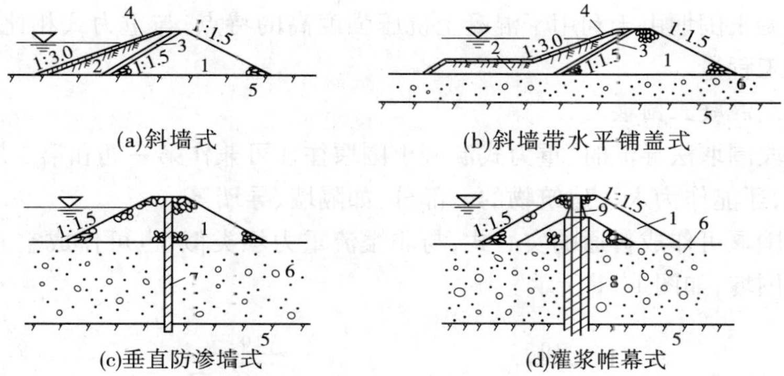

1—堆石体;2—黏土斜墙、铺盖;3—反滤层;4—护面;5—隔水层;6—覆盖层;7—垂直防渗墙;8—灌浆帷幕;9—黏土心墙

图1-9 土石围堰

因土石围堰断面较大,一般用于横向围堰,但在宽阔河床的分期导流中,由于围堰束窄河床增加的流速不大,也可作为纵向围堰,但需注意防冲设计,以保证围堰安全。

土石围堰的设计与土石坝基本相同,但其结构型式在满足导流期正常运行的情况下应力求简单,便于施工。

(二)混凝土围堰

混凝土围堰的抗冲与抗渗能力强,挡水水头高,底宽小,易于与永久混凝土建筑物相连接,必要时还可以过水,因此采用的比较广泛。在国外,采用拱形混凝土围堰的工程较多。近年,我国贵州省的乌江渡、湖南省凤滩等水利水电工程也采用过拱型混凝土围堰作为横向围堰,但多数还是以重力式围堰作纵向围堰,如我国的三门峡、丹江口、三峡工程的混凝土纵向围堰均为重力式混凝土围堰。

1. 拱形混凝土围堰

拱形混凝土围堰(见图 1-10),一般适用于两岸陡峻、岩石坚硬的山区河流,常采用隧洞及允许基坑淹没的导流方案。通常围堰的拱座是在枯水期的水面以上施工的。对围堰的基础处理,若河床的覆盖层较薄,需进行水下清基;若覆盖层较厚,则可灌注水泥浆防渗加固。堰身的混凝土浇筑则要进行水下施工,因此难度较高。在拱基两侧要回填部分砂砾料以利灌浆,形成阻水帷幕。

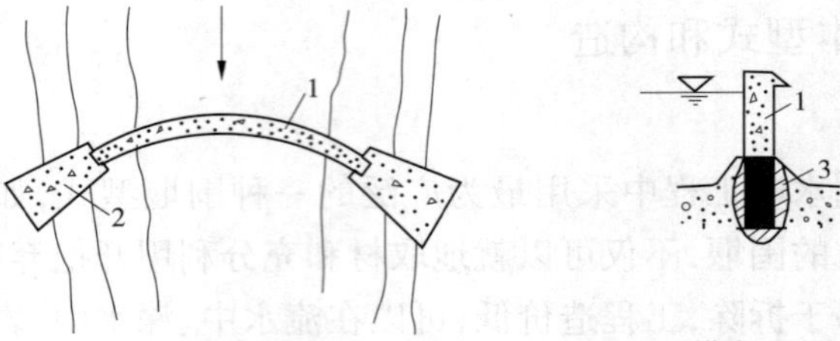

(a)平面图 (b)横断面图

1—拱身;2—拱座;3—灌浆帷幕;4—覆盖层

图 1-10 拱形混凝土围堰

拱形混凝土围堰由于利用了混凝土抗压强度高的特点,与重力式相比,断面较小,可节省混凝土工程量。

2. 重力式混凝土围堰

采用分段围堰法导流时,重力式混凝土围堰往往可兼作第一期和第二期纵向围堰,两侧均能挡水,还能作为永久建筑物的一部分,如隔墙、导墙等。

重力式围堰可作成普通的实心式,与非溢流重力坝类似,也可作成空心式,如三门峡工程的纵向围堰,如图 1-11 所示。

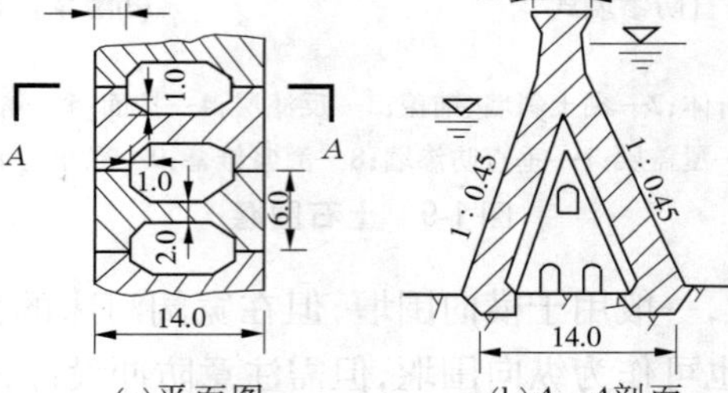

(a)平面图 (b)A—A剖面

图 1-11 三门峡工程的纵向围堰 (单位:m)

纵向围堰需抗御高速水流的冲刷,所以一般均修建在岩基上。为保证混凝土的施工质量,一般可将围堰布置在枯水期出露的岩滩上。如果这样还不能保证干地施工,则通常需另修土石低水围堰加以围护。

重力式混凝土围堰现在有普遍采用碾压混凝土浇筑的趋势，如三峡工程三期上、下游横向围堰及纵向围堰均采用碾压混凝土。

(三)钢板桩格型围堰

钢板桩格型围堰是重力式挡水建筑物，由一系列彼此相接的格体构成，按照格体的平面形状，可分为筒形格体、扇形格体和花瓣形格体。这些形式适用于不同的挡水高度，应用较多的是圆筒形格体。图 1-12 所示为钢板桩格型围堰的平面形式。它是由许多钢板桩通过锁口互相连接而成为格形整体的。钢板桩的锁口有握裹式、互握式和倒钩式三种(见图 1-13)。格体内填充透水性强的填料，如砂、砂卵石或石渣等。在向格体内进行填料时，必须保持各格体内的填料表面大致均衡上升，因高差太大会使格体变形。

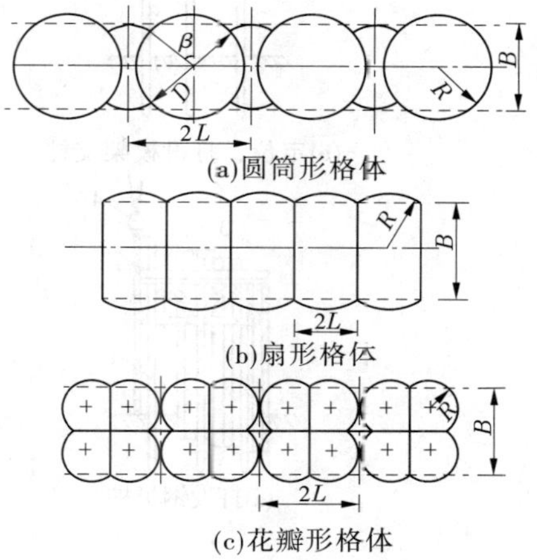

图 1-12 钢板桩格型围堰平面形式

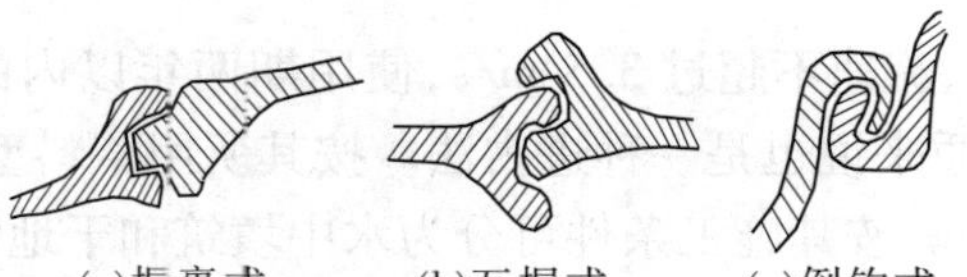

图 1-13 钢板桥桩锁口示意图

钢板桩格型围堰具有坚固、抗冲、抗渗、围堰断面小、便于机械化施工等特点；钢板桩的回收率高，可达 70% 以上；尤其适用于束窄度大的河床段作为纵向围堰，但由于需要大量的钢材，且施工技术要求高，我国目前仅应用于大型工程中。

圆筒形格体钢板桩围堰一般适用的挡水高度小于 15 ~ 18 m，可以建在岩基上或非岩基上，也可作为过水围堰用。

圆筒形格体钢板桩围堰的修建由定位、打设模架支柱，模架就位，安插钢板桩，打设钢板桩，填充料渣，取出模架及其支柱并填充料渣到设计高程等工序组成(见图 1-14)。圆筒形格体钢板桩围堰一般需在流水中修筑，受水位变化和水面波动的影响较大，施工难度较大。

(四)草土围堰

草土围堰是一种以麦草、稻草、芦柴、柳枝和土为主要原料的草土混合结构，如图 1-15 所示，我国运用它已经有 2 000 多年的历史。这种围堰主要用于黄河流域的渠道春修堵口工程中，新中国成立后，在青铜峡、盐锅峡、八盘峡等工程中，以及南方的黄坛口工程中均得到应用。草土围堰施工简单、速度快、取材容易、造价低、拆除也方便，具有一定的抗冲、抗渗能力，堰体的容重较小，特别适用于软土地基。但这种围堰不能承受较大的水头，

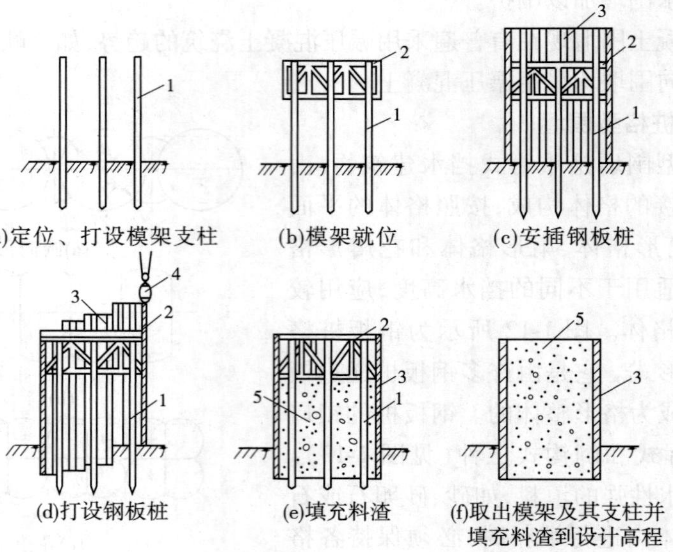

1—支柱;2—模架;3—钢板桩;4—打桩机;5—填料

图 1-14　圆筒形格体钢板桩围堰施工程序

所以仅限水深不超过 6 m、流速不超过 3.5 m/s,使用期两年以内的工程。草土围堰的施工方法比较特殊,就其实质来说也是一种进占法。按其所用草料型式的不同,可以分为散草法、捆草法、埽捆法三种。按其施工条件可分为水中填筑和干地填筑两种。由于草土围堰本身的特点,水中填筑质量比干填法容易保证,这是与其他围堰所不同的,实践中的草土围堰,普遍采用捆草法施工。图 1-16 是草土围堰施工示意图。

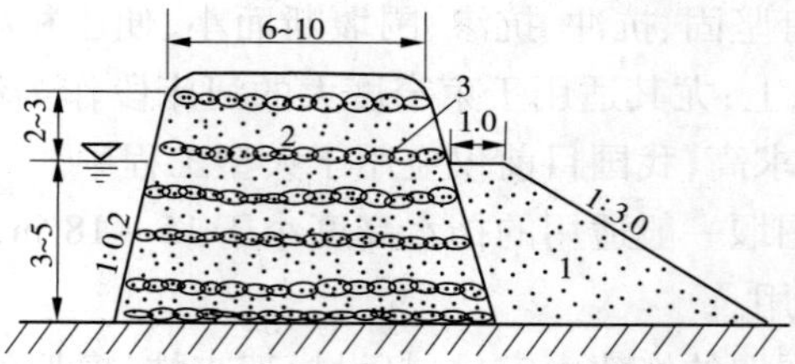

1—戗土;2—土料;3—草捆

图 1-15　草土围堰断面　(单位:m)

二、围堰的平面布置

围堰的平面布置主要包括围堰内基坑范围确定和围堰的轮廓布置。

(一)围堰内基坑范围确定

围堰内基坑范围大小主要取决于主体工程的轮廓和相应的施工方法。当采用一次拦断法导流时,围堰基坑是由上、下游围堰和河床两岸围成的;当采用分期导流时,围堰基坑是由纵向围堰与上、下游横向围堰围成的。在上述两种情况下,上、下游横向围堰的布置,

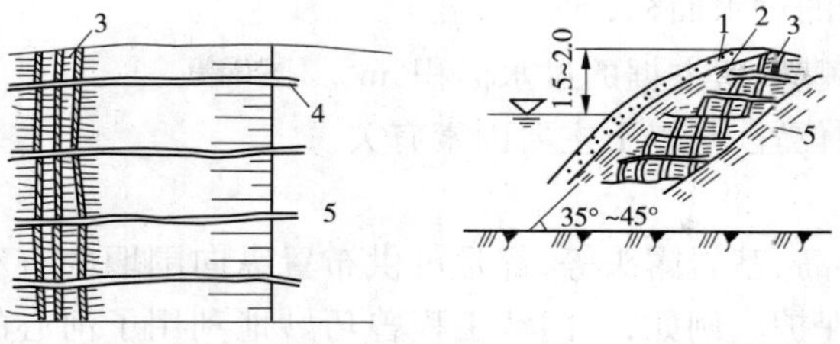

(a)围堰进占平面图 (b)围堰进占纵断面图

1—黏土;2—散草;3—草捆;4—草绳;5—河岸线或堰体

图1-16 草土围堰施工示意图 (单位:m)

都取决于主体工程的轮廓。通常基坑坡趾距离主体工程轮廓的距离,不应小于20~30 m,以便布置排水设施、交通运输道路、堆放材料和模板等,如图1-17所示。至于基坑开挖边坡的大小,则与地质条件有关。

当纵向围堰不作为永久建筑物的一部分时,基坑坡趾距离主体工程轮廓的距离,一般不小于2.0 m,以便布置排水导流系统和堆放模板,若无此要求,只需留0.4~0.6 m,如图1-17(c)所示。

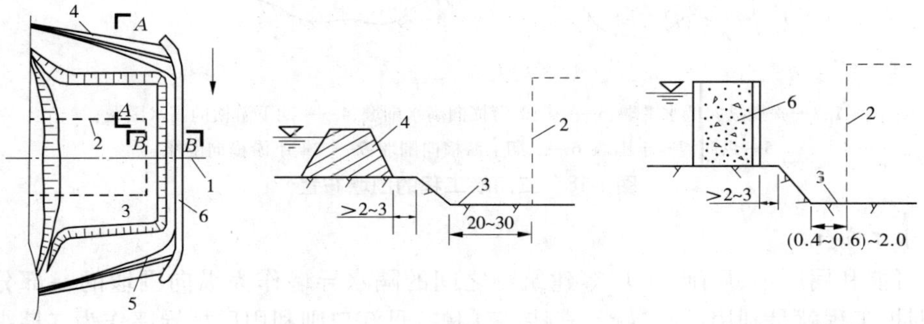

(a)平面图 (b)A—A剖面 (c)B—B剖面

1—主体工程轴线;2—主体工程轮廓;3—基坑;4—上游横向围堰;5—下游横向围堰;6—纵向围堰

图1-17 围堰布置与基坑范围示意图 (单位:m)

实际工程的基坑形状和大小往往是很不相同的。有时可以利用地形以减少围堰的高度和长度;有时为照顾个别建筑物施工的需要,将围堰轴线布置成折线形;有时为了避开岸边较大的溪沟,也采用折线布置。为了保证基坑开挖和主体建筑物的正常施工,基坑范围应当留有一定富余。

(二)围堰的轮廓布置

在分期导流方式中,纵向围堰布置是施工中的关键问题,选择纵向围堰位置,实际上就是要确定适宜的河床束窄度。束窄度就是天然河流过水面积被围堰束窄的程度,一般可用下式表示:

$$K = \frac{A_2}{A_1} \times 100\% \tag{1-1}$$

式中 K——河床的束窄程度(%),一般取值为47%~68%;

A_1——原河床的过水面积，m^2；

A_2——围堰和基坑所占据的过水面积，m^2。

适宜的纵向围堰位置，与以下主要因素有关。

1. 地形地质条件

河心洲、浅滩、小岛、基岩露头等，都是可供布置纵向围堰的有利条件，这些部位便于施工，并有利于防冲保护。例如，三门峡工程曾巧妙地利用了河心的几个礁岛布置纵、横围堰，如图 1-18 所示。葛洲坝工程施工初期，也曾利用江心洲葛洲坝作为天然的纵向围堰。三峡工程利用江心洲三斗坪作为纵向围堰的一部分。

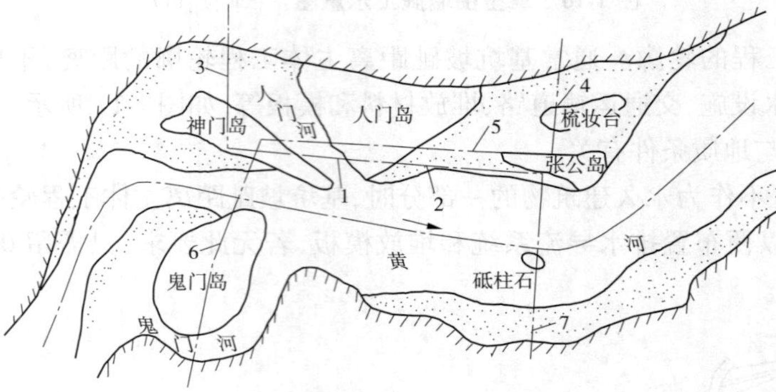

1、2——一期纵向低水围堰；3——一期上游横向高水围堰；4——一期下游横向高水围堰；
5—纵向混凝土围堰；6—二期上游横向围堰；7—二期下游横向围堰

图 1-18　三门峡工程的围堰布置

2. 水工布置

尽可能利用厂坝、厂闸、闸坝等建筑物之间的隔水导墙作为纵向围堰的一部分。例如，葛洲坝工程就是利用厂闸导墙，三峡、三门峡、丹江口则利用厂坝导墙作为二期纵向围堰的一部分。

3. 河床允许束窄度

允许束窄度主要与河床地质条件和通航要求有关。对于非通航河道，如河床易冲刷，一般均允许河床产生一定程度的变形，只要能保证河岸、围堰堰体和基础免受淘刷即可。束窄流速常可允许达到 3 m/s 左右，岩石河床允许束窄度主要视岩石的抗冲流速而定。

对于一般性河流和小型船舶，当缺乏具体研究资料时，可参考以下数据：当流速小于 2.0 m/s 时，机动木船可以自航；当流速小于 3.0 ~ 3.5 m/s，且局部水面集中落差不大于 0.5 m 时，拖轮可自航，木材流放最大流速可考虑为 3.5 ~ 4.0 m/s。

4. 导流过水要求

进行一期导流布置时，不但要考虑束窄河道的过水条件，而且还要考虑二期截流与导流的要求。主要应考虑的问题是：一期基坑中能否布置下宣泄二期导流流量的泄水建筑物，由一期转入二期施工时的截流落差是否太大。

5. 施工布局的合理性

各期基坑中的施工强度应尽量均衡。一期工程施工强度可比二期低些，但不宜相差太悬殊。如有可能,分期分段数应尽量少一些。导流布置应满足总工期的要求。

以上五个方面,仅仅是选择纵向围堰位置时应考虑的主要问题。当天然河槽呈对称形状,没有明显有利的地形地质条件可供利用时,可以通过经济比较方法选定纵向围堰的适宜位置,使一、二期总的导流费用最小。

分期导流时,上、下游围堰一般不与河床中心线垂直,围堰的平面布置常呈梯形,既可使水流顺畅,同时也便于运输道路的布置和衔接。当采用一次拦断法导流时,上、下游围堰不存在突出的绕流问题,为了减少工程量,围堰多与主河道垂直。

纵向围堰的平面布置形状,对于过水能力有较大影响。但是,围堰的防冲安全通常比前者更重要。实践中,常采用流线型和挑流式布置。

三、围堰的拆除

围堰是临时建筑物,导流任务完成后,应按设计要求拆除,以免影响永久建筑物的施工及运转。例如,在采用分段围堰法导流时,第一期横向围堰的拆除,如果不合要求,势必会增加上、下游水位差,从而增加截流工作的难度,增大截流料物的重量及数量。这类经验教训在国内外是不少的,如苏联的伏尔谢水电站截流,上、下游水位差是 1.88 m,其中由于引渠和围堰没有拆除干净,造成的水位差就有 1.73 m。又如下游围堰拆除不干净,会抬高尾水位,影响水轮机的利用水头,浙江省富春江水电站曾受此影响,降低了水轮机出力,造成不应有的损失。

土石围堰相对来说断面较大,拆除工作一般是在运行期限的最后一个汛期过后,随上游水位的下降,逐层拆除围堰的背水坡和水上部分,如图 1-19 所示。但必须保证依次拆除后所残留的断面,能继续挡水和维持稳定,以免发生安全事故,使基坑过早淹没,影响施工。土石围堰的拆除一般可用挖土机或爆破开挖等方法。

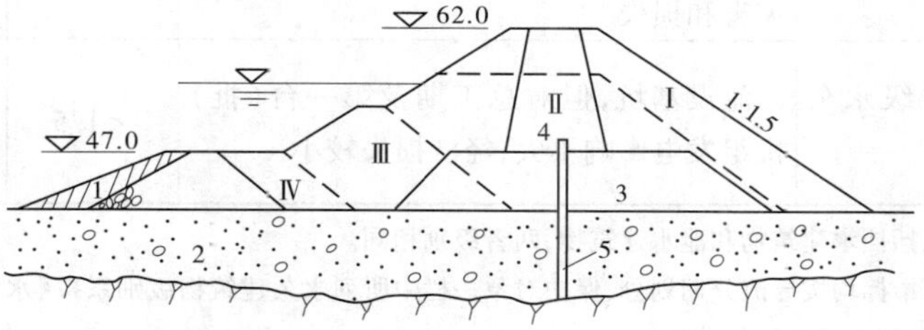

1—黏土斜墙;2—覆盖层;3—堆渣;4—心墙;5—防渗墙

图 1-19 葛洲坝一期土石围堰的拆除程序

钢板桩格型围堰的拆除,首先要用抓斗或吸石器将填料清除,然后用拔桩机起拔钢板桩。混凝土围堰的拆除,一般只能用爆破法炸除,但应注意,必须使主体建筑物或其他设施不受爆破危害。

任务三　施工导流水力计算

一、导流设计流量确定

(一)导流标准

导流设计流量的大小,取决于导流设计的洪水频率标准,通常简称为导流设计标准。

施工期内可能遭遇的洪水是一个随机事件。如果标准太低,不能保证工程的施工安全;反之,则使导流工程设计规模过大,不仅导流费用增加,而且可能因其规模太大而无法按期完工,造成工程施工的被动局面。因此,导流设计标准的确定,实际是要在经济性与风险性之间加以抉择。

根据现行规范《水利水电工程施工组织设计规范》(SL 303—2017),在确定导流设计标准时,首先根据导流建筑物(指枢纽工程施工期所使用的临时性挡水和泄水建筑物)保护对象、失事后果、使用年限和工程规模等因素划分为 3 ~ 5 级,具体按表 1-2 确定,然后根据导流建筑物级别及导流建筑物类型确定导流标准(见表 1-3)。

表 1-2　导流建筑物级别划分

级别	保护对象	失事后果	使用年限(年)	围堰工程规模	
				堰高(m)	库容(亿 m^3)
3	有特殊要求的1级永久建筑物	淹没重要城镇、工矿企业、交通干线或推迟工程总工期及第一台(批)机组发电,造成重大灾害和损失	>3	>50	>1.0
4	1级、2级永久建筑物	淹没一般城镇、工矿企业或推迟工程总工期及第一台(批)机组发电而造成较大灾害和损失	1.5 ~ 3	15 ~ 50	0.1 ~ 1.0
5	3级、4级永久建筑物	淹没基坑,但对总工期及第一台(批)机组发电影响不大,经济损失较小	<1.5	<15	<0.1

注:1. 导流建筑物包括挡水建筑物和泄水建筑物,两者级别相同。

2. 表中所列四项指标均按导流分期划分,保护对象一栏中所列永久建筑物级别系按《水利水电工程等级划分及洪水标准》(SL 252—2017)划分。

3. 有、无特殊要求的永久建筑物均系针对施工期而言,有特殊要求的 1 级永久建筑物系指施工期不允许过水的土坝及其他有特殊要求的永久建筑物。

4. 使用年限系指导流建筑物每一导流分期的工作年限,两个或两个以上导流分期共用的导流建筑物,如分期导流一、二期共用的纵向围堰,其使用年限不能叠加计算。

5. 围堰工程规模一栏中,堰高指挡水围堰最大高度,库容指堰前设计水位所拦蓄的水量,两者必须同时满足。

在确定导流建筑物的级别时,当导流建筑物根据表 1-2 指标分属不同级别时,应以其中最高级别为准。但列为 3 级导流建筑物时,至少应有两项指标符合要求;不同级别的导流建筑物或同级导流建筑物的结构型式不同时,应分别确定洪水标准、堰顶超高值和结构

表1-3 导流建筑物洪水标准划分 （单位:年）

导流建筑物类型	导流建筑物级别		
	3	4	5
	洪水重现期		
土石结构	20~50	10~20	5~10
混凝土、浆砌石结构	10~20	5~10	3~5

设计安全系数;导流建筑物级别应根据不同的施工阶段按表1-2划分,同一施工阶段中的各导流建筑物的级别,应根据其不同作用划分;各导流建筑物的洪水标准必须相同,一般以主要挡水建筑物的洪水标准为准;利用围堰挡水发电时,围堰级别可提高一级,但必须经过技术经济论证;导流建筑物与永久建筑物结合时,结合部分结构设计应采用永久建筑物级别标准,但导流设计级别与洪水标准仍按表1-2及表1-3规定执行。

当4~5级导流建筑物地基地质条件非常复杂,或工程具有特殊要求必须采用新型结构,或失事后淹没重要厂矿、城镇时,结构设计级别可以提高一级,但设计洪水标准不相应提高。

确定导流建筑物级别的因素复杂,当按表1-2和上述各条件确定的级别不合理时,可根据工程具体条件和施工导流阶段的不同要求,经过充分论证,予以提高或降低。

导流建筑物设计洪水标准,应根据建筑物的类型和级别在表1-3规定范围内选择,并结合风险度综合分析,使所选择标准经济合理,对失事后果严重的工程,要考虑对超标准洪水的应急措施。

导流建筑物洪水标准,在下述情况下可用表1-3中的上限值:

(1)河流水文实测资料系列较短(小于20年),或工程处于暴雨中心区;

(2)采用新型围堰结构型式;

(3)处于关键施工阶段,失事后可能导致严重后果;

(4)工程规模、投资和技术难度用上限值与下限值相差不大。

枢纽所在河段上游建有水库时,导流设计采用的洪水标准,应考虑上游梯级水库的影响及调蓄作用。

过水围堰的挡水标准,应结合水文特点、施工工期、挡水时段,经技术经济比较后,在重现期3~20年内选定。当水文序列较长(不小于30年)时,也可按实测流量资料分析选用。过水围堰级别,按表1-2确定的各项指标是以过水围堰挡水期情况作为衡量依据。围堰过水时的设计洪水标准,应根据过水围堰的级别和表1-3选定。当水文系列较长(不小于30年)时,也可按实测典型年资料分析并通过水力学计算或水工模型试验选用。

(二)导流时段划分

导流时段就是按照导流程序划分的各施工阶段的延续时间。

在我国,一般河流全年的流量变化过程如图1-20所示。按其水文特征可分为枯水期、中水期、洪水期。在不影响主体工程施工的条件下,若导流建筑物只担负枯水期的挡水、泄水任务，显然可以大大减少导流建筑物的工程量，改善导流建筑物的工作条件，具有明显的技术经济效益。因此，合理划分导流时段，明确不同导流时段建筑物的工作条件，是既安全又经济地完成导流任务的基本要求。导流时段的划分与河流的水文特征、水工建筑物的型式、导流方案、施工进度有关系。土坝、堆石坝和支墩坝一般不允许过水，因此当施工期较长，而洪水来临前又不能完建时，导流时段就要考虑以全年为标准。其导流设计流量，就应是以导流设计标准确定的相应洪水期的年最大流量。但如安排的施工进度能够保证在洪水来临之前使坝体起拦洪作用，则导流时段即可按洪水来临前的施工时段为标准，导流设计流量即为该时段内按导流标准确定的相应洪水重现期的最大流量。当采用分段围堰法导流时，后期用临时底孔导流来修建混凝土坝时，一般宜划分为三个导流时段：第一时段，河水由束窄的河流通过，进行第一期基坑内的工程施工；第二时段，河水由导流底孔下泄，进行第二期基坑内的工程施工；第三时段，进行底孔封堵，坝体全面升高，河水由永久建筑物下泄。也可部分或完全拦蓄在水库中，直到工程完建。在各时段中，围堰和坝体的挡水高程及泄水建筑物的泄水能力，均应按相应时段内相应洪水重现期的最大流量作为导流设计流量进行设计。

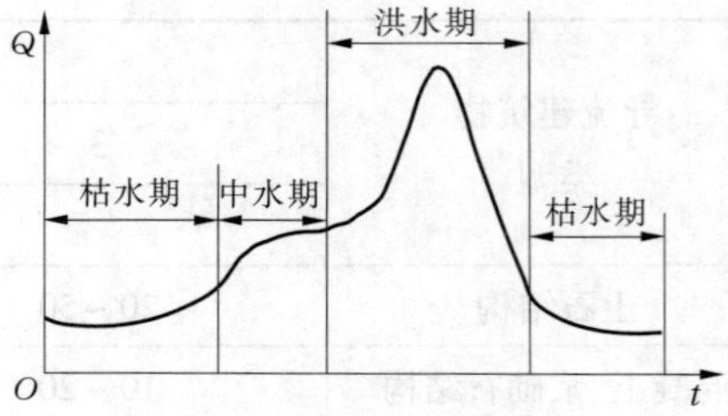

图 1-20　河流流量变化过程线

山区型河流，其特点是洪水期流量特别大，历时短，而枯水期流量特别小，因此水位变幅很大。例如，上犹江水电站，坝型为混凝土重力坝，坝体允许过水，其所在河道正常水位时水面宽仅 40 m，水深 6 ~ 8 m，当洪水来临时河宽增加不大，但水深却增加到 18 m。若按一般导流标准要求设计导流建筑物，不是挡水围堰修得很高，就是泄水建筑物的尺寸很大，而且使用期又不长，这显然是不经济的。在这种情况下，可以考虑采用允许基坑淹没的导流方案，就是大水来临时围堰过水，基坑被淹没，河床部分停工，待洪水退落、围堰挡水时再继续施工。这种方案，由于基坑淹没引起的停工天数不长，施工进度能够保证，而导流总费用（导流建筑物费用与淹没基坑费用之和）却较省，所以是合理的。

采用允许基坑淹没的导流方案时，导流费用最低的导流设计流量，必须经过技术经济比较才能确定。

二、导流建筑物的水力计算

导流水力计算的主要任务是计算各种导流泄水建筑物的泄水能力，以便确定泄水建筑物的尺寸和围堰高程。隧洞导流水力计算见《水力学》教材。下面介绍束窄河床水位壅高计算。

分期导流围堰束窄河床后，使天然水流发生改变，在围堰上游产生水位壅高，如图 1-21所示，其值可采用近似公式（1-2）试算，即先假设上游水位 H_0，算出 Z 值，以 $Z+t_{cp}$ 与所设 H_0 比较，逐步修改 H_0 值，直至接近 $Z+t_{cp}$ 值，一般 2 ~ 3 次即可。

$$Z = \frac{1}{\varphi^2}\frac{v_c^2}{2g} - \frac{v_0^2}{2g} \quad (1\text{-}2)$$

$$v_c = \frac{Q}{W_c} \quad (1\text{-}3)$$

$$W_c = \varepsilon b_c t_{cp} \quad (1\text{-}4)$$

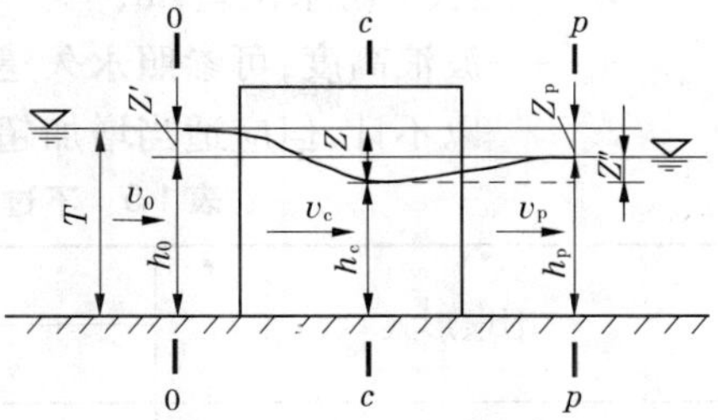

图 1-21　束窄河床水力计算简图

式中　Z——水位壅高，m；

v_0——行进流速，m/s；

g——重力加速度，m/s^2，取 9.80 m/s^2；

φ——流速系数（与围堰布置形式有关，见表 1-4）；

v_c——束窄河床平均流速，m/s；

Q——计算流量，m^3/s；

W_c——收缩断面有效过水断面面积，m^2；

b_c——束窄河段过水宽度，m；

t_{cp}——河道下游平均水深，m；

ε——过水断面侧收缩系数，单侧收缩时，采用 0.95，两侧收缩时，采用 0.90。

表 1-4　不同围堰布置的流速系数 φ 值

布置形式	矩形	梯形	梯形且有导水墙	梯形且有上导水坝	梯形且有顺流丁坝
布置简图	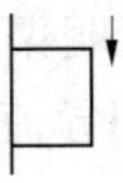	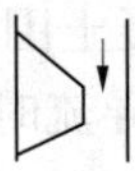	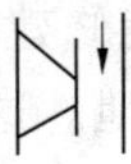	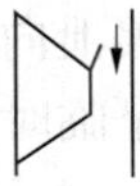	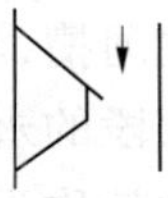
φ	0.70 ~ 0.80	0.80 ~ 0.85	0.85 ~ 0.90	0.70 ~ 0.80	0.80 ~ 0.85

三、堰顶高程的确定

堰顶高程的确定，取决于导流设计流量及围堰的工作条件。

下游横向围堰堰顶高程可按下式计算：

$$H_d = h_d + \delta \quad (1\text{-}5)$$

式中　H_d——下游围堰的顶部高程，m；

h_d——下游水位高程，m，可直接由天然河道水位流量关系曲线查得；

δ——围堰的安全超高，一般结构不过水围堰可按表 1-5 查得，对于过水围堰取 0.2 ~ 0.5 m。

上游围堰的堰顶高程由下式确定：

$$H_d = h_d + Z + h_a + \delta \quad (1\text{-}6)$$

式中　H_d——上游围堰顶部高程，m；

Z——上、下游水位差,m;

h_a——波浪高度,可参照永久建筑物的有关规定和其他专业规范计算,一般情况可以不计,但应适当增加超高。

表1-5 不过水围堰堰顶安全超高下限值 (单位:m)

围堰形式	围堰级别	
	3	4~5
土石围堰	0.7	0.5
混凝土围堰	0.4	0.3

纵向围堰的堰顶高程,应与堰侧水面曲线相适应。通常纵向围堰顶面往往作成阶梯形或倾斜状,其上、下游高程分别与相应的横向围堰同高。

任务四　导流方案的选择

一、选择导流方案时应考虑的主要因素

水利水电枢纽工程的施工,从开工到完建往往不是采用单一的导流方法,而是几种导流方法组合起来配合运用,以取得最佳的技术经济效果。例如,三峡工程采用分期导流方式,分三期进行施工:第一期土石围堰围护右岸叉河,江水和船舶从主河槽通过;第二期围护主河槽,江水经导流明渠泄向下游;第三期修建碾压混凝土围堰拦断明渠,江水经由泄洪坝段的永久深孔和22个临时导流底孔下泄。这种不同导流时段不同导流方法的组合,通常就称为导流方案。

导流方案的选择受各种因素的影响。合理的导流方案,必须在周密地研究各种影响因素的基础上,拟订几个可能的方案,进行技术经济比较,从中选择技术经济指标优越的方案。

选择导流方案时考虑的主要因素如下。

(一)水文条件

河流的流量大小、水位变化的幅度、全年流量的变化情况、枯水期的长短、汛期洪水的延续时间、冬季的流冰及冰冻情况等,均直接影响导流方案的选择。一般来说,对于河床单宽流量大的河流,宜采用分段围堰法导流。对于水位变化幅度大的山区河流,可采用允许基坑淹没的导流方法,在一定时期内通过过水围堰和淹没基坑来宣泄洪峰流量。对于枯水期较长的河流,充分利用枯水期安排工程施工是完全有必要的。但对于枯水期不长的河流,如果不利用洪水期进行施工,就会拖延工期。对于流冰的河流,应充分注意流冰的宣泄问题,以免流冰壅塞,影响泄流,造成导流建筑物失事。

(二)地形条件

坝区附近的地形条件,对导流方案的选择,影响很大。对于河床宽阔的河流,尤其在

施工期间有通航、过木要求的情况，宜采用分段围堰法导流，当河床中有天然石岛或沙洲时，采用分段围堰法导流，更有利于导流围堰的布置，特别是纵向围堰的布置。例如，三峡水利枢纽的施工导流就曾利用了长江中的中堡岛来布置一期纵向围堰，取得了良好的技术经济效果。在河段狭窄两岸陡峻、山岩坚实的地区，宜采用隧洞导流。至于平原河道，河流的两岸或一岸比较平坦，或有河湾、老河道可以利用时，则宜采用明渠导流。

(三)地质及水文地质条件

河流两岸及河床的地质条件对导流方案的选择与导流建筑物的布置有直接影响。若河流两岸或一岸岩石坚硬、风化层薄，且有足够的抗压强度，则宜选用隧洞导流。如果岩石的风化层厚且破碎，或有较厚的沉积滩地，则适合于采用明渠导流。由于河床的束窄，减小了过水断面的面积，使水流流速增大，这时为了河床不受过大的冲刷，避免把围堰基础淘空，应根据河床地质条件来决定河床可能束窄的程度。对于岩石河床，抗冲刷能力较强，河床允许束窄程度较大，甚至可达到88%，流速有增加到7.5 m/s的；对覆盖层较厚的河床，抗冲刷能力较差，其束窄程度都不到30%，流速仅允许达到3.0 m/s。此外，选择围堰型式，基坑能否允许淹没，能否利用当地材料修筑围堰等，也都与地质条件有关。水文地质条件则对基坑排水工作和围堰型式的选择有很大关系。因此，为了更好地进行导流方案的选择，要对地质和水文地质勘测工作提出专门要求。

(四)水工建筑物的型式及其布置

水工建筑物的型式及其布置与导流方案相互影响，因此在决定建筑物的型式和枢纽布置时，应该同时考虑并拟订导流方案，而在选定导流方案时，又应该充分利用建筑物型式和枢纽布置方面的特点。

如果枢纽组成中有隧洞、渠道、涵管、泄水孔等永久泄水建筑物，在选择导流方案时，应该尽可能加以利用。在设计永久泄水建筑物的断面尺寸并拟订其布置方案时，应该充分考虑施工导流的要求。

采用分段围堰法修建混凝土坝枢纽时，应当充分利用水电站与混凝土坝之间或混凝土坝溢流段和非溢流段之间的隔墙作为纵向围堰的一部分，以降低导流建筑物的造价。在这种情况下，对于第二期工程所修建的混凝土坝，应该核算它是否能够布置二期工程导流建筑物(底孔、预留缺口)。例如，三门峡水利枢纽溢流坝段的宽度主要就是由二期导流条件所控制的，与此同时，为了防止河床冲刷过大，还应核算河床的束窄程度，保证有足够的过水断面来宣泄施工流量。

就挡水建筑物的型式来说，土坝、土石混合坝和堆石坝的抗冲能力小，除采用特殊措施外，一般不允许从坝身过水，所以多利用坝身以外的泄水建筑物如隧洞、明渠等或坝身范围内的涵管来导流，这时，通常要求在一个枯水期内将坝身抢筑到拦洪高程以上，以免水流漫顶，发生事故。至于混凝土坝，特别是混凝土重力坝，由于抗冲能力较强，允许流速达到25 m/s，故不但可以通过底孔泄流，而且还可以通过未完建的坝身过水，使导流方案选择的灵活性大大增加。

(五)施工期间河流的综合利用

施工期间，为了满足通航、筏运、渔业、供水、灌溉或水电站运转等的要求，使导流问题的解决更加复杂。如前所述，在通航河流上，大多采用分段围堰法导流。要求河流在束窄以后，河宽仍能便于船只的通行，水深要与船只吃水深度相适应，束窄断面的最大流速一般不得超过2.0 m/s，特殊情况需与当地航运部门协商研究确定。

对于浮运木筏或散材的河流，在施工导流期间，要避免木材壅塞泄水建筑物或者堵塞束窄河床。

在施工中后期，水库拦洪蓄水时，要注意满足下游供水、灌溉用水和水电站运行的要求，有时为了保证渔业的要求，还要修建临时的过渔设施，以便鱼群能洄游。

（六）施工进度、施工方法及施工场地布置

水利水电工程的施工进度与导流方案密切相关。通常是根据导流方案才能安排控制性进度计划，在水利水电枢纽施工导流过程中，对施工进度起控制作用的关键性时段主要有：导流建筑物的完工期限、截断河床水流的时间、坝体拦洪的期限、封堵临时泄水建筑物的时间以及水库蓄水发电的时间等。但各项工程的施工方法和施工进度又直接影响到各时段中导流任务的合理性和可能性。例如，在混凝土坝枢纽中，采用分段围堰施工时，若导流底孔没有建成，就不能截断河床水流和全面修建第二期围堰；若坝体没有达到一定高程和没有完成基础及坝体接缝灌浆以前，就不能封堵底孔和使水库蓄水等。因此，施工方法、施工进度与导流方案三者是密切相关的。

此外，导流方案的选择与施工场地的布置亦相互影响。例如，在混凝土坝施工中，当混凝土生产系统布置在一岸时，以采用全段围堰法导流为宜。若采用分段围堰法导流，则应以混凝土生产系统所在的一岸作为第一期工程，因为这样两岸的交通运输问题比较容易解决。

在选择导流方案时，除综合考虑以上各方面因素外，还应使主体工程尽可能及早发挥效益，简化导流程序，降低导流费用，使导流建筑物既简单易行，又适用可靠。

二、导流方案比较实例

导流方案的比较选择，应在同精度、同深度的几种可行性方案中进行。首先研究分析采用何种导流方法，然后研究什么类型，在此全面分析的基则上，排除明显不合理的方案，保留可行的方案或可能的组合方案。

【例1-1】 龚嘴水电站位于大渡河中游，由拦河大坝、水电站厂房、溢洪道等组成。拦河大坝为混凝土重力坝，最大坝高85.5 m，在6号和10号坝段分设两个9 m×8 m的底孔，水电站厂房分设两处，右岸为坝后式厂房，装机4台，左岸为地上式厂房，装机3台，装机总容量77万kW。溢洪道布置在河床中部，作排沙、泄洪和放空水库用。主体工程中土石方开挖80%在水下，混凝土浇筑量的50%也在水下，工期5年。

河流流量充沛、稳定，洪峰高、水量大。实测最大流量为9 560 m^3/s，最枯流量为320 m^3/s。河道有漂木任务，且80%～90%集中在每年汛期散漂。

坝址处为高山峡谷，岸坡陡峻、河床狭窄，枯水面宽130 m，洪水面宽200 m，河床比降约为2%，河床砂砾覆盖层深为20～30 m。两岸基岩裸露，多为震旦纪中粗花岗岩。

该工程为Ⅰ等工程，大坝属1级建筑物，根据《水利水电工程等级划分及洪水标准》

(SL 252—2017)规定,临时建筑物按5%频率的洪水进行设计,2%频率的洪水进行校核。

分析:鉴于洪枯变幅不大,水下工程量大,河床狭窄,且覆盖层深厚,没有分期导流的条件,也没有采用过水围堰的条件,同时也没有采用不过水的低围堰条件,因此只有采用全段围堰法。导流建筑物的设计流量为9 560 m^3/s,校核流量为10 600 m^3/s。

导流方法确定后,应着手确定导流建筑物类型,鉴于流量大的特点,只有在明渠与隧洞两者之间选择。具体方案比较见表1-6。

表1-6 导流方案比较

方案	断面尺寸	条数	长度(m)	工程量(万 m^3)	
				土石方开挖	混凝土
隧洞导流	$B \times H = 18\ m \times 25\ m$	2	430与592	176	45.9
明渠导流	$B = 54\ m$	1	750	160	18.0

通过对导流建筑物的施工、漂木条件、主体工程完建期施工条件等方面的分析,左岸大明渠导流方案较右岸设两条大隧洞导流方案具有工程量小、漂木条件好、简单可靠、施工方便、对提前进行主体工程施工有利等突出优点。但会给地下厂房施工带来一定干扰,后期明渠坝段完建施工较紧张。不过,这时主体工程已处于后期,在技术力量得到提高、机械设备日趋完善的条件下,困难较易克服。因此,决定采用明渠导流。龚嘴导流明渠方案布置图如图1-22所示。

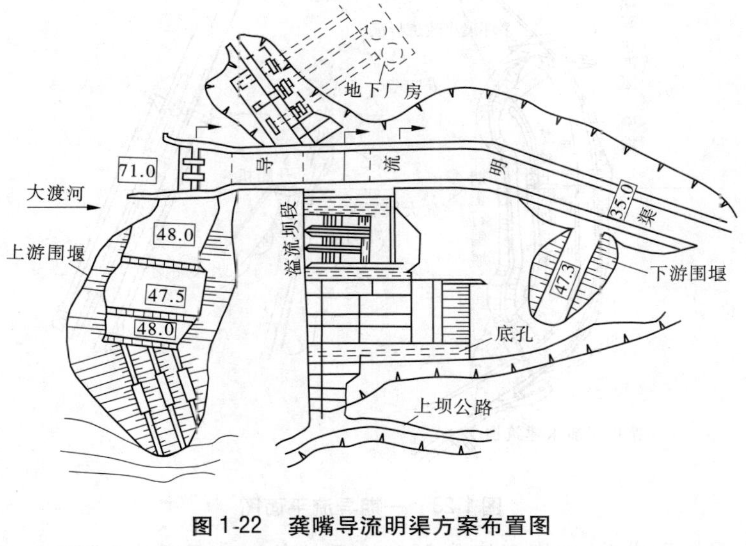

图1-22 龚嘴导流明渠方案布置图

【例1-2】 长江三峡水利枢纽工程(简称三峡工程),位于长江干流三峡河段,三峡工程由大坝、水电站厂房、通航建筑物等主要建筑物组成。大坝坝顶高程185 m,正常蓄水位175 m,汛期防洪限制水位145 m,枯季消落最低水位155 m,相应的总库容、防洪库容和兴利库容分别为393亿 m^3、221.5亿 m^3 和165亿 m^3。安装单机容量70万kW的水轮发电机组26台,总装机容量1 820万kW,年发电量847亿kWh。

选定的坝址位于西陵峡中的三斗坪镇。坝址地质条件优越,基岩为完整坚硬的花岗岩(闪云斜长花岗岩),地形条件也有利于布置枢纽建筑物和施工场地,是一个理想的高坝坝址。选定的坝线在左岸的坛子岭及右岸的白岩尖之间,并穿过河床中的一个小岛——中堡岛。该岛左侧为主河槽,右侧为支沟(称后河)。

施工导流方案:三斗坪坝址河谷宽阔,江中有中堡岛将长江分为主河床及后河,适宜采用分期导流方案。长江为我国的水运交通动脉,施工期通航问题至关重要。分期导流方案设计必须结合施工期通航方案和枢纽布置方案一并研究。在可行性论证和初步设计阶段,对右岸导流明渠施工期通航和不通航两大类型的多种方案进行了大量的技术经济比较工作。1993年7月,经国务院三峡建设委员会批准,确定为“三期导流,明渠通航”方案,如图1-23~图1-25所示。

1. 第一期围右岸

一期导流的时间为1993年10月至1997年11月,共计4年。在中堡岛左侧及后河上下游修筑一期土石围堰,形成一期基坑,并修建茅坪溪小改道工程,将茅坪溪水导引出一期基坑。在一期土石围堰保护下挖除中堡岛,扩宽后河修建导流明渠、混凝土纵向围堰,并预建三期碾压混凝土围堰基础部分的混凝土。水仍从主河床通过。一期导流平面图如图1-23所示。

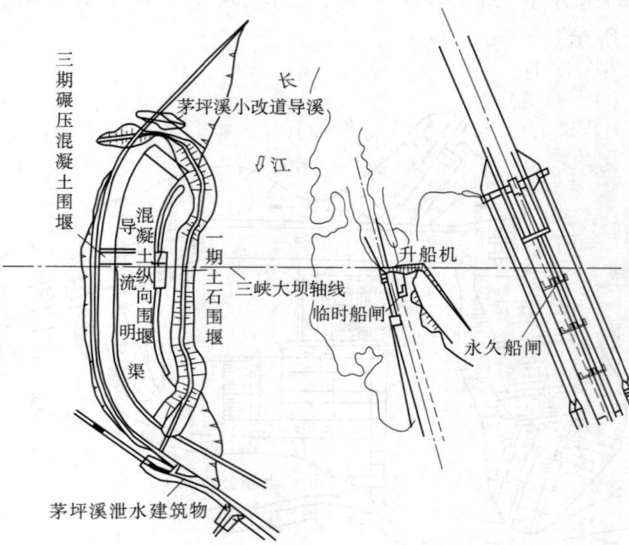

图1-23 一期导流平面图

一期土石围堰形成后,束窄河床约30%。汛期长江水面宽约1 000 m,当流量不大于长江通航流量45 000 m^3/s时,河床流速为3 m/s左右,因此船只仍可在主航道航行。一期土石围堰全长2 502.36 m,最大堰高37 m。堰体及堰基采用塑性混凝土防渗墙上接土工膜防渗型式,局部地质条件不良地段的地基采用防渗墙下接帷幕灌浆或高压旋喷桩柱墙等措施。混凝土纵向围堰全长1 191.47 m,分为上纵段、坝身段与下纵段。坝身段为三峡大坝的一部分，下纵段兼作右岸电站厂房和泄洪坝段间的导墙。导流明渠为高低渠复式断面，全长 3 726 m，最小底宽 350 m；右侧高渠底宽 100 m，渠底高程 58 m（进口部位 59 m）；左侧渠底宽 250 m，渠底高程自上至下分别为 59 m、58 m、50 m、45 m、53 m。

2. 第二期围左岸

二期导流时间为 1997 年 11 月至 2002 年 11 月，共计 5 年。

1997 年 11 月实现大江截流后，立即修建二期上、下游横向围堰将长江主河床截断，并与混凝土纵向围堰共同形成二期基坑。在基坑内修建泄洪坝段、左岸厂房坝段及电站厂房等主体建筑物。二期导流时，江水由导流明渠宣泄，船舶从导流明渠和左岸已建成的临时船闸通航。二期导流平面图如图 1-24 所示。

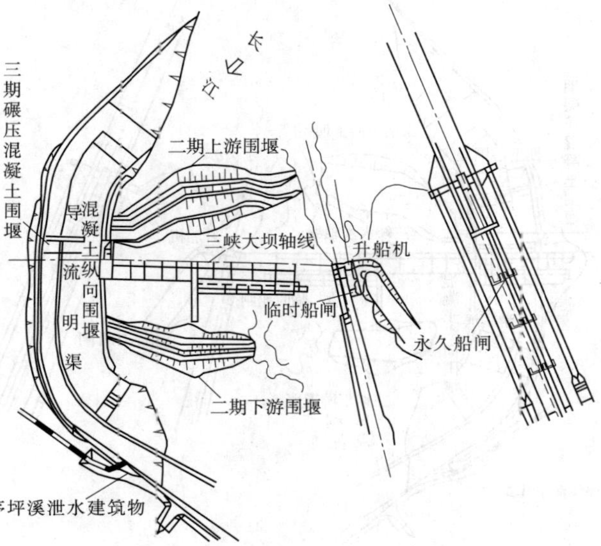

图 1-24 二期导流平面图

二期上、下游土石围堰轴线长度分别为 1 440 m、999 m，最大高度分别为 75.5 m、57.0 m，基本断面为石渣堤夹风化砂复式断面，防渗体为 1～2 排塑性混凝土防渗墙上接土工合成材料，基岩防渗采用帷幕灌浆。二期围堰是在 60 m 水深中抛填建成，工程量大、基础条件复杂、工期紧迫、施工技术难度极高，是三峡工程最重要的临时建筑物之一。

3. 第三期再围右岸

三期导流时间为 2002～2009 年，共计 6.5 年。总进度安排于 2002 年汛末拆除二期土石横向围堰，在导流明渠内进行三期截流，建造上、下游土石围堰。在其保护下修建三期上游碾压混凝土围堰并形成右岸三期基坑，在三期基坑内修建右岸厂房坝段和右岸电站厂房。三期截流和三期碾压混凝土围堰施工是三峡工程施工中的又一关键技术问题。在导流明渠中截流时，江水从泄洪坝段内高程 56.5 m 的 22 个 6.5 m×8.5 m 的导流底孔中宣泄，截流最大落差达 3.5 m，龙口最大流速为 6.13 m/s，技术难度与葛洲坝大江截流相当。碾压混凝土围堰要求在截流以后的 120 d 内，高程从 50 m 浇筑到 140 m，最大月浇筑强度达 39.8 万 m^3，最大日上升高度达 1.18 m，且很快挡水并确保在近 90 m 水头下安全运行,设计和施工难度为世所罕见。三期截流后到水库蓄水前,船只从临时船闸航行,当流量超过 12 000 m^3/s、上下游水位差超过 6 m 时,临时船闸不能运行,长江断航。经测算断航时间发生在 5 月下半月至 6 月上半月内,共计 33 d。断航期间设转运码头用水陆联运解决客货运输问题。三期碾压混凝土围堰建成后,即关闭导流底孔和泄洪深孔,水库蓄水至 135 m,第一批机组开始发电,永久船闸开始通航。水库蓄水以后,由三期碾压混凝土围堰与左岸大坝共同挡水(下游仍由三期土石围堰挡水),长江洪水由导流底孔及泄洪深孔宣泄。继续在右岸基坑内建造大坝和电站厂房。左岸各主体建筑物上部结构同时施工,直至工程全部完建。三期导流平面图如图 1-25 所示。

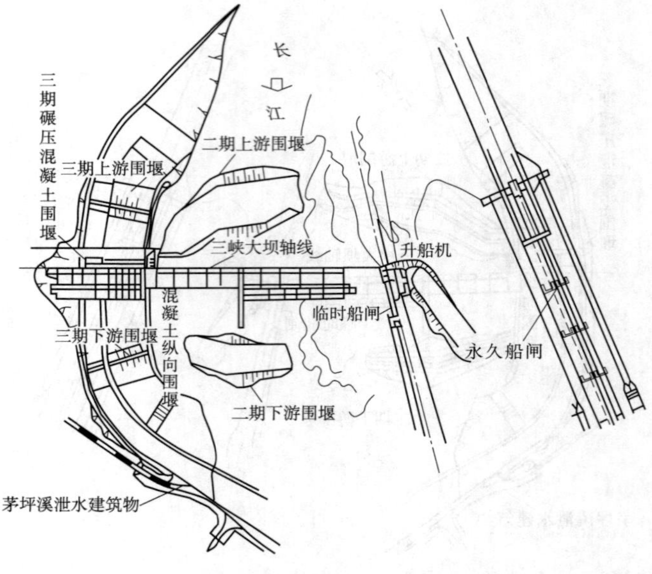

图 1-25 三期导流平面图

任务五 截流工程

施工导流过程中,当导流泄水建筑物建成后,应抓住有利时机,迅速截断原河床水流,迫使河水经完建的导流泄水建筑物下泄,然后在河床中全面展开主体建筑物的施工,这就是截流工程。

截流过程一般为:先在河床的一侧或两侧向河床中填筑截流戗堤,逐步缩窄河床,称为进占。戗堤进占到一定程度,河床束窄,形成流速较大的泄水缺口叫龙口。为了保证龙口两侧堤端和底部的抗冲稳定,通常采用工程防护措施,如抛投大块石、铅丝笼等,这种防护堤端叫裹头。封堵龙口的工作叫合龙。合龙以后,龙口段及戗堤本身仍然漏水,必须在戗堤全线设置防渗措施,这一工作叫闭气。所以,整个截流过程包括戗堤进占、龙口裹头及护底、合龙、闭气等四项工作。截流后,对戗堤进一步加高培厚,修筑成设计围堰。

由此可见,截流在施工中占有重要地位,如不能按时完成,就会延误整个建筑物施工,河槽内的主体建筑物就无法施工,甚至可能拖延一年工期,所以在施工中常将截流作为关键性工程。为了截流成功,必须充分掌握河流的水文、地形、地质等条件,掌握截流过程中水流的变化规律及其影响。做好周密的施工组织,在狭小的工作面上用较大的施工强度在较短的时间内完成截流。

一、截流的方式

截流的基本方式有立堵法与平堵法两种。

(一)立堵法

立堵法截流是将截流材料从龙口一端或两端向中间抛投进占,逐渐束窄河床,直至全部拦断,如图1-26所示。

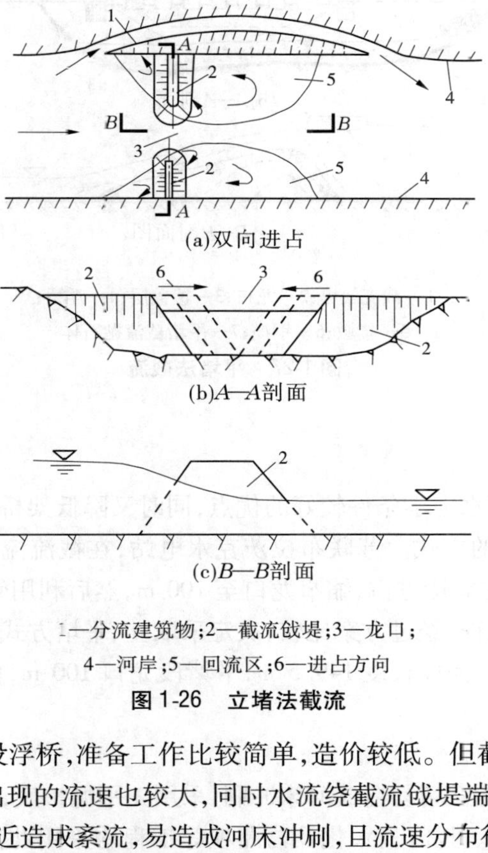

1—分流建筑物;2—截流戗堤;3—龙口;
4—河岸;5—回流区;6—进占方向

图1-26　立堵法截流

立堵法截流不需架设浮桥,准备工作比较简单,造价较低。但截流时,水力条件较为不利,龙口单宽流量较大,出现的流速也较大,同时水流绕截流戗堤端部使水流产生强烈的立轴旋涡,在水流分离线附近造成紊流,易造成河床冲刷,且流速分布很不均匀,需抛投单个重量较大的截流材料。截流时由于工作前线狭窄,抛投强度受到限制。立堵法截流适用于大流量、岩基或覆盖层较薄的岩基河床,对于软基河床应采用护底措施后才能使用。

立堵法截流又分为单戗、双戗和多戗立堵截流,单戗适用于截流落差不超过3 m的情况。

(二)平堵法

平堵法截流是沿整个龙口宽度全线抛投,抛投料堆筑体全面上升,直至露出水面,如

图1-27所示。这种方法的龙口一般是部分河宽，也可以是全河宽。因此，合龙前必须在龙口架设浮桥，由于它是沿龙口全宽均匀地抛投，所以其单宽流量小，出现的流速也较小，需要的单个材料的重量也较轻，抛投强度较大，施工速度快，但有碍通航，适用于软基河床，河流架桥方便且对通航影响不大的河流。

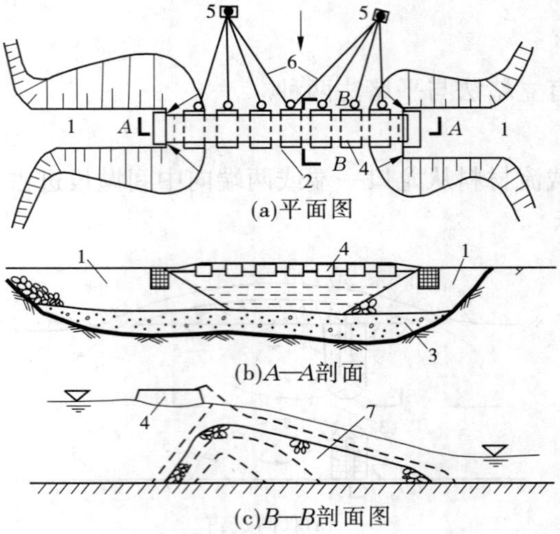

1—截流戗堤；2—龙口；3—覆盖层；4—浮桥；
5—锚墩；6—钢缆；7—平堵截流抛石体

图1-27　平堵法截流

(三)综合方式

1. 立平堵

为了充分发挥平堵水力学条件较好的优点，同时又降低架桥的费用，有的工程采用先立堵，后在栈桥上平堵的方式。苏联布拉茨克水电站，在截流流量3 600 m^3/s，最大落差3.5 m的条件下，采用先立堵进占，缩窄龙口至100 m，然后利用管柱栈桥全面平堵合龙。

多瑙河上的铁门工程，经过方案比较，决定采取立、平堵方式，立堵进占结合管柱栈桥平堵。立堵段首先进占，完成长度149.5 m，平堵段龙口100 m，由栈桥上抛投完成截流，最终落差达3.72 m。

2. 平立堵

对于软基河床，单纯立堵易造成河床冲刷，采用先平抛护底，再立堵合龙，平抛多利用驳船进行。我国青铜峡、丹江口、大化及葛洲坝等工程均采用此法，三峡工程在二期大江截流时也采用了该方法，取得了满意的效果。由于护底均为局部性，故这类工程本质上同属立堵法截流。

二、截流时间和设计流量的确定

(一)截流时间的选择

截流时间应根据枢纽工程施工控制性进度计划或总进度计划决定，至于时段选择，一

般应考虑以下原则,经过全面分析比较而定:

(1)尽可能在较小流量时截流,但必须全面考虑河道水文特性和截流应完成的各项控制工程量,合理使用枯水期。

(2)对于具有通航、灌溉、供水、过木等特殊要求的河道,应全面兼顾这些要求,尽量使截流对河道综合利用的影响最小。

(3)有冰冻河流,一般不在流冰期截流,避免截流和闭气工作复杂化,如情况特殊,必须在流冰期截流时应有充分论证,并有周密的安全措施。

根据以上所述,截流时间应根据河流水文特征、气候条件、围堰施工及通航过木等因素综合分析确定,一般多选在枯水期初,流量已有显著下降的时候,严寒地区应尽量避开河道流冰及封冻期。

(二)截流设计流量的确定

截流设计流量是指某一确定的截流时间的截流设计流量。一般按频率法确定,根据已选定截流时段,采用该时段内一定频率的流量作为设计流量,截流设计标准一般可采用截流时段重现期5~10年的月或旬平均流量。

除频率法外,也有不少工程采用实测资料分析法。当水文资料系列较长,河道水文特性稳定时,这种方法可应用。至于预报法,因当前的可靠预报期较短,一般不能在初步设计中应用,但在截流前夕有可能根据预报流量适当修改设计。

在大型工程截流设计中,通常多以选取一个流量为主,再考虑较大、较小流量出现的可能性,用几个流量进行截流计算和模型试验研究。对于有深槽和浅滩的河道,如分流建筑物布置在浅滩上,对截流的不利条件,要特别进行研究。

三、截流材料种类、尺寸和数量的确定

(一)截流材料种类的选择

截流时采用当地材料在我国已有悠久的历史,主要有块石、石串、装石竹笼等。此外,当截流水力条件较差时,还须采用混凝土块体。

石料容重较大,抗冲能力强,一般工程较易获得,而且通常也比较经济。因此,凡有条件者,均应优先选用石块截流。

在大中型工程截流中,混凝土块体的运用较普遍。这种人工块体的制作、使用方便,抗冲能力强,故为许多工程采用(如三峡工程、葛洲坝工程等)。

在中小型工程截流中,因受起重运输设备能力限制,所采用的单个石块或混凝土块体的重量不能太大。石笼(如竹笼、铅丝笼、钢筋笼)或石串,一般使用在龙口水力条件不利的条件下。大型工程中除石笼、石串外,也采用混凝土块体串。某些工程因缺乏石料,或因河床易冲刷,则也可根据当地条件采用梢捆、草土等材料截流。

(二)截流材料尺寸的确定

采用块石和混凝土块体截流时,所需材料尺寸可通过水力计算初步确定,然后考虑该工程可能拥有的起重运输设备能力,作出最后抉择。

（三）截流材料数量的确定

1. 不同粒径材料数量的确定

无论是平堵还是立堵截流，原则上可以按合龙过程中水力参数的变化来计算相应的材料粒径和数量。常用的方法是将合龙过程按高程（平堵）或宽度（立堵）划分成若干区段，然后按分区最大流速计算出所需材料粒径和数量。实际上，每个区段也不是只用一种粒径材料，所以设计中均参照国内外已有工程经验来决定不同粒径材料的比例。例如平堵截流时，最大粒径材料数量可按实际使用区段（$Z = 0.42Z_{max} \sim 0.6Z_{max}$）考虑，也可按最大流速出现时起，直到戗堤出水时所用材料总量的 70% ~80% 考虑。立堵截流时，最大粒径材料数量，常按困难区段抛投总量的 1/3 考虑。根据国内外十几个工程的截流资料统计，特殊材料数量占合龙段总工程量的 10% ~30%，一般为 15% ~20%。如仅按最终合龙段统计，特殊材料所占比例约为 60%。

2. 备料量

备料量的计算，可按设计戗堤体积为准，另外还得考虑各项损失。平堵截流的设计戗堤体积计算比较复杂，需按戗堤不同阶段的轮廓计算。立堵截流戗堤断面为梯形，设计戗堤体积计算比较简单。戗堤顶宽视截流施工需要而定，通常取 10 ~18 m 者较多，可保证 2 ~3 辆汽车同时卸料。

备料量的多少取决于对流失量的估计。实际工程的备料量与设计用量之比多为 1.3 ~1.5，个别工程达到 2.0。例如，铁门工程达到 1.35，青铜峡采用 1.5。实际合龙后还剩下很多材料。因此，初步设计时，备料系数不必取得过大，实际截流前夕，可根据水情变化适当调整。

（四）分区用料规划

在合龙过程中，必须根据龙口的流速流态变化采用相应的抛投技术和材料。这一点在截流规划时就应予考虑。

在截流中，合理地选择截流材料的尺寸或重量，对于截流的成败和截流费用的节省具有重大意义。截流材料的尺寸或重量取决于龙口的流速。各种不同材料的适用流速，即抵抗水流冲动的经验流速列于表 1-7 中。

表 1-7　截流材料的适用流速

截流材料	适用流速 (m/s)	截流材料	适用流速 (m/s)
土料	0.5 ~0.7	3 t 重大块石或钢筋石笼	3.5
20 ~30 kg 重石块	0.8 ~1.0	4.5 t 混凝土六面体	4.5
50 ~70 kg 重石块	1.2 ~1.3	5 t 重大块石、大石串或钢筋石笼	4.5 ~5.5
麻袋装土(0.7 m×0.4 m×0.2 m)	1.5	12 ~15 t 重混凝土四面体	7.2
ϕ0.5 ×2 m 装石竹笼	2.0	20 t 重混凝土四面体	7.5
ϕ0.6 ×4 m 装石竹笼	2.5 ~3.0	ϕ1.0 ×15 m 柴石枕	7 ~8
ϕ0.8 ×6 m 装石竹笼	3.5 ~4.0		

任务六　拦洪度汛

一、坝体拦洪的导流标准

当坝体填筑高程达到不需围堰保护时,其临时度汛洪水标准应根据坝型及坝前拦洪库容按表 1-8 规定执行。

表 1-8　坝体施工期临时度汛洪水标准

坝型	拦洪库容(亿 m^3)		
	>1.0	1.0 ~ 0.1	<0.1
	洪水重现期(年)		
土石	>100	100 ~ 50	50 ~ 20
混凝土	>50	50 ~ 20	20 ~ 10

二、拦洪高程的确定

一般导流泄水建筑物的泄水能力远不及原河道。洪水来临时的泄洪过程如图 1-28 所示。$t_1 \sim t_2$ 时段,进入施工河段的洪水流量大于泄水建筑物的泄量,使部分洪水暂时存蓄在水库中,抬高上游水位,形成一定容积的水库,此时泄水建筑物的泄量随着上游水位的升高而增大,达到洪峰流量 Q_m。入库的洪峰流量 Q_m 过后($t_2 \sim t_3$ 时段),入库流量逐渐减少,但入库流量仍大于泄量,蓄水量继续增大,库水位继续上升,泄量 q 也随之增加,直到时刻 t_3,入流量和泄量相等时,蓄水容积达到最大值 V_m,相应的上游水位达最高值 H_m,即坝体挡水或拦洪水位,泄水建筑物的泄量也达最大值 q_m,即泄水建筑物的设计流量。t_3 时刻以后,Q 继续减少,库水位逐渐下降,q 也开始减少,但此时库水位较高,泄量 q 仍较大,且大于入流量 Q,使水库存蓄的水量逐渐排出,直到 t_4 时刻,蓄水全部排完,回复到原来的状态。以上便是水库调节洪水的过程。显然,由于水库的这种调节作用,削减了通过泄水建筑物的最大泄量(如图 1-28 所示,由 Q_m 削减为 q_m),但却抬高了坝体上游的水位,因此要确定坝体的挡水或拦洪高程,需要通过调洪计算,以求得相应的最大泄量 q_m 与上游最高水位 H_m。上游最高水位 H_m 加上安全超高便是坝体的挡水或拦洪高程。

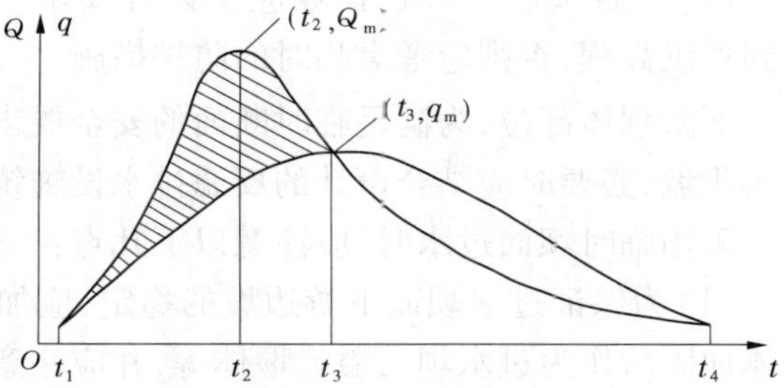

图 1-28　入流和泄流过程示意图

用公式表示为

$$H_f = H_m + \delta \qquad (1\text{-}7)$$

式中　H_m——拦洪水位,m;

δ——安全超高,m,依据坝的级别而定,1 级时取 $\delta\geq1.5$,2 级时取 $\delta\geq1.0$,3 级时取 $\delta\geq0.75$,4 级时取 $\delta\geq0.5$。

三、拦洪度汛措施

根据施工进度安排,汛期到来之前,若坝体不可能修筑到拦洪高程时,必须考虑拦洪度汛措施,尤其当主体建筑物为土坝或堆石坝且坝体填筑又相当高时,更应给予足够的重视,因为一旦坝身过水,就会造成严重的溃坝后果。

(一)混凝土坝的拦洪度汛

混凝土坝一般是允许过水的,若坝身在汛期前不可能浇筑到拦洪高程,为了避免坝身过水时造成停工,可以在坝面上预留缺口以度汛,待洪水过后再封填缺口,全面上升。此外,如果根据混凝土浇筑进度安排,虽然在汛前坝身可以浇筑到拦洪高程,但一些纵向施工缝尚未灌浆封闭时,可考虑用临时断面挡水。在这种情况下,必须提出充分论证,采取相应措施,以消除应力恶化的影响。如柘溪工程的大头坝为提前挡水就采用了调整纵缝位置、提高初期灌浆高程和改变纵缝形式等措施,以改善坝体的应力状态。

(二)土石坝拦洪度汛措施

土坝、堆石坝一般是不允许过水的,若坝身在汛期前不可能填筑到拦洪高程,一般可以考虑采用降低溢洪道高程、设置临时溢洪道并用临时断面挡水,或经过论证采用临时坝体保护过水等措施。

采用临时断面挡水时如图 1-29 所示,应注意以下几点:

(1)临时断面顶部应有足够的宽度,以便在紧急情况下仍有余地抢筑子堰,确保安全。

(2)临时断面的边坡应保证稳定,其安全系数一般应不低于正常设计标准。为防止施工期间由于暴雨冲刷和其他原因而坍坡,必要时应采取简单的防护措施和排水措施。

(3)心墙坝的防渗体一般不允许采用临时断面。

(4)上游垫层和块石护坡应按设计要求筑到拦洪高程,否则应考虑临时的防护措施。

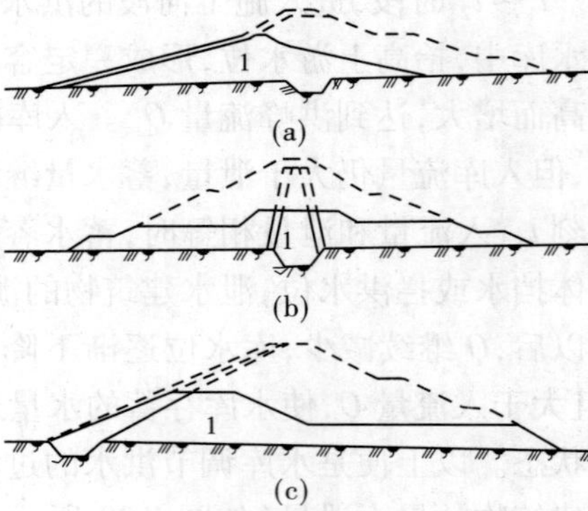

1—临时断面

图 1-29　土坝拦洪的临时断面

下游坝体部位,为满足临时断面的安全要求,基础清理完毕后,应按全断面填筑几米后再收坡,必要时应结合设计的反滤排水设施统一安排考虑。

采用临时坝面过水时,应注意以下几点:

(1)为保证过水坝面下游边坡的稳定,应加强保护或作成专门的溢流堰,例如利用反滤体加固后作为过水坝面溢流堰体等,并应注意堰体下游的防冲保护。

(2)靠近岸边的溢流体堰顶高程应适当抬高,以减小坝面单宽流量,减轻水流对岸坡的冲刷。

(3)坝面高程一般应低于溢流堰体顶0.5~2.0 m或做成反坡式坝面,以避免过水坝面的冲淤。

(4)根据坝面过流条件,合理选择坝面保护型式,防止淤积物渗入坝体,特别注意防渗体、反滤层等的保护。必要时上游设置拦污设施,防止漂木、杂物淤积坝面,撞击下游边坡。

任务七　蓄水计划与封堵技术

施工后期,当坝体已修筑到拦洪高程以上,能够发挥挡水作用时,其他工程项目,如混凝土坝已完成了基础灌浆和坝体纵缝灌浆、库区清理、水库坍岸和渗漏处理已经完成,建筑物质量和闸门设施等也均经检查合格,这时,整个工程就进入了所谓完建期。应根据施工的总进度计划、主体工程或控制性建筑物的施工进度、天然河流的水文特征、下游的用水要求、受益时间及是否具备封堵条件等,有计划地进行导流临时泄水建筑物的封堵和水库的蓄水工作。

一、蓄水计划

水库的蓄水与导流用临时挡水建筑物的封堵有密切关系,只有将导流用临时泄水建筑物封堵后,才有可能进行水库蓄水。因此,必须制订一个积极可靠的蓄水计划,既能保证发电、灌溉及航运等国民经济各部门所提出的要求,如期发挥工程效益,又要力争在比较有利的条件下,封堵导流用的临时泄水建筑物,使封堵工作得以顺利进行。

水库蓄水一般按保证率为75%~85%的年流量过程线来制定。可以从发电、灌溉及航运等国民经济各部门提出的运用期限和水位的要求,反推出水库开始蓄水的日期,即根据各时段的来水量减去下泄量和用水量得出各时段留在水库的水量,将这些水量依次累计,对照水库容积与水位关系曲线,就可制订出水库蓄水计划,也就是水库蓄水高程与历时关系曲线(见图1-30)。蓄水计划是施工后期进行水流控制、安排施工进度的主要依据。

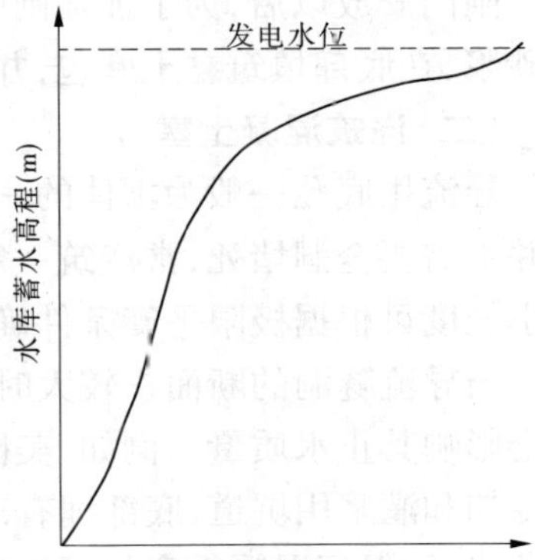

图1-30　水库蓄水过程与历时关系曲线

二、封堵技术

导流用临时泄水建筑物封堵时的设计流量,应根据河流水文特征及封堵条件进行选择,一般可选用封堵期10~20年一遇月或旬的平均流量,也可根据实测水文资料分析确定。封孔日期与初期蓄水计划有关,一般均在枯水期进行。最常用的封堵方式是首先下闸封孔,然后浇筑混凝土塞。

(一)下闸封孔

常用的封孔闸门有钢闸门、钢筋混凝土叠梁闸门、钢筋混凝土整体闸门等。我国新安江和柘溪工程的导流底孔封堵,成功地利用了多台5~10 t的手摇绞车,顺利沉放了重达321 t和540 t的钢筋混凝土整体闸门,如图1-31所示。这种方式断流快,水封好,只要起吊下放时掌握平衡,下沉比较方便,不需重型运输起吊设备,特别在库水位上升较快的工程中,最后封孔时被广泛采用。

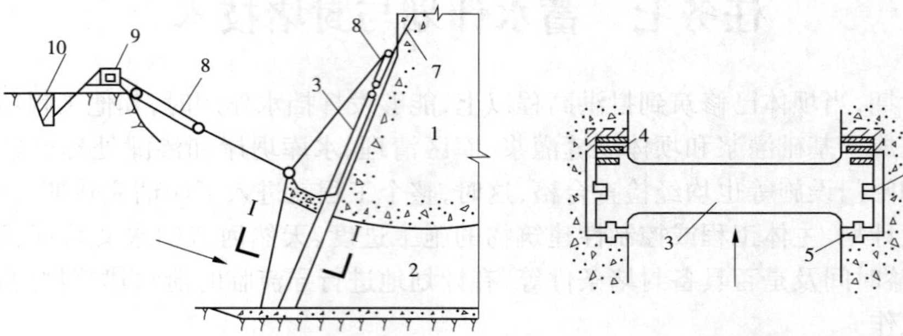

(a)底孔纵断面　　(b)闸门横断面

1—坝体;2—底孔;3—闸门;4—坝体承压板;5—止水槽;6—侧向导轮;
7—预埋铁吊环;8—滑车组;9—手摇绞车;10—锚锭

图1-31　新安江水电站导流底孔封堵示意图

闸门安放以后,为了加强闸门的水封防渗效果,在闸门槽两侧填以细粒矿渣并灌注水泥砂浆,在底部填筑黏土麻包,并在底孔内把闸门与坝面之间的金属承压板互相焊接。

(二)浇筑混凝土塞

导流用底孔一般为坝体的一部分,因此封堵时需要全孔堵死,而导流用的隧洞或涵管则并不需要全洞堵死,常浇筑一定长度的混凝土塞,就足以起永久挡水作用。混凝土塞的最小长度可根据极限平衡条件确定。

当导流隧洞的断面积较大时,混凝土塞的浇筑必须考虑降温措施,不然产生的温度裂缝会影响其止水质量。例如,美国新伯拉斯巴坝的导流隧洞封堵,在混凝土塞中央部位设有冷却和灌浆用坑道,底部埋有冷却水管,待混凝土塞的平均温度降至12.8 ℃时进行接触灌浆,以保证混凝土塞与围岩的连接,如图1-32所示。

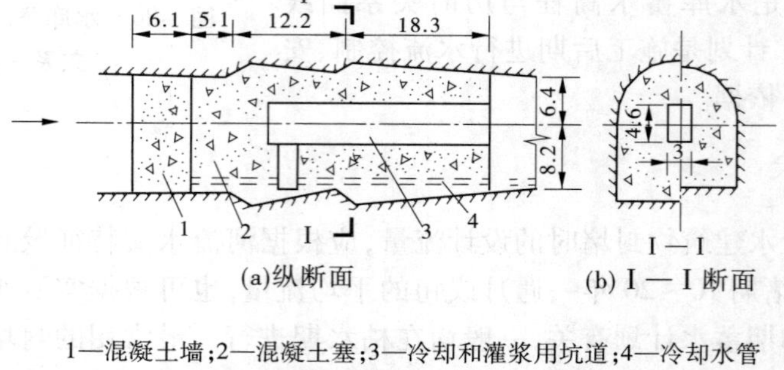

(a)纵断面　　(b) Ⅰ—Ⅰ断面

1—混凝土墙;2—混凝土塞;3—冷却和灌浆用坑道;4—冷却水管

图1-32　导流隧洞的堵头　(单位:m)

当临时泄水建筑物封堵以后,在一段时间内还有两个问题值得注意:一是下游工农业生产用水和居民生活用水如何解决;二是虽然封堵工程多选在洪水期后,但封堵以后万一发生意外大水,而溢洪道工程又未完成,则将出现紧张被动局面。所以,在提出封堵措施的同时,应对下游供水和预防意外大水作出相应的考虑和安排。

任务八 基坑排水

修建水利水电工程时,在围堰合龙闭气以后,就要排除基坑内的积水和渗水,以保持基坑基本干燥状态,以利于基坑开挖、地基处理及建筑物的正常施工。

基坑排水工作按排水时间及性质,一般可分为:①基坑开挖前的初期排水,包括基坑积水、基坑积水排除过程中的围堰堰体与基础渗水和堰体及基坑覆盖层中的含水量以及可能出现的降水的排除;②基坑开挖及建筑物施工过程中的经常性排水,包括围堰和基坑渗水、降水以及施工弃水量的排除。

如按排水方法分,基坑排水有明式排水和暗式排水(人工降低地下水位)两种。

一、明式排水

(一)排水量的确定

1.初期排水量估算

初期排水主要包括基坑积水、围堰与基坑渗水两大部分。对于降雨,因为初期排水是在围堰或截流戗堤合龙闭气后立即进行的,通常是在枯水期内,而枯水期降雨很少,所以一般可不予考虑。除积水和渗水外,有时还需考虑填方和基础中的饱和水。

初期排水渗透流量原则上可按有关公式计算。但是,初期排水时的渗流量估算往往很难符合实际。因为,此时还缺乏必要的资料。通常不单独估算渗流量,而将其与积水排除流量合并在一起,依靠经验估算初期排水总流量 Q:

$$Q = Q_1 + Q_s = k\frac{V}{T} \tag{1-8}$$

式中 Q_1——积水排除的流量,m^3/s;

Q_s——渗水排除的流量,m^3/s;

V——基坑积水体积,m^3;

T——初期排水时间,s;

k——经验系数,主要与围堰种类、防渗措施、地基情况、排水时间等因素有关,根据国外一些工程的统计,$k = 4 \sim 10$。

基坑积水体积可按基坑积水面积和积水水深计算,这是比较容易的。但是排水时间 T 的确定就比较复杂,排水时间 T 主要受基坑水位下降速度的限制,基坑水位的允许下降速度视围堰种类、地基特性和基坑内水深而定。水位下降太快,则围堰或基坑边坡中动水压力变化过大,容易引起坍坡。下降太慢,则影响基坑开挖时间。一般认为,土围堰的基坑水位下降速度应限制在 0.5 ~ 0.7 m/昼夜,木笼及板桩围堰等应小于 1.0 ~ 1.5 m/昼夜。初期排水时间,大型基坑一般可采用5~7 d,中型基坑一般不超过3~5 d。

通常,当填方和覆盖层体积不太大时,在初期排水且基础覆盖层尚未开挖时,可以不必计算饱和水的排除。如需计算,可按基坑内覆盖层总体积和孔隙率估算饱和水总水量。

按以上方法估算初期排水流量,选择抽水设备后,往往很难符合实际。在初期排水过程中,可以通过试抽法进行校核和调整,并为经常性排水计算积累一些必要资料。试抽时,如果水位下降很快,则显然是所选择的排水设备容量过大,此时应关闭一部分排水设备,使水位下降速度符合设计规定。试抽时,若水位不变,则显然是设备容量过小或有较大渗漏通道存在。此时,应增加排水设备容量或找出渗漏通道予以堵塞,然后进行抽水。还有一种情况是水位降至一定深度后就不再下降,这说明此时排水流量与渗流量相等,据此可估算出需增加的设备容量。

2.经常性排水的排水量的确定

经常性排水的排水量,主要包括围堰和基坑的渗水、降雨、地基岩石冲洗及混凝土养护用废水等。设计中一般考虑两种不同的组合,从中择其大者,以选择排水设备。一种组合是渗水加降雨,另一种组合是渗水加施工废水。降雨和施工废水不必组合在一起,这是因为二者不会同时出现;如果全部叠加在一起,显然太保守。

1)降雨量的确定

在基坑排水设计中,对降雨量的确定尚无统一的标准。大型工程可采用20年一遇3 d降雨中最大的连续6 h雨量,再减去估计的径流损失值(1 mm/h),作为降雨强度;也有的工程采用日最大降雨强度,基坑内的降雨量可根据上述计算降雨强度和基坑集雨面积求得。

2)施工废水

施工废水主要考虑混凝土养护用水,其用水量估算,应根据气温条件和混凝土养护的要求而定。一般初估时,可按每立方米混凝土每次用水5 L,每天养护8次计算。

3)渗透流量计算

通常,基坑总渗透流量包括围堰渗透量和基础渗透量两大部分。关于渗透流量的详细计算方法,在水力学、水文地质和水工结构等论著中均有介绍,这里仅介绍估算渗透流量常用的一些方法,以供参考。

按照基坑条件和所采用的计算方法,有以下几种计算情况:

(1)基坑远离河岸不必设围堰时,渗入基坑的全部流量Q的计算。

首先按基坑宽长比$\frac{B}{L}$将基坑区分为窄长形基坑($\frac{B}{L}\leqslant 0.1$)和宽阔基坑($\frac{B}{L}>0.1$)。前者按沟槽公式计算,后者则化为等效的圆井,按井的渗流公式计算。此时还可区分为无压完全井、无压不完全井、承压完全井、承压不完全井等情况,可参考有关水力学手册计算。

(2)筑有围堰时,基坑渗透量的简化计算。

和前一种情况相仿,也将基坑简化为等效圆井计算。常遇到的情况有以下两种:

①无压完整形基坑，如图 1-33 所示。首先分别计算出上、下游面基坑的渗流量 Q_{1s} 和 Q_{2s}，然后相加，则得基坑总渗透量 $Q_s = Q_{1s} + Q_{2s}$。

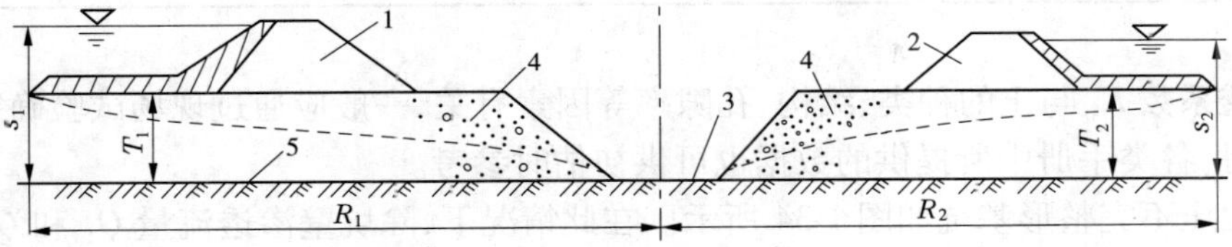

（s_1、s_2 分别为上、下游水位，T_1、T_2 分别为上、下游基坑覆盖层厚度）

1—上游围堰；2—下游围堰；3—基坑；4—基坑覆盖层；5—隔水层

图 1-33　有围堰的无压完整形基坑

$$Q_{1s} = \frac{1.365}{2} \frac{K_s(2s_1 - T_1)T_1}{\lg \frac{R_1}{r_0}} \tag{1-9}$$

$$Q_{2s} = \frac{1.365}{2} \frac{K_s(2s_2 - T_2)T_2}{\lg \frac{R_2}{r_0}} \tag{1-10}$$

式中　K_s——基础的渗透系数；

s_1、T_1、s_2、T_2——其含义见图 1-33；

R_1、R_2——降水曲线的影响半径；

r_C——实际基坑简化为等效圆井时的化引半径。

式(1-9)和式(1-10)分别适用于 $R_1 > 2s_1\sqrt{s_1K_s}$ 和 $R_2 > 2s_2\sqrt{s_2K_s}$。R_1、R_2 取值主要与土质有关。根据经验，细砂的 $R = 100 \sim 200$ m，中砂的 $R = 250 \sim 500$ m，粗砂的 $R = 700 \sim 1\ 000$ m。R 值也可按照各种经验公式估算，例如按库萨金公式：

$$R = 575s\sqrt{HK_s} \quad (\text{m}) \tag{1-11}$$

式中　H——含水层厚度，m；

s——水面降落深度，m；

K_s——渗透系数，m/h。

对于不规则形状的基坑：　$r_0 = \sqrt{\frac{F}{\pi}}$　（1-12）

对于矩形基坑：　$r_0 = \eta \frac{L + B}{4}$　（1-13）

式中　F——基坑面积，m^2；

B、L——基坑宽度和长度；

η——基坑形状系数，与 $\frac{B}{L}$ 值有关（见表 1-9）。

表 1-9　基坑形状系数 η 值

B/L	0	0.2	0.4	0.6	0.8	1.0
η	1.0	1.12	1.16	1.18	1.18	1.18

渗透系数 K_s 与土的种类、结构、孔隙率等因素有关，一般应通过现场试验确定。当缺乏资料时，各类手册中所提供的数据也可供初估时参考。

②无压不完整形基坑如图 1-34 所示。在此情况下，除坑壁渗透流量 Q_{1s} 和 Q_{2s} 仍按完整形基坑公式计算外，尚需计入坑底渗透流量 q_1 和 q_2。基坑总渗透流量 Q_s 为

$$Q_s = Q_{1s} + Q_{2s} + q_1 + q_2 \tag{1-14}$$

其中，Q_{1s} 和 Q_{2s} 仍按式(1-9)和式(1-10)计算。q_1 和 q_2 则按以下两式计算：

$$q_1 = \frac{K_s T s_1}{\dfrac{R_1 - l}{T} - 1.47\lg\left(\mathrm{sh}\dfrac{\pi l}{2T}\right)} \tag{1-15}$$

$$q_2 = \frac{K_s T s_2}{\dfrac{R_2 - l}{T} - 1.47\lg\left(\mathrm{sh}\dfrac{\pi l}{2T}\right)} \tag{1-16}$$

式中　l——基坑顺水流向长度的一半；

T——坑底以下覆盖层厚度，如图 1-34 所示；

其他参数确定参考有关资料。

式(1-15)和式(1-16)分别适用于 $R_1 > l + T$ 和 $R_2 > l + T$ 的情况。

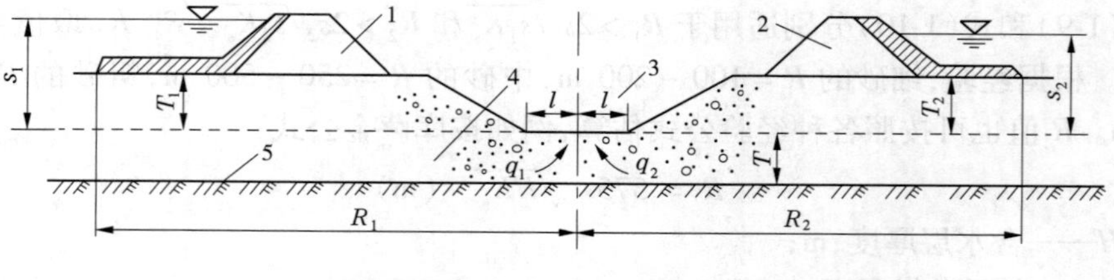

1—上游围堰；2—下游围堰；3—基坑；4—基坑覆盖层；5—隔水层

图 1-34　有围堰的无压不完整形基坑

(3)考虑围堰结构特点的渗透计算。

以上两种简化方法是把宽阔基坑，甚至连同围堰在内，化引为等效圆形直井计算。这显然是十分粗略的。当基坑为窄长形，且需考虑围堰结构特点时，渗水量的计算可分为围堰和基础两部分，分别计算后予以叠加。按这种方法计算时，采用以下简化假定：计算围堰渗透时，假定基础是不透水的；计算基础渗透时，则认为围堰是不透水的。有时并不进行这种区分，而将围堰和基础一并考虑，也可选用相应的计算公式。由于围堰的种类很多，各种围堰的渗透计算公式可查阅有关水工手册和水力计算手册。

应当指出，应用各种公式估算渗透流量的可靠性，不仅取决于公式本身的精度，而且还取决于计算参数的正确选择。特别是像渗透系数这类物理常数，对计算结果的影响很

大。但是,在初步估算时,往往不可能获得较详尽而可靠的渗透系数资料。此时,也可采用更简便的估算方法。

当基坑在透水地基上时,可按照表1-10所列的参考指标来估算整个基坑的渗透流量。

表1-10 1 m水头下1 m^2基坑面积的渗透流量

土类	细砂	中砂	粗砂	砂砾石	有裂缝的岩石
渗透流量(m^3/h)	0.16	0.24	0.30	0.35	0.05~0.10

(二)基坑排水布置

排水系统的布置通常应考虑两种不同情况:一种是基坑开挖过程中的排水系统布置;另一种是基坑开挖完成后修建建筑物时的排水系统布置。布置时,应尽量同时兼顾这两种情况,并且使排水系统尽可能不影响施工。

基坑开挖过程中的排水系统布置,应以不妨碍开挖和运输工作为原则。一般常将排水干沟布置在基坑中部,以利两侧出土,如图1-35所示。随基坑开挖工作的进展,逐渐加深排水干沟和支沟。通常保持干沟深度为1~1.5 m,支沟深度为0.3~0.5 m。集水井多布置在建筑物轮廓线外侧,井底应低于干沟沟底。但是,由于基坑坑底高程不一,有的工程就采用层层设截流沟、分级抽水的办法,即在不同高程上分别布置截水沟、集水井和水泵站,进行分级抽水。

建筑物施工时的排水系统,通常都布置在基坑四周,如图1-36所示。排水沟应布置在建筑物轮廓线外侧,且距离基坑边坡坡脚不少于0.3~0.5 m。排水沟的断面尺寸和底坡大小,取决于排水量的大小。一般排水沟底宽不小于0.3 m,沟深不大于1.0 m,底坡不小于0.002。在密实土层中,排水沟可以不用支撑,但在松土层中,则需用木板或麻袋装石来加固。

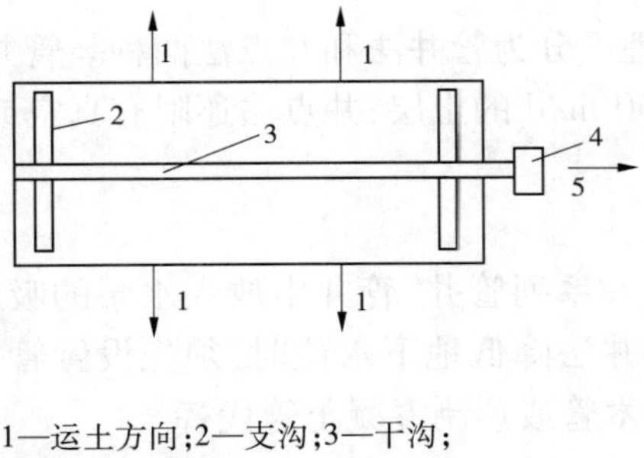

1—运土方向;2—支沟;3—干沟;
4—集水井;5—水泵抽水

图1-35 基坑开挖过程中排水系统的布置

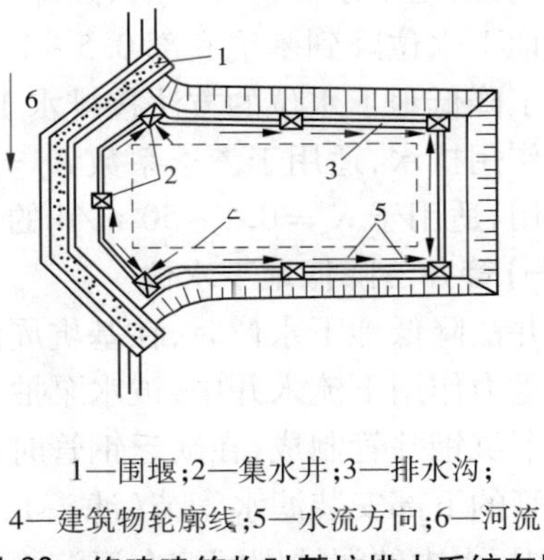

1—围堰;2—集水井;3—排水沟;
4—建筑物轮廓线;5—水流方向;6—河流

图1-36 修建建筑物时基坑排水系统布置

水经排水沟流入集水井后,利用在井边设置的水泵站,将水从集水井中抽出。集水井布置在建筑物轮廓线以外较低的地方,它与建筑物外缘的距离必须大于井的深度。井的容积至少要能保证水泵停止抽水10~15 min,井水不致漫溢。集水井可为长方形,边长1.5~2.0 m,井底高程应低于排水沟底1.0~2.0 m。在土中挖井,其底面应铺填反滤料,在密实土中,井壁用框架支撑在松软土中,利用板桩加固。如板桩接缝漏水,尚需在井壁外设置反滤层。集水井不仅可用来集聚排水沟的水量,而且还应有澄清水的作用,因为水泵的使用年限与水中含沙量的多少有关。为了保护水泵,集水井宜稍为偏大、偏深一些。

为防止降雨时地面径流进入基坑而增加抽水量,通常在基坑外缘边坡上挖截水沟,以拦截地表水。截水沟的断面及底坡应根据流量和土质而定,一般沟宽和沟深不小于0.5 m,底坡不小于0.002,基坑外地面排水系统最好与道路排水系统相结合,以便自流排水。为了降低排水费用,当基坑渗水水质符合饮用水或其他施工用水要求时,可将基坑排水与生活、施工供水相结合。丹江口工程的基坑排水就直接引入供水池,供水池上设有溢流闸门,多余的水则溢入江中。

明式排水系统最适用于岩基开挖。对砂砾石或粗砂覆盖层,当渗透系数 K_s 大于 2×10^{-1} cm/s时,且围堰内外水位差不大的情况也可用。在实际工程中,也有超出上述界限的,例如丹江口的细砂地基,渗透系数约为 2×10^{-2} cm/s,采用适当措施后,明式排水也取得了成功。不过,一般认为,当 $K_s<10^{-1}$ cm/s 时,以采用人工降低水位法为宜。

二、暗式排水

经常性排水过程中,为了保持基坑开挖工作始终在干地进行,常常要多次降低排水沟和集水井的高程,变换水泵站的位置,影响开挖工作的正常进行。此外,在开挖细砂土、砂壤土一类地基时,随着基坑底面的下降,坑底与地下水位的高差愈来愈大,在地下水渗透压力作用下,容易产生边坡脱滑、坑底隆起等事故,甚至危及邻近建筑物的安全,对开挖工作带来不良影响。

而采用人工降低地下水位,可以改变基坑内的施工条件,防止流砂现象的发生,基坑边坡可以陡些,从而可以大大减少挖方量。人工降低地下水位的基本做法是:在基坑周围钻设一些井,地下水渗入井中后,随即被抽走,使地下水位线降到开挖的基坑底面以下,一般应使地下水位降到基坑底部0.5~1.0 m。

人工降低地下水位的方法按排水工作原理可分为管井法和井点法两种。管井法是单纯重力作用排水,适用于渗透系数 $K_s=10\sim250$ m/d 的土层;井点法还附有真空或电渗排水的作用,适用于 $K_s=0.1\sim50$ m/d 的土层。

(一)管井法降低地下水位

管井法降低地下水位时,在基坑周围布置一系列管井,管井中放入水泵的吸水管,地下水在重力作用下流入井中,被水泵抽走。管井法降低地下水位时,须先设置管井,管井通常由下沉钢井管制成,在缺乏钢管时也可用木管或预制混凝土管代替。

井管的下部安装滤水管节(滤头),有时在井管外还需设置反滤层,地下水从滤水管进入井内,水中的泥沙则沉淀在沉淀管中。滤水管是井管的重要组成部分,其构造对井的出水量和可靠性影响很大。要求它过水能力大,进入的泥沙少,有足够的强度和耐久性。如图1-37所示是滤水管节的构造简图。

井管埋设可采用射水法、振动射水法及钻孔法下沉。射水下沉时,先用高压水冲土下沉套管,较深时可配合振动或锤击(振动水冲法),然后在套管中插入井管,最后在套管与井管的间隙中间填反滤层和拔套管,反滤层每填高一次便拔一次套管,逐层上拔,直至完成。

管井中抽水可应用各种抽水设备，但主要的是普通离心式水泵、潜水泵或深井水泵，分别可降低水位 3～6 m、6～20 m 和 20 m 以上，一般采用潜水泵较多。用普通离心式水泵抽水，由于吸水高度的限制，当要求降低地下水位较深时，要分层设置管井，分层进行排水。

要求大幅度降低地下水位的深井中抽水时，最好采用专用的离心式深井水泵。每个深井水泵都是独立工作的，井的间距也可以加大，深井水泵一般深度大于 20 m，排水效果好，需要井数少。

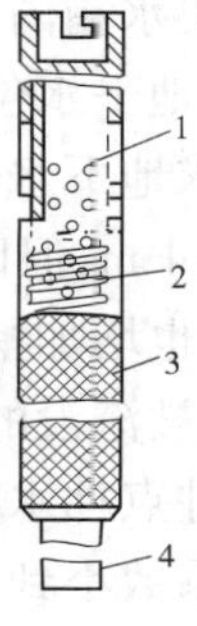

1—多孔管，钻孔面积占总面积的20%～25%；2—绕面螺旋状的铁丝，ϕ3～4 mm；3—错丝网，1～2 层；4—沉淀管

图 1-37 滤水管节的构造简图

（二）井点法降低地下水位

与管井法不同，井点法把井管和水泵的吸水管合二为一，简化了井的构造。

井点法降低地下水位的设备，根据其降深能力分轻型井点（浅井点）和深井点等，其中最常用的是轻型井点。轻型井点是由井管、集水总管、普通离心式水泵、真空泵和集水箱等设备组成的一个排水系统，如图 1-38 所示。

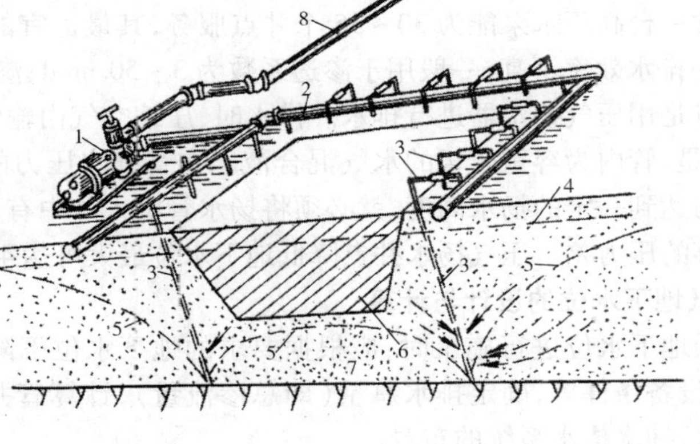

1—带真空泵和集水箱的离心式水泵；2—集水总管；3—井管；4—原地下水位；5—排水后水面降落曲线；6—基坑；7—不透水层；8—排水管

图 1-38 轻型井点系统

1. 轻型井点

轻型井点系统的井点管为直径 38～50 mm 的无缝钢管，间距为 0.6～1.8 m，最大可到 3.0 m。地下水从井管下端的滤水管借真空泵和水泵的抽吸作用流入管内，沿井管上升汇入集水总管，流入集水箱，由水泵排出。轻型井点系统开始工作时，先开动真空泵，排除系统内的空气，待集水井内的水面上升到一定高度后，再启动水泵排水。水泵开始抽水后，为了保持系统内的真空度，仍需真空泵配合水泵工作。这和井点系统也叫真空井点。井点系统排水时，地下水位的下降深度，取决于集水箱内的真空度与管路的漏气和水力损

失。一般集水箱内真空度 80 kPa(400 ~ 600 mmHg),相当于吸水高度为 5 ~ 8 m,扣去各种损失后,地下水位的下降深度为 4 ~ 5 m。

当要求地下水位降低的深度超过 4 ~ 5 m 时,可以像管井一样分层布置井点,每层控制范围 3 ~ 4 m,但以不超过 3 层为宜。分层太多,基坑范围内管路纵横,妨碍交通,影响施工,同时也增加挖方量,而且当上层井点发生故障时,下层水泵能力有限,地下水位回升,基坑有被淹没的可能。

真空井点抽水时,在滤水管周围形成一定的真空梯度,加速了土的排水速度,因此即使在渗透系数小到 0.1 m/d 的土层中,也能进行工作。

布置井点系统时,为了充分发挥设备能力,集水总管、集水管和水泵应尽量接近天然地下水位。当需要几套设备同时工作时,各套总管之间最好接通,并安装开关,以便相互支援。

井管的安设,一般用射水法下沉。距孔口 1.0 m 范围内,应用黏土封口,以防漏气。排水工作完成后,可利用杠杆将井管拔出。

2. 深井点

深井点与轻型井点不同,它的每一根井管上都装有扬水器(水力扬水器或压气扬水器),因此它不受吸水高度的限制,有较大的降深能力。

深井点有喷射井点和扬水井点两种。喷射井点由集水池、高压水泵、输水干管和喷射井管等组成。通常一台高压水泵能为 30 ~ 35 个井点服务,其最适宜的降水位范围为 5 ~ 18 m。喷射井点的排水效率不高,一般用于渗透系数为 3 ~ 50 m/d、渗流量不大的场合。

压气扬水井点是用压气扬水器进行排水。排水时,压缩空气由输气管送来,由喷气装置进入扬水管,于是,管内为容重较轻的水气混合液。在管外水压力的作用下,沿水管上升到地面排走。为达到一定的扬水高度,就必须将扬水管沉入井中有足够的潜没深度,使扬水管内外有足够的压力差。压气扬水井点降低地下水位最大可达 40 m。

(三)人工降低地下水位的设计与计算

采用人工降低地下水位进行施工时,应根据要求的地下水位下降深度、水文地质条件、施工条件以及设备条件等,确定排水总量(即总渗流量),计算管井或井点的需要量,选择抽水设备,进行抽水排水系统的布置。

总渗透流量的计算,可参考前面经常性排水中所介绍的方法和其他有关论著。

管井和井点数目 n 可根据总渗透流量 Q 和单井集水能力 q_{max} 决定,即

$$n = \frac{Q}{0.8q_{max}} \tag{1-17}$$

单井的集水能力取决于滤水管面积和通过滤水管的允许流速,即

$$q_{max} = 2\pi r_0 l v_p \tag{1-18}$$

式中 r_0——滤水管的半径,m,当滤水管四周不设反滤层时,用滤水管半径,当设反滤层时,半径应包括反滤层在内;

l——滤水管长度,m;

v_p——允许流速,m/d,$v_p = 65\sqrt[3]{K}$,其中 K 为渗透系数(m/d)。

根据上面计算确定的 n 值,考虑到抽水过程中有些井可能被堵塞,因此尚应增加

5% ~10%。管井或井点的间距 d(m),可根据排水系统的周线长度 L(m)来确定,即

$$d = \frac{L}{n} \tag{1-19}$$

在进行具体布置时,还应考虑满足下列要求:①为了使井的侧面进水不过分减少,井的间距不宜过小,要求轻型井点 $d \approx (5 \sim 10)2\pi r_0$,深井点 $d \approx (15 \sim 25)2\pi r_0$;②在渗透系数小的土层中,若间距过大,地下水位降低时间太长,因此要以抽水、降低地下水位时间来控制井的间距;③井的间距要与集水总管三通的间距相适应;④在基坑四角和靠近地下水流方向一侧,间距宜适当缩短。

井的深度可按下式进行计算:

$$H = s_0 + \Delta s + \Delta h + h_0 + l \tag{1-20}$$

$$\Delta s = \frac{0.8q_{max}}{2.73Kl}\lg\frac{1.32l}{r_0} \tag{1-21}$$

式中 Δh——进入滤水管的水头损失,0.5 ~1.0 m;

h_0——要求的滤水管沉没深度,m,视井点构造不同而异,多小于 2.0 m;

s_0——原地下水位与基坑底的高差,m;

Δs——基坑底与滤水管处降落水位的高差,m,可用式(1-21)确定;

其他符号意义同前。

项目二 钢筋混凝土工程

钢筋混凝土工程在水利工程施工中无论是人力、物力的消耗，还是对工期的影响都占有非常重要的地位。

钢筋混凝土工程包括钢筋工程、模板工程和混凝土工程三个主要工种工程，由于施工过程多，因此要加强施工管理、统筹安排、合理组织，以保证工程质量，加快施工进度，降低施工费用，提高经济效益。

任务一 钢筋工程

一、钢筋加工

运至工厂的钢筋应有出厂证明和试验报告单，运至工地后应根据不同等级、钢号、规格及生产厂家分批分类堆放，不得混淆，且应立牌以资识别。应按施工规范要求，使用前应作拉力和冷弯试验，需要焊接的钢筋尚应作好焊接工艺试验。

钢筋的加工包括调直、去锈、切断、弯曲和连接等工序。

（一）钢筋调直、去锈

钢筋就其直径而言可分为两大类：直径不大于 12 mm 卷成盘条的叫轻筋，大于 12 mm 呈棒状的叫重筋。调直 12 mm 以下的钢筋，主要采用卷扬机拉直或用调直机调直，用冷拉法调直钢筋，其矫直冷拉率不得大于 1%（Ⅰ级钢筋不得大于 2%）。钢筋在调直机上调直后，其表面伤痕不得使钢筋截面面积减少 5% 以上。对于直径大于 30 mm 的钢筋，可用弯筋机进行调直。

对于不需要调直的钢筋表面的鳞锈，应用锤敲去或用钢丝刷清除，以免影响钢筋与混凝土的黏结。对于一般浮锈可以不必清除。

（二）钢筋切断

切断钢筋可用切断机进行。对于直径为 22 ~ 40 mm 的钢筋，一般采用单根切断；对于直径在 22 mm 以下的钢筋，则可一次切断数根。如图 2-1 所示，工作时切口上的两个刀片互相配合后切断钢筋，对于直径大于 40 mm 的钢筋，要用氧气切割或电弧切割。

1—切口刀片；2—偏心轴；3—电动机

图 2-1 钢筋切断机

（三）钢筋连接

钢筋连接常用的连接方法有焊接连接、机械连接和绑扎连接。

1. 钢筋焊接

钢筋的焊接质量与钢材的可焊性、焊接工艺有关。常用的焊接方法有闪光对焊、电弧焊、电渣压力焊和电阻点焊等。

1)闪光对焊

钢筋闪光对焊具有生产效率高、操作方便、节约钢材、焊接质量高、接头受力性能好等许多优点。它适用于直径10~40 mm的Ⅰ~Ⅲ级热轧钢筋、直径10~25 mm的Ⅳ级热轧钢筋以及直径10~25 mm的热处理Ⅲ级钢筋的焊接。

钢筋闪光对焊过程如下:如图2-2所示,先将钢筋夹入对焊机的两电极中,闭合电源,然后使钢筋两端面轻微接触,这时即有电流通过,由于接触轻微,钢筋端面不平,接触面很小,故电流密度和接触电阻很大,因此接触点很快熔化,形成"金属过梁"。过梁进一步加热,产生金属蒸气飞溅,形成闪光形象,故称闪光对焊。通过烧化钢筋端部温度升高到要求温度后,便快速将钢筋挤压(称顶锻),然后断电,即形成焊接头。

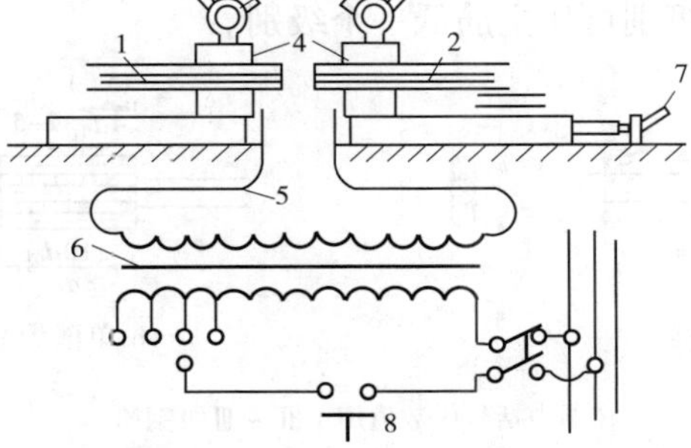

1、2—钢筋;3—夹紧装置;4—夹具;5—线路;6—变压器;7—加压杆;8—开关

图2-2 对焊机工作原理

根据所用对焊机功率大小及钢筋品种、直径不同,闪光对焊又分连续闪光焊、预热闪光焊、闪光-预热闪光焊等不同工艺。钢筋直径较小时,可采用连续闪光焊;钢筋直径较大,端面较平整时,宜采用预热闪光焊;直径较大,且端面不够平整时,宜采用闪光-预热闪光焊;Ⅳ级钢筋必须采用预热闪光焊或闪光-预热闪光焊;对Ⅳ级钢筋中焊接性差的钢筋还应采取焊后通电热处理的方法以改善接头焊接质量。

采用不同直径的钢筋进行闪光对焊时,直径相差以一级为宜,且不得大于4 mm。采用闪光对焊时,钢筋端头如有弯曲,应予矫直或切除。

2)电弧焊

电弧焊系利用弧焊机使焊条与焊件之间产生高温电弧,使焊条和电弧燃烧范围内的焊件金属熔化,熔化的金属凝固后,便形成焊缝或焊接接头。电弧焊应用范围广,如钢筋的接长、钢筋骨架的焊接、钢筋与钢板的焊接、装配式结构接头的焊接及其他各种钢结构的焊接等。

钢筋电弧焊可分为搭接焊、帮条焊、坡口焊三种接头形式。

(1)搭接焊接头。

搭接焊接头如图2-3所示,适用于焊接直径10~40 mm的Ⅰ~Ⅲ级钢筋。钢筋搭接焊宜采用双面焊,不能进行双面焊时,可采用单面焊。焊接前,钢筋宜预弯,以保证两钢筋的轴线在一直线上,使接头受力性能良好。

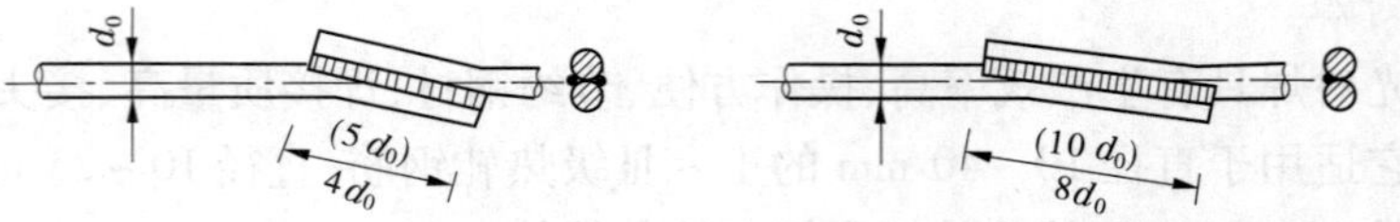

(a)双面焊缝　　　　(b)单面焊缝

图 2-3　搭接焊接头

(2)帮条焊接头。

帮条焊接头如图 2-4 所示,适用于焊接直径 10 ~ 40 mm 的Ⅰ ~ Ⅲ级钢筋。钢筋帮条焊宜采用双面焊,不能进行双面焊时,也可采用单面焊。带条宜采用与主筋同级别或同直径的钢筋制作;如帮条级别与主筋相同,帮条直径可以比主筋直径小一个规格;如帮条直径与主筋相同,帮条钢筋级别可比主筋低一个级别。

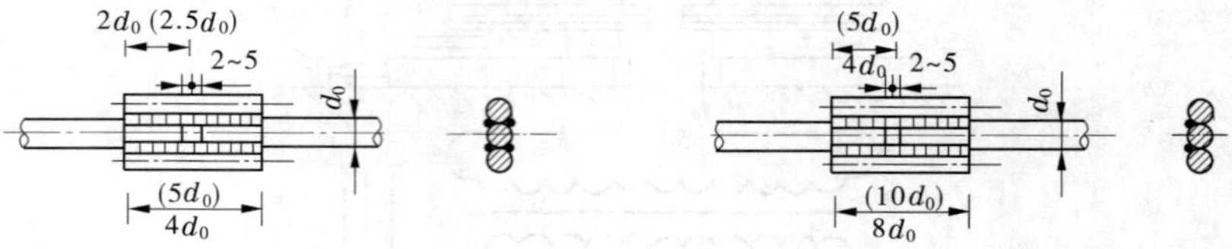

(a)双面焊缝　　　　(b)单面焊缝

(图中括号内数值用于Ⅱ ~ Ⅲ级钢筋)

图 2-4　帮条焊接头

钢筋搭接焊接头或帮条焊接头的焊缝厚度 h 应不小于 0.3 倍主筋直径,焊缝宽度 b 不应小于 0.7 倍主筋直径,如图 2-5 所示。

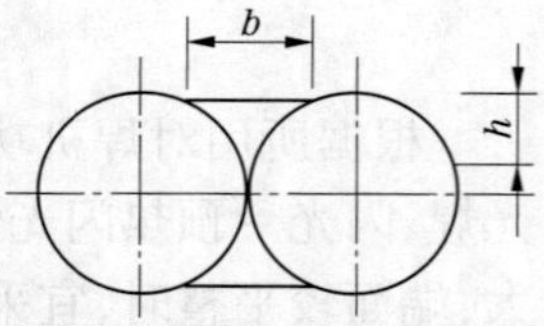

b—焊缝宽度;h—焊缝厚度

图 2-5　焊缝尺寸示意图

(3)坡口焊接头。

坡口焊接头比上两种接头节约钢材,适用于现场焊接装配现浇式构件接头中直径 18 ~ 40 mm 的Ⅰ ~ Ⅲ钢筋。

坡口焊按焊接位置不同可分为平焊与立焊,如图 2-6 所示。

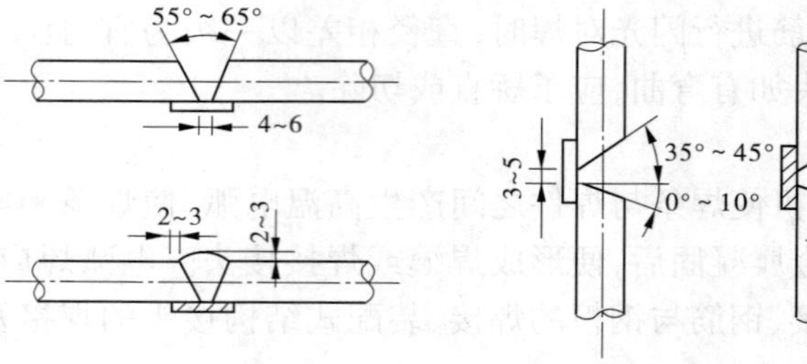

(a)平焊　　　　(b)立焊

图 2-6　坡口焊接头

3)电渣压力焊

电渣压力焊用于现浇混凝土结构中竖向或斜向(倾斜度在 1∶0.5 内),直径 14 ~ 40 mm 的Ⅰ、Ⅱ级钢筋的连接,不得用于梁、板等构件中水平钢筋的连接。有自动与手工电渣压力焊。与电弧焊比较,它工效高,成本低。

电渣压力焊是利用电流通过渣池产生的电阻热将钢筋端部熔化,然后施加压力使钢筋焊接在一起，如图 2-7 所示。

施焊时先将钢筋端部约 100 mm 范围内的铁锈杂质除净，将固定夹具夹牢在下部钢筋上，并将上部钢筋扶直对中夹牢于活动夹具中。再装上药盒并装满焊药，接通电源，用手柄使电弧引弧。稳定一定时间，使之形成渣池并使钢筋熔化（稳弧）。使熔化量达到一定数量时断电并用力迅速顶锻，以排除夹渣和气泡，形成接头，使之饱满、均匀、无裂纹。

4）电阻点焊

钢筋骨架和钢筋网中交叉钢筋的焊接宜采用电阻点焊，其所适用的钢筋直径和级别为：直径 6 ~ 14 mm 的热轧Ⅰ、Ⅱ级钢筋，直径 3 ~ 5 mm 的冷拔低碳钢丝和直径 4 ~ 12 mm 的冷轧带肋钢筋。所用的点焊机有单点点焊机（用以焊接较粗的钢筋）、多头点焊机（一次焊数点，用以焊钢筋网）和悬挂式点焊机（可得平面尺寸大的骨架或钢筋网）。现场还可采用手提式点焊机，如图 2-8 所示。

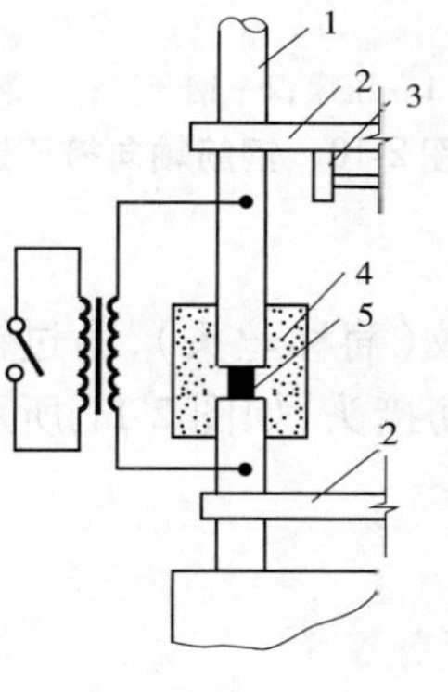

1—钢筋；2—夹钳；3—凸轮；
4—焊剂；5—铁丝团环球或导电焊剂

图 2-7　电渣压力焊

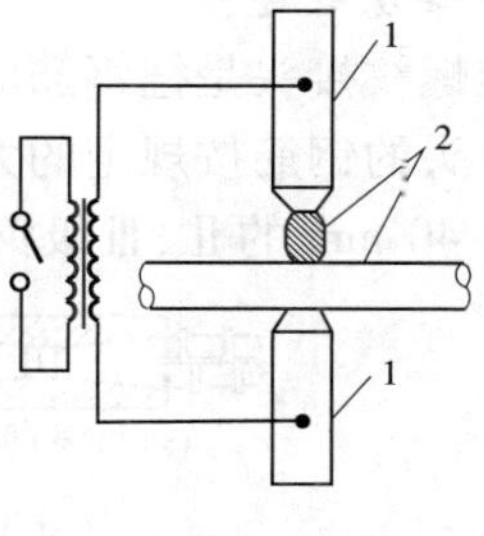

1—电极；2—钢丝

图 2-8　电焊机工作原理示意图

点焊时，将已除锈污的钢筋交叉放入点焊机的两电极间，使钢筋通电发热至一定温度后，加压使焊点金属焊牢。

采用点焊式绑扎，可提高工效，节约劳动力，成品刚性好，便于运输。

2. 钢筋机械连接

钢筋机械连接是通过连接件的机械咬合作用或钢筋端面的承压作用，将一根钢筋中力传递至另一根钢筋的连接方法。对于确保钢筋接头质量，改善施工环境，提高工作效率，保证工程进度具有明显优势。三峡工程永久船闸输水系统所用钢筋就是采用机械连接技术。

常用的钢筋机械连接类型有挤压连接、锥螺纹连接等。

1）带肋钢筋套筒挤压连接

带肋钢筋套筒挤压连接是将需要连接的带肋钢筋，插于特制的钢套筒内，利用挤压机压缩套筒，使之产生塑性变形，靠变形后的钢套筒与带肋钢筋之间的紧密咬合来实现钢筋的连接。它适用于钢筋直径为 16 ~ 40 mm 的Ⅱ、Ⅲ级带肋钢筋的连接。

钢筋挤压连接有钢筋径向挤压连接和钢筋轴向挤压连接。

(1)带肋钢筋套筒径向挤压连接是采用挤压机沿径向(即与套筒轴线垂直)将钢筋筒挤压产生塑性变形,使之紧密地咬住带肋钢筋的横肋,实现两根钢筋的连接,如图2-9所示。当不同直径的带肋钢筋采用挤压接头连接时,若套筒两端外径和壁厚相同,被连接钢筋的直径相差不应大于5 mm。

(2)带肋钢筋套筒轴向挤压连接是采用挤压机和压模对钢套筒及插入的两根对接钢筋,沿其轴向方向进行挤压,使套筒咬合到带肋钢筋的肋间,使其结合成一体,如图2-10所示。

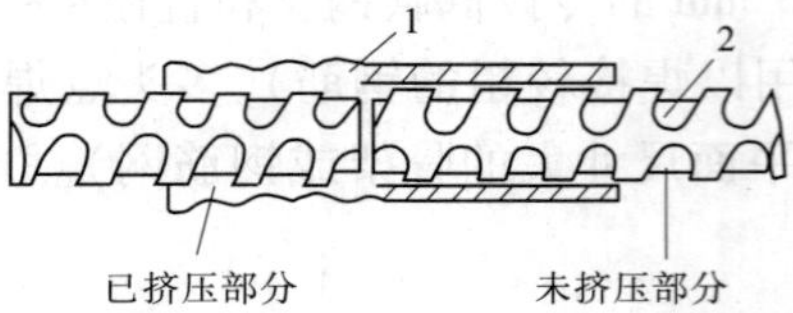

1—钢套筒;2—带肋钢筋

图2-9　钢筋径向挤压连接

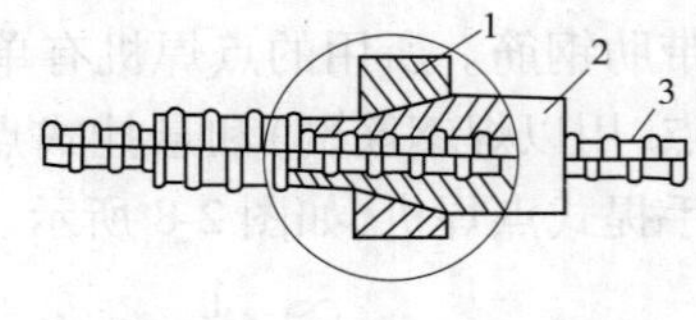

1—压模;2—钢套筒;3—钢筋

图2-10　钢筋轴向挤压连接

2)钢筋锥螺纹连接

钢筋锥螺纹接头是把钢筋的连接端加工成锥形螺纹(简称丝头),通过锥螺纹连接套把两根带丝头的钢筋按规定的力矩值连接成一体的钢筋接头,如图2-11所示。其适用于直径为16~40 mm的Ⅱ、Ⅲ级钢筋的连接。

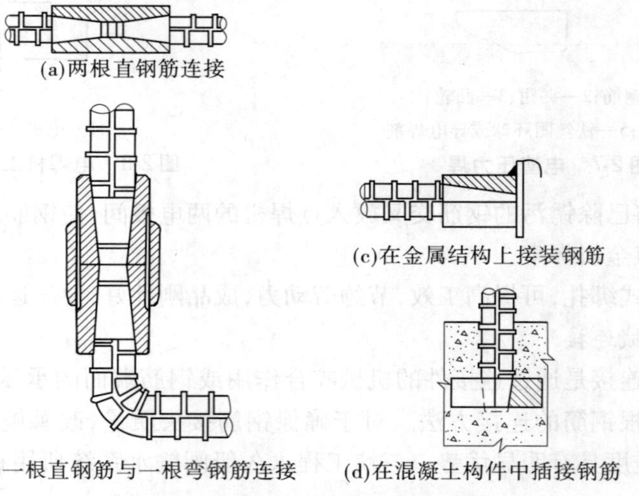

(a)两根直钢筋连接

(b)一根直钢筋与一根弯钢筋连接

(c)在金属结构上接装钢筋

(d)在混凝土构件中插接钢筋

图2-11　钢筋锥螺纹套管连接示意图

钢筋锥螺纹连接全靠机械力保证,无明火作业,施工速度快,可连接多种钢,而且对接后施工的钢筋混凝土可不需预留锚固筋,是有发展前途的一种钢筋连接方法。

(四)弯曲成型

弯曲成型的方法分手工和机械两种。手工弯筋可采用板柱铁板的扳手,弯制直径25 mm以下的钢筋。对于大弧度环形钢筋的弯制,则在方木拼成的工作台上进行。弯制时,首先在台面上画出标准弧线,并在弧线内侧钉上内排扒钉,其间距较密,曲率可适当加大,因考虑钢筋弯曲后的回弹变形。然后在弧线外侧的一端钉上 1 ~2 只扒钉,再将钢筋的一端夹在内、外扒钉之间;另一端用绳索试拉,经往返回弹数次,直到钢筋与标准弧线吻合,即为合格,如图 2-12 所示。

大量的弯筋工作,除大弧度环形钢筋外,宜采用弯筋机弯制,以提高工效和质量。常用的弯筋机,可弯制直径 6 ~40 mm 的钢筋,其外观和工作原理如图 2-13 所示。弯筋机上的几个插孔,可根据弯筋需要进行选择,并插入插棍。

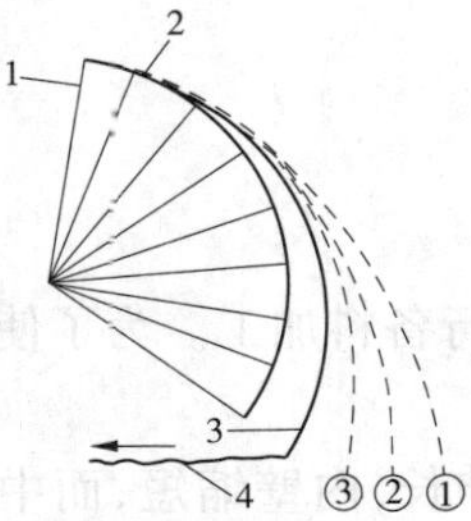

1—内侧扒钉;2—外侧扒钉;
3—标准弧线;4—绳索;
①、②、③—钢筋回弹位置

图 2-12 圆弧钢筋的手工弯曲

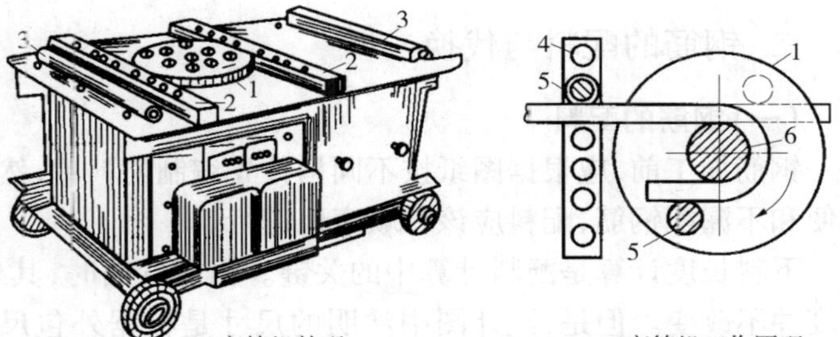

(a)弯筋机外观 (b)弯筋机工作原理

1—转盘;2—板条;3—滚轴;4—插孔;5—插棍;6—心轴

图 2-13 弯筋机及其工作原理

钢筋加工应尽量减少偏差,并将偏差控制在表 2-1 的允许范围内。

表 2-1 加工后钢筋的允许偏差

项次	偏差名称		允许偏差值
1	受力钢筋全长净尺寸的偏差		±10 mm
2	箍筋各部分的长度的偏差		±5 mm
3	钢筋弯起点位置的偏差	厂房构件	±20 mm
		大体积混凝土	±30 mm
4	钢筋转角的偏差		3°

(五)冷拉钢筋

钢筋冷加工的方法有冷拉、冷拔和冷压三种,其中冷拉应用最多。钢筋冷拉是在常温下,以超过钢筋屈服强度的拉应力拉伸钢筋,使其发生塑性变形,改变了内部晶体排列。经过冷拉后的钢筋,长度增加 4% ~6%,截面稍许减小,屈服强度提高 20% ~25%,从而达到节约钢材的目的。但冷拉后的钢筋,塑性降低,材质变脆。根据规范规定,水工结构的非预应力钢筋混凝土中,不应采用冷拉钢筋。

钢筋冷拉的机具主要有千斤顶、拉伸机、卷扬机及夹具等。冷拉的方法有两种:一种是单控制冷拉法,仅控制钢筋的拉长率,如图 2-14 所示;另一种是双控制冷拉法,要同时控制拉长率和冷拉应力。控制的目的是使钢筋冷拉后有一定的塑性和强度储备。拉长率一般控制在 4% ~6%,冷拉应力一般控制在 440 ~520 MPa 内。

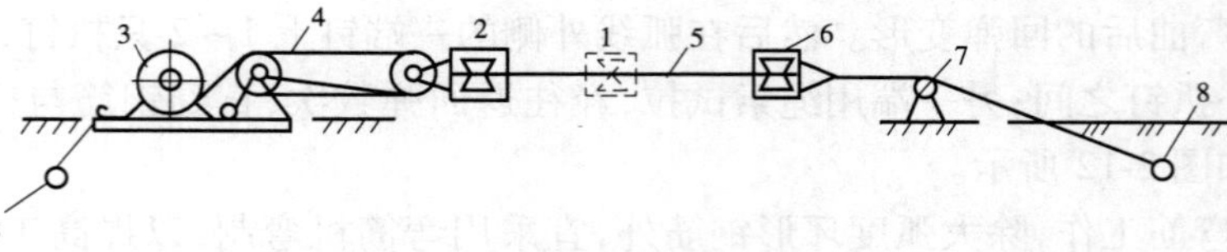

1—冷拉前夹具位置;2—冷拉后夹具位置;3—卷扬机;4—滑轮组;
5—钢筋;6—夹具;7—导向滑轮;8—地锚

图 2-14　钢筋单控冷拉示意图

二、钢筋的配料与代换

(一)钢筋的配料

钢筋加工前,应根据图纸按不同构件先编制配料单,然后进行备料加工。为了使工作方便和不漏配钢筋,配料应该有顺序地进行。

下料长度计算是配料计算中的关键。钢筋弯曲时,其外壁伸长,内壁缩短,而中心线长度并不改变。但是,设计图中注明的尺寸是根据外包尺寸计算,且不包括端头弯钩长度。显然外包尺寸大于中心线长度,它们之间存在一个差值,称为"量度差值"。因此,钢筋的下料长度应为

钢筋下料长度 = 外包尺寸 + 端头弯钩度 - 量度差值

箍筋下料长度 = 箍筋周长 + 箍筋调整值

当弯心的直径为 2.5d(d 为钢筋的直径),半圆弯钩的增加长度和各种弯曲角度的量度差值,其计算方法如下。

(1)半圆弯钩的增加长度,如图 2-15(a)所示。

弯钩全长

$$3d + \frac{3.5d\pi}{2} = 8.5d \tag{2-1}$$

弯钩增加长度(包括量度差值)

$$8.5d - 2.25d = 6.25d \tag{2-2}$$

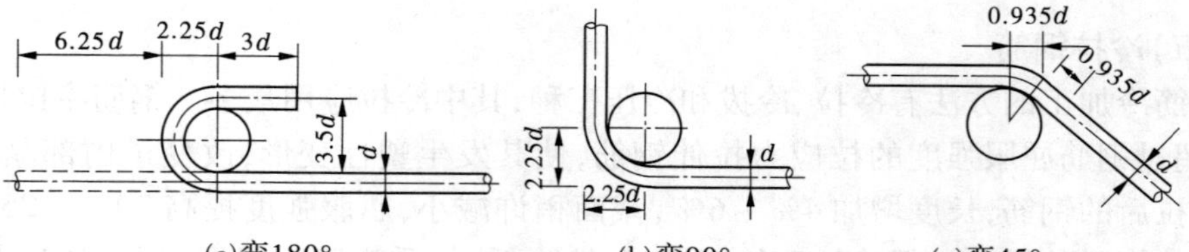

(a)弯180°　(b)弯90°　(c)弯45°

图 2-15　钢筋各种弯曲角度下的增加长度和量度差值

在实践中,由于实际弯心直径与理论直径有时不一致、钢筋粗细和机具条件不同等而影响长短,所以在实际配料时,对弯钩增加长度常根据具体条件采用经验数据,见表 2-2。

表 2-2 半圆弯钩增加长度参考 （单位:mm）

钢筋直径	≤6	8~10	12~18	20~28	32~36
一个弯钩长度	40	$6d$	$5.5d$	$5d$	$4.5d$

注:d 为钢筋直径。

(2)弯 90°时的量度差值,如图 2-15(b)所示。

外包尺寸

$$2.25d + 2.25d = 4.5d \tag{2-3}$$

中心线长度

$$\frac{3.5d\pi}{4} = 2.75d \tag{2-4}$$

量度差值

$$4.5d - 2.75d = 1.75d \tag{2-5}$$

实际工作中为计算简便常取 $2d$。

(3)弯 45°时的量度差值如图 2-15(c)所示。

外包尺寸

$$2\left(\frac{2.5d}{2} + d\right)\tan22°30' = 1.87d \tag{2-6}$$

中心线长度

$$\frac{3.5\pi}{8} = 1.37d \tag{2-7}$$

量度差值

$$1.87d - 1.37d = 0.5d \tag{2-8}$$

同理可得其他常用的量度差值,见表 2-3。

表 2-3 钢筋弯曲量度差值

钢筋弯曲角度	30°	45°	60°	90°	135°
量度差值	$0.35d$	$0.5d$	$0.85d$	$2d$	$2.5d$

(4)箍筋调整值。

箍筋调整值为弯钩增加长度与弯曲度量差值两项的代数和,需根据箍筋外包尺寸或内包尺寸而定,见表 2-4。

表 2-4 箍筋调整值 （单位:mm）

箍筋量度方法	箍筋直径			
	4~5	6	8	10~12
量外包尺寸	40	50	60	70
量内包尺寸	80	100	120	150~170

(二)钢筋的代换

施工中如供应的钢筋品种和规格与设计图纸要求不符,可以进行代换。但代换时,必须充分了解设计意图和代换钢材的性能,严格遵守规范的各项规定。在代换时,应征得设计单位的同意;代换后的钢筋用量不宜大于原设计量的5%,亦不低于2%,且应满足规范的最小钢筋直径、根数、钢筋间距、锚固长度等要求。

钢筋代换的方法有以下三种:

(1)当结构件是按强度控制时,可按强度等同原则代换,称等强代换。如设计图中所用钢筋强度为f_{y1},钢筋总面积为A_{s1},代换后钢筋强度为f_{y2},钢筋总面积为A_{s2},则应使

$$f_{y2}A_{s2} \geqslant f_{y1}A_{s1} \tag{2-9}$$

(2)当构件按最小配筋率控制时,可按钢筋面积相等的原则代换,称等面积代换,即

$$A_{s2} = A_{s1} \tag{2-10}$$

式中 A_{s1}——原设计钢筋的计算面积;

A_{s2}——拟代换钢筋的计算面积。

(3)当结构件按裂缝宽度或挠度控制时,钢筋的代换需进行裂缝宽度或挠度验算。代换后,还应满足构造方面的要求(如钢筋间距、最小直径、最少根数、锚固长度、对称性等)及设计中提出的特殊要求(如冲击韧性、抗腐蚀性等)。

三、钢筋的安装

钢筋的安装可采用散装和整装两种方式。

散装是将加工成型的单根钢筋运到工作面,按设计图纸绑扎或电焊成型。散装对运输要求相对较低,不受设备条件限制,但工效低,高空作业安全性差,且质量不易保证。对机械化程度较高的大中型工程,已逐步为整装所代替。

整装是将加工成型的钢筋,在焊接车间用点焊焊接交叉结点,用对焊接长,形成钢筋网和钢筋骨架。整装件由运输机械成批运至现场,用起重机具吊运入仓就位,按图拼合成形。整装在运、吊过程中要采取加固措施,合理布置支承点和吊点,以防过大的变形和破坏。无论整装或散装,钢筋应避免油污,安装的位置、间距、保护层及各个部位的型号、规格均应符合设计要求,安装的允许偏差不超过表2-5的规定。

表2-5 钢筋安装的允许偏差

项次	偏差名称		允许偏差
1	钢筋长度方面的偏差		±1/2 倍净保护层厚
2	同一排受力钢筋间距的局部偏差	柱及梁中	±0.5 倍受力钢筋直径
		板、墙中	±0.1 倍间距
3	同一排中分布钢筋间距的偏差		±0.1 倍间距
4	双排钢筋,其排与排间的局部偏差		±0.1 倍排距
5	梁与柱中钢箍间距的偏差		0.1 倍箍筋间距
6	保护层厚度的局部偏差		±1/4 倍净保护层厚

任务二 模板工程

模板作业是钢筋混凝土工程的重要辅助作业，模板工程量大、材料和劳动力消耗多，正确选择材料组成和合理组织施工，对加快施工速度和降低工程造价意义重大，模板的主要作用是对新浇塑性混凝土起成型和支承作用，同时还具有保护和改善混凝土表面质量的作用。

一、模板的基本要求

模板及其支撑系统必须满足下列要求：

(1)保证工程结构和构件各部分形状尺寸与相互位置的正确；

(2)具有足够的承载能力、刚度和稳定性，以保证施工安全；

(3)构造简单，装拆方便，能多次周转使用；

(4)模板的接缝不应漏浆；

(5)模板与混凝土的接触面应涂隔离剂脱模，严禁隔离剂玷污钢筋与混凝土接槎处。

二、模板的基本类型

按制作材料不同，模板可分为木模板、钢模板、混凝土和钢筋混凝土预制模板。

按模板形状不同，模板可分为平面模板和曲面模板。

按受力条件不同，模板可分为承重模板和侧面模板。侧面模板按其支承受力方式又分为简支模板、悬臂模板和半悬臂模板。

按架立和工作特征不同，模板可分为固定式、拆移式、移动式和滑动式。固定式模板多用于起伏的基础部位或特殊的异形结构如蜗壳或扭曲面，因大小不等，形状各异，难以重复使用；拆移式、移动式、滑动式可重复或连续在形状一致或变化不大的结构上使用，有利于实现标准化和系列化。

(一)拆移式模板

拆移式模板适应于浇筑块表面为平面的情况，可做成定型的标准模板，其标准尺寸，大型的为 100 cm×(325～525)cm，小型的为(75～100)cm×150 cm。前者适用于 3～5 m 高的浇筑块，需小型机具吊装；后者用于薄层浇筑，可人力搬运，如图 2-16 所示。

平面木模板由面板、加劲肋和支架三个基本部分组成。加劲肋(板样肋)把面板联结起来，并由支架安装在混凝土浇筑块上。

架立模板的支架，常用围图和桁架梁，如图 2-17(a)、(b)所示。桁架梁多用方木和钢筋制作。立模时，将桁架梁下端插入预埋在下层混凝土块内 U 形埋件中。当浇筑块薄时，上端用钢拉条对拉；当浇筑块厚时，则采用斜拉条固定，以防模板变形。钢筋拉条直径大于 8 mm，间距为 1～2 m，斜拉角度为 30°～45°。

悬臂钢模板由面板、支承柱和预埋联结件组成。面板采用定型组合钢模板拼装或直接用钢板焊制。支承模板的立柱，有型钢梁和钢桁架两种，视浇筑块高度而定。预埋在下层混凝土内的联结件有螺栓式和插座式(U 形铁件)两种。

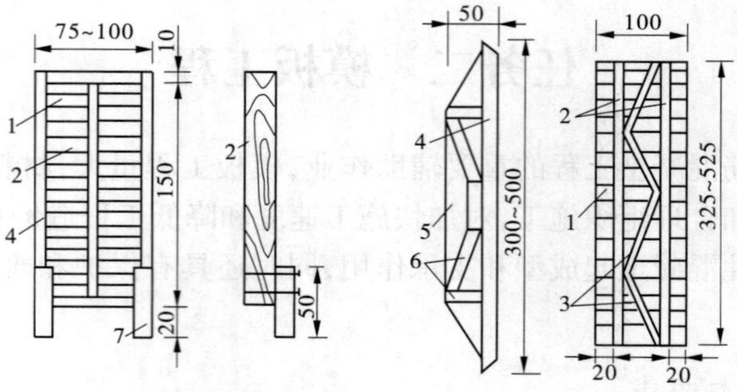

(a)小型　(b)大型

1—面板；2—肋木；3—加劲肋；4—方木；5—拉条；6—桁架木；7—支撑木

图 2-16　平面标准模板　（单位：cm）

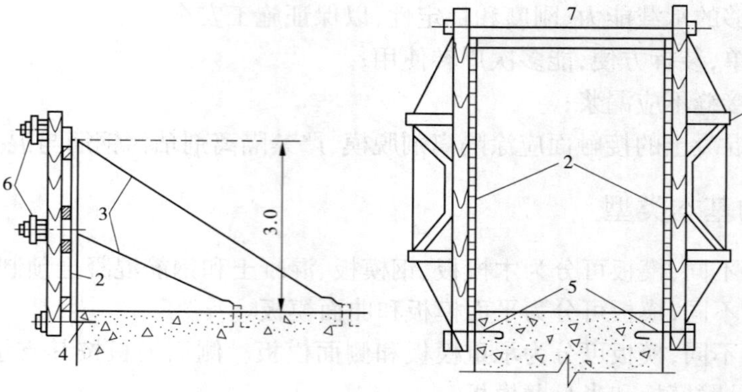

(a)围囹斜拉条架立　(b)桁架梁架立

1—钢木桁架；2—木面板；3—斜拉条；4—预埋锚筋；5—U 型埋件；6—横向围囹；7—对拉条

图 2-17　拆移式模板的架立图　（单位：m）

如图 2-18 为悬臂钢模板的一种结构形式。其支承柱由型钢制作，下端伸出较长，并用两个接点锚固在预埋螺栓上，可视为固结。立柱上部不用拉条，以悬臂作用支撑混凝土侧压力及面板自重。

采用悬臂钢模板，由于仓内无拉条，模板整体拼装，为大体积混凝土机械化施工创造了有利条件。且模板本身的安装比较简单，重复使用次数高（可达 100 多次）。但模板质量大（每块模板达 0.5 ~ 2 t），需要起重机配合吊装。由于模板顶部容易变位，故适用浇筑高度受到限制，一般为 1.5 ~ 2 m。用钢桁架作支承柱时，高度也不宜超过 3 m。

此外，还有一种半悬臂模板，常用高度有 3.2 m 和 2.2 m 两种。半悬臂模板结构简单，装拆方便，但支承柱下端固结程度不如悬臂模板，故仓内需要设置短拉条，对仓内作业有影响。

一般标准大模板的重复利用次数即周转率为 5 ~ 10 次，而钢木混合模板的周转率为 30 ~ 50 次，木材消耗减少 90% 以上，由于是大块组装和拆卸，故劳力、材料、费用大为降低。

(二)移动式模板

对定型的建筑物,根据建筑物外形轮廓特征,做一段定型模板,在支承钢架上装上行驶轮,沿建筑物长度方向铺设轨道分段移动,分段浇筑混凝土。移动时,只需将顶推模板的花篮螺丝或千斤顶收缩,使模板与混凝土面脱开,模板可随同钢架移动到拟浇混凝土部位,再用花篮螺丝或千斤顶调整模板至设计浇筑尺寸,如图 2-19 所示。移动式模板多用钢模,作为浇筑混凝土墙和隧洞混凝土衬砌使用。

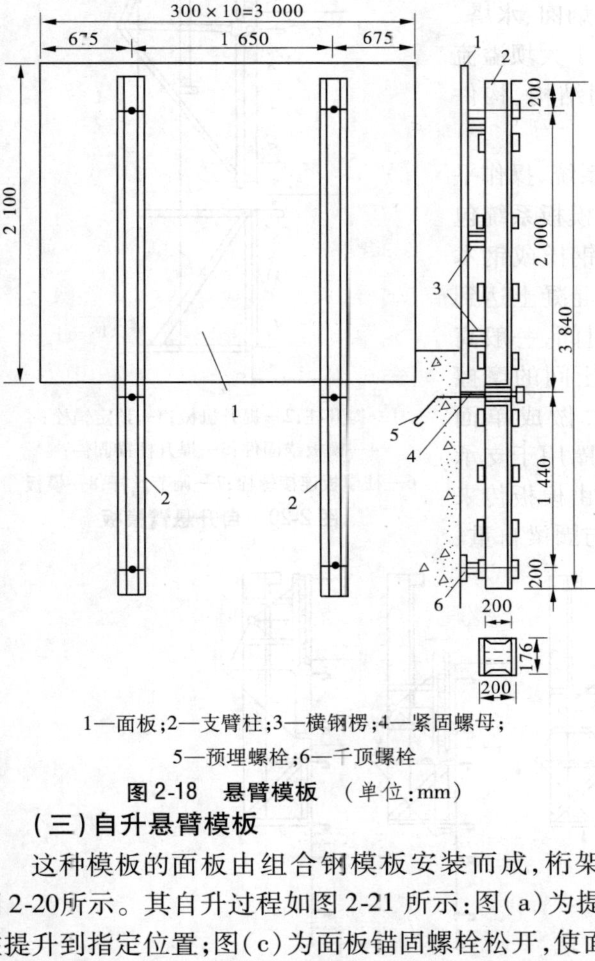

1—面板;2—支臂柱;3—横钢楞;4—紧固螺母;5—预埋螺栓;6—千顶螺栓

图 2-18　悬臂模板　(单位:mm)

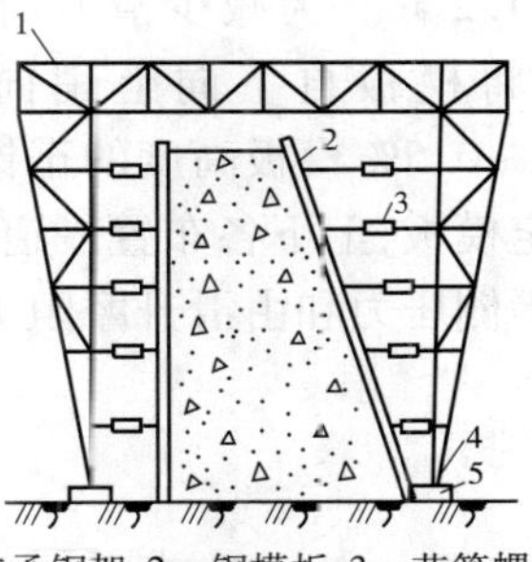

1—支承钢架;2—钢模板;3—花篮螺丝;4—行驶轮;5—轨道

图 2-19　移动式模板浇筑混凝土墙

(三)自升悬臂模板

这种模板的面板由组合钢模板安装而成,桁架、提升柱由型钢、钢管焊接而成,如图 2-20所示。其自升过程如图 2-21 所示:图(a)为提升柱向外移动 5 cm;图(b)为将提升柱提升到指定位置;图(c)为面板锚固螺栓松开,使面板脱离混凝土面 15 cm;图(d)为模板到位后,利用桁架上的调节丝杆调整模板位置,准备浇筑混凝土。这种模板的突出优点是自重轻,自升电动装置具有力矩限制与行程控制功能,运行安全可靠,升程准确。模板采用插挂式锚钩,简单实用,定位准,拆装快。

(四)滑动式模板

滑动式模板是在混凝土浇筑过程中,随浇筑而滑移(滑升、拉升或水平滑移)的模板,简称滑模,以竖向滑升应用最广。

滑升式模板是先在地面上按照建筑物的平面轮廓组装一套 1.0~1.2 m 高的模板,随着浇筑层的不断上升而逐渐滑升,直至完成整个建筑物计划高度内的浇筑。

滑模施工可以节约模板和支撑材料，加快施工进度，改善施工条件，保证结构的整体性，提高混凝土表面质量，降低工程造价。缺点是滑模系统一次性投资大，耗钢量大，且保温条件差，不宜于低温季节使用。

滑模施工最适于断面形状尺寸沿高度基本不变的高耸建筑物，如竖井、沉井、墩墙、烟囱、水塔、筒仓、框架结构等的现场浇筑，也可用于大坝溢流面、双曲线冷却塔及水平长条形规则结构、构件施工。

滑升模板如图 2-22 所示，由模板系统、操作平台系统和液压支承系统三部分组成。模板系统包括模板、围圈和提升架等。模板多用钢模或钢木混合模板，其高度取决于滑升速度和混凝土达到出模强度（0.05～0.25 MPa）所需的时间，一般高 1.0～1.2 m。为减少滑升时与混凝土间的摩擦力，应将模板自下向上稍向内倾斜，做成单面 0.2%～0.5% 模板高度的正锥度。围圈用于支承和固定模板，上下各布置一道，它承受由模板传来的水平侧压力和由滑升摩阻力、模板与圈梁自重、

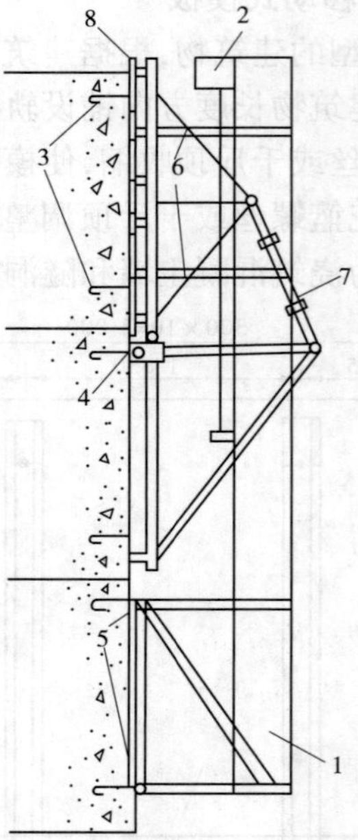

1—提升柱；2—提升机械；3—预定锚栓；4—模板锚固件；5—提升柱锚固件；6—柱模板连接螺栓；7—调节丝杆；8—模板

图 2-20　自升悬臂模板

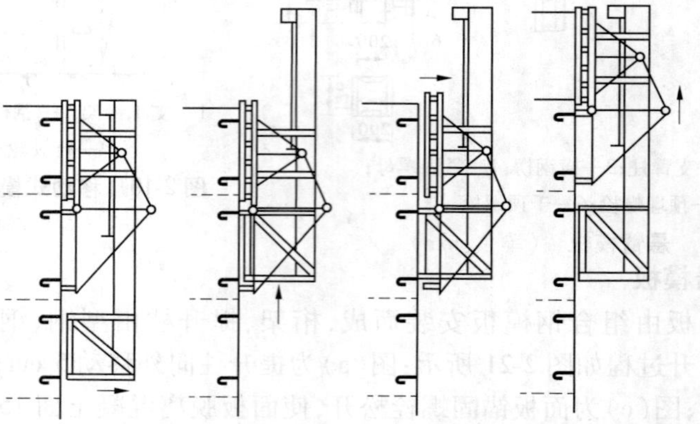

(a)提升柱外移　(b)提升柱提升　(c)模板外移　(d)模板提升

图 2-21　模板自升过程

操作平台自重及其上的施工荷载产生的竖向力，多用角钢或槽钢制成。如果围圈所受的水平力和竖向力很大，也可做成平面桁架或空间桁架，使其具有大的承载力和刚度，防止模板和操作平台出现超标准的变形。提升架的作用是固定围圈，把模板系统和操作平台系统连成整体，承受整个模板和操作平台系统的全部荷载，并将竖向荷载传递给液压千斤顶。提升架一般用槽钢做成由双柱和双梁组成的“开”形架，立柱有时也采用方木制作。

操作平台系统包括操作平台、内外吊脚手，是承放液压控制台、临时堆存钢筋、混凝土

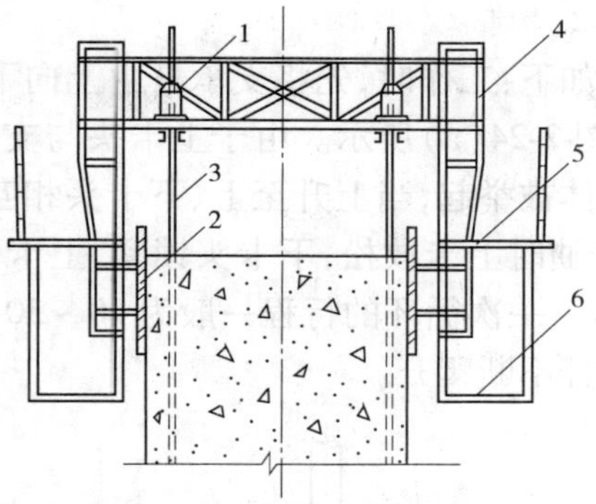

1—液压千斤顶;2—钢模板;3—金属爬杆;
4—提升架;5—操作平台;6—吊架

图 2-22 滑升模板

及修饰刚刚出模的混凝土面的施工操作场所,一般为木结构或钢木混合结构。液压支承系统是使模板向上滑升的动力和支承装置,其基本组成如下:

(1)支承杆。

支承杆又称爬杆,它既是液压千斤顶爬升的轨道,又是滑模装置的承重支柱,承受施工过程中的全部荷载。

支承杆的规格与直径要与选用的千斤顶相适应,目前使用的额定起重量为 30 kN 的滚珠式卡具千斤顶,其支承杆一般采用ϕ25 的 Q235 圆钢。支承杆应调直除锈,当 I 级圆钢采用冷拉调直时,冷拉率控制在 3% 以内。支承杆的加工长度一般为 3 ~ 5 m,其连接方法可使用丝扣连接、榫接和剖口焊接,如图 2-23 所示。丝扣连接操作简单,使用安全可靠,但机械加工量大。榫接连接亦有操作简单和机械加工量大的特点,滑升过程中易被千斤顶的卡头带起。采用剖口焊接时,接口处倘若略有偏斜或凸疤,则要用手提砂轮机处理平整,使能通过千斤顶孔道。当采用工具式支承杆时,应用丝扣连接。

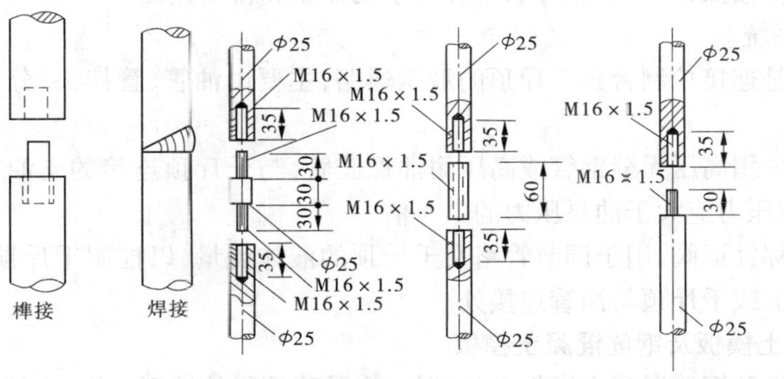

图 2-23 支承杆的连接 (单位:mm)

(2)液压千斤顶。

滑模工程中所用的千斤顶为穿心液压千斤顶,支承杆从其中心穿过。按千斤顶卡具形式的不同可分为滚珠卡具式和楔块卡具式。千斤顶的允许承载力,即工作起重量一般不应超过其额定起重量的1/2。

液压千斤顶的工作原理如下：工作时，先将支承杆由上向下插入千斤顶中心孔，然后开动油泵由油嘴 P 进油，如图 2-24(a)所示。由于上卡头与支承杆锁紧，活塞不能下行，在高压油液的作用下整个缸体被举起，当上升至上、下卡头相互顶紧时，即完成一个提升过程，如图 2-24(b)所示。排油时上卡放松，下卡头锁紧，上卡头及活塞被排油弹簧向上推动复位，如图 2-24(c)所示。一次循环的行程一般为 20 ~ 30 mm。如此往复动作，千斤顶即带动滑模装置沿着支承杆不断爬升。

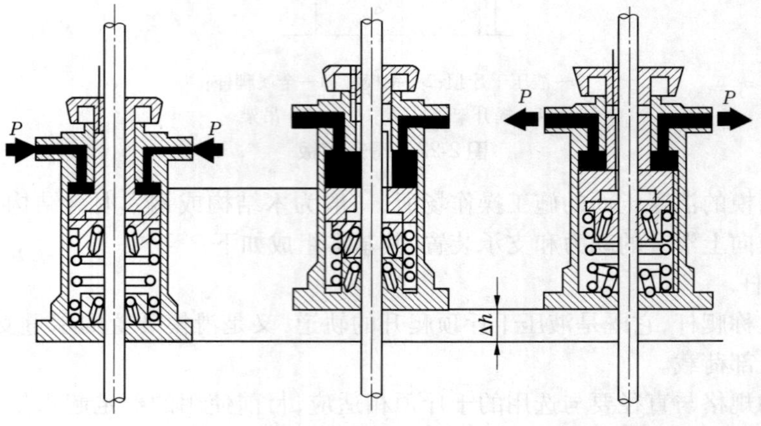

(a)进油　　(b)爬升　　(c)排油

图 2-24　液压千斤顶

(3)液压控制台。

液压控制台是液压传动系统的控制中心，主要由电动机、齿轮油泵、溢流阀、换向阀、分油器和油箱等组成。

液压控制台按操作方式的不同，可分为手动控制和自动控制。

(4)油路系统。

油路系统是连接控制台到千斤顶的液压通路，主要由油管、管接头、分油器和截止阀等组成。

油管一般采用高压无缝钢管或高压耐油橡胶管，与千斤顶连接的支油管最好使用高压胶管，油管耐压力应大于油泵压力的 1.5 倍。

截止阀又称针形阀，用于调节管路及千斤顶的液体流量，以控制千斤顶的升差，一般设置于分油器上或千斤顶与油管连接处。

(五)混凝土模板及钢筋混凝土模板

混凝土模板及钢筋混凝土模板既是模板，也是建筑物的护面结构，浇筑后作为建筑物的外壳，不予拆除。素混凝土模板靠自重稳定，可作直壁模板，如图 2-25(a)所示，也可作倒悬模板，如图 2-25(b)所示。直壁模板除面板外，还靠两肢等厚的肋墙维持其稳定。若将此模板反向安装，让肋墙置于仓外，在面板上涂以隔离剂，待新浇混凝土达到一定强度后，可拆除重复使用，这时，相邻仓位高程大体一致。例如，可在浇筑廊道的侧壁或把坝的下游面浇筑成阶梯形使用。倒悬式混凝土预制模板可取代传统的倒悬木模板，一次埋入现浇混凝土内不再拆除，既省工，又省木材。

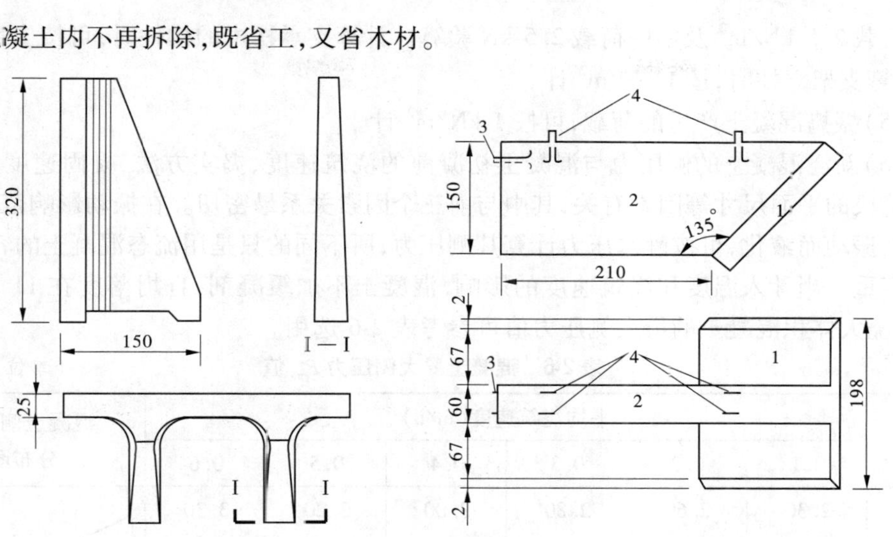

(a)直壁式　　(b)倒悬式

1—面板；2—肋墙；3—连接预埋环；4—预埋吊环

图 2-25　混凝土预制模板　（单位：cm）

钢筋混凝土模板既可作建筑物表面的镶面板，也可作厂房、空腹坝空腹和廊道顶拱的承重模板，如图 2-26 所示。这样避免了高架立模，既有利于施工安全，又有利于加快施工进度，节约材料，降低成本。

(a)廊道顶拱　　(b)廊道拱墙　　(c)空腹顶拱坝

图 2-26　钢筋混凝土承重模板

预制混凝土和钢筋混凝土模板重量较大，常需起重设备起吊，所以在模板预制时都应预埋吊环供起吊用。对于不拆除的预制模板，对模板与新浇混凝土的接合面需进行凿毛处理。

三、模板的设计荷载

模板及其支承结构应具有足够的强度、刚度和稳定性，必须能承受施工中可能出现的各种荷载的最不利组合，其结构变形应在允许范围以内。模板及其支架承受的荷载分基本荷载和特殊荷载两类。

（一）基本荷载

（1）模板及其支架的自重，根据设计图确定。木材的容重，针叶类按 600 kg/m^3，阔叶类按 800 kg/m^3 计算。

（2）新浇混凝土重量，通常可按 24 ~ 25 kN 计算。

（3）钢筋重量，对一般钢筋混凝土，可按 1 kN/m^3 计算。

（4）工作人员及浇筑设备、工具等荷载，计算模板及直接支撑模板的楞木时，可按均布活荷载 2.5 kN/m² 及集中荷载 2.5 kN 验算。计算支承楞木的构件时，可按 1.5 kN/m² 计，计算支架立柱时，按 1 kN/m² 计。

(5)振捣混凝土产生的荷载，可按 1 kN/m² 计。

(6)新浇混凝土的侧压力与混凝土初凝前的浇筑速度、捣实方法、凝固速度、坍落度及浇筑块的平面尺寸等因素有关，其中与前三个因素关系最密切。在振动影响范围内，混凝土因振动而液化，可按静水压力计算其侧压力，所不同的只是用流态混凝土的容重取代水的容重。当计入温度和浇筑速度的影响，混凝土不加缓凝剂，且坍落度在 11 cm 以内时，新浇大体积混凝土的最大侧压力值可参考表 2-6 选用。

表 2-6　混凝土最大侧压力 P_m 值　（单位：tf/m²）

温度(℃)	平均浇筑速度(m/h)						混凝土侧压力分布图
	0.1	0.2	0.3	0.4	0.5	0.6	
5	2.30	2.60	2.80	3.00	3.20	3.30	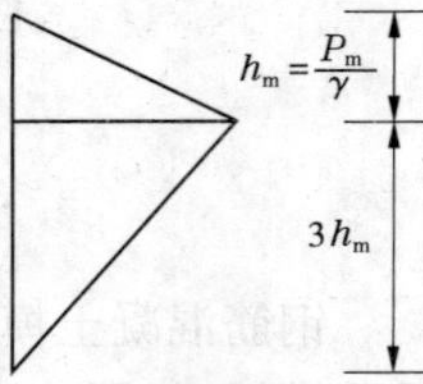
10	2.00	2.30	2.50	2.70	2.90	3.00	
15	1.80	2.10	2.30	2.50	2.70	2.80	
20	1.50	1.80	2.00	2.20	2.40	2.50	
25	1.30	1.60	1.80	2.00	2.20	2.30	

注：压力的法定计算单位为 Pa，1 tf/m² = 9.806 65 × 10³ Pa。

(二)特殊荷载

(1)风荷载，根据施工地区和立模部位离地面的高度，按现行《建筑结构荷载规范》(GB 50009—2012)确定。

(2)上述基本荷载和风荷载等 7 项荷载以外的其他荷载。

(三)荷载组合

在计算模板及支架的强度和刚度时，应根据模板的种类，选择表 2-7 的基本荷载组合。特殊荷载可按实际情况计算，如平仓机、非模板工程的脚手架、工作平台、混凝土浇筑过程不对称的水平推力及重心偏移、超过规定堆放的材料等。

表 2-7　各种模板结构的基本荷载组合

项次	模板种类		基本荷载组合	
			计算强度用	计算刚度用
1	承重模板	板、薄壳底模板及支架	(1)+(2)+(3)+(4)	(1)+(2)+(3)
		梁、其他混凝土结构(厚度大于 0.4 m)的底模板及支架	(1)+(2)+(3)+(5)	(1)+(2)+(3)
2	竖向模板		(6)或(5)+(6)	(6)

注：编号(1)～(6)为基本荷载中的荷载编号。

(四)稳定性计算

承重模板及支架的抗倾稳定性应按下列要求核算。

1. 倾复力矩

应计算下列三项倾复力矩，并采用其中的最大值。

(1) 水荷载，按现行《建筑结构荷载规范》(GB 50009—2012) 确定。

(2) 实际可能发生的最大水平作用力。

(3) 作用于承重模板边缘 150 kgf/m 的水平力。

2. 稳定力矩

模板及支架的自重，折减系数为 0.8；如同时安装钢筋，应包括钢筋的重量。

3. 抗倾稳定系数

抗倾稳定系数应大于 1.4；当模板的跨度大于 4 m 时，其设计起拱值通常取跨度的 0.3% 左右。

四、模板的制作、安装和拆除

(一) 模板的制作

大中型混凝土工程模板通常设专门的加工厂制作，采用机械化流水作业，以利于提高模板的生产效率和加工质量。模板制作的允许偏差应符合表 2-8 的规定要求。

表 2-8 模板制作的允许偏差 (单位：mm)

项次	模板类型	偏差名称	允许偏差
1	木模	小型模板，长和宽	±3
2		大型模板(长、宽大于 3 m)，长和宽	±5
3		模板面平整度(未经刨光)： 相邻两板面高差 局部不平(用 2 m 直尺检查)	 1 5
4		面板缝隙	2
5	钢模	模板，长和宽	±2
6		模板面局部不平(用 2 m 直尺检查)	2
7		连接配件的孔眼位置	±1

(二) 模板的安装

模板的安装必须按设计图纸测量放样，对重要结构应多设控制点，以利于检查校正。模板安装好后，要进行质量检查；检查合格后，才能进行下一道工序。应经常保持足够的固定设施，以防模板倾覆。对于大体积混凝土浇筑块，成型后的偏差，不应超过木模安装允许偏差的 50% ~100%，取值大小视结构物的重要性而定。水工建筑物混凝土木模安装的允许偏差，应根据结构物的安全、运行条件、经济和美观要求确定，一般不得超过表 2-9 所规定的偏差值。

(三) 模板的拆除

拆模的迟早影响混凝土质量和模板使用的周转率。施工规范规定，非承重侧面模板，混凝土强度应达到 2.5 MPa 以上，其表面和棱角不因拆模而损坏时方可拆除，一般需 2 ~7 d，

表 2-9　大体积混凝土木模安装的允许偏差　（单位:mm）

项次	偏差项目		混凝土结构的部位	
			外露表面	隐蔽内面
1	平板平整度	相邻两面板高差	3	5
2		局部不平(用 2 m 直尺检查)	5	10
3	结构物边线与设计边线		10	15
4	结构物水平截面内部尺寸		±20	
5	承重模板标高		±5	
6	预留孔、洞尺寸及位置		10	

夏天 2 ~ 4 d,冬天 5 ~ 7 d。混凝土表面质量要求高的部位,拆模时间宜晚一些。而钢筋混凝土结构的承重模板,要求达到下列规定值(按混凝土设计强度等级的百分率计算)时才能拆模。

(1)悬臂板、梁:当跨度≤2 m 时,达 70%;当跨度 >2 m,达 100%。

(2)其他梁、板、拱:当跨度≤2 m 时,达 50%;当跨度为 2 ~ 8 m 时,达 70%;当跨度 > 8 m 时,达 100%。

拆模程序和方法:在同一浇筑仓的模板,按"先装的后拆,后装的先拆"的原则,按次序、有步骤地进行,不能乱撬。拆模时,应尽量减少对模板的损坏,以提高模板的周转次数。要注意防止大片模板坠落;高处拆组合钢模板,应使用绳索逐块下放,模板连接件、支撑件及时清理,收检归堆。

任务三　混凝土工程

混凝土由 90% 的砂石料构成,每立方米混凝土需近 1.5 m^3 砂石骨料,大中型水利水电工程,不仅对砂石骨料的需要量大、质量要求高,而且往往需要施工单位自行制备。因此,正确组织砂石料生产,是一项十分重要的工作。

水利水电工程中骨料来源有三种:①天然骨料。天然砂、砾石经筛分、冲洗而制成的混凝土骨料。②人工骨料。开采的石料经过破碎、筛分、冲洗而制成的混凝土骨料。③组合骨料。以天然骨料为主,人工骨料为辅,配合使用的混凝土骨料。确定骨料来源应以就地取材为原则,优先考虑采用天然骨料;只有在当地缺乏天然骨料,或天然骨料中某一级骨料的数量和质量不合要求时,或综合开采加工运输成本高于人工骨料时,才考虑采用人工骨料。

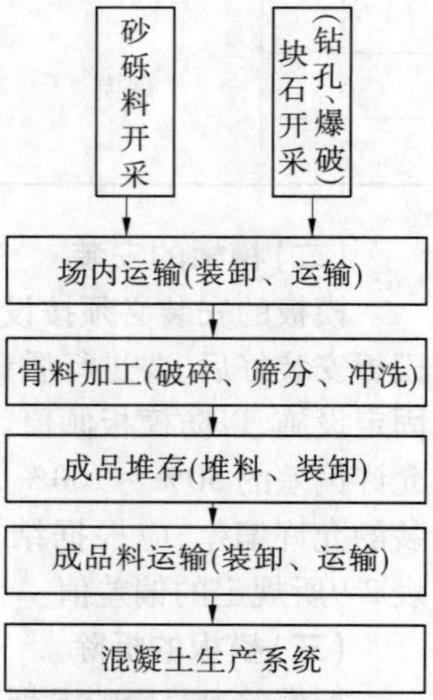

图 2-27　骨料生产的基本过程

骨料生产的基本过程和作业内容如图 2-27 所示。对于组合骨料,可以分成两条独立的流水线,也可以在天然骨料生产过程中,辅以超径石的破碎和筛分,以补充短缺粒径的不足。

一、骨料加工及加工厂

从料场开采的混合砂砾料或块石,通过破碎、筛分、冲洗等加工过程,制成符合级配、除去杂质的各级粗、细骨料。

(一)破碎

为了将开采的石料破碎到规定的粒径,往往需要经过几次破碎才能完成。因此,通常将骨料破碎过程分为粗碎(将原石料破碎到300~70 mm)、中碎(破碎到70~20 mm)和细碎(20~1 mm)三种。

水利水电工程工地常用的破碎机有颚式破碎机、旋回破碎机、圆锥破碎机、反击式破碎机、立轴式冲击破碎机和棒磨机。

1. 颚式破碎机

如图2-28所示,颚式破碎机的破碎槽由两块颚板(一块固定,另一块可以摆动)构成,颚板上装有可以更换的齿状钢板。工作时,由传动装置带动偏心轮作用,使活动颚板左右摆动,破碎槽即可一开一合,将进入的石料轧碎,从下端出料口漏出。

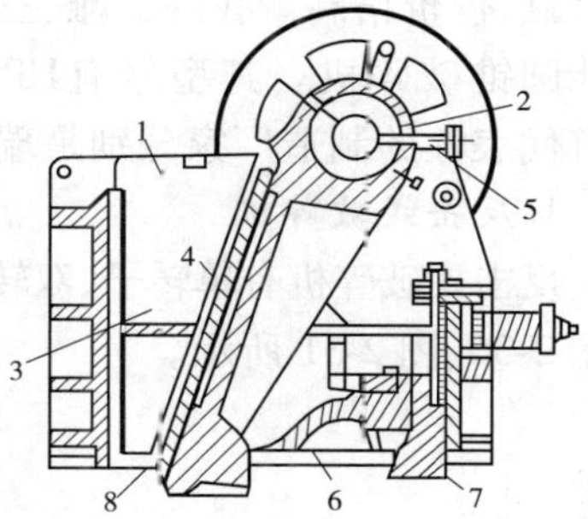

1—进口;2—偏心轮;3—固定颚板;4—活动颚板;5—偏心轴;6—撑杆;7—楔形滑块;8—出料口

图2-28 颚式破碎机

颚式破碎机是最常用的粗碎设备,其结构简单,自重较轻,价格便宜,外形尺寸小,配置高度低,进料尺寸大,排料口开度容易调整。缺点是衬板容易磨损,产品中针片状含量较高,处理能力较低,一般需配置给料设备。

破碎机生产率的大小,与石料性质、破碎机出料口宽度和喂料的均匀程度、破碎机转速等因素有关。出料口宽度可以在一定范围内调整,如出料口调宽,可使生产效率提高,但产品粗粒径增多,石料破碎率(即进料平均粒径与出料平均粒径之比)也随之降低。因此,破碎率应控制在6~8,当第一次破碎不合要求时,应进行第二次破碎。破碎机转速低,则生产效率低;转速过高,碎石来不及下落,生产效率也低。

2. 旋回破碎机

旋回破碎机也可作为颚式破碎后第二阶段破碎,也可直接用于一次破碎,是常用的粗碎设备,处理能力大,产品粒形较颚式好,可挤满给料,进料无需配给料设备。缺点是结构较颚式破碎机复杂,自重大,机体高,价格贵,维修复杂,土建工程量大。排料要设缓冲仓和专用设备。

3. 圆锥破碎机

1)传统圆锥破碎机

最常用的二次破碎和三次破碎设备,有标准、中型、短头三种腔型,弹簧和液压两种型式。它的破碎室由内、外锥体之间的空隙构成。活动的内锥体装在偏心主轴上,外锥体固定在机架上，如图 2-29 所示。工作时，由传动装置带动主轴旋转，使内锥体作偏心转动，将石料碾压破碎，并从破碎室下端出料槽滑出。

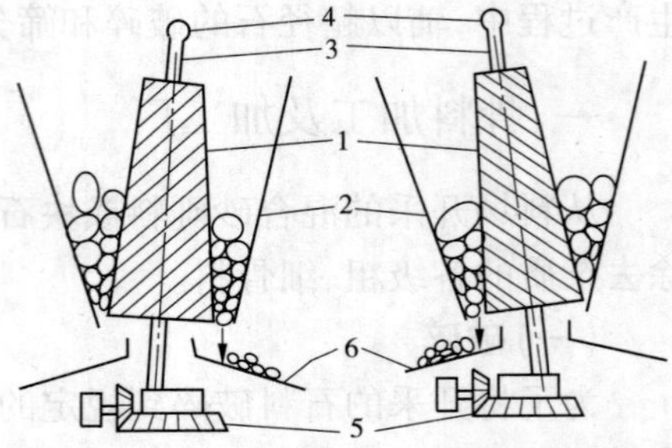

1—内锥体；2—破碎室机壳；3—偏心主轴；4—球形铰；5—伞齿及转动装置；6—出料滑板

图 2-29　锥式破碎机工作原理图

传统锥式破碎机工作可靠，磨损轻，效率高，产品粒径均匀。但其结构和维修较复杂，机体高，价格较高，破碎产品中针片状含量较高。

2）高性能圆锥破碎机

与传统圆锥破碎机相比，高性能圆锥破碎机的破碎能力大为提高，可挤满给料，产品粒形很好，有更多的腔形变化，以适应中碎、细碎、制砂等各工序以及各种不同的生产要求，操控更为方便可靠，但价格高。我国二滩、三峡工程人工砂石料生产系统中，中细碎均采用了这种高性能圆锥破碎机。其型号有 HP500SX、HP300SXPH、PYZ－2227、OC1560SXST。目前，国际上具有代表性的制造厂家分别是瑞典的 Svedala 公司与美国的 Nordberg 公司。

4. *反击式破碎机*

反击式破碎机有单转子、双转子、联合式三种形式。我国主要生产和应用前两种形式，如图 2-30、图 2-31 所示。

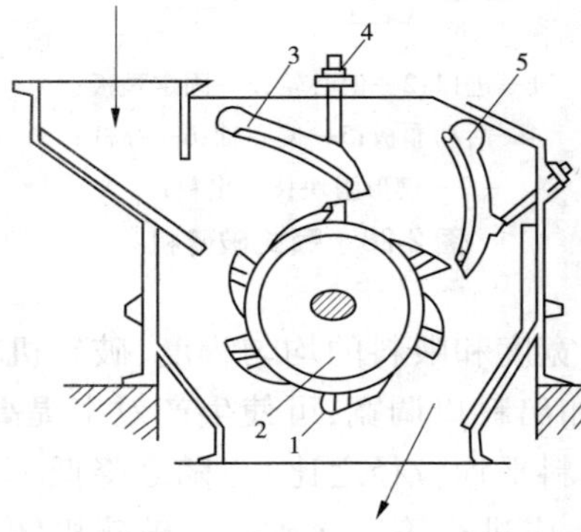

1—打击板；2—转子；3—第一道反击板；4—悬挂反击板的拉杆；5—第二道反击板

图 2-30　单转子反击式破碎机

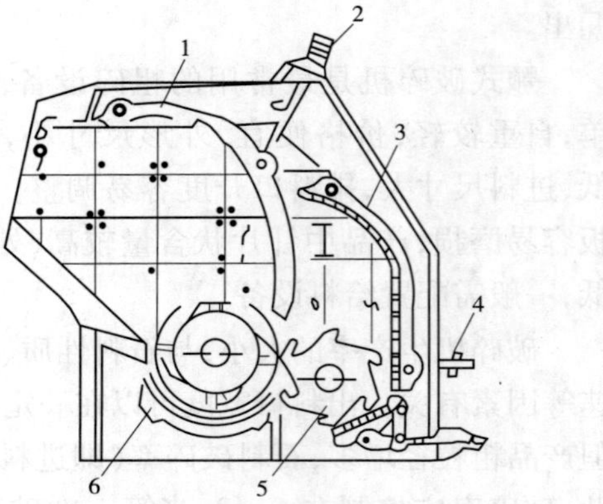

1—第一道反击板；2—反击板调节拉杆螺栓；3—第二道反击板；4—调节弹簧；5—第二级转子；6—第一级转子

图 2-31　12508 × 1250 双转子反击式破碎机

反击式破碎机的破碎机制属冲击破碎，主要借固定在转子上的打击板高速冲击被破碎物料，使其沿薄弱部分（层理、节理等）进行选择性破碎；还通过被冲击料块从打击处获得的动能，向反击板进行二次主动冲击，以及料块在破碎腔内的互击，经过打击破碎、反弹破碎、互撞破碎、铣削破碎四个主要过程反复进行，直至物料粒度小于打击板与反击板间缝隙时被卸出。破碎比大（一般在 20 左右，最大达 50～60）、产品细、粒形好、产量高、能耗低、结构简单，适于破碎中硬岩石。用于中细碎机制砂。缺点是板锤和衬板容易磨损，更换和维修工作量大，产品级配不易控制，容易产生过粉碎。

5. 立轴式冲击破碎机

除具备反击式破碎机的一般特性外，它还具有一些显著的优点，即产品更细，磨损较卧式反击式破碎为小，适合于作细碎和制砂，但产品粒径组成不理想。“石打石”立式冲击破碎机是我国从瑞典进口的新一代超细碎破碎机的代表，该破碎机产品粒形优异，级配可调，结构简单，产品可根据岩石破碎工艺要求，可进行成品骨料粒径的整形，也可专门用于人工砂的生产，其中BARMAC（见图2-32）系列产品是典型代表，已在我国江垭、三峡、棉花滩等水利水电工程中成功使用。

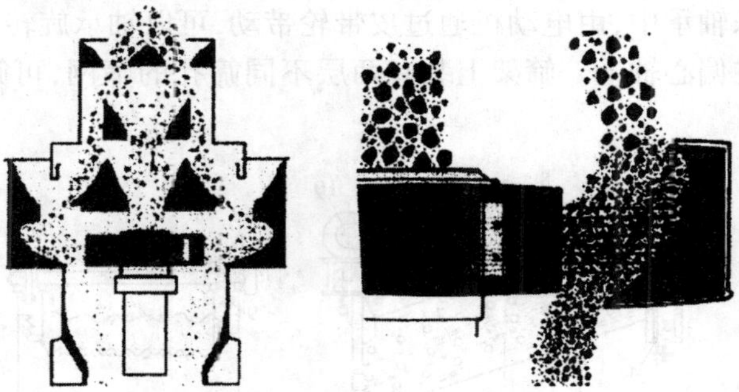

图2-32　BARMAC立式冲击破碎机的原理图

6. 棒磨机

制砂用棒磨机通常采用两端轴扎进料，中间边孔排料型，产品粉粒较少，国内使用最多的规格为Φ2 100 mm×3 600 mm，如乌江渡、二滩、东风、五强溪工程都是采用的这种型号。

近年来随着冲击式破碎机、旋盘式破碎机、“石打石”立式冲击破碎机等机型的出现，制砂工艺由单一棒磨机制砂方式发展到多种类型及联合型的制砂方式。如三峡工程，采用了棒磨机、筛分石渣，“石打石”立式冲击破碎机制砂后混合的工艺。如图2-33所示为冲击式破碎机制砂工艺流程图。

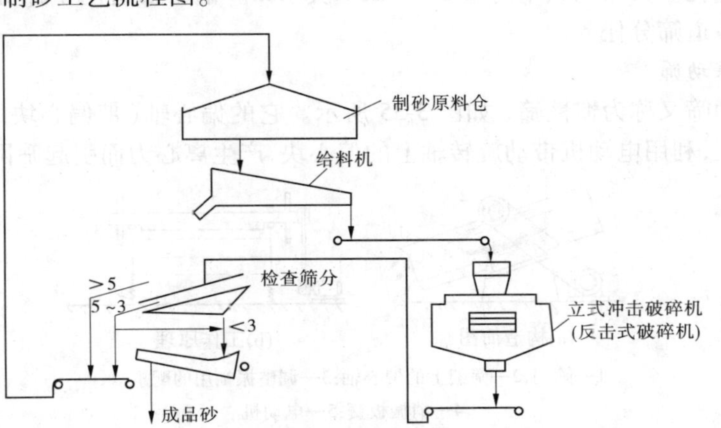

图2-33　冲击式破碎机制砂工艺流程图　（单位：mm）

(二)骨料筛分

骨料分级方法有水力筛分和机械筛分两种。前者利用骨料颗料大小不同,水力粗度各异的特点进行分级,适用于细骨料。后者利用机械力作用经不同孔眼尺寸的筛网对骨料进行分级,适用于粗骨料。

1. 偏心振动筛

偏心振动筛又称为偏心筛,如图 2-34 所示。它主要由固定机架、活动筛架、筛网、偏心轴及电动机等组成。筛网的振动是利用偏心轴旋转时的惯性作用。偏心轴安装在固定机架上的一对滚珠轴承中,由电动机通过皮带轮带动,可以轴承旋转。活动筛架通过另一对滚珠轴承悬装在偏心轴上。筛架上装有两层不同筛孔的筛网,可筛分三级不同粒径的骨料。

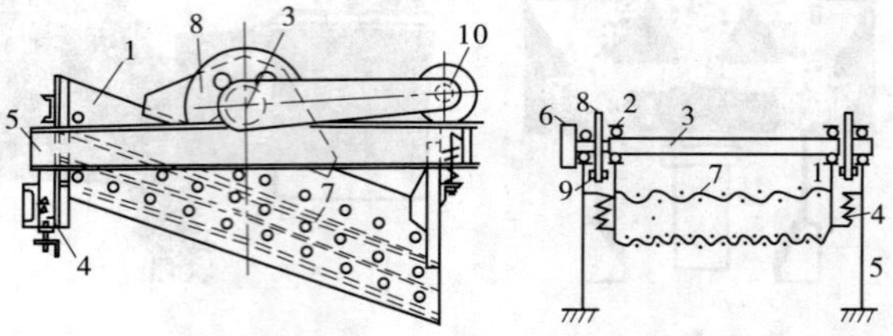

(a)构造简图　　(b)工作原理

1—活动筛架;2—筛架上的轴承;3—偏心轴;4—弹簧;5—固定机架;
6—皮带轮;7—筛网;8—平衡轮;9—平衡块;10—电动机

图 2-34　偏心振动筛

当偏心轴旋转时,由于偏心作用,筛架和筛网也就跟着振动,从而使筛网上的石块向前移动,并且向上跳动和向下筛落。

由于筛架与固定机架之间是通过偏心轴刚性相联的,故将同时发生振动。为了减轻对固定机架的振动,在偏心轴两端还安装有与轴偏心方向成 180°的平衡块。

偏心筛的特点是刚性振动,振幅固定(3 ~ 6 mm),不因来料多少而变化,也不因来料过多而堵塞筛孔。其振动频率为 840 ~ 1 200 次/min。偏心筛适用于筛分粗、中骨料,常用来完成第一道筛分任务。

2. 惯性振动筛

惯性振动筛又称为惯性筛, 如图 3-35 所示。它的偏心轴(带偏心块的旋转轴)安装在活动筛架上,利用电动机带动旋转轴上的偏心块,产生离心力而引起筛网振动。

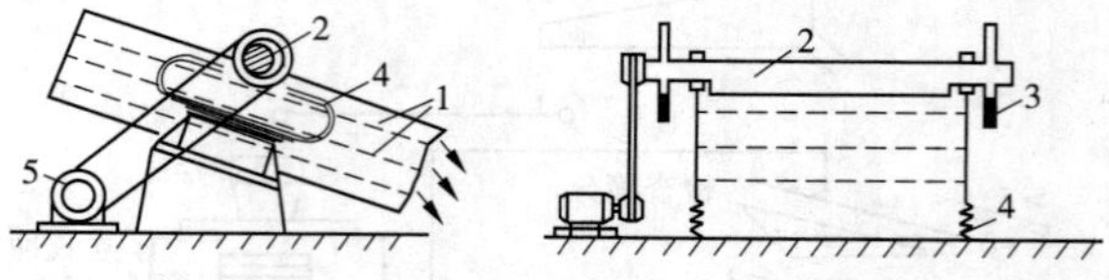

(a)构造简图　　(b)工作原理

1—筛网;2—筛架上的偏心轴;3—调整振幅用的配重盘;
4—消振板簧;5—电动机

图 2-35　惯性振动筛

惯性筛的特点是弹性振动，振幅大小将随来料多少而变化，容易因来料多而堵塞筛孔，故要求来料均匀。其振幅为 1.6 ~ 6 mm，频率为 1 200 ~ 2 000 次/min。惯性筛适用于中、细颗粒筛分。

3. 高效振动筛分机

目前国外广泛采用高效、编织网筛面的振动筛，进行砂石加工厂的分级处理，其优点是石料在筛网面上可以迅速均匀地散开，而筛网采用钢丝编织的网，其开孔率较目前国内普遍采用的橡胶网与聚氨酯网高出 30% ~ 50%，因而效率高于普通型振动筛。

(三) 螺旋洗砂机

常用的洗砂设备是螺旋洗砂机，如图 2-36 所示。它是一个倾斜安放的半圆形洗砂槽，槽内装有 1 ~ 2 根附有螺旋叶片的旋转主轴。斜槽以 18° ~ 20° 的倾斜角安放，低端进砂，高端进水。由于螺旋叶片的旋转，使被洗的砂受到搅拌，并移向高端出料口。洗涤水则不断从高端通入，污水从低端的溢水口排出。

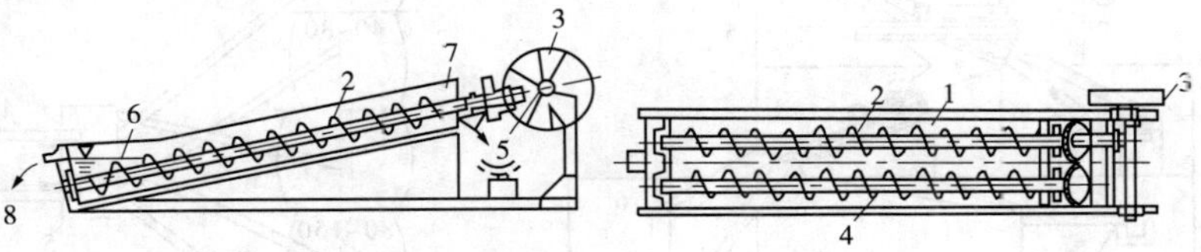

1—洗砂槽；2—带螺旋叶片的旋转轴；3—驱动机构；4—螺旋叶片；
5—皮带机（净砂出口）；6—加料口；7—清水注入口；8—污水溢出口

图 2-36 螺旋洗砂机

经水力分级后的砂含水量往往高达 17% ~ 24%，必须经脱水方可使用。根据《水工混凝土施工规范》（DL/T 5144—2015）的要求，成品砂的含水量应稳定在 6% 以下，因此必须在水力分级设备后加机械脱水设备。二滩工程采用的是圆盘式真空脱水筛，高频振动脱水筛通过负压吸水及振动脱水联合作用，达到脱水效果，可控制砂含水量在 10% ~ 12%，如图 2-37 所示。江垭工程采用多折线式直线振动脱水筛，与圆盘式真空脱水筛相比较，占地面积小，结构简单，不需设置真空系统。

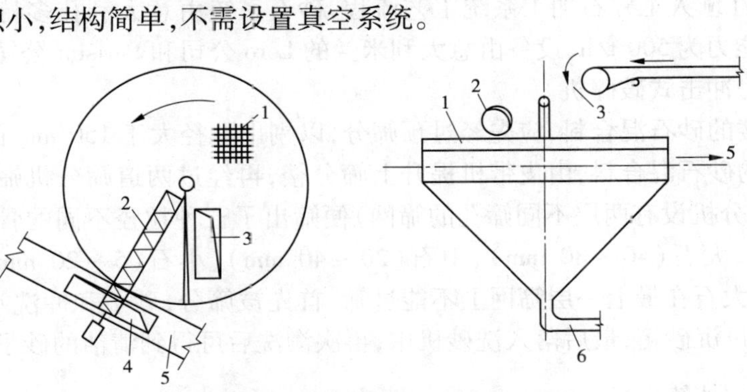

1—筛网；2—螺旋输送机；3—湿砂下料点；4—脱水后砂出料点；
5—脱水后砂出料皮带机；6—真空管道

图 2-37 盘式真空脱水筛简图

(四)骨料加工厂

大规模的骨料加工,常将加工机械设备按工艺流程布置成骨料加工厂。骨料加工厂的布置原则上应综合考虑工程施工总体布置、料源情况、水文、地质、环境保护等因素,根据地形情况、料场位置、工程分期、施工标段等条件综合比较选定。做好主要加工设备、运输线路、净料和弃料堆的布置。骨料加工厂宜尽可能靠近混凝土系统,以便共用成品堆料场。

在大中型骨料加工厂内,以筛分为主的加工厂称为筛分楼。其设备布置和工艺流程如图 2-38 所示。

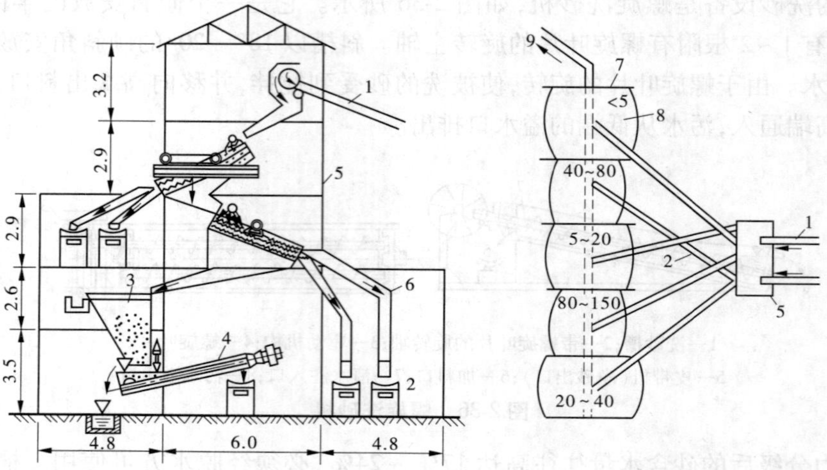

(a)筛分楼分层布置　　　　(b)进出料平面布置

1—进料皮带机;2—出料皮带机;3—沉砂箱;4—洗砂机;5—筛分楼;
6—溜槽;7—隔墙;8—成品料堆;9—成品运出

图 2-38　筛分楼布置示意图　(单位:尺寸,m;粒径,mm)

图 2-39 是江垭人工碎石加工系统工艺流程,砂石系统由意大利孔多特公司承包,碎石厂设计生产能力为 500 t/h,设备由意大利米兰的 Loro 公司和 Parisini 公司制造,该系统粗、中、细碎均为冲击式破碎机。

进入筛分楼的砂石混合料,应先经过预筛分,以剔出粒径大于 150 mm 的超径石。经过预筛分运来的砂石混合料,由皮带机提升上筛分楼,再经过两道筛分机筛分和冲洗,四层筛网(一台筛分机设有两层不同筛孔的筛网)便筛出了五种粒径不同的骨料,即特大石(80 ~ 150 mm)、大石(40 ~ 80 mm)、中石(20 ~ 40 mm)、小石(5 ~ 20 mm)、砂子(< 5 mm)。其中,特大石在最上一层筛网上不能过筛,首先被筛分;砂子和冲洗水则通过最下一层筛网,并通过沉砂箱,最后落入洗砂机中,再次淘洗后可得到清洁的砂子。

二、混凝土制备

混凝土制备,是按照混凝土配合比设计要求,将其各组成材料(砂石、水泥、水、外加剂及掺合料等)拌和成均匀的混凝土料,以满足浇筑的需要。

混凝土制备的过程包括贮料、供料、配料和拌和。其中,配料和拌和是主要生产环节,

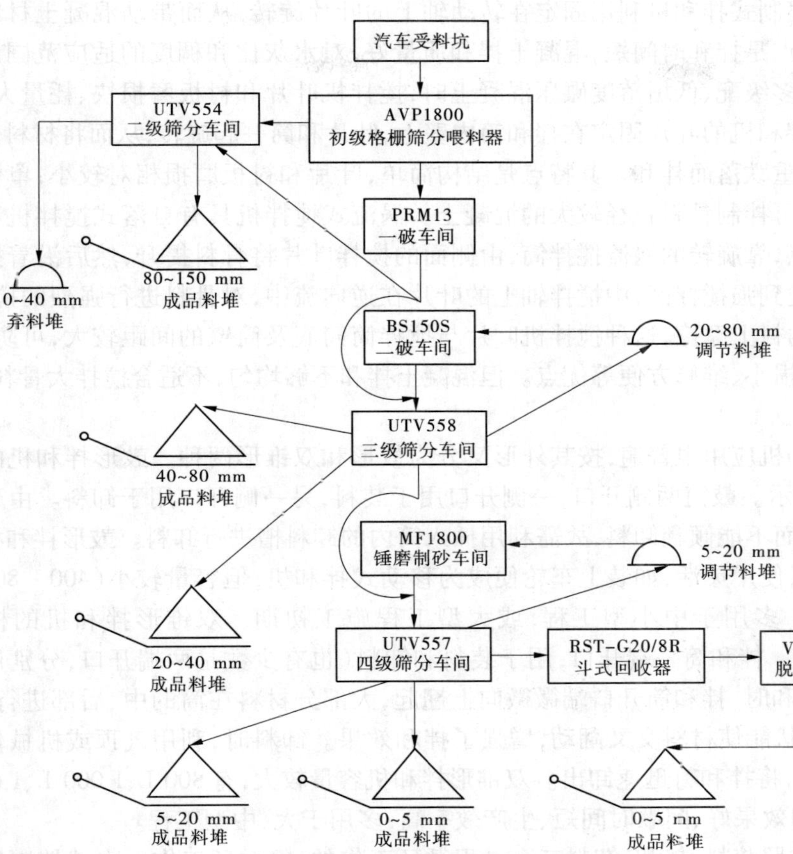

图 2-39 江垭人工碎石加工系统工艺流程图

也是质量控制的关键。

(一)混凝土配料

配料是按混凝土配合比要求,称准每次拌和的各种材料用量。配料的精度直接影响混凝土质量。

按施工规范对配料精度(按质量百分比计)的要求是:水泥掺合料、水、外加剂溶液为 ±1%,砂石骨料为 ±2%。水及外加剂溶液可按质量折算成体积。

配料器是用于称量混凝土原材料的专门设备,其基本原理是悬挂式的质量秤。按所称料物的不同,可分为骨料配料器、水泥配料器和量水器等。

在自动化配料器中,装料、称量和卸料的全部过程都是自动控制的。自动化配料器动作迅速,称量准确,在混凝土拌和楼中应用很广泛。

自动化配料器的关键部位是自动秤。自动秤有自动杠杆秤和自动电子秤两种。

传感器是配料称量的信号源,提高传感器的精度和疲劳寿命,保证良好的工作环境,有利于物料配料精度控制。

(二)混凝土拌和

混凝土拌和由混凝土拌和机进行,按照拌和机的工作原理,可分为强制式、自落式和涡流式三种。强制式拌和机利用固定在转动轴上的叶片旋转,从而带动混凝土材料进行强制拌和,其特点是拌和时间短,混凝土拌和质量好,对水灰比和稠度的适应范围广。但当拌和大骨料、多级配、低坍落度碾压混凝土时,搅拌机叶片和衬板磨损快、耗量大、维修困难。自落式拌和机的叶片固定在拌和筒内壁上,叶片和筒一起旋转,从而将材料带至筒顶,再靠材料自重跌落而拌和。其特点是结构简单,叶片和衬板磨损相对较小,单位混凝土生产成本低,可拌制骨料粒径较大的混凝土。涡流式搅拌机具有自落式搅拌机和强制式搅拌机的优点,靠旋转的涡流搅拌筒,由侧面的搅拌叶片将骨料提升,然后沿着搅拌筒内侧将骨料运送到强搅拌区,中搅拌轴上的叶片在逆向流中,对骨料进行强烈的搅拌,而不至于在筒体内衬上摩擦,这种搅拌机叶片与搅拌筒筒底及筒壁的间距较大,可防卡料,具有能耗低、磨损小、维修方便等优点。但混凝土拌和不够均匀,不适合搅拌大骨料,因此未广泛使用。

自落式拌和机应用很普遍,按其外形又分为鼓形和双锥形两种。鼓形拌和机的构造如图 2-40(a)所示。鼓筒两侧开口,一侧开口用于装料,另一侧开口用于卸料。由于鼓筒只能旋转拌和,而不能倾翻卸料,故需利用插入筒内的卸料槽进行卸料。鼓形拌和机构造简单,装拆方便,使用灵活,如装上车轮便成为移动式拌和机,但容量较小(400 ~ 800 L),生产效率不高。多用于中小型工程,或大型工程施工初期。双锥形拌和机的构造如图 2-40(b)所示。拌和筒一端开口,用于装料和卸料(也有少数是两端开口,分别用于装料或卸料)。拌和时,拌和筒开口端微微向上翘起,大部分材料在筒的中、后部进行拌和。同时,叶片的形状能使材料交叉翻动,增强了拌和效果。卸料时,利用气顶或机械传动使拌和筒倾约 60°,将拌和料迅速卸出。双锥形拌和机容量较大,有 800 L、1 000 L、1 600 L、3 000 L 等,拌和效果好、间歇时间短、生产效率高,多用于大、中型工程。

拌和机是按照装料、拌和、卸料三个过程循环工作的,每循环工作一次就拌制出一罐新鲜混凝土料,按拌和实方体积(L 或 m^3)确定拌和机的工作容量(又称出料体积)。

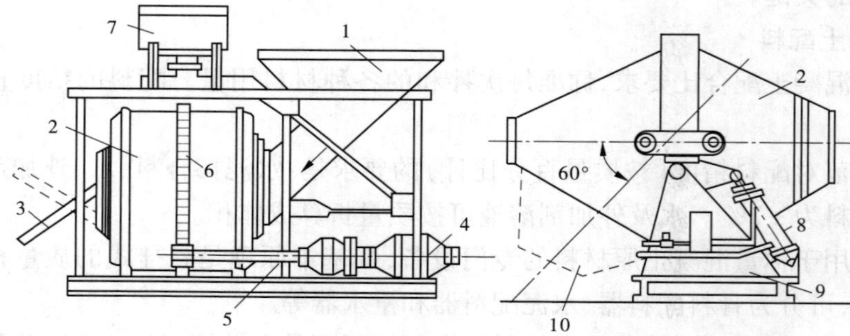

(a)鼓形拌和机　　(b)双锥形拌和机

1—装料机;2—拌和筒;3—卸料槽;4—电动机;5—传动轴;
6—齿圈;7—量水器;8—气顶;9—机座;10—卸料位置

图 2-40　自落式混凝土拌和机

拌和机的装料体积,是指每拌和一次,装入拌和筒内各种松散体积之和。拌和机的出料系数是出料体积与装料体积之比,为 0.6 ~ 0.7。

每台拌和机的生产率 P 可按下式计算:

$$P = NV = k_t \frac{3\,600V}{t_1 + t_2 + t_3 + t_4} \tag{2-11}$$

式中 P——单台拌和机的生产效率,m^3/h;

V——拌和机出料容量,m^3,为拌和机装料体积与出料系数的乘积;

N——拌和机每小时拌和次数;

t_1——装料时间,自动化配料为 10 ~ 15 s,半自动化配料为 15 ~ 20 s;

t_2——拌和时间,与拌和机工作容量、坍落度大小及气温有关(见表 2-10);

t_3——卸料时间,倾翻卸料为 15 s,非倾翻卸料为 25 ~ 30 s;

t_4——必要的技术间隙时间,双锥式为 3 ~ 5 s;

k_t——时间利用系数,视施工条件而定。

表 2-10 拌和机容量与骨料最大粒径和拌和时间的关系

拌和机的进料容量(m^3)	最大骨料粒径(mm)	某坍落度(cm)下的拌和时间(min)		
		2 ~ 5	5 ~ 8	>8
1.0	80		2.5	2.0
1.6	150 或 120	2.5	2.0	2.0
2.4	150	2.5	2.0	2.0
5.0	150	3.5	3.0	2.5

在混凝土拌和过程中,应采取措施保持砂、石、骨料含水量稳定,砂石含水量应控制在 6% 以内。

拌和设备应经常进行下列项目的检验:

(1)拌和物的均匀性;

(2)各种条件下适宜的拌和时间;

(3)衡器的准确性;

(4)拌和机及叶片的磨损情况。

三、混凝土运输

混凝土运输是整个混凝土施工中的一个重要环节,它运输量大、涉及面广,对工程质量和施工进度影响大。混凝土运输包括两个运输过程:从拌和机前到浇筑仓前,主要是水平运输;从浇筑仓前到仓内,主要是垂直运输。

混凝土在运输过程中应保持原有的均匀性及和易性,不发生离析现象;要尽量减少振动和转运次数,不能使混凝土料从 2 m 以上的高度自由跌落;不漏浆、不初凝;无大的温度变化;无标号错误。混凝土运输、转运、入仓、浇筑的总时间不宜超过表 2-11 中规定的数值。

表 2-11 混凝土运输时间

气温(℃)	混凝土运输时间(min)
20 ~ 30	30
10 ~ 20	45
5 ~ 10	60

(一)混凝土水平运输

混凝土的水平运输常用的方式有以下几种。

1. 有轨运输

一般有机车拖平板车立罐和机车拖侧卸罐车两种。前者在我国水电建设工程中被广泛应用,特别是工程量大、浇筑强度高的工程,这种运输方式运输能力大,运输过程中振动小,管理方便。其主要缺点是:要求混凝土工厂与混凝土浇筑供料点之间高差小、线路的纵坡小、转弯的半径大,对复杂的地形变化适应性差,土建工程量大,修建工期长。

大型工程一般采用1 435 mm的准轨线路,中、小型工程多用1 000 mm窄轨线路,机车轨距主要取决于混凝土运输的强度、构件运输要求和现场布置条件。如果机车拖平板车在门、塔机的门架内穿过,机车及平板车与起重机门架之间应有净空1 m以上的安全距离。有轨侧卸运输车已在我国广西岩滩等工程施工中使用,运行时吊罐停在侧卸运输车的侧面,不摘钩,启动侧卸斗门将混凝土卸入吊罐内,一台机车一般拖两个混凝土的料罐。

机车拖挂3~5节平台列车,上放混凝土立式吊罐2~4个,直接到拌和楼装料。列车上预留1个罐的空位,以备转运时放置起重机吊回的空罐。这种运输方法有利于提高机车和起重机的效率,缩短混凝土的运输时间。

如图2-41为机车拖挂平台车的示意图,列车上有3个立罐和1个罐的空位。

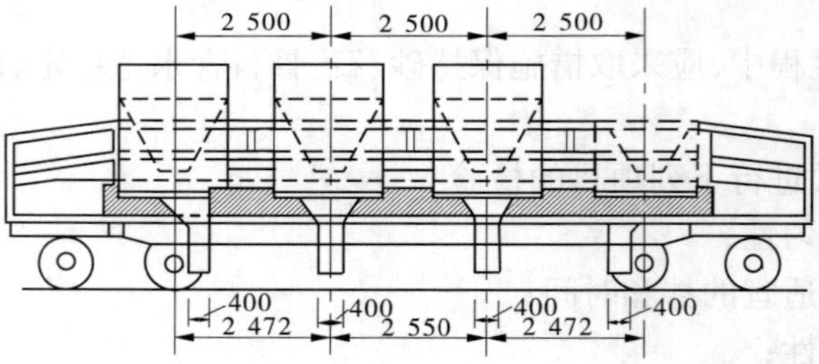

图2-41　大型平板车运输混凝土立罐　(单位:mm)

立罐容积有1 m^3、3 m^4、6 m^3、9 m^3 几种,容量大小应与拌和机及起重机的能力相匹配。3 m^3 罐可与1 000 L、1 500 L、3 000 L的拌和机和10 t的起重机匹配;6 m^3 罐则与20 t起重机相匹配。立罐外壳为钢制品,装料口大,出料口小,并设弧门控制,用人力或气压起闭,如图2-42所示。

2. 无轨运输

无轨运输一般指汽车运输,主要有混凝土搅拌车、后卸式自卸车、汽车运立罐及无轨侧卸料罐车等。

汽车运输机动灵活,载重量较大,卸料迅速,应用广泛。与铁路运输相比,它具有投资少,道路容易修建,适应工地场地狭窄、高差变化大的特点。但汽车运费高,振动大,容易使混凝土料漏浆和分离,质量不如铁路平台列车的,事故率较高。进行施工规划时,应尽量考虑运输混凝土的道路与基坑开挖出渣道路相结合,在基坑开挖结束后,利用出渣道路运输混凝土,以缩短混凝土浇筑的准备工期。

三峡工程混凝土水平运输部分采用无轨侧卸料罐车的运输方式。

3. 架空单轨运输

架空单轨运输于20世纪70年代后期首次在巴西伊太普工程中成功应用，采用钢桁架和钢柱架设环行的架空运输单轨道，轨道上悬挂用电动小车牵引行驶的混凝土料斗，小车经过拌和楼装料后，驶至卸料点，将混凝土卸入中间转运车，空料斗沿环行单轨驶回拌和楼，如此反复进行。中间转运站将混凝土卸入起重机的吊罐内。该运输方式自动化程度高，工作时无噪声，工作安全可靠，轨道系统构造简单、维修方便、效率高，但操作现代化，要求管理水平高，线路布置不适合爬坡，布置上要求尽量少转弯。

4. 皮带机运输

皮带机运输混凝土可将混凝土运送直接入仓，也可作为转料设备。直接入仓浇筑混凝土主要有固定式和移动式两种，固定式即用钢排架支撑多条胶带通过仓面，每条胶带控制浇筑宽度5～6 m，每隔几米设置括板，混凝土经过溜筒垂直下卸。移动式为仓面上的移动梭式胶带布料机与供应混凝土的固定胶带正交布置，混凝土经过梭式胶带布料机分料入仓。

皮带机设备简单、操作方便、成本低、生产率高，但运输流态混凝土时容易分层离析，砂浆损失较为严重，骨料分离严重；薄层运输与大气接触面大，容易改变料的温度和含水量，影响混凝土质量。一般可采取下列措施：

(1)皮带机运行速度限制在1～1.2 m/s，上坡角度为14°～16°，下坡角度为6°～8°，最大骨料粒径不宜大于80 mm；皮带应张紧，以减小通过滚轴时的跳动；宜选用槽形皮带机，皮带接头宜胶结，在转运或卸料处设置挡板和溜筒，以防止混凝土料分离，如图2-43所示。

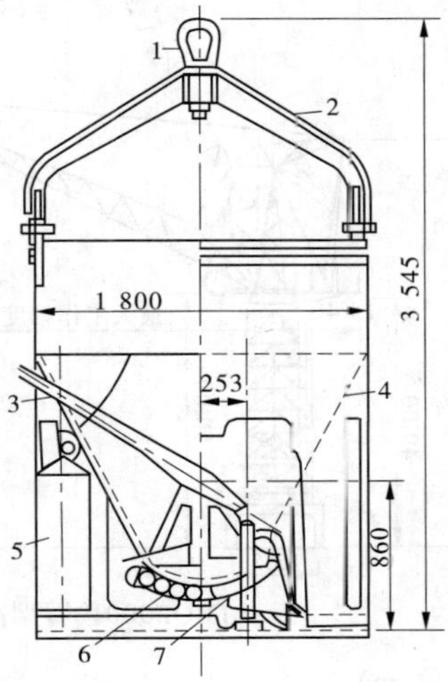

1—吊环；2—吊梁；3—操作杆；
4—罐壁；5—贮气罐；6—斗门；7—支架

图2-42 混凝土立罐结构图 （单位：mm）

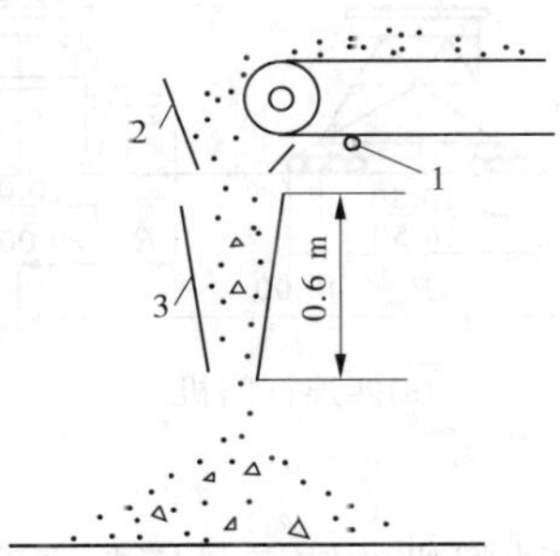

1—刮板；2—挡板；3—溜筒

图2-43 皮带机的卸料装置

(2)皮带机头的底部设置1～2道橡皮刮板，以减少砂浆损失；砂浆损失应控制在1.5%以内，混凝土配合比设计应适当增加砂率。

(3)皮带机应搭设盖棚,以免混凝土受日照、水、雨等影响。低温季节施工时,应有适当的保险措施。

(4)应装置冲洗设备,可保证能在卸料后及时清洗内带上所黏附的水泥砂浆,并采取措施,防止冲洗的水流入新浇的混凝土中。皮带运输机运输混凝土是一种连续工作,生产效率高,适用于地形高差大的工程部位,动力消耗小,操作管理人员少。但是,平仓振捣一定要跟上,且一旦发生故障,全线停运,停留在胶带上的大量混凝土难以处理,同时一次只能运送一种品种的混凝土料,夏季使用时预冷混凝土温度回升大,满足设计要求难度大。

(二)混凝土垂直运输

混凝土垂直运输主要采用如下各类起重机械。

1. 履带式起重机

履带式起重机多由开挖石方的挖掘机改装而成,直接在地面上开行,无须轨道。它的提升高度不大,但机动灵活,适应工地狭窄的地形,在开工初期能及早使用,生产效率高,浇筑混凝土常与自卸汽车配合。

2. 门式起重机和塔式起重机

门式起重机又称门机,是一种大型移动式起重设备。四连杆门机如图2-44(a)所示,它的下部为一钢结构门架,门架底部装有车轮,可沿轨道移动。门架下可供运输车辆通行,这样便可使起重机和运输车辆在同一高程上行驶,具有结构简单、运行灵活、起重量大、控制范围较大,工作效率较高等优点,因此在大型水利工程中应用较普遍。

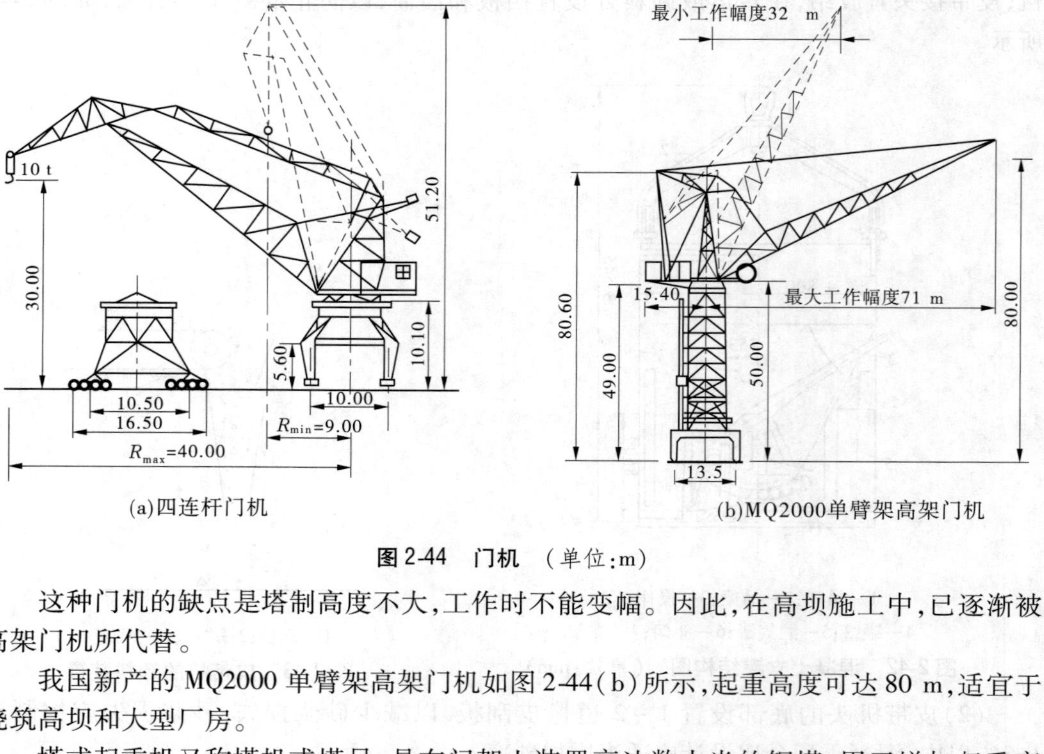

(a)四连杆门机　　(b)MQ2000单臂架高架门机

图2-44　门机　(单位:m)

这种门机的缺点是塔制高度不大,工作时不能变幅。因此,在高坝施工中,已逐渐被高架门机所代替。

我国新产的MQ2000单臂架高架门机如图2-44(b)所示,起重高度可达80 m,适宜于浇筑高坝和大型厂房。

塔式起重机又称塔机或塔吊,是在门架上装置高达数十米的钢塔,用于增加起重高度。其起重臂多是水平的，起重小车（带有吊钩）可沿起重臂水平移动，用以改变起重幅度，如图2-45所示。塔机可靠近建筑物布置，沿着轨道移动，利用起重小车变幅，所以控制范围是一个长方形的空间，但塔机的稳定性和运行灵活性不如门机，当有6级以上大风时，必须停止工作。由于塔顶旋转是由钢绳牵引，塔机只能向一个方向旋转180°或360°之后再回转，而门机却可任意转动。相邻塔机运行时的安全距离要求大，相邻中心距不小于34～85 m。塔机适用于浇筑高坝，并将多台塔机安装在不同的高程上，以发挥控制范围大的优点。

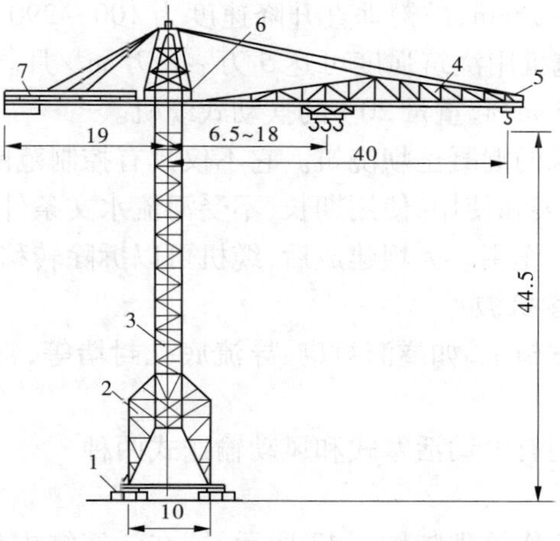

1—车轮；2—门架；3—塔身；4—起重臂；
5—起重小车；6—回转塔架；7—平衡重

图2-45 10/25 t塔式起重机 （单位：m）

3. 缆式起重机

缆式起重机（缆机）主要由一套凌空架设的缆索系统、起重小车、首塔架、尾塔架等组成，如图2-46所示，机房和操纵室设在首塔内。

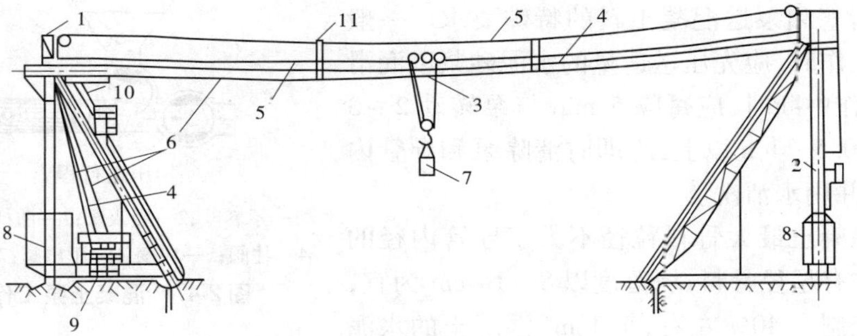

1—首塔；2—尾塔；3—起重小车；4—承重索；5—牵引索；6—起重索；
7—重物；8—平衡重；9—机房；10—操纵室；11—索夹

图2-46 缆式起重机结构图

缆索系统为缆机的主要组成部分，它包括承重索、起重索、牵引索和各种辅助索。承重索两端系在首塔和尾塔顶部，承受很大的拉力，通常用光滑、耐磨、抗拉弹度很高的钢丝制成，是缆索系统中的主索；起重索用于垂直方向升降起重钩；牵引索用于牵引起重小车沿承重索移动。首、尾钢塔架为三角形空间结构，分别布置在两岸较高的地方。

缆机的类型一般按首、尾塔的移动情况划分，有固定式、平移式和辐射式三种。首、尾塔都固定者，称固定式缆机。首、尾塔都可移动者，称平移式缆机。尾塔固定，首塔沿弧形轨道移动者，称辐射式缆机。

在峡谷河段上修建混凝土坝多采用缆机，如五强溪、东江、安康、乌江渡等工程均采用缆机，缆机的起重量一般为 10 ~ 20 t，最大可达 45 ~ 50 t，跨度一般为 600 ~ 1 000 t，起重小车移动速度为 360 ~ 670 m/min，吊钩垂直升降速度为 100 ~ 290 m/min，每小时可吊运混凝土罐 8 ~ 12 次。20 t 缆机用浇筑强度可达 5 万 ~ 8 万 m^3/月。三峡工程采用了两台跨度为 1 416 m、塔架高 125 m、起重量 20 t 的摆动式缆机。

缆机适用于狭窄河床的混凝土坝浇筑。它不仅具有控制范围大、起重量大、生产效率高的特点，而且能提前安装和使用，使用期长，不受河流水文条件和坝体高的影响，对加快主体工程施工具有明显的作用。大坝建成后，缆机可以拆除转移至其他工地使用。

（三）泵送混凝土运输机械

在工作面狭窄的地方施工，如隧洞衬砌、导流底孔封堵等，常采用混凝土泵及其导管输送混凝土。

常用混凝土泵的类型有电动活塞式和风动输送式两种。

1. 活塞式混凝土泵

活塞式混凝土泵的工作原理如图 2-47 所示，即在活塞缸内作往返运动的柱塞，将承料斗中的混凝土吸入并压出，经管道送至浇筑仓内。

活塞式混凝土泵的输送能力有 15 m^3/h、20 m^3/h、40 m^3/h 等几种。其最大水平运距可达 300 m，或垂直升高 40 m，导管径 150 ~ 200 mm，输送混凝土骨料最大料径为 50 ~ 70 mm。

目前在使用活塞式混凝土泵的过程中，要注意防止导管堵塞和泵送混凝土料的特殊要求。一般在泵开始工作时，应先压送适量的水泥砂浆以润滑管壁；当工作中断时，应每隔 5 min 将泵转动 2 ~ 3 圈；如停工 0.5 ~ 1 h 以上，应即时清除泵和导管内的混凝土，并用水清洗。

泵送混凝土最大骨料粒径不大于导管内径的 1/3，不允许有超径骨料，坍落度以 8 ~ 14 cm 为宜，含砂率应控制在 40% 左右，每 1 m^3 混凝土的水泥用量不少于 250 ~ 300 kg。

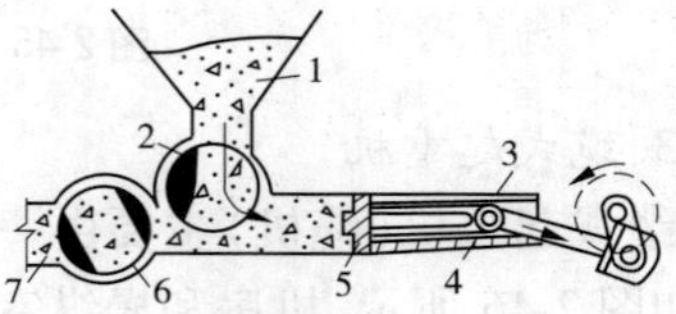

(a)吸出行程

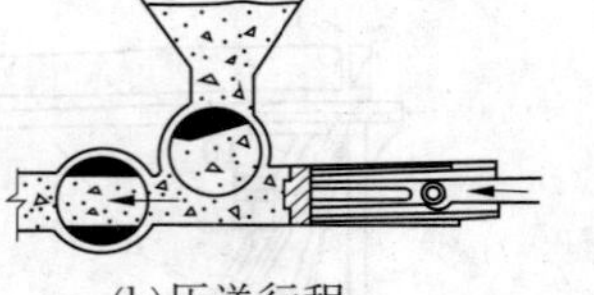
(b)压送行程

1—承料斗；2—吸入阀；3—曲柄连杆系统；4—柱阀；5—柱塞；6—压出阀；7—送料导管

图 2-47　混凝土泵工作原理

2. 风动输送混凝土泵

以泵为主要设备的整套风动输送装置如图 2-48 所示。泵的压送器是由钢板焊成的梨形罐，可承受 15 × 10^5 Pa 的气压。工作时，利用压缩空气（气压为 6.4 × 10^5 ~ 8 × 10^5 Pa）将密闭在罐内的混凝土料压入输送管内，并沿管道吹送到终端的减压器，降低速度和压力,改变运动方向后喷出管口。

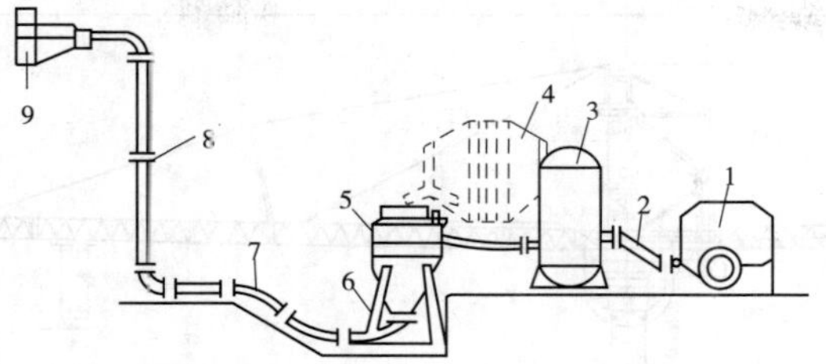

1—空压机;2—风管;3—储气管;4—拌和机;5—风泵;6—出口弯管;7—输送管;8—快拆接头;9—减压器

图 2-48 风动输送混凝土泵布置

风动输送是一种间歇性作业,每次装入罐内的混凝土量约为罐容积的 80%;其水平运距可达 350 m(或垂直运距 60 m),生产效率可达 50 m^3/h。整套风动装置可安装在固定的机架上或移动的车架上。风动输送混凝土泵对混凝土配合比的要求基本上与活塞式混凝土泵相同。

(四)专用皮带机

皮带机浇筑混凝土往往在运输和卸料时容易产生分离及严重的砂浆损失现象,而难以满足混凝土质量要求,使其应用受到很大限制,过去一般多用来运输碾压混凝土。近年美国罗泰克(ROTEC)公司对皮带机进行了较大改革,特别是在墨西哥惠特斯(TUITES)大坝第一次成功地应用 3 台罗泰克塔带机为主浇筑混凝土,使皮带机浇筑混凝土进入一个新阶段。

塔带机是集水平运输与垂直运输为一体,将塔机与皮带输送机有机结合的专用皮带机,要求混凝土拌和、水平供料、垂直运输及仓面作业一条龙配套,以发挥高效率。塔带机布置在坝内,要求大坝坝基开挖完成后快速进行塔带机系统的安装、调试和运行,使其尽早投入正常生产。

三峡大坝施工采用了 4 台美国罗泰克(ROTEC)公司生产的最大规格 TC2400 型塔带机和 2 台法国波坦(POTAIN)公司为主生产的 MD2200 型塔带机,见图 2-49 和图 2-50。这两种塔带机主要技术参数见表 2-12,此外还使用了美国罗泰克公司生产的 4 台可移动式胎带机。

塔带机一般为固定式,专用皮带机也有移动式,移动式又有轮胎式和履带式两种,以轮胎式应用较广,最大皮带长为 32 ~ 61 m。CC200 型胎带机是目前最大规格,布料幅度达 61 m,浇筑范围 50 ~ 56 m,一般较大的浇筑块可用一台胎带机控制整个浇筑仓面。

塔带机是一种新型混凝土浇筑设备,它具有连续浇筑、生产效率高、运行灵活等明显优势。但由于生产能力大、运行速度快、高速入仓,对仓面铺料、平仓的振捣也带来不利影响。在大坝浇筑四级配混凝土时,塔带机运送的混凝土高速入仓,下料点平仓机和振捣机往往无法跟上。另外,布料皮带移动缓慢,入仓混凝土易形成较高料堆,大骨料分离滚至坡脚集中,待停止下料后才能将表面集中的大骨料清走,而内部集中的大骨料往往难以清除,从而造成局部架空的缺陷。因此,采用塔带机浇筑四级配混凝土对运输和浇筑工艺需作进一步改进,以待完善。

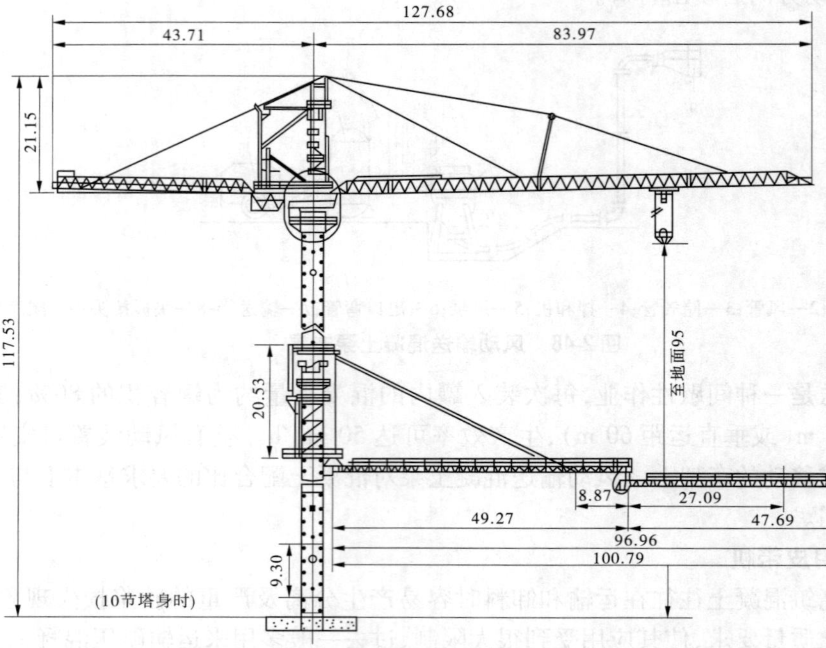

图 2-49　罗泰克公司 TC2400 型塔带机　(单位:m)

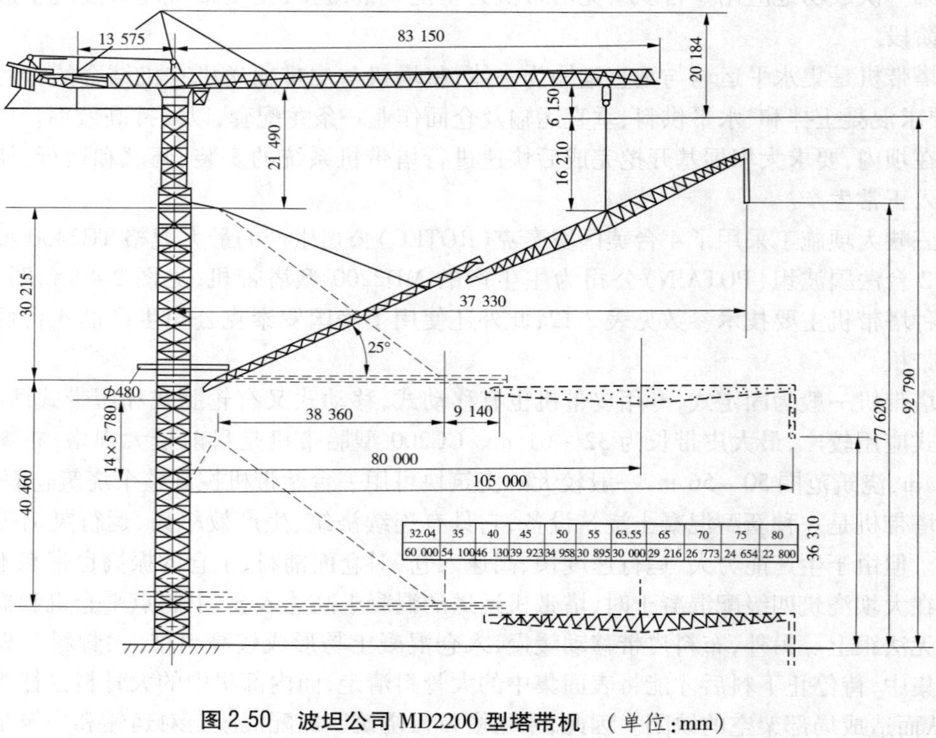

图 2-50　波坦公司 MD2200 型塔带机　(单位:mm)

表2-12　大型塔带机主要技术参数

项目	TC2400 型塔带机	MD2200 型塔带机	说明
皮带机最大工作幅度(m)	100	105	布料皮带呈水平状态
塔机工况工作幅度(m)	80	80	
塔柱最大抗弯力矩或额定力矩(t·m)	3 400	2 200	
塔柱节标准长度(m)	9.3	5.78	固定式塔机
带式输送机:			
带宽(mm)	760	750	
带速(m/s)	3.15~4.0	3.15~4.0	
输送能力(m^3/min)	6.5	6.5	
最大仰角(°)	+30	+25	
最大俯角(°)	-30	-25	
输送最大骨料粒径(min)	150	150	
塔机工况最大起重量(t)	60	60	
地面以上最大起升高度(m)	95	92.8	
工况转换(min)	≤30	≤30	浇筑转安装或安装转浇筑工况
混凝土品种变换一次时间(min)	≤15	≤15	
安装和调试时间(周)	8	9	低架状态,时间为参考值
单班作业人数(人)	8~10	8~10	塔机及皮带机

(五)运输混凝土的辅助设备

运输混凝土的辅助设备有吊罐、集料斗、溜槽、溜管等,用于混凝土装料、卸料和转运入仓,对保证混凝土质量和运输工作顺利进行起着相当大的作用。

1.溜槽与振动溜槽

溜槽(泻槽)为一铁皮槽子,用于高度不大的情况下滑送混凝土,可以将皮带机、自卸汽车、吊罐等运输来料转运入仓。其坡度由试验确定,一般为45°左右。

振动溜槽是在溜槽上附有振动器,每节长4~6 m,拼装总长达30 m,坡度15°~20°。

采用溜槽时,应在溜槽末端加设1~2节溜管,以防止混凝土料在下滑过程中分离。利用溜槽转运入仓,是大型机械设备难以控制部位的有效入仓手段。

2.溜管与振动溜管

溜管由多节铁皮管串挂而成。每节长0.8~1 m,上大下小,相邻管节铰挂在一起,可以拖动,如图2-51所示。采用溜管卸料可起到缓冲消能作用,以防止混凝土料分离和破碎;还可以避免吊罐直接入仓,碰坏钢筋和模板。

溜管卸料时,其出口离浇筑面的高差应不大于1.5 m,并利用拉索拖动均匀卸料,但应使溜管出口段(约2 m长)与浇筑面保持垂直,以避免混凝土料分离。随着混凝土浇筑面的上升，可逐节拆卸溜管下端的管节。溜管卸料多用于断面小、钢筋密的浇筑部位。其卸料半径为 1 ~1.5 m，卸料高度不大于 10 m。振动溜管与普通溜管相似，但每隔 4 ~8 m 的距离装有一个振动器，以防止混凝土料中途堵塞。其卸料高度可达 10 ~20 m。

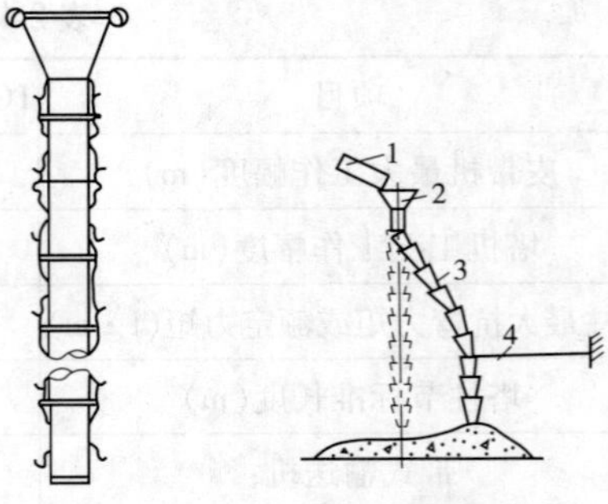

(a)垂直位置　　(b)拉向一侧卸料

1—运料工具；2—受料斗；3—溜管；4—拉索

图 2-51　溜管

四、混凝土的浇筑

混凝土浇筑的施工过程，包括浇筑前的准备作业、入仓铺料、平仓、振捣和浇筑后的养护。

(一)浇筑前的准备作业

浇筑前的准备作业包括基础面处理，施工缝处理，模板、钢筋及预埋件的安设等。

1. 基础面处理

对于岩基，一般要求清除到质地坚硬的新鲜岩面，然后进行整修。用人工清除表面松软岩石、棱角和反坡，并用高压水冲洗，压缩空气吹扫。若岩面上有油污、灰浆及其黏结的杂物，还应采用钢丝刷反复刷洗，直至岩面清洁为止。最后，用风吹至岩面无积水经检验合格，才能开仓浇筑。

对于土基，应先将开挖基础时预留下来的保护层挖除，并清除杂物。然后用碎石垫底，盖上湿砂，进行压实，再浇混凝土。

对于砂砾地基，应清除杂物，整平基础面，并浇筑 10 ~20 cm 厚的低强度等级混凝土垫层，以防止漏浆。

清洗后的岩基，在混凝土浇筑前应保持洁净和湿润。

2. 施工缝处理

施工缝是指浇筑块之间临时的水平和垂直结合缝，也就是新老混凝土之间的结合面。为了保证建筑物的整体性，在新混凝土浇筑前，必须将老混凝土表面的水泥膜(乳皮)消除干净，并使其表面新鲜清洁、形成有石子半露的麻面，以利于新老混凝土的紧密结合。但对于要进行接缝灌浆处理的纵缝面，可不凿毛，只需冲洗干净即可。

施工缝的处理方法有以下几种：

(1)刷毛和冲毛。在混凝土凝结后但尚未完全硬化以前，用钢丝刷或高压水对混凝土表面进行冲刷，形成麻面，称为刷毛和冲毛。高压水冲毛效率高，水压力一般为$(4 \sim 6) \times 10^5$ Pa。根据水泥品种、混凝土强度等级和当地气温来确定冲毛的时间，一般春秋季节在浇筑完毕后 10 ~16 h 开始，夏季掌握在 6 ~10 h，冬季则在 18 ~24 h 后进行。

(2)凿毛。当混凝土已经硬化，用人工或风镐等机械将混凝土表面凿成麻面称为凿毛。凿深 1 ~2 cm，然后用高压水清洗干净。凿毛以浇筑后 32 ~40 h 进行为宜，多采用垂直缝面处理。

(3)喷毛。将经过筛选的粗砂和水装入密封的砂箱，再通过压缩空气，风压为$(4 \sim 6) \times 10^5$ Pa。压缩空气与水、砂混合后，经喷枪喷出，将混凝土表面冲成麻面，冲毛时间一般在浇筑后 24 ~48 h 内进行。

施工缝面凿毛或冲毛后，应用压力水冲洗干净，排除积水，使其表面无渣、无尘，才能浇筑混凝土。

3. 模板、钢筋及预埋检查

开仓浇筑前，必须按照设计图纸和施工规范的要求，对仓面安设的模板、钢筋及预埋件进行全面检查验收，分项签发合格证，应做到规格、数量无误，定位准确，连接可靠。

4. 浇筑仓面布置

浇筑仓面检查准备就绪后，水、电及照明布置妥当后，经质检部门全面检查，发给准浇证后，才允许开仓浇筑。

（二）入仓铺料

浇筑混凝土前，基础面的浇筑仓和老混凝土上的迎水面浇筑仓，在浇筑第一层混凝土前必须先铺一层 2～3 cm 的水泥砂浆，砂浆的水灰比应较混凝土的水灰比减少 0.03～0.05。

1. 平层浇筑法

平层浇筑法是沿仓面长边逐层水平铺填，第一层铺填完毕并振捣密实后，再铺填振捣第二层，依次类推，直到达到规定的浇筑高程为止，如图 2-52 所示。铺料层厚与振捣性能、气温高低、混凝土调度、混凝土初凝时间和来料强度等因素有关。在一般情况下，层厚多为 30～60 cm，当采用振捣器组振捣时，层厚可达 70～80 cm。

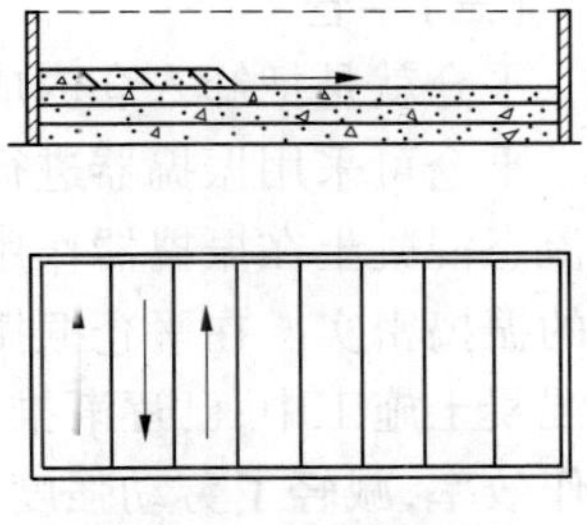

图 2-52 平层浇筑法

层间间歇超过混凝土初凝时间会出现冷缝，使层间的抗渗抗剪和抗拉能力明显降低。为了避免出现冷缝，应满足以下条件：

$$Q(t_2 - t_1)k \geqslant Ah \tag{2-12}$$

或

$$A \leqslant \frac{Q(t_2 - t_1)}{h}k \tag{2-13}$$

式中 A——混凝土仓面面积，m^2；

k——时间延误系数，可取 0.8～0.85；

Q——所浇仓位混凝土的实际生产能力，m^3/h；

t_2——混凝土初凝时间，h；

t_1——混凝土运输、浇筑所占的时间，h；

h——混凝土铺料层厚度，m。

2. 阶梯浇筑法

阶梯浇筑法的铺料顺序是从仓位的一端开始，向另一端推进，并以台阶形式，边向前推进，边向上铺筑，直至浇到规定的厚度，把全仓浇完，如图 2-53(a)所示。阶梯浇筑法的最大优点是缩短了混凝土上、下层的间歇时间；在铺料层数一定的情况下，浇筑块的长度可不受限制。既适用大面积仓位的浇筑，也适用于通仓浇筑。阶梯浇筑法的层数不多于 3～5 层，阶梯长度不小于 2～3 m。

3. 斜层浇筑法

当浇筑仓面大,混凝土初凝时间短,混凝土拌和、运输浇筑能力不足时,可采用斜层浇筑法,如图2-53(b)所示。斜层浇筑法由于平仓及振捣使砂浆容易流动和分离,为此应使用低流态混凝土,浇筑块高度一般限制在1~1.5 m以内。同时应控制斜层法的层面斜度不大于10°。

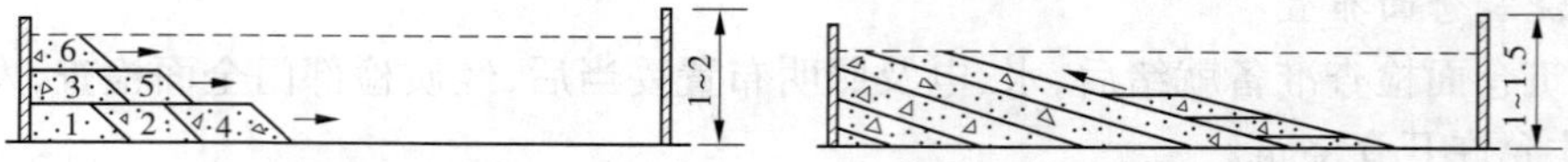

(a)阶梯浇筑法　　(b)斜层浇筑法

图2-53　阶梯浇筑法和斜层浇筑法　(单位:m)

无论采用哪一种浇筑方法,都应保持混凝土浇筑的连续性。如相邻两层浇筑的间歇时间超过混凝土的初凝时间,将出现冷缝,造成质量事故。此时应停止浇筑,并按施工缝处理。

(三)平仓

平仓就是把卸入仓内成堆的混凝土铺平到要求的均匀厚度。

平仓可采用振捣器进行。振捣器应首先斜插入料堆下部,然后一次一次地插向上部,使流态混凝土在振捣器作用下自行摊平。但须注意,使用振捣器平仓,不能代替下一个工序的振捣密实。在平仓振捣时,不能造成砂浆与骨料分离。近年来,在大型水利水电工程的混凝土施工中,已逐渐推广使用推土机(或平仓机)进行混凝土平仓作业,大大提高了工作效率,减轻了劳动强度;但要求仓面大,仓内无拉条,履带压力小。

(四)振捣

振捣的目的是使混凝土密实,并使混凝土与模板、钢筋及预埋件紧密结合,从而保证混凝土的最大密实性。振捣是混凝土施工中最关键的工序,应在混凝土平仓后立即进行。

混凝土振捣主要采用振捣器进行。其原理是利用振捣器产生的高频率、小振幅的振动作用,减小混凝土拌和物的内摩擦力和黏结力,从而使塑态混凝土液化、骨料相互滑动而紧密排列、砂浆充满空隙、空气被排出,以保证混凝土密实,并使液化后的混凝土填满模板内部的空间,且与钢筋紧密结合。

1. 振捣器的类型和应用

混凝土振捣器的类型,按振捣方式的不同分为插入式、外部式、表面式和振动台等,如图2-54所示。其中,外部式只适用于柱、墙等结构尺寸小且钢筋密的构件;表面式只适用于薄层混凝土的捣实(如渠道衬砌、道路、薄板等);振动台多用于实验室。

插入式振捣器在水利水电工程混凝土施工中使用最多。它的主要形式有电动软轴式、电动硬轴式和风动式三种,其中以电动硬轴式应用最为普遍。电动软轴式则用于钢筋密、断面比较小的部位;风动式的适用范围与电动硬轴式的基本相同,但其耗风量大,振动频率不稳定,已逐渐被淘汰。

1)电动软轴插入式振捣器

电动软轴插入式振捣器如图2-55所示。它的电动机和机械增速器(齿轮机构)安装在底盘上,通过软轴(由钢丝股制成)带动振动棒内的偏心轴高速旋转而产生振动。这类偏心轴式软轴振捣器，由于偏心轴旋转的振动频率受到制造上的限制，故振动频率不高，可应用在钢筋密集、结构单薄的部位，常见型号有 B－50 型、φ63 型等。

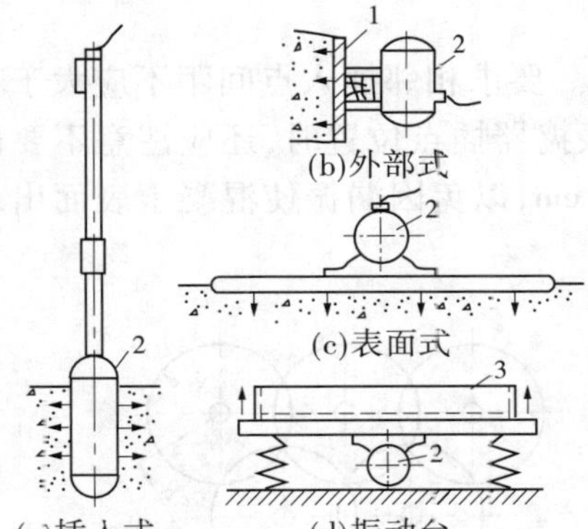

图 2-54　混凝土振捣器

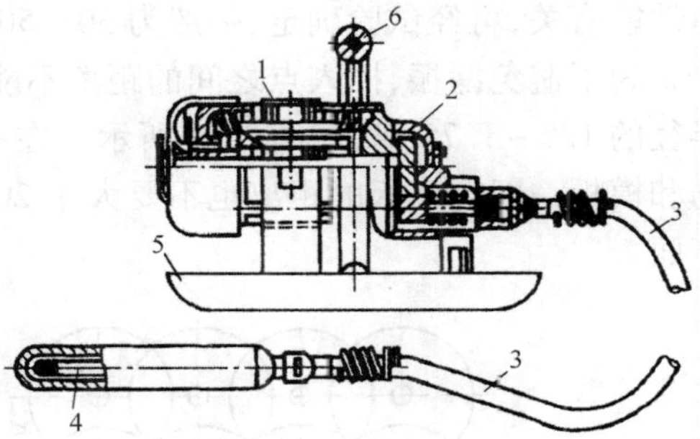

图 2-55　电动软轴插入式振捣器

2）电动硬轴插入式振捣器

电动硬轴插入式振捣器的构造特点是电动机装在振动棒内部，直接与偏心块振动机构相连，如图 2-56 所示。同时，采用低压变频装置代替机械增速器，以保证工人安全操作和提高振捣器的振动频率。

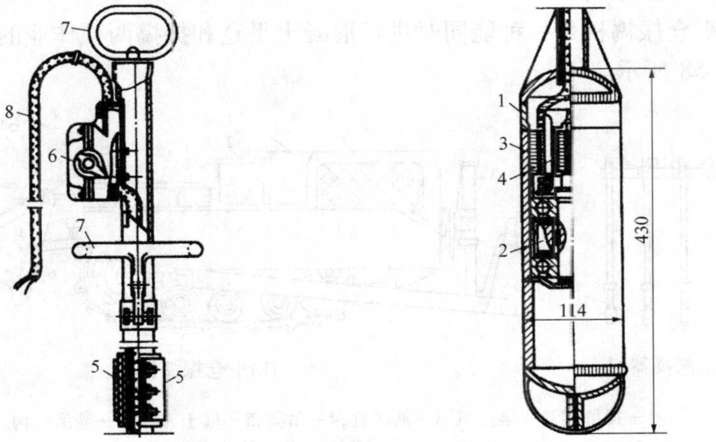

1—振棒外壳；2—偏心块；3—电动机定子；4—电动机转子；
5—橡皮弹性连接器；6—电路开关；7—把手；8—外接电源

图 2-56　电动硬轴插入式振捣器　（单位：mm）

硬轴振捣器构造比较简单，使用方便，其振动影响半径大（35～60 cm），振捣效果好，故在大体积混凝土浇筑中应用最普遍。常见型号有国产 HZ_6P－800、HZ_6X－30 型，电动机电压为 30～42 V。

2. 振捣器的使用与振实判断

用振捣器振捣混凝土，应在仓面上按一定顺序和间距逐点插入进行振捣。每个插点振捣时间一般需要 20～30 s，实际操作时的振实标准是按以下一些现象来判断：即混凝土表面不再显著下沉，不出现气泡；并在表面出现一层薄而均匀的水泥浆。如振捣时间不够，则达不到振实要求；过振则骨料下沉、砂浆上翻，产生离析。

振捣器的有效振动范围用振动作用半径 R 表示。R 值的大小与混凝土坍落度和振捣器性能有关，可经试验确定，一般为 30～50 cm。

为了避免漏振，插入点之间的距离不能过大。要求相邻插入点间距不应大于其影响半径的 1.5～1.75 倍，如图 2-57 所示。在布置振捣器插点位置时，还应注意不要碰到钢筋和模板。但离模板的距离也不要大于 20～30 cm，以免因漏振使混凝土表面出现蜂窝麻面。

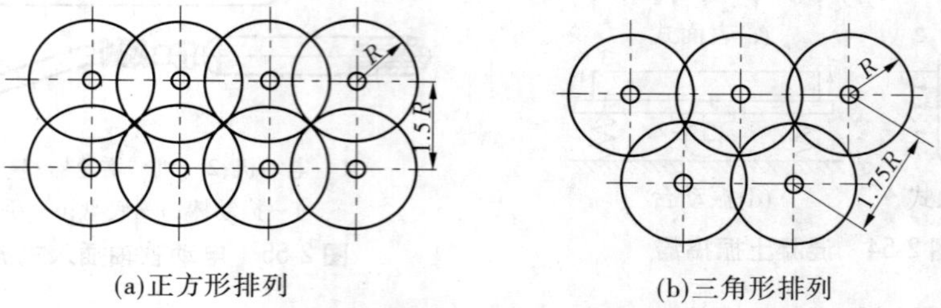

图 2-57　振捣器插入点排列示意图

在每个插入点进行振捣时，振捣器要垂直插入，快插慢拔，并插入下层混凝土 5～10 cm，以保证上、下层混凝土结合。

3. 混凝土平仓振捣机

混凝土平仓振捣机是一种能同时进行混凝土平仓和振捣两项作业的新型混凝土施工机械，如图 2-58 所示。

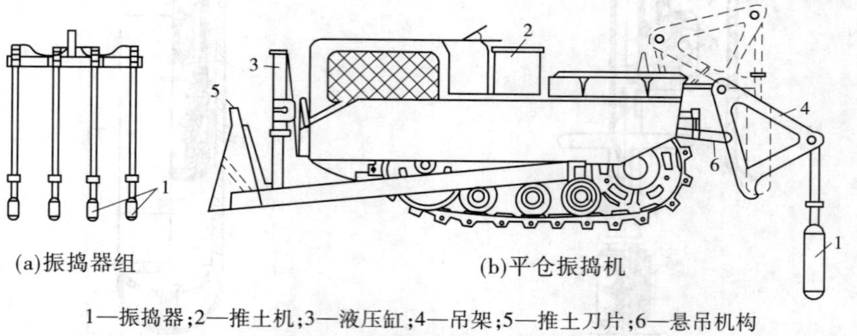

1—振捣器；2—推土机；3—液压缸；4—吊架；5—推土刀片；6—悬吊机构

图 2-58　振捣器组和平仓振捣机

采用平仓振捣机，能代替繁重的劳动，提高振实效果和生产效率，适用于大体积混凝土机械化施工。但要求仓面大、无模板拉条、履带压力小，还需要起重机吊运入仓。

根据行走底盘的型式，平仓振捣机主要有履带推土机式和液压臂式两种基本类型。

五、混凝土的养护

混凝土浇筑完毕后，在一个相当长的时间内，应保持其适当的温度和足够的湿度，以造成混凝土良好的硬化条件，既可以防止其表面因干燥过快而产生干缩裂缝，又可促使其强度不断增长。

在常温下的养护方法：混凝土水平面可用水、湿麻袋、湿草袋、湿砂、锯末等覆盖；垂直面可进行人工洒水,或用带孔的水管定时洒水,以维持混凝土表面潮湿。近年来出现的喷膜养护法,是在混凝土初凝后,在混凝土表面喷1~2次养护剂,以形成一层薄膜,可阻止混凝土内部水分的蒸发,达到养护的目的。

混凝土养护一般是从浇筑完毕后12~18 h开始。养护时间的长短,取决于当地气温、水泥品种和结构物的重要性。如用普通水泥、硅酸盐水泥拌制的混凝土,养护时间不少于14 d;用大坝水泥、火山灰质水泥、矿渣水泥拌制的混凝土,养护时间不少于21 d;重要部位和利用后期强度的混凝土,养护时间不少于28 d。冬季和夏季施工的混凝土,养护时间按设计要求进行。冬季应采取保温措施,减少洒水次数,气温低于5 ℃时,应停止洒水养护。

六、混凝土的冬、夏季施工

(一)混凝土的冬季施工

混凝土凝固过程与周围的温度和湿度有密切关系,低温时,水化作用明显减缓,强度增长受阻。实践证明,当气温在-3 ℃以下时,混凝土易受早期冻害,其内部水分开始冻结成冰,使混凝土疏松,强度和防渗性能降低,甚至会丧失承载能力。所以,规范规定"寒冷地区5 ℃以下或最低气温稳定在-3 ℃以下时",混凝土施工必须采取冬季施工措施,要求混凝土在强度达到设计强度50%以前不遭受冻结。

实验表明,塑性混凝土料受冰冻影响,强度发展有如下变化规律:如果混凝土在浇筑后初凝前立即受冻,水泥的水化反应刚开始便停止,若在正温中融解并重新硬结,强度可继续增长并达到与未受冻的混凝土基本相同的强度,没有多少强度损失。如果混凝土是在浇筑完初凝后遭受冻结,混凝土的强度损失很大,而且冻结温度越高,强度损失越大。不少工程因偶然事故时混凝土受冻,甚至早期受冻,当恢复加热养护后强度继续增长,其28 d强度仍接近标准养护强度。

1.混凝土允许受冻的标准

现行《水利水电工程施工组织设计规范》(SL 303—2017)提出以"成熟度"作为混凝土允许受冻的标准。所谓成熟度,是指混凝土养护温度与养护时间的乘积。

采用成熟度作为混凝土允许受冻的标准,不仅与当今国际使用的衡量标准一致,而且它能更准确地反映混凝土的实际强度,测定养护温度和时间也比较方便。

新规范以1 800 ℃·h的成熟度为标准,对普通硅酸盐水泥拌制的混凝土的强度,可达到40% R_{28}以上,与原规范临界强度规定值较接近。比照国外成熟度的取值和国内不少实际工程验证,现行规范将成熟度暂定为1 800 ℃·h,对保证混凝土冬季作业的施工质量是留有裕度的。

2.混凝土冬季作业的措施

混凝土冬季作业通常采取如下措施。

1)施工组织上合理安排

将混凝土浇筑安排在有利的时期进行,保证混凝土的成熟度达到1 800 ℃·h后再受冻。

2）调整配合比和掺外加剂

冬季作业中采用高热或快凝水泥（大体积混凝土除外），采用较低的水灰比，加速凝剂和塑化剂，加速凝固，增加发热量，以提高混凝土的早期强度。

3）原材料加热拌和

当气温在3～5 ℃以下时可加热水拌和，但水温不宜高于60 ℃，超过60 ℃时应改变拌和加料顺序，将骨料与水先拌和，然后加水泥，否则会使混凝土产生假凝。若加热水尚不能满足要求，再加热干砂和石子。加热后的温度，砂子不能超过60 ℃，石子不能高于40 ℃。水泥只是在使用前一两天置于暖房内预热，升温不宜过高。骨料通常采用蒸汽加热。有用蒸汽管预热的，也有直接将蒸汽喷入料仓的骨料中。这时蒸汽所含水量应从拌和加水量中扣除。但在现场实施中难以控制，故一般不宜采用蒸汽直接预热骨料或水浸预热骨料。预热料仓与露天料堆预热相比具有热量损耗小、防雨雪条件好、预热效果也好的优点。但土建工程量较大、工期长、投资多，只有在最低月平均气温在－10 ℃以下的严寒地区，混凝土出机口温度要求高时才采用料仓预热方式。而最低月平均气温－10 ℃以上的一般寒冷地区，采用露天料堆预热已能基本满足要求，这是国内若干实际工程的经验总结。

4）增加混凝土拌和时间

冬季作业混凝土的拌和时间一般应为常温的1.5倍。

5）减少拌和、运输、浇筑中的热量损失

应采取措施尽量缩短运输时间，减少转运次数。装料设备应加盖，侧壁应保温。配料、卸料、转运及皮带机廊道各处应增加保温措施。

3.混凝土冬季养护方法

混凝土冬季养护可以采用以下几种方法。

1）蓄热法

将浇筑好的混凝土在养护期间用保温材料加以覆盖，尽可能将混凝土内部水化热积蓄起来，保证混凝土在结硬过程中强度不断增长。常用的方法有铺膜养护，喷膜养护及采用锯末、稻草、芦席或保温模板养护。

蓄热法是一种简单而经济的方法，应优先采用，尤其对大体积混凝土更为有效。只有采用蓄热法不合要求时，才增加其他养护措施。

2）暖棚法

对体积不大、施工集中的部位可搭建暖棚，棚内安设蒸汽管路或暖气包加温，使棚内温度保持在15～20 ℃以上。搭建暖棚费用很高，包括采暖费，可使混凝土单价提高50%以上，故规范规定，只有"当日平均气温低于－10 ℃时"，才必须在暖棚内浇筑。

3）电热法

在浇筑块内插上电极，利用交流电通电到混凝土内部，以混凝土自身作为电阻，把电能转变成加热混凝土的热能。当采用外部加热时，可用电炉或电热片，在混凝土表面铺一层被盐水浸泡的锯末，并在其中通电加热。电热法耗电量大，故只有在电价低廉，小构件混凝土冬季作业中使用。

4)蒸汽法

采用蒸汽养护,适宜的温度和湿度可使混凝土的强度迅速增长,甚至1 ~ 3 d后即可拆模。蒸汽养护成本较高,一般只适用于预制构件的养护。

(二)混凝土的夏季施工

在混凝土凝结过程中,水泥水化作用进行的速度与环境温度成正比。夏季气温较高,如气温超过30 ℃,若不采取冷却降温措施,便会对混凝土质量产生不良影响。气温骤降或水分蒸发过快易引起表面裂缝。浇筑块体冷却收缩时因基础约束会引起贯穿裂缝,破坏了坝的整体性和防渗性能。所以,规范规定,当气温超过30 ℃时,混凝土生产、运输、浇筑等各个环节应按夏季作业施工。混凝土的夏季作业,就是采取一系列的预冷降温、加速散热以及充分利用低温时刻浇筑等措施来实现的。

七、预应力混凝土

普通钢筋混凝土的抗拉极限应变只有$1\times10^{-4}\sim1.5\times10^{-3}$,在正常使用条件下受拉区混凝土开裂,此时受拉钢筋的应力只能达到30 MPa。对允许出现裂缝的构件,当裂缝宽度限制在0.2 ~0.3 mm时,受拉钢筋的应力也只能达到200 MPa左右,钢筋作用没有充分发挥。为了克服普通钢筋混凝土过早出现裂缝和钢筋不能充分发挥作用这一矛盾,人们创造了对混凝土施加预应力的方法,即在结构或构件受拉区域,通过对钢筋进行张拉后将钢筋的回弹力施加给混凝土,使混凝土受到一个预压应力,产生一定的压缩变形。当该构件受力后,受拉区混凝土的拉伸变形首先与压缩变形抵消,然后随着外力的增加,混凝土才逐渐被拉伸,明显推迟了裂缝出现的时间。

预应力混凝土的优点:能提高钢筋混凝土构件的刚度、抗裂性和耐久性,可有效地利用高强度钢筋和高强度等级的混凝土。与普通混凝土相比,在同样条件下具有截面小、自重轻、材料省(要节约钢材20% ~40%)、质量好,并能扩大预制装配化程度。但预应力混凝土施工需要专门的机械设备,工艺比较复杂,操作要求较高。

(一)先张法

1. 先张法施工工艺

先张法施工顺序见图2-59。

先张法施工工艺流程如图2-60所示,在浇筑混凝土前张拉预应力筋,并将张拉的预应力筋临时固定在台座上(或钢模上),然后浇筑混凝土,待混凝土强度达到强度标准值的75%以上,预应力筋与混凝土之间具有足够的黏结力之后,在端部放松预应力筋,使混凝土产生预压应力。

先张法施工可采用台座法或机组流水法。

采用台座法时,构件是在固定的台座上生产,预应力筋的张拉力由台座承受。预应力筋的张拉和锚固、混凝土的浇筑和养护、预应力筋的放张等均在台座上进行。台座法不需要复杂的机械设备,能适宜多种产品生产,可露天生产、自然养护,也可采用湿热养护,故应用较广。

采用机组流水法时,构件是在钢模中生产的,预应力筋拉力由钢模承受;构件连同钢模按流水方式,通过张拉、浇筑、养护等固定机组完成每一生产过程。机组流水需大量钢

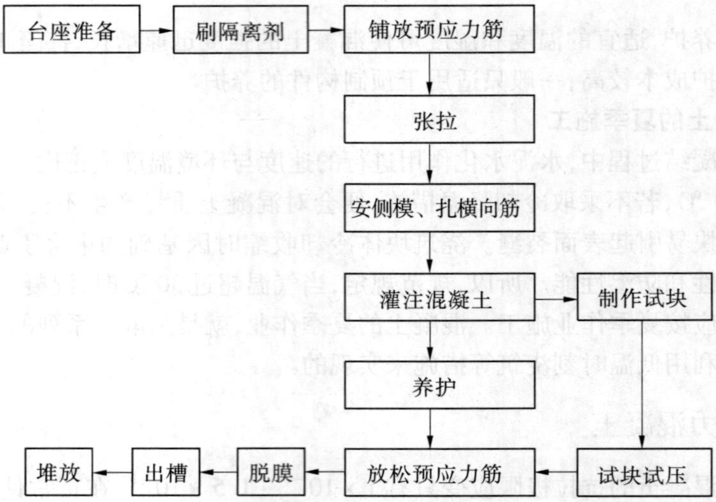

图 2-59 先张法施工顺序

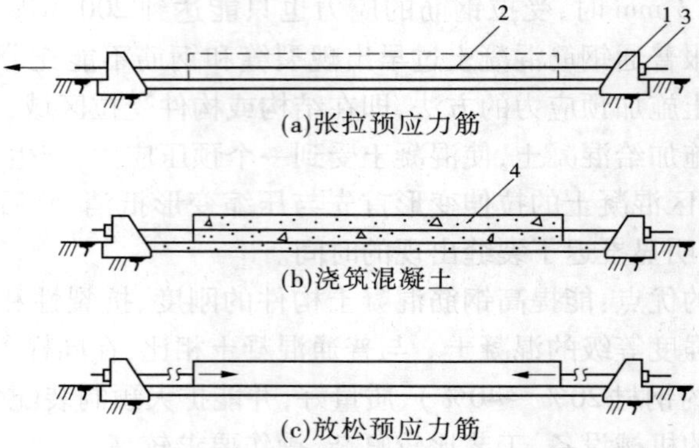

1—台座;2—预应力筋;3—夹具;4—构件

图 2-60 先张法施工工艺流程

模和较高的机械化程度,且需蒸汽养护,因此只用在生产定型预制构件中。

2. 张拉设备和机具

1)台座

台座是先张法生产中的主要设备之一,要求有足够的强度和稳定性,以免台座变形、倾复、滑移而引起预应力值的损失。台座按构造不同,可分为墩式台座和槽式台座两类。

a. 墩式台座

墩式台座有重力式和构架式两种,如图 2-61 所示。重力式台座主要靠自重平衡张拉力所产生的倾覆力矩;构架式台座主要靠土压力来平衡张拉力所产生的倾覆力矩。

b. 槽式台座

浇筑中采用小型吊车梁时,由于张拉力和倾覆力矩都很大,一般多采用槽式台座,如图 2-62 所示。它由钢筋混凝土立柱、上下横梁及台面组成。为便于拆卸迁移,台座应设计成装配式。此外,在施工现场亦可利用条石或已预制好的柱、桩和基础梁等构件,装配

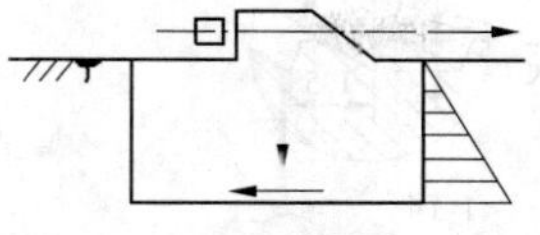
(a)重力式

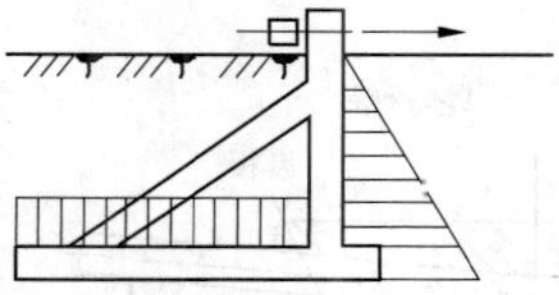
(b)构架式

图 2-61　墩式台座

成简易式台座。

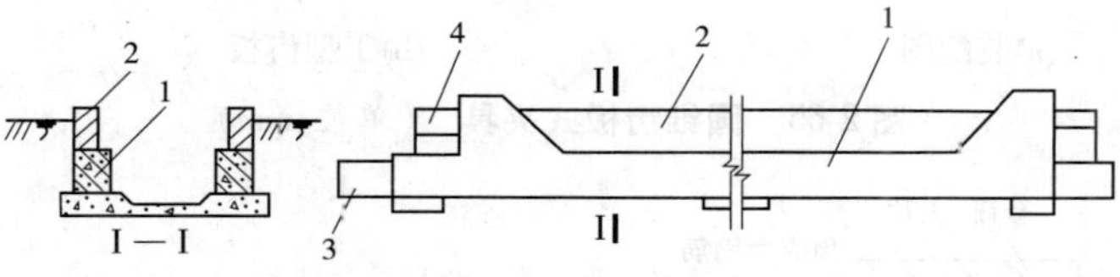

1—传力柱;2—砖墙;3—下横梁;4—上横梁

图 2-62　槽式台座

2) 夹具

夹具是预应力筋进行张拉和临时固定的工具,要求夹具工作可靠,构造简单,施工方便,成本低。根据夹具的工作特点分为张拉夹具和锚固夹具。

a. 张拉夹具

张拉夹具是将预应力筋与张拉机械连接起来,进行预应力张拉的工具。常用的张拉夹具有以下两种:

(1)偏心式夹具:由一对带齿的月牙形偏心块组成,如图 2-63 所示。

(2)楔形夹具:由锚板和楔块组成,如图 2-64 所示。

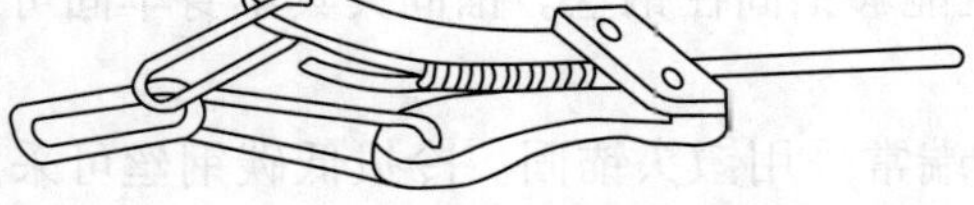
图 2-63　偏心式夹具

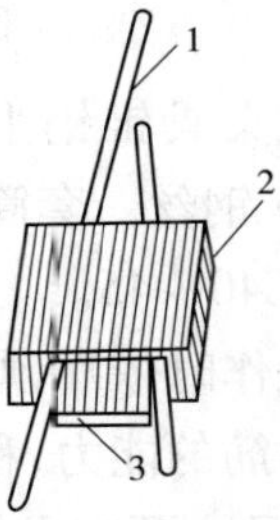

1—钢丝;2—锚板;3—楔块

图 2-64　楔形夹具

b. 锚固夹具

锚固夹具是将预应力筋临时固定在台座横梁上的工具。常用的锚固夹具有锥形夹具、圆套筒、三片式夹具、方套筒两片式夹具、镦头夹具 5 种。

(1)锥形夹具。是用来锚固预应力钢丝的,由中间开有圆锥形孔的套筒和刻有细齿的锥形齿板或锥销组成,分别称为圆锥齿板式夹具和圆锥三槽式夹具,如图 2-65 和图 2-66所示。

圆锥齿板式夹具的套筒和齿板均用 45 号钢制作。套筒不需作热处理,齿板热处理后的硬度应达到 HRC40 ~50。

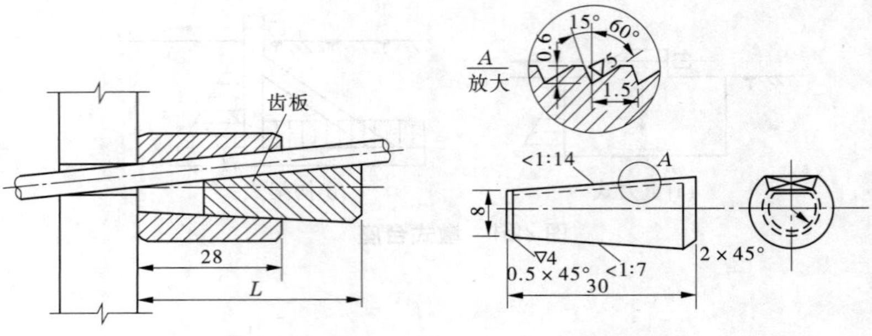

(a)装配图　　　　(b)工型齿板

图 2-65　圆锥齿板式夹具　(单位:mm)

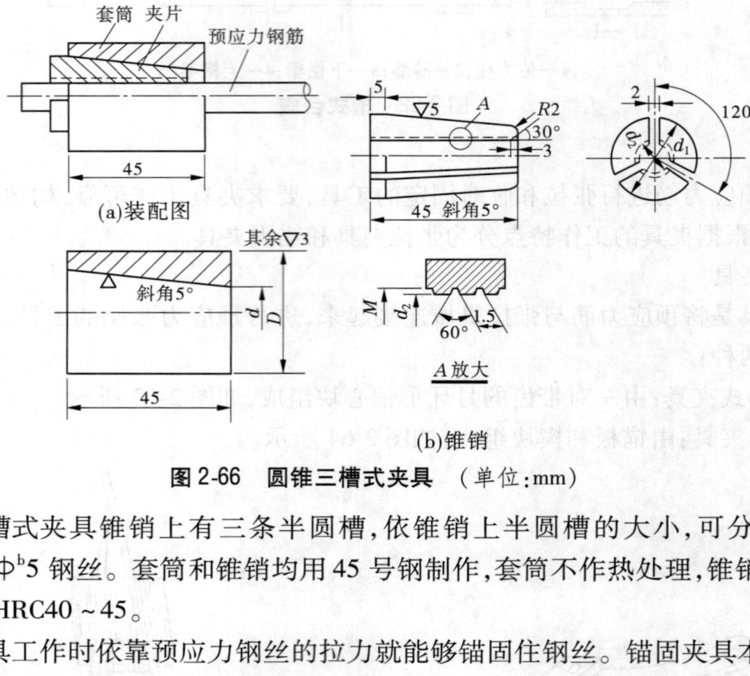

(b)锥销

图 2-66　圆锥三槽式夹具　(单位:mm)

圆锥三槽式夹具锥销上有三条半圆槽,依锥销上半圆槽的大小,可分别锚固一根Φ^b3、Φ^b4 或Φ^b5 钢丝。套筒和锥销均用 45 号钢制作,套筒不作热处理,锥销热处理后的硬度应达到 HRC40 ~ 45。

锥形夹具工作时依靠预应力钢丝的拉力就能够锚固住钢丝。锚固夹具本身牢固可靠地锚固住预应力筋的能力,称为自锚。

(2)镦头夹具。预应力钢丝或钢筋的固定端常采用镦头锚固。冷拔低碳钢丝可采用冷镦或热镦方法制作镜头;碳素钢丝只能采用冷镦方法制作镜头;直径小于 22 mm 的钢筋可在对焊机上采用热镦方法制作镜头;大直径的钢筋只能采用热锻方法锻制镦头。单根镦头夹具如图 2-67 所示。

3)张拉机械

先张法施工中预应力筋可单根张拉或多根成组张拉。常用的张拉机械如下。

a. 电动螺杆张拉机

电动螺杆张拉机由张拉螺杆、变速箱、拉力架、承力架和张拉夹具组成。最大张拉力为 300 ~ 600 kN,张拉行程为 800 mm,自重 400 kg,为了便于转移和工作,将其装置在带轮的小车上。电动螺杆张拉机可以张拉预应力钢筋也可以张拉预应力钢丝,如图 2-68 所示。

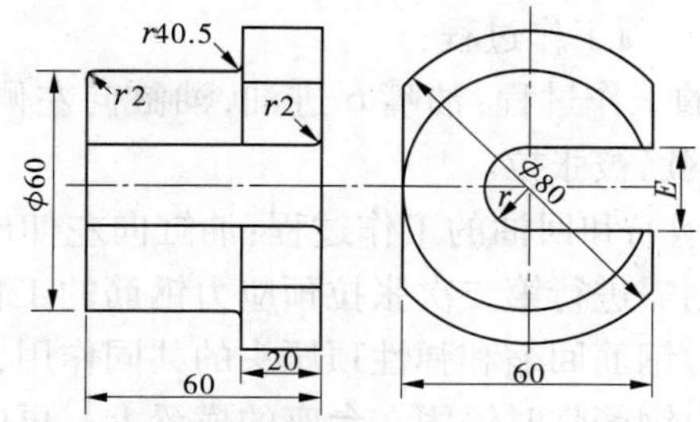

图 2-67　单根镦头夹具　（单位:mm）

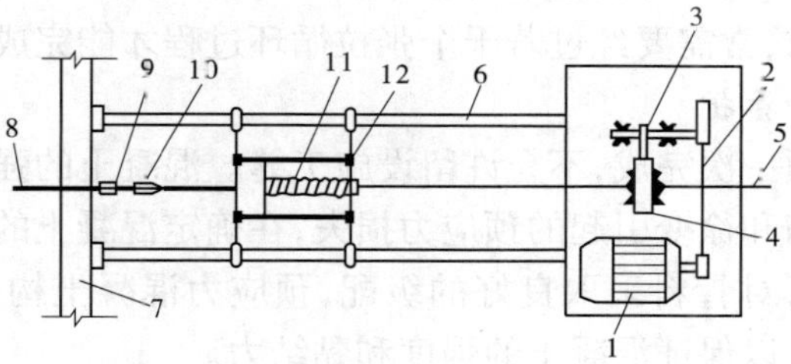

1—电动机;2—皮带传动;3—齿轮;4—齿轮螺母;
5—螺杆;5—顶杆;7—台座横梁;8—钢丝;9—锚固夹具;
10—张拉夹具;11—弹簧测力器;12—滑动架

图 2-68　电动螺杆张拉机

电动螺杆张拉机的工作过程是:工作时顶杆支承到台座横梁上,用张拉夹具夹紧预应力筋,开动电动机使螺杆向右侧运动,对预应力筋进行张拉,达到控制应力要求时停车,并用预先套在预应力筋上的锚固夹具将预应力筋临时锚固在台座的横梁上,然后开倒车,使电动螺杆张拉机卸荷。

b. YC－200 型穿心式千斤顶

张拉直径 12～20 mm 的单根预应力钢筋,可采用 YC－200 型穿心式千斤顶,如图 2-69所示。最大张拉力 200 kN,张拉行程 200 mm,由偏心式夹具、油缸和弹性顶压头组成。

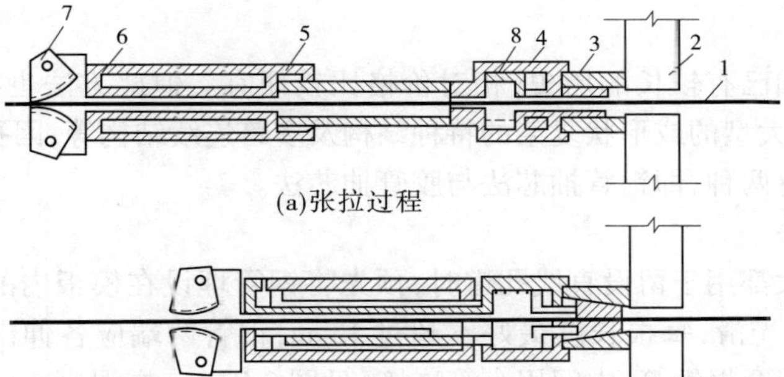

(a)张拉过程

(b)临时锚固，回油过程

1—钢筋;2—台座;3—圆套筒三片式夹具;
4—弹生顶压头;5、6—油嘴;7—偏心式夹具;8—弹簧

图 2-69　YC－200 型穿心式千斤顶工作示意图

YC－200 型穿心式千斤顶工作过程：

(1)张拉预应力钢筋的工作过程：油嘴 6 进油，油缸向左侧伸出，由于偏心式夹具夹紧了预应力钢筋，预应力钢筋被张拉。

(2)临时锚固预应力钢筋和回油的工作过程：油缸向左伸出至最大行程，如果预应力钢筋尚未达到控制应力，则需进行第二次张拉预应力钢筋的工作过程。为此，先使油嘴 6 缓缓回油，这时由于预应力钢筋回缩和弹性顶压头的共同作用，将圆套筒三片式夹具的夹片推入到套筒，而将预应力钢筋临时锚固在台座的横梁上。再向油嘴 5 进油，此时偏心式夹具自动松开，油缸退回到零行程位置，便完成了一个张拉循环过程。为将预应力钢筋张拉达到控制应力的要求，常需要经过若干个张拉循环过程才能完成。

3. 混凝土的浇筑和养护

混凝土的浇筑必须一次完成，不允许留设施工缝。混凝土的强度等级不得小于 C30。为了减少混凝土的收缩和徐变引起的预应力损失，在确定混凝土的配合比时，应采用低水灰比，控制水泥的用量，对骨料采取良好的级配，预应力混凝土构件制作时，必须振捣密实，特别是构件的端部，以保证混凝土的强度和黏结力。

预应力混凝土构件叠层生产时，应待下层构件的混凝土达到 8～10 N/mm^2 后，再进行上层混凝土构件的浇筑。

(二)后张法

后张法是在构件或块体上直接张拉预应力钢筋，不需要专门的台座。大型构件可分块制作，运到现场拼装，利用预应力钢筋连成整体。因此，后张法灵活性较大，适用于现场预制或工厂预制块体，现场拼装的大中型预应力构件、特种结构和构筑物等。

后张法施工工艺流程如图 2-70 所示，下面仅对孔道留设、预应力钢筋张拉和孔道灌浆等主要工序进行介绍。

1. 孔道留设

孔道的直径一般比预应力钢筋(束)外径(包括钢筋对焊接头处外径或必须穿过孔道的锚具外径)大 10～15 mm，以利于预应力钢筋穿入。孔道的留设方法有抽芯法和预埋管法。

1)抽芯法

抽芯法在我国已有较长的历史，相对价格比较便宜。但此方法也有一定的局限性。如对大跨度结构、大型的或形状复杂的特种结构及多跨连续结构等，因孔道密集就难以适应。抽芯法一般有两种，即钢管抽芯法与胶管抽芯法。

a. 钢管抽芯法

钢管抽芯法大都用于留设直线孔道时，预先将钢管埋设在模板内的孔道位置外。钢管要平直，表面要光滑，每根长度最好不超过 15 m，钢管两端应各伸出构件约 500 mm。较长的构件可采用两根钢管，中间用套管连接(见图 2-71)。在混凝土浇筑过程中和混凝土初凝后，每间隔一定时间慢慢转动钢管，不让混凝土与钢管固结，使抽管困难。常温下约在混凝土浇管粘牢，且等到混凝土终凝前抽出钢管。抽管过早，会造成坍孔事故；太晚，则混凝土与钢管黏结牢固，抽管困难。一般抽管时间在浇筑后 3～6 h。抽管顺序宜先上后下，抽管可采用人工或用卷扬机，速度必须均匀，边抽边转，孔道保持直线。抽管后应及

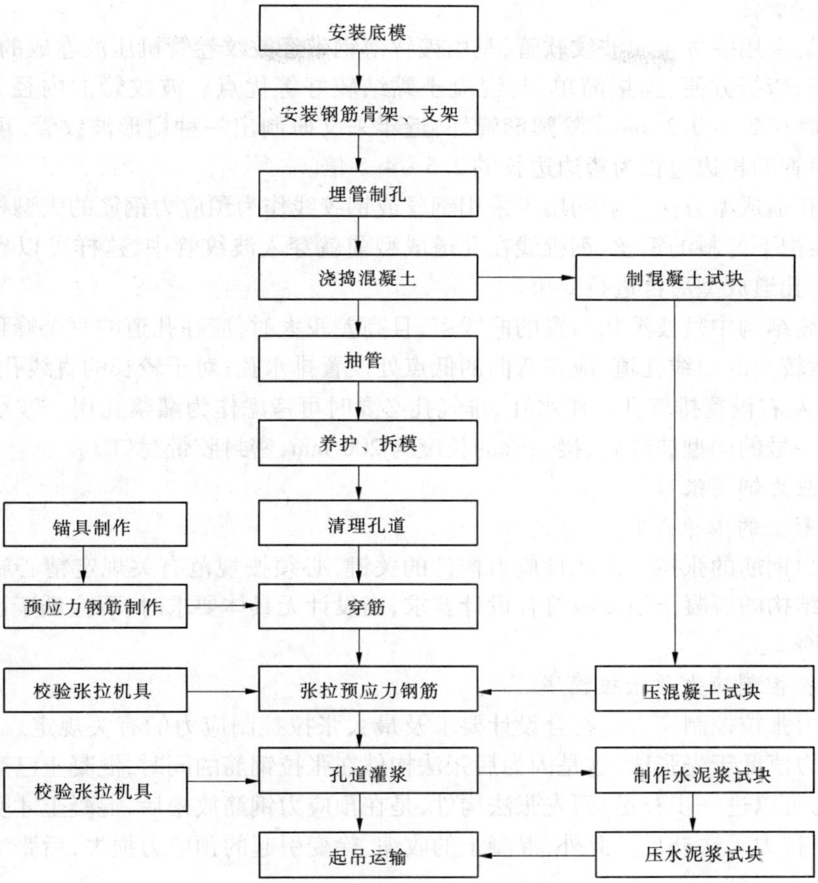

图 2-70 后张法施工工艺流程

时检查孔道情况,做好孔道清理工作。

b. 胶管抽芯法

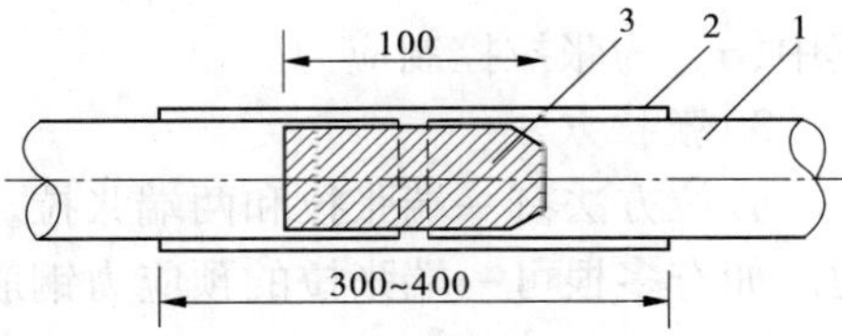

1—钢管;2—白铁皮套管;3—硬木塞

图 2-71 钢管连接方式 (单位:mm)

胶管抽芯法不仅可以留设直线孔道,亦可留设曲线孔道,胶管弹性好,便于弯曲,一般有五层或七层夹布胶管和钢丝网橡皮管两种。胶管具有一定的弹性,在拉力作用下,其断面能缩小,故在混凝土初凝后即可把胶管抽拔出来。夹布胶管质软,必须在管内充气或充水。在浇筑混凝土前,胶皮管中充入压力为 0.6~0.8 MPa 的压缩空气或压力水,此时胶皮管直径可增大 3 mm 左右,然后浇筑混凝土,待混凝土初凝后,放出压缩空气或压力水,胶管孔径变小,并与混凝土脱离,随即抽出胶管,形成孔道。抽管顺序一般应为先上后下,先曲后直。

一般采用钢筋井字形网架固定管子在模内的位置,井字网架间距:钢管 1~2 m;胶管直线段一般为 500 mm 左右,曲线段为 300~400 mm。

2）预埋管法

预埋管采用一种金属波纹软管，是由镀锌薄钢带经波纹卷管机压波卷成的，具有质量轻、刚度好、弯折方便、连接简单、与混凝土黏结较好等优点。波纹管的内径为 50 ~ 100 mm，管壁厚 0.25 ~ 0.3 mm。除圆形管外，近年来又研制出一种扁形波纹管，可用于板式结构中，扁管的长边边长为短边边长的 2.5 ~ 4.5 倍。

这种孔道成型方法一般均用于采用钢丝或钢绞线作为预应力钢筋的大型构件或结构中，可直接把下好料的钢丝、钢绞线在孔道成型前就穿入波纹管中，这样可以省掉穿束工序，亦可待孔道成型后再进行穿束。

对连续结构中呈波浪状布置的曲线束，且高差较大时，应在孔道的每个峰顶处设置泌水孔；起伏较大的曲线孔道，应在弯曲的低点处设置排水孔；对于较长的直线孔道，应每隔 12 ~ 15 m 左右设置排气孔。泌水孔、排气孔必要时可考虑作为灌浆孔用。波纹管的连接可采用大一号的同型波纹管，接头管的长度为 200 mm，密封胶带封口。

2. 预应力钢筋张拉

1）混凝土的张拉强度

预应力钢筋的张拉是制作预应力构件的关键，必须按规范有关规定精心施工。张拉时构件或结构的混凝土强度应符合设计要求，当设计无具体要求时，不应低于设计强度标准值的 75%。

2）张拉控制应力及张拉程序

预应力张拉控制应力应符合设计要求及最大张拉控制应力的有关规定。其中，后张法控制应力值低于先张法，这是因为后张法构件在张拉钢筋的同时，混凝土已受到弹性压缩，张拉力可以进一步补足；而先张法构件，是在预应力钢筋放松后，混凝土才受到弹性压缩，这时张拉力无法补足。此外，混凝土的收缩、徐变引起的预应力损失，后张法也比先张法小。

为了减少预应力钢筋的松弛损失等，与先张法一样采用超张拉法，其张拉程序为：

$$0 \rightarrow 1.05\sigma_{con} \xrightarrow{\text{持荷 2 min}} \sigma_{con} \quad \text{或} \quad 0 \rightarrow 1.03\sigma_{con}$$

其中，σ_{con} 为张拉控制应力。

3）张拉方法

张拉方法有一端张拉和两端张拉。两端张拉，宜先在一端张拉，再在另一端补足张拉力。如有多根可一端张拉的预应力钢筋，宜将这些预应力钢筋的张拉端分别设在结构的两端。

长度不大的直线预应力钢筋，可一端张拉。曲线预应力钢筋应两端张拉。抽芯成孔的直线预应力钢筋，长度大于 24 m 应两端张拉；不大于 24 m 可一端张拉。预埋波纹管成孔的直线预应力钢筋，长度大于 30 m 应两端张拉；不大于 30 m 可一端张拉。竖向预应力结构宜采用两端分别张拉，且以下端张拉为主。

安装张拉设备时，应使直线预应力钢筋张拉力的作用线与孔道中心线重合；曲线预应力钢筋张拉力的作用线与孔道中心线末端的切线重合。

4）预应力值的校核

张拉控制应力值除了靠油压表读数来控制，在张拉时还应测定预应力钢筋的实际伸长值。若实际伸长值与计算伸长值相差10%以上，应检查原因，修正后再重新张拉。

预应力钢筋的计算伸长值可由下式求得：

$$\Delta L = \frac{\sigma_{con}}{E_s}L \tag{2-14}$$

式中 ΔL——预应力钢筋的伸长值，mm；

σ_{con}——预应力钢筋张拉控制应力，N/mm^2，如需超张拉，σ_{con}取实际超张拉的应力值；

E_s——预应力钢筋的弹性模量，N/mm^2；

L——预应力钢筋的长度，mm。

5）张拉顺序

选择合理的张拉顺序是保证质量的重要一环。当构件或结构有多根预应力钢筋（束）时，应采用分批张拉，此时按设计规定进行，如设计无规定或受设备限制必须改变，则应经核算确定。张拉时宜对称进行，避免引起偏心。在进行预应力钢筋张拉时，可采用一端张拉法，亦可采用两端同时张拉法。当采用一端张拉时，为了克服孔道摩擦力的影响，使预应力钢筋的应力得以均匀传递，采用反复张拉2～3次，可以达到较好的效果。

采用分批张拉时，应考虑后批张拉预应力钢筋所产生的混凝土弹性压缩对先批预应力钢筋的影响，即应在先批张拉的预应力钢筋的张拉应力中增加$\frac{E_s}{E_h}\sigma_h$。

先批张拉的预应力钢筋的控制应力σ^1_{con}应为

$$\sigma^1_{con} = \sigma_{con} + \frac{E_s}{E_h}\sigma_h \tag{2-15}$$

式中 σ^1_{con}——先批预应力钢筋张拉控制应力；

σ_{con}——设计控制应力（即后批预应力钢筋张拉控制应力）；

E_s——预应力钢筋弹性模量；

E_h——混凝土弹性模量；

σ_h——张拉后批预应力钢筋时在已张拉预应力钢筋重心处产生的混凝土法向应力。

对于平卧叠层浇制的构件，张拉时应考虑由于上下层间的摩阻引起的预应力损失，可由上至下逐层加大张应力。对于钢丝、钢绞线、热处理钢筋，底层张拉力不宜比顶层张拉力大5%；对于冷拉Ⅱ～Ⅳ级钢筋，底层张拉力不宜比顶层张拉力大9%，且不得超过最大张拉控制应力允许值。如果隔离层效果较好，亦可采用同一张拉值。

3.孔道灌浆

后张法预应力钢筋张拉、锚固完成后，应立即进行孔道灌浆工作，以防锈蚀，提高结构的耐久性。

灌浆用的水泥浆，除应满足强度和黏结力的要求外，应具有较大的流动性和较小的干缩性、泌水性。应采用标号不低于425号普通硅酸盐水泥、水灰比宜为0.4左右。对于空隙大的孔道可采用水泥砂浆灌浆，水泥浆及水泥砂浆的强度均不得小于20 N/mm^2。为增加灌浆密实度和强度，可使用一定比例的膨胀剂和减水剂。减水剂和膨胀剂均应事前检验,不得含有导致预应力钢材锈蚀的物质。建议拌和后的收缩率应小于2%,自由膨胀率不大于5%。

灌浆前孔道应湿润、洁净。对于水平孔道,灌浆顺序应先灌下层孔道,后灌上层孔道。对于竖直孔道,应自下而上分段灌注,每段高度视施工条件而定,下段顶部及上段底部应分别设置排气孔和灌浆孔。灌浆压力以0.5~0.6 MPa为宜。灌浆应缓慢均匀地进行,不得中断,并应排气通畅。不掺外加剂的水泥浆,可采用二次灌浆法,以提高密实度。

(三)无黏结预应力混凝土施工工艺

无黏结后张预应力起源于20世纪50年代的美国,我国70年代开始研究,80年代初应用于实际工程中。无黏结后张预应力混凝土是在浇灌混凝土之前,把预先加工好的无黏结筋与普通钢筋一样直接放置在模板内,然后浇筑混凝土,待混凝土达到设计强度时,即可进行张拉。它与有黏结预应力混凝土的不同之处就在于:不需在放置预应力钢筋的部位预先留设孔道和沿孔道穿筋;预应力钢筋张拉完后,不需进行孔道灌浆。

1. 无黏结预应力钢筋的制作

无黏结预应力钢筋(见图2-72)的制作是无黏结后张预应力混凝土施工中的主要工序。无黏结筋一般由钢丝、钢绞线等柔性较好的预应力钢材制作,当用电热法张拉时,亦可用冷后钢筋制作。

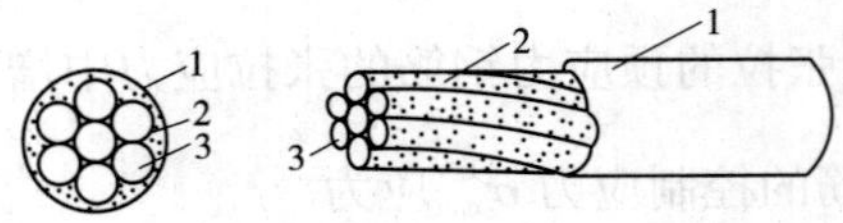

1—塑料外包层;2—防腐润滑脂;3—钢绞线(或碳素钢丝束)

图2-72 无黏结预应力钢筋

无黏结预应力钢筋的涂料层应用防腐材料制作,一般防腐材料可以用沥青、油脂、蜡、环氧树脂或塑料。涂料应具有良好的延性及韧性;在一定的温度范围内(至少在-20~70 ℃)不流淌、不变脆、不开裂;应具有化学稳定性,与钢、水泥以及护套材料均无化学反应,不透水、不吸湿、防腐性能好;油滑性能好,摩擦阻力小,如规范要求,防腐油脂涂料层无黏结筋的张拉摩擦系数不应大于0.12,防腐沥青涂料则不应大于0.25。

无黏结预应力钢筋的护套材料可以用纸带或塑料带包缠或用注塑套管。护套材料应具有足够的抗拉强度及韧性,以免在工作现场或因运输、储存、安装引起难以修复的损坏和磨损;要求其防水性及抗腐蚀性强;低温不脆化、高温化学稳定性高;对周围材料无侵蚀性。如用塑料作为外包材料,还应具有抗老化的性能。高密度的聚乙烯和聚丙烯塑料就具有良好的韧性和耐久性;低温下不易发脆;高温下化学稳定性较好,并具有较高的抗磨损能力和抗蠕变能力。但这种塑料目前我国产量还较低,价格昂贵。我国目前所用的高压、低密度的聚乙烯塑料是通过专门的注塑设备挤压成型,将涂有防腐油脂层的预应力钢筋包裹上一层塑料。当用沥青防腐剂作涂料层时,可用塑料带密缠作外包层,塑料各圈之间的搭接宽度应不小于带宽的1/4,缠绕层数不应小于两层,如图2-73所示。

2. 无黏结预应力钢筋的铺放

无黏结预应力钢筋的铺设工序通常在绑扎完成底筋后进行。无黏结预应力钢筋铺放

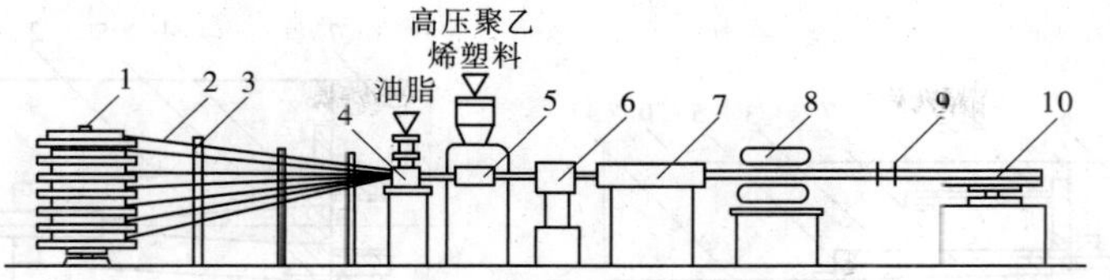

1—放线盘；2—钢丝；3—梳子板；4—给油装置；5—塑料挤压机机头；
6—风冷装置；7—水冷装置；8—牵引机；9—定位支架；10—收线盘

图 2-73　挤压涂层工业流水线图

的曲率，可用垫铁马凳，或其他构造措施控制。其放置间距不宜大于 2 m，用铁丝与非预应力钢筋扎紧。铺设双向配筋的无黏结预应力钢筋时，应先铺低的，再铺高的，应尽量避免两个方向的无黏结预应力钢筋相互穿插编结。绑扎无黏结预应力钢筋时，应先在两端拉紧，同时从中间往两端绑扎定位。

浇筑混凝土前应对无黏结预应力钢筋进行检查验收，如各控制点的矢高、塑料保护套有无脱落和歪斜、固定端镦头与锚板是否贴紧、无黏结预应力钢筋涂层有无破损等。合格后方可浇筑混凝土。

3. 无黏结预应力钢筋的张拉

无黏结预应力束的张拉与有黏结预应力钢丝束的张拉相似。张拉程序一般采用 $0 \rightarrow 1.03\% \sigma_{con}$，然后进行锚固。由于无黏结预应力束为曲线配筋，故应采用两端同时张拉。

成束无黏结筋正式张拉前，宜先用千斤顶往复抽动几次，以降低张拉摩擦损失。试验表明，进行三次张拉时，第三次的摩阻损失值可比第一次降低 16.8% ~49.1%。在张拉过程中，当有个别钢丝发生滑脱或断裂时，可相应降低张拉力，但滑脱或断裂的根数不应超过结构同一截面内钢丝总根数的 2%。

4. 锚头端部的处理

无黏结预应力束通常采用镦头锚具，外径较大，钢丝束两端留有一定长度的孔道，其直径略大于锚具的外径。钢丝束张拉锚固以后，其端部便留下孔道，且该部分钢丝没有涂层，必须采取保护措施，防止钢丝锈蚀。

无黏结预应力束锚头端部处理的办法，目前常用的有两种（见图 2-74 和图 2-75）：一是在孔道中注入油脂并加以封闭；二是在两端留设的孔道内注入环氧树脂水泥砂浆，将端部孔道全部灌注密实，以防预应力钢筋发生局部锈蚀。灌注用环氧树脂水泥砂浆的强度不得低于 35 MPa。灌浆同时将锚环内也用环氧树脂水泥砂浆封闭，既可防止钢丝锈蚀，又可起一定的锚固作用。最后浇筑混凝土或外包钢筋混凝土，或用环氧砂浆将锚具封闭。用混凝土做堵头封闭时，要防止产生收缩裂缝。当不能采用混凝土或环氧砂浆作封闭保护时，预应力钢筋锚具要全部涂刷抗锈漆或油脂，并加其他保护措施。

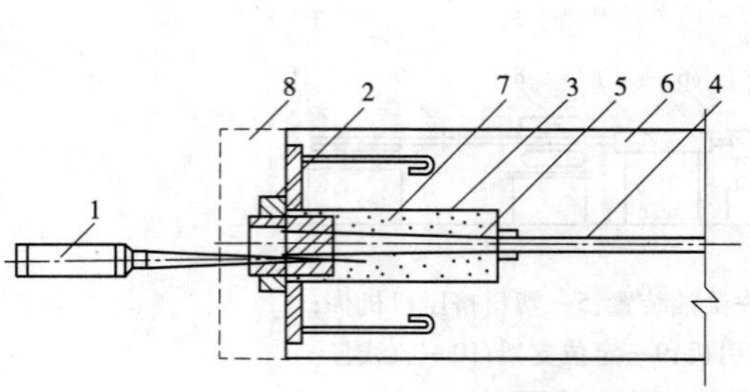

1—油枪;2—锚具;3—端部孔道;
4—有涂层的无黏结预应力束;5—无涂层的端部钢丝;
6—构件;7—注入孔道的油脂;8—混凝土封闭

图 2-74　锚头端部处理方法一

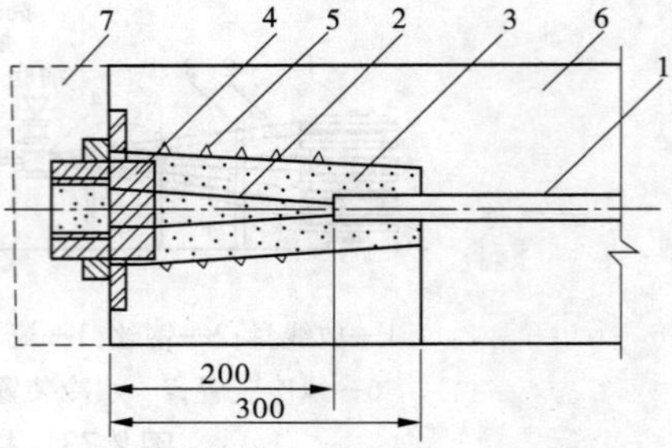

1—无黏结预应力束;2—无涂层的端部钢丝;
3—环氧树脂水泥砂浆;4—锚具;5—端部加固螺旋钢筋;
6—构件;7—混凝土封闭

图 2-75　锚头端部处理方法二　(单位:mm)

项目三 爆破工程

水利水电工程建设通常需要开挖大量土石方，爆破则是最有效的方法之一。进行爆破施工不仅施工简便、节省人力、加快施工进度、提高劳动效率、降低成本，而且施工还不受气候限制，并能完成许多机械和人工无法完成的工作。因此，爆破技术已被广泛应用于水利水电工程施工中。工程爆破必须满足工程的设计要求，同时还必须保证其周围的人和物的安全。这就要求爆破工程人员必须熟练掌握爆破的一般知识并达到一定的技术水平，才能达到工程爆破的目的。

任务一 爆破的概念与分类

一、爆破的概念

爆破是炸药爆炸作用于周围介质的结果。埋在介质内的炸药引爆后，在极短的时间内，由固态转变为气态，体积增加数百倍至几千倍，伴随产生极大的压力和冲击力，同时还产生很高的温度，使周围介质受到各种不同程度的破坏，称为爆破。

二、爆破的常用术语

（一）爆破作用圈

当具有一定质量的球形药包在无限均质介质内部爆炸时，在爆炸作用下，距离药包中心不同区域的介质，由于受到的作用力有所不同，因而产生不同程度的破坏或振动现象。整个被影响的范围就叫作爆破作用圈，这种现象随着与药包中心间的距离增大而逐渐消失，按对介质作用不同可分为四个作用圈。

1. 压缩圈

如图 3-1 所示，R_1 表示压缩圈半径，在这个作用圈范围内，介质直接承受了药包爆炸而产生的极其巨大的作用力，因而如果介质是可塑性的土壤，便会遭到压缩形成孔腔；如果是坚硬的脆性岩石便会被粉碎。所以，把 R_1 这个球形地带叫做压缩圈或破碎圈。

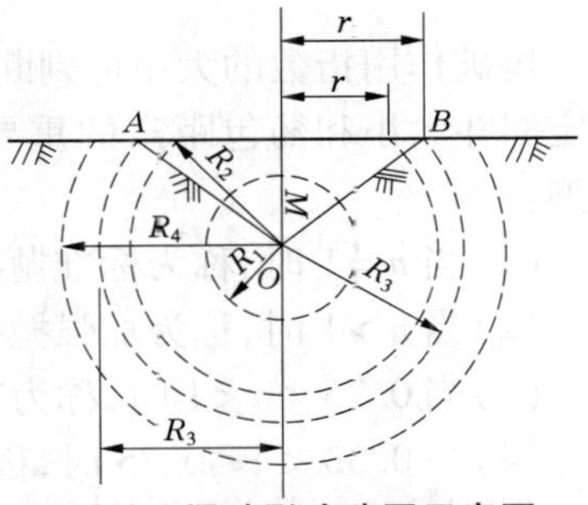

图 3-1 爆破影响范围示意图

2. 抛掷圈

围绕在压缩圈范围以外至 R_2 的地带，其受到的爆破作用力虽较压缩圈内小，但介质原有的结构受到破坏，分裂成为各种尺寸和形状的碎块，而且爆破作用力尚有余力足以使这些碎块获得运动速度。如果这个地带的某一部分，处在临空的自由面条件下，破坏了的介质碎块便会产生抛掷现象,因而叫作抛掷圈。

3. 松动圈

松动圈又称破坏圈。在抛掷圈以外至 R_3 的地带,爆破的作用力更弱,除能使介质结构受到不同程度的破坏外,没有余力可以使破坏了的碎块产生抛掷运动,因而叫作破坏圈。工程上为了实用起见,一般还把这个地带被破碎成为独立碎块的一部分叫作松动圈,而把只是形成裂缝、互相间仍然连成整块的一部分叫作裂缝圈或破裂圈。

4. 震动圈

在破坏圈范围以外,微弱的爆破作用力甚至不能使介质产生破坏。这时介质只能在应力波的传播下,发生振动现象,这就是图3-1中破坏圈以外至 R_4 所包括的地带,通常叫作震动圈。震动圈以外爆破作用的能量就完全消失了。

(二)爆破漏斗

在有限介质中爆破,当药包埋设较浅,爆破后将形成以药包中心为顶点的倒圆锥形爆破坑,称为爆破漏斗,如图3-2所示。

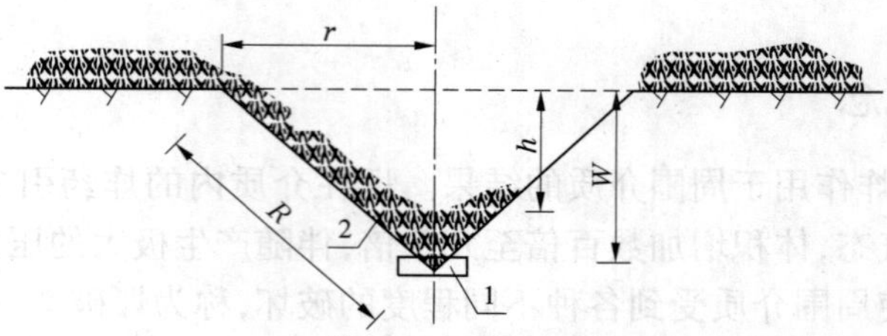

1—药包;2—回落的石渣

图3-2 爆破漏斗示意图

爆破漏斗的几何参数有:药包中心至临空面的最短距离,即最小抵抗线长度 W,爆破漏斗底半径 r,爆破作用半径 R,可见漏斗深度 h。

(三)爆破作用指数

爆破作用指数指爆破漏斗底半径 r 与最小抵抗线长度 W 的比值,即

$$n = \frac{r}{W} \tag{3-1}$$

爆破作用指数的大小可判断爆破作用性质及岩石抛掷的远近程度,也是计算药包量、决定漏斗大小和药包距离的重要参数。一般用 n 来区分不同爆破漏斗、划分不同爆破类型:

(1)当 $n=1$ 时,称为标准抛掷爆破漏斗;

(2)当 $n>1$ 时,称为加强抛掷爆破漏斗;

(3)当 $0.75<n<1$ 时,称为减弱抛掷爆破漏斗;

(4)当 $0.33<n\leqslant 0.75$ 时,称为松动爆破漏斗。

(四)自由面

自由面又称临空面,指被爆破介质与空气或水的接触面。同等条件下,临空面越多、炸药用量越小,爆破效果越好。

（五）单位耗药量

单位耗药量是指爆破单位体积岩石的炸药消耗量。

（六）炸药换算系数 e

炸药换算系数 e 是指某炸药的爆力 F 与标准炸药爆力之比（国内常以 $2^{\#}$ 岩石铵梯炸药为标准炸药，其爆力为 320 mL）。

三、药包及其装药量计算

（一）药包

为了爆破某一物体而在其中放置一定数量的炸药，称为药包。

（二）药包的分类及使用

药包的分类及使用见表 3-1。

（三）装药量计算

爆破工程中的炸药用量计算，是一个十分复杂的问题，因而影响因素很多。实践证明，无论在何种情况下，炸药的用量是与被破碎的介质体积成正比的；而被破碎的单位体积介质的炸药用量，其最基本的影响因素又与介质的硬度有关。目前，由于还不能较精确地计算出各种复杂情况下的相应用药量，所以一般都是根据现场试验方法，大致得出爆破单位体积介质所需的用药量，然后按照爆破漏斗体积计算出每个药包的装药量。药包药量的基本计算公式如下：

$$Q = KV \tag{3-2}$$

式中 K——爆破单位体积岩石的耗药量，简称单位耗药量，kg/m^3，单位耗药量 K 值可根据试验确定，常见岩土的标准单位耗药量见表 3-2；

V——标准抛掷爆破漏斗内的岩石体积，m^3，$V \approx W^3$。

所以标准抛掷爆破药包药量计算公式(3-2)可以写为

$$Q = KW^3 \tag{3-3}$$

对于加强抛掷爆破

$$Q = (0.4 + 0.6n^3)KW^3 \tag{3-4}$$

对于减弱抛掷爆破

$$Q = \left(\frac{4 + 3n}{7}\right)^3 KW^3 \tag{3-5}$$

对于松动爆破

$$Q = 0.33KW^3 \tag{3-6}$$

式中 Q——药包质量，kg；

W——最小抵抗线长度，m；

n——爆破作用指数。

表 3-1　药包的分类及使用

分类名称		药包放置部位及形状	作用效果
按爆破作用分类	裸露药包	药包放在石块或其他物体的表面上或裂隙部位或浅穴内(见图 3-3(a)),亦称外部作用药包	爆破作用可使被爆破体破碎或飞移。爆破效果较差,但设置方便,可省去钻孔
	抛掷药包	药包放在被爆破体的内部,爆破时,在土石表面形成漏斗形的破坏坑。 当 $n=1$ 时,为标准抛掷爆破药包; 当 $n<1$ 时,为减弱抛掷爆破药包; 当 $n>1$ 时,为加强抛掷爆破药包	爆破后,被炸碎的岩石突破临空面部分或全部抛散在其周围,地面上形成一爆破漏斗(见图 3-3(b))
	松动药包	药包放在被爆破体的内部,爆破与抛掷药包相同。当 $r=W$(即 $n=1$)时为标准破碎药包,即爆破作用使破碎部分成为正交倒正圆锥体	破坏作用只从内部破坏到临空面,并不产生抛掷运动,仅在临空面有一定的松动和凸起(见图 3-3(c)),或较小距离的移动,即 $n=0\sim0.75$,其类型见图 3-3(b)
	内部作用药包	药包在被爆破体内部爆破,与减弱抛掷爆破药包相同。破坏范围刚好达到临空面,成为最大内部作用药包	破坏作用仅限于地层内部的压缩,而不显露到临空面上,如图 3-3(d)所示,一般用于扩大药室
按形状分类	集中药包	形状为球形或高度不超过直径 4 倍的圆柱形或长边不超过短边 4 倍的直角六面体	爆破效率高,省炸药和减少钻孔工作量,但破碎岩石块度不够均匀。多用于大量爆破和抛掷爆破
	延长药包	形状为球形、高度超过直径 4 倍的圆柱形或长边超过短边 4 倍的直角六面体。延长药包又有连续药包和间隔药包两种形式	在土石中可均匀分布炸药,破碎岩石块度较均匀。一般用于松动或破碎的炮孔爆破

表 3-2 常见岩土的标准单位耗药量 (单位:kg/m^3)

岩土种类	K 值	岩土种类	K 值
黏土	1.0~1.1	砾岩	1.4~1.8
坚实黏土、黄土	1.1~1.25	片麻岩	1.4~1.8
泥页岩	1.2~1.4	花岗岩	1.4~2.0
页岩、千枚岩、板岩、凝灰岩	1.2~1.5	石英砂岩	1.5~1.8
石灰岩	1.2~1.7	闪长岩	1.5~2.1
石英斑岩	1.3~1.4	辉长岩	1.6~1.9
砂岩	1.3~1.6	安山岩、玄武岩	1.6~2.1
流纹岩	1.4~1.6	辉绿岩	1.7~1.9
白云岩	1.4~1.7	石英岩	1.7~2.0

注:1. 表中数据是以 2# 岩石铵梯炸药作为标准计算,若采用其他炸药,应乘以炸药换算系数 e(见表 3-3)。

2. 表中数据,是在炮眼堵塞良好的情况下确定出来的,如果堵塞不良,则应乘以 1~2 的堵塞系数。对于黄色炸药等烈性炸药,其堵塞系数不宜大于 1.7。

3. 表中 K 值是指一个自由面的情况。随着临空面的增多,单位耗药量随之减少:有两个临空面为 $0.83K$;有三个临空面为 $0.67K$。

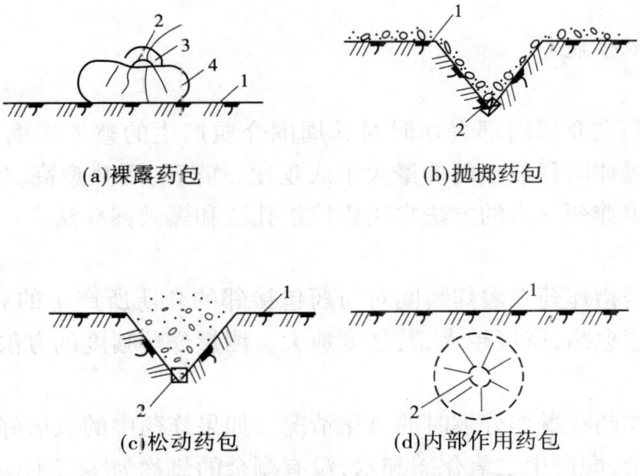

1—临空面;2—药包;3—覆盖物(砂或黏土);4—被爆破的物体

图 3-3 药包爆破作用的分类

四、爆破的分类

爆破可按爆破规模、凿岩情况、要求等不同进行分类。

(1)按爆破规模可分为小爆破、中爆破、大爆破。

(2)按凿岩情况可分为浅孔爆破、深孔爆破、药壶爆破、洞室爆破、二次爆破。

(3)按爆破要求分为压缩爆破($n<0.75$)、松动爆破($n\approx0.75$)、标准抛掷爆破($n=1.0$)、加强抛掷爆破及定向爆破($n>1.0$)、光面爆破、预裂爆破、特殊物爆破(冻土、冰块等)。

表3-3 炸药换算系数 e 值

炸药名称	型号	换算系数 e	炸药名称	型号	换算系数 e
岩石铵梯	1#	0.91	煤矿铵梯	1#	1.10
岩石铵梯	2#	1.00	煤矿铵梯	2#	1.28
岩石铵梯	2#抗水	1.00	煤矿铵梯	3#	1.33
露天铵梯	1#	1.04	煤矿铵梯	1#抗水	1.10
露天铵梯	2#	1.28	梯恩梯	三硝基甲苯	0.86
露天铵梯	3#	1.39	62%硝化甘油	—	0.75
露天铵梯	1#抗水	1.04	黑火药	—	1.70

任务二 爆破材料及起爆方法

一、爆破材料

(一)炸药

1.炸药的基本性能

1)爆力

爆力是指炸药在介质内部爆炸时对其周围介质产生的整体压缩、破坏和抛移能力。它的大小与炸药爆炸时释放出的能量大小成正比,炸药的爆热愈高,生成气体量愈多,爆力也就愈大。测定炸药爆力的方法常用铅柱扩孔法和爆破漏斗法。

2)猛度

炸药的猛度是指炸药在爆炸瞬间对与药包接邻的介质所产生的局部压缩、粉碎和击穿能力。炸药爆速愈高,密度越大,其猛度愈大。测量炸药猛度的方法是铅柱压缩法。

3)氧平衡

氧平衡是指炸药在爆炸分解时的氧化情况。如果炸药中的氧恰好等于其中可燃物完全氧化所需的氧量,即产生二氧化碳和水,没有剩余的氧称为零氧平衡;若含氧量不足,可燃物不能完全氧化且产生有害气体一氧化碳,此时称为负氧平衡;若含氧量过多,将炸药所放出的氮也氧化成有害气体一氧化氮等称为正氧平衡。零氧平衡炸药爆破效果好,不产生有害气体,较为安全。

4)炸药的安定性

炸药的安定性指炸药在长期储存中,保持原有物理化学性质的能力。其有物理安定性与化学安定性之分。物理安定性主要是指炸药的吸湿性、挥发性、可塑性、机械强度、结块、老化、冻结、收缩等一系列物理性质。炸药物理安定性的大小取决于炸药的物理性质。炸药化学安定性的大小取决于炸药的化学性质及常温下化学分解速度的大小,特别是取决于储存温度的高低。

5)敏感度

炸药在外能作用下起爆的难易程度称为炸药的敏感度。不同的炸药在同一外能作用下起爆的难易程度是不同的,起爆某炸药所需的外能小,则该炸药的敏感度高;起爆某炸药所需的外能大,则该炸药的敏感度低。炸药的敏感度对于炸药的制造加工、运输、储存、使用的安全十分重要。

6)爆速

爆速是指爆炸时爆轰波沿炸药内部传播的速度。爆速测定方法有导爆索法、电测法和高速摄影法。

7)殉爆

炸药爆炸时引起与它不相接触的邻近炸药爆炸的现象叫作殉爆。殉爆反映了炸药对冲击波的感度。主发药包的爆炸引爆被发药包爆炸的最大距离称为殉爆距离。

2.工程炸药的种类、品种及性能

1)炸药分类

按炸药的作用特点和应用范围,工程爆破常用的炸药类型见表3-4。

表3-4 工程爆破常用的炸药类型

分类	特点	品种	应用范围
起爆药	敏感度高、加热、摩擦或撞击易引起爆炸	主要有二硝基重氮酚、雷汞、叠氮化铅等	用于制作起爆器材,如火雷管、电雷管
猛炸药(单质猛炸药和混合猛炸药)	爆炸威力大,破碎岩石效果好;同起爆药相比,猛炸药敏感度较低,使用时需用起爆药起爆	单质猛炸药有梯恩梯、黑索金、泰安、硝化甘油等;混合猛炸药有硝铵炸药、铵油炸药、铵沥蜡炸药、铵松蜡炸药、浆状炸药、水胶炸药、乳化炸药、高威力炸药等	混合猛炸药是工业爆破工程中用量最大、最基本的一类炸药;单质猛炸药是制造某种品种混合猛炸药的主要成分;黑索金、泰安又常用作导爆索的药芯,黑索金也常用作雷管副起爆药
发射药	对火焰的敏感度极高,余火能迅速燃烧,在密闭条件下可转为爆炸	常用黑火药	用作导火索的药芯

2)常用炸药的性能

常用的炸药主要有梯恩梯、硝铵类炸药、胶质炸药、黑火药等,其主要性能和用途见表3-5。

表 3-5 常用炸药的主要性能及用途

名称	主要性能	用途
梯恩梯（TNT）（三硝基甲苯）	有压榨的、鳞片的和熔铸的三种。淡黄色或黄褐色，味苦，有毒，爆烟也有毒。安定性好，对冲击和摩擦的敏感性不大。块状时不易受潮，威力大	1. 作雷管副起爆药。 2. 适于露天及水下爆破，不宜用于通风不良的隧洞爆破和地下爆破
硝铵类炸药	硝铵类炸药是以硝酸铵为主要成分的混合炸药，常用的有铵梯炸药（又分露天铵梯炸药、岩石铵梯炸药、煤矿安全铵梯炸药）、铵油炸药、铵松蜡炸药、浆状炸药、水胶炸药、乳化炸药等。浅黄或灰白色，粉末状。药质有毒，但爆烟毒气少，对热和机械作用敏感度不大，撞击摩擦不爆炸，不易点燃。易受潮，受潮后威力降低或不爆炸，长期存放易结块，能腐蚀铜、铅、铁等金属，起爆时，雷管插入药内不得超过一昼夜	应用较广，适用于一般岩石爆破，也可用于隧洞或地下爆破
黑火药	一般由硝石（75%）、硫黄（15%）、木炭（10%）混合而成。带深蓝黑色，颗粒坚硬明亮，对摩擦、火花、撞击均较敏感，爆速低，威力小，易受潮，但制作简便，起爆容易（不用雷管）	水中不能用。常用于小型水利工程中的小型岩石爆破，以及用作导火线芯药
胶质炸药（硝化甘油）	由硝化棉吸收硝化甘油而制成，为淡黄色半透明体的胶状物，不溶于水，可在水中爆炸，威力大。敏感度高，有毒性，粘于皮肤便可引起头痛中毒，冻结后更为敏感。受撞击摩擦或折断药包均可引起爆炸，可点燃，当储藏时间过长时，可能产生老化现象，威力降低	主要用于水下爆破

3）常用静态破碎剂型号及技术性能

静态破碎剂是一种新型的破碎材料，它主要由氧化钙和无机化合物组成，其中氧化钙为主要膨胀源，它与水反应生成氢氧化钙固体，体积增大而对炮孔壁施加压力，从而达到破碎的作用。静态破碎剂使用方便，破碎介质没有响声、飞石、振动、空气冲击波和毒气，而且破裂方向可以控制，块度能满足要求，能有效地保护保留部分不受破坏。常用静态破碎剂型号及技术性能见表 3-6。

表 3-6　常用静态破碎剂型号及技术性能

牌号	型号	使用季节	使用温度（℃）	膨胀压力（MPa）	开裂时间（s）	用途
无声破碎剂	SCA－Ⅰ	夏季	20～25	30～50	10～50	用于砖、石、混凝土和钢筋混凝土建筑物、构筑物的拆除，破碎各种岩石，切割花岗岩、大理石等
	SCA－Ⅱ	春秋	10～25			
	SCA－Ⅲ	冬季	5～15			
	SCA－Ⅳ	寒冬	－5～8			
静态破碎剂	JC－1－Ⅰ	夏季	25	30～50	4～10	
	JC－1－Ⅱ	春秋	10～25			
	JC－1－Ⅲ	冬季	0～10			
	JC－1－Ⅳ	寒冬	0			
石灰静态破碎剂	YJ－Ⅰ	冬季	－5～15	30～35	0.7～6	
	YJ－Ⅱ	春秋	15～20			
	YJ－Ⅲ	夏季	25～45			
静态破碎剂（南京型）	Ⅰ	春秋	10～25	—	3～8	
	Ⅱ	冬季	5～15			
	Ⅲ	寒冬	－5～10			
	Ⅳ	夏季	25～35	—	—	

注：1. SCA 为塑料袋封装，每袋 5 kg，每箱 4 袋，要求初凝不早于 0.5 h，终凝不迟于 4 h。

2. 静态破碎剂有效使用期均为 6 个月。

（二）起爆材料

起爆材料包括雷管、导火索和传爆线等。

1. 火雷管

火雷管即普通雷管。由管壳、正副起爆药和加强帽三部分组成，如图 3-4 所示。管壳材料有铜、铝、纸、塑料等。上端开口，中段设加强帽，中有小孔，副起爆药压于管底，正起爆药压在上部。在管沟开口一端插入导火索，引爆后，火焰使正起爆药爆炸，最后引起副起爆药爆炸。根据管内起爆药量的多少分 1～10 个号码，常用的为 6 号、8 号，其规格及主要性能见表 3-7。火雷管具有结构简单，生产效率高，使月方便、灵活，价格便宜，不受各种杂电、静电及感应电的干扰等优点。但由于导火索在传递火焰时，难以避免速燃、缓燃等致命弱点，在使用过程中爆破事故多，因此使用范围和使用量受到极大限制。

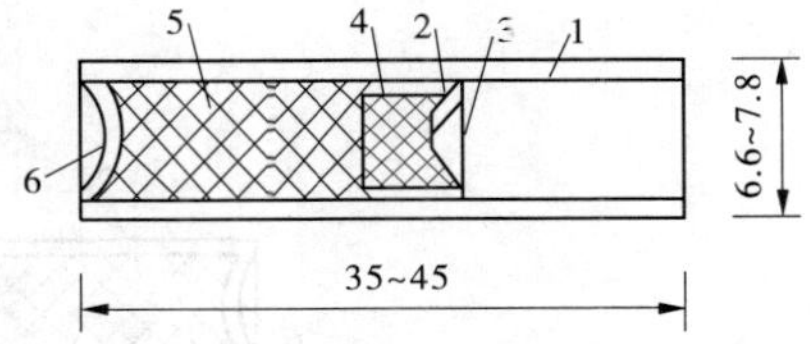

1—管壳；2—加强帽；3—帽孔；4—正起爆药；5—副起爆药；6—聚能窝槽

图 3-4　火雷管结构图　（单位：mm）

表 3-7　火雷管的规格及主要性能

雷管号码	6 号	6 号	8 号
雷管壳材料	铜铝铁	铜铝铁	纸
管壳(外径×全长)(mm×mm)	6.6×35	6.6×40	7.8×45
加强帽(外径×全长)(mm×mm)	6.16×6.5	6.16×6.5	(6.25～6.32)×6
特性	遇撞击、摩擦、搔扒、按压、火花、热等会发生爆炸,受潮容易失效		
点燃方法	利用导火索		
试验方法	外观检查:有裂口、锈点、砂眼、受潮、起爆药浮出等时不能使用;振动试验:振动 5 min 不允许爆炸、洒药、加强帽移动;铅板炸孔:5 mm 厚的铅板(6 号用 4 mm 厚),炸穿孔径不小于雷管外径		
适用范围	用于一般爆破工程,但有沼气及矿尘较多的坑道工程不宜使用		
包装方式	内包装为纸盒,每盒 100 袋;外包装为木箱,每箱 50 盒 5 000 发		
有效保证期	2 年		

2. 电雷管

电雷管分为即发电雷管、延期电雷管和毫秒电雷管三种。

1) 即发电雷管

即发电雷管是由火雷管和 1 个发火元件组成,其结构如图 3-5(a)所示。当接通电源后,电流通过桥丝发热,使引火药头发火,导致整个雷管爆轰。

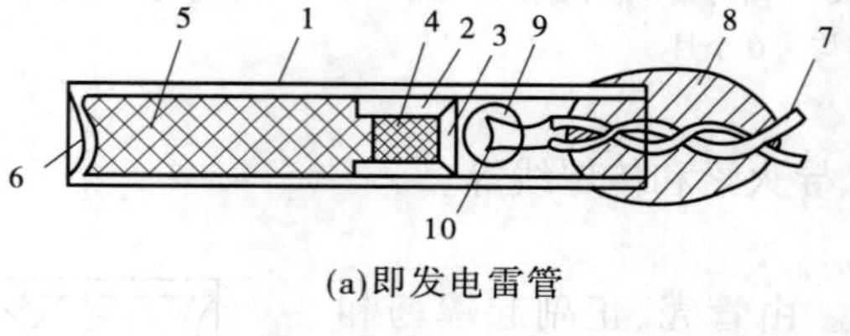

(a)即发电雷管

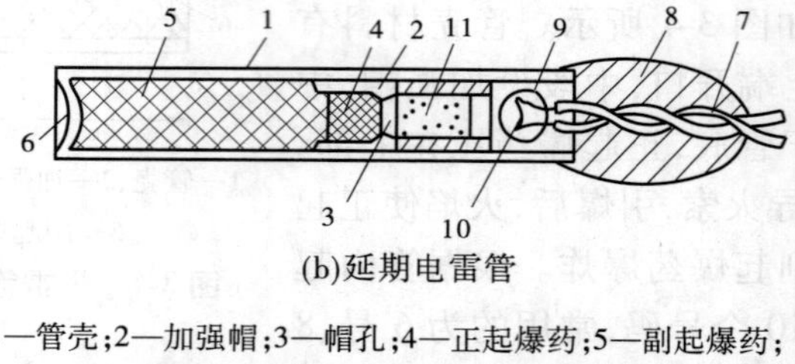

(b)延期电雷管

1—管壳;2—加强帽;3—帽孔;4—正起爆药;5—副起爆药;
6—聚能窝槽;7—脚线;8—绝缘涂胶;9—球形发火剂;
10—电阻丝;11—缓燃剂

图 3-5　电雷管结构图

2) 延期电雷管

普通延期电雷管是雷管通电后,间隔一定时间才起爆的电雷管。延期时间为半秒或秒;延期时间是用精致火索段或延期药来达到的。延期时间由其长度、药量和延期药配比来调节。采用精致导火索段的结构称为索式结构;采用延期体的结构称为装配式结构。秒或半秒延期电雷管的结构如图3-6所示,该类雷管主要用于基建和隧道掘进、采石、土方开挖等爆破作业中,在有瓦斯和煤尘爆炸危险的工作面不准使用延期电雷管。

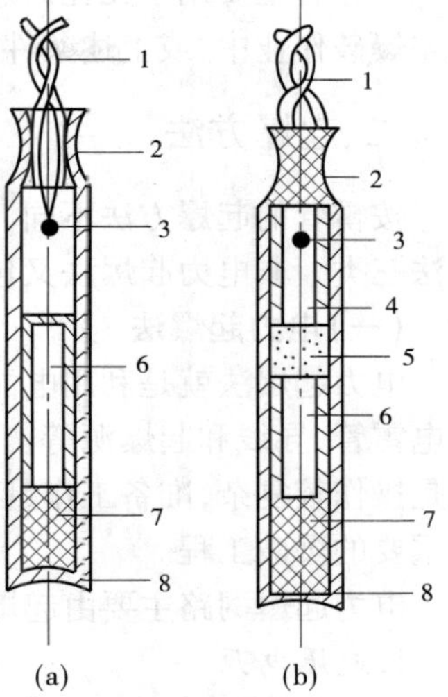

1—脚线;2—塑料管;3—点火头;4—延期管;5—延期药;6—起爆元件;7—黑索金;8—管壳

图3-6 延期电雷管结构图

3)毫秒电雷管

毫秒电雷管的结构有多种形式,以与延期药的装配关系分为直填式和装配式,装配式又有管式、索式和多芯结构式。毫秒电雷管有等间隔和非等间隔之分,段与段之间的间隔时间相等的称为等间隔,反之为非等间隔。

毫秒电雷管在爆破工作中的作用越来越大,它对降低爆破地震、保护边坡、控制飞石等起了很好的作用,对控制爆破保护地基的基础也起了重要作用。毫秒电雷管正在向高精度、多段数、多品种、多系列的方向发展,同时还要求它能抗静电、抗杂静电、耐高温、抗深水,以满足各种特殊要求的爆破需要。

3. 导火索

导火索是用来起爆火雷管和黑火药的起爆材料。它用于一般爆破工程,不宜用于有瓦斯或矿尘爆炸危险的作业面。它是用黑火药做药芯,用麻、棉纱和纸作包皮,外面涂有沥青、油脂等防潮剂。

导火索的燃烧速度有两种:正常燃烧速度为100~120 s/m,缓燃速度为180~210 s/m。喷火强度不低于50 mm。

国产导火索每盘长250 m,耐水性一般不低于2 h,直径5~6 mm。

4. 导爆索

导爆索芯药用强度大、爆速高的烈性黑索金炸药作为药芯,以棉线、纸条为包缠物,并涂以防潮剂,表面涂以红色。索头涂以防潮剂。

导爆索的优点是不受电的干扰,使用安全;起爆准确可靠,并能同时起爆多个炮孔,同步性好,故在控制爆破中应用广泛;施工装药比较安全,网络敷设简单可靠;可在水孔或高温炮孔中使用。其缺点是:价格高,网络连接后孔内无法检查;不能实现炮孔孔底起爆,影响能量的充分应用。

5. 导爆管

导爆管是一种半透明的具有一定强度、韧性、耐高温、不透水的塑料管起爆材料。在塑料软管内壁涂薄薄一层胶状高性能混合炸药(主要为黑索金或奥克托金),涂药量为(16±1.6) g/m。

导爆管具有抗火、抗电、抗冲击、抗水以及导爆安全等特性。

导爆管主要用于无瓦斯、矿尘的露天、井下、深水、杂散电流大和一次起爆多数炮孔的微差爆破作业中，或上述条件下的瞬发爆破或秒延期爆破作业中。

二、起爆方法

按雷管的起爆方法不同，常用的起爆方法可分为电力起爆法、非电力起爆法和无线起爆法三类。非电力起爆法又包括火花起爆法、导爆索起爆法和导爆管起爆法。

（一）电力起爆法

电力起爆法就是利用电能引爆电雷管进而起爆炸药的起爆方法，它所需的起爆器材有电雷管、导线和起爆源等。本法可以同时起爆多个药包；可间隔延期起爆，安全可靠。但是操作较复杂，准备工作量大，需较多电线，需定时检查仪表和电源设备。适用于大中型重要的爆破工程。

电力起爆网路主要由起爆电源、电线、电雷管等组成。

1. 起爆电源

电力起爆的电源，可用普通照明电源或动力电源，最好使用专线。当缺乏电源而爆破规模又较小和起爆的雷管数量不多时，也可用干电池或蓄电池组合使用。另外还可以使用电容式起爆电源，即发爆器起爆。国产的发爆器有10发、30发、50发和100发等型号，最大一次可起爆100个以内串联的电雷管，十分方便。但因其电流很小，故不能起爆并联雷管。常用的型式有DF－100型、FR_{81}－25型、FR_{81}－50型。

2. 导线

电爆网路中的导线一般采用绝缘良好的铜线和铝线。在大型电爆网络中的常用导线按其位置和作用划分为端线、连接线、区域线和主线。端线用来加长电雷管脚线，使之能引出孔口或洞室之外。端线通常采用断面0.2～0.4 mm^2的铜芯塑料皮软线。连接线是用来连接相邻炮孔或药室的导线，通常采用断面为1～4 mm^2的铜芯或铝芯线。主线是连接区域与电源的导线，常用断面为16～150 mm^2的铜芯或铝芯线。

3. 电雷管

电雷管在电流作用下由于电流通过桥丝使其灼热，灼热的桥丝引燃了引火头，从而导致起爆药爆炸。其主要参数有最高安全电流、最低准爆电流、电雷管电阻。

1）最高安全电流

给电雷管通一恒定的直流电，在较长时间（5 min）内不致使受发电雷管引火头发火的最大电流，称为电雷管最高安全电流。按规定，国产电雷管通50 mA的电流，持续5 min不爆的为合格产品。

按安全规程规定，测量电雷管电爆网络的爆破仪表，其输出工作电流不得大于30 mA。

2）最低准爆电流

给电雷管通一恒定的直流电，保证在1 min内必定使任何一发电雷管都能起爆的最小电流，称为最低准爆电流。国产电雷管的准爆电流不大于0.7 A。

3）电雷管电阻

电雷管电阻是指桥丝电阻与脚线电阻之和，又称电雷管安全电阻。电雷管在使用前应测定每个电雷管的电阻值(只准使用规定的专用仪表),在同一爆破网络中使用的电雷管应为同厂同型号产品。康铜桥丝雷管的电阻值差不得超过0.3 Ω;镍铬桥丝雷管的电阻值差不得超过0.8 Ω。电雷管的电阻值是进行电爆网络计算不可缺少的参数。

4. 电爆网络的连接方式

当有多个药包联合起爆时,电爆网路的连接可以采用串联、并联、并串联、串并联等方式,如图3-7所示。串并联电爆网络如图3-8所示。

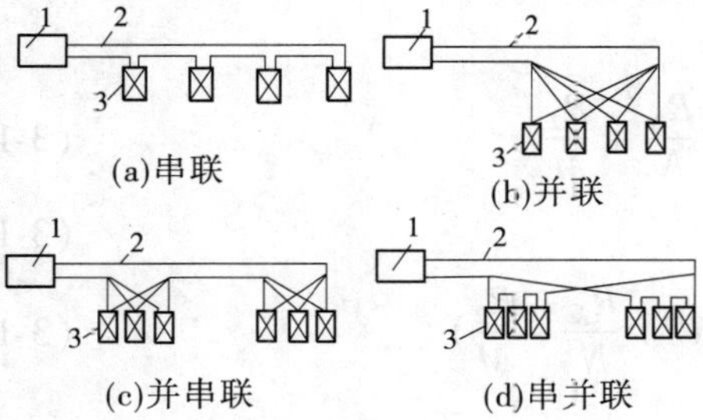

1—电源;2—输电线;3—药包

图3-7 电爆网络连接法

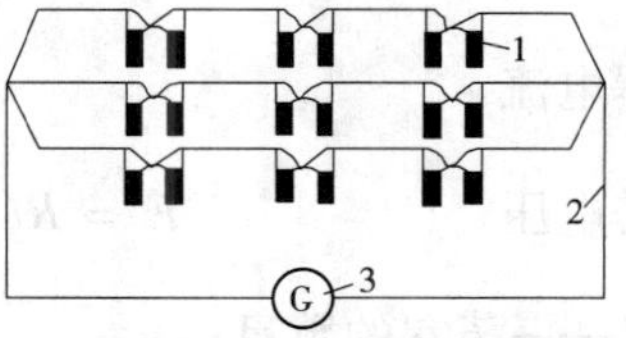

1—雷管;2—主线;3—电源

图3-8 串并联电爆网络

1)串联法

串联法是将电雷管的脚线一个接一个地联在一起,并将两端的两根脚线接至主线,通向电源。该法线路简单,计算和检查线路较易,导线消耗较小,需准爆电流小,可用放炮器、干电池、蓄电池作起爆电源。但整个起爆电路可靠性差,如一个雷管发生故障,或敏感度有差别,易发生拒爆现象。适用于爆破数量不多,炮孔分散,电源电流不大的小规模爆破。

网络的计算如下:

总电阻 $$R = R_1 + R_2 + NR_A + R' \tag{3-7}$$

准爆电流 $$I = i \tag{3-8}$$

所需电压 $$E = RI = (R_1 + R_2 + NR_A + R')i \tag{3-9}$$

式中 R——电爆网路中的总电阻,Ω;

I——电爆网路中所需总的准爆电流,A;

R_1——主导线的电阻,Ω;

R_2——端线、连接线、区域线的电阻,Ω;

N——电雷管的数目;

E——电源的电压,V;

R_A——每个电雷管的电阻,Ω,一般常用$R_A = 1.5$ Ω计算较接近实际;

i——通过每个电雷管所需的准爆电流,A,对于用直流电源起爆的成组电雷管,应不小于2 A,对于用交流电源起爆的成组电雷管,应不小于2.5 A;

R'——电源的内电阻,Ω,当用照明线路或动力线路时,可忽略不计。

如果E为已知,则实际通过电雷管的电流强度为

$$I = \frac{E}{R_1 + R_2 + NR_A + R'} \geqslant i \quad (\text{A}) \tag{3-10}$$

2)并联法

并联法是将所有电雷管的两根脚线分别接在两根主线上,或将所有雷管的其中一根脚线集合在一起,然后接在一根主线上,把另一根脚线也集合在一起,接在另一根主线上。其特点是:各个雷管的电流互不干扰,不易发生拒爆现象,当一个电雷管有故障时,不影响整个起爆。但导线电流消耗大、需较大截面主线;连接较复杂,检查不便;若分支电阻相差较大,可能产生不同时爆炸或拒爆。并联法适用于炮孔集中、电源容量较大及起爆小量雷管。并联法网络的计算如下:

总电阻 $$R = R_1 + R' + \frac{R_A}{N} + \frac{R_2}{M} \tag{3-11}$$

准爆电流 $$I = Ni \tag{3-12}$$

所需电压 $$E = RI = Ni(R_1 + R' + \frac{R_A}{N} + \frac{R_2}{M}) \tag{3-13}$$

式中　M——药室的数目;

其余变量意义同前。

3)串并联法

串并联法是将所有雷管分成几组,同一组的电雷管串联在一起,然后组与组之间再并联在一起。这种方法需要的电流容量比并联法小,同组中的电流互不干扰;药室中使用成对的电雷管,可增加起爆的可靠性。但线路计算和敷设复杂,导线消耗量大。该法适用于每次爆破的炮孔、药包组很多,且距离较远或全部并联电流不足时,或采取分层叠法布置药室时。串并联法网络的计算如下:

总电阻 $$R = R_1 + R' + \frac{1}{M}(R_2 + NR_A) \tag{3-14}$$

准爆电流 $$I = Mi$$

所需电压 $$E = RI = Mi[R_1 + R' + \frac{1}{M}(R_2 + NR_A)] \tag{3-15}$$

如果电源电压 E 已知,则实际通过每个雷管的电流为

$$I = \frac{E}{M[R_1 + R' + \frac{1}{M}(R_2 + NR_A)]} \geqslant i \tag{3-16}$$

4)并串联法

并串联法是将所有雷管分成几组,同一组的电雷管并联在一起。其特点是:可采用较小的电容量和较低的电压,可靠性比串联法强。但线路计算和敷设较复杂,有一个雷管拒爆时,将切断一个分组的线路。该法各分支线路电阻应注意平衡或基本接近。这种方法适用于一次起爆多个药包,且药室距离很长时,或每个药室设二个以上的电雷管,而又要求进行迟发起爆时,或无充足的电源电压时。并串联法网络的计算如下:

总电阻 $$R = R_1 + R' + \frac{MR_A}{N} + R_2 \tag{3-17}$$

准爆电流 $$I = Ni$$

所需电压 $$E = RI = Ni\left(R_1 + R' + \frac{MR_A}{N} + R_2\right) \tag{3-18}$$

(二)非电力起爆法

1. 火花起爆法

火花起爆法是以导火索燃烧时的火花引爆雷管进而起爆炸药的起爆方法。火花起爆法所用的材料有火雷管、导火索及点燃导火索的燃火材料等。

火花起爆法的优点是操作简单,准备工作少,成本较低。缺点是操作人员处于爆破地点不够安全。目前主要用于浅孔和裸露药包的爆破,在有水或水下爆破中不能使用。

2. 导爆索起爆法

导爆索起爆法是用导爆索爆炸产生的能量直接引爆药包的起爆方法。这种起爆方法所用的起爆器材有雷管、导爆索、继爆管等。

导爆索起爆法的优点是导爆速度高,可同时起爆多个药包,准爆性好;连接形式简单,无复杂的操作技术;在药包中不需要放雷管,故装药、堵塞时都比较安全。缺点是成本高,不能用仪表来检查爆破线路的好坏。适用于瞬时起爆多个药包的炮孔、深孔或洞室爆破。

导爆索起爆网络的连接方式有并簇联和分段并联两种。

1)并簇联

并簇联是将所有炮孔中引出的支导爆索的末端捆扎成一束或几束,然后与一根主导爆索相连接,如图3-9所示。这种方法同爆性好,但导爆索的消耗量较大,一般用于炮孔数不多又较集中的爆破中。

2)分段并联

分段并联是在炮孔或药室外敷设一条主导爆索,将各炮孔或药室中引出的支导爆索分别依次与主导爆索相连,如图3-10所示。分段并联法网络的导爆索消耗量小,适应性强,在网络的适当位置装上继爆管,可以实现毫秒微差爆破。

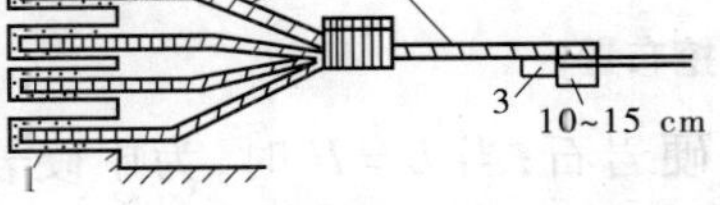

1—炮孔;2—导爆索;3—雷管;4—药包

图3-9 导爆索起爆并簇联

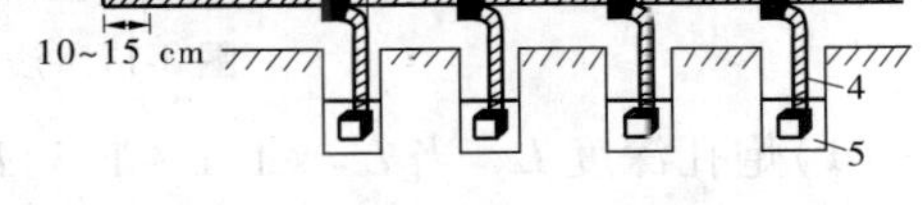

1—雷管;2—导爆索;3—主线;4—支线;5—药室

图3-10 导爆索起爆分段并联

3. 导爆管起爆法

导爆管起爆法是利用塑料导爆管来传递冲击波引爆雷管,然后使药包爆炸的一种新式起爆方法。导爆管起爆网络通常由激发元件、传爆元件、起爆元件和连接元件组成。这种方法导爆速度高,可同时起爆多个药包;作业简单、安全;抗杂散电流,起爆可靠。但导爆管连接系统和网络设计较为复杂。适用于露天、井下、深水、杂散电流大和一次起爆多个药包的微差爆破作业中进行瞬发或秒延期爆破。

任务三　爆破施工

一、爆破的基本方法

(一)裸露爆破法

裸露爆破法又称为表面爆破法,是将药包直接放置于岩石的表面进行爆破。

药包放在体积大于 1 m^3 的块石或孤石的中部凹槽或裂隙部位,可分数处放置,或在块石上打浅孔或浅穴破碎。为提高爆破效果,表面药包底部可做成集中爆力穴,药包上护以草皮或泥土沙子,其厚度应大于药包高度或以粉状炸药敷 30 cm 厚。用电雷管或导爆索起爆。

裸露爆破法不需钻孔设备,操作简单迅速,但炸药消耗量大(比炮孔法多 3 ~ 5 倍),破碎岩石飞散较远。其适用于地面上大块岩石、大孤石的二次破碎及树根、水下岩石与改建工程的爆破。

(二)浅孔爆破法

浅孔爆破法指在岩石上钻直径小于 75 mm、深小于 5 m 的圆柱形炮孔,装延长药包进行爆破。

炮孔直径通常有 35 mm、42 mm、45 mm、50 mm 几种。浅孔爆破法常采用阶梯开挖法,其炮孔布置参数如下(见图 3-11):

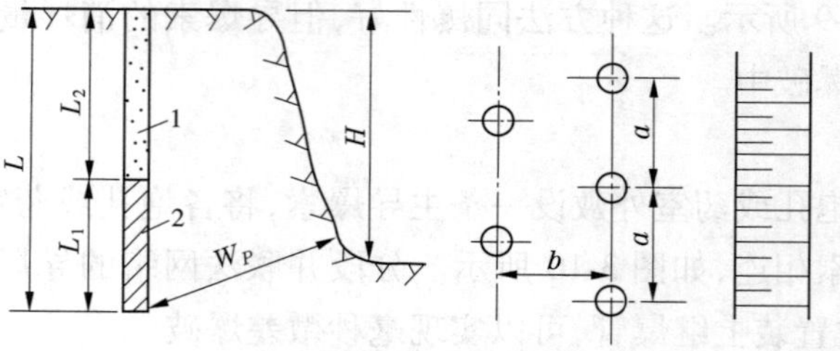

1—堵塞物;2—药包;

L_1—装药深度;L_2—堵塞深度;L—炮孔深度;a—炮孔间距;b—炮孔排距

图 3-11　浅孔法阶梯开挖布置

(1)炮孔深度 L。当 $L=(1.1\sim1.5)H$ 时,为坚硬岩石;当 $L=H$ 时,为中硬岩石;当 $L=(0.85\sim0.95)H$ 时,为松软岩石。其中,H 为阶梯的高度。

(2)抵抗线长度 W_p。

$$W_p = (0.6 \sim 0.8)H$$

(3)炮孔间距 a。

火雷管起爆时,$a=(1.0\sim1.5)W_p$;电力起爆时,$a=(1.2\sim2.0)W_p$。

(4)炮孔排距 b。

$$b=(0.8\sim1.2)W_p$$

炮孔一般布置为交错梅花形,依次逐排起爆;同时起爆多个炮孔应采用电力起爆或导爆索起爆。

浅孔一般用于松动爆破，其药包重量按 $Q=0.33kW_p^3$ 计算。

浅孔爆破法不需复杂钻孔设备；施工操作简单，容易掌握；炸药消耗量少，飞石距离较近，岩石破碎均匀，便于控制开挖面的形状和尺寸，可在各种复杂条件下施工，在爆破作业中被广泛采用。但爆破量较小，效率低，钻孔工作量大。其适于在各种地形和施工现场比较狭窄的工作面上作业，如基坑、管沟、渠道、隧洞爆破或用于平整边坡、开采岩石、松动冻土以及改建工程拆除控制爆破。

（三）深孔爆破法

深孔爆破法是将药包放在直径大于 75 mm、深大于 5 m 的圆柱形深孔中爆破。爆前宜先将地面爆成倾角大于 55°的阶梯形，钻孔用轻、中型露天潜孔钻。深孔爆破法炮孔布置参数如下（见图 3-12）：

（1）炮孔深度 L。

$$L = H + h \tag{3-19}$$

式中 H——阶梯高度，一般取 10 ~ 12 m；

h——加超钻长度，m，$h=(0.12\sim0.3)W_p$。

（2）抵抗线长度 W_p。

$$W_p = HD\eta d/150 \tag{3-20}$$

式中 D——岩石硬度影响系数，一般为 0.46 ~ 0.56；

η——阶梯高度影响系数，参见表 3-8；

d——炮孔直径，mm。

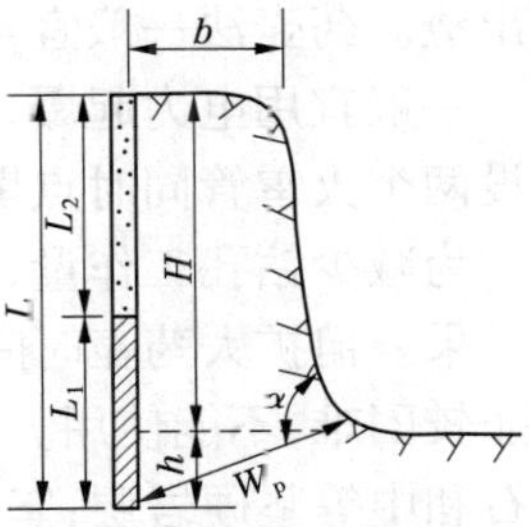

图 3-12 深孔爆破法

表 3-8 阶梯高度影响系数

高度 H(m)	7	10	12	15	17	20	22	25	27	30
η	1.2	1.0	0.87	0.74	0.67	0.60	0.56	0.52	0.47	0.42

（3）炮孔间距 a。

$$a = W_p m \tag{3-21}$$

式中 m——一般取 0.65 ~ 0.80。

（4）排距 b。

$$b = a\sin60° = 0.87a \tag{3-22}$$

（5）药包重量 Q。

$$Q = 0.33kHW_p a \tag{3-23}$$

式中 k——单位岩石炸药用量，kg/m³。

装药可采用分段或连续的方法。爆破时，边排先起爆，后排依次起爆。

单位岩石体积的钻孔量少，耗药量少，生产效率高。一次爆落石方量多，操作机械化，可减轻劳动强度。但爆的岩石不够均匀，有 10% ~ 25% 的大块石需二次破碎，钻孔设备复杂，费用较高。深孔爆破法适用于料场、深基坑的松爆，场地整平以及高阶梯中型爆破各种岩石。

（四）药壶爆破法

药壶爆破法又称葫芦炮或坛子炮，即在普通浅孔或深孔炮孔底先放入少量的炸药，经过一次至数次爆破，扩大成近似圆球形的药壶，如图 3-13 所示。然后装入一定数量的炸药进行爆破。

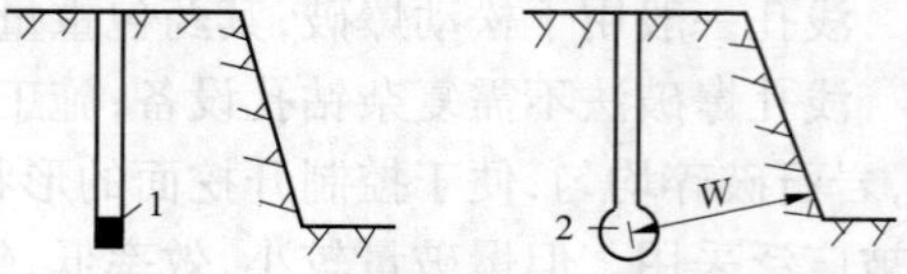

(a)装少量炸药炸药壶　(b)构成的药壶

1—药包；2—药壶

图 3-13　药壶爆破法

爆破前，地形宜先造成较多的临空面，最好是立崖和台阶。

一般取 $W=(0.5\sim0.8)H, a=(0.8\sim1.2)W, b=(0.8\sim2.0)W$，堵塞长度为炮孔深的 0.5 ~ 0.9 倍。

爆扩药壶时，孔口不需堵塞，药量逐次递增。每次爆扩药壶后，须间隔 20 ~ 30 min。扩大药壶用小木柄铁勺掏渣或用风管通入压缩空气吹出。当土质为黏土时，可以压缩，不需出渣。药壶法一般宜与炮孔法配合使用，以提高爆破效果。

一般宜用电力起爆，并应敷设两套爆破路线；如用火花起爆，当药壶深在 3 ~ 6 m 时，应设两个火雷管同时点爆。

为减少钻孔工作量，可多装药，炮孔较深时，将延长药包变为集中药包，大大提高了爆破效果。但扩大药壶时间较长，操作较复杂，破碎的岩石块度不够均匀，对坚硬岩石扩大药壶较困难，不能使用。属集中药包的中等爆破，适用于露天爆破阶梯高度 3 ~ 8 m 的软岩石和中等坚硬岩层；坚硬或节理发育的岩层不宜采用。

（五）洞室爆破法

洞室爆破法又称竖井法或蛇穴法，即在岩石内部开挖导洞（横洞或竖井）和药室进行爆破。导洞截面一般为 1 m×1.5 m（横洞）或 1 m×1.2 m 或直径为 1.2 m（竖井），设单药室或双药室，如图 3-14 所示。横洞截面小于 0.6 m×0.6 m 时称蛇穴。药室应选择在最小抵抗线 W 比较大的地方或整体岩层内，并离边坡 1.5 m 左右。按洞长度一般为 5 ~ 7 m，其间距为洞深的 1.2 ~ 1.5 倍。竖井深度一般为 $(0.9\sim1.0)H$，a 及 b 为 $(0.6\sim0.8)H$，药室应在离底 0.3 ~ 0.7 m 处，再开挖浅横洞装集中药包。蛇穴底部即为药室。导洞及药室用人力或机械打炮孔爆破方法进行，横洞用轻轨小平板车出渣；竖井用卷扬机、绞车或桅杆吊斗出渣。横洞堵塞长度不应小于洞高的 3 倍，堵塞材料用碎石和黏土（或砂）的混合物，靠近药室处宜用黏土或砂土堵塞密实。

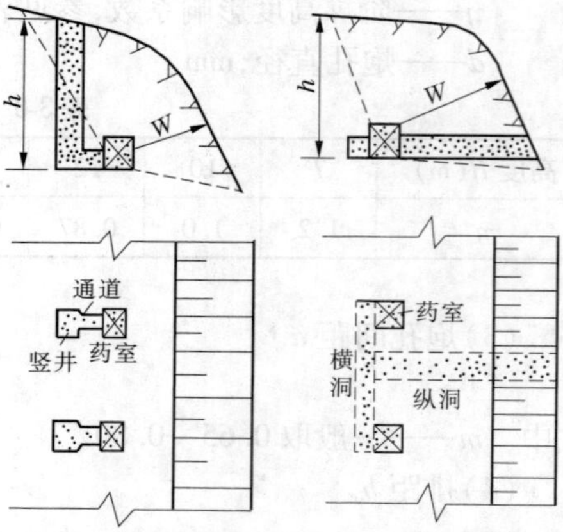

(a)竖井爆破　(b)平洞爆破

图 3-14　竖井和平洞爆破的布置形式

洞室爆破法操作简单，爆破效果比炮孔法高，节约劳力，出渣容易（对横洞而言），凿孔工作量少，技术要求不高，同时不受炸药品种限制，可用黑火药。但开洞工作量大，较费时，排水堵洞较困难，速度慢，比药壶法费工稍多，工效稍低。其适用于六类以上的较大量的坚硬石方爆破；竖井适用于场地整平、基坑开挖松动爆破；蛇穴适用于阶梯高不超过 6 m 的软质岩石或有夹层的岩石松爆。

二、爆破施工

水利工程施工中一般多采用炮眼法爆破。其施工程序大体为：炮孔位置选择、钻孔、制作起爆药包、装药与堵塞、起爆等。

（一）炮孔位置选择

选择炮孔位置时应注意以下几点：

（1）炮孔方向尽量不要与最小抵抗线方向重合，以免产生冲天炮。

（2）充分利用地形或利用其他方法增加爆破的临空面，提高爆破效果。

（3）炮孔应尽量垂直于岩石的层面、节理与裂隙，且不要穿过较宽的裂缝以免漏气。

（二）钻孔

钻孔有人工打眼和机械钻孔之分，工程中多用机械钻孔。浅孔作业一般采用轻型手提式风钻钻垂直孔；向上及倾斜钻孔，则多采用支架式重型风钻。国内常用 YT－23 型、YT－25 型、YT－30型以及带腿的 YTP－26 型风钻。深孔作业常用的钻机有回转式钻机、冲击式钻机（见图 3-15）和潜孔钻（见图 3-16），潜孔钻钻孔既有回转作用又有冲击作用，其结构较以上两种钻机有进一步的改进，钻孔效率很高。国内常用 YQ－150A 型钻机。

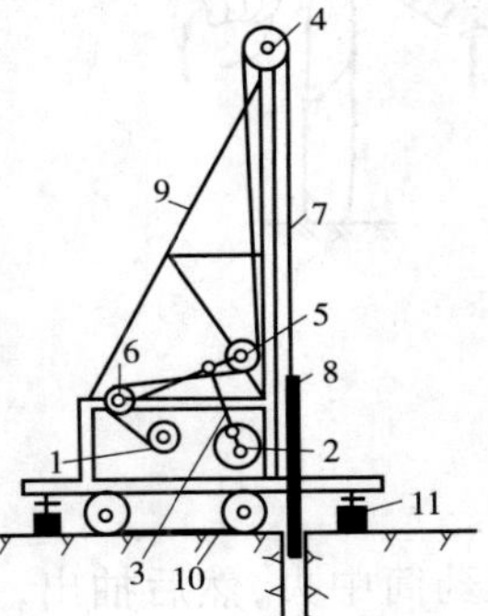

1—绞车；2—偏心轮；3—连杆；4、5、6—滑轮；
7—钢索；8—钻具；9—钻架；
10—履带；11—支承千斤顶

图 3-15 冲击式钻机

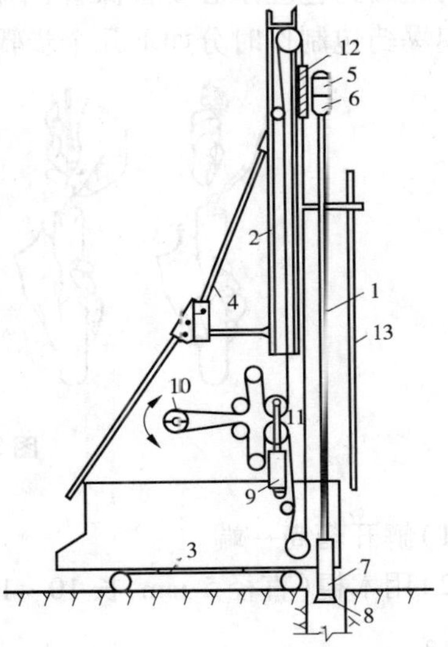

1—钻杆；2—滑架；3—履带行走机构；4—拉杆；
5—电动机；6—减速箱；7—冲击器；8—钻头；9—推压汽缸；
10—卷扬机；11—托架；12—滑板；13—副钻杆

图 3-16 潜孔钻结构示意图

（三）制作起爆药包

1. 火线雷管的制作

将导火索和火雷管联结在一起，叫火线雷管。制作火线雷管应在专用房间内，禁止在炸药库、住宅、爆破工点进行。其制作的步骤如下：

（1）检查雷管和导火索。

(2)按照需要长度,用锋利小刀切齐导火索,最短导火索不应少于 60 cm。

(3)把导火索插入雷管,直到接触火帽为止。不要猛插和转动。

(4)用铰钳夹夹紧雷管口(距管口 5 mm 以内),如图 3-17所示。固定时,应使该钳夹的侧面与雷管口相平。如无铰钳夹,可用胶布包裹,严禁用嘴咬。

(5)在接合部包上胶布防潮,当火线雷管不马上使用时,导火索点火的一端也应包上胶布。

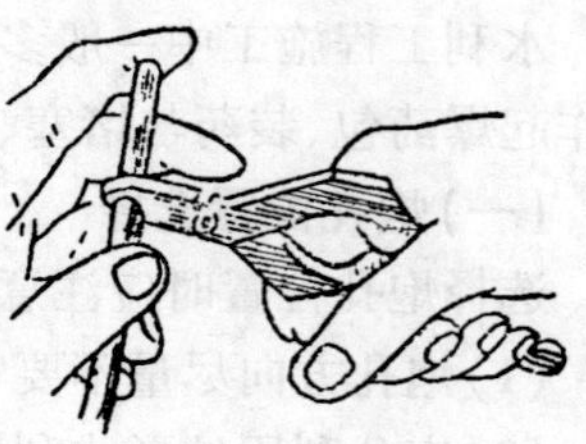

图 3-17 火线雷管制作

2. 电雷管检查

对于电雷管应先作外观检查,把有擦痕、生锈、铜绿、裂隙或其他损坏的雷管剔除,再用爆破电桥或小型欧姆计进行电阻及稳定性检查。为了保证安全,测定电雷管的仪表输出电流不得超过 50 mA。如发现有不导电的情况,应作为不良的电雷管处理。然后把电阻相同或电阻差不超过 0.25 Ω 的电雷管放置在一起,以备装药时串联在一条起爆网路上。

3. 起爆药包的制作

起爆药包只许在爆破工点于装药前制作该次所需的数量。不得先作成成品备用。制作好的起爆药包应小心妥善保管,不得震动,亦不得抽出雷管。

起爆药包制作时分如下几个步骤(见图 3-18):

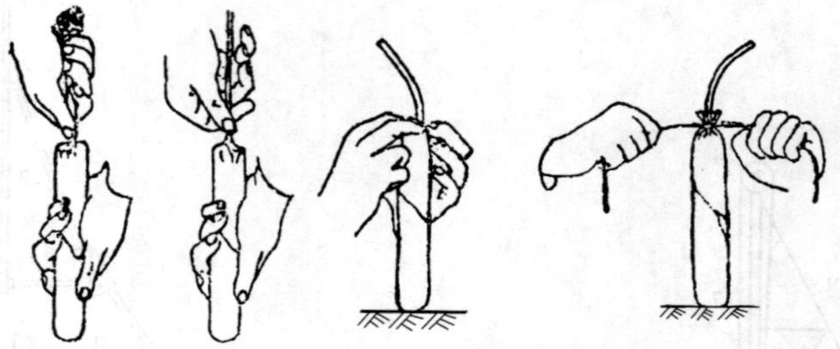

图 3-18 起爆药包制作

(1)解开药筒一端。

(2)用木棍(直径 5 mm,长 10 ~ 12 cm)轻轻地插入药筒中央,然后抽出,并将雷管插入孔内。

(3)雷管插入深度:易燃的硝化甘油炸药将雷管全部插入即可;其他不易燃炸药,雷管应埋在接近药筒的中部。

(4)收拢包皮纸用绳子扎起来,如用于潮湿处则加以防潮处置,防潮时防水剂的温度不超过 60 ℃。

(四)装药、堵塞及起爆

1. 装药

在装药前首先了解炮孔的深度、间距、排距等,由此决定装药量。根据孔中是否有水决定药包的种类或炸药的种类,同时还要清除炮孔内的岩粉和水分。在干孔内可装散药和药卷。在装药前,先用硬纸或铁皮在炮孔底部架空,形成聚能药包。炸药要分层用木棍压实,雷管的聚能穴指向孔底,雷管装在炸药全长的中部偏上处。在有水炮孔中装吸湿炸药时,注意不要将防水包装捣破,以免炸药受潮而拒爆。当孔深较大时,药包要用绳子吊下,不允许直接向孔内抛投,以免发生爆炸危险。

2. 堵塞

装药后即进行堵塞。对堵塞材料的要求是:与炮孔壁摩擦作用大,材料本身能结成一个整体,充填时易于密实,不漏气。可用1∶2的黏土粗砂堵塞,堵塞物要分层用木棍压实。在堵塞过程中,要注意不要将导火线折断或破坏导线的绝缘层。

3. 起爆

上述工序完成后即可进行起爆。

任务四 控制爆破

控制爆破是为达到一定预期目的的爆破,如定向爆破、预裂爆破、光面爆破、岩塞爆破、微差控制爆破、拆除爆破、静态爆破、燃烧剂爆破等。下面仅介绍水利工程常用的几种控制爆破形式。

一、定向爆破

定向爆破是一种加强抛掷爆破技术,它利用炸药爆炸的能量,在一定的条件下,可将一定数量的土岩经破碎后,按预定的方向,抛掷到预定地点,形成具有一定质量和形状的建筑物或开挖成一定断面的渠道的目的。

在水利水电建设中,可以用定向爆破技术修筑土石坝、围堰、截流戗堤以及开挖渠道、溢洪道等。在一定条件下,采用定向爆破方法修建上述建筑物,较之用常规方法可缩短施工工期、节约劳力和资金。

定向爆破主要是使抛掷爆破最小抵抗线方向符合预定的抛掷方向,并且在最小抵抗线方向事先造成定向坑,利用空穴聚能效应,集中抛掷,这是保证定向的三要手段。造成定向坑的方法,在大多数情况下,都是利用辅助药包,让它在主药包起爆前先爆,形成一个起走向坑作用的爆破漏斗。如果地形有天然的凹面可以利用,也可不用辅助药包。

图3-19(a)是用定向爆破堆筑堆石坝。药包设在坝顶高程以上的岸坡上。根据地形情况,可从一岸爆破或两岸爆破。图3-19(b)为定向爆破开挖渠道。在渠底埋设边行药包和主药包。边行药包先起爆,主药包的最小抵抗线就指向两边,在两边岩石尚未下落时,起爆主药包,中间岩体就连同原两边爆起的岩石一起抛向两岸。

二、预裂爆破

进行石方开挖时,在开挖区爆破之前沿设计轮廓线布孔先爆出一条具有一定宽度的贯穿裂缝,以缓冲、反射开挖爆破的振动波,控制其对保留岩体的破坏影响,使之获得较平整的开挖轮廓,此种爆破技术为预裂爆破,如图3-20所示。

在水利水电工程施工中,预裂爆破不仅在垂直、倾斜开挖壁面上得到广泛应用,而且在规则的曲面、扭曲面和水平建基面等也取得了一定成果。它对避免超挖、降低工程造价

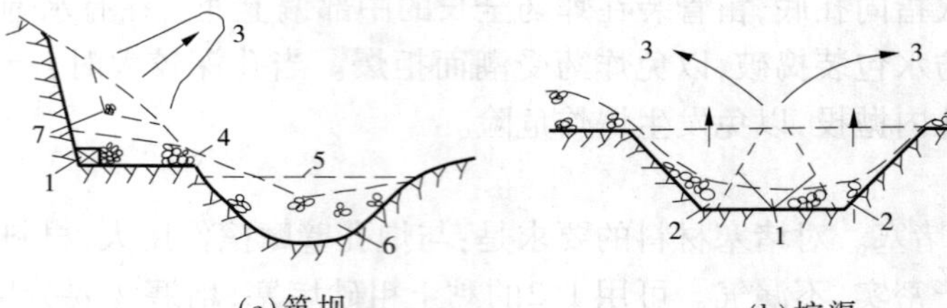

1—主药包;2—边行药包;3—抛掷方向;4—堆积体;
5—坝顶;6—河床;7—辅助药包

图 3-19　定向爆破筑坝、挖渠示意图

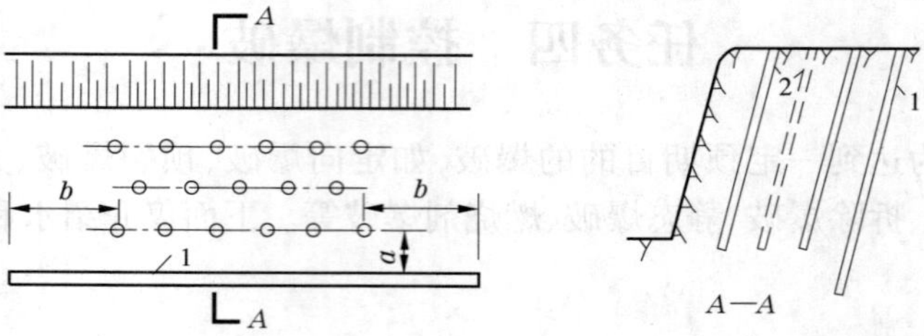

1—预裂缝;2—爆破孔

图 3-20　预裂爆破布置图

和缩短工期等都有好处,应予积极采用。

预裂爆破质量要求如下:

(1)预裂缝要贯通且在地表有一定开裂宽度,对于中等坚硬岩石,缝宽不宜小于1.0 cm;坚硬岩石缝宽应达到0.5 cm左右;但在松软岩石上缝宽达到1.0 cm时,减振作用并未显著提高,应多做些现场试验,以利总结经验。

(2)预裂面开挖后的不平整度不宜大于15 cm。

预裂面不平整度通常是指预裂孔所形成的预裂面的凹凸程度,它是衡量钻孔和爆破参数合理性的重要指标,可依此验证、调整设计数据。

(3)预裂面上的炮孔痕迹保留率应不低于80%,且炮孔附近岩石不出现严重的爆破裂隙。

预裂爆破主要技术措施如下:

(1)炮孔直径一般为50~200 mm,对深孔宜采用较大的孔径。

(2)炮孔间距宜为孔径的8~12倍,坚硬岩石取小值。

(3)不耦合系数(炮孔直径d与药卷直径d_0的比值)建议取2~4,坚硬岩石取小值。

(4)线装药密度一般取250~400 g/m。

(5)药包结构形式,目前较多的是将药卷分散绑扎在传爆线上(见图3-21)。分散药卷的相邻间距不宜大于50 cm和不

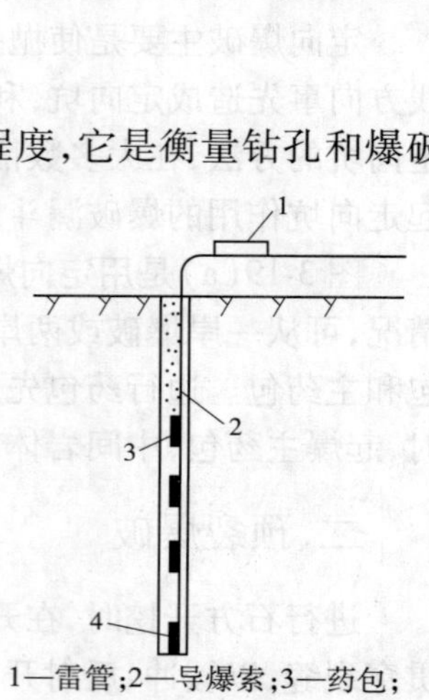

1—雷管;2—导爆索;3—药包;
4—底部加强药包

图 3-21　预裂爆破装药结构图

大于药卷的殉爆距离。考虑到孔底的夹制作用较大，底部药包应加强，为线装药密度的2～5倍。

(6) 装药时，距孔口1 m左右的深度内不要装药，可用粗砂填塞，不必捣实。填塞段过短，容易形成漏斗，过长则不能出现裂缝。

三、光面爆破

光面爆破也是控制开挖轮廓的爆破方法之一，如图3-22所示。它与预裂爆破的不同之处在于光爆孔的爆破是在开挖主爆孔的药包爆破之后进行。它可以使爆裂面光滑平顺，超欠挖均很少，能近似形成设计轮廓要求的爆破。光面爆破一般多用于地下工程的开挖，露天开挖工程中用得比较少，只是在一些有特殊要求或者条件有利的地方使用。光面爆破的要领是孔径小、孔距密、装药少、同时爆。

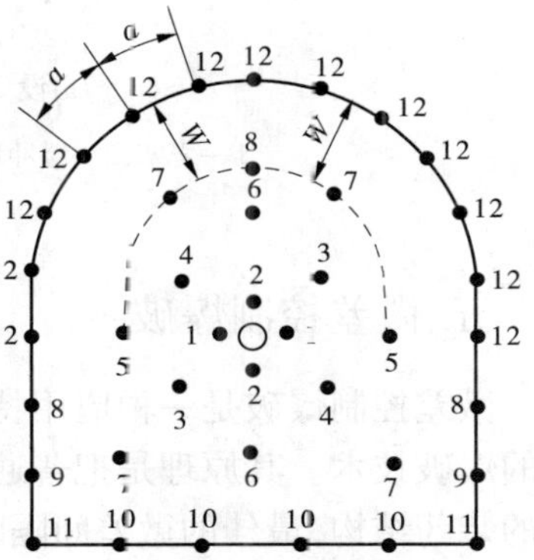

图3-22 光面爆破洞挖布孔图

光面爆破主要参数的确定如下：

(1) 炮孔直径宜在50 mm以下。

(2) 最小抵抗线 W 通常控制在0.8 m以内。W 是指由边孔至周边保护层面的最小距离，或用下式计算：

$$W = (7 \sim 20)D \tag{3-24}$$

(3) 炮孔间距 a

$$a = (0.6 \sim 0.8)W \tag{3-25}$$

(4) 单孔装药量。用线装药密度 Q_x 表示，即

$$Q_x = KaW \tag{3-26}$$

式中 D——炮孔直径；

K——单位耗药量。

四、岩塞爆破

岩塞爆破是一种水下控制爆破。在已成水库或天然湖泊底取水发电、灌溉、供水或泄洪时，为修建隧洞的取水工程，避免在深水中建造围堰，采用岩塞爆破是一种经济而有效的方法。它的施工特点是先从引水隧洞出口开挖，直到掌子面到达库底或湖底邻近，然后预留一定厚度的岩塞，待隧洞和进口控制闸门井全部建完后，一次将岩塞炸除，使隧洞和水库连通。岩塞爆破布置如图3-23所示。

岩塞爆破的布置应根据隧洞的使用要求、地形、地质因素来确定。岩塞宜选择在覆盖层薄、岩石坚硬完整且层面与进口中线交角大的部位，特别应避开节理、裂隙、构造发育的部位。岩塞的开口尺寸应满足进水流量的要求。岩塞厚度应为开口直径的1～1.5倍。太厚则难于一次爆通，太薄则不安全。

水下岩塞爆破装药量计算，应考虑岩塞上静水压力的阻抗，用药量应比常规抛掷爆破药量增大20%～30%。为了控制进口形状，岩塞周边采用预裂爆破以减震防裂。

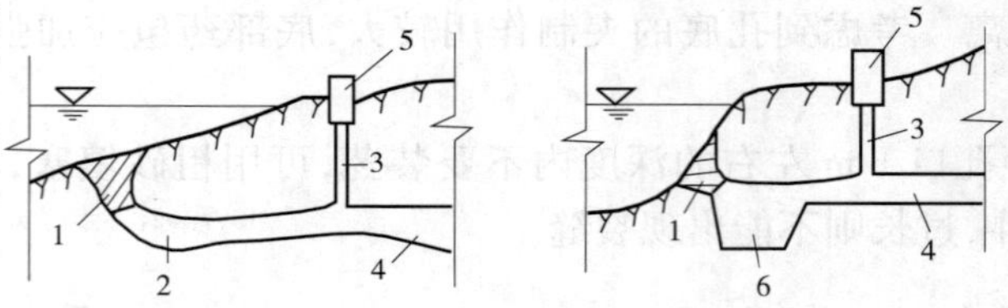

(a)设缓冲坑　　(b)设集渣坑

1—岩塞;2—缓冲坑;3—闸门井;4—引水隧洞;5—操纵室;6—集渣坑

图 3-23　岩塞爆破布置

五、微差控制爆破

微差控制爆破是一种应用特制的毫秒延期雷管,以毫秒级时差顺序起爆各个(组)药包的爆破技术。其原理是把普通齐发爆破的总炸药能量分割为多数较小的能量,采取合理的装药结构,最佳的微差间隔时间和起爆顺序,为每个药包创造多面临空条件,将齐发大量药包产生的地震波变成一长串小幅值的地震波,同时各药包产生的地震波相互干涉,从而降低地震效应,把爆破振动控制在给定水平之下。爆破布孔和起爆顺序有成排顺序式、排内间隔式(又称 V 形式)、波浪式、对角式、径向式等(见图 3-24),或由它组合变换成的其他形式,其中对角式效果最好,成排顺序式最差。采用对角式时,应使实际孔距与抵抗线比大于 2.5 以上,对软石可为 6 ~ 8;相同段爆破孔数根据现场情况和一次起爆的允许炸药量而定,装药结构一般采用空气间隔装药或孔底留空气柱的方式,所留空气间隔的长度通常为药柱长度的 20% ~35%。间隔装药可用导爆索或电雷管齐发或孔内微差引爆,后者能更有效地降震。

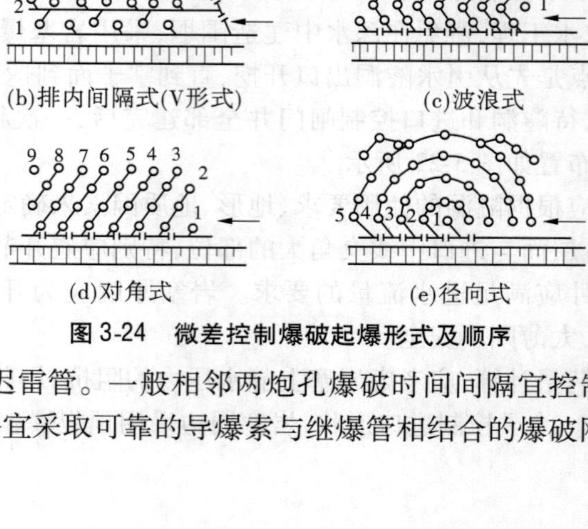

(a)成排顺序式(排向微差)

(b)排内间隔式(V形式)　　(c)波浪式

(d)对角式　　(e)径向式

图 3-24　微差控制爆破起爆形式及顺序

爆破采用毫秒延迟雷管。一般相邻两炮孔爆破时间间隔宜控制在 20 ~ 30 ms,不宜过大或过小;爆破网路宜采取可靠的导爆索与继爆管相结合的爆破网路,每孔至少一根导爆索,确保安全起爆;非电爆管网路要设复线,孔内线脚要设有保护措施,避免装填时把线脚拉断;导爆索网路联结要注意搭接长度、拐弯角度、接头方向,并捆扎牢固,不得松动。能有效地控制爆破冲击波、震动、噪声和飞石;操作简单、安全、迅速;可近火爆破而不造成伤害;破碎程度好,可提高爆破效率和技术经济效益。但该网路设计较为复杂;需特殊的毫秒延期雷管及导爆材料。

微差控制爆破适用于开挖岩石地基、挖掘沟渠、拆除建筑物和基础,以及用于工程量与爆破面积较大,对截面形状、规格、减震、飞石、边坡后面有严格要求的控制爆破工程。

任务五 爆破施工安全知识

爆破工作的安全极为重要,从爆破材料的运输、储存、加工,到施工中的装填、起爆和销毁均应严格遵守各项爆破安全技术规程。

一、爆破、起爆材料的储存与保管

(1)爆破材料应储存在干燥、通风良好、相对湿度不大于65%的仓库内,库内温度应保持在18~30 ℃;周围5 m内的范围须清除一切树木和草皮。库房应有避雷装置,接地电阻不大于10 Ω。库内应有消防设施。

(2)爆破材料仓库与民房、工厂、铁路、公路等应有一定的安全距离。炸药与雷管(导爆索)须分开储存,两库房的安全距离不应小于有关规定。同一库房内不同性质、批号的炸药应分开存放。严防虫鼠等啃咬。

(3)炸药与雷管成箱(盒)堆放要平稳、整齐。成箱炸药宜放在木板上,堆摆高度不得超过1.7 m,宽不超过2 m,堆与堆之间应有不小于1.3 m的通道,药堆与墙壁间的距离不应小于0.3 m。

(4)施工现场临时仓库内爆破材料严格控制储存数量,炸药不得超过3 t,雷管不得超过10 000个和相应数量的导火索。雷管应放在专用的木箱内,离炸药不少于2 m的距离。

二、装卸、运输与管理

(1)爆破材料的装卸均应轻拿轻放,不得受到摩擦、震动、撞击、抛掷或转倒。堆放时要摆放平稳,不得散装、改装或倒放。

(2)爆破材料应使用专车运输,炸药与起爆材料、硝铵炸药与黑火药均不得在同一车辆、车厢装运。用汽车运输时,装载不得超过允许载重量的2/3,行驶速度不应超过20 km/h。车顶部需遮盖,用马车运输,单车装载以300 kg为限;双马车以500 kg为限;人力运输不超过25 kg。

三、爆破操作安全要求

(1)装填炸药应按照设计规定的炸药品种、数量、位置进行。装药要分次装入,用竹棍轻轻压实,不得用铁棒或用力压入炮孔内,不得用铁棒在药包上钻孔安设雷管或导爆索,必须用木棒或竹棒进行。当孔深较大时,药包要用绳子吊下,或用木制炮棍护送,不允许直接往孔内丢药包。

(2)起爆药卷应设置在孔全长的1/3～1/2位置上(从炮孔口算起),雷管应置于装药中心,聚能穴应指向孔底,导爆索只许用锋利刀一次切割好。

(3)遇有暴风雨或闪电打雷时,应禁止装药、安设电雷管和联结电线等操作。

(4)在潮湿条件下进行爆破,药包及导火索表面应涂防潮剂加以保护,以防受潮失效。

(5)爆破孔洞的堵塞应保证要求的堵塞长度,充填密实不漏气。填充直孔可用干细砂、砂子、黏土或水泥等惰性材料。最好用1:(2～3)(黏土:粗砂)的泥沙混合物,含水量在20%,分层轻轻压实,不得用力挤压。水平炮孔和斜孔宜用2:1土砂混合物,作成直径比炮孔小5～8 mm,长100～150 mm的圆柱形炮泥棒(或泥蛋)填塞密实。填塞长度应大于最小抵抗线长度的10%～15%,在堵塞时,应注意勿捣坏导火索和雷管的线脚。

(6)导火索长度应根据爆破员在完成全部炮眼和进入安全地点所需的时间来确定,其最短长度不得少于1 m。

四、爆破安全距离

爆破时,应划出警戒范围,立好标志,现场人员应到安全区域,并有专人警戒,以防爆破飞石、爆破地震、爆破空气冲击波以及爆破毒气对人身造成伤害。

爆破飞石、爆破空气冲击波、爆破毒气对人身以及爆破震动对建筑物影响的安全距离计算如下。

(一)爆破地震安全距离

目前,国内外爆破工程多以建筑物所在地表的最大质点振动速度作为判别爆破振动对建筑物的破坏标准。通常采用的经验公式为

$$v = K\left(\frac{Q^{1/3}}{R}\right)^{a} \tag{3-27}$$

式中 v——爆破地震对建筑物(或构筑物)及地基产生的质点振动速度,cm/s;

K——与岩土性质、地形和爆破条件有关的系数,在土中爆破时$K=150\sim200$,在岩石中爆破时$K=100\sim150$;

Q——同时起爆的总装药量,kg;

R——药包中心到某一建筑物的距离,m;

a——爆破地震随距离衰减系数,可按1.5～2.0考虑。

观测成果表明:当$v=10\sim12$ cm/s时,一般砖木结构的建筑物便可能被破坏。

(二)爆破空气冲击波安全距离

$$R_K = K_K\sqrt{Q} \tag{3-28}$$

式中 R_K——爆破冲击波的危害半径,m;

K_K——系数,对于人$K_K=5\sim10$,对建筑物要求安全无损时裸露药包$K_K=50\sim150$,埋入药包$K_K=10\sim50$;

Q——同时起爆的最大的一次总装药量,kg。

(三)个别飞石安全距离(R_f)

$$R_f = 20n^2W \quad (\text{m}) \tag{3-29}$$

式中　n——最大药包的爆破作用指数；

W——最小抵抗线，m。

实际采用的飞石安全距离不得小于下列数值：裸露药包 300 m，浅孔或深孔爆破 200 m，洞室爆破 400 m。

（四）爆破毒气的危害范围

在工程实践中，常采用下述经验公式来估算有毒气体扩散安全距离（R_g）：

$$R_g = K_g \sqrt[3]{Q} \quad (\mathrm{m}) \tag{2-30}$$

式中　K_g——系数，根据有关资料，K_g 的平均值为 160；

Q——爆破总装药量，t。

对于顺风向的安全距离应增大一倍。

五、爆破防护覆盖方法

（1）基础或地面以上构筑物爆破时，可在爆破部位上铺盖湿草垫或草袋（内装少量砂土）作头道防线，再在其上铺放胶管帘或胶垫，外面再以帆布棚覆盖，用绳索拉住捆紧，以阻挡爆破碎块，降低声响。

（2）对离建筑物较近或在附近有重要设备的地下设备基础爆破，应采用橡胶防护垫（用废汽车轮胎编织成排），环索联结在一起的粗圆木、铁丝网、脚手板等护盖其上防护。

（3）对一般破碎爆破，防飞石可用韧性好的铁丝爆破防护网、布垫、帆布、胶垫、旧布垫、荆笆、草垫、草袋或竹帘等作防护覆盖。

（4）对平面结构，如钢筋混凝土板或墙面的爆破，可在板（或墙面）上架设可拆卸的钢管架子（或作活动式），上盖铁丝网，再上铺内装少量砂土的草包形成一个防护罩防护。

（5）爆破时，为保护周围建筑物及设备不被打坏，可在其周围用厚 5 cm 的木板加以掩护，并用铁丝捆牢，距炮孔距离不得小于 50 cm。如爆破体靠近钢结构或需保留部分，必须用砂袋加以保护，其厚度不小于 50 cm。

六、瞎炮的处理方法

通过引爆而未能爆炸的药包叫瞎炮。处理之前，必须查明拒爆原因，然后根据具体情况慎重处理。瞎炮的处理方法有以下几种：

（1）重爆法：瞎炮是由于炮孔外的电线电阻、导火索或电爆网（线）路不合要求而造成的，经检查可燃性和导电性能完好，纠正后，可以重新接线起爆。

（2）诱爆法：当炮孔不深（在 50 cm 以内）时，可用裸露爆破法诱爆；当炮孔较深时，距炮孔近旁 60 cm 处（用人工打孔 30 cm 以上），钻（打）一与原炮孔平行的新炮孔，再重新装药起爆，将原瞎炮诱爆。钻平行炮孔时，应将瞎炮的堵塞物掏出，插入一木棍，作为钻孔的导向标志。

（3）掏炮法：可用木制或竹制工具，小心地将炮孔上部的堵塞物掏出；如系硝铵类炸药，可用低压水浸泡并冲洗出整个药包，或以压缩空气和水混合物把炸药冲出来，将拒爆的雷管销毁，或将上部炸药掏出部分后，再重新装入起爆药包起爆。

在处理瞎炮时，严禁把带有雷管的药包从炮孔内拉出来，或者拉动电雷管上的导火索或雷管脚线，把电雷管从药包内拨出来，或掏动药包内的雷管。

项目四 基础工程

水工建筑的地基一般分为岩石地基、土壤地基或砂砾石地基。由于工程地质和水文地质作用的影响,天然地基往往存在一些不同程度、不同形式的缺陷,经过人工处理,使地基具有足够的强度、整体性、抗渗性和耐久性,方能作为水工建筑物的地基。

由于天然地基的性状复杂多样,各种建筑物对地基的要求各有不同,因此不同的地质条件,不同的建筑物型式,要求用不同的处理措施和方法。对于这些处理方案,本章不一一介绍,仅从施工的角度,对坝基开挖,岩基、土壤地基、砂砾石地基处理,岩基灌浆进行介绍。

任务一 基坑开挖与地基处理

一、基坑开挖

(一)岩基开挖

岩基开挖就是按照设计要求,将风化、破碎和有缺陷的岩层挖除,使水工建筑物建在完整坚实的岩石面上。开挖的工程量往往很大,从几万立方米到几十万立方米,甚至上千万立方米,需要投入大量的人力、资金和设备,占用很长的工期。因此,选择合理的开挖方法和措施,保证开挖的质量,加快开挖的速度,确保施工的安全,对于加快整个工程的建设,具有重要的意义。

1. 作好开挖前的准备工作

(1)熟悉基本资料:详细分析坝址区的工程地质和水文地质资料,了解岩性,掌握各种地质缺陷的分布及发育情况。

(2)明确水工建筑物设计对地基的具体要求。

(3)熟知工程的施工条件和施工技术水平及装备力量。

(4)与业主、地质、设计、监理等人员共同研究,确定适宜的地基开挖范围、深度和形态。

2. 坝基开挖

坝基开挖是一个重要的施工环节,为保证开挖的质量、进度和安全,应解决好以下几个方面的问题。

1)作好基坑排水工作

在围堰闭气后,立即排除基坑积水及围堰渗水,布置好排水系统,配备足够的排水设备,边下挖基坑,边排水,降低和控制水位,确保开挖工作不受水的干扰。

2)合理安排开挖程序

由于受地形、时间和空间的限制,水工建筑物基坑开挖一般比较集中,工种多,安全问题比较突出。因此,基坑开挖的程序,应本着“自上而下,先岸坡,后河槽”的原则。如果河床很宽,也可考虑部分河床和岸坡平行作业,但应采取有效的安全措施。无论是河床,还是岸坡,都要由上而下,分层开挖,逐步下降,如图4-1所示。

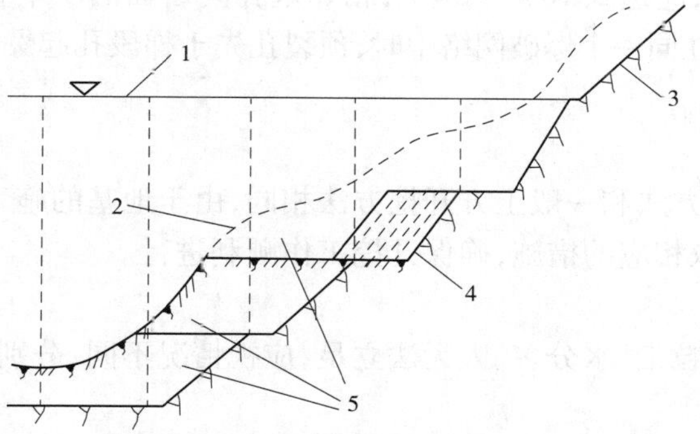

1—坝顶线;2—原地面线;3—安全削坡;4—开挖线;5—开挖层

图4-1 坝基开挖程序

3)选定合理的开挖范围和形态

基坑开挖范围,主要取决于水工建筑物的平面轮廓,还要满足机械的运行、道路的布置、施工排水、立模与支撑的要求。放宽的范围一般从几米到十几米不等,由实际情况而定。开挖以后的基岩面,要求尽量平整,并尽可能略向上游倾斜,高差不宜太大,以利于水工建筑物的稳定。要避免基岩有尖突部分和应力集中。坝基开挖形态如图4-2所示。

4)正确地选择开挖方法,保证开挖质量

岩基开挖的主要方法是钻孔爆破法。坝基岩石开挖,应采用分层梯段松动爆破;边坡轮廓面开挖,应采用预裂爆破或光面爆破;紧邻水平建基面,应采用预留岩体保护层,并对保护层进行分层爆破。开挖偏差的要求为:对节理裂隙不发育、较发育、发育和坚硬、中硬的岩体,水平建基面高程的开挖偏差不应大于 ±20 cm;设计边坡轮廓面的开挖偏差,在一次钻孔深度条件下开挖时,不应大于其开挖高度的 ±2%;在分台阶开挖时,其最下部一个台阶坡脚位置的偏差,以及整体边坡的平均坡度,均应符合设计要求。

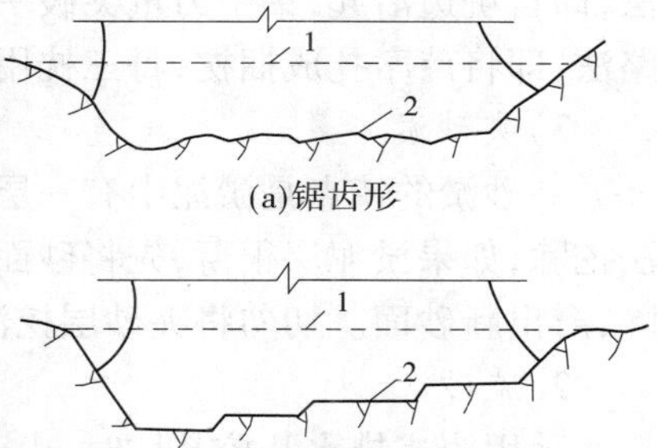

1—原基岩面;2—基岩开挖面

图4-2 坝基开挖形态

坝基岩石开挖,一般采用延长药包梯段爆破,毫秒分段起爆,最大一段起爆药量不得大于500 kg。对不具备梯段地形的岩基,应先进行平地拉槽毫秒起爆,创造梯段爆破条件。紧邻水平建基面的爆破,应防止爆破对基岩的不利影响,一般采取预留保护层的方法。保护层的开挖是控制基岩质量的关键,其要点是:分层开挖,梯段爆破,控制一次起爆药量,控制爆破震动影响。对于建基面在1.5 m以上的一层岩石,应采用梯段爆破,炮孔装药直径不应大于40 mm,手风钻钻孔,一次起爆药量控制在300 kg以内;保护层上层开挖,采用梯段爆破,控制药量和装药直径;中层开挖控制装药直径小于32 mm,采用单孔起爆，距建基面 0.2 m 厚度的岩石，应进行撬挖。边坡预裂爆破或光面爆破的效果，应符合下列条件：在开挖轮廓面上，残留炮孔痕迹应均匀分布，对于节理裂隙不发育的岩体，炮孔痕迹保存率应达到 80% 以上，对节理裂隙较发育和发育的岩体，应达到 50% ~ 80%，对节理裂隙极发育的岩体，应达到 10% ~ 50%；相邻炮孔间岩面的不平整度不应大于 15 cm；预裂炮孔和梯段炮孔在同一个爆破网络中时，预裂孔先于梯段孔起爆的时间不得小于 75 ~ 100 ms。

（二）软基开挖

软基开挖的施工方法和一般土方开挖方法相同，由于地基的施工条件比较特殊，常会遇到下述难工，应采取相应的措施，确保开挖工作顺利进行。

1. 淤泥

淤泥的特点是颗粒细、水分多、人无法立足，应视情况不同，分别采取措施。

1）稀淤泥

稀淤泥的特点是含水量高，流动性大，此挖彼来，装筐易漏。当稀淤泥较薄、面积较小时，可将干砂倒入，进占挤淤，形成土埂，可在土埂上进行挖运作业；如面积大，要同时填筑多条土埂，分区治理，以防乱流；当淤泥深度大、面积广，可将稀泥分区围埂，分别排入附近挖好的深坑中。

2）烂淤泥

烂淤泥的特点是淤泥层较厚，含水量较小，黏稠，锹插难拔，粘锹不易脱离。为避免粘锹，挖前先将锹蘸水，也可用三股钗或五股钗代替铁锹；为解决立足问题，可采取一点突破法，即自坑边沿起，集中力量突破一点，一直挖到硬土上，再向四周扩展；或者采用苇排铺路法，即将芦席扎成捆枕，每三枕用桩连成苇排，铺在烂泥上，人在苇排上挖运。

3）夹砂淤

夹砂淤的特点是淤泥中有一层或几层夹砂层。如果淤泥厚度较大，可采用前面的方法挖除；如果淤泥层很薄，先将砂面晾干，能站人时方可进行，开挖时连同下层淤泥一同挖除，露出新砂面。切勿将夹砂层挖混，造成开挖困难。

2. 流砂

采用明式排水开挖基坑时，由于形成了较大的水力坡降，造成渗流挟带细砂从坑底上冒，或在边坡上形成管涌、流土等现象，即为流砂。流砂现象一般发生在非黏性土中，主要与砂土的含水量、孔隙率、黏粒含量和动水压力的水力坡度有关，可能在细砂、中砂中常发生，也可能在粗砂中发生。治理流砂主要是解决好“排”与“封”的问题。排即及时将流砂层中的水排出，降低含水量和水力坡度；封即将开挖区的流砂封闭起来。如坑底翻砂冒水，可在较低的位置挖沉砂坑，将竹筐或柳条筐沉入坑底，水进筐内而砂被阻于筐外，然后将筐内水排走。对于坡面流砂，当土质允许，流砂层又较薄（一般在 4 ~ 5 m）时，可采取开挖，一般放坡为 1∶4 ~ 1∶8，但这要扩大开挖面积，增加工程量。因此，基坑开挖中，常采取以下措施进行治理。

（1）当挖深不大，面积较小时，可以采取护面措施，作法如下：

①砂石护面：在坡面上先铺一层粗砂，再铺一层小石子，各层厚 5 ~ 8 cm，形成反滤层，坡脚挖排水沟，做同样的反滤层如图 4-3 所示，即防止渗水流出时挟带泥沙，又防止坡

面径流冲刷。

②柴枕护面:在坡面上铺设爬坡式柴枕,坡脚设排水沟,沟底及两侧均铺柴枕,以起到滤水拦砂的作用,如图4-4所示.并隔一定距离打桩加固,防止柴枕下坍移动。

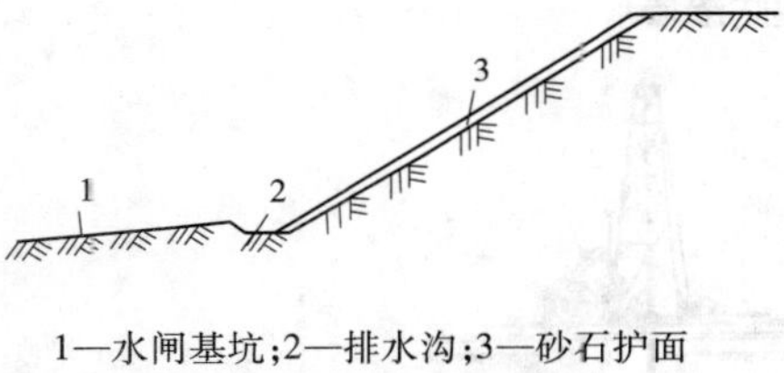

1—水闸基坑;2—排水沟;3—砂石护面

图4-3 砂石护面

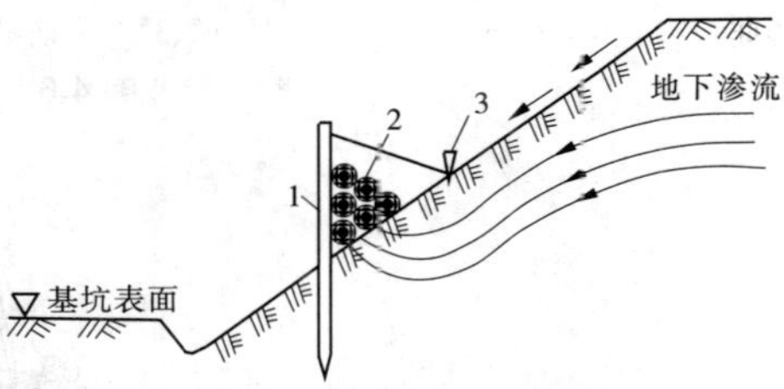

1—木桩;2—柴枕;3—小木桩

图4-4 柴枕护面

(2)当基坑坡面较长,基坑挖深较大时,可采取柴枕拦砂法处理,如图4-5所示。其作法为:在坡面渗水范围的下侧打入木桩,桩内叠铺柴枕。

3. 泉眼治理

泉眼产生的原因是基坑排水不畅,致使地下水从局部穿透薄弱土层流出地面,或地基深层的承压水击穿所致。其发生的地点一般在地质钻孔处。如泉眼流出的是清水,只需将流水引向集水井,排出基坑外;如泉眼流出的是混水,则抛铺粗砂和石子各一层,经过滤变为清水流出,再引向集水井,排出基坑外;如泉眼位于建筑物底部,先在泉眼上铺设砂石滤层,用插入的铁管将泉水引出混凝土之外,浇筑混凝土,最后用较干的水泥砂浆将排水管堵塞。

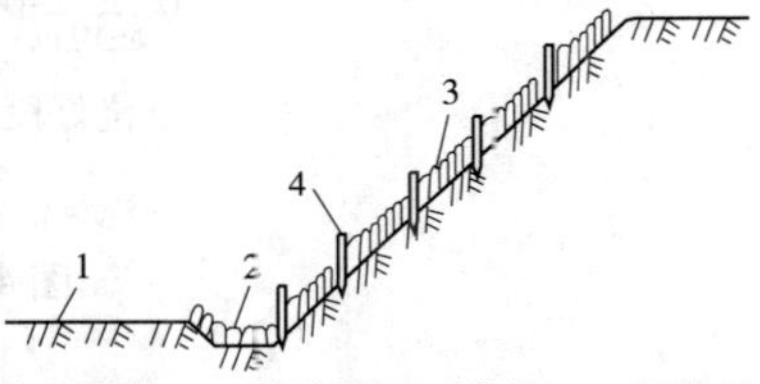

1—水闸基坑;2—排水沟;3—柴枕;4—钎枕桩

图4-5 柴枕拦砂

二、地基处理

(一)防渗墙施工

混凝土防渗墙是修建在挡水建筑物地基透水地层中的防渗结构,是地下连续墙的一种特殊构造形式。其作用是控制地下渗流,减少渗透流量,保证建筑物地基渗透稳定,是解决深层覆盖中渗流的有效措施。我国防渗墙施工技术的发展始于1958年。其后50余年中,防渗墙施工技术不断发展,在水利水电工程中,深度超过40 m的防渗墙已完成了44座,其中小浪底防渗墙(见本章施工实例例4-1)最大深度为81.9 m,表明我国的施工技术水平已经能够在复杂地基上建造防渗墙工程。防渗墙之所以得到广泛的应用,主要因为它结构可靠、防渗效果好、适应不同的地层条件、施工方便快速、不受地下水位影响、造价较低。

防渗墙的基本型式是槽孔型见图4-6,其施工程序如图4-7所示。

混凝土防渗墙施工顺序主要分为施工准备、造孔、泥浆及泥浆系统、浇筑混凝土等。

1. 施工准备

造孔前应根据防渗墙的设计要求,作好定位、定向工作。同时,要沿防渗墙轴线安设导向槽,用于防止孔口坍塌,并起钻孔导向作用。槽板一般为混凝土。其槽孔径宽一般略

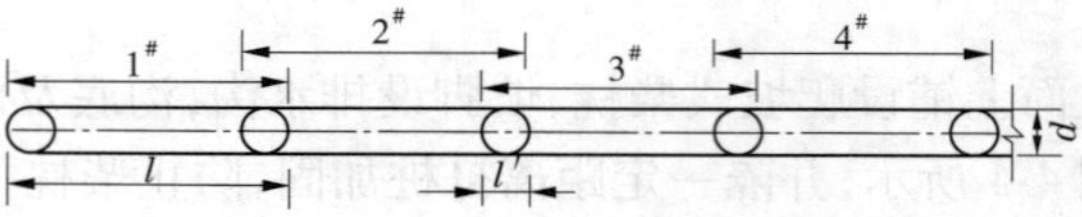

1#、3#——一期槽孔；2#、4#—二期槽孔

图 4-6 槽孔型防渗墙

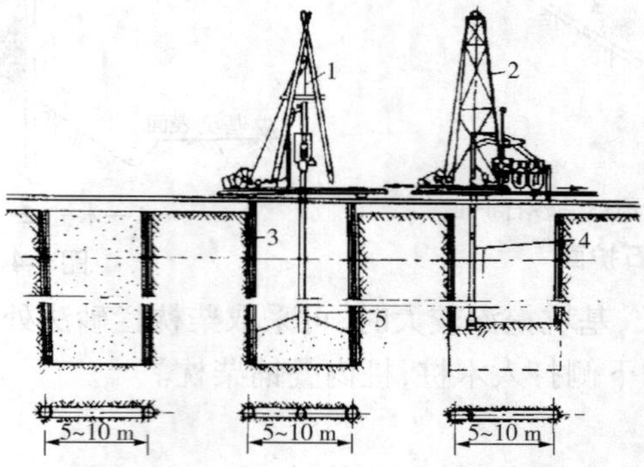

(a) 浇好段　(b) 在浇段　(c) 钻槽段

1—浇筑设备；2—钻机；3—钢管；4—钻杆；5—导管

图 4-7 槽孔型防渗墙施工程序

大于防渗墙的设计厚度，深度一般约 2.0 m；松软地层应采取加固措施，加固深度一般为 5 ~6 m，导向槽的深度宜大些。为防止地表水倒流及便于自流排浆，导向槽顶部高程应高于地面高程。

钻机轨道应平行于防渗墙的中心线；倒浆平台基础采用现浇混凝土；临时道路应畅通，并确保雨季施工。

2. 造孔

在造孔过程中，需要注入泥浆。因泥浆比重大、有黏性，为防止塌壁，要求泥浆面保持在导墙顶面以下 30 ~50 cm。造孔多用钻机进行，常用的有冲击钻和回转钻两种，工程中多用前者。槽孔孔壁应平整垂直，不应有梅花孔、小墙等；孔位偏差不大于 3 cm，孔斜率不得大于 0.4%，如地层含有孤石、漂石等特殊情况，孔斜率可控制在 0.6% 以内；一、二期槽孔接头套接孔的两期孔位中心在任一深度的偏差值，不得大于设计墙厚的 1/3。造孔类型有圆孔和槽孔两种。

槽孔防渗墙由一段段厚度均匀的墙壁搭接而成。施工时，先建单号墙，再建双号墙，搭接成一道连续墙。这种墙的接缝减少，有效厚度加大，孔斜的控制只在套接部位要求较高，施工进度较快，成本较低。

为了保证防渗墙的整体性，应尽量减少槽孔间的接头，尽可能采用较长的槽孔。但槽孔过长，可能影响混凝土墙的上升速度（一般要求不小于 2 m/h），导致产生质量事故；需要提高拌和与运输能力，增加设备容量，不经济。所以，槽孔长度必须满足下述条件，即

$$L \leqslant Q/(KBV) \tag{4-1}$$

式中　L——槽孔长度，m；

Q——混凝土生产能力，m^3/h；

B——防渗墙厚度，m；

V——槽孔混凝土上升速度，m/h；

K——墙厚扩大系数，可取 1.2～1.3。

槽孔长度根据地层特性、槽孔深浅、造孔机具性能、工期要求和混凝土生产能力等因素综合分析确定，一般为 5～9 m。深槽墙的槽壁易塌，段长宜取小值。

根据土质不同，槽孔法又可分为钻劈法和平打法两种。钻劈法适用于砂卵石或土粒松散的土层。施工时先在槽孔两端钻孔，称其为主孔。当主孔打到一定深度后，由主孔放入提砂筒，然后劈打邻近的副孔，把砂石挤落在提砂筒内取出；副孔打至距主孔底 1 m 处停止，再继续钻主孔，如此交替进行，直至设计深度。

平打法施工时，先在槽孔两端打主孔，主孔较一般孔深 1 m 以上，中间部分每次平打 20～30 cm，适用于细砂层。

为保证造孔质量，在施工过程中要控制混凝土黏度、比重、含砂量等指标，使其在允许范围内，严格按操作规程施工；保持槽壁平直，孔斜、孔位、孔宽、搭接长度、嵌入基岩深度等满足设计要求，防止钻漏、漏挖和欠钻、欠挖。造孔结束后，要做好终孔验收。

造孔完毕后，对造孔质量进行全面检查，合格后，方可进行清孔换浆。清孔换浆可采用泵吸法或气举法，清孔结束 1 h 后，应达到以下标准：

(1)孔底淤积厚度不大于 10 cm。

(2)使用黏土浆时，孔内泥浆密度不大于 1.30 g/cm^3，马氏漏斗黏度不大于 30 s，含砂量不大于 10%；当使用膨润土泥浆时，应根据实际情况另行确定。清孔换浆合格后，应于 4 h 内开浇混凝土。二期孔槽清孔换浆结束前，应清除接头混凝土端壁上的泥皮，一般采用钢丝刷子钻头进行分段刷洗，达到刷子上基本不带泥屑，孔底淤积不再增加，即为合格。

3. 泥浆及泥浆系统

建造槽孔时，孔内的泥浆具有支承孔壁，悬浮、挟带钻渣和冷却钻具的作用。因此，要求泥浆具有良好的物理性能、流变性能、稳定性以及抗水泥污染的能力。

根据施工条件、造孔工艺、经济技术指标等因素选择拌制泥浆的土料。优先选用膨润土。拌制泥浆的黏土，应进行物理试验、化学分析和矿物鉴定。选用黏粒含量大于 50%，塑性指数大于 20，含砂量小于 5%，二氧化硅与三氧化二铝含量的比值为 3～4 的黏土。泥浆的性能指标和配合比，必须根据地层特性、造孔方法、泥浆用途，通过试验加以选定。新制的黏土泥浆性能应满足表 4-1。拌制泥浆应选用新鲜洁净的淡水配制泥浆，必要时可进行水质分析，进行判别。按规定配合比拌制泥浆，误差值不得大于 5%。储浆池内的泥浆应经常搅动，以保持泥浆性能指标的均一。

确定泥浆的技术指标，必须根据具体工程的地质和水文地质条件、成槽方法和使用部位等因素确定，如在松散地层中，浆液漏失严重，应选用黏度大、静切力高的泥浆；土坝加固时，为防止泥浆压力作用产生新的裂缝，宜选用密度较小的泥浆；黏土在碱性溶液中容易进行离子交换，有利于泥浆的稳定性，故应选用 pH 值大于 7 的泥浆。但 pH 值过大，反

表 4-1　新制黏土泥浆性能指标

项目	单位	性能指标	试验仪器
密度	g/cm^3	1.1～1.2	泥浆比重秤
漏斗黏度	s	18～25	500 mL/700 mL 漏斗
含砂量	%	≤5	含砂量测量筒
胶体率	%	≥96	量筒
稳定性		≤0.03	量筒泥浆比重秤
失水量	mL/30 min	<30	失水量仪
泥饼厚	mm	2～4	失水量仪
1 min 静切力	N/m^2	2.0～5.0	静切力计
pH 值		7～9	pH 试纸或电子 pH 计

而降低泥浆固壁的性能，一般取 7～9。施工中应从以下几个方面控制泥浆的质量：

（1）施工现场定时测定泥浆的密度、黏度和含砂量，在试验室内进行胶体率、失水量、静切力等项试验，以全面评价泥浆质量和控制泥浆质量指标。

（2）严格按操作规程作业。如防止砂卵石和其他杂质与制浆料相混；不允许随意掺水；未经试验的两种泥浆不允许混合使用。

（3）应做好泥浆的再生净化和回收利用，以降低成本，保护环境。根据已有工程的实践，在黏土或淤泥中成槽，泥浆可回收利用 2～3 次；在砂砾石中成槽，泥浆可回收利用 6～8 次。

泥浆系统完备与否，直接影响防渗墙的造孔的质量。泥浆系统主要包括料仓、供水管路、量水设备、泥浆搅拌机、贮浆池、泥浆泵以及废浆池、振动筛、旋流器、沉淀池、排渣槽等泥浆再生净化设施。泥浆系统的组成、功能及主要设施见表 4-2。

4. 浇筑混凝土

防渗墙混凝土浇筑与一般的混凝土浇筑最大的不同在于它是在泥浆下进行的。所以，除满足混凝土的一般要求外，还需要注意以下特殊要求：

（1）不允许泥浆和混凝土掺混，形成泥浆夹层。输送混凝土导管下口始终埋在混凝土内部，防止脱空；混凝土只能从先倒入的混凝土内部扩散，混凝土与泥浆只能始终保持一个接触面。

（2）混凝土浇筑要连续、上升要均衡。由于无法处理混凝土施工缝，因此要连续注入混凝土，均匀上升，直到全槽成墙。

（3）确保混凝土与基岩面及一、二期混凝土间的结合面的质量。

表 4-2 泥浆系统的组成、功能及主要设施

<table>
<tr><th colspan="3">项目名称</th><th>功能</th><th colspan="2">主要设施</th><th>主要机械</th><th>备注</th></tr>
<tr><td colspan="3">制浆站</td><td>配制浆液</td><td colspan="2">黏土料场、加工平台、供风管、排渣沟、供水管、试验室、空压机室、工具间等</td><td>泥浆搅拌机、筛分机、空压机</td><td>试验仪器</td></tr>
<tr><td rowspan="4">泥浆池</td><td colspan="2">原浆池</td><td>浸泡黏土，储存初级泥浆</td><td colspan="2">容积应满足 1 ~ 2 d 造孔，总进尺用浆量需要，一般分为两室，清理淤积时，照常供浆</td><td></td><td></td></tr>
<tr><td rowspan="2">标准浆池</td><td>造孔用浆</td><td>贮备造孔用泥浆</td><td rowspan="2">总容积可按每台冲击钻机配备容积 20 ~ 30 m³</td><td>容积满足 1 ~ 2 d 用浆</td><td></td><td rowspan="2">若有泵浆池，可以考虑减少标准浆池容量</td></tr>
<tr><td>清孔用浆</td><td>贮备清孔用泥浆</td><td>容积大于一个最大槽孔体积的容量</td><td></td></tr>
<tr><td colspan="2">回收浆池</td><td>储存回收泥浆，沉淀钻屑，使泥浆净化</td><td colspan="2">容积为一个槽孔体积的 1.5 ~ 2.0 倍，也可以按每台冲击钻机配备 10 ~ 15 m³ 估算</td><td></td><td></td></tr>
<tr><td colspan="3">供浆泵、输浆管</td><td>供给造孔和清孔用浆</td><td colspan="2">泵站及输浆管路，泥浆泵可按每台冲击钻机配备 6 ~ 12 m³/h 估算</td><td>泥浆泵、输浆管</td><td>自流供浆少要泥浆泵</td></tr>
<tr><td colspan="3">回收设施、净化设施</td><td>回收泥浆，分离泥浆中的岩屑，必要时再用化学剂处理</td><td colspan="2">沉淀池、集水沟网、回浆管路泵站、机械及化学分离设施</td><td>泥浆泵、振动筛、旋流器、浆管</td><td></td></tr>
</table>

防渗墙混凝土浇筑，最常用的方法是混凝土导管提升法，即沿槽孔轴线方向布置若干组导管，每组导管是由若干节内径为 200 ~ 250 mm 的钢管组成。除顶部和底部设数节 0.3 ~ 1.0 m 短管外，其余每节长均为 1 ~ 2 m。导管顶部设受料斗，整个导管悬挂在导向槽上，并通过提升设备升降。导管安设时，要求管底与孔底距离为 10 ~ 25 cm，以便浇筑混凝土时将管内泥浆排出管外。当槽底不平，高差大于 25 cm 时，导管布置在控制范围的最低处。导管的间距取决于混凝土的扩散半径。间距太大，易在相邻导管间混凝土中形成泥浆夹层；间距太小，给现场布置和施工操作带来困难。由于防渗墙混凝土塌落度一般为 18 ~ 20 cm，其扩散半径为 1.5 ~ 2.0 m，导管间距一般为 3.5 m 左右，最大不超过 4 m；一期槽孔端部混凝土，由于钻孔要套打切去，所以端部导管与孔端间距采用 0.8 ~ 1.0 m，最大不超过 1.5 m。导管布置如图 4-8 所示。

混凝土浇筑中，要注意开始、中间和收尾三个阶段的施工措施。首先，应仔细检查导管形状、接头、焊缝是否符合要求，然后进行安装。开始浇筑前要在导管内放入一个直径比导管内径较小的木球，再将受料斗充满水泥砂浆，借水泥砂浆的重量将管内木球压至导

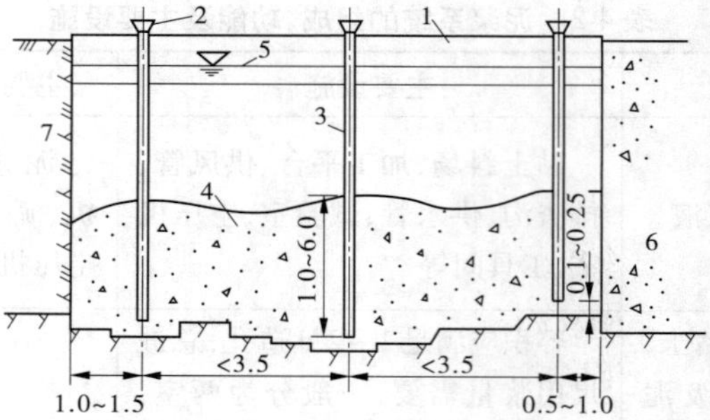

1—导墙;2—受料斗;3—导管;4—混凝土;5—泥浆;6—已洗槽孔;7—未挖槽孔

图 4-8　导管布置图　(单位:m)

管底部,将管内泥浆挤出管外,连续加供混凝土,然后将导管稍微上提,使木球被挤出后浮出泥浆面,导管底端被混凝土埋住。要求管口埋入混凝土的深度不得小于 1.0 m,也不宜大于 6 m。在管内混凝土自重的作用下,槽孔混凝土面不断上升扩散,上升速度控制在 2 m/d 以内,当达到距槽口 4 ~ 5 m 时,由于导管内混凝土压力减小,混凝土扩散能力减弱,易发生堵管或夹泥浆层。此时,应加强排浆与稀释,同时采取抬高漏斗等措施。混凝土浇筑结束后,槽顶应高于设计标高 50 cm,以确保防渗墙的质量。防渗墙是隐蔽工程,施工中应及时记录,加强检查,出现问题及时处理,不留隐患。

(二)软土地基处理

软土地基承载力低,沉陷量大。处理方法按其原理不同,可分为置换、夯实、排水固结等几种类型。

1. 挖除置换法

挖除置换法是将建筑物基础底面以下一定范围内的软土层挖去,换填无侵蚀性及低压缩性的散粒材料,这些材料可以是粗砂、砾(卵)石、灰土、石屑、煤渣等。通过置换,减小沉降,改善排水条件,加速固结。当地基软土层厚度不大时,可全部挖除,并换以砂土、黏土、壤土或砂壤土等回填夯实。回填时应分层夯实,严格掌握压实质量。这种方法用于软土层在 2 ~ 3 m 以内,较为经济。

2. 重锤夯实法

重锤夯实法是用一带有自动脱钩装置的履带式起重机,将重锤吊起到一定高度脱钩让其自由下落,利用下落的冲击能把土夯实。当夯锤质量为 5 ~ 7 t、落距为 5 ~ 9 m 时,夯实深度达 2 ~ 3.5 m;夯锤质量为 8 ~ 40 t、落距为 14 ~ 40 m 时,夯实影响深度达 20 ~ 30 m。此法可以避免开挖,机具比较简单,能耗少,施工费用低,但机械磨损大,震动大,施工不易控制。

3. 排水固结法

为了提高软土地基的承载能力,采取人为措施,使地基表层或内部形成水平或垂直排水通道,在自重或外荷载作用下,加速排水和固结,从而提高强度。排水法又分为水平排水法和竖直排水法。

水平排水法是在软基的表面铺一层粗砂或级配好的砂砾石作排水通道,在垫层上堆土或其他荷载,使孔隙水压力增高,形成水压差,孔隙水通过砂垫层逐步排出,孔隙减小,土被压缩，密度增加，强度提高。

垂直排水法是在软土层中建若干排水井，灌入砂子，形成竖向排水通道，在堆土或外荷载作用下达到排水固结、提高强度的目的。此法也叫砂井预压法。由于排水距离短，从而大大缩短排水和固结时间。砂井直径一般多采用 20～100 cm，井距采用 1.0～2.5 m。井深主要取决于土层情况。当软土层较薄时，砂井宜贯穿软土层；软土层较厚且夹有砂层时，一般可设在砂层上；软土层较厚又无砂层时，或软土层下有承压水时，则不应打穿。一般砂井深度以 10～20 m 为宜。

砂井顶部应设水平砂垫层，厚度一般为 0.3～0.5 m，以连通各砂井并引出井中渗水。当砂井工程结束后，堆土或加荷进行预压。预压荷载一般为设计荷载的 1.2～1.5 倍，但不得超过此时基土承载能力。

4. 混凝土灌注桩

在软土地基上采用混凝土灌注桩支撑上部结构的荷载，提高承载力。混凝土灌注桩是在现场造孔，达到设计深度后，在孔内灌注混凝土成桩。它具有桩柱直径大、承载能力强，并可根据桩身内力大小配筋，以节约钢材等优点。但该法施工中可能产生缩颈、断桩、夹土和混凝土离析等事故，应设法防止。

5. 振动水冲法

振动水冲法是用一种类似插入式混凝土振捣器的震冲器，在土层中进行射水振冲造孔，并以碎石或砂砾充填形成碎石entity或砂砾桩，达到加固地基的一种方法。这种方法不仅适用于松砂地基，也可用于黏性土地基，因碎石桩承担了大部分传递荷载，同时又改善了地基排水条件，加速地基的固结，因而提高了地基的承载能力。一般碎石桩的直径为 0.6～1.1 m，桩距视地质条件在 1.2～2.5 m 选择。采用此法应考虑要有充足的水源。

6. 旋喷加固法

旋喷加固法是利用旋喷机具建造旋喷桩以提高地基的承载能力，也可以做联锁桩或定向喷射形成连续墙，用于地基防渗。旋喷加固法适用于砂土、黏性土、淤泥等地基的加固，对砂卵石（最大粒径不大于 20 cm）的防渗也有较好的效果。

旋喷加固法的一般施工程序为：孔位定点并埋设孔口管→钻机就位→钻孔→旋喷高压浆液、提升喷管直至桩顶高程→向桩中空穴进行低压注浆、起拔孔口管→转入下一孔位施工。

钻孔可以采用旋转、射水、振动或锤击等多种方法进行。旋喷管可以随钻头一次钻到设计孔深，接着自下而上进行旋喷；也可以先行钻孔，终孔后放入旋喷管。

喷射方法有单管法、二重管法和三重管法。

（1）单管法。喷射水泥浆或化学浆液，主要施工机具有高压泥浆泵、钻机、单旋喷管，成桩直径为 0.3～0.8 m。

（2）二重管法。高压水泥浆液（或化学浆液）与压缩空气同轴喷射。主要施工机具有高压泥浆泵、钻机、空压机、二重旋喷管，成桩直径介于单管法和三重管法之间。

（3）三重管法。高压水、压缩空气和水泥浆液（或化学浆液）同轴喷射。主要施工机具有高压水泵、钻机、空压机、泥浆泵、三重旋喷管，成柱直径为 1.0～2.0 m。

目前，我国喷旋法使用的浆液一般以单液水泥浆为主，水灰比（质量比）为 1∶1 或

1.5∶1.0。根据需要也可适量加入外加剂，以达到减缓浆液沉淀、速凝、缓凝、抗冻等目的。化学材料浆液的制备，与化学灌浆相同。

旋喷法为高压施工，施工时应注意以下事项：

（1）管路、旋转活接头和喷嘴等必须拧紧，作到安全密封；高压水泥浆液、高压水和压缩空气各管路系统均应不堵、不漏、不串。设备系统安装后，必须经过运行试验，试验压力要达到工作压力的1.5～2.0倍。

（2）旋喷法进入预定深度后，应先进行试喷，待达到预定压力、流量后，再提升旋喷。如途中发生故障，应立即停止提升和旋喷，以防止桩体中断。

（3）旋喷结束后要进行压力注浆，以补填桩柱凝结收缩后产生的顶部空穴。

（4）旋喷水泥浆必须严格过滤，防止水泥结块和杂物堵塞喷嘴及管路。

（三）砂砾石地基灌浆

砂砾石地基空隙率大、透水性强，要进行防渗处理方可作水工建筑物的地基。由于砂砾石是由颗粒材料组成的，对灌浆效果影响大，孔壁容易坍塌，在灌浆中需要了解和掌握地基可灌程度、灌浆材料与灌浆方法。

1. 砂砾石地基可灌性

可灌性是指砂砾石地基能接受灌浆材料灌入程度的一种特性。影响可灌性的主要因素有地基的颗粒级配、灌浆材料的细度、灌浆压力和施工工艺等。一般常用以下几种指标进行评价：

（1）可灌比 M。

$$M = D_{15}/D_{85} \tag{4-2}$$

式中　D_{15}——地基砂砾颗粒级配曲线上相应于含量为15%的粒径，mm；

D_{85}——灌浆材料颗粒级配曲线上相应于含量为85%的粒径，mm。

当 M 值愈大，地基的可灌性愈好。当 $M=5\sim10$ 时，可灌含水玻璃的细粒度水泥黏土浆；当 $M=10\sim15$ 时，可灌水泥黏土浆；当 $M\geqslant15$ 时，可灌水泥浆。

（2）渗透系数 K。

$$K = \alpha D_{10}^2 \tag{4-3}$$

式中　K——砂砾石层的渗透系数，m/s；

D_{10}——砂砾石颗粒级配曲线上相应于含量为10%的粒径，mm；

α——系数。

当 K 值愈大，可灌性愈好。当 $K<3.5\times10^{-4}$ m/s 时，采用化学灌浆；当 $K=(3.5\sim6.9)\times10^{-4}$ m/s 时，采用水泥黏土灌浆；当 $K\geqslant(6.9\sim9.3)\times10^{-4}$ m/s 时，采用水泥灌浆。

（3）不均匀系数 C_u。

$$C_u = D_{60}/D_{10} \tag{4-4}$$

式中　D_{60}——砂砾层颗粒级配曲线上相应于含量为60%的粒径，mm；

D_{10}——砂砾层颗粒级配曲线上相应于含量为10%的粒径，mm。

C_u 的大小反映了砂砾石颗粒不均匀的程度。当 C_u 较小时，砂砾石的密度较小，透水性较大，可灌性较好；当 C_u 较大时，透水性小，可灌性差。

实际工程中，除对上述有关指标进行综合分析确定外，还要考虑小于0.1 mm颗粒含量的不利影响。

2. 灌浆材料

砂砾石地基灌浆多用于修筑防渗帷幕，防渗是主要目的。一般采用水泥黏土混合灌浆。要求帷幕幕体的渗透系数降到 $1\times10^{-3}\sim1\times10^{-5}$cm/s 以下，28 d 结石强度达到 0.4 ~ 0.5 MPa。

浆液配比视帷幕设计要求而定，常用配比为水泥∶黏土 = 1∶2 ~ 1∶4（质量比）。浆液稠度为水∶干料 = 6∶1 ~ 1∶1。

水泥黏土浆的稳定性和可灌性优于水泥浆，固结速度和强度优于黏土。但由于固结较慢，强度低，抗渗抗冲能力差，多用于低水头临时建筑的地基防渗。为了提高固结强度，加快黏结速度，可采用化学灌浆。

3. 钻灌方法

砂砾石地基灌浆孔除打管外，都是铅直向钻孔，钻孔方式主要有冲击钻进和回转钻进两类。地基防渗帷幕灌浆的方法可分为以下几种。

1）打管灌浆

灌浆管由钢管、花管、锥形管头组成，用吊锤或振动沉管的方法打入砂砾石地基受灌层。每段在灌浆前，用压力水冲洗，将土砂等杂质冲出地表或压入地层灌浆区外部。采用纯压式或自流式压浆，自上而下分段拔管、分段灌浆，直到结束。此法设备简单，操作方便，适于覆盖层较浅、砂石松散及无大孤石的临时工程。其施工程序如图 4-9 所示。

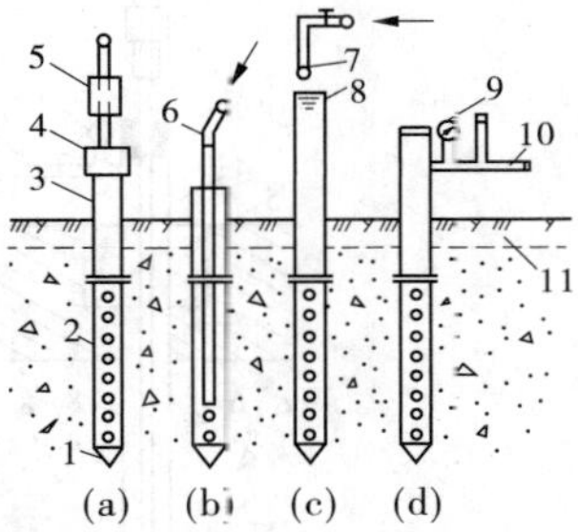

(a)打管；(b)冲洗；(c)自流灌浆；(d)压力灌浆

1—管锥；2—花管；3—钢管；4—管帽；5—打管锤；6—冲洗用水管；7—注浆管；8—浆液面；9—压力表；10—进浆管；11—压重层

图 4-9 打管灌浆程序

2）套管灌浆

套管灌浆是边钻孔边下套管进行护壁，直到套管下到设计深度。然后将钻孔冲洗干净，下灌浆管，再拔起套管至第一灌浆段顶部，安灌浆塞，压浆灌注。自下而上，逐段拔管，逐段灌浆，直到结束。其施工工艺如图 4-10所示。

3）循环灌浆

循环灌浆是一种自上而下，钻一段灌一段，无需待凝，钻孔与灌浆循环进行的灌浆方法。钻孔时需用黏土浆固壁，每个孔段长度视孔壁稳定和渗漏大小而定，一般取 1 ~ 2 m。此方法不设灌浆塞，而是在孔口管顶端封闭。孔口管设在起始段上，具有防止孔口坍塌、地表冒浆、钻孔导向的作用，以提高灌浆质量。其工艺过程如图 4-11 所示。

4）预埋花管灌浆

在钻孔内预先下入带有射浆孔的灌浆花管，花管外与孔壁之间的空间注入填料，在灌浆管内用双层阻浆器分段灌浆，其工艺过程为：钻孔及护壁→清孔更换泥浆→下花管和下填料→开环→灌浆，如图 4-12 所示。

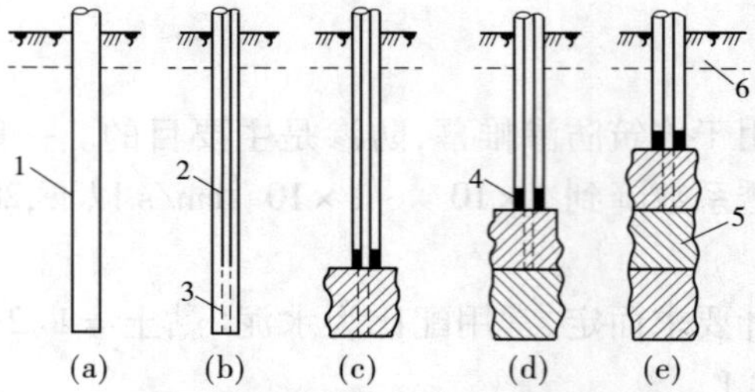

(a)钻孔下套管;(b)下灌浆管;(c)拔套管灌1段浆;
(e)拔套管灌3段浆;(d)拔套管灌2段浆
1—护壁套管;2—灌浆管;3—花管;4—止浆塞;5—灌浆段;6—盖重层

图 4-10　套管灌浆程序

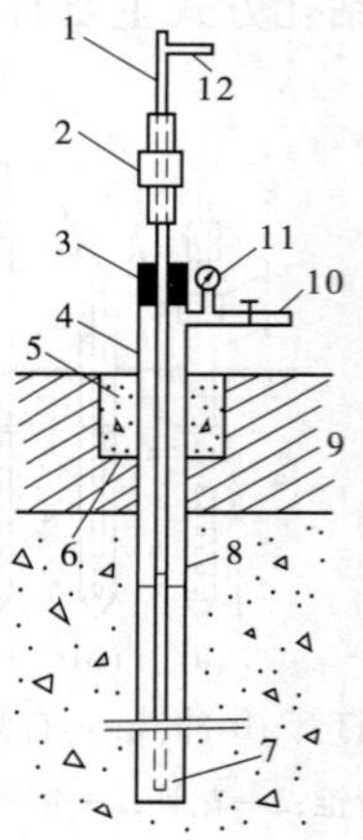

1—灌浆管(钻杆);2—钻机竖轴;;3—封闭器;4—孔口管;
5—混凝土封口;6—防浆环(麻绳缠箍);7—射浆花管;
8—孔口管下花管;9—盖重层;10—回浆管;11—压力表;12—进浆管;

图 4-11　循环灌浆

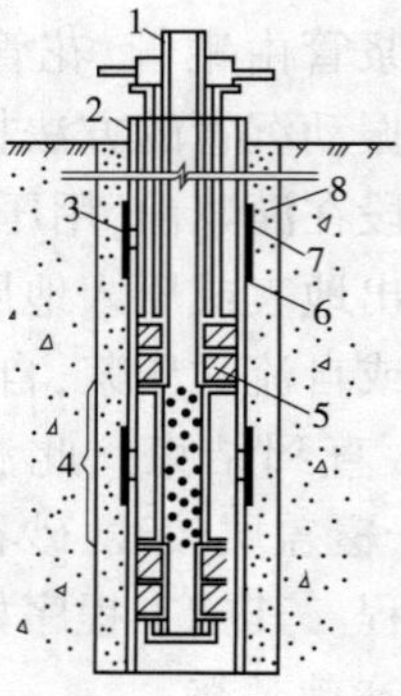

1—灌浆管;2—花管;3—射浆孔;4—灌浆段;
5—双栓灌浆塞;6—铅丝(防滑环);
7—橡皮圈;8—填料

图 4-12　预埋花管灌浆

一般用回转式钻机钻孔,下套管护壁或泥浆护壁;钻孔结束后,清除孔内残渣,更换新鲜泥浆;用泵灌注花管与套管空隙内的填料,边下料、边拔管、边浇筑直到全部填满将套管拔出为止;孔壁填料待凝 5 ~ 15 d,具有一定强度后,压开花管上的橡皮圈,压裂填料形成通路,称为开环;然后用清水或稀浆灌注 5 ~ 10 min,开始灌浆,完成每一排射浆孔(即一个灌浆段)的灌浆后,进行下一段的开环灌浆。

(四)岩基处理

对于表层岩石存在的缺陷,采用爆破开挖处理。当基岩在较深的范围内存在风化、节理裂隙、破碎带及软弱夹层等地质问题,开挖处理不仅困难,而且费用太高,须采取专门的处理措施。

1. 断层破碎带处理

断层是岩石或岩层受力发生断裂并向两侧产生显著位移,常常出现破碎发育岩体,形成断层破碎带，长度和深度较大，强度、承载能力和抗渗性不能满足设计要求，必须处理。

对于宽度较小的表层断层破碎带，采用明挖换基方法，将破碎带一定深度两侧的破碎风化的岩石清除，回填混凝土，形成混凝土塞。

对于埋深较大且为陡倾角断层破碎带，在断层出露处回填混凝土，形成混凝土塞（取断层宽度的1.5倍），必要时可沿破碎带开挖斜井和平洞，回填混凝土与断层相交一定长度，组成抗滑塞群，防渗帷幕与之穿过，组成混合结构，如图4-13所示。

2. *软弱夹层的处理*

软弱夹层是指基岩出现层面之间强度较低，已泥化或遇水容易泥化的夹层，尤其是缓倾角软弱夹层，处理不当会对坝体稳定带来严重影响。

对于陡倾角软弱夹层，如果没有与上下游河水相通，可在断层入口进行开挖，回填混凝土，提高地基的承载力；如果夹层与库水相通，除对坝基范围内的夹层进行开挖回填混凝土外，还要对夹层入渗部位进行封闭处理；对于坝肩部位的陡倾角软弱夹层，主要是防止不稳定岩石塌滑，进行必要的锚固处理，如图4-14所示。

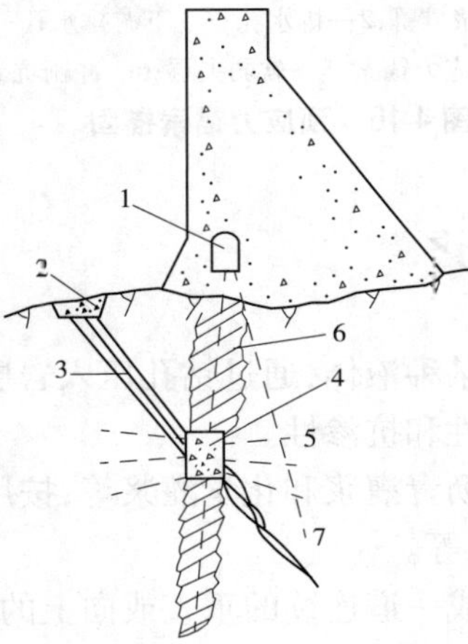

1—灌浆廊道；2—混凝土塞；3—断层破碎带；
4—水平混凝土塞；5—固结灌浆；6—灌浆帷幕；7—排水孔

图4-13 陡倾角断层破碎带处理

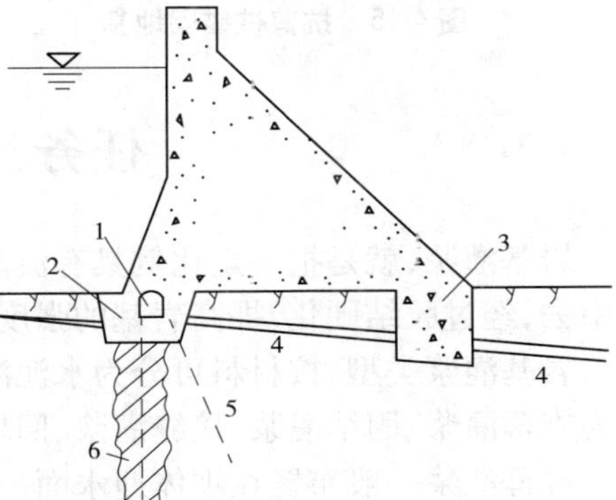

1—灌浆廊道；2—上游齿槽；3—下游齿槽；
4—软弱夹层；5—排水孔；6—灌浆帷幕

图4-14 缓倾角夹层处理

对于缓倾角软弱夹层，如果埋藏不深，开挖量不是很大，最好的办法是彻底挖除；如夹层埋藏较深，当夹层上部有足够的支承岩体能维持基岩稳定，可只对上游夹层进行挖除，回填混凝土，进行封闭处理。

3. *岩溶处理*

岩溶是可溶性岩层（石灰岩、白云岩）长期受地表水或地下水溶蚀作用产生的溶洞、溶槽、暗沟、暗河、溶泉等现象。这些地质缺陷削弱了地基承载力，形成了漏水通道，危及水工建筑物的正常运行。由于岩溶情况比较复杂，应查清情况，分别处理。对于坝基表层或埋藏较浅的溶槽等，开挖、清除冲洗后，用混凝土塞填；对于大裂隙破碎岩溶地段，采取群孔水气冲洗，高压灌浆；对于有松散物质的大型溶洞，可对洞内进行高压旋喷灌浆，使充填物与浆液混合胶固，形成若干个旋喷桩，连成整体后，可有效地提高承载力和抗渗性。

4. 岩基锚固

对于缓倾角软弱夹层，当分布较浅，层数较多时，可设置钢筋混凝土桩和预应力锚索进行加固。在坝基范围，沿夹层自上而下钻孔或开挖竖井，穿过几层夹层，浇筑钢筋混凝土，形成抗剪桩，如图 4-15 所示；在一些工程中采用预应力锚固技术，加固软弱夹层，效果明显。其型式有锚筋和锚索，可对局部及大面积地基进行加固，如图 4-16 所示。

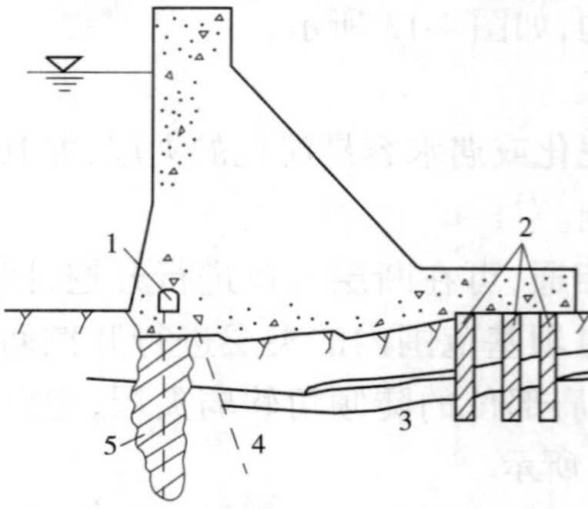

1—帷幕灌浆廊道；2—抗剪桩；3—软弱夹层；
4—排水孔；5—灌浆帷幕

图 4-15　抗剪桩锚固地基

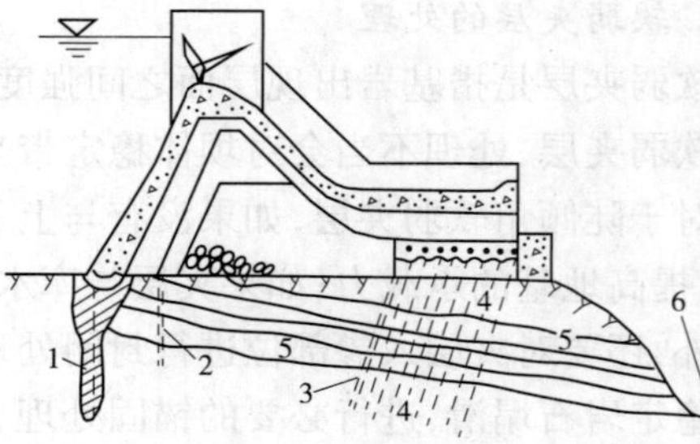

1—灌浆帷幕；2—排水孔；3—下游排水孔；
4—预应力锚索；5—软弱夹层；6—冲刷坑

图 4-16　预应力锚索锚固

任务二　岩基灌浆

岩基灌浆，就是把一定比例具有流动性和胶凝性的某种液体，通过钻孔压入岩层的裂隙中去，经过胶结硬化，提高岩基的强度，改善岩基整体性和抗渗性。

岩基灌浆类型，按材料可分为水泥灌浆、黏土灌浆、沥青灌浆和化学灌浆等；按用途可分为帷幕灌浆、固结灌浆、接缝灌浆、回填灌浆、接触灌浆等。

帷幕灌浆一般布置在坝体迎水面一侧的地基内，形成一道连续的垂直或向上的幕墙。其作用就是为了减少坝基渗流，降低渗透压力，保证地基的渗透稳定。其特点是：孔较深、灌浆压力较大，一般采用单孔灌浆。斜幕比直幕效果好，但施工难度大。对于帷幕灌浆的主要部位，应在水库蓄水前完成，容易保证质量。否则，由于出现较大的扬压力，不仅增加施工难度，还造成浆液损失，影响帷幕的整体性和密实性。为了解决帷幕灌浆和混凝土浇筑之间的矛盾，灌浆通常安排在廊道内进行。

固结灌浆部位与范围由地基地质条件、岩石破碎情况决定。当坝基良好时，有的工程仅在上下游应力大的范围进行固结灌浆，坝基岩石较差，坝又较高时，多进行坝基全面积甚至超出坝基面积的固结灌浆。固结灌浆的目的是提高和改善岩基物理力学性质，提高岩基的强度和整体性，增强防渗效果，减少开挖深度。灌浆孔深较小，一般为 5 ~ 8 m，也有达 15 ~ 40 m 的深孔。平面上为网格交错布孔，通常采用群孔冲洗，分序加密灌浆。固结灌浆通常在坝基开挖和基础混凝土浇筑等工序间穿插进行，施工干扰大，时间性强，应合理安排。为了保证灌浆质量，有的工程要求分期进行，在混凝土浇筑前进行一期低压灌浆，基础混凝土浇筑后进行二期中压灌浆。

接触灌浆的部位为混凝土与地基的结合面。通过混凝土钻孔压浆或预先在接触面上埋设灌浆盒及相应的管道系统进行灌浆,灌浆方法与固结灌浆相同。在固结灌浆部位,可结合固结灌浆进行。目的是加强坝体混凝土与岸坡或地基之间的结合能力,提高坝体的抗滑稳定性。接触灌浆应安排在坝体混凝土达到稳定温度后进行,以防止混凝土冷缩拉裂。

一、灌浆材料

(一)水泥灌浆

水泥是一种主要的灌浆材料。效果比较可靠,成本比较低廉,材料来源广泛,操作技术简便,在水利水电工程中被普遍采用。

在缝隙宽度比较大(大于 0.15 ~ 0.2 mm)、单位吸水率比较高(大于 0.01 L/(min · m · m))、地下水流速度比较小(小于 80 ~ 200 m/d)、侵蚀性不严重的情况下,水泥浆的效果比较好。

一般多选用普通硅酸盐水泥或硅酸盐大坝水泥,在有侵蚀性地下水的情况下,可用抗酸水泥等特种水泥。矿渣硅酸盐水泥和火山灰质硅酸盐水泥不宜用于灌浆。

水泥标号,回填灌浆不宜低于 325 号;帷幕灌浆和固结灌浆不宜低于 425 号;接缝灌浆不宜低于 525 号。

水泥的细度对灌浆效果影响很大,水泥颗粒越细,浆液才越能顺利进入细微的裂隙,提高灌浆的效果,扩大灌浆的范围。一般规定:灌浆用的水泥细度,要求通过标准筛孔(4 900 孔/cm^2)的筛余量不大于 5%。应特别注意水泥的保管,不准使用过期、结块或细度不符合要求的水泥。

根据灌浆需要,可掺铝粉及速凝剂、减水剂等外加剂,改善浆液的扩散性和流动性。

(二)黏土灌浆

黏土灌浆的浆液是黏土和水拌制而成的泥浆。可就地取材,成本较低。它适用于土坝坝体裂缝处理及砂砾石地基防渗灌浆。

灌浆用的黏土,要求遇水后吸水膨胀,能迅速崩解分散,并有一定的稳定性、可塑性和黏结力。在砂砾石地基中灌浆,一般多选用塑性指数为 10 ~ 20、黏粒($d < 0.005$ mm)含量为 40% ~ 50%、粉粒($d = 0.005 \sim 0.05$ mm)含量为 45% ~ 50%、砂粒($d = 0.05 \sim 2$ mm)含量不超过 5% 的土料;在土坝坝体灌浆中,一般采用与土坝相同的土料,或选取黏粒含量 20% ~ 40%、粉粒含量 30% ~ 70%、砂粒含量 5% ~ 10%、塑性指数 10 ~ 20 的重壤土或粉质黏土。黏粒含量过大或过小都不宜做坝体灌浆。

(三)化学灌浆

化学灌浆是以各种化学材料配制的溶液作为灌浆材料的一种新型灌浆。浆液流动性好、可灌性高,小于 0.1 mm 的缝隙也能灌入。可以准确地控制凝固时间,防渗能力强,有些化学灌浆浆液胶结强度高,稳定性和耐久性好,能抗酸、抗碱、抗水生物、微生物的侵蚀。这种灌浆多用于坝基处理及建筑物的防渗、堵漏、补强和加固。缺点是成本高,有些材料有一定毒性,施工工艺较复杂。

化学灌浆工艺与水泥灌浆工艺大致相同。按浆液的混合方式可分为单液法和双液法两种灌浆法。

单液法是在灌浆之前,浆液的各组成材料按规定一次配成,经过气压和泵压压到孔段内，这种方法的浆液配合比较准确，设备及操作工艺均较简单，但在灌浆中要调整浆液的比例，很不方便，余浆不能再使用。此法适用于胶凝时间较长的浆液。

双液法是将预先已配置好的两种浆液分别盛在各自的容器内，不相混合，然后用气压或泵压按规定比例送浆，使两液在孔口附近的混合器中混合后送到孔段内，两液混合后即起化学反应，浆液固化成聚合体。这种方法在施工过程中，可根据实际情况调整两液用量的比例，适应性强，储浆筒中的剩余浆液分别放置，不起化学反应，还可继续使用。此法适用于胶凝时间较短的浆液。

化学灌浆材料品种很多。一般可分为防渗堵漏和固结补强两大类。前者有丙烯酰胺类、木质素类、聚氨酯类、水玻璃类等；后者有环氧树脂类、甲基丙烯酸酯类等。

二、灌浆施工

（一）钻孔

钻孔前应先进行放样。一般用测量仪器放出建筑物边线或中线后，由中线或边线确定灌浆孔的位置。开孔位置与设计位置的偏差不得大于 10 mm，帷幕灌浆还应测出各孔高程。对于直孔或倾角小于 5°的斜孔，孔斜偏差值不得大于表 4-3 值。

表 4-3　孔斜偏差允许值　（单位：m）

孔深	20	30	40	50	60
孔斜最大允许偏差值	0.25	0.50	0.80	1.25	1.2

灌浆孔有铅直孔和倾斜孔。裂隙倾角小于 40°的可打直孔，以提高工效。多采用回转式钻机钻孔，钻孔效率高，不受孔深孔向和岩石硬度的限制。回转式钻机的钻头有硬质合金、钢粒和金刚石三种。在 7 级以下的岩石中，采用硬质合金钻头，钻进效率较高；7 级以上的坚硬岩石，采用钢粒钻进，但产生的岩粉多、铁屑多，孔径不均，且只能钻直孔；在石质坚硬且较完整的岩石中，采用金刚石钻头，效率高、孔径均匀，且不受孔向影响，但成本高。孔径由岩石情况、孔的类别、钻孔深度而定，灌浆孔一般为 75 ~ 91 mm，检查孔为 110 ~ 130 mm。

各灌浆孔都是采用逐步加密的施工顺序。先进行第一序孔的钻孔，灌浆后再依次进行第二序孔的钻孔。这样，后序灌浆孔即可作为前序孔的检查孔，进行压水试验，如果单位吸水率达到了设计值，可省去后序孔的灌浆。帷幕孔布孔特点为“线、单、深”，固结孔的点为“面、群、浅”，其布孔顺序见图 4-17（a）、（b）。

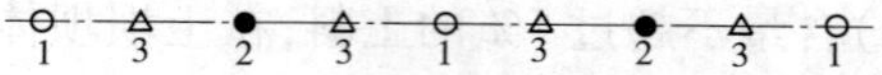

(a)帷幕灌浆

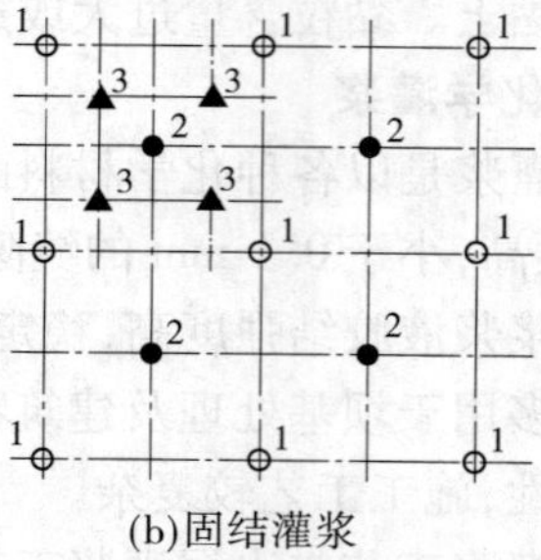

(b)固结灌浆

1、2、3—钻灌次序

图 4-17　钻孔灌浆顺序

（二）冲洗

在灌浆之前，要对钻孔孔壁及周围的岩石裂隙进行冲洗，将残存在孔底的岩粉、铁砂粉及孔壁周围裂隙中的充填物冲出孔口或推移到灌浆区以外以确保灌浆质量。经过冲洗,回水变清,孔内残存杂质沉积厚度不超过 20 cm 时,可结束冲洗。冲洗方法可根据地质条件、灌浆种类而选定,有单孔冲洗和群孔冲洗等。

单孔冲洗仅能冲掉钻孔本身及周围较小范围裂隙的充填物,适用于岩石较完整、裂隙较少的情况,方法有以下四种:

(1)高压水冲洗。尽可能地提高该孔段的冲洗压力,可达到灌浆压力的 80%,该值若大于 1 MPa,采用 1 MPa。在规定的灌浆压力下,达到回水完全清洁,延续 20 min,达到稳定流量为止。

(2)高压脉冲冲洗。就是用高低压反复冲洗,先用高压(灌浆压力的 80%)冲洗 5 ~ 10 min 后,将孔口压力在极短的时间内突然降低到零,形成反向水流,将缝隙中的碎屑带出,浊水变清后,再将压力升到原来的压力,维持几分钟,又突然降为零,一升一降,反复冲洗,直到回水变清,再延续 5 ~ 20 min 结束。压差越大,效果越好。

(3)扬水冲洗。对于地下水位较高,水量丰富的钻孔,可以采用扬水法。冲洗时,先将冲洗管下入钻孔底部,压入压缩空气,孔内水气混合,由于质量轻,在地下水和压缩空气的作用下,喷出孔口外,将孔内杂物带出。连续通水通气,直到钻孔冲净为止。在断层破碎带地区,冲洗效果最好。

(4)群孔冲洗。一般适用于岩层破碎、节理裂隙比较发育的岩层中。根据设备能力和地质条件,常把 2 ~ 5 个裂隙互相串通的钻孔组成一批孔组,向一个或几个孔压入压力水和压缩空气,而从另外的孔排出污水,互为轮换,反复交替冲洗,直到各孔出水洁净为止。这种群孔冲洗可不分序,同时灌浆。

(三)压水试验

压水试验是在一定压力条件下,通过钻孔将水压入孔壁的周围的缝隙中去,根据压入的水量和压入时间来计算出反映岩层渗透特性的技术参数。在我国,岩层的渗透特性一般多用单位吸水量 W 来表示。单位吸水量就是在单位时间内,单位水头压力作用下压入单位长度试验孔段内的水量。

压水试验在裂隙冲洗结束后进行。试验孔段长度和灌浆段长度一致,一般为 5 ~ 6 m。试验采用纯压式压水方法,按下式计算:

$$W = Q/(LH) \tag{4-5}$$

式中 W——单位吸水量,L/(min·m·m);

Q——试验孔段压入流量,L/min;

L——试验孔段长度,m;

H——试验孔段的计算水头,m。

压水试验的压力,采用同段灌浆压力的 80%,该值若大于 1 MPa,取 1 MPa。

帷幕灌浆在设计压力下,压水 20 min 结束。其间,每 5 ~ 10 min 测一次压入水量,取最后的流量值作为计算流量。

固结灌浆孔压水试验吸水量的稳定标准,可参考帷幕灌浆并适当放宽。

(四)灌浆施工

1. 灌浆设备

水泥灌浆所用的设备主要由灰浆搅拌机、灌浆泵、管路、灌浆塞等组成。

搅拌机由上下两个筒体及拌灰装置、传动装置组成,容量在 100 ~ 200 L,作用是连续供应灌浆泵所用浆液。灌浆用的泵一般为活塞式灌浆泵,按缸体轴线方向分为立式和卧式两种。立式为单缸,卧式分单缸和双缸两类。卧式为常用,其工作原理见图 4-18。当活塞右移时,为吸浆;左移时,为压浆,浆液被压入空气室(起稳压作用),再压入管路中去。

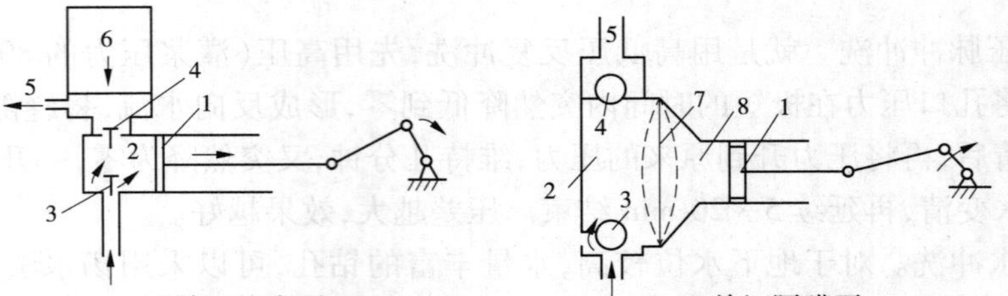

(a)单缸柱塞泵　　(b)单缸隔膜泵

1—活塞;2—阀门;3—吸浆阀;4—压浆阀;5—压力管道;6—空气室;7—橡胶隔膜;8—水

图 4-18　活塞卧式灌浆泵工作原理

管路的作用是输送浆液,有内外管、返浆管及高压输浆管之分,一般采用高压胶管。灌浆塞的作用是分隔密封灌浆孔段,进行分段灌浆,提升灌浆压力。主要包括灌浆头、扩张器(胶球)和一些管阀。扩张器被夹紧在底座和顶座之间,借孔口的丝杆压紧而扩张,与孔壁贴紧,起到阻浆作用。

2. 钻灌次序

帷幕灌浆与固结灌浆中,钻孔与灌浆都要遵循分序加密的原则。通过分序加密,浆液逐渐被挤压密实,促进灌浆的连续性;逐序提高灌浆压力,有利于浆液的扩散和密实;通过每序孔的 ω 和单位吸浆量的变化,判断先序孔的灌浆效果;可减少串浆现象的发生。布孔时先稀后密,对于帷幕灌浆,一序孔按 8 ~ 12 m 进行钻孔,然后进行灌浆,二、三、四序孔距分别为 4 ~ 6 m、2 ~ 3 m、1 ~ 1.5 m,分别钻孔灌浆。在有地下水或蓄水状态下灌浆,双排帷幕,应先下排,后上排;三排帷幕,先下排,然后上排,最后中间排,以免浆液过多地流失。

固结灌浆,对于孔深小于 5 m,岩层比较完整的条件下,可采用两序孔,方格型布点,最后孔序的孔距一般采用 3 ~ 4 m。固结灌浆宜在混凝土压重下进行,以便保护岩体,增大灌浆压力。

3. 灌浆方法

灌浆方法包括每个孔段的浆液灌注方式和每孔的钻灌顺序。

1)浆液灌注方式

浆液灌注方式分为纯压式和循环式两种。其工作原理见图 4-19。

(1)纯压式灌浆。采用单根灌浆管,浆液压入孔段后,只能向岩石缝隙扩散,不能返回,如图 4-19(a)所示。此法设备简单,操作方便,但流速小,易沉淀,只用于吸浆量很大、浅孔岩基固结灌浆。化学浆液是稀溶液,无沉淀问题,所以采用纯压式灌浆。

(2)循环式灌浆。灌浆泵把浆液压入钻孔后,浆液一部分进入岩层裂隙中去,另一部分由回浆管返回拌浆筒,如图4-19(b)所示。此法在灌浆中,浆液在孔段内始终处于循环流动状态,能有效地防止固体颗粒材料在灌浆中沉淀。

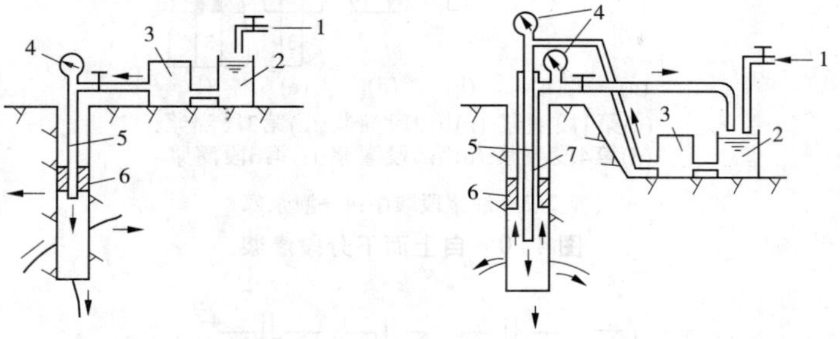

(a)纯压式　　(b)循环式

1—水;2—拌浆筒;3—灌浆泵;4—压力表;5—灌浆管;6—灌浆塞;7—回浆管

图4-19　浆液灌注方式

2)钻灌方法

一个钻孔的灌浆顺序可分为全孔一次灌浆法、全孔分段灌浆法两类。

a. 全孔一次灌浆法

全孔一次灌浆法是将钻孔一次钻到设计深度,灌浆塞卡在孔口,全孔一次灌浆。这种方法虽然施工简单,但效果不佳,仅用于孔深小于6 m、岩石较完整的地基。

b. 全孔分段灌浆法

全孔分段灌浆法将全孔分为若干段进行钻孔灌浆,按顺序不同,又有自上而下分段、自下而上分段、综合分段及孔口封闭灌浆法。分段长度对灌浆质量有一定影响,帷幕一般控制在5~6 m,地质条件好的地区,可放宽到10 m以内,地质条件差的地区,降到3~4 m,坝体混凝土和基岩的接触段应先行单独灌浆并待凝,接触段在岩石中的长度不得大于2 m。对于孔口封闭灌浆,孔段长度适当降低,地面以下10 m内,分段长依次为2 m、2 m、3 m、3 m,10 m以下各段长为4 m。

(1)自上而下分段灌浆法:将全孔分为3~5 m若干段,自上而下钻一段灌一段(见图4-20(a))。其优点是随着孔深的增加,可逐段提高灌浆压力,保证灌浆质量;上段凝固后,才能灌下一段,可以防止地表冒浆;分段压水试验成果准确,有利于分析判断各段灌浆质量。但钻机移动次数多、钻孔工作量加大、待凝时间长,对施工不利。其适用于地质条件差、岩石破碎、灌浆要求高的地区。

(2)自下而上分段灌浆法:是将全孔一次钻完,然后自下而上,利用灌浆塞分段灌浆(见图4-21)。这种方法提高了钻机的工作效率,钻灌互不干扰,进度较快,但灌浆压力不能太大,易发生卡塞、串浆和绕塞返浆等,故仅适用于岩层较完整,裂隙较少的地区。

(3)综合分段灌浆法:天然地基中,通常是接近地表的岩层比较破碎,下部岩层比较完整。当钻孔较深时,在上部孔段采取自上而下分段钻孔灌浆,下部采取自下而上分段钻孔灌浆,取其两者的优点。

(4)孔口封闭灌浆法:是用封闭器代替灌浆塞,将封闭器设在孔口,自上而下分段钻孔和灌浆的一种方法。其适用于最大灌浆压力大于3 MPa的帷幕灌浆工程。灌浆必须采

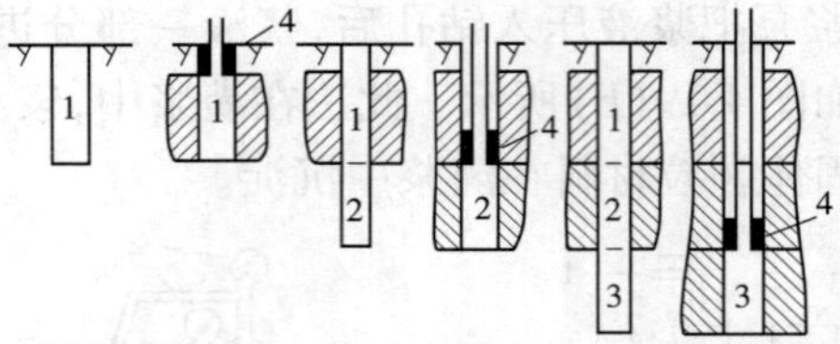

(a)第1段灌浆;(b)第2段灌浆;(c)第3段灌浆;
(d)第4段灌浆;(e)第5段灌浆;(f)第6段灌浆

1、2、3—灌浆段顺序;4—灌浆塞

图 4-20 自上而下分段灌浆

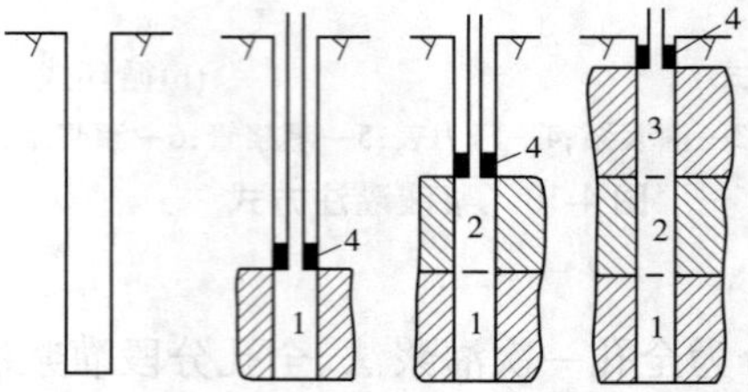

(a)一次钻孔;(b)第1段灌浆;(c)第2段灌浆;(d)第3段灌浆

1、2、3—灌浆段顺序;4—灌浆塞

图 4-21 自下而上分段灌浆

用循环式自上而下分段灌浆方法。孔口段以下的3~5个灌浆段,段长宜短,压力递增宜快,再向下的各灌浆段段长宜为5 m,灌浆压力可提高到设计的最大压力。施工过程为:首先钻一浅孔,深度不小于2 m,进行表层灌浆,结束后埋入直径为75 mm长度不小于2 m的钢管作孔口管,然后自上而下进行小孔径(ϕ60 mm左右)钻孔,钻一段,灌一段,中间不待凝,钻灌结合,连续作业,工效高,进度快,成体低,工艺简单,受到了施工单位的欢迎。不足之处是孔口管不能回收,浪费钢材,全孔多次复灌,压水试验不够准确。灌浆进行中,如同时满足两个条件,方可结束:①在设计压力下,注入率不大于1 L/min时,延灌时间不少于90 min;②灌浆全过程中,在设计压力下的灌浆时间不少于120 min。

4. 灌浆压力

灌浆压力是指作用在灌浆孔段中心点的压力,是影响灌浆质量的重要因素。在不破坏岩层结构的前提下,压力越大,浆液扩散越远,胶体越密实,灌浆范围越大,灌浆效果越好。灌浆压力可由式(4-6)估算:

$$P = P_1 + P_2 + P_3 \tag{4-6}$$

式中 P——孔段中心点压力,MPa;

P_1——灌浆管路中压力表的压力,MPa;

P_2——浆液自重压力(考虑地下水的影响后),MPa(按灌浆中浆液密度最大值计算);

P_3——压力表处至灌浆孔段间管路摩擦压力损失,MPa,当压力表安在孔口进浆管上时,取正值,当压力表安在孔口回浆管上时,取负值。

灌浆压力的大小与孔深、岩层性质和灌浆段上有无压重等因素有关，目前国内常根据下面公式进行计算：

$$P = P_0 + mD + K\gamma gh \quad (4\text{-}7)$$

式中 P——灌浆压力，Pa；

P_0——基岩表层的允许压力，Pa，可由表4-4中查得；

D——灌浆段以上岩层的厚度，m；

m——灌浆段以上岩层每增加1 m所能增加的灌浆压力，Pa/m，亦可由表4-4中查得；

h——灌浆孔以上压重的厚度，m；

γ——压重的容重，kg/m^3；

g——重力加速度，m/s^2；

K——系数，可选用1～3。

表4-4 P_0 和 m 值选用

岩石分类	岩性	m $(\times 10^5\ Pa/m)$	P_0 $(\times 10^5\ Pa)$	常用压力 $(\times 10^5\ Pa)$
Ⅰ	具有陡倾斜裂隙、透水性低的坚固大块结晶岩、岩浆岩	2～5	3～5	40～100
Ⅱ	风化的中等坚固的块状结晶岩、变质岩或大块体弱裂隙的沉积岩	1～2	2～3	15～40
Ⅲ	坚固的半岩性岩石、砂岩、黏土页岩、凝灰岩、强或中等裂隙的成层的岩浆岩	0.5～1	1.5～2	5～15
Ⅳ	坚固性差的半岩性岩石、软质石灰岩、胶结弱的砂岩及泥灰岩、裂隙发育的较坚固的岩石	0.25～0.5	0.5～1.5	2.5～5
Ⅴ	松软的未胶结的泥砂土壤、砾石、砂、砂质黏土	0.15～0.25	0	0.5～2.5

注：1.采用自下而上分段灌浆时，m 应选范围内的较小值。

2.Ⅴ类岩石在外加压重情况下，才能有效地灌浆。

影响灌浆压力的因素很多，可按地质条件、压重条件、孔深及灌浆要求，参照已建工程，进行类比确定；也可通过压水试验，确定不破坏岩石结构的临界压力，作为选取设计灌浆压力的依据。临界压力可通过压力与注入水量的关系来判断，王常情况下，压入水量与压力成正比，当压力上升至某一数值时，注入水量突然迅速增大，说明岩石裂隙已被扩宽，此时的压力即为临界压力。灌浆压力的控制有两种方法：一种是灌浆开始后，在较短的时间内，将压力升到设计压力，直到终止，这种方法叫一次升压法；另一种是将压力分三级，即依次从0.3P、0.7P、1.0P逐级升压，以吸浆率控制。前种压力大，浆液扩散远，利于提高质量，用于岩石完整、吸水率小的地层灌浆；后者可以防止超灌、延长机械寿命，用于岩石破碎、透水性强的地层。

5. 浆液稠度控制

稠度即水与干料的比值。在灌浆过程中，浆液的稠度要根据吸浆量的变化及时调整。稀浆流动性好，易扩散，细小缝也能灌入；浓浆流动性差，扩散范围小，细小缝灌不进去。前者易超灌，浆液凝固收缩大，与岩石结合不好；后者凝固收缩小，固结质量高。岩基灌浆的浆液稠度以水灰比表示（质量比）。

帷幕灌浆浆液水灰比可分为5∶1、3∶1、2∶1、1∶1、0.8∶1、0.6∶1、0.5∶1七个比级。灌浆可从5∶1开始，根据灌浆压力和吸浆率的变化及时调整，应遵循由稀到浓的原则，形成循序渐进的灌浆过程，先灌稀浆，逐步变浓，直到结束。在灌浆过程中，要及时变换浆液的稠度，最常用的是限量法。根据每一级稠度的浆液灌入量来控制，称为限量法。当某级稠度的浆液灌入量超过限量标准（300 L以上或灌注时间超过1 h），而灌浆压力及吸浆量均无改变，或无明显改变时，将浆液加浓一级；当灌入率大于30 L/min时，可根据具体情况越级加浓。如果发现变浓后，吸浆量显著下降，或灌浆压力突然上升，说明裂隙被浓浆堵塞，变浓不当，应立即变回原稠度。

固结灌浆浆液比级和稠度变换，可参照帷幕灌浆的规定，根据工程实际情况确定。

6. 灌浆结束

1）结束标准

对于帷幕灌浆：当采用自上而下分段灌浆法时，在设计压力下，灌入率不大于0.4 L/min时，继续灌60 min；或不大于1 L/min时，继续灌注90 min，灌浆结束。采用自下而上分段灌浆法时，继续灌注的时间可相应地减少为30 min和60 min，灌浆可以结束。

2）固结灌浆

在规定压力下，当注入率不大于0.4 L/min，继续灌注30 min，灌浆可结束。

3）封孔

帷幕灌浆孔比较深，回填质量要求高，应采用分段压力灌浆封孔法，即自上而下灌浆结束后，就应立即改用浓浆自下而上复灌，每段10～15 m，采用原来的孔段压力，按正常灌浆结束标准，灌完待凝，直至顶部空孔部分小于5 m时，清孔后用水泥砂浆封满。固结灌浆孔比较浅，当孔深大于10 m时，和帷幕灌浆相同；当孔深小于10 m时，采用机械压浆封孔法，即灌浆结束后，将胶管下入底部，用灌浆泵或砂浆泵向孔内压入浓浆或砂浆，直到将孔内积水顶出，孔口冒出浓浆或砂浆为止。缓缓上提胶管，但不得脱出。

7. 特殊情况处理

灌浆是一项隐蔽性工程，时间性强，质量要求高，但施工中往往出现一些不正常的情况，应及时处理。

1）中断

灌浆应连续进行，若因故中断，应及早恢复。中断未超过30 min，尽快冲洗，用5∶1稀浆复灌，逐渐变浓。超过30 min，考虑重新钻孔灌浆。

2）串浆

帷幕灌浆过程中发生串浆时，如串浆孔具备灌浆条件，可以同时进行灌浆，应一泵灌一孔。否则，应将串浆孔用塞塞住，待灌浆孔灌浆结束后，对串浆孔再进行扫孔、冲洗，而后继续钻灌。

3)地表冒浆

可结合工地实际,在冒浆处用棉花、丝袋嵌缝或速凝水泥封堵、加浓浆液、降低压力、间歇灌浆等方法处理。

4)地面抬动

降低灌浆压力,在不抬动地面的前提下,灌至不吸浆为止。

5)特大耗浆

灌浆的浆液按正常变换条件,已达到最浓浆,但吸浆量仍然很大,难以达到结束标准,采取以下措施:①低压、浓浆、限流、限量、间歇灌浆;②在浆液中掺速凝剂;③灌注混合浆液。

对于溶洞灌浆,应查明溶洞的充填类型和规模,然后采取相应的措施。当洞内无充填物时,根据溶洞大小,可采取泵入高流态混凝土、投入碎石再灌注水泥砂浆或混合浆液等措施。待凝后,扫孔,再灌水泥浆;溶洞内有充填物时,根据充填类型、充填程度,可采用高压灌浆、高压喷射灌浆等措施。

8. 灌浆质量检查

帷幕灌浆质量检查,应以检查孔压水试验成果为主,结合对竣工资料和测试成果的分析,综合评定。检查孔应设在:帷幕中心线上;岩石破碎、断层、大孔隙等地质条件复杂部位;注入量大的孔段附近;经资料分析灌浆不正常对灌浆质量有影响的部位。检查孔的数量宜为灌浆孔总数的10%。检查孔压水试验宜在灌浆结束14 d后进行,采用自上而下分段压水试验,并采取岩芯,结束后,按要求进行灌浆和封孔。帷幕灌浆压水试验检查,坝体混凝土与基岩接触段及其以下的一段的合格率应为100%;再以下各段的合格率应在90%以上,不合格段的透水率不超过设计规定值的100%,且不集中,灌浆质量可认为合格。

固结灌浆质量检查宜采用测量岩体波速或静弹性模量的方法,也可以采用单点压水试验的方法,检查的时间应分别在灌浆结束14 d、28 d、7 d后进行。检查孔的数量不宜小于灌浆孔总数的5%。检查结束后,按技术要求进行灌浆和封孔。对于压水试验检查,孔段合格率应在80%以上,不合格孔段的透水率值不超过设计规定值的50%,且不集中,灌浆质量可认为合格。

【例4-1】 小浪底工程主坝防渗墙施工

小浪底工程由拦河大坝、泄洪排砂建筑物等组成。大坝为设有内铺盖的壤土斜心墙堆石坝,最大坝高154 m。

为解决大坝基础河床覆盖层的渗漏问题,设计选用了心墙下设混凝土防渗墙作为基础防渗设施。该墙轴线总长464 m,防渗总面积约为21 174 m^2,其中自桩号DGD+246.40~DGD+653.80为水下浇筑的槽孔防渗墙,其防渗面积约15 950 m^2,两侧均为开挖至基岩的现浇墙。

防渗墙轴线地质情况十分复杂,河床覆盖层厚,最深处达80多m,自上而下大致可分成4层:表砂层、上部砂卵石层、底砂层及底部砂卵石层。在上部砂卵石层中分布有厚1~4 m的夹砂层透镜体;底砂层位于高程80~100 m,厚度为10~20 m。河床基岩为二叠系的黏土岩和三叠系的砂岩。河床深槽右侧有高约45 m的基岩陡坎，岩坎坡度约1∶0.60。

该防渗墙设计墙厚为1.2 m，墙体嵌入基岩1～4 m，墙顶设计高程分别为126 m、130 m和138 m，并在126 m高程以上的墙内设置钢丝笼，墙段之间采用套打一钻连接，要求接头孔孔斜率不大于2‰，其余部位孔斜率不大于4‰。墙体混凝土设计标号R90＝35 MPa（保证率85%），变形模量E＝30 000 MPa，抗渗标号不小于S8，坍落度18～22 cm，扩散度34～38 cm。

1. 一期工程——右岸部分

该段防渗墙轴线长259.6 m，工程总计完成墙体截水面积10 540.6 m^2，造孔进尺12 183.7 m，浇筑混凝土21 526.9 m^3，最大造孔深度81.9 m，居我国防渗墙之首。整个防渗墙共分43个槽段施工，单数号槽段为Ⅰ期槽，双数号槽段为Ⅱ期槽，槽孔长度为6.6～8.7 m，主孔均为1.2 m，副孔长1.3～1.95 m，其中大部分槽长7.2 m，副孔长为1.8 m。

防渗墙采用CZ30型和CZ22型冲击钻机造主孔，液压导板抓斗部分副孔，另一部分副孔采用钻劈法施工，总计投入CZ30型和CZ22型冲击钻共20台，液压导板抓斗1台，2 m^3卧式泥浆搅拌机10台。为避免相互干扰，冲击钻和液压导板抓斗分别布置在槽孔两侧，抓斗抓出的砂卵石由装载机装自卸汽车运走。施工高峰时抓斗抓取副孔的工效达到48 m^2/（台·d），冲击钻钻凿主孔的工效达到1.8 m^2/（台·d），钻凿副孔的工效达3 m^2/（台·d），钻凿缓凝型混凝土接头孔的工效为2.3 m^2/（台·d）。

防渗墙混凝土由JS500型卧轴强制式搅拌机拌和，采用自动称量系统称量骨料，人工加水泥和掺合料。搅拌好的混凝土由6 m^3的搅拌车运至槽口泄入导管内。该搅拌站生产能力为53 m^3/h。造孔泥浆由设在右岸滩地上的10台2 m^3泥浆搅拌机制浆，备有6个储浆池，总储量为900 m^3，该制浆站日制浆能力为548 m^3。

由于当地黏土质量较差，黏粒含量仅为35%，因此为拌制合格的泥浆，在制黏土浆时加入了少量的膨润土（每立方米泥浆加12.5 kg膨润土）和碱粉。

该工程开始时所使用的混凝土由于早期强度太高（$R7$＝23 MPa，$R28$＝44.1 MPa），给钻凿接头孔带来了很大的困难。在前期所造的15个接头中有8个因孔斜过大而报废，其中有的孔只钻凿了5.2 m就因孔斜过大而无法继续钻进，最后只有采用向孔内回填质地坚硬的卵石以重新修孔钻进，总计完成的修孔工作和钻凿接头孔工作量为385 m，其工效为1.15 m/（台·d）。为此，后期研究并采用了早期强度较低，而后期强度较高的缓凝型混凝土。

为了监测混凝土质量，对39个槽孔的混凝土均进行了机口取样，以求得28 d和90 d的抗压强度。对部分槽孔取样还求得7 d、14 d、60 d和360 d的抗压强度、抗渗指标以及弹性模量值。据机口取样的90 d混凝土抗压强度的试验结果$R90$＝38.7 MPa，标准差σ＝3.8 MPa，离差系数C_v＝0.098，强度保证率P＝93.5%，抗渗标号均在S12以上，弹性模量E为30 000 MPa左右。从混凝土的机口取样统计分析看，混凝土质量优良。

工序检验的结果表明，在防渗墙的43个接头中，共计测点1 974个，孔斜率小于2%的测点数为1 938个，占总数的98.2%，大于2‰的测点经校核也能满足墙厚1.2 m的要求。槽孔其余部位的孔斜测点总数为2 944个，小于4‰的测点占测点总数的99.9%，只有两个点大于4‰，但也能满足墙厚的要求。

在混凝土浇筑过程中,混凝土面的平均上升速度为2.50～5.22 m/h,混凝土浇筑强度为55 m^3/h。

在防渗墙内,还埋设了应变计、无应力计、土压力计等各种仪器共20只,墙外和墙底基础岩中,还埋设了5支渗压计,所有埋设仪器的完好率为100%。

2.二期工程——左岸部分

该段防渗墙长151 m,最大深度70.3 m。自1997年10月28日截流开始进行施工准备,1997年12月8日开始槽孔开挖至1998年3月10日,共完成23个主槽孔和22个横向接头槽孔,历时93 d,总计完成1.2 m厚的混凝土防渗墙5 101 m^2,浇筑混凝土7 399 m^3。该段防渗墙施工采用了4只机械式钢绳抓斗和1台液压双洗槽机并配合重11 t的重锤以成槽。施工中对河床砂砾石层用抓斗挖槽,用双缆吊车以11 t重锤对基岩、孤石、大漂石砸击破碎,用液压双轮铣槽机铣削混凝土接头和基岩的嵌入部分。采用装设在液压双轮铣槽机上的槽孔直度自动测定装置进行孔斜测定,而后进行混凝土浇筑前的清孔换浆。这些机械的组合应用大大地加快了施工进度,提高了工艺水平,经测定1台抓斗对主槽孔的平均挖槽工效为1.95 m^3/h,扩孔系数约为1.18。施工中采用了循环的浆液制备系统。该系统包括1台2 m^3泥浆搅拌机、1台450 m^3/h的振动除砂机和1台100 m^3/h的除砂过滤机,配合液压双轮铣槽机对槽孔中含钻渣的泥浆进行回收除渣,以便循环再用。系统配有3个300 m^3的贮浆池。造孔所用泥浆系统用优质膨润土制作,泥浆的主要指标为:密度$\rho \leq 1.1$ g/cm^3,马氏漏斗黏度为35～45 s,含砂量小于3%,pH值为8～12。混凝土系统为1座60 m^3/h的混凝土自动拌和楼,用4台容量为7 m^3的混凝土搅拌车运输,浇筑采用直升导管法。

该工程的特点是采用一种新颖的墙段接头型式——低标号混凝土包裹接头法:用横向接头槽孔并浇筑低标号混凝土,然后进行一序槽孔施工,一序槽孔施工超过横向接头槽中线10 cm。二序槽孔的开挖,须将一序槽孔超浇的10 cm混凝土用液压双轮铣槽机自上而下削铣干净,形成新鲜的混凝土接触面,以达到新老混凝土紧密结合的目的。而留下的横向槽两端的低标号混凝土包裹在接缝的两端,对接缝起着加厚和保护的作用。此法施工速度快,接缝质量可靠。该墙共用了22个横向接头槽孔,共浇筑接头槽孔的低标号混凝土4 210 m^3。所浇筑的防渗墙混凝土的配比为:水泥400 kg/m^3,砂452 kg/m^3,石子1 358 kg/m^3,水180 kg/m^3。机口取样试验结果,混凝土28 d龄期的抗压强度最大值为49.3 MPa,平均值为45.0 MPa,抗渗标号大于S8。横向接头低标号混凝土的28 d平均抗压强度3.8 MPa,抗渗指标大于S6。对全长151 m墙体布设的13个101 mm的检查孔取芯结果表明:3个骑缝孔共进行5段压水,透水率为0～2.42 Lu,取芯率为100%,透水率较大值均出现在上部墙体5～10 m处或墙体与基岩接触处。

项目五　土石坝工程

水利水电工程中,土方工程应用非常广泛。有些水工建筑物,如土坝、土堤、土渠等,几乎全部都是土方工程。它的基本施工过程是开挖、运输和压实。可根据实际情况采用人工、机械、爆破或水力冲填等方法施工。

任务一　土的施工分级和可松性

对土方工程施工影响较大的因素有土的施工分级与工程特性。

一、土的施工分级

土的施工分级方法很多,在水利工程施工中,根据施工的困难程度,将土壤分为Ⅳ级,见表 5-1。

表 5-1　土壤的工程分级

土质级别	土壤名称	自然湿表观密度(t/m³)	外形特征	开挖方法
Ⅰ	1. 砂土 2. 种植土	1.65~1.75	疏松,黏着力差或易透水,略有黏性	用锹(有时略加脚踩)开挖
Ⅱ	1. 壤土 2. 淤泥 3. 含根种植土	1.75~1.85	开挖时能成块并易打碎	用锹并用脚踩开挖
Ⅲ	1. 黏土 2. 干燥黄土 3. 干淤泥 4. 含砾质黏土	1.80~1.95	黏手,干硬,看不见砂砾	用镐、三齿耙或锹并用力加脚踩开挖
Ⅳ	1. 坚硬黏土 2. 砾质黏土 3. 含卵石黏土	1.90~2.10	土壤结构坚硬,将土分裂后成块状或含黏粒、砾石较多	用镐、三齿耙等工具开挖

二、土的工程特性

(一)表观密度

土壤表观密度就是单位体积土壤的质量。土壤保持其天然组织、结构和含水量时的表观密度称为自然表观密度。单位体积湿土的质量称为湿表观密度。单位体积干土的质量称为干表观密度。它是体现黏性土密实程度的指标,常用它来控制压实的质量。

(二)含水量

含水量表示土壤空隙中含水的程度,常用土壤中水的质量与干土质量的百分比表示。含水量的大小,含水量直接影响黏性土压实质量。

(三)可松性

可松性是自然状态下的土经开挖后因变松散而使体积增大的特性,这种性质称为土的可松性。土的可松性用可松性系数表示,即

$$K = V_2/V_1 \tag{5-1}$$

式中　V_2——土经开挖后的松散体积,m^3;

　　　V_1——土在自然状态下的体积,m^3。

土的可松性系数用于计算土方量、进行土方填挖平衡计算和确定运输工具数量。各种土的可松性系数见表5-2。

表5-2　土的表观密度和可松性系数

土的类别	自然状态		挖松后	
	表观密度(t/m^3)	可松性系数	表观密度(t/m^3)	可松性系数
砂土	1.65~1.75	1.0	1.50~1.55	1.05~1.15
壤土	1.75~1.85	1.0	1.65~1.70	1.05~1.10
黏土	1.80~1.95	1.0	1.60~1.65	1.10~1.20
砂砾土	1.90~2.05	1.0	1.50~1.70	1.10~1.40
含砂砾壤土	1.85~2.00	1.0	1.70~1.80	1.05~1.10
含砂砾黏土	1.90~2.10	1.0	1.55~1.75	1.10~1.35
卵石	1.95~2.15	1.0	1.70~1.90	1.15

(四)自然倾斜角

自然倾斜角指自然堆积土壤的表面与水平面间所形成的角度,称为土自然倾斜角。挖方与填方边坡的大小,与土壤的自然倾斜角有关。土体开挖边坡和填土边坡应慎重考虑。重要的土方开挖应通过专门的设计和计算确定稳定边坡。一般开挖安全边坡可参考表5-3。

表 5-3　挖深在 5 m 以内的窄槽未加支撑时的安全施工边坡

土的类别	人工开挖	机械开挖	备注
砂土	1∶1.00	1∶0.75	1. 必须做好防水措施，雨季应加支撑 2. 附近如有强烈振动，应加支撑
轻亚黏土	1∶0.67	1∶0.50	
亚黏土	1∶0.50	1∶0.33	
黏土	1∶0.33	1∶0.25	
砾石土	1∶0.67	1∶0.50	
干黄土	1∶0.25	1∶0.10	

任务二　土石方开挖

土石方开挖常用的方法有人工法和机械法。一般采用机械法施工。用于土方开挖的机械有单斗挖掘机、多斗挖掘机、铲运机械及水力开挖机械。

一、单斗挖掘机

单斗挖掘机是仅有一个铲土斗的挖掘机械。它由行走装置、动力装置和工作装置三部分组成。行走装置分为履带式、轮胎式和步行式三类。履带式是最常用的一种，它对地面的单位压力小，可在各种地面上行驶，转移速度慢；动力装置分为电动和内燃机驱动两种，电动为常用型式，效率高，操作方便，但需要电源；工作装置由铲土斗、斗柄、推压和提升装置组成。按铲土方向和铲土原理分为正向铲、反向铲、拉铲和抓铲四种类型，如图 5-1 所示，用钢索或液压操纵。钢索操纵用于大中型正向铲，液压操纵用于小型正铲和反铲较多。

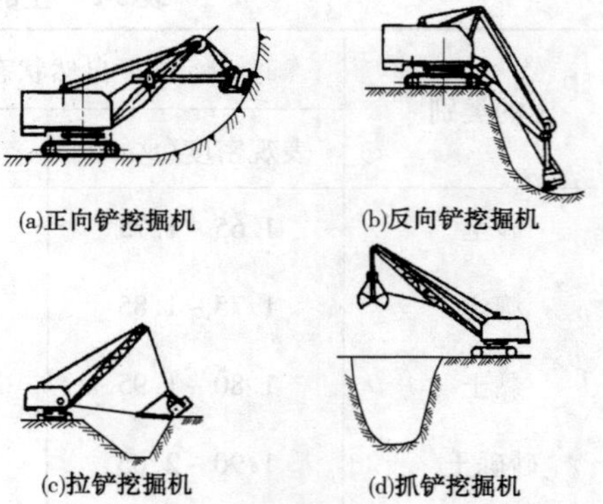

(a)正向铲挖掘机　(b)反向铲挖掘机　(c)拉铲挖掘机　(d)抓铲挖掘机

图 5-1　单斗挖掘机

（一）正向铲挖掘机

正向铲挖掘机由推压和提升完成挖掘，开挖断面是弧形，最适于挖停机面以上的土方，也能挖停机面以下的浅层土方。由于稳定性好，铲土能力强，可以挖各种土料及软岩、岩渣进行装车。它的特点是循环式开挖，由挖掘、回转、卸土、返回构成一个工作循环，生产率的大小取决于铲斗大小和循环时间长短。正铲的斗容从半立方米至几十立方米，工程中常用 1 ~4 m^3。基坑土方开挖常采用正面开挖，土料场及渠道土方开挖常采用侧面开挖，还要考虑与运输工具的配合问题。正向铲挖掘机的工作尺寸见图 5-2，常用正向铲挖掘机工作性能见表 5-4。

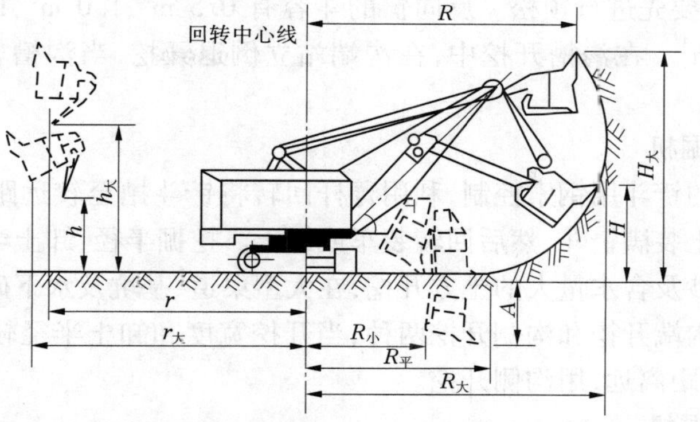

A—停机面以下挖掘深度；$R_平$—停机面以上最大挖掘半径；
$R_小$—停机面以上最小挖掘半径；$R_大$—最大挖掘半径；
H—最大挖掘半径时的挖掘高度；R—最大挖掘高度时的挖掘半径；
$H_大$—最大挖掘高度；$r_大$—最大卸土半径；h—最大卸土半径时的卸土高度；
r—最大卸土高度时的卸土半径；$h_大$—最大卸土高度

图 5-2　正向铲挖掘机工作尺寸

表 5-4　常用正向铲挖掘机工作性能

项目	WD－50	WD－100	WD－200	WD－300	WD－400	WD－1 000
铲斗容量(m^3)	0.5	1.0	2.0	3.0	4.0	10.0
动臂长度(m)	5.5	6.8	9.0	10.5	10.5	13.0
动臂倾角(°)	60.0	60.0	50.0	45.0	45.0	45.0
最大挖掘半径(m)	7.2	9.0	11.6	14.0	14.4	18.9
最大挖掘高度(m)	7.9	9.0	9.5	7.4	10.1	13.6
最大卸土半径(m)	6.5	8.0	10.1	12.7	12.7	16.4
最大卸土高度(m)	5.6	6.8	6.0	6.6	6.3	8.5
最大卸土半径时的卸土高度(m)	3.0	3.7	3.5	4.9		5.8
最大卸土高度时的卸土半径(m)	5.1	7.0	8.7	12.4		15.7
工作循环时间(s)	28.0	25.0	24.0	22.0	23～25	
卸土回转角度(°)	100	120	90	100	100	

(二)反向铲挖掘机

反向铲挖掘机能用来开挖停机面以下的土料，挖土时由远而近，就地卸土或装车，适用于中小型沟渠、清基、清淤等工作。由于其稳定性及铲土能力均比正向铲差，只用来挖

Ⅰ～Ⅱ级土，硬土要先进行预松。反向铲的斗容有 $0.5\ m^3$、$1.0\ m^3$、$1.6\ m^3$ 几种，目前最大斗容已超过 $3\ m^3$。在沟槽开挖中，在沟端站立倒退开挖，当沟槽较宽时，采用沟侧站立，侧向开挖。

（三）拉铲挖掘机

拉铲挖掘机的铲斗用钢索控制，利用臂杆回转将铲斗抛至较远距离，回拉牵引索，靠铲斗自重下切铲土装满铲斗，然后回转装车或卸土。挖掘半径、卸土半径、卸土高度较大，最适用于水下土砂及含水量大的土方开挖，在大型渠道、基坑及水下砂卵石开挖中应用广泛。开挖方式有沟端开挖和沟侧开挖两种，当开挖宽度和卸土半径较小时，用沟端开挖；开挖宽度大，卸土距离远，用沟侧开挖。

（四）抓铲挖掘机

抓铲挖掘机靠铲斗自由下落中斗瓣分开切入土中，抓取土料合瓣后提升，回转卸土。其适用于挖掘窄深型基坑或沉井中的水下淤泥开挖，也可用于散粒材料装卸，在桥墩等柱坑开挖中应用较多。

（五）单斗挖掘机

单斗挖掘机实用生产率可按下式计算：

$$P = 60nqK_1K_2K_3K_4/K_5 \quad (m^3/h) \tag{5-2}$$

$$K_4 = 1/(0.4A + 0.6B)$$

式中 n——设计每分钟循环次数；

q——铲斗容量，m^3；

K_1——铲斗充盈系数，正向铲取 1；

K_2——卸土延误系数，卸土堆为 1.0，卸车为 0.9；

K_3——时间利用系数，取 0.8～0.9；

K_4——工作循环时间修正系数；

K_5——土壤可松性系数；

A——土壤级别修正系数，取 1.0～1.2；

B——转角修正系数，转角 90°时取 1.0，100°～135°时取 1.08～1.37。

挖掘机是土方机械化施工的主导机械，为提高生产率，应采取加长斗齿，减小切土阻力；合并一个工作循环各个施工过程，小角度装车或卸土，采用大铲斗；合理布置工作面和运输道路；加强机械保养和维修，维持良好性能等措施。

二、多斗挖掘机

多斗挖掘机是有多个铲土斗的挖掘机械，它能够连续地挖土，是一种连续工作的挖掘机械，按其工作方式不同，分为链斗式和斗轮式两种。

（一）链斗式挖掘机

链斗式挖掘机最常用的型式是采砂船，如图 5-3 所示。它是一种构造简单，生产率高，适用于规模较大的工程，可以挖河滩及水下砂砾料的多斗式挖掘机械。采砂船工作性能见表 5-5。

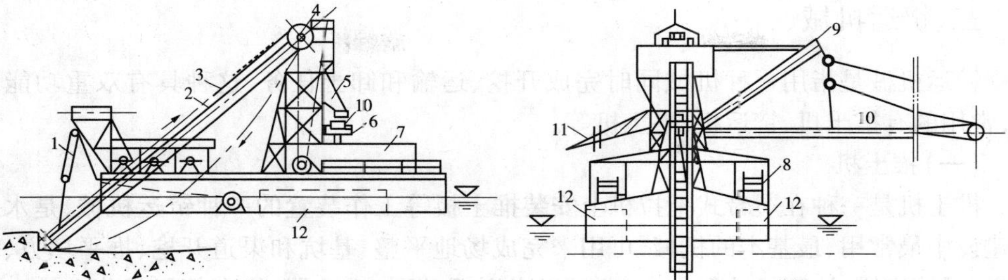

(a)　　　　　　　　　　　　(b)

1—斗架提升索；2—斗架；3—链条和链斗；4—主动链轮；5—卸料漏斗；6—回转盘；
7—主机房；8—卷扬机；9—吊杆；10—皮带机；11—泄水槽；12—平衡水箱

图 5-3　链斗式采砂船

表 5-5　采砂船工作性能表

链斗容量(L)	160	200	400	500
理论生产率(m/h)	120	150	250	750
最大挖掘深度(m)	6. 5	7. 0	12. 0	20. 0
船身外廓尺寸(长×宽×高)(m×m×m)	28. 05×8×2. 4	31. 9×8×2. 3	52. 2×12. 4×3. 5	69. 9×14×5. 1
吃水深度(m)	1. 0	1. 1	2. 0	3. 1

(二)斗轮式挖掘机

如图 5-4 所示，斗轮式挖掘机的斗轮装在斗轮臂上，在斗轮上装有 7～8 个铲土斗，当斗轮转动时，下行至拐弯时挖土，上行运土至最高点时，土料靠自重和旋转惯性卸入受料皮带上，转送到运输工具或料堆上。其主要特点是斗轮转速较快，作业连续，斗臂倾角可以改变，并作 360°回转，生产率高，开挖范围大。

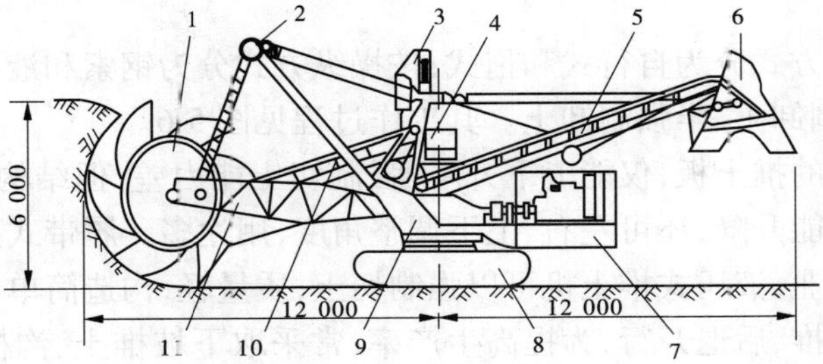

1—斗轮；2—升降机构；3—司机室；4—中心料仓；
5—卸料皮带机；6—双槽卸料斗；7—动力装置；
8—履带；9—转台；10—受料皮带机；11—斗轮臂

图 5-4　斗轮式挖掘机　(单位:mm)

三、铲运机械

铲运机械是指用一种机械同时完成开挖、运输和卸土任务,这种具有双重功能的机械,常用的有推土机、铲运机、平土机等。

(一)推土机

推土机是一种在履带式拖拉机上安装推土板等工作装置的一种铲运机械,是水利水电建设中最常用、最基本的机械,可用来完成场地平整、基坑和渠道开挖、推平填方、堆积土料、回填沟槽、清理场地等作业,还可以牵引振动碾、松土器、拖车等机械作业。它在推运作业中,距离不能超过 60 ~100 m,挖深不宜大于 1.5 ~2.0 m,填高小于 2 ~3 m。

推土机按安装方式分为固定式和万能式;按操纵方式分为钢索和液压操纵;按行驶方式分为履带式和轮胎式。推土机的基本构造见图 5-5。

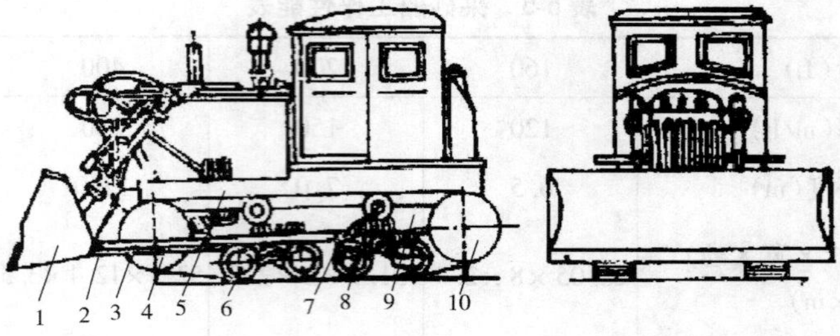

1—推土板;2—液压油缸;3—推杆;4—引导轮;5—托架;
6—支承轮;7—铰销;8—托带轮;9—履带架;10—驱动轮

图 5-5 推土机的基本构造示意图

(二)铲运机

铲运机是一种能连续完成铲土、运土、卸土、铺土、平土等工序的综合性土方工程机械,能开挖黏土、砂砾石等。其适用于大型基坑、渠道、路基开挖,大型场地的平整、土料开采、填筑堤坝等。

铲运机按牵引方式分为自行式和拖式;按操纵方式分为钢索和液压操纵;按卸土方式分为自由卸土、强制卸土、半强制卸土。其工作过程见图 5-6。

固定式推土机的推土板,仅能上下升降,强制切土能力差,但结构简单,应用广泛,而万能式推土机不仅能升降,还可左右、上下调整角度,用途多。履带式推土机附着力大,可以在不良地面上作业;液压式推土机可以强制切土,质量轻,构造简单,操作方便。推土机推运土料采用前进推、后退开行,为提高生产率,常采取下坡推土、沟槽推土、并列推土等方法。铲运机的土斗较大,但切土能力相对不足,为了提高生产率,可采取下坡取土、硬土预松、推土机助推等方法。

四、水力开挖机械

水力开挖机械主要有水枪开挖和吸泥船开挖。

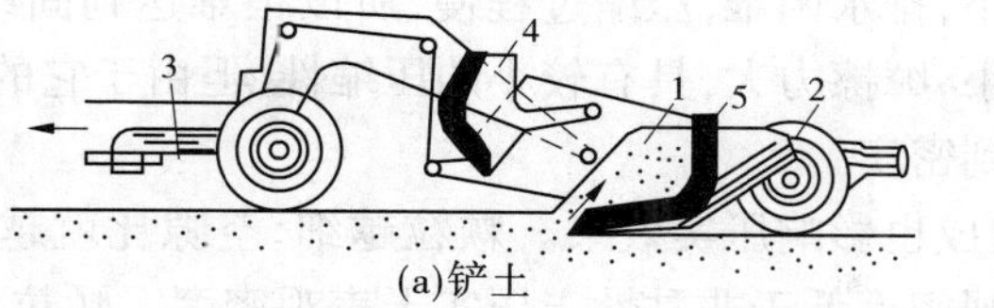

(a)铲土

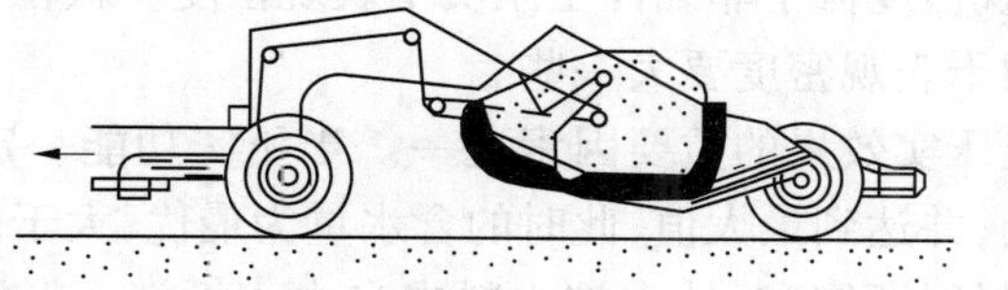
(b)运土

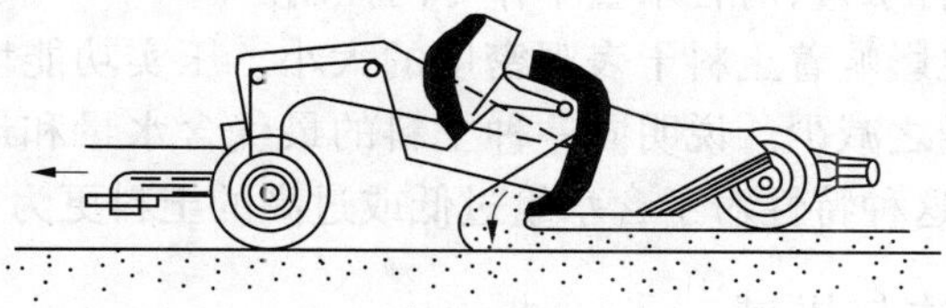
(c)卸土

1—铲斗；2—行走装置；3—连挂装置；
4—斗门；5—斗底和斗后壁

图 5-6 铲运机工作过程示意图

(一)水枪开挖

水枪开挖就是利用水枪喷嘴射出的高速水流切割土体形成泥浆，然后输送到指定地点的开挖方法。水枪可在平面上回转 360°，在立面上仰俯 50°～60°，射程达 20～30 m，切割分解形成泥浆后，沿输泥沟自流或由吸泥泵经管道输送至填筑地点。利用水枪开挖土料场、基坑，节约劳力和大型挖运机械，经济效益明显。水枪开挖适于砂土、亚黏土和淤泥，可用于水力冲填筑坝。对于硬土，可先进行预松，以提高水枪挖土的工效。

(二)吸泥船开挖

吸泥船开挖是利用挖泥船下的绞刀将水下土方绞成泥浆，由泥浆泵吸起经浮动输泥管运至岸上或运泥船。

任务三 土料压实

一、土料压实的基本理论

土是松散颗粒的集合体，其自身的稳定性主要取决于土料内摩擦力和黏结力；而土料的内摩擦力、凝聚力和抗渗性都与土的密实性有关，密实性越大，物理力学性能越好。例如，干表观密度为 1.4 t/m^3 的砂壤土，压实后若提高到 1.7 t/m^3，其抗压强度可提高 4 倍，渗透系数将降至原来的 1/2 000。土料压实可使坝坡加陡，减少工程量，加快施工进度。

土料压实效果与土料的性质、颗粒组成与级配、含水量以及压实功能有关。黏性土与非黏性土的压实有显著的差别。一般黏性土的黏结力较大，摩擦力较小，具有较大的压缩性，但由于它的透水性小，排水困难，压缩过程慢，所以很难达到固结压实；而非黏性土料正好相反，它的黏结力小，摩擦力大，具有较小的压缩性，但由于它的透水性大，排水容易，压缩过程快，能很快达到密实。

土料颗粒大小与组成也影响压实效果。颗粒越细，空隙比就越大，就越不容易压实。所以，黏性土压实干表观密度低于非黏性土压实干表观密度。颗粒不均匀的砂砾料，比颗粒均匀的砂砾料达到的干表观密度要大一些。

含水量是影响黏土压实效果的重要因素之一。当压实功能一定时，黏土的干表观密度随含水量增加而增大，并达到最大值，此时的含水量为最优，大于此含水量后，干表观密度会减小，因为此时土料逐渐饱和，外力被土料内自由水抵消。非黏性土料的透水性大，排水容易，不存在最优含水量，对含水量不作专门控制。

压实功能的大小也影响着土料干表观密度的大小。压实功能增加，干表观密度也随之增大而最优含水量随之减少。说明同一种土料的最优含水量和最大干表观密度，随压实功能的改变而变化，这种特性对于含水量过低或过高的土料更为显著。

二、土料压实方法与机械

压实方法按其作用原理分为碾压、夯击和振动三类。碾压和夯击用于各类土，振动法仅适用于砂性土。根据压实原理，制成各种机械。常用的机械有羊脚碾、气胎碾、振动碾、夯实机械。

（一）羊脚碾

羊脚碾是碾的滚筒表面设有交错排列的柱体，形若羊脚。碾压时，羊脚插入土料内部，使羊脚底部土料受到正压力，羊脚四周侧面土料受到挤压力，碾筒转动时土料受到羊脚的揉搓力，从而使土料层均匀受压，压实层厚，层间结合好，压实度高，压实质量好，但仅适于黏土。非黏性土压实中，由于土颗粒产生竖向及侧向移动，效果不好。羊脚碾压实原理见图 5-7。

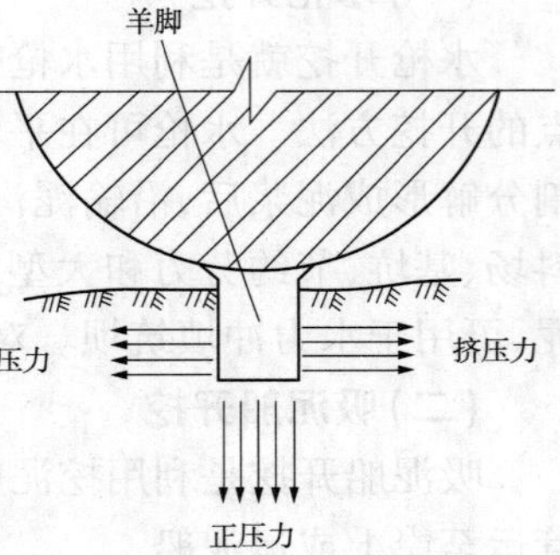

图 5-7　羊脚碾压实原理

羊脚碾有两种压实方式，一种是逐圈压实，即先沿填土一侧开始，逐圈错距以螺旋形开行逐渐移动进行压实，机械始终前进开行，生产率高，适用宽阔的工作面，并可多台羊脚碾同时工作。但拐弯处及错距交叉处产生重压和漏压。另一种方式为进退错距压实，即沿直线前进后退压实，反复行驶，达到要求后错距，重复进行。压实质量好，遍数好控制，但后退操作不便。此法适用于狭窄工作面。压实遍数，由经验可按土层表面被羊脚普遍压过一遍就能满足要求估算。压实遍数 N 可按下式计算：

$$N = KS/(MF) \tag{5-3}$$

式中　S——碾筒表面面积，cm^2；

F——羊脚的端面积，cm^2；

M——羊脚的数量；

K——碾压时羊脚在土料表面分布不均匀修正系数，一般取 1.3。

（二）气胎碾

气胎碾是利用充气轮胎作为碾子，由拖拉机牵引的一种碾压机械。这种碾子是一种柔性碾，碾压时碾和土料共同变形，其原理见图 5-8。胎面与土层表面的接触压力与碾重关系不大，增加碾重（可达几十吨至上百吨），可以增加与土层的接触面积，从而增大压实影响深度，提高生产率。它既适用于黏性土的压实，也可以压实砂土、砂砾石、黏土与非黏性土的结合带等。与羊脚碾联合作业效果更佳，如气胎碾压实，用羊脚碾收面，有利于上下层结合；羊脚碾碾压，气胎碾收面，有利于防雨。

（三）振动碾

振动碾是一种具有静压和振动双重功能的复合型压实机械。常见的类型是振动平碾，也有振动变形（表面设凸块、肋形、羊脚等）碾。它是由起振柴油机带动碾滚内的偏心轴旋转，通过连接碾面的隔板，将振动力传至碾滚表面，然后以压力波的形式传到土体内部。非黏性土的颗粒比较粗，在这种小振幅、高频率的振动力的作用下，摩擦力大大降低，由于颗粒不均匀，惯性力大小不同而产生相对位移，细粒滑入粗粒孔隙而使空隙体积减小，从而使土料达到密实。振动碾的构造如图 5-9 所示。

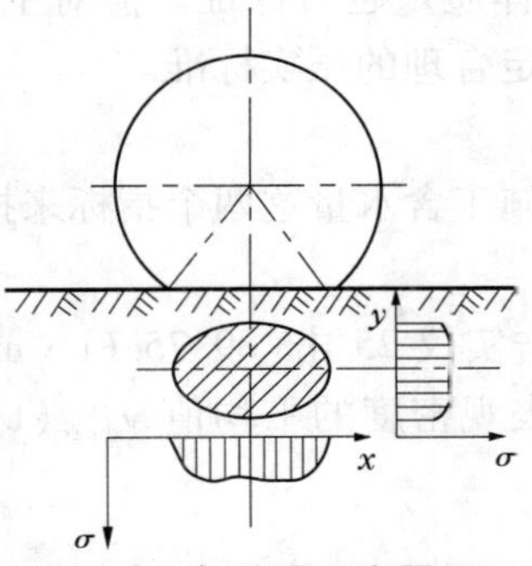

图 5-8　气胎碾压实原理

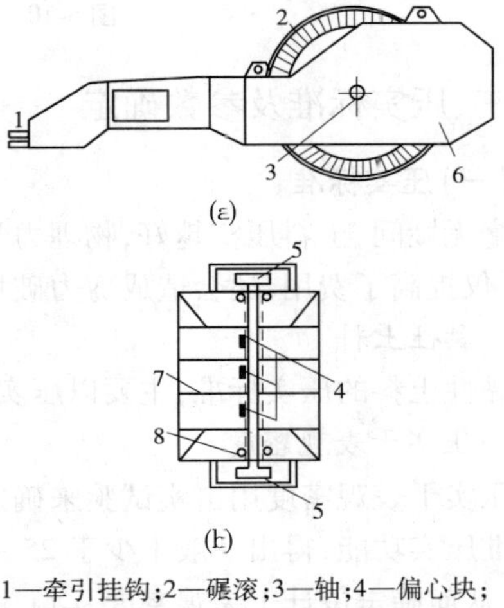

1—牵引挂钩；2—碾滚；3—轴；4—偏心块；
5—轮；6—车架侧壁；7—隔板；8—弹簧悬架

图 5-9　振动碾构造示意图

由于振动力的作用，土中的应力可提高 4 ~ 5 倍，压实层达 1 m 以上，有的高达 2 m，生产率很高，可以有效地压实堆石体、砂砾料和砾质土，也能压实黏性土，是土坝砂壳、堆石坝碾压必不可少的工具，应用非常广泛。

（四）夯实机械

夯实机械是一种利用冲击能来击实土料的一种机械，有强夯机、挖掘机夯板等，用于夯实砂砾料；也可以用于夯实黏性土，适于在碾压机械难于施工的部位压实土料。

1. 强夯机

强夯机是一种发展很快的强力夯实机械。它由高架起重机和铸铁块或钢筋混凝土块做成的夯砣组成。夯砣的质量一般为 10 ~ 40 t，由起重机提升 10 ~ 40 m 高后自由下落冲击土层，影响深度达 4 ~ 5 m，压实效果好，生产率高，用于杂土填方，软基及水下地层。

2. 挖掘机夯板

挖掘机夯板是一种用起重机械或正向铲挖掘机改装而成的夯实机械，其结构如图 5-10所示。夯板一般做成圆形或方形，面积约 1 m^2，质量为 1 ~ 2 t，提升高度为 3 ~ 4 m。其主要优点是压实功能大，生产率高，有利于雨季、冬季施工。当石块直径大于 50 cm 时，工效大大降低，压实黏土料时，表层容易发生剪力破坏，目前看有逐渐被振动碾取代之势。

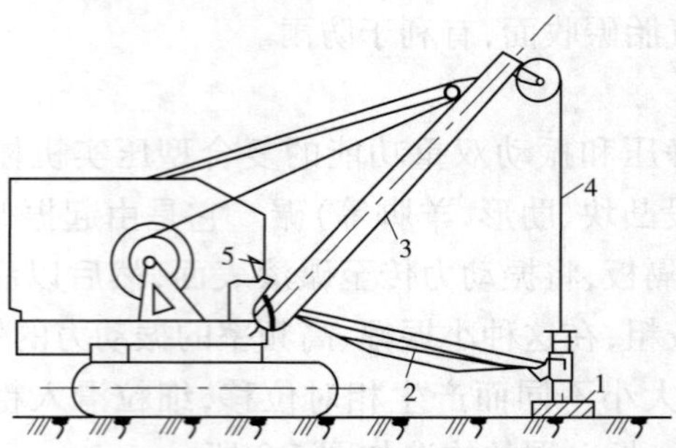

1—夯板；2—控制方向杆；3—支杆；4 —起重索；5—定位杆

图 5-10 挖掘机夯板结构示意图

三、压实标准及参数确定

(一) 压实标准

毫无疑问，土料压实越好，物理力学性能越高，坝体质量越有保证。但对土料过分压实，不仅提高了费用，还会造成剪力破坏。因此，应确定合理的压实标准。

1. 黏性土料

黏性土料的压实标准，主要以压实干表观密度和施工含水量这两个指标来控制。

1) 压实干表观密度

压实干表观密度用击实试验来确定。我国采用击实仪 25 击（89.75 (t · m)/m^3）作为标准压实功能，得出一般不少于 25 ~ 30 组最大干表观密度的平均值 γ_{dmax}（t/m^3）作为依据，从而确定设计干表观密度 γ_d（t/m^3）：

$$\gamma_d = m\gamma_{dmax} \tag{5-4}$$

式中 m——施工条件系数，一般 1、2 级坝及高坝，采用 0.97 ~ 0.99，中低坝采用 0.95 ~ 0.97。

此法对大多数黏性土料是合理的、适用的。但是，土料的塑限、黏粒含量不同，对压实度都有影响，应进行以下修正：第一，以塑限为最优水量，由试验从压实功能与最大干密度与最优曲线上初步确定压实功能；当天然含水量与塑限接近且易于施工时，以天然含水量做最优含水量确定压实功能。第二，考虑沉降控制的要求，通过控制压缩系数 α = 0.009 8 ~ 0.019 6 cm^2/kg，确定干表观密度。

2) 施工含水量

施工含水量是由标准击实条件时的最大干表观密度确定的，而最大干表观密度对应的最优含水量是一个点值，而实际的天然含水量总是在某一个范围变动。为适应施工的要求，必须围绕最优含水量规定一个范围，即含水量的上下限，即在击实曲线上以设计干表观密度值作水平线与曲线相交的两点就是施工含水量的控制范围，如图 5-11 所示。

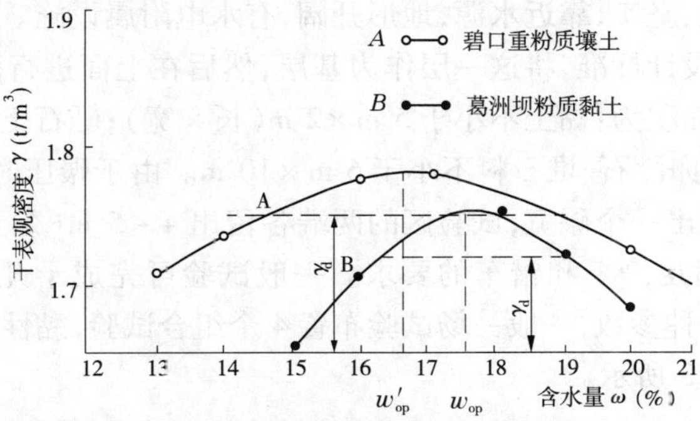

图 5-11 设计干表观密度与施工含水量范围

2. *砂土及砂砾石*

砂土及砂砾石的压实程度与颗粒级配及压实功能关系密切，一般用相对密度 D_r 表示。

$$D_r = (e_{max} - e)/(e_{max} - e_{min}) \tag{5-5}$$

式中 e_{max}——砂石料的最大孔隙比；

e_{min}——砂石料的最小孔隙比；

e——设计孔隙比。

在施工现场，当使用相对密度不方便时，可换算成相应的干表观密度 γ_P（t/m³）。

$$\gamma_P = \gamma_{max} \cdot \gamma_{min} / [\gamma_{max} - D_r(\gamma_{max} - \gamma_{min})] \tag{5-6}$$

式中 γ_{max}——砂石料最大干表观密度，t/m³；

γ_{min}——砂石料最小干表观密度，t/m³。

在填方工程中，一级建筑物可取 $D_r = 0.7 \sim 0.75$，二级建筑物可取 $D_r = 0.65 \sim 0.7$。

3. *石渣及堆石体*

石渣及堆石体作为坝壳填筑料，压实指标一般用空隙率表示。根据国内外的经验，碾压式堆石坝坝体压实后空隙率应小于 30%，为了防止过大的沉陷，一般规定为 22% ~ 28%。上游主堆石区空隙率标准为 21% ~25%。

（二）压实参数确定

根据土料的性质、颗粒大小及组成、压实标准等条件初步确定压实机械的类型后，还应进一步确定压实参数，使之达到经济合理。最好的方法是进行现场碾压试验，确定施工控制含水量、铺土厚度、压实遍数。

（三）压实试验

现场压实试验是土石坝施工中的一项技术措施。通过压实试验核实坝料设计填筑指标的合理性，作为选择压实机械类型、施工参数的依据。

土料的碾压试验是根据已选定的压实机械，来确定铺土厚度、压实遍数及相应的含水量，应选择有代表性的土料，各料场如有差异，应分别试验。

试验组合方法一般采用淘汰法，也叫逐步收敛法。此法每次变动一种参数，固定其他参数，通过试验求出该参数的适宜值，依此类推。待各项参数选定后，用选定参数进行复核试验。这种方法的优点是，效果相同时而试验总数较少。

试验场地应平坦、坚实，靠近水源，地形开阔，有水电附属设施。用试验土料先在地基上铺筑一层，压实到设计标准，将这一层作为基层，然后在上面进行碾压试验。试验区的面积：每个试验组合面积为：黏土不小于5 m×2 m（长×宽）；砾石土、风化砾石土、砂及砂砾不小于4 m×8 m；卵漂石、堆石料不小于6 m×10 m。由于碾压时产生侧向挤压，因此试验区的两侧应各留出一个碾宽，试验区的两端各留出4～5 m（黏土）或8～10 m（堆石料）作非试验区，以满足停车和错车的要求。一般试验可完成十几或几十个组合试验。淘汰法每场只变动一种参数，一般一场试验布置4个组合试验，黏性土及堆石料一场试验布置如图5-12、图5-13所示。

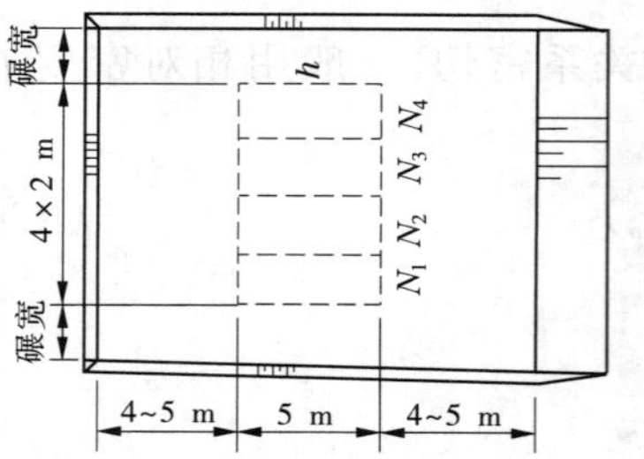

图5-12 黏性土碾压地布置

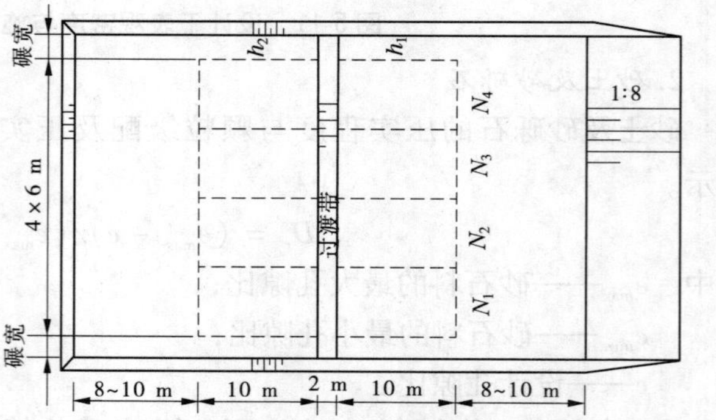

图5-13 堆石料碾压场地布置

按不同压实遍数（N）、不同铺土厚度（h）和不同含水量（ω）进行压实取样。每一个组合取样数量为：黏土、砂砾石10～15个，砂及砂砾6～8个，堆石料不少于3个。分别测定干表观密度、含水量、颗粒级配。可作出不同铺土厚度时压实遍数与干表观密度、含水量关系曲线，如图5-14所示。根据上述关系曲线，再作h、N、γ_{max}、ω_{op}关系曲线，如图5-15所示。

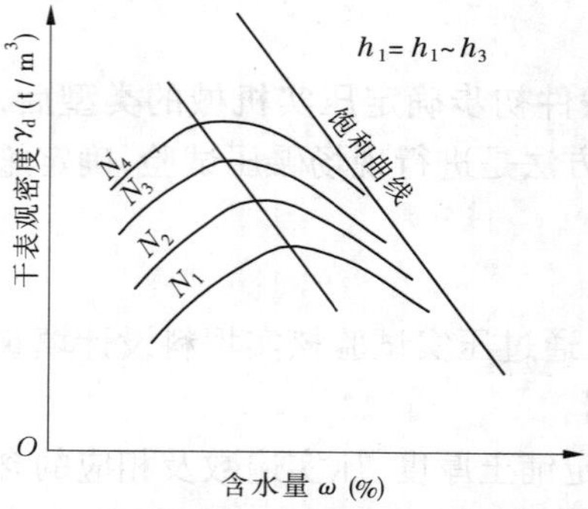

图5-14 铺土厚度、压实遍数与干表观密度、含水量关系曲线

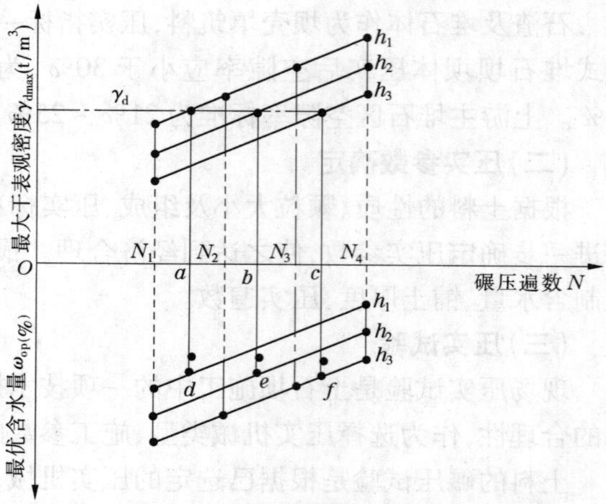

图5-15 铺土厚度、压实遍数与最大干表观密度、最优含水量关系曲线

如图5-15所示,根据设计干表观密度 γ_d,分别查取不同铺土厚度所需的碾压遍数 a、b、c 及相应的最优含水量 d、e、f。然后计算压实遍数与铺土厚度比值,即 a/h_1、b/h_2、c/h_3,取最小者。因为单位铺土厚度的压实遍数最少,需要压实功能最少,最经济合理。确定了合理的压实参数后,将选定的含水量控制范围与天然含水量比较,看是否便于施工控制;否则,适当改变含水量或其他参数再进行试验。

任务四　碾压式土石坝施工

碾压式土石坝包括各种碾压式土坝、堆石坝和土石混合坝。随着大型高效施工机具的应用及机械化程度的提高,对筑坝材料及坝址条件的放宽、防渗结构和材料的改进、工期的缩短及费用的降低,为土石坝开辟了广阔的发展前景。当今国内外不仅中低坝广泛采用土石坝,高坝采用土石坝也越来越多,大有超越混凝土坝之势。土石坝按施工方法可分为干填碾压、水中填土、水力冲填以及定向爆破筑坝等类型。干填碾压施工方法在土石坝中的应用最多。

一、土石料场规划

土石坝施工中,料场的规划和使用是土石坝施工中关键技术之一,它不仅关系到坝体的质量、工期和造价,甚至还会影响到周围的农林业生产和生态环境。

施工前应结合施工组织设计,对各类料场做进一步的勘探和总体规划、分期开采计划。使各种坝料有计划、有次序地使用,以满足坝体施工的要求。

选用料场土料的物理力学性质,应满足坝体设计施工质量要求。主要料场的可开采量不少于设计量的2倍,备用料场储量为主要料场总储量的20%～30%。在土料集中的主要料区,布置大型开采设备,避免经常性的转移;保留部分近料场,作为坝体合龙以及抢筑拦洪高程用。

在料场的使用时间及程序上,应考虑施工期水位的变化以及施工导流使上游水位抬高的影响。使用料场时,近料和上游易淹料场先用,远料和下游不淹料场后用;含水量低的料场雨季用,含水量高的料场夏季用;施工强度高时用近料,强度低时用远料。在空间上,料场高程与相应的填筑部位相协调,重车下坡,空车上坡。做到就近取料,低料低用,高料高用;尽量避免上下游、左右岸的土料过坝,减少运输干扰。

对坝基、隧洞开挖弃料进行合理的规划和利用,降低工程造价。做到弃渣无隐患,不影响环保。

在料场规划中应考虑到挖、填各种坝料的综合平衡,做好土石方的调度规划,合理用料,力求最佳的经济效果。

二、土石料挖运方案

(一)综合机械化施工的基本原则

土石坝施工中,从料场的开挖、运输,到坝面的铺料和压实各工序,优先考虑用机械施工,在大中型土石坝中,力争实现综合机械化,施工组织应遵循以下原则。

1. 确保主要机械发挥作用

主要机械是指在机械化生产线中起主导作用的机械。充分发挥它的生产效率，有利于加快施工进度，降低工程成本。如土方工程机械化施工中，施工机械组合为挖掘机、自卸汽车、推土机、振动碾；挖掘机为主要机械，其他为配套机械。挖掘机如出现故障或工效降低，会导致停产或施工强度下降。

2. 根据机械工作特点进行配套组合

连续式开挖机械和连续式运输机械配合；循环式开挖机械和循环式运输机械配合，形成连续生产线。否则，需要增加中间过渡设备。

3. 充分发挥配套机械作用

选择配套机械，确定配套机械的型号、规格和数量时，其生产能力要略大于主要机械的生产能力，以保证主要机械的生产能力。

4. 便于机械使用维修管理

选择配套机械时，尽量选择一机多能型，减少衔接环节。同一种机械力求型号单一，便于维修管理。

5. 合理布置、加强保养、提高工效

严格执行机械保养制度，使机械处于最佳状态，合理布置工作面和运输道路。

（二）挖运方案及其选择

1. 人工开挖，马车、拖拉机、翻斗车运土上坝

人工挖土装车，马车运输，距离不宜大于 1 km；拖拉机、翻斗车运土上坝，适宜运距 2 ~ 4 km，坡度不宜大于 0.5% ~ 1.5%。

2. 挖掘机挖土装车，自卸汽车运输上坝

正向铲开挖、装车，自卸汽车运输直接上坝，通常运距小于 10 km。自卸汽车可运各种坝料，运输能力高，设备通用，能直接铺料，转弯半径小，爬坡能力较强，机动灵活，使用管理方便，设备易于获得。

在施工布置上，正向铲一般采用立面开挖，汽车运输道路可布置成循环路线，装料时停在挖掘机一侧的同一平面上，即汽车鱼贯式的装料与行驶，这种布置形式可避免汽车的倒车时间，正向铲采用 60° ~ 90° 侧向卸料，回转角度小，生产效率高，能充分发挥正向铲与汽车的效率。

3. 挖掘机挖土装车，胶带机运输上坝

胶带机的爬坡能力强、架设简易，运输费用较低，与自卸汽车相比可降低 1/3 ~ 1/2 的费用，运输能力也较大，适宜运距小于 10 km。胶带机可直接从料场运输上坝；也可与自卸汽车配合，做长距离运输，在坝前经漏斗卸入汽车转运上坝；或与有轨机车配合，用胶带机转运上坝作短距离运输。

4. 采砂船挖土装车，机车运输，转胶带机上坝

国内一些大中型水电工程施工中，广泛采用采砂船开采水下的砂砾料，配合有轨机车运输。有轨机车是一种效率较高的运输工具，它具有机械结构简单、修配容易的特点。当料场集中，运输量大，运距大于 10 km 时，可用有轨机车进行水平运输。有轨机车的临建工程量大，设备投资较高，对线路坡度和转弯半径要求也较高。不能直接上坝，在坝脚经

卸料装置转胶带机运土上坝。

选择开挖运输方案时,应根据工程量大小、土料上坝强度、料场位置与储量、土质分布、机械供应条件等综合因素,进行技术上的比较和经济上的分析,确定经济合理的挖运方案。

(三)挖运强度与设备

分期施工的土石坝,应根据坝体分期施工的填筑强度和开挖强度来确定相应的机械设备容量。

(1)坝体分期填筑强度 Q_d(m^3/h)可按式(5-7)计算:

$$Q_d = V_d K K_1/(TN) \tag{5-7}$$

式中　V_d——坝体分期填筑方量,m^3;

K——施工不均匀系数,可取 1.2~1.3;

K_1——考虑沉陷、削坡、损失等影响系数,可取 1.15~1.2;

T——分期时段的有效工作日数,d,按分期时段的总日数,扣除节假日、降雨及气温影响可能的停工日数;

N——每日的工作小时数,以 20 h 计。

(2)分期施工运输强度 Q_T(m^3/h):

$$Q_T = Q_d K_2 \gamma_d/\gamma_y \tag{5-8}$$

式中　K_2——土料运输损失系数,取 1.05~1.10;

γ_d——设计干表观密度,t/m^3;

γ_y——土料松散状态下干表观密度。

(3)坝体分期施工的开挖弜度 Q_c(m^3/h):

$$Q_c = Q_d K_3 K_2 \gamma_d/\gamma_n \tag{5-9}$$

式中　K_3——开挖及运输中的损失系数,可取 1.05~1.10;

γ_n——土料的天然干表观密度,t/m^3。

(4)满足上坝填筑强度要求的挖掘机数量 N_c 为:

$$N_c = Q_c/P_c \tag{5-10}$$

式中　P_c——1 台挖掘机的生产率,m^3/h。

(5)满足上坝填筑强度要求的汽车数量 N_a 为:

$$N_a = Q_c/P_a \tag{5-11}$$

式中　P_a——1 辆汽车的生产率,m^3/h。

配合一台挖掘机所需的汽车数量,其总的生产率应略大于 1 台挖掘机的生产率,即 $nP_a \geqslant P_c$。

为了充分发挥自卸汽车的运输效能,应根据挖掘机械的斗容选择具有适宜容量的汽车型号。挖掘机装满一车斗数的合理范围应为 3~5 斗,通常要求装满一车的时间不超过 3.5~4 min,卸车时间不超过 2 min。

三、坝面作业

(一)坝体填筑的施工组织

1. 坝基开挖与处理

防渗体或均质坝与岸坡和河床接触部分应挖至不透水层,岩石开挖清理坡度不陡于1:0.75,土坡不陡于1:1.15。岸坡应削成平整的斜坡,不能有明显的变坡点,反坡部位用混凝土补成正坡。

坝壳与岸坡、地基接触部分的处理,主要是清基。就是把坝基范围内的所有草皮、树根、坟墓、乱石以及各种建筑物等全部清除,并认真做好水井、泉眼、地道、洞穴等处理。对地表和岸坡的粉土、细砂、淤泥、腐殖土等按设计要求清除。清除深度一般为0.3~0.8 m。对勘探用的试坑,应把坑内积水与杂物全部清除,并用筑坝土料回填夯实。

2. 坝面填筑施工程序及特点

坝面作业包括铺土、平土、洒水或晾晒(控制含水量)、土料压实、修整边坡、修筑反滤层、排水体及护坡、质量检查等工序。坝面作业由于工作面狭窄、工种多、工序多、机具多、如施工组织不当,将产生干扰,造成窝工,延误施工进度。所以,一般多采用流水作业法组织坝面施工。

3. 坝面流水作业的实施

流水作业法施工,是根据施工工序数目将坝面划分成几个施工段,然后组织各工种的专业队依次进入所划分的施工段同时施工。对同一施工段而言,各专业队按工序依次连续进行施工;对各专业队,则不停地轮流在各个施工段完成本专业的施工工作。施工队作业专业化有利于工人技术熟练和提高;在施工过程中保持人、地、机具等施工资源充分利用,避免了施工干扰和窝工。各施工段面积的大小取决于各施工期土料上坝强度。对于某高程的坝面,流水施工段数可按式(5-12)计算:

$$m = \omega_{坝} / \omega_{日} \tag{5-12}$$

式中 $\omega_{坝}$——某施工时段坝面工作面积,可按设计图纸由施工高程确定,m^2;

$\omega_{日}$——每个流水班次的铺土面积,m^2,$\omega_{日} = Q_{运}/h$;

h——铺土厚度,m。

如以 m' 表示流水工序数目,当 $m = m'$ 时,表示流水施工段数等于流水工序数,说明流水作业中人、地、机具等充分发挥作用;当 $m > m'$ 时,表示流水施工段数大于流水工序数,说明流水作业中人、机具充分发挥作用,但有闲余工作面;当 $m < m'$ 时,表示流水施工段数小于流水工序数,说明流水作业不能正常进行。出现第三种情况是由于坝体升高,工作面减小,所划分的流水工序过多所致。解决的方法:①增大 m 值,可采取缩小流水单位时间;②合并一些工序,以减小 m' 值,使 $m = m'$。三个工作面的流水作业如图5-16所示。

(二)坝面填筑施工要求

1. 基本要求

坝壳及防渗体铺料宜沿坝轴线方向进行,铺料应及时,严格控制铺土厚度,误差应小于层厚的10%。防渗体土料应采用进占法卸料,汽车在铺筑的松土上行驶,汽车穿越的防渗体路口段,经常变换,每隔40~60 m 宜设专用道口,以免汽车因穿越反滤层时将反滤

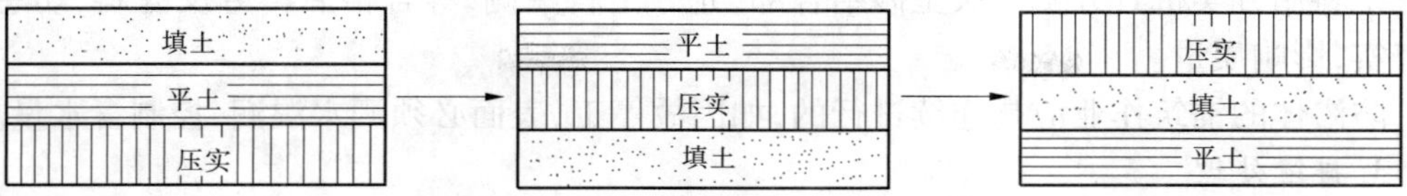

图 5-16　坝面流水作业示意图

料带入防渗体内,造成土料反滤料边线混淆,影响坝体质量。防渗体分段碾压时相邻两段交接带应搭接碾压,垂直于碾压方向搭接宽度不小于 0.3 ~ 0.5 m,顺碾压方向的搭接宽度为 1 ~ 1.5 m。平土要求厚度均匀,以保证压实质量,对于自卸汽车或皮带机上坝,由于卸料集中,多采用推土机或平土机平土。斜墙坝铺筑时应向上游倾斜 1% ~ 2% 的坡度,对均质坝、心墙坝应使坝面中部凸起,向上下游倾斜 1% ~ 2% 的坡度,以便排除雨水。铺填时土料要平整,以免雨后积水,影响施工。

2. 斜墙、心墙填筑

斜墙宜与下游反滤料及部分坝壳平起填筑,也可滞后于坝壳填筑,待坝壳修筑到一定高程或达到设计高程,削坡后经验收合格方可填筑斜墙。避免防渗体因坝体沉陷而裂缝。已筑好的斜墙应立即在上游铺好保护层,防止干裂,保护层距铺填面小于 2 m。

心墙施工中,应注意使心墙与砂壳平衡上升。因心墙上升快,易干裂影响质量;砂壳上升太快,则会造成施工困难。因此,要求心墙填筑中应保持同上下游反滤料及部分坝壳平起,骑缝碾压。为保证土料与反滤料层次分明,采用土砂平起法施工。根据土料与反滤料填筑先后顺序的不同,又分为先土后砂法和先砂后土法。

先土后砂法是先填压三层土料再铺一层反滤料与土料齐平,然后对反滤料的土砂边沿部分进行压实,如图 5-17(a)所示。由于土料压实时,表面高于反滤料,土料的卸、铺、平、压都是在无侧限的条件下进行的,很容易形成超坡。在采用羊脚碾压实时,要预留 30 ~ 50 cm松土边,避免土料被羊脚碾插入反滤层内。当连续晴天时,土料上升较快,应注意防止土体干裂。

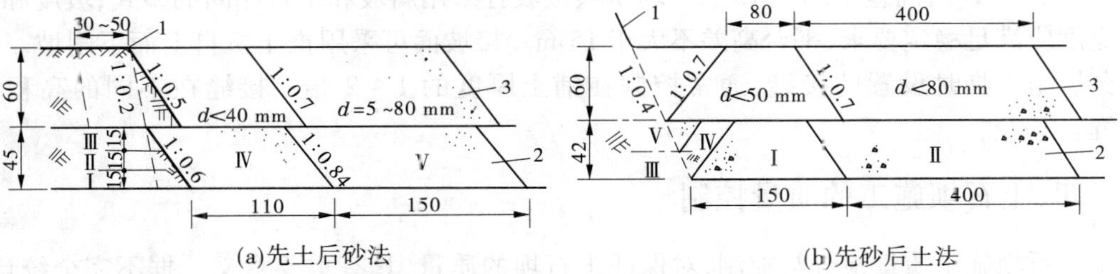

(a)先土后砂法　　(b)先砂后土法

1—心墙设计线;2—已压实层;3—待压层;Ⅰ、Ⅱ、Ⅲ、Ⅳ、Ⅴ—填料次序

图 5-17　土砂平起法施工示意图　(单位:cm)

先砂后土法(见图 5-17(b))是先在反滤料的控制边线内,用反滤料堆筑一小堤,为了便于土料收坡,保证反滤料的宽度,每填一层土料,随即用反滤料补齐土料,在收坡留下的三角区进行人工捣实。这样对控制土砂边线有利。由于土料在有侧限下压实,松土边很少,故采用较多。

但无论先砂后土法或先土后砂法,土料边沿仍有一定宽度未压实合格,所以需要每填三层土料用夯实机具夯实一次土砂结合部,先夯土料一侧,等合格后再夯反滤料,切忌交替夯实,影响质量。

防渗体的铺筑作业应是连续进行的,如因故停工,表面必须洒水湿润,控制含水量。

3. 接缝处理

土石坝的防渗体要与地基、岸坡及周围其他建筑物的边界相接;由于施工导流、施工分期、分段分层填筑等要求,还必须设置纵向横向的接坡、接缝。这些结合部位是施工中的薄弱环节,质量控制应采取如下措施。

1)土料与坝基结合面处理

一般用薄层、轻碾的方法施工,不允许用重碾或重型夯,以免破坏基础、造成渗漏。黏性土地基:将表层土含水量调至施工含水量上限范围,用与防渗体土料相同的碾压参数压实,然后刨毛 3 ~5 cm,再铺土压实。

非黏性土地基:先洒水压实地基,再铺第一层土料,含水量为施工含水量的上限,采用轻型机械压实。

岩石地基:先把局部不平的岩石修理平整、清洗干净,封闭岩基表面节理、裂隙。若岩石面干燥可适当洒水,边涂刷浓泥浆、边铺土、边夯实。填土含水量大于最优含水量 1% ~3%,用轻型碾压实。填筑 2 m 以后,方可用重型碾压机械。

2)土料与岸坡及混凝土建筑物结合面处理

填土前,先将结合面的污物冲洗干净,清除松动岩石,在结合面上洒水湿润,涂刷一层浓黏土浆(厚约 5 mm),以提高固结强度,防止产生渗透,搭接处采用黏土,小型机具压实。防渗体与岸坡结合带碾压,搭接宽度不小于 1 m。搭接范围内或边角处,不得使用羊脚碾等重型机械。

3)坝身纵横接缝处理

土石坝施工中,坝体接坡具有高差较大,停歇时间长,要求坡身稳定的特点。一般情况下,土料填筑力争平起施工,斜墙、心墙不允许设纵向接缝。防渗体及均质坝的横向接坡不应陡于 1∶3,高差不超过 15 m。均质坝接坡宜采用斜坡和平台相间的型式,坡度和平台宽度应满足稳定要求,平台高差不大于 15 m。接坡面可采用推土机自上而下削坡。坝体分层施工临时设置的接缝,通常控制在铺土厚度的 1 ~2 倍。接缝在不同的高程要错缝。

四、土石坝施工的质量控制

土石坝施工质量检查与控制,对保证土石坝的质量,具有重要意义。据不完全统计,已查明发生滑坡的 107 座土坝中,因施工质量差而导致滑坡溃坝的有 73 座,占 68%。因此,在土石坝施工中,必须建立健全质量管理体系,严格按行业标准和质量合同条款控制施工质量。质量控制主要包括料场和坝体填筑两个方面。

(一)料场的质量检查和控制

各种筑坝材料应以料场控制为主,必须是合格的坝料方能运输上坝。不合格的材料应在料场处理合格后方能上坝,否则按废料处理。在料场建立专门的质量检查站,主要控制:是否在规定的料区开采,是否将草皮、覆盖层等清除干净;坝料开采加工方法是否符合规定;排水系统、防雨措施、负温下施工措施是否完备;坝料性质、级配、含水量是否符合要求。

(二)坝体填筑质量检查和控制

坝体填筑质量是保证土石坝施工质量的关键。应严格按施工技术要求进行控制,检查的项目和内容主要有:

(1)各填筑部位的边界控制及坝料质量,防渗体与反滤料、部分坝壳料平起关系;

(2)碾压机具规格、质量,振动碾振动频率、激振力,气胎碾气胎压力等;

(3)铺料厚度和碾压参数;

(4)防渗体碾压层面有无光面、剪切破坏、弹簧土、漏压、欠压、裂缝等;

(5)防渗体每层铺土前,压实土体表面是否按要求进行了处理;

(6)与防渗体接触的岩石面上的石粉、泥土以及混凝土表面的乳皮等杂物的清除情况;

(7)与防渗体接触的岩石面或混凝土面上是否涂泥浆等;

(8)过渡料、堆石料有无超径石、大块石集中和夹泥等现象;

(9)坝体与坝基、岸坡、刚性建筑物等的结合,纵横向接缝的处理与结合,土砂结合处的压实方法及施工质量;

(10)坝坡控制情况。

坝体填筑质量的检查部位和次数见表5-6。

表5-6 坝体填筑质量的检查部位和次数

<table>
<tr><th colspan="3">根据
坝料类别及部位</th><th>检查项目</th><th>取样(检测)次数</th></tr>
<tr><td rowspan="5">防渗体</td><td rowspan="3">黏性土</td><td>边角夯实</td><td rowspan="3">干密度、含水量</td><td>每层取样 2~3 次</td></tr>
<tr><td>碾压面</td><td>每 100~200 m³ 取样 1 次</td></tr>
<tr><td>均质坝</td><td>每 200~500 m³ 取样 1 次</td></tr>
<tr><td rowspan="2">砾质土</td><td>边角夯实</td><td rowspan="2">干密度、含水量
大于 5 mm 砾石含量</td><td>每层取样 2~3 次</td></tr>
<tr><td>碾压面</td><td>每 200~500 m³ 取样 1 次</td></tr>
<tr><td colspan="3">反滤料</td><td>干密度、颗粒级配、含泥量</td><td>每 200~500 m³ 取样 1 次,每层至少 1 次</td></tr>
<tr><td colspan="3">过渡料</td><td>干密度、颗粒级配</td><td>每 500~1 000 m³ 取样 1 次</td></tr>
<tr><td colspan="3">坝壳砂砾(卵)料</td><td>干密度、颗粒级配</td><td>每 500~1 000 m³ 取样 1 次</td></tr>
<tr><td colspan="3">坝壳砾质土</td><td>干密度、含水量,小于 5 mm 含量</td><td>每 3 000~6 000 m³ 取样 1 次</td></tr>
<tr><td colspan="3">堆石料</td><td>干密度、颗粒级配</td><td>每 10 000~100 000 m³ 取样 1 次</td></tr>
</table>

注:堆石料颗粒级配试验组数可比干密度试验适当减少。

检查方法:测密度时,采用环刀法取样,应取压实层的下部,采用挖坑灌砂法或灌水法,试坑应挖在层间结合面上。对于砂料、堆石料,取样所测的干表观密度,平均值应不小于设计值，标准差不大于0.1 g/cm³，当样本数小于20组时，应按合格率不小于90%，不合格干表观密度不得低于设计干表观密度的95%控制。对于防渗土料，干表观密度或压实度的合格率不小于90%，不合格的干表观密度或压实度不得低于设计干表观密度或压实度的98%。取样除表中规定外，根据地形、地质、土料性质、施工条件，对防渗体选定若干个固定断面，每升高5～10 m，取代表性试样进行室内物理力学性质试验，作为复核工程设计及工程管理的依据。必要时应留样品蜡封保存，竣工后交工程管理单位。

五、土石坝的冬雨季施工

（一）土石坝冬季施工

当气温降至0 ℃以下，土料中发生水分迁移，结冰形成硬土层，难以压实。由于体积膨胀，使土粒间的距离扩大，破坏了土层结构，化冻后的土料变得疏松，降低了施工质量。由于黏土受冻时，水分迁移慢，有一定的抗冻性；非黏性土土粒粗，水分迁移快，极易受冻。规范规定，日平均气温低于0 ℃时，按低温季节施工。冬季一般采取露天施工方式，要求土料压实温度必须在－1 ℃以上，当日最低气温在－10 ℃以下，或虽在0 ℃以下但风速大于10 m/s时，应停工；黏土料的含水量不大于塑限的90%，粒径小于5 mm的细砂砾料的含水量应小于4%；填土中严禁带有冰雪、冻块；土、砂、砂砾料与堆石不得加水；防渗体不得受冻。低温施工应采取如下措施：

（1）防冻措施。降低土料含水量，或采用含水量低的土料上坝；挖取深层正温土料，加大施工强度，薄层铺筑，增大压实功能，快速施工，争取受冻前压实结束。

（2）保温措施。加覆盖物保温，如树叶、干草、草袋、塑料布等；设保温冰层，即在土料面上修土埂放水冻冰，将冰层下水放走，形成冰盖，冰盖下的空气夹层起到保温作用；在土料表面进行翻松等。

（二）雨季施工

雨季施工最主要的问题是土料含水量的变化给施工带来的不利影响。黏土对含水量反应敏感，应避开雨天施工；非黏性土可在小雨时施工，大雨时停工。

雨季施工应采取的有效措施包括：来雨前用光面碾快速压实松土，防止雨水渗入；铺料时，心墙向两侧、斜墙向下游铺成2%的坡度，以利排水；做好坝面防雨保护，如设防雨棚、覆盖苫布、油布等；做好料场周围的排水系统，控制土料含水量。

任务五　面板堆石坝施工

一、堆石材料的质量要求和坝体材料分区

（一）堆石材料的质量要求

根据施工组织设计，查明各料场的储量和质量，如果利用施工中挖方石料，要按料场要求增做试验。1、2级高坝坝料室内试验项目应包括坝料的颗粒级配、相对密度、抗剪强度和压缩模量，垫层料、砂砾料、软岩料的渗透和渗透变形试验。100 m以上的坝，应测定坝料的应力应变参数。

垫层料要求有良好的级配，最大粒径为 80 ~ 100 mm，小于 5 mm 的颗粒含量为 30% ~ 50%，小于 0. 075 mm 的颗粒含量不宜超过 8%，中低坝可适当降低要求。用天然砂砾料作垫层料时，要求级配连续、内部结构稳定、压实后渗透系数为 1/1 000 ~ 1/10 000 cm/s。寒冷地区，垫层的颗粒级配要满足排水性要求。

过渡料要求级配连续、最大粒径不宜超过 300 mm。可用人工细石料、经筛分加工的天然砂砾料等，压实后的过渡料要压缩性小、抗剪强度高、排水性好。

主堆石料可用坝基开挖料或料场开采石料，要求级配良好，最大粒径不应超过压实层厚度，小于 5 mm 的含量不宜超过 20%，小于 0. 75 mm 的颗粒含量不宜超过 5%。在开采前应作专门的爆破试验。

（二）面板堆石坝的坝体分区

堆石坝坝体应根据石料来源及对坝料的强度、渗透性、压缩性、施工方便和经济合理性等要求进行分区。在岩基上用硬岩堆石料填筑的坝体可按图 5-18 分区，Ⅰ区为土料铺盖，Ⅱ区为半透水料垫层区，Ⅲ区为主堆石区，一般在各区内还细分为不同的亚区。坝体上游部分的堆石体要求：压缩性要低，防止沉陷危及防渗面板；防渗性高，防止渗流过大。各区坝料的透水性应按水力过渡要求，从上游向下游逐渐增加。下游堆石区在下游水位以上的坝料不受此限制。

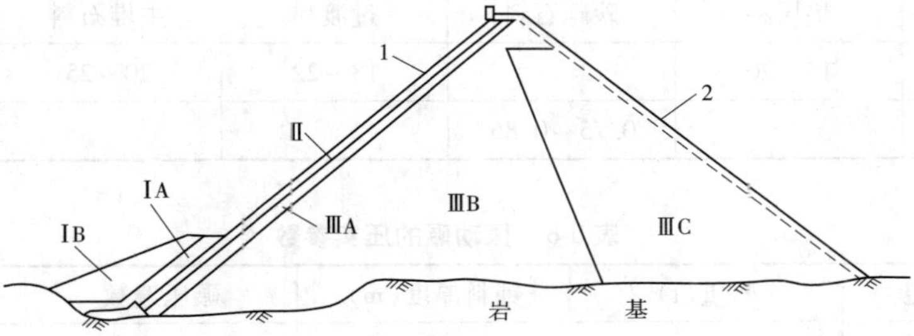

ⅠA—防渗土料；ⅠB—任意料；Ⅱ—垫层区；ⅢA—过渡料区；ⅢB—主堆石区；
ⅢC—任意料区或加大层厚的堆石区；1—面板；2—大块石护坡；

图 5-18 岩基上硬岩堆石坝体分区示意图

垫层区的水平宽度应由坝高、地形、施工工艺和经济性比较确定。当用汽车直接卸料，推土机推平方法施工时，垫层区不宜小于 3 m；有专门的铺料设备时，垫层区宽度可减少，并柜应增大过渡区的面积，主准石区用硬岩时，到垫层区之间应设过渡区，为方便施工，其宽度不小于 3 m。

二、堆石坝填筑工艺、压实参数和质量控制

（一）堆石坝填筑工艺

坝体填筑应在坝基、岸坡处理完毕，面板底座混凝土浇筑完成后进行。垫层料、过渡料和一定宽度的主堆石料的填筑应平起施工，均衡上升。

主、次堆石区可分区、分期填筑，其纵、横坡面上均可布置临时施工道路，但必须设于填筑压实合格的坝段。主堆石区与岸坡、混凝土结构接触带要回填 12 m 宽过渡带料。

垫层料、过渡料卸料铺料时，避免分离，两者交界处避免大石集中，超径石应予剔除。

垫层料铺筑时,上游侧超铺20~30 mm。每升高10~15 m,进行垫层坡面削坡修整和碾压,削坡修整后,坡面在法线方向应高于设计线5~8 cm。有条件时宜用激光控制削坡的坡度。斜坡碾压可用振动碾。压实合格后,尽快进行护面,常用的形式有碾压水泥砂浆、喷乳化沥青、喷混凝土等。碾压砂浆表面、喷混凝土表面允许误差为±5 cm。

坝料铺筑采用进占法卸料,及时平料,保持填筑面平整。用测量方法检查厚度,超厚时及时处理。坝料填筑宜加水碾压,加水要均匀,控制加水量。采用振动平碾压实,碾重不小于10 t。经常检测振动碾的工作参数。碾压应按坝料分区分段进行,各碾压段之间的搭接不应小于1.0 m。坝体堆石区纵、横向接坡宜采用台阶收坡法施工,台阶宽度不宜小于1.0 m,填筑高差不宜过大。

下游护坡宜与坝体填筑平起施工,护坡石宜选取大块石,机械整坡、堆码,或人工干砌,块石间嵌合要牢固。

(二)堆石体的压实参数和质量控制

1.坝体填筑压实标准

坝体填筑压实标准见表5-7。压实参数需经压实试验确定,其方法见本项目任务三。振动碾的压实参数可参考表5-8。

表5-7 坝体填筑压实标准

坝料	垫层料	砂砾石料	过渡料	主堆石料	下游堆石料
孔隙率	15~20		18~22	20~25	23~28
相对密度		0.75~0.85			

表5-8 振动碾的压实参数

土石料类型	碾重(t)	铺料厚度(m)	碾压遍数	说明
砂砾料	13.5	1.2~1.6	4~6	
风化料	13.5	1.0~1.5	4~6	
石渣料	13.5	1.0~1.5	4	
堆石料	13.5	1.0~1.5	4~6	堆石最大粒径应比铺料层厚小10~20 cm
	10.0	0.6~0.8	4~6	

2.堆石体的质量控制

1)料场质量控制的内容

料场质量控制的内容有以下几个方面:

(1)在规定的料区范围内开采,料场的草皮、树根、覆盖层及风化层已清除干净;

(2)堆石料开采加工方法符合规定要求;

(3)堆石料级配、含泥量、物理力学性质符合设计要求,不合格料不允许上坝。

2)坝体填筑的质量控制

坝体填筑质量的一般要求为:堆石材料、施工机械符合要求;负温下施工时,坝基已压实的砂砾石无冻结现象，填筑面上的冰雪已清除干净。坝面压实，应对压实参数和孔隙率进行控制，以碾压参数为主。铺料厚度、碾实遍数、加水量等符合要求，铺料误差不宜超过层厚的10%，坝面保持平整。

3）坝料压实检查

坝料压实检查项目和取样次数见表5-9。

表5-9　坝料压实检查项目和取样次数

坝料		检查项目	检查次数
垫层料	坝面	干密度、颗粒级配	500～1 000 m^3 检查1次，每层至少1次
垫层料	坝面	渗透系数	次数不定
垫层料	上游坡面	干密度、颗粒级配	每1 500～3 000 m^3 检查1次
垫层料	小区	干密度、颗粒级配	每1～3层检查1次
过渡区		干密度、颗粒级配	每3 000～6 000 m^3 检查1次
砂砾料		干密度、颗粒级配	每5 000～10 000 m^3 检查1次
堆石料		干密度、颗粒级配	每10 000～100 000 m^3 检查1次

注：堆石料颗粒级配可比干密度试验次数适当减少。

检查方法：垫层料、过渡料和堆石料压实干密度的检测方法，宜采用挖坑灌水法，或辅以表面波压实密度仪法。施工中可用压实计实施控制，垫层料可用核子密度计法。垫层料试坑直径应不小于最大粒径的4倍；过渡料试坑直径应不小于最大粒径的3～4倍；堆石料试坑直径为最大粒径的2～3倍；试坑直径最大不超过2 m。以上三种料的试坑深度均为碾实层厚度。

三、钢筋混凝土面板的分块和浇筑

（一）钢筋混凝土面板的分块

混凝土防渗面板包括趾板（面板底座）和面板两部分。防渗面板应满足强度、抗渗、抗侵蚀、抗冻要求。趾板设伸缩缝，面板设垂直伸缩缝、周边伸缩缝等永久缝和临时水平施工缝。混凝土防渗面板分缝分块见图5-19。

垂直伸缩缝从底到顶布置，中部受压区，分缝间距一般为12～18 m；两侧受拉区按6～9 m布置。受拉区设两道止水，受压区在底侧设一道止水，水平施工缝不设止水，但竖向钢筋必须相连。

（二）防渗面板混凝土浇筑与质量

1. 趾板施工

趾板施工应在趾基开挖处理完毕，经验收合格后进行，按设计要求进行绑扎钢筋、设置锚筋、预埋灌浆导管、安装止水片及浇筑上游铺盖。混凝土浇筑中，应及时振实，注意止水片与混凝土的结合质量，结合面不平整度小于5 mm。混凝土浇后28 d之内，20 m之内不得进行爆破；20 m之外爆破要严格控制装药量。

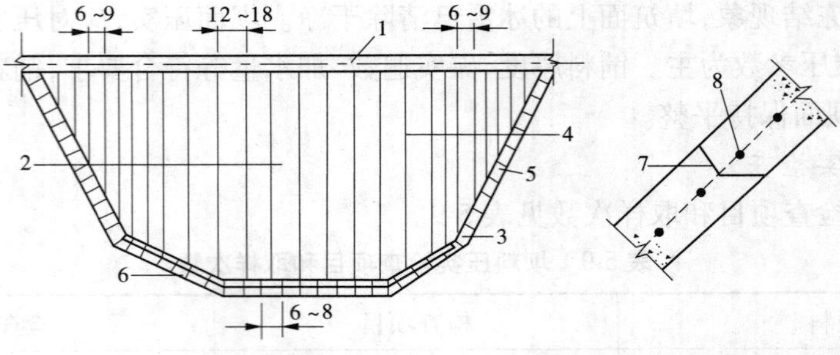

(a)分块示意图　　　　　　　　　　(b)施工缝

1—坝轴线;2—面板;3—趾板;4—垂直伸缩缝;5—周边伸缩缝;

6—趾板伸缩缝;7—水平伸缩缝;8—面板钢筋

图 5-19　混凝土防渗面板分缝分块　(单位:m)

2. 面板施工

面板施工在趾板施工完毕后进行。当坝高不大于 70 m 时,面板在堆石体填筑全部结束后施工,这主要考虑避免堆石体沉陷和位移对面板产生的不利影响。高于 70 m 的堆石坝,需考虑拦洪度汛,提前蓄水,面板宜分二期或三期浇筑,分期接缝应按施工缝处理。面板混凝土浇筑宜采用无轨滑模,起始三角块宜与主面板块一起浇筑。面板混凝土宜采用跳仓浇筑。滑模应具有安全措施,固定卷扬机的地锚应可靠,滑模应有制动装置。面板钢筋采用现场绑扎或焊接,也可用预制网片现场拼接。混凝土浇筑中,铺料要均匀,每层铺料 250 ~ 300 cm。止水片周围需人工布料,防止分离。振捣混凝土时,要垂直插入,至下层混凝土内 5 cm,止水片周围用小振捣器仔细振捣。振动过程中,防止振捣器触及滑模、钢筋、止水片。脱模后的混凝土要及时修整和压面。

滑模滑升时,要保持两侧同步,每次滑升距离不大于 30 cm,滑升间隔时间不应超过 30 min。面板浇筑的平均速度为 1.5 ~ 2.5 m/h。

3. 面板混凝土浇筑质量检查项目和技术要求

面板混凝土浇筑质量检查项目和技术要求见表 5-10。

表 5-10　面板混凝土浇筑质量检查项目和技术要求

项目	质量要求	检测方法
混凝土表面	表面基本平整,局部不超过设计线 3 cm,无麻面,蜂窝狗洞露筋	测量观察
表面裂缝	无或有小裂缝已处理	观察测量
深层及贯穿裂缝	无或有已按要求处理	观察检查
抗压强度	保证率不小于 80%	试验
均匀性	离差系数 C_v 小于 0.18	统计分析
抗冻性	符合设计要求	试验
抗渗性	符合设计要求	试验

检查数量要求:

(1)趾板浇筑。每浇一块或每 50 ~ 100 m^3 至少有一组抗压强度试件;每 200 m^3 成型一组抗冻、抗渗检验试件。

(2)面板浇筑。每班取一组抗压强度试件,抗渗检验试件每 500 ~ 1 000 m^3 成型一组,抗冻检验试件每 1 000 ~ 3 000 m^3 成型一组,不足以上数量者,也应取一组试件。

四、沥青混凝土面板施工

沥青混凝土由于抗渗性好,适应变形能力强,工程量小,施工速度快,正在广泛用于土石坝的防渗体。

(一)沥青混凝土施工方法

沥青混凝土的施工方法有碾压法、浇筑法、预制装配法和填石振压法四种。碾压法是将热拌沥青混合料摊铺后碾压成型的施工方法,用于土石坝的心墙和斜墙施工;浇筑法是将高温流动性热拌沥青混合材料灌注到防渗部位,一般用于土石坝心墙;预制装配法是把沥青混合料预制成板或块,在现场装配,目前使用尚少;填石振压法是先将热拌的细粒沥青混合材料摊铺好,填放块石,然后用巨型振动器将块石振入沥青混合料中。在我国应用较为普遍的是碾压施工法,现简介如下。

沥青混凝土原材料:沥青是主要材料,品种和标号应根据设计要求而定,一般选用道路石油沥青 60 甲和 100 甲。粗骨料宜选碎石,最大粒径小于铺筑层厚度的 1/3,且不大于 25 mm,分成 2 ~ 3 级配料,细骨料可选河砂、山砂、人工砂。骨料要求干净、稳定性好。按满足 5 d 以上施工需要量储存。填料种类有石棉、消石灰、水泥、橡胶、塑料等,其掺量由试验确定。

(二)沥青混凝土施工工艺

沥青混凝土施工工艺见图 5-20。施工中对温度要严加控制,其标准根据材料性质、施工地区和施工季节由试验确定。沥青混凝土在日平均气温高于 5 ℃和日降雨量小于 5 mm 时方可施工,日气温虽然在 5 ~ 15 ℃,但风速大于 4 级时,也不能施工。

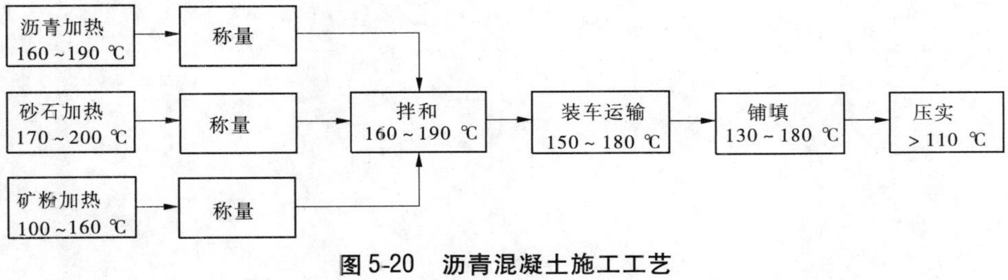

图 5-20 沥青混凝土施工工艺

1. 沥青混凝土斜墙施工

沥青混凝土斜墙施工是在坡面上进行的,施工难度较大,尽量采用机械化流水作业。首先进行修整和压实坡面,然后铺设垫层,在垫层面上喷涂一层乳化沥青或稀释沥青。准备工作完成后,用摊铺机或人工铺筑整平胶结层。防渗层一般采用多层铺筑,各区段条幅宽度间上下层接缝必须相互错开,水平接缝的错距应大于 1 m,顺坡纵缝的错距一般为条幅宽度的 1/3 ~ 2/3。先用小型振动碾进行初压,再用大型振动碾二次碾压,上行振压,下行静压。施工接缝及碾压带间应重叠碾压 10 ~ 15 cm。压实温度应高于 110 ℃，二次碾压温度高于 80 ℃。防渗层的施工缝是面板的薄弱环节，尽量加大条幅摊铺宽度和长度，减少纵向和横向施工缝。防渗层的施工缝以采用斜面平接为宜，斜面坡度一般为 45°。整平胶结层的施工缝可不作处理。上下层的层面必须干燥，间隔不超过 48 h。防渗层层间应喷涂一薄层稀沥青或热沥青，用喷洒法施工或橡胶刮板涂刷。

2. 沥青混凝土心墙施工

沥青混凝土心墙位于坝体中部，它与过渡层、坝壳填筑尽量平起均衡施工，填铺与压实都在平面上进行，相对斜墙而言，施工难度较小，一般采用专用机械施工。先进行支立钢模，表面涂刷脱模剂。钢模支立要牢固准确，检查合格后用防雨布等遮盖，填筑两侧过渡料。过渡层压实要两侧同时进行（距钢模 15 ~ 20 cm 部分与防渗体同压），压实合格后，再将沥青混合料注入钢模内铺平。碾压前将钢模拔出。铺填沥青混凝土前，先清面，用红外线加热器加热到 70 ℃以上，然后铺填沥青混合料，摊铺厚度一般为 20 ~ 30 cm，用振动碾在防雨布上进行碾压，先静压 2 遍，然后振压规定遍数。尽量减少横向接缝，必须设缝时，接缝坡度为 1∶3，上下层的横缝互相错开，错距大于 2 m。重叠碾压 30 ~ 50 cm。心墙铺筑后，在心墙两侧 4 m 范围过渡层的压实禁止使用大型机械。

项目六　混凝土坝工程

大中型水利水电工程混凝土坝占有很大比重,特别是重力坝、拱坝应用最为普遍。而其共有特点为:工程量大、质量要求高、与施工导流关系密切、施工季节性强、浇筑强度大、温度控制严格、施工条件复杂等。

目前混凝土坝的施工方法主要为现场浇筑;而现场分仓浇筑又可分为传统的分层分块浇筑和薄层碾压浇筑。目前,前者应用最普遍,后者是一种高效、低成本、具有发展前途的施工方法。

本项目侧重介绍重力坝和拱坝这两种坝型的现场浇筑技术,也对新兴的碾压混凝土施工技术加以介绍。

混凝土坝的施工过程和施工方法基本相同,主要包括准备工作、施工导流、基础开挖与处理、坝体混凝土工程、金属结构安装工程等。

在混凝土坝施工中,大量砂石骨料的采集、加工,水泥和各种掺合料、外加剂的供应是基础,混凝土制备、运输和浇筑是施工的主体,模板、钢筋作业是必要的辅助。

因此,如何提高混凝土坝施工的综合机械化和管理水平,采用大型、高效、可靠的施工机械设备,认真研究混凝土坝工程施工对保证混凝土质量、加快施工进度、降低工程成本具有重要意义。

混凝土坝工程的坝体施工工艺流程如图6-1所示。

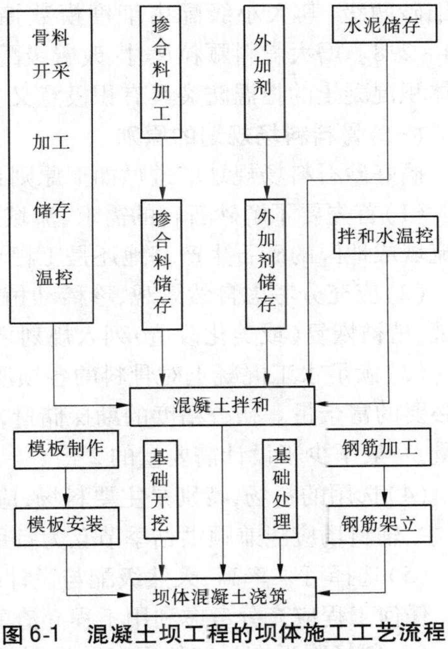

图6-1　混凝土坝工程的坝体施工工艺流程

任务一　砂石骨料生产系统

砂石骨料是混凝土工程的主要成分。大中型混凝土坝工程的混凝土用量很大,对砂石骨料的需求量也是相当大的。每立方米混凝土需近 1.5 m^3 砂石骨料,所以骨料质量的好坏直接影响混凝土强度、水泥用量和温控要求,从而影响大坝的质量和造价。因此,在混凝土坝的设计施工中应认真研究砂石骨料的储量、物理力学指标、杂质含量等,对各料场进行统筹规划。

一、骨料料场规划

砂石骨料的主要原料来源于天然砂砾石料场(包括陆地料场、河滩料场和河床料场),岩石料场和工程弃渣。

骨料料场规划应根据料场的分布、开采条件、可利用料的质量、储量、天然级配、加工要求、弃料多少、运输方式、运距远近、生产成本等因素综合考虑,并结合工程实际进行综合技术经济论证,采用最优方案。

砂石骨料的质量是料场选择的首要前提。其质量应满足《水工混凝土施工规范》(DL/T 5144—2001)的要求,一般应避免采用含有碱活性的原料。对天然砂砾料而言,要认真研究其自然级配,对骨料级配调整和混凝土配料调整进行比较,以取得最佳的综合经济效果。人工骨料级配易于达到设计要求,通常可按最佳级配供料。砂子通常分为粗砂和细砂两级,其大小级配由细度模数控制,合理取值天然砂为 2.2 ~ 3.0,人工砂宜为 2.4 ~ 2.8。增大骨料颗粒尺寸、改善级配,对于减少水泥用量,提高混凝土质量,特别是对大体积混凝土的控温防裂具有积极意义。

(一)骨料料场规划的原则

搞好砂石料场规划应遵循如下原则:

(1)首先要了解砂石料的需求、流域(或地区)的近期规划、料源的状况,以确定是建立流域或地区的砂石生产基地还是工程专用的砂石系统。

(2)应充分考虑自然景观、珍稀动植物、文物古迹保护方面的要求,将料场开采后的景观、植被恢复(或美化改造)列入规划之中,在进行经济比较时应计入这方面的投资。

(3)满足水工混凝土对骨料的各项质量要求,其储量力求满足各设计级配的需要,并有必要的富余量。初查精度的勘探储量,一般不少于设计需要量的 3 倍;详查精度的勘探储量,一般不少于设计需要量的 2 倍。

(4)选用的料场,特别是主要料场,应场地开阔,高程适宜,储量大,质量好,开采季节长,主、辅料场应能兼顾洪枯季节互为备用的要求。

(5)选择可采率高,天然级配与设计级配较为接近,用人工骨料调整级配数量少的料场。任何工程应充分考虑利用工程弃渣的可能性和合理性。

(6)料场附近有足够的回车和堆料场地,且占用农田少,不拆迁或少拆迁现有生活、生产设施的料场。

(7)选择开采准备工作量小、施工简便的料场。

如以上要求难以同时满足,应以满足质量、数量的要求为基础,寻求开采、运输、加工成本费用低的方案,确定采用天然骨料、人工骨料还是组合骨料用料方案。当工程附近有质量合格,储量满足工程需要,开采条件合适,且不构成环保和河道水运交通影响的天然砂石料时,宜优先采用天然料场。若天然料运距太远、成本太高,才考虑采用人工骨料方案;而组合骨料,则需确定天然和人工骨料的最佳搭配方案。通常对天然料场中的超径石,通过加工补充短缺级配,形成生产系统的闭路循环,这是减少弃料、降低成本的好办法。

人工骨料通过机械加工,级配比较容易调整以满足设计要求。随着大型、高效、耐用的骨料加工机械的发展、管理水平的提高,人工骨料的成本接近甚至低于天然骨料。采用人工骨料尚有许多天然骨料生产不具备的优点，如级配可按需调整，质量稳定，管理相对集中，受自然因素影响小，有利于均衡生产，减少设备用量，减少堆料场地，同时尚可利用有效开挖料。因此，采用人工骨料的工程越来越多，例如贵州的乌江渡、湖南的五强溪和江垭、广西的岩滩、湖北的三峡等工程均采用人工骨料或用机械加工骨料搭配，在实践中取得了明显的技术经济效果。

（二）骨料生产能力的确定

1.天然骨料开采能力的确定

骨料开采量取决于混凝土中各种粒径料的需要量。若第 i 组骨料所需的净料量为 q_i，则要求开采天然骨料的总量 Q_i 可按下式计算：

$$Q_i = (1 + k)\frac{q_i}{P_i} \quad (\mathrm{t}) \tag{6-1}$$

式中 k——骨料生产过程的损失系数，为各生产环节损失系数的总和，即 $k = k_1 + k_2 + k_3 + k_4$，其中 k_1、k_2、k_3、k_4 参见表6-1；

P_i——天然骨料中第 i 种骨料粒径含量的百分数。

表6-1 天然骨料生产过程骨料损失系数

骨料损失的生产环节		系数	损失系数值		
			砂	小石	大中石
开挖作业	水上	k_1	0.15～0.2	0.02	0.02
	水下		0.3～0.45	0.05	0.03
加工过程		k_2	0.07	0.02	0.01
运输堆存		k_3	0.05	0.03	0.02
混凝土生产		k_4	0.03	0.02	0.02

第 i 种骨料净料需要量 q_i 与第 j 种强度等级混凝土的工程量 V_j 有关，也与该强度等级混凝土中 i 种粒径骨料的单位用量 e_{ij} 有关。于是，第 i 组骨料的净料需要量 q_i 可表达为

$$q_i = (1 + k_c)\sum_j e_{ij}V_j \quad (\mathrm{t}) \tag{6-2}$$

式中 k_c——混凝土出机后运输、浇筑中的损失系数，一般为1%～2%。

由于天然级配与混凝土的设计级配难以吻合，总是有一些粒径的骨料含量较多，另一些粒径短缺。若为了满足短缺粒径的需要而增大开采量，将导致其余各粒径的弃料增加，造成浪费。为避免上述现象，减少开采总量，可采取如下措施：

（1）调整混凝土骨料的设计级配，在允许的情况下，减少短缺骨料的用量，但随之可能会使水泥用量增加，从而会带来水化热温升增高、温度控制困难等一系列问题，故需通过比较才能确定。

（2）用人工骨料搭配短缺料，天然骨料中大石多于中小石比较常见，故可将大石破碎一部分去满足短缺的中小石。采用这种措施，应利用破碎机的排矿特性，调整破碎机的出

料口，使出料中短缺骨料达到最多，尽量减少二次破碎和新的弃料，以降低加工费用。总之，骨料设计优化方案，应以生产总费用最小为目标，经系统分析确定。

2. 人工骨料开采量确定

如需开采石料作为人工骨料料源，则石料开采量 V_r 可按下式计算：

$$V_r = \frac{(1+k)eV_0}{\beta\gamma} \quad (m^3,实方) \tag{6-3}$$

式中 k——人工骨料损失系数，对碎石，加工损失为 2%～4%，对人工砂，加工损失为 10%～20%，运输储存损失为 3%～6%；

e——每立方米混凝土的骨料用量，t/m^3；

V_0——混凝土的总需用量，m^3；

β——块石开采成品获得率，取 80%～95%；

γ——块石容重，t/m^3。

在采用或部分采用人工骨料方案时，若有有效开挖石料可供利用，应将利用部分扣除，确定实际开采石料量。

3. 骨料生产能力的确定

1）工作制度

骨料加工厂的工作制度可根据工程特点，参照表 6-2，但在骨料加工厂生产不均衡时，以及骨料供应高峰期每月实际工作日数和实际工作小时数可高于表 6-2 所列数值。具体选定要结合毛料开采、储备和加工厂各生产单元车间调节能力，以及净骨料的运输条件等综合考虑加班的小时数。

表 6-2 骨料加工厂工作制度

月工作日数(d)	日工作班数	日有效工作时数(h)	月工作小时数(h)
25	2	14	350
25	3	20	500

2）生产能力的确定

骨料加工厂的生产能力应满足高峰时段的平均月需要量，即

$$Q_d = K_s(Q_c A + Q_0) \tag{6-4}$$

式中 Q_d——骨料加工厂的月处理能力，t；

Q_c——高峰时段的混凝土月平均浇筑强度，m^3；

Q_0——工程其他骨料的月需要量，t；

A——每立方米混凝土的砂石用量，t/m^3，一般可取 2.15～2.20 t/m^3；

K_s——计骨料加工、转运损耗及弃料在内的综合补偿系数，一般可取 1.2～1.3，天然砂石料还应考虑级配不平衡引起的弃料补偿。

骨料加工厂的小时生产能力与作业制度有很大关系，在高峰施工时段，一个月可以工作 25 d 以上，一天也可 3 班作业。但为了统计、分析和比较，建议采用规范的计算方法，一般可按每月 25 d，每天 2 班 14 h 计算。按高峰月强度计算处理能力时，每天可按 3 班

20 h 计算。

二、骨料的储存

(一)骨料堆场的任务和种类

为了解决骨料生产与需求之间的不平衡应设置骨料堆场。骨料储存分毛料堆存、半成品料堆存和成品料堆存三种型式。毛料堆存用于解决骨料开采与加工之间的不平衡;半成品料(经过预筛分的砂石混合料)堆存用于解决骨料加工各工序之间的不平衡;成品料堆存的目的在于保证混凝土连续生产的用料要求,并起到降低和稳定骨料含水量(特别是砂料脱水)、降低或稳定骨料温度的作用。

砂石料的总储量多少取决于生产强度和管理水平。通常按高峰时段月平均值的50% ~80% 考虑,汛期、冰冻期停采时须按停采期骨料需要量外加20% 裕度校核。

成品料仓各级骨料的堆存,必须设置可靠的隔墙,以防止骨料混级。隔墙高度按骨料自然休止角(34° ~37°)确定,并超高0.8 m 以上。成品堆场容量,尚应满足砂石料自然脱水要求。

(二)骨料堆场的型式

1. 台阶式

如图6-2 所示,利用地形的高差,将料仓布置在进料线路下方,由汽车或铁路矿车直接卸料。料仓底部设有出料廊道(又称地弄),砂石料通过卸料弧形阀门卸在皮带机上运出。为了扩大堆料容积,可用推土机集料或散料。这种料仓设备简单,但须有合适的地形条件。

2. 栈桥式

如图6-3 所示,在平地上架设栈桥,栈桥顶部安装有皮带机,经卸料小车向两侧卸料。料堆呈棱柱体,由廊道内的皮带机出料。这种堆料的方式,可以增大堆料高度(可达9 ~15 m),减少料堆占地面积。但骨料跌落高度大,易造成逊径和分离,而且料堆自卸容积(位于骨料自然休止角斜线中间的容积)小。

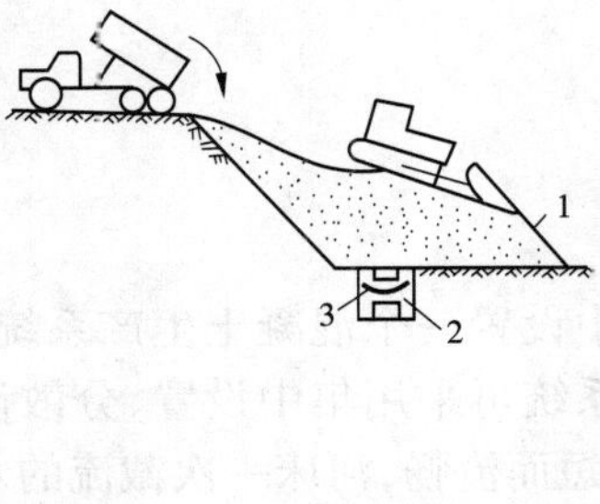

1—料堆;2—廊道;3—出料皮带机

图6-2 台阶式骨料堆

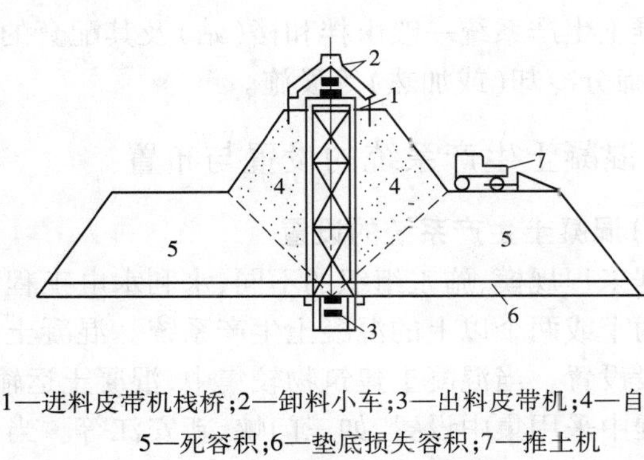

1—进料皮带机栈桥;2—卸料小车;3—出料皮带机;4—自卸容积;5—死容积;6—垫底损失容积;7—推土机

图6-3 栈桥式骨料堆

3. 堆料机

堆料机是可以沿轨道移动,有悬臂扩大堆料范围的专用机械。双悬臂式堆料机如

图6-4(a)所示。动臂式堆料机如图6-4(b)所示,动臂可以旋转和仰俯(变幅范围在±16°之间),能适应堆料位置和堆料高度的变化,避免骨料跌落过高,产生逊径。

为了增大堆料高度,常将其轨道安装在土堤顶部,出料廊道则设于土堤两侧。

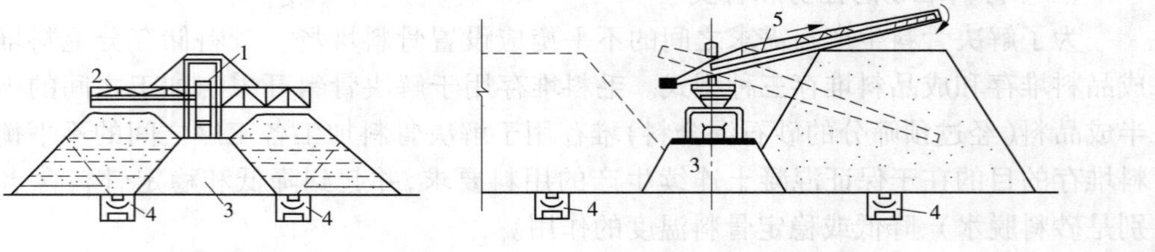

(a)双悬臂式　　(b)动臂式

1—进料皮带机;2—可两侧移动的梭式皮带机;3—路堤;4—出料皮带机廊道;5—动臂式皮带机

图6-4　堆料机堆料

(三)骨料堆存中的质量控制

防止粗骨料跌碎和分离是骨料堆存质量控制的首要任务。卸料时,粒径大于40 mm骨料的自由落差大于3 m时,应设置缓降设施。皮带机接头处高差控制在1.5 m以下。堆料时,应分层进行,逐层上升。储料仓除有足够的容积外,还应维持不小于6 m的堆料厚度。要重视细骨料脱水,并保持洁净和一定湿度。细骨料在进入拌和机前,其表面含水量应控制在5%以内,湿度以3%~8%为宜,过干容易分离。

设计料仓时,料仓的位置和高程应选择在洪水位之上,周围应有良好的排水、排污设施,地下廊道内应布置集水井、排水沟和冲洗皮带机污泥的水管。料仓有关结构设计要符合安全、经济和维修方便的要求,尽量减少骨料转运次数,防止栈桥排架变形和廊道不均匀沉陷。

任务二　混凝土生产系统

混凝土生产系统一般由拌和楼(站)及其配套的辅助设施组成,包括混凝土原材料储运、二次筛分冷却(或加热)等设施。

一、混凝土生产系统的设置与布置

(一)混凝土生产系统的设置

根据工程规模、施工组织的不同,水利水电工程可集中设置一个混凝土生产系统,也可设置两个或两个以上的混凝土生产系统。混凝土生产系统可采用集中设置、分散设置或分标段设置。当混凝土建筑物较集中,混凝土运输线路短而流畅,河床一次截流的水利水电工程中采用集中设置,如三门峡、新安江等。当在河流流量大而宽阔的河段上,采用分期导流、分期施工方式时,一般按施工阶段分期设置混凝土生产系统,如葛洲坝、五强溪工程。而有些建设单位将相对独立的水工建筑物单独招标,并在招标文件中要求中标单位规划建设相应的混凝土生产系统时,可按不同标段设置,如二滩工程大坝(Ⅰ标)和厂房(Ⅱ标)混凝土生产系统。

(二)混凝土生产系统的布置要求

(1)拌和楼尽可能靠近浇筑点,混凝土生产系统到坝址的距离一般在500 m左右,爆破距离不小于300 m,厂址宜布置在浇筑部位同侧。

(2)厂址选择地质良好,地形比较平缓,布置紧凑,拌和楼要尽量布置在地基稳定的基岩上。

(3)厂房主要建筑物地面高程应高出当地20年一遇的洪水位,混凝土生产系统设在沟口时,要保证不受山洪或泥石流的威胁;受料坑、地弄等地下建筑物一般在地下水位以上。

(4)混凝土出线应顺畅,混凝土运输距离应按混凝土出机到入仓的运输时间不超过60 min计算,夏季不超过30 min。

(5)厂区的位置和高程要满足混凝土运输与浇筑施工方案要求。

二、混凝土生产系统的组成

通常混凝土生产系统由拌和楼(站)、骨料储运设施、胶凝材料储运设施、外加剂车间、冲洗筛分车间、预冷热车间、空气站、实验室及其他辅助车间等组成。

拌和楼是混凝土生产系统的主要部分,也是影响混凝土生产系统的关键设备。一般根据混凝土质量要求、浇筑强度、混凝土骨料最大粒径、混凝土品种和混凝土运输等要求选择拌和楼。

(一)拌和楼型式的选择

拌和楼从结构布置型式上可分为直立式、二阶式、移动式等三种型式;从搅拌机配置可分为自落式、强制式及涡流式等。

1. 直立式拌和楼

直立式混凝土拌和楼是将骨料、胶凝材料、料仓、称量、拌和、混凝土出料等各工艺环节由上而下垂直布置在一座楼内,物料只作一次提升。这种楼型在国内外广泛采用,适用于混凝土工程量大、使用周期长、施工场地狭小的水利水电工程。直立式混凝土拌和楼是集中布置的混凝土工厂,常按工艺流程分层布置,分为进料层、储料层、配料层、拌和层及出料层共五层。其中配料层是全楼的控制中心,设有主操纵台,如图6-5所示。

骨料和水泥用皮带机和提升机分别送到储料层的分格仓内,料仓有5~6格装骨料,有2~3格装水泥和掺合料。每格料仓装有配料斗和自动秤,称好的各种材料汇入集料斗内,再用回转式给料器送入待料的拌和机内,拌和用水则由自动量水器量好后,直接注入拌和机。拌好的混凝土卸入储料层的料斗,待运输车辆就位后,开启气动弧门出料。各层设备可由电子传动系统操作。

一座拌和楼通常装2~4台1 000 L以上的锥形拌和机,呈巢形布置。拌和楼的生产容量有4×3 000 L、2×1 600 L、3×1 000 L等,国内外均有成套设备可供选用。

为了控制骨料超逊径引起的质量问题,可以采用运送混合骨料至拌和楼顶进行二次筛分。我国研制的首台4×3 000 L楼顶带二次筛分拌和楼于1989年在五强溪工程安装,1990年6月投入使用,是五强溪工程混凝土生产的主力设备。拌和楼工艺流程如图6-6所示。

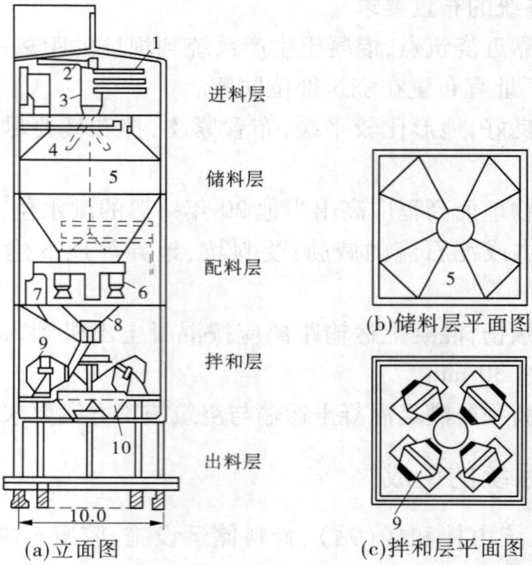

1—进料皮带机；2—水泥螺旋运输机；3—受料斗；
4—分料器；5—储料仓；6—配料斗；7—量水斗；
8—集料斗；9—拌和机；10—混凝土出料斗

图 6-5　直立式混凝土拌和楼　（单位：m）

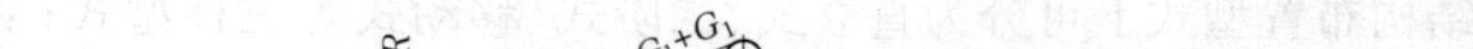

图 6-6　五强溪水电站 4×3 000 L 拌和楼（楼顶带二次筛分）工艺流程

2. 二阶式拌和楼

二阶式混凝土拌和楼是将直立式拌和楼分成两大部分。一部分是骨料进料、料仓储存及称量；另一部分是胶凝材料、拌和、混凝土出料控制等。两部分中间用皮带机连接，一般布置在同一高程上，也可以利用地形高差布置在两个高程上。这种结构布置型式拌和楼安装拆迁方便，机动灵活，时间短。小浪底工程混凝土生产系统 4×3 000 L 拌和楼采用这种型式。

3. 移动式拌和楼

移动式拌和楼一般用于小型水利水电工程，混凝土骨料粒径在 80 mm 以下的混凝土。

（二）拌和设备容量的确定

混凝土生产系统生产能力一般根据施工组织安排的高峰月混凝土浇筑强度，计算混凝土生产系统小时生产能力。

$$P = Q_m K_h/(mn) \tag{6-5}$$

式中 P ——混凝土生产系统小时生产能力，m^3/h；

Q_m ——高峰月混凝土浇筑强度，m^3/月；

m ——月工作日数，一般取 25 d；

n ——日工作小时数，一般取 20 h；

K_h ——小时不均匀系数，一般取 1.5。

按上式计算的小时生产能力，应按设计浇筑安排的最大仓面面积、混凝土初凝时间、浇筑层厚度、浇筑方法等条件，校核所选拌和楼的小时生产能力，以及与拌和楼配备的辅助设备的生产能力等是否满足相应要求。

任务三 混凝土运输浇筑方案

混凝土供料运输和入仓运输的组合形式，称为混凝土运输方案。它是坝体混凝土施工中的一个关键性环节，必须根据工程规模和施工条件，合理选择。

一、常用运输浇筑方案

（一）自卸汽车—履带式起重机运输浇筑方案

混凝土由自卸汽车卸入卧罐，再由履带式起重机吊运入仓。这种方案机动灵活，适应工地狭窄的地形。履带式起重机多由挖掘机改装而成，自卸汽车在工地使用较多，所以能及早投产使用，充分发挥机械的利用率。但履带式起重机在负荷下不能变幅，兼受工作面与供料线路的影响，常须随工作面而移动机身，控制高度不大。适用于岸边溢洪道、护坦、厂房基础、低坝等混凝土工程。

（二）起重机—栈桥运输浇筑方案

采用门机和塔机吊运混凝土浇筑方案，常在平行于坝轴线方向架设栈桥，并在栈桥上安设门机、塔机，如图 6-7 所示。混凝土水平运输车辆常与门机、塔机共用一个栈桥桥面，以便于向门机、塔机供料。

施工栈桥是临时性建筑物，一般由桥墩、梁跨结构和桥面系统三部分组成，桥上行驶起重机（门机或塔机）、运输车辆（机车或汽车），如图 6-8 所示。

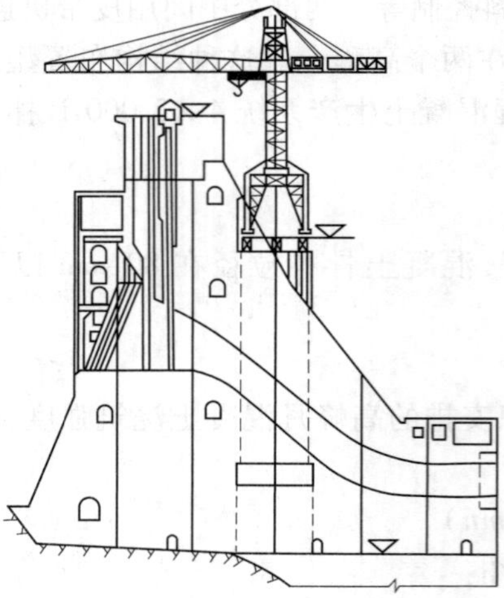

图 6-7　塔机栈桥布置图

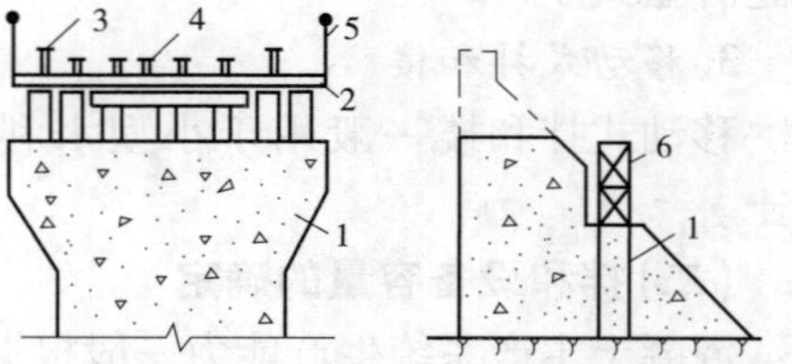

(a)栈桥上部结构　(b)混合式的栈桥结构

1—钢筋混凝土桥墩;2—桥面;3—起重机轨道;4—运输轨道;5—栏杆;6—可拆除的钢架

图 6-8　门机和塔机的工作桥示意图

设置栈桥的目的有两个:一是为了扩大起重机的控制范围,增加浇筑高度;二是为起重机和混凝土运输提供开行线路,使之与浇筑工作面分开,避免相互干扰。

常见栈桥的布置方式有以下几种:

(1)单线栈桥。当建筑物的宽度不太大时,栈桥设于坝底宽度的1/2左右处,可控制大部分浇筑部位,栈桥可一次到顶,也可以分层加高。分层加高有利于及早投产,避免吊罐下放过深,能简化桥墩结构。但施工过程中要加高栈桥,改变运输线路,对主体工程施工有影响,如图 6-9(a)所示。

(2)双线栈桥。对于较宽的建筑物,以便全面控制而布置双线栈桥,如图 6-9(b)、(c)所示。双线栈桥常为一主一辅,主栈桥担任大部分浇筑任务,辅栈桥主要担任水平运输任务。这种布置方式,在坝后式厂房与河床式厂房应用较多。

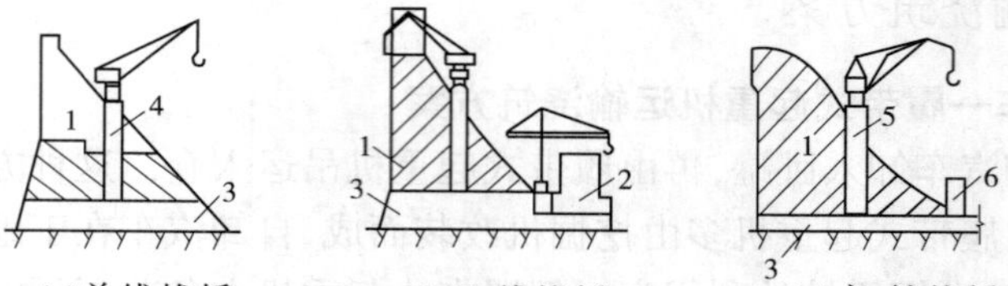

(a)单线栈桥　(b)双线栈桥　(c)主、辅栈桥

1—坝体;2—厂房;3—由辅助浇筑方案完成的部位;4—分两次升高的栈桥;5—主栈桥;6—辅助栈桥

图 6-9　大坝施工栈桥布置方式

(3)多线多高程栈桥。对于坝底宽度特大的高坝工程,常需架设多线多高程栈桥,如图 6-10 所示。近年来,由于高架门机和巨型塔机的应用,可简化这种布置方式。

在选择栈桥布置方式、确定栈桥位置和高程时,除要保证建筑物的控制范围和主要工程量外,还必须考虑与水平运输衔接、施工导流、防洪度汛等问题,并尽量减少门机、塔机搬迁次数,避免或减少对主体工程的影响。对于兼有运输任务的栈桥,桥面高程应与拌和楼出料高程相协调。

起重机—栈桥方案的优点是布置比较灵活，控制范围大，运输强度高；而且门机、塔机为定型设备，机械性能稳定，可多次拆装使用。因此，它是大坝、厂房混凝土施工最常见的方案。这种方案的缺点是，修建栈桥和安装起重机需要占用一段工期，往往影响主体工程施工；而且栈桥下部形成浇筑死区（称为栈桥压仓），需用溜管、溜槽等辅助运输设备方能浇筑，或待栈桥拆除后浇筑。此外，坝内栈桥在施工初期难于形成；坝外低栈桥控制范围有限，且受导流方式的影响和汛期洪水的威胁。

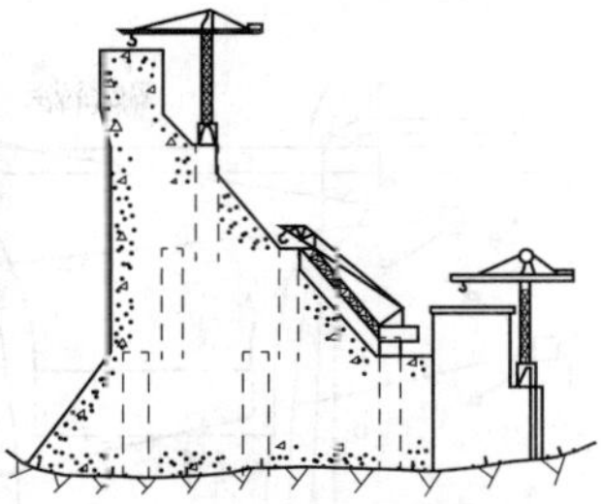
图 6-10 多线多高程栈桥布置图

（三）缆机运输浇筑方案

在河床狭窄的地段上修建混凝土坝多采用缆机。如东江、五强溪、隔河岩、万家寨等工程均采用缆机，三峡工程采用了两台跨度为 1 416 m、塔架高 125 m、起重量 20 t 的摆塔式缆机。

缆机布置，主要是根据枢纽建筑物外形尺寸和河谷两岸地形地质条件，确定缆机跨度和塔架顶部高程。

缆机布置的一般原则如下：

（1）尽量缩小缆机跨度和塔架高度。

（2）控制范围尽量覆盖所有坝块。

（3）缆机平台工程量尽量小，双层缆机布置要使低缆浇筑范围不低于初期发电水位。

（4）供料平台要平直且尽量少压或不压坝块。

塔顶控制高程为

$$H = H_0 + f + a + \Delta \tag{6-6}$$

式中 H——缆机塔顶高程，m；

H_0——计划浇筑的最高部位高程，m；

f——缆机承重索垂度，可按跨度的 5% 计算；

a——吊罐底至承重索的最小距离，为 6 ~ 10 m；

Δ——吊罐底至计划浇筑最高部位高程的安全距离，不小于 1 m。

当塔顶高程确定后，即可根据两岸的陡缓和地质条件，确定塔架高度和缆机跨度。

塔架高度 $H_t = H - H_n$

式中 H_n——轨道顶面高程，m。

采用缆机方案，应尽量全部覆盖枢纽建筑物，满足高峰期浇筑量。图 6-11 是多台缆机布置方案示例，共 3 台 20 t 辐射式缆机，跨度 420 m，主塔高 40 ~ 60 m，副塔高 15 ~ 20 m。其中，缆机 3 布置较低，主要担任厂房运输浇筑任务。

缆机方案布置，有时由于地形地质条件限制，或者为了节约缆机平台工程量和设备投资，往往缩短缆机跨度和塔架高度，甚至将缆机平台降至坝顶高程。这时，需要其他运输设备配合施工，还可以采用缆机和门机、塔机结合施工的方案。

（四）皮带机运输混凝土

采用皮带机运输方案，常用自卸汽车运料到浇筑地点，卸入转料储料斗后，再经皮带

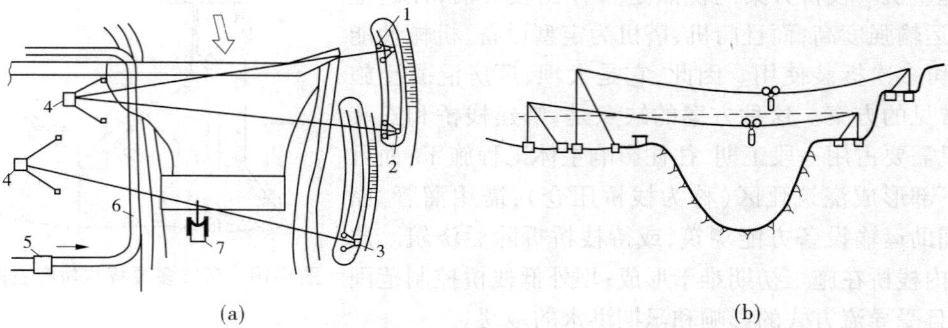

1、2、3—缆机;4、5—缆机固定塔;6—拌和楼;7—混凝土运输轨道

图 6-11　多台缆机布置方案

机转运入仓,每次浇筑的高度约 10 m。适用于基础部位的混凝土运输浇筑,如水闸底板、护坦等。

二、混凝土运输浇筑方案的选择

混凝土运输浇筑方案对工程进度、质量、工程造价将产生直接影响,需综合各方面的因素,经过技术、经济比较后进行选定。在方案选择时,一般需考虑下列因素:

(1)枢纽布置、水工建筑物类型、结构和尺寸,特别是坝的高度。

(2)工程规模、工程量和总进度拟定的施工阶段控制性浇筑进度、强度及温度控制要求。

(3)施工现场的地形、地质条件和水文特点。

(4)导流方式及分期和防洪度汛措施。

(5)混凝土拌和楼(站)的布置和生产能力。

(6)起重机具的性能和施工队伍的技术水平、熟练程度及设备状况。

上述各种因素互相依存、互相制约。因此,必须结合工程实际,拟出几个可行方案进行全面的技术经济比较,最后选定技术上先进、经济上合理、设备供应现实的方案。

在选择运输浇筑方案时,可按下列不同情况确定:

(1)高度较大的建筑物。其工程规模和混凝土浇筑强度较大,混凝土垂直运输占主要地位。常以门机、塔机—栈桥、缆机、专用皮带机为主要方案。以履带式起重机及其他较小机械设备为辅助措施。在较宽河谷上的高坝施工,常采用缆机与门机、塔机(或塔带机)相结合的混凝土运输浇筑方案。

(2)高度较低的建筑物。如低坝、水闸、船闸、厂房、护坦及各种导墙等,可选用门机、塔机、履带式起重机、皮带机等作为主要方案。

(3)工作面狭窄部位。如隧洞衬砌、导流底孔封堵、厂房二期混凝土部分回填等,可选择混凝土泵、溜管、溜槽、皮带机等运输浇筑方案。

三、起重机数量的确定

起重机的数量,取决于混凝土最高月浇筑强度和所选起重机的浇筑能力。

(一)起重机的浇筑能力计算

起重机吊运混凝土的生产率 P(m^3/h)为

$$P = k_1 nq \tag{6-7}$$

式中 q——每次吊运的混凝土方量,m^3,通常以所配吊罐的容量计算;

n——起重机每小时循环吊运次数,与机械性能、工作条件和操作技术等情况有关,在正常情况下,缆机可按每小时8~10次考虑,门机和塔机可按11~12次考虑;

k_1——时间利用系数,可取0.75~0.90。

单台起重机的月浇筑量 P_m 为

$$P_m = kk_2 nmP \tag{6-8}$$

式中 n——每月工作天数,可取25 d;

m——每天工作小时数,可取20 h;

k_2——月的小时利用系数,可取0.75~0.90;

k——综合作业影响系数,即计入辅助吊运工作对混凝土浇筑时间的影响,重力坝一般为0.8~0.9,轻型坝一般为0.7~0.8。

(二)起重机数量的确定

根据混凝土最高月浇筑强度确定的起重机台数,计算公式为

$$N = \frac{Q}{P_m} \tag{6-9}$$

式中 N——起重机台数,取整数;

Q——混凝土最高月浇筑强度,m^3/月;

P_m——单台起重机的月浇筑量,m^3/月。

起重机数量确定后,再结合工程结构的特点、外型尺寸、地形地质等条件进行布置,并从施工方法上论证实现总进度的可能性。必须指出,大中型工程各施工阶段的浇筑部位和浇筑强度差别较大,因此应分施工阶段进行设备选择和布置,并注意各阶段的衔接。

任务四 混凝土的温度控制和分缝分块

一、混凝土温度控制

(一)混凝土的温度变化过程

混凝土在凝固过程中,由于水泥水化,释放大量水化热,使混凝土内部温度逐步上升。对尺寸小的结构,由于散热较快,温升不高,不致引起严重后果;但对大体积混凝土,最小尺寸也常在3~5 m以上,而混凝土导热性能随热传导距离呈非线性衰减,大部分水化热将积蓄在浇筑块内,使块内温度达30~50 ℃,甚至更高。由于内外温差的存在,随着时间的推移,坝内温度逐渐下降而趋于稳定,与多年平均气温接近。大体积混凝土的温度变化过程,可分为如图6-12所示的三个阶段,即温升期、冷却期(或降温期)和稳定期。显然,混凝土内的最高温度 T_{max} 等于混凝土浇筑入仓温度 T_p 与水化热温升值 T_r 之和。由 T_p 到

T_{max}是温升期,由 T_{max}到稳定温度 T_f 是降温期,之后混凝土体内温度围绕稳定温度随外界气温略有起伏。T_{max}与 T_f 之差称混凝土体的最大温差,记为 ΔT。

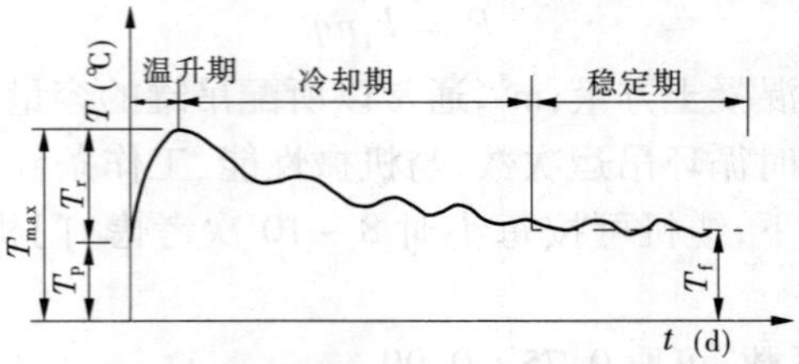

图 6-12　大体积混凝土的温度变化过程线

很明显,要确定 T_{max},须先根据水泥品种和用量,确定水泥水化热引起的温升 T_r,同时还须确定混凝土的入仓温度 T_p。

$$T_p = T_b + \Delta t$$

$$T_b = \frac{\sum C_i G_i T_i}{\sum C_i G_i} \tag{6-10}$$

式中　Δt——混凝土自出拌和机到入仓的温度变化值,℃,当拌和温度与气温相近时,可取 $\Delta t = 0$,当气温高于拌和温度时,温度有回升,Δt 取正值,当气温低于拌和温度时,有热量损失,Δt 取负值,Δt 绝对值的大小主要取决于混凝土拌和温度与气温的差值以及盛料容器的隔热措施、运输时间和转运次数,其值约为拌和温度与气温差绝对值的 15% ~40%;

T_b——混凝土的拌和温度,℃,混凝土拌和料的热量应为各组成材料热量的总和;

i——混凝土组成材料的编号;

C_i——混凝土中材料 i 的比热,kJ/(kg · ℃),水和水泥的比热分别为 4 kJ/(kg · ℃)和 0.8 kJ/(kg · ℃),骨料的比热为 0.8 ~0.96 kJ/(kg · ℃);

G_i——每立方米混凝土中材料 i 的用量,kg/m^3;

T_i——拌和混凝土时材料 i 的温度,℃,水温可用当地月平均水温,水泥温度视运输和储存条件而定,可取 30 ~60 ℃,骨料温度通常接近月平均气温,当使用前数周内受阳光照射,其温度比月平均气温高 3 ~5 ℃。

(二)温度应力与温度裂缝

大体积混凝土的温度应力,是由于变形受约束而产生的,包括基础混凝土在降温过程中受基岩或老混凝土的约束;由非线性温度场引起各单元体之间变形不一致的内部约束;以及在气温骤降情况下,表层混凝土的急剧收缩变形,受内部热胀混凝土的约束等。由于混凝土的抗压强度远高于抗拉强度,在温度压应力作用下不致破坏的混凝土,当受到温度拉应力作用时,常因抗拉强度不足而产生裂缝。随着约束情况的不同,大体积混凝土温度裂缝有如下两种。

1. 表面裂缝

混凝土浇筑后,其内部由于水化热温升,体积膨胀,如受到岩石或老混凝土约束,在初期将产生较小的压应力,当后期出现较小的降温时,即可将压应力抵消;而当混凝土温度继续下降时,混凝土块内将出现较大的拉应力,但混凝土的强度和弹性模量随龄期而增大,只要对基础块混凝土进行适当的温度控制即可防止开裂。但最危险的情况是遇寒潮,气温骤降,表层降温收缩。内胀外缩,在混凝土内部产生压应力,表层产生拉应力。各点温度应力的大小,取决于该点温度梯度的大小。在混凝土内处于内外温度平均值的点应力为零,高于平均值的点承受压应力,低于平均值的点为拉应力,如图 6-13 所示。

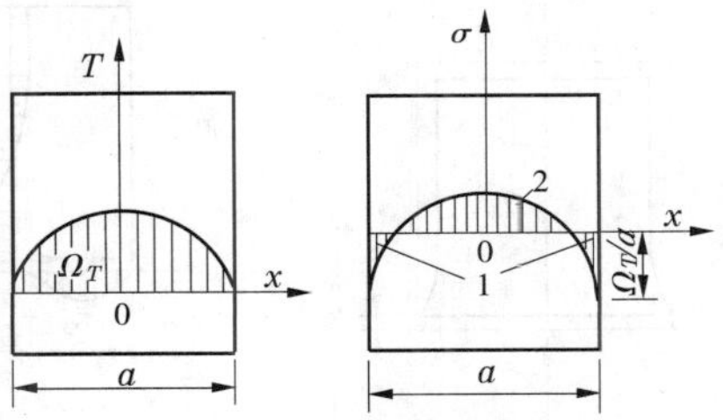

(a)温度分布　(b)温度应力分布

1—拉力区;2—压力区

图 6-13　混凝土浇筑块自身约束的温度应力

当表层温度拉应力超过混凝土的允许抗拉强度时,将产生裂缝,形成表面裂缝,其深度不超过 30 cm。这种裂缝多发生在注块侧壁,方向不定,短而浅,数量较多。随着混凝土内部温度下降,外部气温回升,有重新闭合的可能。

大量工程实践表明,混凝土坝温度裂缝中绝大多数为表面裂缝,且大多数表面裂缝是在混凝土浇筑初期遇气温骤降等原因引起的,少数表面裂缝是由于中后期受年变化气温或水温影响内外温差过大造成的。而表面保护是防止表面裂缝的最有效措施,特别是混凝土浇筑初期内部温度较高时更应注意表面保护。

图 6-13 中 Ω_T 为筑块内温度分布线的包络面积,a 为结构物或浇筑块的厚度,故 Ω_T/a 是平均温度。设一横坐标通过这一平均温度线,则横坐标上下的王负温度应包络的面积彼此相等。沿结构物或块厚方向温度应力 σ 的变化可按下式计算:

$$\sigma = aE(T_x - \frac{\Omega_T}{a}) \tag{6-11}$$

式中　a——混凝土的线膨胀系数,一般取 $1\times10^{-5}\sim8\times10^{-6}$;

E——混凝土的弹性模量;

T_x——横坐标 x 点的温度,℃。

2. 贯穿裂缝和深层裂缝

变形和约束是产生应力的两个必要条件。由于混凝土浇筑温度过高,加上混凝土的水化热温升,形成混凝土的最高温度,当降到施工期的最低温度或降到水库运行期的稳定温度时,即产生基础温差,由这种均匀降温产生混凝土裂缝,这种裂缝是混凝土的变形受外界约束而发生的,所以它整个端面均匀受拉应力,一旦发生,就形成贯穿性裂缝。由温度变化引起温度变形是普遍存在的,有无温度应力出现的关键在于有无约束。人们不仅把基岩视为刚性基础,也把已凝固、弹性模量较大的下部老混凝土视为刚性基础。这种基础对新浇不久的混凝土产生温度变形所施加的约束作用,称为基础约束,如图 6-14 所示。这种约束在混凝土升温膨胀期引起压应力,在降温收缩时引起拉应力。当此拉应力超过混凝土的极限抗拉强度时,就会产生裂缝,称为基础约束裂缝。由于这种裂缝自基础面向上开展,严重时可能贯穿整个坝段,故又称为贯穿裂缝,如图 6-15 所示。此种裂缝宽度随气温变化很敏感;表面宽度沿延伸方向的变化也是很明显的。此外,裂缝在接近基岩部位到顶端,是逐渐消失的。切割的深度可达 3 ~ 5 m 以上,故又称为深层裂缝。裂缝的宽度可达 1 ~3 mm，且多垂直基面向上延伸，既可能平行纵缝贯穿，也可能沿流向贯穿。

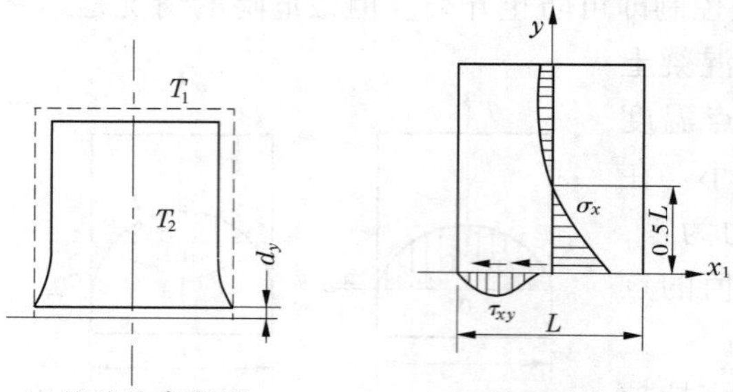

(a)基础约束变形　(b)基础约束应力

图 6-14　混凝土浇筑块的温度变形和基础约束应力

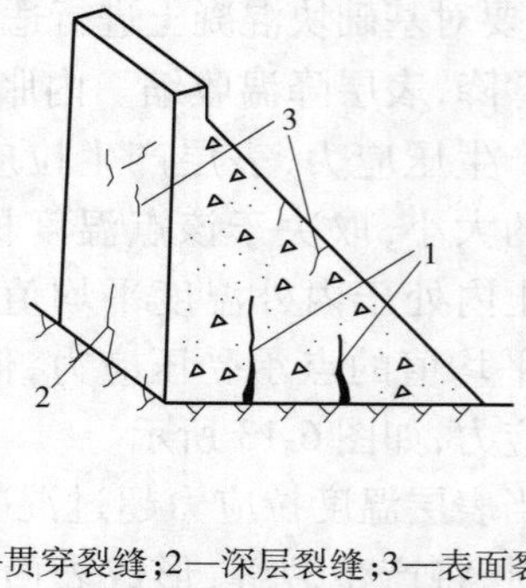

1—贯穿裂缝；2—深层裂缝；3—表面裂缝

图 6-15　混凝土坝温度裂缝

刚浇筑的筑块其内温呈均匀分布，温度为 T_1，由于基础对塑性混凝土的变形无约束，故无应力发生。由于温升过程时间不长，可将筑块温升视为绝热温升，其内温均匀上升至 T_2，温度发生了 T_2-T_1 的变化，记为 ΔT，相应的温度应变为 $\varepsilon_T = a\Delta T$。由于升温过程筑块尚处于塑性状态，变形自由，故无温度应力发生。事实上，只有降温结硬的混凝土在接近基础面部分才受到刚性基础的双向约束，难以变形。冷却收缩时筑块对基础产生挤压，基础对混凝土则产生大小相等、方向相反的拉应力，当此拉应力大于混凝土的抗拉强度，则将引起贯穿裂缝。温度变化引起变形 ε_T 为基础的约束应力产生的变形为 ε_σ 所抵消，表现为紧贴基础部位无变形发生，根据变形相容条件有：

$$\varepsilon_T + \varepsilon_\sigma = a\Delta T + \frac{(1-\mu)\sigma}{E} = 0$$

得

$$\sigma = -\frac{Ea\Delta T}{1-\mu} \tag{6-12}$$

式中　σ——温度应力；

ε_T、ε_σ——浇筑块温升引起的应变和基础约束产生的应变；

μ——混凝土的泊松比，可取为 0.16 ~0.2；

其余符号意义同前。

显然，对于筑块混凝土，E、a、μ 均为常量，温度应力的大小只取决于温度变差 ΔT。式(6-12)是将混凝土浇筑块视为弹性体，对紧贴基础表面一层混凝土推导出来的约束应力值。其实混凝土是弹塑性材料，在应力持续作用下将产生徐变，会引起应力松弛下降，即徐变应力将抵消部分弹性应力。此外，离基础面越高，约束影响越小，加之老混凝土和基岩均非绝对刚体，综合以上影响因素对式(6-12)加以修正，可以表达为

$$\sigma = -\frac{Ea\Delta TRK_p}{1-\mu} \tag{6-13}$$

式中　K_p——混凝土的松弛系数，通常取 0.5；

R——约束影响系数，离基础面越远 R 值越小，其值除与混凝土和基础的弹性模量之比 E/E_r 有关外，也与混凝土筑块高度与其边长比 h/L 有关，取值大小可查表 6-3。

表6-3 基础约束影响系数 R

E/E_r	h/L		
	0.1	0.2	0.5
2	0.57	0.44	0.42
5	0.37	0.30	0.28

(三)大体积混凝土温度控制的任务

大体积混凝土紧靠基础产生的贯穿裂缝,无论是对坝的整体受力,还是对防渗效果的影响都比其浅层表面裂缝的危害大得多。表面裂缝虽然可能成为深层裂缝的诱发因素,对坝的抗风化能力和耐久性有一定影响,但毕竟其深度浅、长度短,如图6-15所示,一般不至于成为危害坝体安全的决定因素。

大体积混凝土温度控制的首要任务是通过控制混凝土的拌和温度来控制混凝土的入仓温度;再通过一期冷却来降低混凝土内部的水化热温升,从而降低混凝土内部的最高温升,使温差降低到允许范围。

其次,大体积混凝土温控的另一任务是通过二期冷却,使坝体温度从最高温度降到接近稳定温度,以便在达到灌浆温度后及时进行纵缝灌浆。众所周知,为了施工方便和温控散热,要求坝体所设的纵缝在坝体完建时应通过接缝灌浆使之结合成为整体,这样方能蓄水及安全运行。若坝体内部的温度未达到稳定温度就进行灌浆,灌浆后坝体温度进一步下降,又会将胶结的缝重新拉开。因此,将坝体温度迅速降低到接近稳定温度的灌浆温度是接缝灌浆和坝体蓄水受益的重要前提。

需要采取人工冷却降低坝体混凝土温度的另一个重要原因,是由于大体积混凝土散热条件差,单靠自然冷却使混凝土内部温度降低到稳定温度需要的时间太长,少则十几年,多则几十年、上百年,从工程及时受益的要求来看,也必须采取人工冷却措施。

(四)大体积混凝土温度控制标准

温度控制标准实质上就是将大体积混凝土内部和基础之间的温差控制在基础约束应力 σ 小于混凝土允许抗拉强度以内,即

$$\sigma \leqslant \frac{\sigma_p}{K} \tag{6-14}$$

式中 σ_p——混凝土的抗拉强度,Pa;

K——安全系数,一般取1.3~1.8,工程等级高的取大值,等级低的取小值。

用基础约束力作为控制标准,则式(6-14)可改写为

$$T_p + T_r - T_f = \Delta T \leqslant \frac{(1-\mu)\sigma_p}{KK_p REa} \tag{6-15}$$

当用混凝土的拉伸应变 ε_p 来控制,则有:

$$T_p + T_r - T_f = \Delta T \leqslant \frac{(1-\mu)\varepsilon_p}{KK_p Ra} \tag{6-16}$$

若取 $\varepsilon_p = 1.0 \times 10^{-4}$, $R = 0.6$, $K = 1.5$, $K_p = 0.5$, $\mu = 1/6$, $a = 1.0 \times 10^{-5}$, $\Delta T \leqslant 18.5$

℃；若取 $\varepsilon_p=0.85\times10^{-4}$，$K=1.8$，$R=0.57$，余同上，则得 $\Delta T\leqslant13.8$ ℃。

应当指出的是，在确定大体积混凝土温度控制标准时，须把理论分析同已建工程的经验紧密结合起来。温度控制的理论分析，忽略了不少实际因素，诸如混凝土材料的非均质性，浇筑块各向温度变化的非均匀性，骨料的性质和类型，基岩面的起伏程度和基岩的吸热作用等。常态混凝土 28 d 龄期的极限拉伸值不低于 0.85×10^{-4}，基岩变形模量与混凝土弹性模量相近，短间隙均匀上升时，基础允许温差 ΔT 的控制标准可参考《混凝土重力坝设计规范》（SL 319—2018），并结合工程的实际情况确定。表 6-4 是基岩与混凝土弹性模量相近的基础温差控制标准。

表 6-4　常态基础允许温差 ΔT 的控制标准　（单位：℃）

距基础面高度 h	浇筑块长边的长度 L(m)				
	<17	17～21	21～30	30～40	40 至通仓
(0～0.2)L	26～24	24～22	22～19	19～16	16～14
(0.2～0.4)L	28～26	26～25	25～22	22～19	19～17

实践证明，控制混凝土的极限拉伸值，对于防止大体积混凝土产生裂缝具有同等重要的意义。设计部门对施工单位提出基础温差控制标准的同时，也提出混凝土允许的极限拉伸值的限制。

此外，当下层混凝土龄期超过 28 d 成为老混凝土时，其上层混凝土浇筑应控制上、下层温差，温差要求上、下层温差值不大于 15～20 ℃。要满足以上要求，在施工中一般通过限制上层块体覆盖下层块体的间歇时间来实现。过长的间歇时间是使上、下层块体温差超标的重要原因之一。

确定灌浆温度是温控的又一标准。由于坝体内部混凝土的稳定温度随具体部位而异，一般情况灌浆温度并不恰好等于稳定温度。通常在确定灌浆温度时，将坝体断面的稳定温度场进行分区，对灌浆温度进行分区处理，各区的灌浆温度取各区稳定温度的平均值。但对某些特殊部位，例如底孔周围、空腹坝的空腹顶部，灌浆后可能出现自然超冷，灌浆温度宜低于稳定温度。在严寒地区，经论证，灌浆温度可高于稳定温度一定值。

由此可见，无论灌浆温度如何定，都以稳定温度为依据，都必须首先确定坝体内的稳定温度场。坝体稳定温度场是指混凝土坝经长期散热后，浇筑时的初始温差和水化热影响趋于消失，坝内各点温度趋于稳定，基本上不再随时间有大的变化。一般当混凝土的温度变幅小于外部水温或气温变幅的 10%，即可视为温度场基本稳定，坝内温度场由变温场转变为常温场——稳定温度场。对坝而言，稳定温度场是个三维空间的场，场内的温度分布可根据热传导理论，建立热传导方程，经推导可得：

$$\frac{\partial^2 T}{\partial x^2}+\frac{\partial^2 T}{\partial y^2}+\frac{\partial^2 T}{\partial z^2}=0 \tag{6-17}$$

式中　T——混凝土坝体温度，℃；

x、y、z——三维的自变量。

鉴于坝体沿坝轴线方向的长度远大于其高度和宽度。若令坝轴向为 Z，其尺寸过大，

热传导可忽略不计,故可将式(6-17)转化为平面问题:

$$\frac{\partial^2 T}{\partial x^2}+\frac{\partial^2 T}{\partial y^2}=0 \tag{6-18}$$

以上两个稳定温度场的表达式都是拉普拉斯微分方程。求解稳定温度场就是在确定的边界条件下,求解拉普拉斯微分方程。

对于平面问题,上游坝面以设计水位为边界,按不同高程分区,取年平均水温作为边界温度;下游坝面则以多年平均气温加日照升温值作为边界温度。当坝的边界温度值确定后,可用流网法或电模拟试验绘制稳定温度场。图 6-16 分别表示国内一座重力坝和一座重力拱坝的稳定温度场。图中实线表示等温线,虚线表示热流线,它表示不同点的热传导方向。

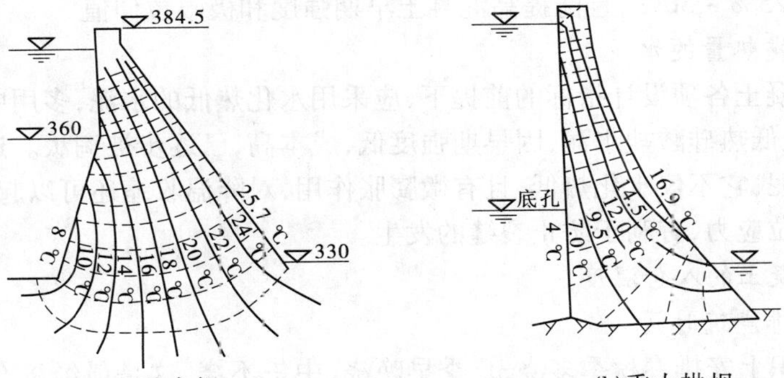

(a)重力坝　　(b)重大拱坝

图 6-16　混凝土坝的稳定温度场　(高程:m)

在确定灌浆温度时,为了施工方便,常对稳定温度场进行分区简化。分区时既要考虑浇筑分块和纵缝位置,也应考虑工作特征高程,如死水位、底孔高程、正常水位等,如图 6-17所示,大体上取各区稳定温度的平均值作为分区灌浆温度。

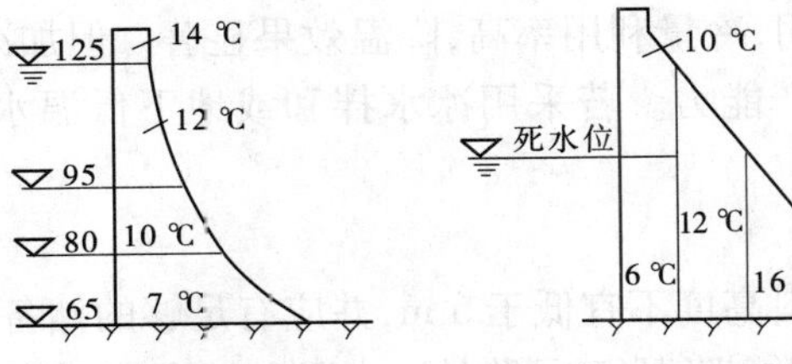

(a)重力拱坝　　(b)重力坝

图 6-17　坝体稳定温度的分区

(五)混凝土的温度控制措施

温度控制的具体措施常从混凝土的减轻和散热两方面着手。所谓减热,就是减少混凝土内部的发热量,如降低混凝土的拌和出机温度,以降低入仓浇筑温度 T_p;减少混凝土的水化热温升 T_r,以降低混凝土可能达到的最高温度 T_{max}。所谓散热,就是采取各种散热措施,如增加混凝土的散热面,在混凝土温升期采取人工冷却降低其最高温升,当到达最高温度后,采取人工冷却措施,缩短降温冷却期,将混凝土块内的温度尽快地降到灌浆温度,以便进行接缝灌浆。

1. 降低混凝土水化热温升

1)减少每立方米混凝土的水泥用量

减少每立方米混凝土的水泥用量的主要措施有:

(1)根据坝体的应力场对坝体进行分区,对于不同分区采用不同强度等级的混凝土。

(2)采用低流态或无坍落度干硬性贫混凝土。

(3)改善骨料级配,选取最优级配,减少砂率,优化配合比设计,采取综合措施,以减少每立方米水泥用量。

(4)掺用混合材料。粉煤灰、掺合料的用量可达水泥用量的25%~40%。

(5)采用高效减水剂。高效减水剂不仅能节约水泥用量约20%,使28 d龄期混凝土的发热量减少25%~30%,且能提高混凝土早期强度和极限拉伸值。

2)采用低发热量的水泥

在满足混凝土各项设计指标的前提下,应采用水化热低的水泥,多用中热水泥和低热硅酸盐水泥,但低热硅酸盐水泥,因早期强度低,成本高,已逐步被淘汰。近年已开始生产低热微膨胀水泥,它不仅水化热低,且有微膨胀作用,对降温收缩还可以起到补偿作用,减小收缩引起的拉应力,有利于防止裂缝的发生。

2. 降低混凝土的入仓温度

1)合理安排浇筑时间

在施工组织上安排春秋季多浇,夏季早晚浇,中午不浇,这是最经济有效降低入仓温度的措施。

2)加冰或加冷水拌和混凝土

混凝土拌和时,将部分拌和水改为冰屑,利用冰的低温和冰融解时吸收潜热的作用。实践证明,混凝土拌和水温降低1 ℃,可使混凝土出机口温度降低0.2 ℃左右。这样,可最大限度将混凝土温度降低约20 ℃。规范规定加冰量不大于拌和用水量的80%。加冰拌和,冰与拌和材料直接作用,冷量利用率高,降温效果显著。但加冰后,混凝土拌和时间要适当延长,相应会影响生产能力。若采用冰水拌和或地下低温水拌和,则可避免这一弊端。

3)降低骨料温度

(1)成品料仓骨料的堆料高度不宜低于6 m,并应有足够的储备。

(2)搭盖凉棚,用喷雾机喷雾降温(砂子除外),水温2~5 ℃,可使骨料温度降低2~3 ℃。

(3)通过地弄取料,防止骨料运输过程中温度回升,运输设备均应有防晒隔热措施。

(4)水冷。使粗骨料浸入循环冷却水中30~45 min,或在通入拌和楼料仓的皮带机廊道、地弄或隧洞中装设喷洒冷却水的水管。喷洒冷却水皮带段的长度,由降温要求和皮带机运行速度而定。

(5)风冷。可在拌和楼料仓下部通入冷气,冷风经粗料的空隙,由风管返回制冷厂再冷。新近引进的附壁式冷风机制冷,冷却效果更好,国内东风电站已开始使用,其构造如图6-18所示。细骨料砂难以采用冰冷,若用风冷,又由于砂的空隙小,效果不显著,故只有采用专门的风冷装置吹冷,如图6-19所示。

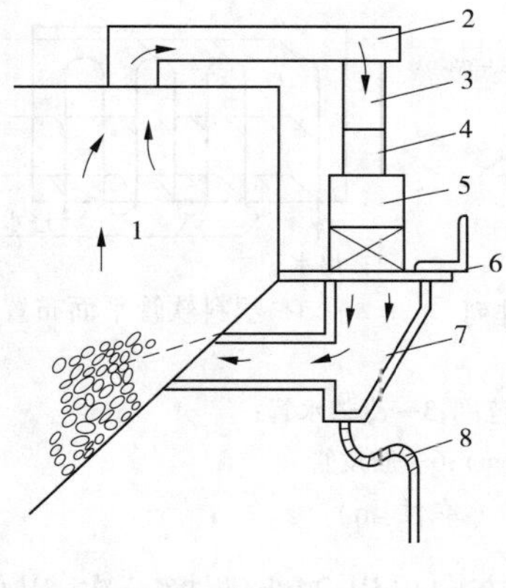

1—料仓;2—回风管;3—进风管;4—风机;
5—蒸发器;6—人行桥;7—除霜箱;8—排水管

图 6-18 附壁式冷风机装置图

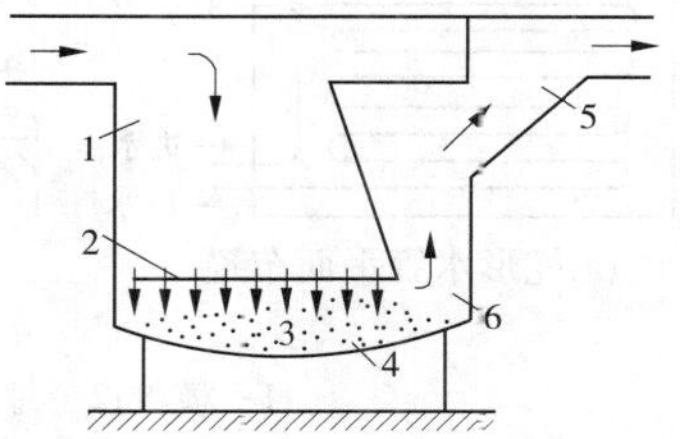

1—冷风道;2—通风管;3—砂料;
4—皮带机;5—回风道;6—密封

图 6-19 砂料风冷装置

(6)真空气化冷却。利用真空气化吸热原理,将放入密闭容器的骨料,利用真空装置抽气并保持真空状态约半小时,使骨料气化降温冷却。

3.加速混凝土散热

1)采用自然散热冷却降温

采用低块薄层浇筑,并适当延长散热时间,即适当增长间歇时间。基础混凝土和老混凝土约束部位浇筑层厚 1 ~ 2 m 为宜,上下层浇筑间歇时间宜为 5 ~ 10 d。在高温季节已采用预冷措施时,则应采用厚块浇筑,缩短间歇时间,防止因气温过高而使热量倒流,以保持预冷效果。

2)在混凝土内预埋水管通水冷却

在混凝土内预埋蛇形冷却水管,通循环冷水进行降温冷却。在国内以往的工程中,多采用直径约为 2.54 cm 的黑铁管进行通水冷却,该种水管施工经验较多,施工方法成熟,水管导热性能好,但水管需要在工地附属加工厂进行加工制作,制作安装均不方便,且费时较多。此外,接头渗漏或堵管时有发生,材料及制作安装费用也较高,目前应用较多的是塑料水管。塑料软管充气埋入混凝土内,待混凝土初凝后再放气拔出,清洗后以备重复利用。冷却水管布置,平面上呈蛇形,断面上呈梅花形,如图 6-20 所示,也可布置成棋盘形。蛇形管弯头由硬质材料制作,当塑料软管放气拔出后,弯头仍留于混凝土内。

一期通水冷却目的在于削减温升高峰,减小最大温差,防止贯穿裂缝发生。一期通水冷却通常在混凝土浇后几小时便开始,持续时间一般为 15 ~ 20 d。混凝土温度与水温之差,不宜超过 25 ℃,通水流速以 0.6 m/s 为宜,水流方向应每 24 h 调换 1 次,每天降温不宜超过 1 ℃,达到预定降温值方可停止。

二期通水冷却可以充分利用一期冷却系统。二期冷却时间一般为 2 个月左右,通过水温与混凝土内部温度之差,不应超过 20 ℃,日降温不超过 1 ℃。通常二期冷却应保证至少有 10 ~ 15 ℃的温度降,使接缝张开度有 0.5 mm,以满足接缝灌浆对灌缝宽度的要求。冷却用水尽量利用低温地下水和库内低温水,只有当采用天然水不合要求时,才辅以

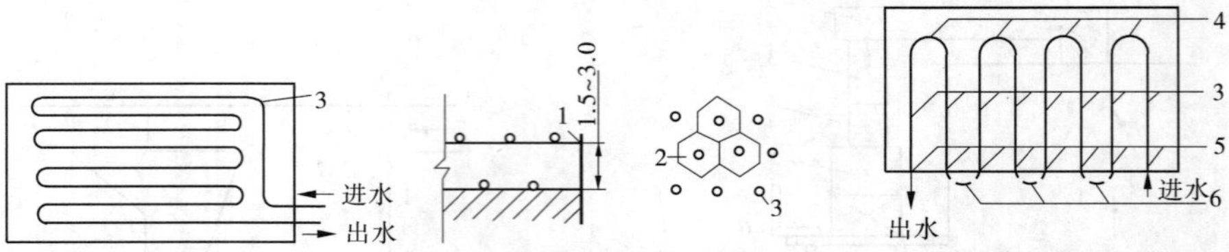

1—模板;2—每一根冷却水管冷却的范围;3—冷却水管;
4—钢弯管;5—钢管(l=20~30 cm);6—胶皮管

图 6-20　冷却水管布置图　(单位:m)

人工冷却水。通水冷却应自下而上分区进行,通水方向可以 24 h 调换一次,以使坝体均匀降温。通水的进出口一般设于廊道内、坝面上、宽缝坝的宽缝中或空腹坝的空腹中。

二、混凝土坝的分缝与分块

为控制坝体施工期混凝土坝温度应力并适应施工机械设备的浇筑能力,需要用垂直于坝轴线的横缝和平行于坝轴线的纵缝以及水平缝,将坝体划分为许多浇筑块进行浇筑。

浇筑块的划分,应考虑结构受力特征、土建施工和设备埋件安装的方便。

混凝土坝分块的基本型式有四种,如图 6-21 所示。

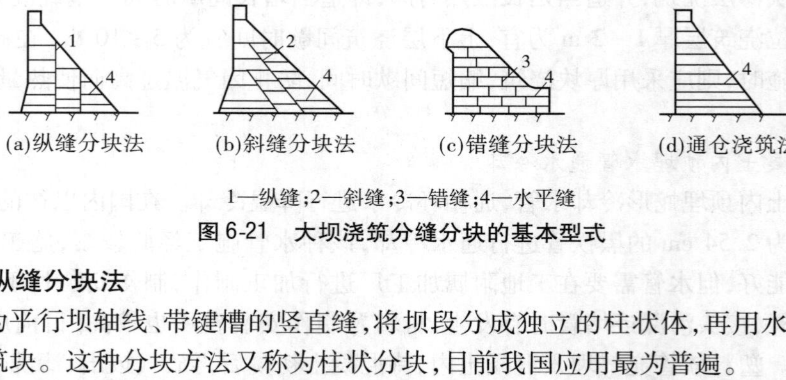

1—纵缝;2—斜缝;3—错缝;4—水平缝

图 6-21　大坝浇筑分缝分块的基本型式

(一)纵缝分块法

纵缝为平行坝轴线、带键槽的竖直缝,将坝段分成独立的柱状体,再用水平缝将柱状体分成浇筑块。这种分块方法又称为柱状分块,目前我国应用最为普遍。

设置纵缝的目的,在于给温度变形以活动的余地,以避免产生基础约束裂缝。纵缝间距一般为 20~40 m,间距太小则降温后接缝张开宽度达不到 0.5 mm 以上的要求,不利于灌浆。纵缝分块的优点是:温度控制比较有把握,混凝土浇筑工艺比较简单,各柱状体可以分别上升,相互干扰小,施工安排灵活。缺点是:纵缝将仓面分得较窄小,使模板工作量增加,且不便于大型机械化施工;为了恢复坝的整体性,纵缝需要接缝灌浆处理,坝体蓄水兴利受到灌浆冷却的限制。

为了增加纵缝灌浆后的抗剪能力,在纵缝面上应设键槽。键槽常为直角三角形,其短边和长边应分别与坝的第一、第二主应力正交,使键槽面承压而不承剪,键槽布置如图 6-22所示。

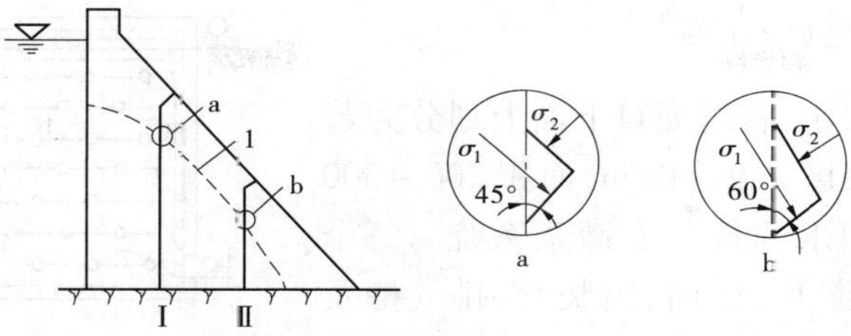

Ⅰ、Ⅱ—纵缝编号;1—第一主应力轨迹线;σ_1、σ_2—第一及第二主应力

图 6-22 坝体主应力与键槽布置

(二)斜缝分块法

斜缝为大致沿坝体两组主应力之一的轨迹面设置的伸缩缝,一般往上游倾斜,其缝面与坝体第一主应力方向大体一致,从而使缝面上的剪应力基本消除。因此,斜缝面只需要设置梯形键槽、加插筋和凿毛处理,不必进行斜缝灌浆。为了坝体防渗的需要,斜缝的上端应在离迎水面一定距离处终止,并在终点顶部加设并缝钢筋或并缝廊道。

从施工方面考虑,选择斜缝往往由于两个原因:一是坝内埋设有引水钢管,斜缝与钢管的斜段平行,便于钢管安装;二是为了拦洪,采用斜缝分块可以及时形成临时挡水断面。斜缝分块的缺点是:只有先浇筑上游正坡坝块,才能浇筑倒坡坝块,施工干扰大,选择仓位的灵活性较小;斜缝前后浇筑块的高差和温差需要严格控制,否则会产生很大的温度应力。由于斜缝面可以不灌浆,所以坝体建成后即可蓄水受益,节约工程投资。

(三)错缝分块法

分块时将块间纵缝错开,互不贯通,错距等于层厚的 1/3 ~ 1/2,故坝的整体性好,也不需要进行纵缝灌浆。但错缝分块高差要求严格,由于浇筑块相互搭接,浇筑次序需按一定规律安排,施工干扰很大,施工进度较慢,同时在纵缝上下端因应力集中容易开裂。

(四)通仓浇筑法

坝段内不设纵缝,逐层往上浇筑,不存在接缝灌浆问题。由于浇筑仓面大,可节省大量模块,便于大型机械化施工,有利于加快施工进度,提高坝的整体性。但是,大面积浇筑,受基础和老混凝土的约束力强,容易产生温度裂缝。为此,温度控制要求很严格,除采用薄层浇筑、充分利用自然散热外,还必须采取多种预冷措施,允许温差控制在 15 ~ 18 ℃。

上述四种分块方法,以纵缝法最为普遍;中低坝可采用错缝法或不灌浆的斜缝;如采用通仓浇筑,应有专门论证和全面的温控设计。

任务五 坝体接缝灌浆

混凝土坝的断面尺寸一般都比较大,实际施工时常分缝分块进行浇筑。重力坝的横缝一般为永久温度沉陷缝;纵缝、拱坝和重力拱坝的横缝,都属于临时施工缝。临时施工缝,需要进行接缝灌浆。蓄水前应完成蓄水初期低库水位以下各灌区的接缝灌浆及其验收工作。蓄水后,各灌区的接缝灌浆应在库水位低于灌区底部高程时进行。

一、灌浆缝的缝面结构

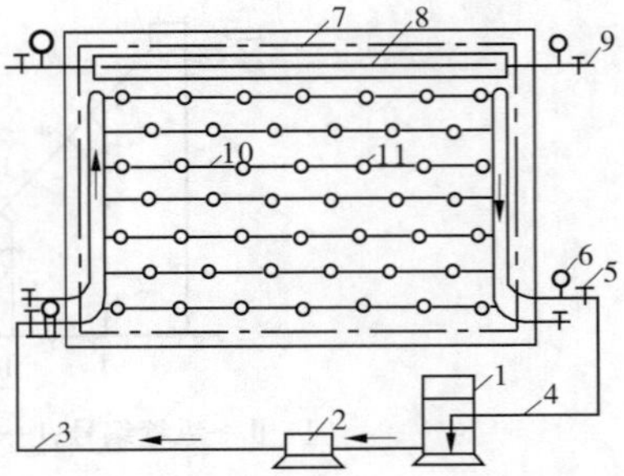

1—拌浆筒;2—灌浆机;3—进浆管;4—回浆管;
5—阀门;6—压力表;7—止浆片;8—排气槽;
9—排气管;10—支管;11—出浆盒

图 6-23 接缝灌浆布置示意图

根据缝的面积大小,将缝面自下而上划分为若干灌浆区。每一灌浆区高 9 ~ 12 m,面积 200 ~ 300 m^2,四周用止浆片封闭,自成一套灌浆系统。每个灌区由循环管路、止浆片、键槽、出浆盒、排气槽及排污槽等组成。灌浆时利用预埋在坝体内的进浆管、回浆管、支管及出浆盒向缝面压送水泥浆,迫使缝中空气(包括缝面上的部分水泥浆)从排气槽、排气管排出,直至缝面灌满设计稠度的水泥浆为止。图 6-23 为接缝灌浆布置示意图。

(一)止浆片

止浆片沿每一灌浆区四周埋设,其作用是阻止接缝通水及灌浆时水与浆液的外露。止水片过去多采用 1.2 mm 的镀锌铁片,这类材料易于锈蚀,或因形状不好而与混凝土结合不良,常引起止浆片失效。近年来,已广泛应用塑料止水带。止水带宽度采用 250 ~ 300 mm 为宜。

垂直及水平止浆片距坝块表面的距离应不小于 30 cm,如止浆片距坝面的距离过小,混凝土不易振捣密实,容易出现架空或漏振,影响止浆效果。

(二)灌浆管路

灌浆管路由进浆管、回浆管、支管、出浆盒、排气槽、排气管等组成。目前国内形成灌浆系统有两种方式:一种是传统的钢管盒式灌浆管路系统(即埋管式),支管间距 2 m,支管上每隔 2 ~ 3 m 有一孔洞,其上安装出浆盒。出浆盒由喇叭形出浆孔(采用木制圆锥或铁皮制成)与盒盖(采用预制砂浆盖板或铁皮制成)组成,分别位于缝面两侧浇筑块中,如图 6-24 所示。在进行后浇块施工时,盒盖要盖紧出浆孔,并在孔边钉上铁钉,以防止浇筑时堵塞。待以后接缝张开,盒盖也相应张开以保证出浆。另一种是 20 世纪 70 年代革新成功的骑缝式拔管灌浆管路系统。两者比较,骑缝式拔管灌浆管路系统具有结构简单,省工省料,出浆顺畅,进、回浆压力小等优点。乌江渡工程坝体灌浆就是采用的骑缝式拔管灌浆管路系统。

(三)键槽

为保持坝体的整体稳定性,灌浆缝面需设置键槽,键槽分纵缝键槽及横缝键槽两种。键槽设计成不等边三角形,其短边及长边尽量垂直于第一及第二主应力,使斜面上的剪应力等于零或接近于零。当先浇块在上游时,键槽的短边应在上,长边在上;先浇块在下游时,则短边在下,长边在上。对于拱坝及重力拱坝,从传递应力、有利于施工及接缝灌浆考虑,一般采用三角形键槽,横缝采用梯形键槽。对较高的大坝设置垂直梯形键槽,对于中低高度的坝,横缝设置水平梯形键槽。

(四)出浆盒

位于键槽上的出浆盒是灌浆时浆液从灌浆管道进入缝面通道。为了使浆液在进入缝面时易于扩散,出浆盒一般设计成圆锥形。施工时先浇块上预埋截头圆锥体铁(木)模,

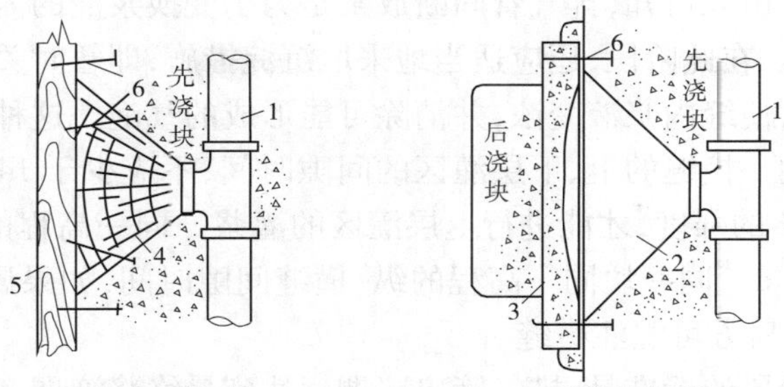

(a)先浇块浇筑时　(b)后浇块浇筑时

1—升浆管；2—出浆口；3—预制砂浆盒盖；
4—喇叭形出浆孔；5—模板；6—铁钉

图6-24　出浆盒的构造与安装

大头紧贴键槽模板，小头通过短管或直接与支管相接，先浇块拆模时，将铁(木)模取出在后浇块上升前，盖上预制混凝土或金属盖板，并在盖板周围涂抹水泥砂浆，形成缝面出浆盒。

出浆盒应放在键槽易拉开一面，如放在三角形键槽的上部斜面及梯形键槽的凹直面。

每个出浆盒担负灌浆面积以5 m^2 为宜，应呈梅花形布置，灌浆底部一排出浆盒，可适当加密为1.5 m。

(五)排气槽和排气管

排气槽断面为三角形，水平设于每一灌浆区的顶端，并通过排气槽与灌浆廊道相通。其作用是：在灌浆过程中排出缝中空气；排出部分缝面浆液，判断接缝灌浆情况；从排气管倒灌水泥浆，保证接缝灌浆质量。

二、接缝灌浆的程序和方法步骤

(一)接缝灌浆的施工顺序

(1)应按高程自下而上分层进行。

(2)拱坝横缝灌浆宜从大坝中部向两岸推进。重力坝的纵缝灌浆宜从下游向上游推进，或先灌上游第一道纵缝后，再从下游向上游顺次灌浆。当既有横缝灌浆又有纵缝灌浆时，施工顺序应按工程具体情况确定。一般是先灌横缝，后灌纵缝。

(3)处于陡坡基岩上的坝段，施工顺序另行规定。

(二)接缝灌浆的程序、方法和步骤

接缝灌浆的整个施工程序是：缝面冲洗、压水检查、灌浆区事故处理、灌浆、进浆结束。其中灌浆工序本身，是由稠度较稀的初始浆液(水灰比3:1或2:1)开灌，经中级浆液(水灰比1:1)变换为最终浆液(水灰比0.6:1或0.5:1)，直到进浆结束。

初始浆液稠度较稀，主要是润湿管路及缝面，并排出缝中大部分空气；中级浆液主要起过渡作用，但也可以充填一些较细的裂缝；最终浆液用来最后充填接缝，保证设计要求的稠度。在灌浆过程中，各级浆液的变换，可由排气管口控制。开灌时，最选灌入初始浆液，当排气管口出浆后，即可改换中级浆液；当排气管口出浆稠度与注入浆液稠度接近时，即可改换最终浆液。由此可知,排气管间断放浆是为了变换浆液的需要,即排出空气和稀浆,并保持缝面畅通。在此阶段,还应适当地采取沉淀措施,即暂时关闭进浆阀门,停止向缝内进浆 5 ~ 30 min,使缝内浆液变浓,并消除可能形成的气泡。这种沉淀措施,在施工中又称为间断进浆。同一接缝的上、下层灌区的间隙时间,不应少于 14 d,并要求下层灌浆后的水泥石具有 70% 的强度,才能进行上层灌区的灌浆。同一高程的相邻纵缝或横缝的间隙时间应不少于 7 d。同一块同一高程的纵、横缝间隙时间,如果属于水平键槽的纵直缝先灌浆,须待 14 d 后方可灌注横缝。

灌浆转入结束阶段的标准是:排气管出浆稠度达到最终浆液稠度,排气管口压力或缝面张开度达到设计规定值,注入率不大于 0.4 L/min,持续灌浆 20 min 后结束。

接缝灌浆的压力必须慎重选择,过小不易保证灌浆质量,过大可能影响坝的安全。一般采用的控制标准是:进浆管压力 $(3.5 \sim 4.5) \times 10^5$ Pa,回浆管压力 $(2 \sim 2.5) \times 10^5$ Pa。

接缝灌浆时,坝体内部温度应降到稳定温度,接缝张开度要大于 0.5 mm。灌浆时间最好选择在低温季节和上游水位较低时进行,以避免接缝宽度缩小。

任务六　碾压混凝土施工

碾压混凝土是一种用土石坝碾压机具进行压实施工的干硬性混凝土。碾压混凝土具有水泥用量少、粉煤灰掺量高、可大仓面连续浇筑上升、上升速度快、施工工序简单、造价低等特点,但对其施工工艺要求较严格。自从 20 世纪 70 年代出现碾压混凝土筑坝技术以来,不少国家相继应用这种新技术修筑混凝土坝和大体积混凝土建筑物,取得了丰富经验。我国于 1980 年开始进行这种技术的试验,经历了试验、探索、推广应用和创新等过程,在筑坝实践和基础理论研究方面已取得显著成效。

一、碾压混凝土原材料及配合比

(一)胶凝材料

碾压混凝土一般采用硅酸盐水泥或矿渣硅酸盐水泥,掺 30% ~ 65% 粉煤灰,胶凝材料用量一般为 120 ~ 160 kg/m^3,《水工碾压混凝土施工规范》(SL 53—94)中规定大体积建筑物内部碾压混凝土的胶凝材料用量不宜低于 130 kg/m^3,其中水泥熟料不宜低于 45 kg/m^3。

(二)骨料

与常态混凝土一样,可采用天然骨料或人工骨料,骨料最大粒径一般为 80 mm,迎水面用碾压混凝土自身作为防渗体时,一般在一定宽度范围内采用二级配碾压混凝土。碾压混凝土砂率一般比常态混凝土高,对沙子含水量的控制要求比常态混凝土严格,沙子含水量不稳定时,碾压混凝土施工层面易出现局部集中泌水现象。

(三)外加剂

一般应掺用缓凝减水剂,并掺用引气剂,增强碾压混凝土抗冻性。

(四)碾压混凝土配合比

碾压混凝土配合比应满足工程设计的各项指标及施工工艺要求,包括:

(1)混凝土质量均匀,施工过程中粗骨料不易发生分离。

(2)工作度适当,拌和物较易碾压密实,混凝土容重较大。

(3)拌和物初凝时间较长,易于保证碾压混凝土施工层面的良好黏结,层面物理力学性能好。

(4)混凝土的力学强度、抗渗性能等满足设计要求,具有较高的拉伸应变能力。

(5)对于外部碾压混凝土,要求具有适应建筑物环境条件的耐久性。

(6)碾压混凝土配合比经现场试验后调整确定。

二、碾压混凝土浇筑上升方式及浇筑季节

(一)碾压混凝土上升方式

以美国和日本为代表,形成两种不同的碾压混凝土浇筑上升方式。采用美国式的碾压混凝土施工时,一般不分纵、横缝(必要时可设少量横缝),采用大仓面通仓浇筑,压实层厚一般30 cm。对于水平接缝的处理,许多坝以成熟度(气温与层面停歇时间的乘积)作为判断标准,在成熟度超过200~260 ℃·h时,对层面采取刷毛、铺砂浆等措施处理,否则仅对层面稍作清理。实际上,层面一般只需要清除松散物,在碾压混凝土尚处于塑性状态时浇筑上一层碾压混凝土,因而施工速度快、造价低,也利于层面结合。日本式的碾压混凝土坝施工,用振动切缝机切出与常态混凝土坝相同的横缝,碾压混凝土压实层厚50~75 cm,甚至达到100 cm,每层混凝土分几块薄层平仓,平仓层厚为15~25 cm,一次碾压。每层混凝土浇筑后停歇3~5 d,层面冲刷毛铺砂浆,因而混凝土水平施工缝面质量良好,但施工速度较慢。我国在吸收美、日施工经验的基础上,既有沿用两种方法修筑的碾压混凝土坝,也采用了改进的施工方法,如辽宁观音阁碾压混凝土坝完全采用日本的施工方法,广西岩滩碾压混凝土围堰等则完全采用美国的施工方法。我国大多数碾压混凝土坝则采用自创的RCCD施工方法,即碾压混凝土在一个升程内(一般2~3 m高)采用大面积薄层连续浇筑上升,压实层厚为30 cm,一个升程混凝土浇筑完毕后,对层面冲刷毛,在下一升程浇筑前铺砂浆。三峡碾压混凝土纵向围堰及二期厂坝导墙即采用该法施工。

对于施工仓面较大,碾压混凝土施工强度受施工设备限制难以满足连续浇筑上升层面允许间歇时间要求时,可采用斜层铺筑法浇筑,该法首先在湖南江垭工程碾压混凝土施工中采用,施工时碾压层向上游或沿坝轴线方向倾斜,坡度根据混凝土施工强度确定,一般为1∶20~1∶40,以满足连续浇筑上升层间允许间歇时间要求为准。该法可缩短连续浇筑上升时层间间歇时间,有利于提高层间胶结强度,其施工类似于RCCD法,升程高度一般为3 m。

在碾压混凝土施工速度及施二强度上,其最大日浇筑量接近2万m^3,日上升速度达1.2 m。

(二)碾压混凝土浇筑季节

碾压混凝土采用一定升程内通仓薄层连续浇筑上升,连续浇筑层层面间歇6~8 h,高温季节浇筑碾压混凝土时预冷碾压混凝土在仓面的温度回升大;另外,碾压混凝土用水量少,拌制预冷混凝土时加冰量少,高温季节出机口温度难以达到7 ℃,因而高温季节对碾

压混凝土进行预冷的效果不如常态混凝土。经计算分析,高温季节浇筑基础约束区混凝土温度将大大超过坝体设计允许最高温度,因而可能产生危害性裂缝。

另外,高温季节浇筑碾压混凝土时,混凝土初凝时间短,表层混凝土水分蒸发量大,压实困难,层面胶结差,从而使本为碾压混凝土薄弱环节的层面结合更难保证施工质量。斜层铺筑法虽然可改善混凝土层面胶结,但难以解决混凝土温度控制等问题。

综上所述,为确保大坝碾压混凝土质量,高温季节不宜浇筑碾压混凝土,根据已建工程施工经验,在日均气温超过25 ℃时不宜浇筑碾压混凝土,三峡工程在技术设计阶段,研究大坝采用碾压混凝土的可行性时,确定碾压混凝土仅在低温季节浇筑下部大体积混凝土时采用,气温较高时改用常态混凝土浇筑。左导墙碾压混凝土浇筑也规定在10月下旬至次年4月上旬进行,其余时间停浇。

三、碾压混凝土拌和及运输

碾压混凝土一般可用强制式或自落式搅拌机拌和,也可采用连续式搅拌机拌和,其拌和时间一般比常态混凝土延长30 s左右,故而生产碾压混凝土时拌和楼生产率比常态混凝土低10%左右。碾压混凝土运输一般采用自卸汽车、皮带机、真空溜槽等方式,也有采用坝头斜坡道转运混凝土。选取运输机具时,应注意防止或减少碾压混凝土骨料分离。

四、平仓及碾压

碾压混凝土浇筑时一般按条带摊铺,铺料条带宽根据施工强度确定,一般为4~12 m,铺料厚度为35 cm,压实后为30 cm,铺料后常用平仓机或平履带的大型推土机平仓。为解决一次摊铺产生骨料分离的问题,可采用二次摊铺,即先摊铺下半层,然后在其上卸料,最后摊铺成35 cm的层厚。采用二次摊铺后,对料堆之间及周边集中的骨料经平仓机反复推刮后,能有效分散,再辅以人工分散处理,可改善自卸汽车铺料引起的骨料分离问题。

一条带平仓完成后立即开始碾压,振动碾一般选用自重大于10 t的大型双滚筒自行式振动碾,作业时行走速度为1~1.5 km/h,碾压遍数通过现场试碾确定,一般为无振2遍加有振6~8遍。碾压条带间搭接宽度大于20 cm,端头部位搭接宽度大于100~150 cm。条带从铺筑到碾压完成控制在2 h左右。边角部位采用小型振动碾压实。碾压作业完成后,用核子密度仪检测其容重,达到设计要求后进行下一层碾压作业;若未达到设计要求,立即重碾,直到满足设计要求为止。模板周边无法碾压部位一般可加注与碾压混凝土相同水灰比的水泥浓浆后用插入式振捣器振捣密实。仓面碾压混凝土的V_C值控制在5~10 s,并尽可能地加快混凝土的运输速度,缩短仓面作业时间,做到在下一层混凝土初凝前铺筑完上一层碾压混凝土。

当采用金包银法施工时,周边常态混凝土与内部碾压混凝土结合面尤要注意做好接头质量。

五、造缝

碾压混凝土一般采取几个坝段形成的大仓面通仓连续浇筑上升,坝段之间的横缝,一般可采取切缝机切缝(缝内填设金属片或其他材料)、埋设隔板或钻孔填砂形成,或采用其他方式设置诱导缝。切缝机切缝时，可采取先切后碾或先碾后切，成缝面积不小于设计缝面的60%。埋设隔板造缝时，相邻隔板间隔不大于10 cm，隔板高度宜比压突层面低2～3 cm。钻孔填砂造缝则是待碾压混凝土浇筑完一个升程后沿分缝线用手风钻造诱导孔。

六、碾压混凝土温度控制

（一）分缝分块

碾压混凝土施工一般采取通仓薄层连续浇筑，对于仓面很大而施工机械生产率不能满足层面间歇期要求时，对整个仓面分设几个浇筑区进行施工。为适应碾压混凝土施工的特点，碾压混凝土坝或围堰不设纵缝，横缝间距一般也比常态混凝土间距大，采用立模、锯缝或在表面设置诱导缝。例如，三峡纵向围堰坝身段下部高程84.5 m以下采用了碾压混凝土施工，该坝段顺流向长度为115 m，横缝间距36 m和32 m，不分纵缝通仓施工，最大仓面面积4 140 m^2，三峡厂坝导墙采用碾压混凝土，导墙分块长度30～34 m，采用2～3块为一碾压仓，人工造缝形成设计分块缝。对于碾压混凝土围堰或小型碾压混凝土坝，也有不设横缝的通仓施工，例如隔河岩上游横向围堰及岩滩上下游横向围堰均未设横缝。对于大中型碾压混凝土坝如不设横缝，难免会出现裂缝，美国早期修建的几座未设横缝的大中型碾压混凝土坝均出现较大裂缝而不得不进行修补。

（二）碾压混凝土温度控制标准

由于碾压混凝土胶凝材料用量少，极限拉伸值一般比常态混凝土小，其自身抗裂能力比常态混凝土差，因此其温差标准比常态混凝土严，《混凝土重力坝设计规范》（SL 319—2018）中规定，当碾压混凝土28 d极限拉伸值不低于0.70×10^{-4}时，碾压混凝土坝基础容许温差见表6-5。对于外部无常态混凝土或侧面施工期暴露的碾压混凝土浇筑块，其内外温差控制标准一般在常态混凝土基础上加上2～3 ℃。

表6-5　碾压混凝土坝基础容许温差　（单位：℃）

距基础面高度 h	浇筑块长边长度 L		
	30 m以下	30～70 m	70 m以上
$(0\sim0.2)L$	18～15.5	14.5～12	12～10
$(0.2\sim0.4)L$	19～17	16.5～14.5	14.5～12

（三）碾压混凝土温度计算

由于碾压混凝土采用通仓薄层连续浇筑上升，混凝土内部最高温度一般采用差分法或有限元法进行仿真计算。计算时每一碾压层内竖直方向设置3层计算点，水平方向则根据计算机容量设置不同数量计算点。三峡大坝在进行单项技术设计时曾分析大坝下部采用碾压混凝土时早期最高温度，采用差分法进行仿真计算，基础约束区R_{90}200号混凝土早期最高温度计算结果见表6-6。碾压混凝土因胶凝材料用量少，且掺加大量粉煤灰，其水化热温升一般较低，冬季及春秋季施工时期内部最高温度比常态混凝土低。

表 6-6 单项技设研究三峡 1 号泄洪坝段下部采用碾压混凝土早期最高温度

区域	高程(m)	混凝土类别	混凝土浇筑时间	混凝土出机口温度(℃)	混凝土最高温度(℃)	最高温度出现时间
基础约束区	10.0~13.0	常态混凝土	1月	自然入仓	16.6~20.3	1月
	13.0~21.1	碾压混凝土	2月		18.9~24.1	5月
	21.1~31.0		3月	10	24.1~26.8	6月
	31.0~36.0		4月	10	26.8~28.0	7月
	36.0~40.9				28.0~29.1	7月
脱离基础约束区	40.9~44.0		5月	10	29.1~30.1	8月

(四)冷却水管埋设

碾压混凝土一般采取通仓浇筑,且为保证层间胶结质量,一般安排在低温季节浇筑,不需要进行初、中、后期通水冷却,从而不需要埋设冷却水管。但对于设有横缝且需进行按缝灌浆,或气温较高,混凝土最高温度不能满足要求时,也可埋设水管进行初、中、后期通水冷却。三峡工程在碾压混凝土纵向围堰及纵堰坝身段下部碾压混凝土中均埋设了冷却水管。施工时冷却水管一般布设在混凝土面上,水管间距为 2 m,开始采用挖槽埋设,此法费工、费时,效果亦不佳。之后改在施工缝面上直接铺设,用钢筋或铁丝固定间距,开仓时用砂浆包裹,推土机入仓时先用混凝土作垫层,避免履带压坏水管。一般在收仓后 24 h 开始进行初期通水冷却,通水流量 18~20 L/min,通水时间不少于 7 d,一般可降低混凝土最高温度 3~5 ℃。

(五)温控措施

碾压混凝土主要温控措施与常态混凝土基本相同,仅混凝土铺筑季节受到较大限制,由于碾压混凝土属干硬性混凝土,用水量少,高温季节施工时表面水分散发后易干燥而影响层间胶结质量,故一般要求在低温季节浇筑。

七、施工缝面处理

正常施工缝一般在混凝土收仓后 10 h 左右用压力水冲毛,清除混凝土表面的浮浆,以露出粗砂粒和小石为准。

施工过程中因故中止或其他原因造成层面间歇时间超过设计允许间歇时间,视间歇时间的长短采取不同的处理方法,对于间歇时间较短,碾压混凝土未终凝的施工缝面,可采取将层面松散物和积水清除干净,铺一层 2~3 cm 厚的砂浆后,继续进行下一层碾压混凝土摊铺、碾压作业;对于已经终凝的碾压混凝土施工缝,一般按正常工作缝处理。

第一层碾压混凝土摊铺前,砂浆铺设随碾压混凝土铺料进行,不得超前,保证在砂浆初凝前完成碾压混凝土的铺筑。碾压混凝土层面铺设的砂浆应有一定坍落度。

八、模板

规则表面采用组合钢模板,不规则面一般采用木模板或散装钢模板。为便于碾压混凝土压实，模板一般用悬臂模板，可用水平拉条固定。对于连续浇筑上升的坝体，应特别注意水平拉条的牢固性。廊道等孔洞宜采用混凝土预制模板。

碾压混凝土坝下游面为方便碾压混凝土施工，可做成台阶，并可用混凝土预制模板形成。

九、防渗层常态混凝土浇筑

“金包银”结构的外部防渗层常态混凝土铺筑层厚一般与碾压混凝土相同，为30 cm，可采取先浇常态混凝土，在常态混凝土初凝前铺筑碾压混凝土，或先浇碾压混凝土，再浇筑常态混凝土，结合部位采用振动碾压实，大型振动碾无法碾压的部位，用小型振动碾碾压。

项目七　地下建筑工程

地下建筑工程施工，受地质、水文地质、建筑物型式及施工条件的影响较大，其施工方法与露天作业有很大的差别，因而往往是整个枢纽工程中控制施工进度的工程项目。

本项目主要结合平洞的施工，介绍地下建筑工程施工中的几个主要问题，如洞室开挖、衬砌施工和喷锚支护。

任务一　地下建筑工程的施工程序

地下建筑工程，按其工作性质可分为过水的和不过水的两大类；常见的型式有平洞、斜洞和竖井、大型洞室。

一、平洞的施工过程与施工特点

平洞施工方法有两种，即常用的钻眼爆破法及全断面掘进法（TBM 法）。本章重点介绍钻眼爆破法施工，其主要施工工序是钻孔、装药、爆破、通风散烟、清撬、出渣、检查及测量放线，在地质条件较差地段，应增加锚杆支护、混凝土衬砌、灌浆等工序，同时还需进行排水、照明、供水、供电、供风等辅助工作，保证平洞施工的顺利进行。因此，钻眼爆破法施工有以下几个特点：

（1）施工作业空间狭小，工序多，交叉作业多，施工干扰大，工期长。在长隧洞施工中，由于施工进度的要求，还需开挖施工支洞以增加工作面，增加了工程造价。

（2）洞线地质条件直接决定平洞的施工方法。岩石是成洞开挖的对象，又是成洞后支护的对象，在施工中应充分了解洞周围岩性质，根据不同围岩类别，采取不同的开挖方法和支护措施，发挥围岩的自承稳定能力，加快施工进度，节省工程造价。

（3）平洞施工基本上不受外界气候影响，但施工条件差，粉尘及有害气体不易排出，因此在施工中必须严格遵守安全操作规程，制订相应的安全技术措施，确保施工人员生命安全。

二、平洞的开挖方法

平洞开挖的基本要求是：开挖断面尺寸必须符合设计要求，尽可能减少超欠挖；控制装药量，尽量减小对洞周围岩的破坏，以提高围岩的自稳能力，同时使爆落的岩块大小适度，以便于出渣；合理布置炮孔位置、炮孔数量和炮孔深度，以提高爆破效果，加快施工进度，降低工程造价。因此，必须根据洞线地质条件、平洞型式和断面尺寸、施工条件及施工机械设备，选择合理的平洞开挖方法。

（一）全断面开挖法

全断面开挖是指平洞的设计断面一次性钻孔爆破成型。平洞的衬砌或支护，可在全洞贯通后进行，也可在掘进相当距离后进行。当地质条件较好，围岩坚固稳定，不需要临时支护或仅需局部支护的大小断面平洞中，又有完善的机械设备，均可采用全断面开挖方法，如图7-1所示。

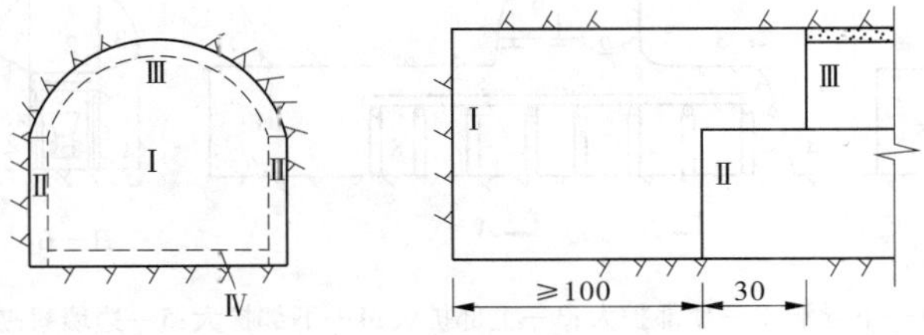

Ⅰ、Ⅱ、Ⅲ、Ⅳ—开挖及衬砌顺序

图7-1　全断面开挖方法　（单位：m）

全断面开挖的特点是，洞内工作面较大，有利于机械化施工。例如，云南省鲁布革水电站引水隧洞，开挖直径8.8 m，围岩稳定性好，采用全断面开挖，月平均进尺243.7 m，日平均进尺9.36 m，最高日进尺14.6 m，最高月进尺曾达到357 m。

当缺乏大型施工机械设备而无法进行全断面开挖时，可采用断面分层开挖方法，即将工作面分为上下两层，上层超前2～4 m，上下层同时爆破的掘进方法，如图7-2所示。具体施工顺序是爆破散烟及安全检查后，清理上层台阶的石渣，进行上层工作面的钻孔，同时出渣，清渣后下层工作面钻孔，钻孔完成后，上下层炮孔同时装药，一起爆破，保持上下工作面掘进深度一致。

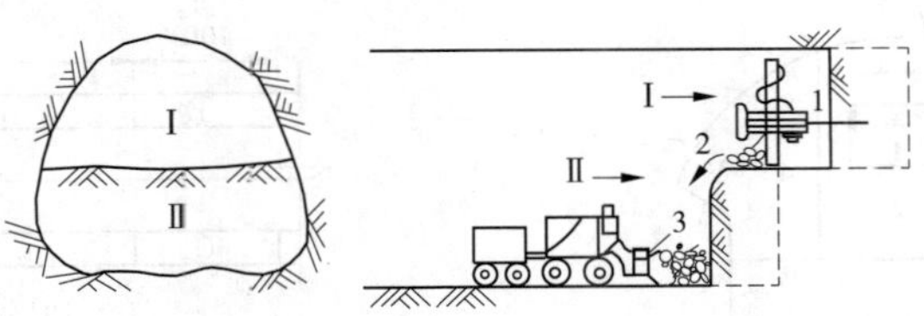

Ⅰ—上台阶；Ⅱ—下台阶；

1—上台阶钻孔；2—扒落石渣；3—出渣后再钻孔

图7-2　全断面台阶法掘进示意图

（二）导洞开挖法

导洞开挖法就是在平洞中先开挖一个小断面的洞作为先导，称为导洞，然后扩大至整个设计断面，根据导洞与扩大开挖的次序可分为导洞专进法和导洞并进法。导洞专进法是待导洞全线贯通后再开挖扩大部分；导洞并进法是待导洞开挖一定距离（一般为10～15 m）后，导洞与扩大部分的开挖同时前进。根据导洞在整个断面中的不同位置，可分为上导洞、下导洞、中导洞、双导洞等开挖方法。

1. 下导洞开挖法

导洞布置在断面下部中央，开挖后向上及向两侧底部扩大至全断面。其施工顺序是，先开挖下导洞，并架设漏斗棚架，然后向上拉槽至拱顶，再由拱部两侧向下开挖。上部岩渣可经漏斗棚架装车出渣，所以又称为漏斗棚架法，如图7-3所示。其优点是出渣线路不必转移，排水容易，工序之间施工干扰小。但遇地质条件较差时，施工不够安全。适用于基本稳定围岩中的大断面隧洞或机械化程度较低的中小断面平洞。

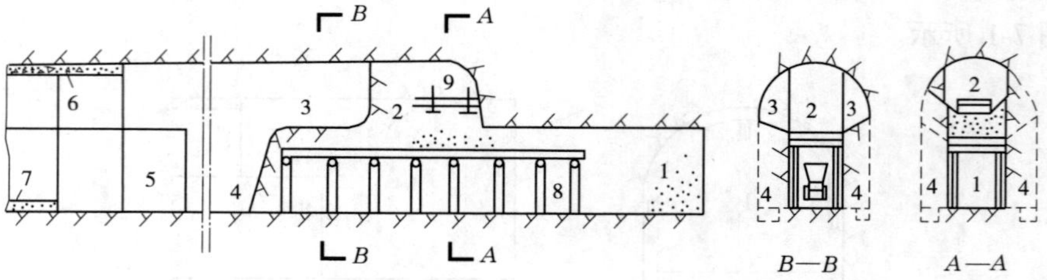

1—下导洞;2—顶部扩大;3—上部扩大;4—下部扩大;5—边墙衬砌;
6—顶拱衬砌;7—底板衬砌;8—漏斗棚架;9—脚手架

图 7-3　下导洞开挖法施工顺序

2. 上导洞开挖法

导洞布置在断面顶拱中央,开挖后由两侧向下扩大的开挖方法。其施工顺序如图 7-4所示。即先开挖顶拱中部,再向两侧扩拱,及时衬砌顶拱,然后转向下部开挖衬砌。此法适用于稳定性差或不稳定围岩的平洞。其优点是:先开挖顶拱,可及时作好顶拱衬砌,下部施工在拱圈保护下进行,比较安全。缺点是需重复铺设风、水管道及出渣线路,排水困难,施工干扰大,衬砌整体性差。尤其是下部开挖时影响拱圈稳定,所以下部岩体开挖时常采用马口开挖法,如图 7-5 所示。其原理是使拱圈不是由岩体承担,就是由衬砌后的边墙承担。

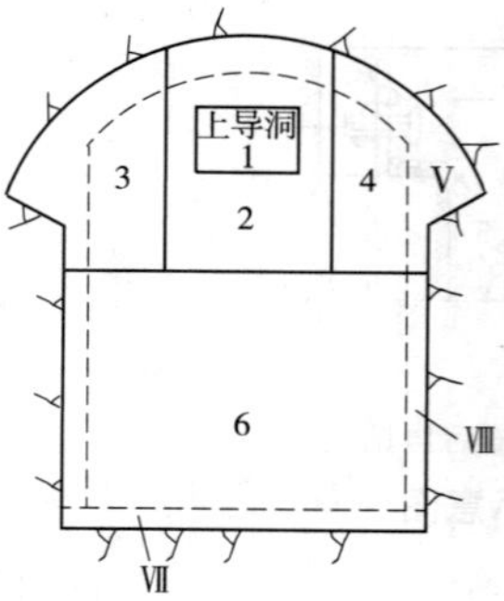

1、2、3、4、6—开挖顺序;
Ⅴ、Ⅶ、Ⅷ—衬砌顺序

图 7-4　上导洞开挖施工顺序

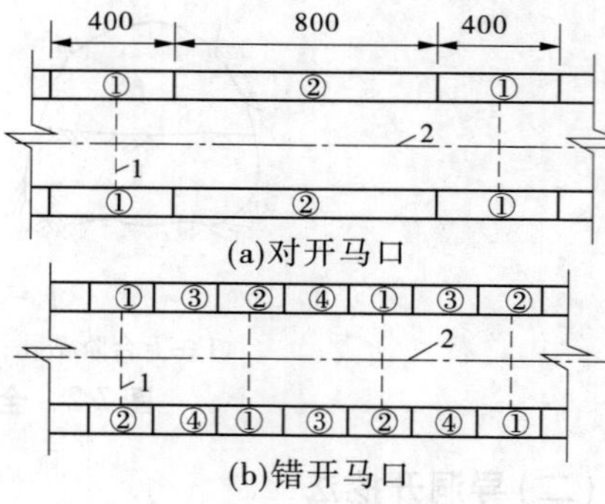

1—拱圈施工缝;2—隧洞中心线;
①~④—开挖顺序

图 7-5　马口开挖顺序

3. 中导洞辐射孔法

导洞布置在断面中央,导洞全线贯通后向四周辐射钻孔开挖的方法。此法适用于围岩基本稳定,不需临时支护,且具有柱架式钻机的大中断面的平洞。其优点是:利用柱架式钻机,可以一次钻完四周辐射炮孔,钻孔和出渣可平行作业。缺点是:导洞和扩大并进时,导洞部分出渣很不方便。所以,一般待导洞贯通后再扩大开挖。其施工顺序如图 7-6所示。

4. 双导洞开挖

双导洞开挖有上下导洞和双侧导洞两种开挖法。上下导洞法适用于洞周围岩稳定性好,但缺少大型开挖设备的较大断面平洞。下导洞出渣、排水,上导洞扩大并对顶拱衬砌,为了便于施工,上下导洞用斜洞或竖井连通。双侧导洞法适用于围岩稳定性差,地下水较严重,断面较大需要边挖边支护的平洞。双导洞的施工顺序如图7-7所示。

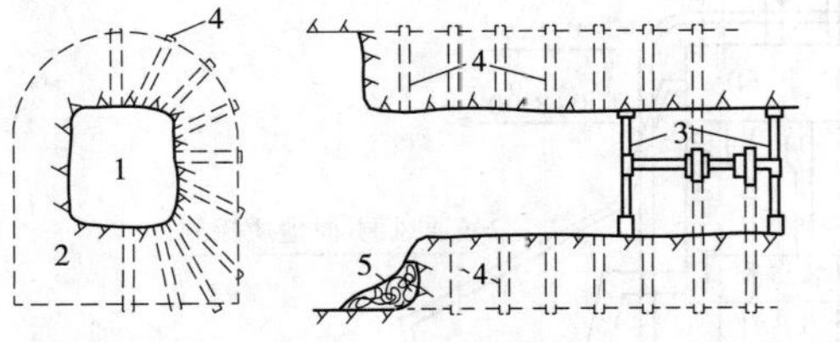

1—导洞;2—四周扩大部分;3—柱架;4—钻孔;5—石渣

图7-6 中导洞开挖施工顺序

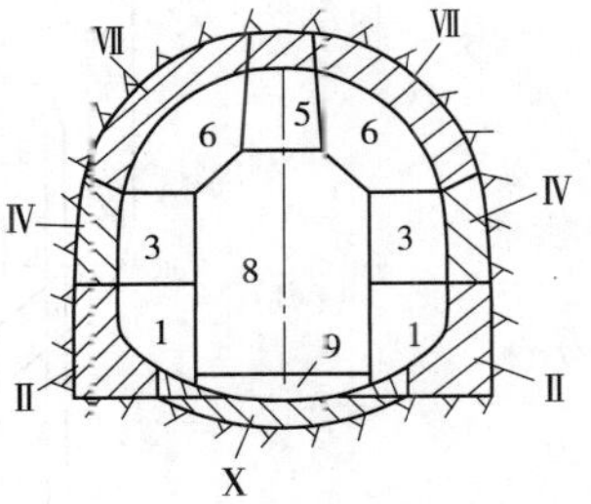

1、3、5、6、8、9—开挖顺序;
Ⅱ、Ⅳ、Ⅶ、X—衬砌顺序

图7-7 双导洞施工顺序

(三)导洞的形状和尺寸

导洞一般采用上窄下宽的梯形断面,这种形状施工简单,受力条件较好,可利用底角布置风、水等管线。导洞断面尺寸是根据出渣运输要求,临时支护型式和人行安全的条件确定。一般底宽为2.5~4.5 m(其中人行通道宽取0.7 m),高度为2.2~3.5 m。

三、大断面洞室的施工程序

在地下建筑物中,除平洞外,还有大断面地下厂房。水电站地下厂房的特点是,跨度大、边墙高,相邻洞室距离近,交叉洞口多,例如四川雅安小关子电站的地下厂房,跨度17.6~18.7 m,高度37.58 m,长度89.65 m,与厂房直接相通的洞室就达16条,如图7-8和图7-9所示。因此,大型洞室的施工,常采用先拱部后底部,先外缘后核心,由上而下、上下结合,留岩墙岩柱,跳格开挖,跳格衬砌支护等施工方法。应用变高洞为低洞,变大跨度为小跨度的原理,保证厂房周边围岩的稳定。根据围岩的稳定强度,有以下几种施工方法:

(1)先拱后墙分层施工。施工时先开挖顶拱及拱座,顶拱衬砌或支护后,再开挖中下部,衬砌或支护边墙和底板,如图7-10所示。这种方法适用于基本稳定围岩及有大型机械的条件。

(2)先墙后拱预留中心岩柱方法。先开挖边墙两侧导洞,衬砌边墙后再开挖顶拱,衬砌顶拱,中部岩体最后开挖,如图7-11所示。这种方法适用于围岩稳定性较差的情况。

当围岩稳定性差,采用上法不能解决围岩稳定时,可采用肋墙肋拱法施工。其施工顺序是,先开挖上下侧壁导洞,沿导洞跳格开挖并衬砌边墙(称为肋墙),然后利用上部侧壁导洞,跳格开挖并衬砌顶拱(称为肋拱),再挖除肋拱肋墙间的岩体,完成肋拱肋墙全部衬砌,最后挖除中部岩体,衬砌底板。如图7-12所示。

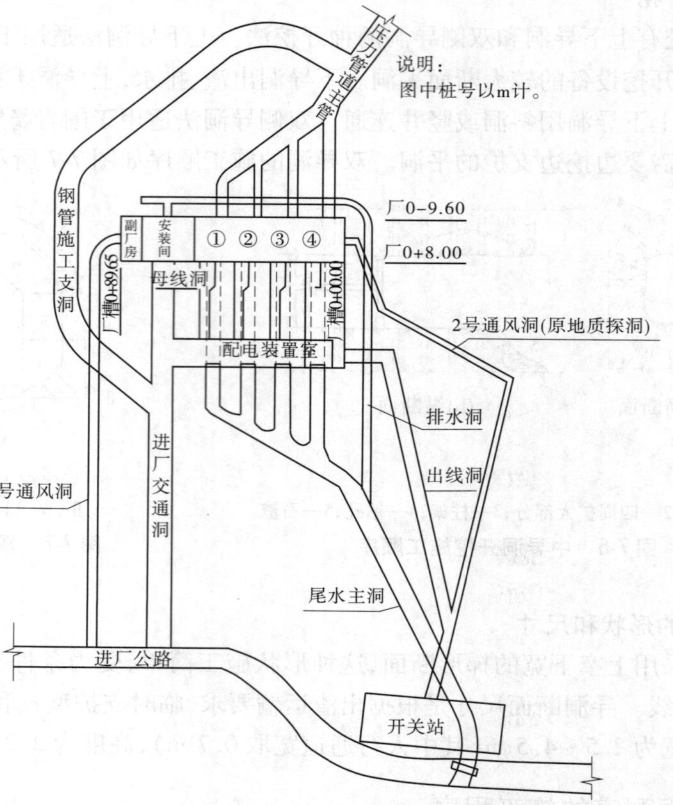

图 7-8　地下厂房洞室群平面布置图

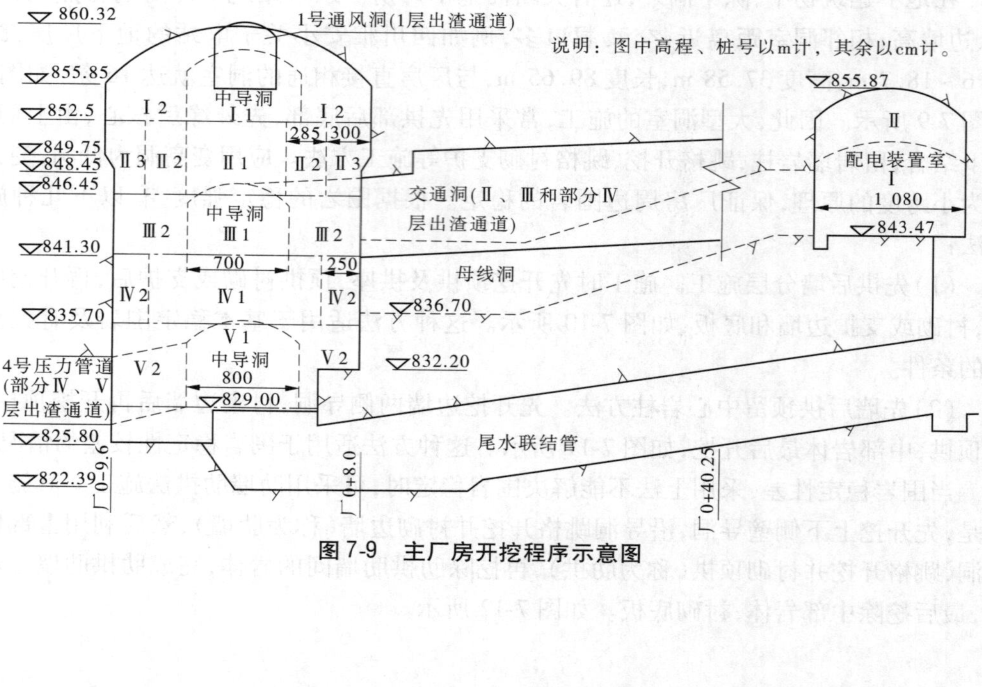

图 7-9　主厂房开挖程序示意图

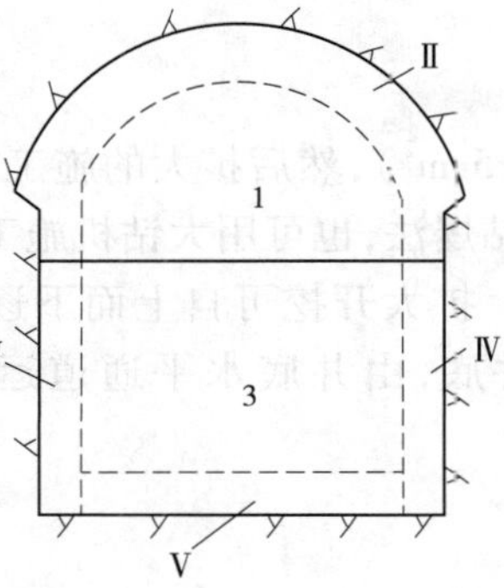

1、3—开挖顺序；Ⅱ、Ⅳ、Ⅴ—衬砌顺序

图7-10　先拱后墙分层施工

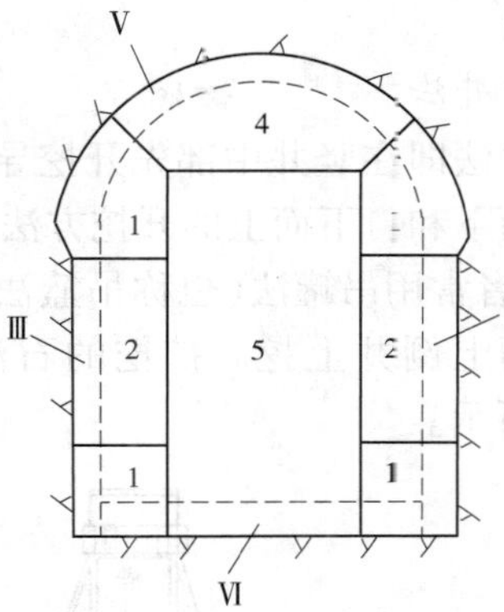

1、2、4—开挖顺序；5—岩柱；Ⅲ、Ⅴ、Ⅵ—衬砌顺序

图7-11　先墙后拱预留中心岩柱

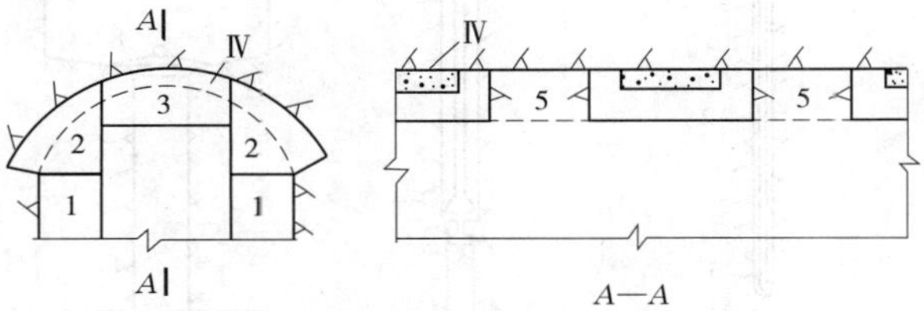

1、2、3、5—开挖顺序；Ⅳ—衬砌

图7-12　肋墙肋拱法施工

四、竖井和斜井的施工程序

竖井和斜井是水电站地下厂房中常见的建筑物，竖井和斜井高度较高，断面相对较小，井线与水平夹角大于75°的为竖井；井线与水平夹角为40°～75°的为斜井；洞线与水平夹角为6°～40°的为斜洞。由于竖井和斜井具有各自的特点，其施工方法分述如下。

（一）竖井

竖井施工特点是竖向作业，即竖向开挖、竖向出渣和竖向衬砌。竖井的另一特点是与水平隧洞相通，因此可先挖通与竖井相连通的水平通道，为竖井施工创造条件。一般竖井施工有全断面法和导井法。

1. 全断面法

自上而下全断面竖井开挖法与隧洞的全断面施工类似。但由于是竖向作业，施工困难，进度较慢，适用于采用普通钻爆法开挖的小断面竖井。采用全断面竖井开挖，应注意作好竖井锁口，确保提升安全，作好井内外排水防水设施。注意观测围岩情况，采取相应措施确保安全施工。

全断面竖井开挖，也可采用深孔爆破法，即按设计要求，断面炮孔一次钻孔，再自下而上分层爆破（或一次爆破），由下部平洞出渣。此法适用于深度不大、围岩稳定的竖井。施工时要控制钻孔的偏斜，偏斜率应小于0.5%，同时还应控制装药量，特别是周边炮孔的装药量。

2. 导井法

导井法即在竖井中部先开挖导井（断面面积 4 ~ 5 m^2），然后扩大的施工方法。导井有自上而下和自下而上的开挖方法。前者可用普通钻爆法，也可用大钻机施工，如图 7-13 所示；后者常用吊罐法（也称吊篮法）或爬罐法施工。扩大开挖可自上而下逐层下挖，也可自下而上倒井上挖。扩挖的石渣，经导井落至井底，由井底水平通道运出洞外，如图 7-14所示。

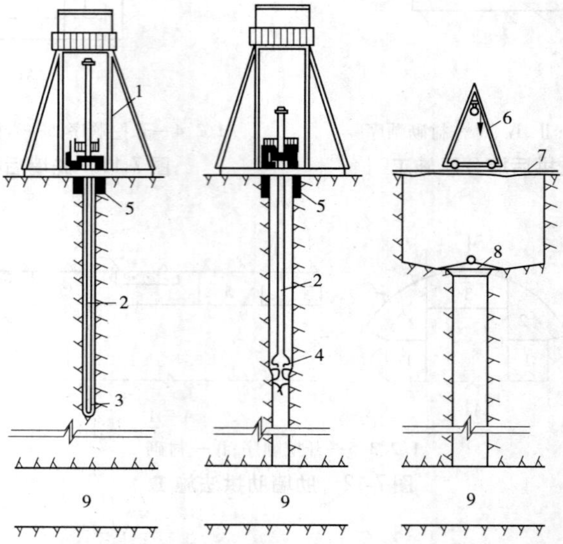

(a)钻导井　(b)导井扩大　(c)扩挖竖井

1—钻架；2—钻杆；3—初钻钻头；4—扩孔钻头；
5—混凝土井口；6—吊车；7—钢轨；8—安全罩；9—水平通道

图 7-13　大钻机开挖竖井

目前常用爬罐开挖导井，爬罐实际上是一个带有驱动机构，可以沿着特制轨道上下爬升的吊笼，吊笼上有一作业平台，可进行放线、钻孔、装药、安全处理等作业，其工作与避炮情况，如图 7-15 所示。

（二）斜井

倾角大于 48°的斜井，施工条件与竖井相近，可按竖井方法施工。倾角小于 30°的斜洞，一般采用自下而上的全断面开挖法，用卷扬机提升出渣，开挖完成后衬砌。倾角在 30° ~ 48°的斜井，可采用自下而上挖导井，自上而下扩大开挖的方法，利用重力溜渣，由下部通道出渣。

小断面竖井及导井的开挖方法、施工程序、施工特点和适用范围见表 7-1。

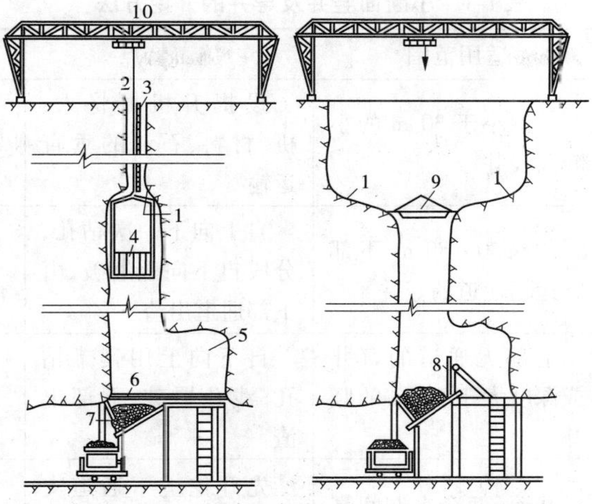

(a)自下而上开挖导井　　(b)自上而下扩挖导井

1—开挖面;2—起吊吊罐通过钢缆中心孔;3—通过风、水管的边孔;4—吊罐;5—吊罐安全洞;6—钢轨导架;7—集渣漏斗;8—挡板;9—安全罩;10—吊车

图 7-14　吊罐法开挖竖井

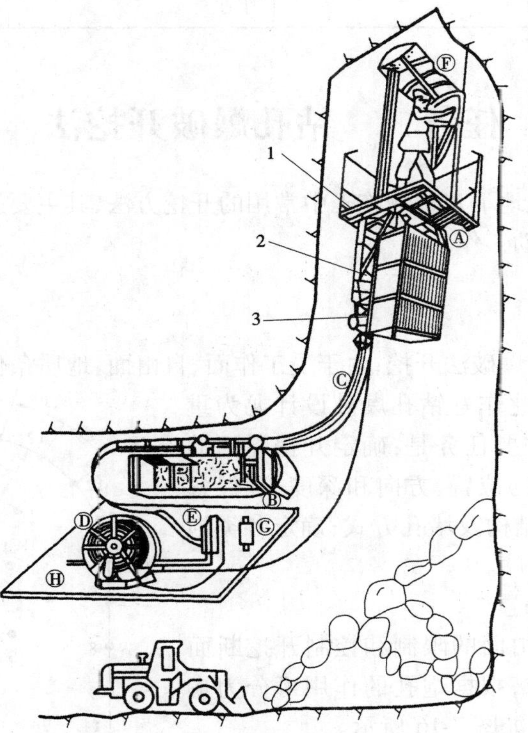

1—作业平台;2—驱动机构;3—吊笼;Ⓐ—爬罐工作状态;Ⓑ—爬罐避炮位置;Ⓒ—轨道;Ⓓ—电缆盘;Ⓔ—风水阀;Ⓕ—安全护盖;Ⓖ—信号装置;Ⓗ—井脚平台(亦为罐避炮段)

图 7-15　爬罐工作与避炮示意图

表 7-1　小断面竖井及导井的开挖方法

方法		适用范围	施工特点	施工程序
自上向下开挖		井深小于 30 m 的小断面浅井	设提升机械将人、机、材料、石渣的垂直运输	开挖一段,衬砌一段,或先开挖后衬砌
自下向上开挖	深孔分段爆破	井深 30 ~ 80 m、下部有运输通道的竖井	自上向下一次钻孔,分段自下向上爆破,由下部通道出渣	竖井一次挖完,然后衬砌混凝土
	爬罐法开挖	上部无通道的盲井或深度大于 80 m 的竖井	自下向上用爬罐钻孔,浅孔爆破,下部出渣	边开挖边衬砌或开挖完后衬砌
	吊罐法开挖	井深(两个支洞间高度)小于 100 m 的小断面竖井,如钻孔垂直精度高,可适用于较大断面	先开挖上下通道支洞,用钻机钻钢丝绳孔(孔径 100 mm),在上支洞安装起吊设备,人员在下部吊罐上钻孔作业	自下向上分段开挖,开挖完后衬砌混凝土

任务二　钻孔爆破开挖法

钻孔爆破开挖法是地下建筑物施工中常用的开挖方法,其主要施工顺序是钻孔、装药爆破、出渣及相应的辅助工作。

一、钻孔爆破设计

地下建筑物的钻孔爆破法开挖,由于受工作面、自由面、地质条件、爆破材料及钻孔设备等条件影响较大,因此作好钻孔爆破设计尤为重要。钻孔爆破设计的主要任务是:确定开挖断面的炮孔布置,即各类炮孔的位置、方向和深度;确保各类炮孔的装药量、装药结构及堵孔方式;确定各类炮孔的起爆方法和起爆顺序。

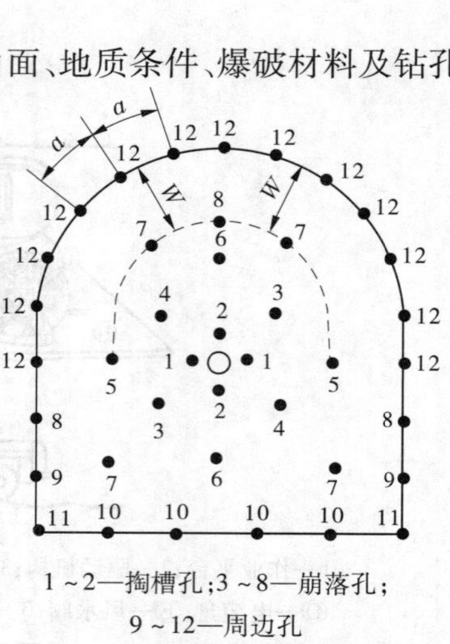

1 ~ 2—掏槽孔;3 ~ 8—崩落孔;
9 ~ 12—周边孔

图 7-16　光面爆破洞挖布置图

(一)炮孔类型及布置

由于受工作面、自由面的限制和控制开挖断面轮廓形状及尺寸的要求,根据炮孔的作用可分为掏槽孔、崩落孔和周边孔,如图 7-16 所示。

1. 掏槽孔

掏槽孔的主要作用是增加临空面,以提高爆破效果,常布置于开挖断面的中部。根据炮孔布置的形状和方向,又可分为斜孔掏槽及垂直掏槽。

1)斜孔掏槽

斜孔掏槽又分为楔形掏槽和锥形掏槽。锥形掏槽炮孔的布置如图 7-17(a)所示。楔形掏槽是由数对对称的相向倾斜的炮孔组成,如图 7-17(b)、(c)所示,其适用于各种坚固程度的岩石。楔形掏槽孔的夹角与布置,是根据岩石的坚固系数值选定,见表 7-2。在较坚硬岩体中,用分层楔形掏槽方法,即第一层掏槽孔用较小的倾角,孔深为第二层掏槽孔的 0.5 ~0.7 倍,第二层掏槽孔用较大倾角(70° ~75°),如图 7-18 所示。

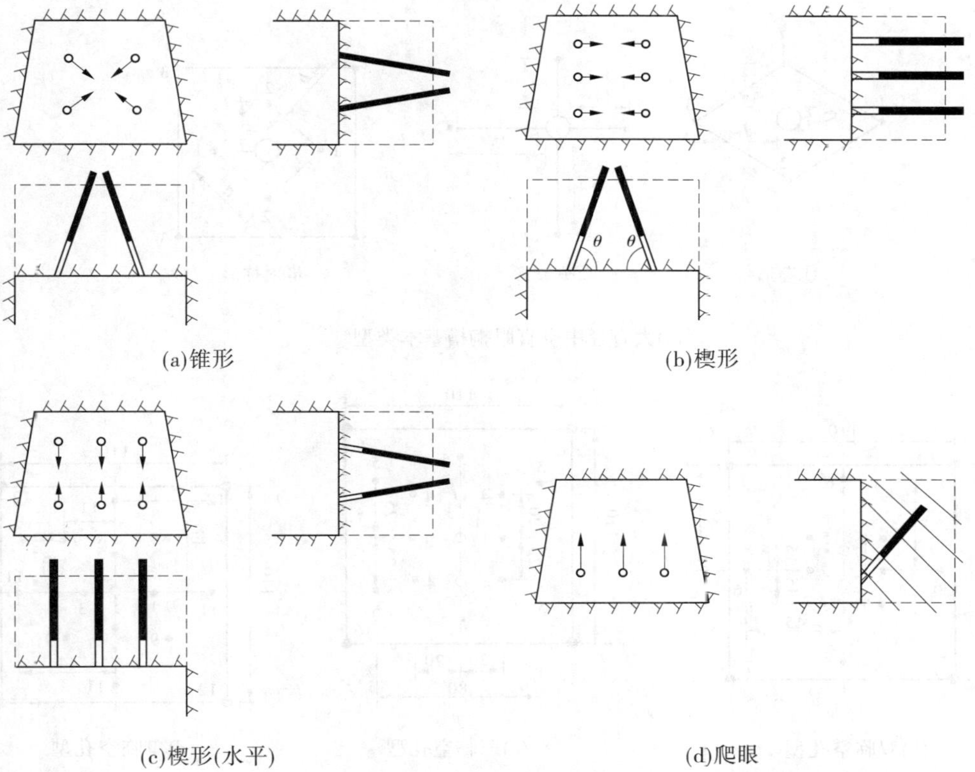

(a)锥形　(b)楔形　(c)楔形(水平)　(d)爬眼

图 7-17　斜孔掏槽

表 7-2　楔形掏槽孔的布置

岩石坚固系数 f	最少掏槽孔数量	对开挖面倾角(°)	成对掏槽孔的距离(cm)
2 ~ 6	4	70	50
6 ~ 8	4 ~ 6	68	45
8 ~ 10	6	65	40
10 ~ 13	6	63	35
13 ~ 16	6	60	25
16 ~ 18	6	58	20
18 ~ 20	6 ~ 8	53	20

2）垂直掏槽

由于掏槽孔与工作面垂直布置，钻孔作业和深度不受工作面大小限制，便于钻孔自动化，容易达到要求的循环进尺。

垂直掏槽的形式很多，常用的有大直径（>100 mm）和小直径中空直眼掏槽，中空眼的作用是为装药掏槽孔提供临空面。直眼掏槽种类和孔布置形式如图 7-19 所示。

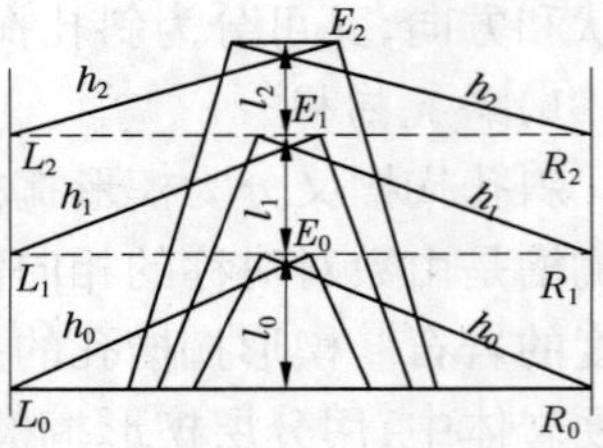

图 7-18　多层楔形掏槽孔布置图

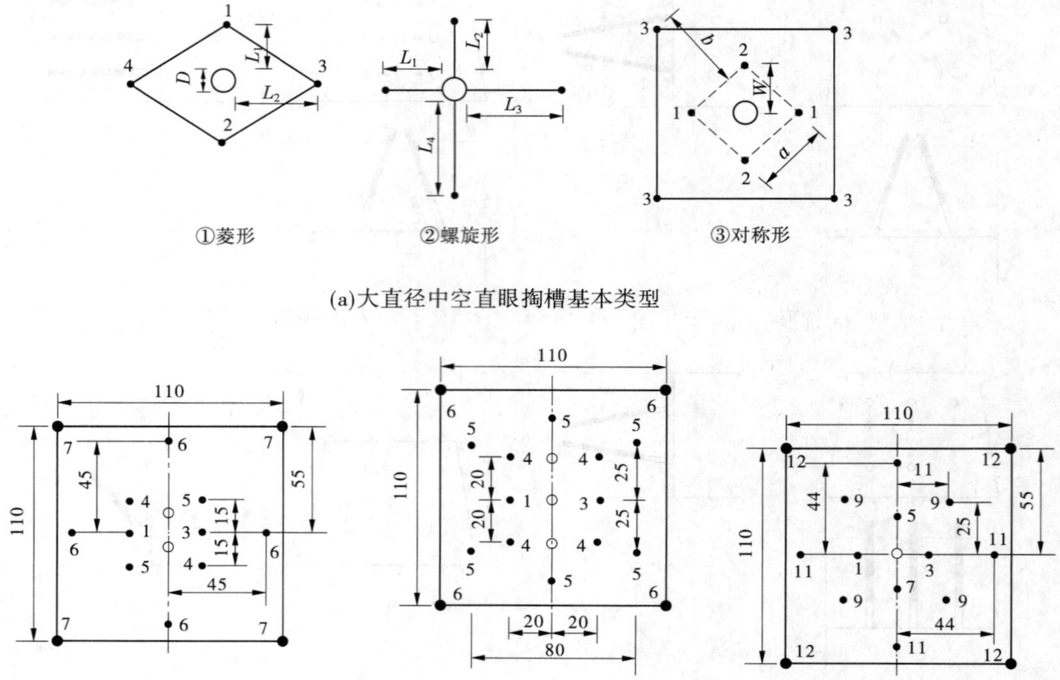

①菱形　②螺旋形　③对称形

(a)大直径中空直眼掏槽基本类型

(b)双临空孔型　(c)三临空孔型　(d)单临空孔型

(注：尺寸单位为cm。炮眼旁数字为毫秒雷管段别)

图 7-19　直眼掏槽

2. 崩落孔

崩落孔的主要作用是爆落岩体，为周边孔的爆破创造了有利条件。为此，崩落孔大致均匀地分布在掏槽外围。炮孔垂直于工作面，炮孔深度应在同一平面，以保证工作面平整。炮孔间距由岩体硬度和岩渣块度来确定，一般间距为：软石 100～120 cm，中硬石 80～100 cm，坚硬石 60～80 cm，特硬石 50～60 cm。

3. 周边孔

布置在开挖断面四周，控制开挖断面轮廓的炮孔，称为周边孔，也称为轮廓边线炮孔。为了保证开挖面的规格，每个角上要布置角孔。周边孔中的底孔，考虑到底部岩石上抬的夹制影响和工作面翻渣的作用，应将底孔间距适当加密或适当加大装药量。

周边孔的孔口应距开挖断面设计边线 10 ~ 20 cm，以利于钻孔作业。钻孔时应控制孔的倾斜角度和深度，使孔底落在同一平面上。孔底距设计边界的距离，视岩石的硬度而确定，中硬岩石，孔底可达到设计边界；软石，孔底在设计边界内 10 cm；坚硬岩石以上，孔底应超出设计边界 10 ~ 15 cm。

为了减弱对围岩的影响和减少超欠开挖量，隧洞开挖常采用光面爆破。图 7-16 所示为光面爆破全断面开挖法的炮孔布置图，常用爆破参数参考表 7-3。

表 7-3 光面爆破常用爆破参数

岩石类别	岩石极限抗压强度（MPa）	周边孔间距（cm）	周边孔抵抗线（cm）	周边孔密集系数 a/W	周边孔装药集中度（g/m）
硬岩	>59	55 ~ 65	60 ~ 80	0.9 ~ 1.0	300 ~ 350
中硬岩	29 ~ 59	45 ~ 60	60 ~ 75	0.8 ~ 0.9	200 ~ 300
软岩	<29	35 ~ 45	45 ~ 55	0.7 ~ 0.8	70 ~ 120

（二）炮孔数量和装药量

掘进工作面上炮孔数量和装药量，受岩层性质、炸药性能、爆破时自由面状况、炮孔大小和深度、装药方式、工作面的形状和大小、岩渣的块度等多种因素的影响，很难用理论计算确定。在实际工作中，常采用类比法或经验公式法，初步确定单位耗药量和掘进深度，估算炮孔数量和炮孔间距，然后结合具体工程进行现场试验，最后研究确定较合理的炮孔数量和各种炮孔类型的炮孔间距。

初步计算时，可应用装药量平衡原理计算炮孔数量。即一次爆破的炸药用量，刚好能装入该次爆破的全部炮孔中。常用计算公式为

$$\begin{aligned} N &= Q/\gamma\alpha W = KSW/\gamma\alpha W = KS/\gamma\alpha \\ W &= (0.5 \sim 0.8)B \\ \gamma &= 100(\pi/4)d^2\Delta k \end{aligned} \tag{7-1}$$

式中 N——一次掘进循环中开挖面上的炮孔总数；

Q——一次爆破的炸药用量，kg；

W——炮孔深度，m；

γ——单个炮孔每米装药量，kg/m，见表 7-4；

d——药卷直径，cm，见表 7-4；

Δ——炸药密度，kg/cm³；

k——装药压紧系数，通常对硝铵炸药 $k = 1.0$，对硝化甘油炸药 $k = 1.2$；

α——炮孔的装药系数，见表 7-5；

L——炮孔深度，m；

B——开挖断面宽度，m；

K——单位耗药量，kg/m³，见表 7-6；

S——开挖断面面积，m²。

表 7-4　$2^{\#}$岩石铵梯炸药 γ 值

药卷直径(mm)	32	35	38	40	45	50
γ 值(kg/m)	0.78	0.96	1.10	1.25	1.59	1.90

表 7-5　炮孔的装药系数 α 值

炮孔布置	岩石坚固系数 f	炸药威力(mm)		
		低级(猛度 10～12)	中级(猛度 10～12)	高级(猛度 10～12)
掏槽孔	12～15	0.72～0.75	0.70～0.72	0.68～0.70
	8～10	0.70～0.72	0.68～0.70	0.66～0.68
	5～7	0.68～0.70	0.65～0.68	0.62～0.66
	3～4	0.65～0.68	0.63～0.65	0.60～0.62
	1.5～2.0	0.63～0.65	0.60～0.63	0.58～0.60
崩落孔与周边孔	12～15	0.64～0.65	0.62～0.64	0.60～0.62
	8～10	0.62～0.64	0.60～0.62	0.58～0.60
	5～7	0.60～0.62	0.58～0.60	0.56～0.58
	3～4	0.54～0.56	0.52～0.54	0.50～0.52
	1.5～2.0	0.52～0.54	0.50～0.52	0.50

表 7-6　单位耗药量 K 值

炸药	部位	开挖断面(m^2)	岩石级别									
			<Ⅵ	Ⅶ	Ⅷ	Ⅸ	Ⅹ	Ⅺ	Ⅻ	XIII	XIV	XV
硝铵炸药	导洞	4～6	0.99	1.53	1.63	1.83	2.01	2.32	2.66	2.84	3.06	3.28
		6～9	0.81	1.24	1.33	1.49	1.63	1.89	2.11	2.30	2.51	2.67
		9～12	0.76	1.08	1.15	1.29	1.42	1.63	1.83	2.01	2.26	2.31
	扩大		0.55	0.62	0.66	0.71	0.78	0.83	0.90	0.99	1.05	1.17
	底部		0.49	0.54	0.58	0.61	0.64	0.69	0.70	0.73	0.80	0.86

(三)炮孔深度

炮孔深度应根据开挖断面的大小、岩层性质、掏槽型式、钻机型式和掘进循环作业时间进行选择。实践证明,加大炮孔深度可以提高掘进速度。炮孔深度增加后,相应的装药爆破、通风、出渣等工序的相对时间减少,单位时间内的进尺即可加快。但炮孔深度增加,钻孔速度和炮孔利用率将会降低,单位耗药量有所增加。因此,炮孔深度应经综合分析后确定。根据经验,炮孔深度为隧洞开挖断面宽度的 0.5～0.85 倍,同时还应与循环作业时间相协调。

二、钻孔爆破循环作业

用钻孔爆破法开挖地下建筑物,每掘进一次,主要工序有钻孔准备、钻孔、装药、爆破、通风排烟、安全检查、出渣、延长运输线路和风水电管线等。掘进一次的工序组合,称为循环作业。在一昼夜中的循环次数应为整数,因此常采用的循环时间为4 h、6 h、8 h、12 h等,视开挖断面的大小、围岩稳定的程度和钻孔出渣设备的能力等因素来确定。当围岩稳定性较好,有钻架台车或多臂钻车钻孔,短臂挖掘进机或装载机配自卸汽车出渣时,宜采用深孔少循环的方式,以节省辅助工作的时间。若围岩的稳定性较差,用风钻钻孔、斗车或矿车出渣,宜采用浅孔多循环的方式,以保证围岩稳定。例如用气腿式风钻钻孔的导洞开挖,循环进尺常取1.8~2.0 m,每班2~3个循环;小断面隧洞开挖,若使用钻架台车或多臂钻车时,循环进尺可取3~5 m,每班完成一个循环。

循环进尺是循环作业计划的核心。在确定循环进尺时,通常是根据围岩条件、钻孔出渣设备的能力,初步选定掘进深度,计算钻孔、装药爆破、出渣、临时支护等工序的时间,然后按班或日循环次数为整数的原则,再修改初选进尺,直到满足正常班次的循环作业。

【例7-1】 鲁布革水电站引水隧洞D段全长2 589 m,开挖直径8.8 m,底坡0.032。岩层为厚层白云岩和白云质灰岩,完整性好,偶有团块状灰岩与泥质薄层出现,节理断层较不发育,地下水位线位于洞底高程以下。采用全断面钻爆法施工,其施工方案简述如下:

(1)施工设备。测量放线与布孔用激光发生器;钻孔用2台JCH310-C型全液压三臂凿岩台车;通风用1台PF-100SW37型隧洞轴流式送风机;清撬危石及清底用1台斗容量为0.34 m^3的UH04型液压反向铲;装渣用1台斗容量为3.1 m^3的966D型侧翻式轮胎装载机;出渣用4~6辆12 t自卸汽车。

(2)钻爆施工参数。设计开挖断面60.82 m^2,钻孔139个,钻孔直径ϕ100 mm和ϕ45 mm,钻孔深度3.3 m,循环进尺3.0 m,炮孔密度2.29个/m^2,爆破效率89.8%,平均单位耗药量1.65 kg/m^3,平均单位耗雷管量0.79个/m^3,每天3个循环,施工总人数62人。

(3)循环作业。循环作业图表如图7-20所示。

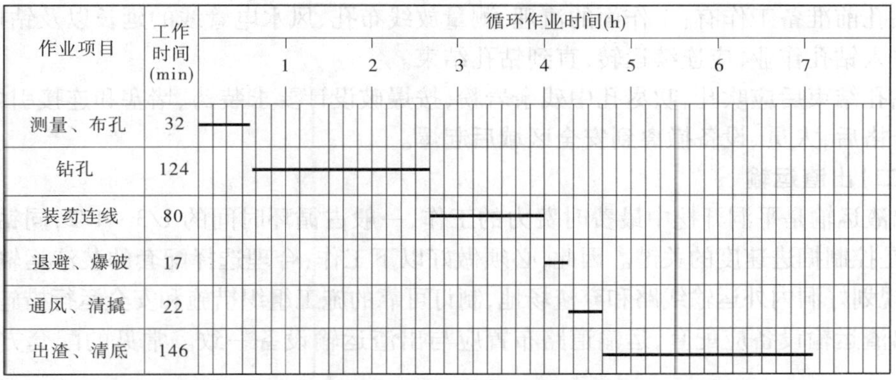

图7-20 鲁布革水电站引水隧洞D段循环作业图表

编制循环作业图除应遵循各工序的技术要求和工序之间的逻辑关系外,还应挖掘各工序搭接的潜力,以提高掘进速度,降低工程造价。现将主要工序的有关内容简述如下。

(一)钻爆作业

钻孔爆破是平洞掘进的主要工序。钻孔爆破的质量,对平洞的开挖规格、爆破效率和施工安全影响极大,因此钻爆作业应保证钻爆设计的要求。钻孔作业所花时间占循环时间的1/4~1/2,因此选用高效率的钻孔机械是加快平洞掘进进尺的一项重要措施。

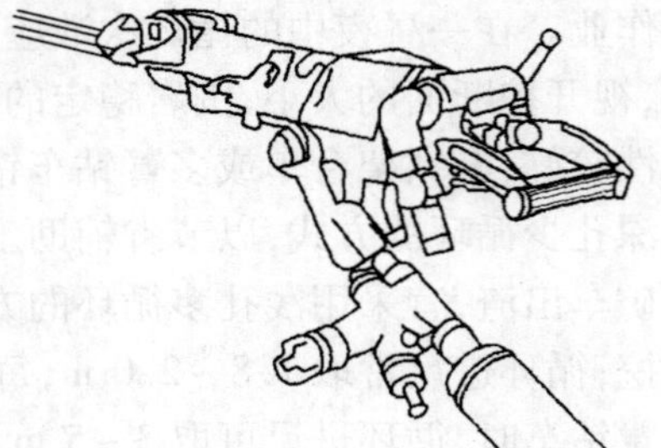

图7-21 YT-23型气腿凿岩机

钻孔机械有风钻和凿岩台车。风钻可分为手持式、柱架式和气腿式。常用的是气腿式风钻,图7-21所示为目前常见的YT-23型气腿凿岩机。凿岩台车有窄轨式台车、履带式或轮胎式多臂台车,如图7-22所示。其特点是凿岩机由其支架自由移动至需要位置,并借助推动装置自动推进凿岩,提高了钻孔孔位的精度和钻孔速度,适用于围岩稳定性较好的中、大断面平洞。

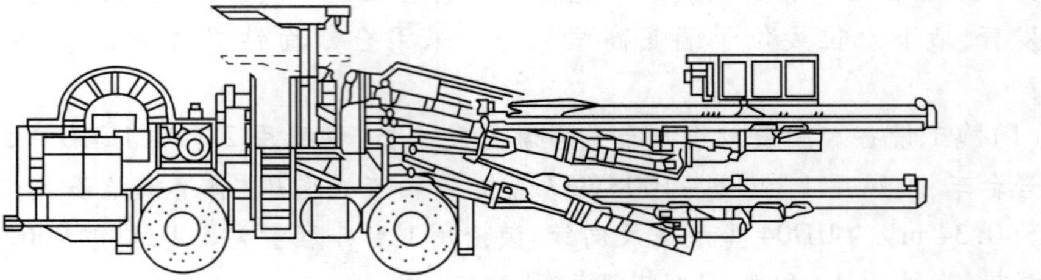

图7-22 凿岩台车(实腹、轮行)

钻孔时应控制孔位、孔深和孔的斜度。掏槽炮孔和周边炮孔的孔位偏差应不大于50 mm,其他炮孔则不得超过100 mm;掏槽炮孔的深度应比崩落炮孔深10~20 cm,其他炮孔的孔底应落在设计规定的平面上;周边孔的最大斜度值应小于20 cm,以控制径向超挖过大。

钻孔前准备工作有:工作面的清理、测量放线布孔、风水电管线的延长以及钻机检查,一旦进入钻孔作业,应连续运转,直到钻孔结束。

钻孔结束后应吹孔,吹尽孔中残余岩粉,按爆破设计要求装药、堵塞和连接引爆线路,检查合格后,人员、设备撤离到安全区域后起爆。

(二)出渣运输

出渣运输是平洞开挖中最费时费力的工作,一般占循环时间的1/3~1/2,同钻孔作业一样,是控制掘进速度的关键。因此,必须做好以下工作:合理选择配套的装渣运输设备和数量,规划好洞内外运输线路和弃渣场地,制订可靠的施工组织措施和安全运行措施。

出渣运输设备应配套,运输道路布置应与出渣运输设备一致。常见的配套方式有以下几种。

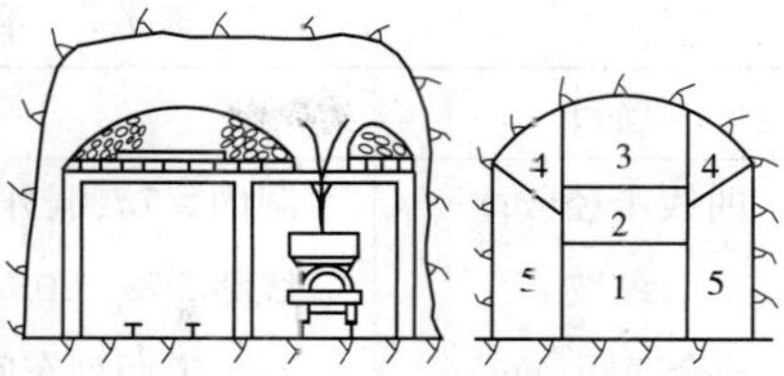

1、2、3、4、5—开挖顺序

图 7-23 棚架漏斗装渣

1. 棚架漏斗装渣,机车牵引斗车出渣

此种方式适用于围岩稳定性较好、机械设备较低的平洞,如图 7-23 所示。棚架及出渣漏斗是在下导洞开挖后搭设,棚架应能承受爆破落渣的荷载,棚架下部净空应满足运行操作及错车要求。漏斗布置应满足出渣要求,漏斗口应对准车斗并与车斗的尺寸相适应。

2. 装岩机装渣,机车牵引斗车或矿车出渣

此种方式适用于围岩稳定的小断面平洞、施工支洞、导洞。风动或电动装岩机装车,装车和调车的方式可根据开挖断面和设备情况确定,图 7-24 所示是常用的三种调车方式。有轨运输线路,一般设双车道,并每隔 300 ~ 400 m 设置岔道。当采用单车道时,每隔 100 ~ 200 m设置岔道,其有效长度应符合最长车组的要求,以满足装车和调车的需要。采用浮放道岔,可缩短调车距离,使装岩机更接近工作面而加快了装渣速度。线路要求和行车规划,可参考表 7-7。

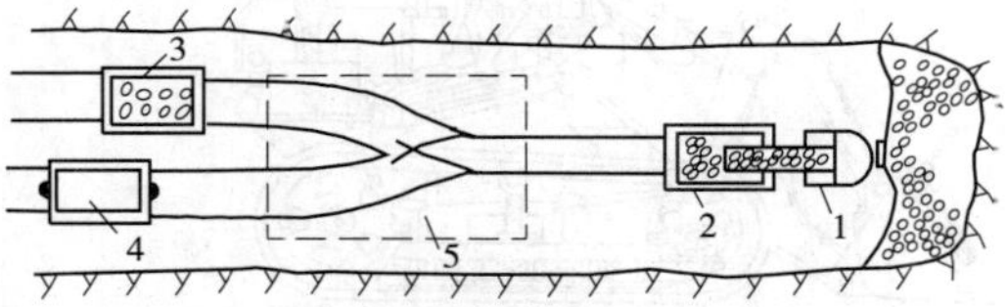

(a)浮放道岔双线调车

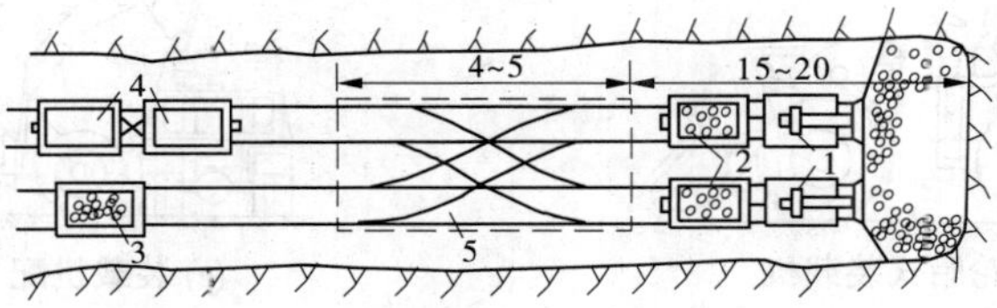

(b)菱形渡线钣双线调车

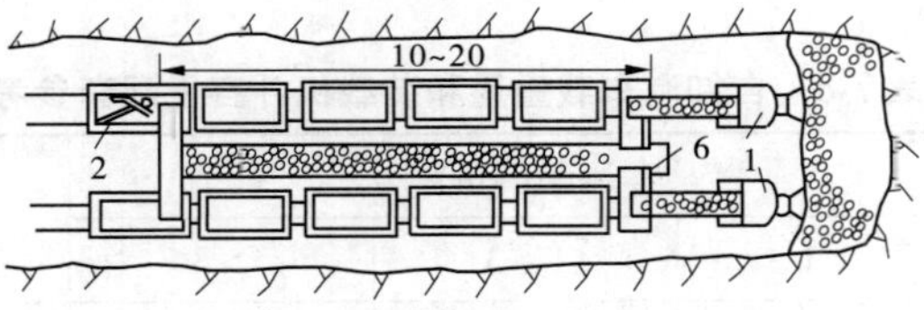

(c)皮带运输机分料双线调车

1—装岩机;2—正在装载的矿车;3—已装满待运的矿车;
4—等待装载的空车;5—浮放道岔或菱形渡线钣;6—皮带运输机

图 7-24 装岩机装车出渣调车方式 (单位:m)

3. 装载机或挖掘机装车,自卸汽车出渣

此种方式适用于中、大断面全断面开挖的平洞。装载机按行走方式可分为履带式和轮胎式,如图 7-25(a)、(b)所示,按铲斗卸渣形式可分为侧向卸渣和三向卸渣。挖掘生产效率低,要求工作面净空较大,适用于大断面洞室开挖。装载机具有行走速度快、装渣灵活、对工

表 7-7　窄轨运输线路和行车要求参考

项目	要求
曲线半径(m)	洞内≥7d,洞外≥10d,d 为机车、车辆的轴距(m)
纵坡	线路 3‰～20‰,会车、编组站≤5‰,卸渣线终端上坡道≤10‰
安全净距(cm)	双车道两列车间净距≥20 cm,与洞壁或支撑间净距≥20 cm
人行道宽度(cm)	单车道≥70 cm,乘人车停车处≥100 cm
行车速度(km/h)	洞内≤10 km/h,弯道、道岔≤8 km/h,调车或人员稠密地段≤3 km/h
同向列车间距(m)	≥50 m

作面净空要求较低、生产效率较高等优点。因此,常采用装载机配自卸汽车方式,如图 7-25(c)所示。装载机铲斗斗容和自卸汽车斗容的适宜比例为 1∶3～1∶5。平洞工程使用的装载机铲斗斗容一般为 1.5～5 m³。运输路线宜设双车道,如设单车道,应每隔 200～300 m 设错车道。自卸汽车载重量和装载机斗容量在不同运距时的配套可参考表 7-8。

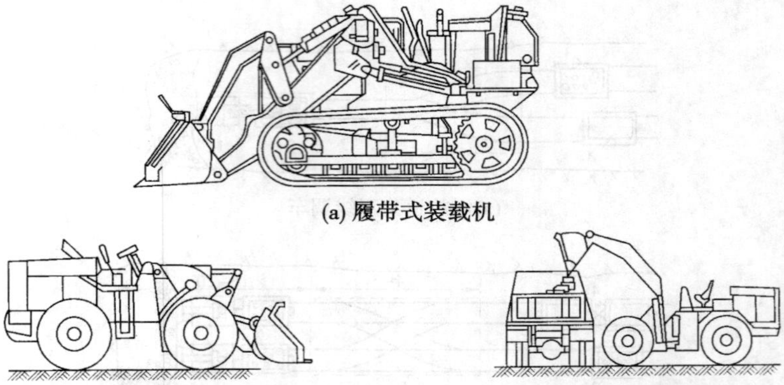

(a) 履带式装载机

(b) 轮胎式装载机　　(c) 装载机配自卸汽车

图 7-25　装载机及出渣示意图

表 7-8　自卸汽车载重量和装载机斗容量配套参考

装载机斗容(m³)	运距(km)			说明
	<1	1～3	>3	
1.5	7～10	7～10	10	
2	10	12	12	1. 车辆载重单位 t;
3	12～15	15	15	2. 洞内车速 <10 km/h;
4	20	20	32	3. 洞外车速 <20 km/h
5	32	32	32	

（三）临时支护

洞室开挖后，围岩形成新的应力状态，在围岩稳定性较差的洞室，容易发生坍塌或岩块松动跌落，产生安全事故。所以，应根据地层条件、洞室断面、开挖方式和围岩裸露时间等因素，进行必要的临时支护。

临时支护的形式很多，可分为传统的构架式支撑和锚喷支护两类。喷混凝土和锚杆支护是一种临时性和永久性结合的支护形式，应优先采用，有关内容后面专门介绍。

构架式支撑的结构形式有门框形和拱形两种，如图7-26、图7-27所示。

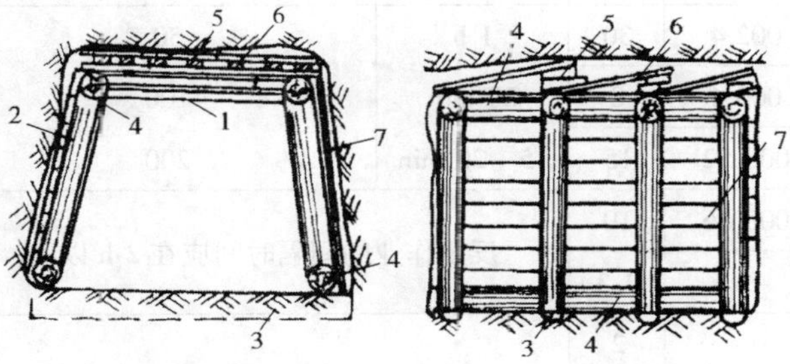

(a) 横剖面　(b) 纵剖面

1—顶梁；2—立柱；3—底梁；4—纵向撑木；
5—垫木；6—顶衬板；7—侧衬板

图7-26　门框形木支撑

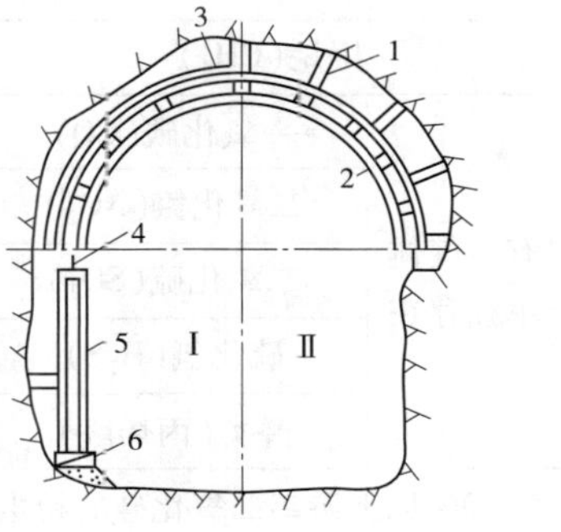

Ⅰ—半截面（有立柱）；Ⅱ—半截面（无立柱）；
1—垫木；2—纵向拉杆；3—衬板；
4—工字托梁；5—立柱；6—楔块

图7-27　拱形钢支撑

门框形木支撑适用于支洞的临时支撑。拱形钢支撑，是由一排排拱架（或框架）所构成的。拱架（框架）的基本构件是立柱和拱梁（顶梁），有时还设置底梁，纵向用拉杆连接。立柱应放在平整的岩面或基座上，用楔块固定，拱架（框架）与围岩之间用衬板、垫木塞紧，钢支撑运用于大断面或不稳定围岩的洞室。临时支护除满足强度、刚度、稳定性要求外，应力求结构简单，便于安装拆除，少占用洞室净空。

木支撑具有质量轻，架立拆除方便，损坏前有显著变形，能提供预先警告等优点，适用于断面不大的导洞或施工支洞。

钢支撑具有强度高、耐久性好、占空间小、能多次使用等优点，适用于木支撑难以承受或支撑不能拆除必须留在衬砌层内的洞室。由于费用较高，需慎重选择。

预制混凝土或钢筋混凝土支撑，具有刚性大、耐久性好、占空间小等优点，但质量重、运输不便，适用于木支撑难以承受、有机械安装或支撑必须留在衬砌层内的洞室。

（四）辅助作业

地下工程施工的辅助作业有通风、防尘、消烟、排水、照明和风水电供应等工作，做好这些辅助作业，可以改善施工人员工作环境，加快施工进度。

1. 通风、防尘及消烟

通风、防尘及消烟的目的是排除因钻孔、爆破、装岩、内燃机尾气等产生的有害气体和岩尘，及时供给工作面充足的新鲜空气，改善洞室内的温度、湿度和气流速度，使之符合洞室施工卫生要求，表 7-9 的资料可供参考。

表 7-9　洞内空气和粉尘的卫生要求

<table>
<tr><th colspan="2" rowspan="2">项目</th><th colspan="2">最高允许含量</th><th colspan="2" rowspan="2">说明</th></tr>
<tr><th>（按体积计，%）</th><th>mg/m^3</th></tr>
<tr><td colspan="2">氧气（O_2）</td><td>>20</td><td></td><td colspan="2" rowspan="2">一氧化碳最高允许含量与作业时间</td></tr>
<tr><td colspan="2">二氧化碳（CO_2）</td><td><0.5</td><td></td></tr>
<tr><td colspan="2">甲烷（CH_4）</td><td><1</td><td></td><td>作业时间</td><td>最高允许含量（mg/m^3）</td></tr>
<tr><td rowspan="5">有害气体单独存在</td><td>一氧化碳（CO）</td><td><0.002 4</td><td>30</td><td>1 h</td><td>50</td></tr>
<tr><td>二氧化氮（NO_2）</td><td><0.000 4</td><td>8</td><td>30 min</td><td>100</td></tr>
<tr><td>二氧化硫（SO_2）</td><td><0.000 52</td><td>15</td><td>15 ~ 20 min</td><td>200</td></tr>
<tr><td>硫化氢（H_2S）</td><td><0.000 66</td><td>10</td><td colspan="2" rowspan="2">反复作业的间隔时间应在 2 h 以上</td></tr>
<tr><td>醛类（丙烯醛）</td><td></td><td>0.3</td></tr>
<tr><td colspan="2">含 10% 以上游离二氧化硅的粉尘</td><td></td><td>2</td><td colspan="2" rowspan="3">含 80% 以上游离二氧化硅的粉尘不宜超过 1 mg/m^3</td></tr>
<tr><td colspan="2">含 10% 以下游离二氧化硅的水泥粉尘</td><td></td><td>6</td></tr>
<tr><td colspan="2">含 10% 以下游离二氧化硅的其他粉尘</td><td></td><td>10</td></tr>
</table>

1）通风方式

洞内通风有自然通风和机械通风两种，自然通风只适用于洞长小于 40 m 的短洞。一般多采用机械通风，其基本形式有压入式、吸出式和混合式三种，如图 7-28 所示。

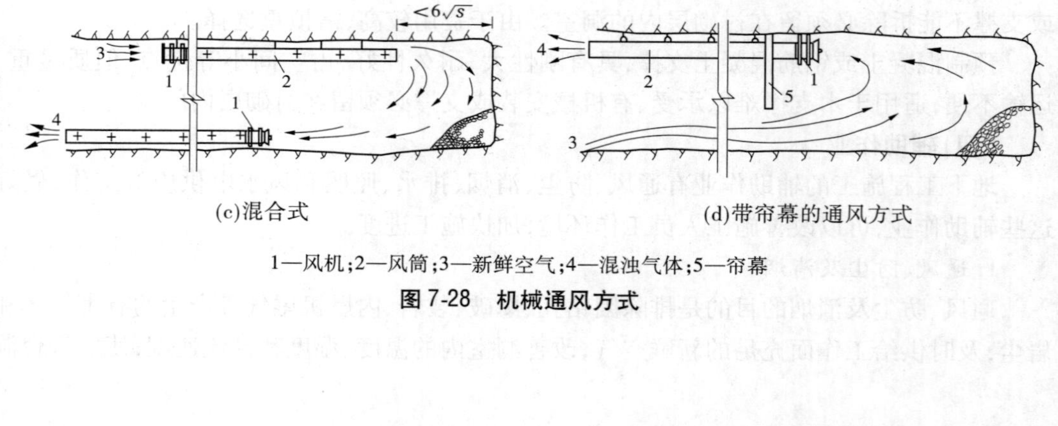

1—风机；2—风筒；3—新鲜空气；4—混浊气体；5—帘幕

图 7-28　机械通风方式

压入式通风是将新鲜空气通过风管直接送到工作面，混浊空气由洞身排至洞外，其优点是工作面很快获得新鲜空气，缺点是混浊空气容易扩散至整个洞室。风管端部布置离工作面不宜超过 $6\sqrt{s}$（s 为开挖面面积，m^2）。吸出式通风是通过风管将工作面的混浊空气吸走并排至洞外，新鲜空气由洞口流入洞内。其优点是工作面混浊空气较快地被吸出，但新鲜空气流入较缓慢。混合式通风是在爆破后排烟用吸出式，经常性通风用压入式，充分发挥上述两种方式的优点。

2）通风量

通风量计算，可根据下列三种情况分别计算，取其中最大者，再根据通风长度，考虑20%～50%的风管漏风损失。

（1）按工作面作业的最多人数计算，每人所需通风量为 3 m^3/min。

（2）按冲淡有害气体的要求计算，公式如下：

$$Q = AB/(1\,000 \times 0.02\% \times t) = 5AB/t = 10A \tag{7-2}$$

式中 Q——通风量，m^3/min，如洞室内使用内燃机应另加，按每马力（1 马力 = 735.499 W）3 m^3/min 通风量计算；

A——工作面同时爆破的最大炸药量，kg；

B——每千克产生一氧化碳气体量，可按 40 L 计算；

1 000——表示 1 m^3 = 1 000 L；

0.02%——一氧化碳气体浓度降至 0.02% 以下，才可进入工作面；

t——通风时间，可按 20 min 计算。

（3）按洞内温度与风速的要求计算，根据洞内温度确定洞内风速，其关系如表 7-10 所示。

$$Q \geqslant V_{最小风速} S_{最大}$$

式中 $V_{最小风速}$——全断面开挖时不小于 0.15 m/s，导洞内不小于 0.25 m/s；

$S_{最大}$——隧洞最大断面面积，m^2。

表 7-10 洞内温度与洞内风速关系

温度（℃）	<15	15～20	20～22	22～24	24～28
风速（m/s）	0.25～0.5	0.5～1.0	1.0～1.5	1.5～2.0	>2.0

2. 风水电供应及排水

在洞室施工的整个过程中，供风（压缩空气）、供水、供电及排水等辅助作业，对洞室钻爆、出渣等施工的正常进行，有着一定的影响，在整个开挖循环作业中，需统筹考虑，不得疏漏。输送到工作面的压缩空气，应保证风量充足，风压不低于 5×10^5 Pa；施工用水的数量、质量和压力，应满足钻孔、喷锚、衬砌、灌浆等作业的要求；洞内供电线路，宜按动力、照明、电力起爆的不同需要，分开架设，并注意防水和绝缘的要求；洞内照明，应采用 36 V 或 24 V 的低压电，保证洞室沿线和工作面的照明亮度；洞内排水系统必须畅通，保证工作面和路面无积水。

任务三 掘进机开挖

掘进机是一种专用的隧洞掘进设备。它依靠机械的强大推力和剪切力破碎岩石，配合连续出渣，具有比钻爆法更高的掘进速度。

掘进机产生于20世纪50年代，我国60年代开始使用，70年代开始生产，先后在杭州玉皇山、云南西洱河、天生桥二级水电站及甘肃引大入秦等水利水电引水隧洞工程中使用。掘进机可分为滚压式和铣削式。滚压式主要是通过水平推进油缸，使刀盘上的滚刀强行压入岩体，利用刀盘旋转推进过程中的挤压和剪切的联合作用破碎岩体；铣削式是利用岩石抗弯、抗剪强度低的特点，靠铣削（即剪切）加弯折破碎岩体。碎石渣由安装在刀盘上的铲斗铲起，转至顶部集料斗卸在皮带机上，通过皮带机运至机尾，卸入运输设备送至洞外。图7-29所示为掘进机工作示意图。

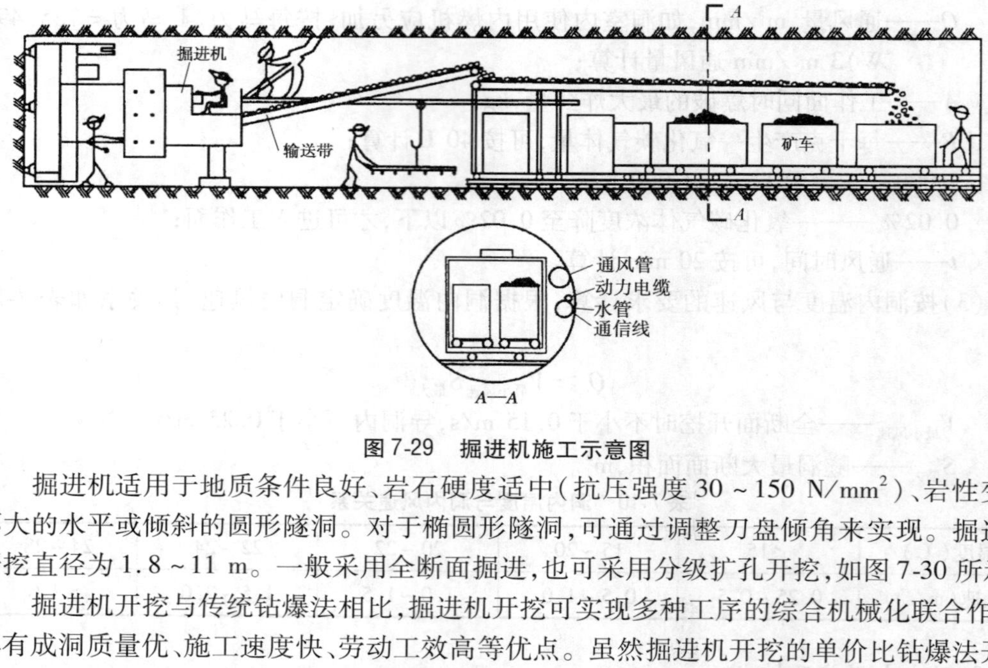

图7-29 掘进机施工示意图

掘进机适用于地质条件良好、岩石硬度适中（抗压强度30～150 N/mm^2）、岩性变化不大的水平或倾斜的圆形隧洞。对于椭圆形隧洞，可通过调整刀盘倾角来实现。掘进机开挖直径为1.8～11 m。一般采用全断面掘进，也可采用分级扩孔开挖，如图7-30所示。

掘进机开挖与传统钻爆法相比，掘进机开挖可实现多种工序的综合机械化联合作业，具有成洞质量优、施工速度快、劳动工效高等优点。虽然掘进机开挖的单价比钻爆法开挖的单价高约1.78倍，但由于提高了掘进速度，减少了支洞数量和长度，降低了隧洞超挖岩石量和混凝土超填量，通过综合经济效益分析，掘进机施工的隧洞成洞造价比钻爆法低约35%。

掘进机开挖还存在着较多缺点，主要有初期投资（主要是设备费用）大，刀具磨损快，刀具更换、电缆延伸、机器调整等辅助工作占时较长，掘进时释放热量大，要求通风能力强。因此，选择何种掘进方案，应结合工程具体条件，通过技术经济比较后确定。

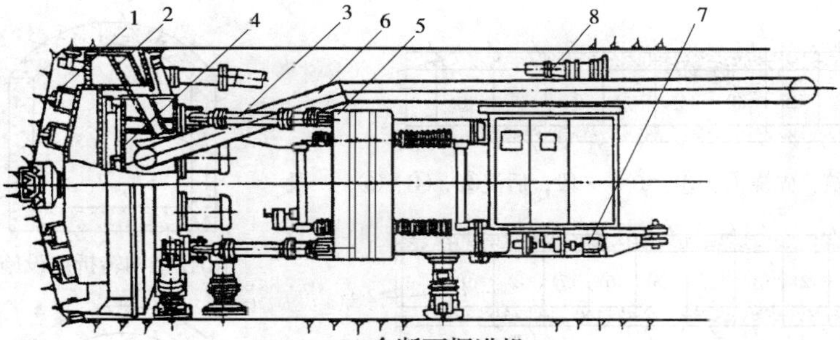

(a) 全断面掘进机

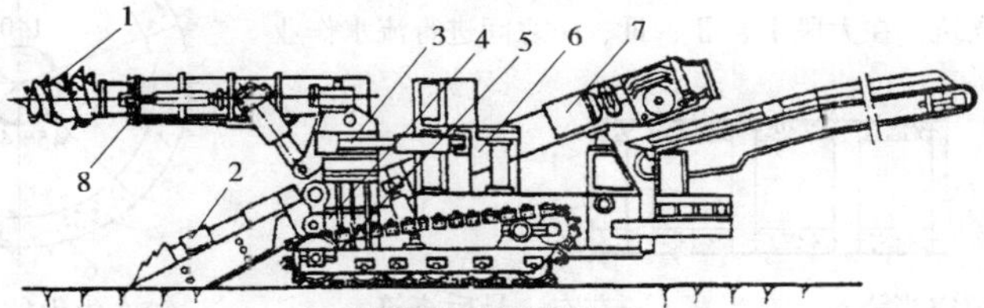

(b) 部分断面掘进机

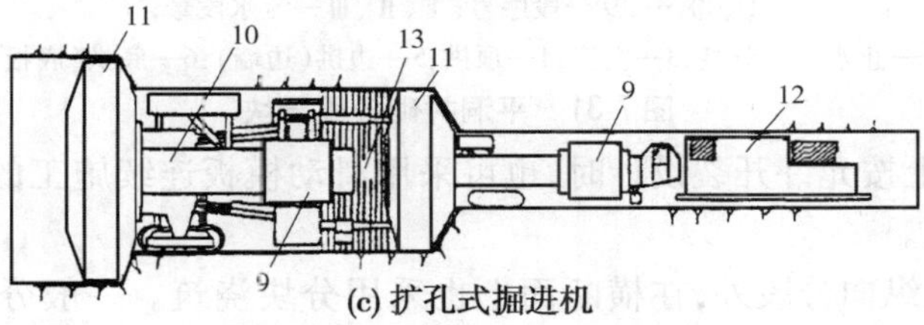

(c) 扩孔式掘进机

1—工作机构；2—装载机构；3—液压系统；4—机架；5—行走机构；6—输送机构；7—电气系统；8—喷雾除尘系统；9—支撑装置；10—行走装置；11—刀盘；12—液压泵及马达等；13—迈步支架

图 7-30　隧洞掘进机

任务四　衬砌施工

地下洞室开挖后，为了防止围岩风化和坍落，保证围岩稳定，往往要对洞壁进行衬砌。衬砌类型有现浇混凝土或钢筋混凝土衬砌、混凝土预制块或条石安砌、预填骨料压浆衬砌等。本节仅介绍隧洞现浇混凝土及钢筋混凝土衬砌施工。

一、隧洞衬砌的分段分块及浇筑顺序

水工隧洞较长，纵向需要分段进行浇筑，分段长度根据围岩约束特性、隧洞断面大小、混凝土浇筑能力和模板结构型式等因素确定，一般分段长度以 4 ~ 15 m 为宜。当结构上设有永久伸缩缝时，可利用结构永久缝分段；当结构永久缝间距过大或无永久缝时，可设施工缝分段，并作好施工缝的处理。

分段浇筑的顺序有跳仓浇筑、分段流水浇筑和分段留空当浇筑等三种方式，如图 7-31 所示。

分段流水浇筑时，须等待先浇筑段混凝土达到一定强度后，才能浇筑相邻后段，影响施工进度。跳仓浇筑可避免窝工，因此隧洞衬砌常采用跳仓浇筑或分段留空当浇筑。对

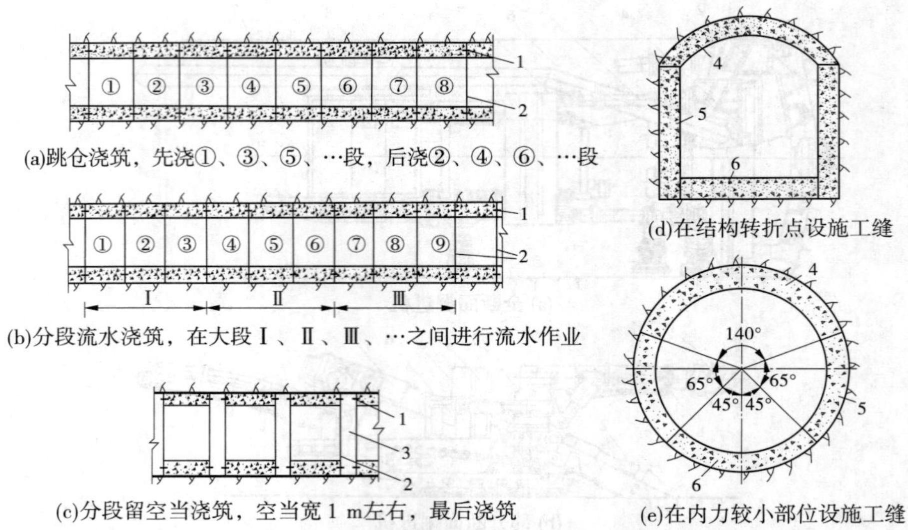

①、③、…、⑨分段序号；Ⅰ、Ⅱ、Ⅲ—流水段号；

1—止水；2—分缝；3—空当；4—顶拱；5—边拱（边墙）；6—底拱（底板）

图 7-31　平洞衬砌分段分块

于无压平洞，结构上按允许开裂设计时，也可采用滑动模板连续施工的浇筑方式，但施工工艺必须严格控制。

衬砌施工除在纵向分段外，在横断面上也采用分块浇筑。一般分为底拱（底板）、边拱（边墙）和顶拱，如图 7-32 所示。常采用的浇筑顺序为，先底拱（底板）、后边拱（边墙）和顶拱。可以连续浇筑，也可以分开浇筑，由浇筑能力或模板型式而定。地质条件较差时，可采用先顶拱、后边拱（边墙）和底拱（底板）的浇筑顺序。当采用开挖和衬砌平行作业时，由于底板清渣无法完成，可采用先边拱（边墙）和顶拱，最后浇筑底拱（底板）的浇筑顺序。当采用底拱（底板）最后浇筑的顺序时，应注意已衬砌的边墙顶拱混凝土的位移和变形，并作好接头处反缝的处理，必要时反缝要进行灌浆。

二、隧洞衬砌模板

隧洞衬砌用的模板，按浇筑部位不同，可分为底拱模板、边拱（边墙）和顶拱模板，不同部位的模板，其构造和使用特点也不相同。

底拱模板，当中心角较小时，可以像平底板浇筑那样，只立端部挡板，不用表面模板，在混凝土浇捣中，用弧形样板将表面刮成弧形。对于中心角较大的底拱，一般采用悬挂式弧形模板，如图 7-32（a）所示。浇筑前，先立端部挡板和弧形模板的桁架，悬挂式弧形模板是随着混凝土的浇筑升高，从中间向两旁逐步安装。安装时，应将运输系统的支撑与模板架支撑分开，避免引起模板位移走样。

对洞径一致的中、大型隧洞的底拱浇筑，也可采用拖模法施工。但必须严格控制施工工艺。

边拱（边墙）和顶拱的模板，常用的有桁架式和移动式两种形状。

桁架式模板，又称为拆移式模板，主要由面板、桁架、支撑及拉条等组成，如图 7-32 所示。通常是在洞外先将桁架拼装好,运入洞内安装就位,再安装面板。

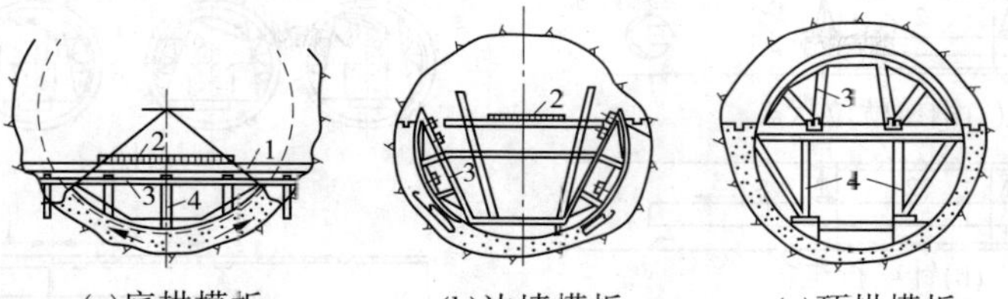

1—脚手架;2—路面板;3—模板桁架;4—桁架立柱

图 7-32 平洞断面分块

移动式模板,主要由车架、可绕铰转动的模板支架和钢模板组成。车架和支架是用型钢构成,车架可通过行走机构移动,故又称为钢模台车。它具有全断面一次成型、施工进度快及成本低等优点。鲁布革水电站引水隧洞混凝土衬砌采用针梁式钢模台车。该针梁式钢模台车,浇筑段长 15 m,设置 40 个不同高度的 450 mm × 600 mm 的洞口,供进料、进人操作及检查用。四周设置 40 个螺栓孔,用来埋设灌浆管。顶部设置 3 个泵送混凝土的尾管注入孔口,同时还设置抗浮、防倾斜、防滑移和升降钢模的液压装置以及行走装置,总重 150 t,如图 7-33 和图 7-34 所示。由于针梁式钢模台车可全断面一次成型,配以混凝土泵送料入仓,提高了工作效率。

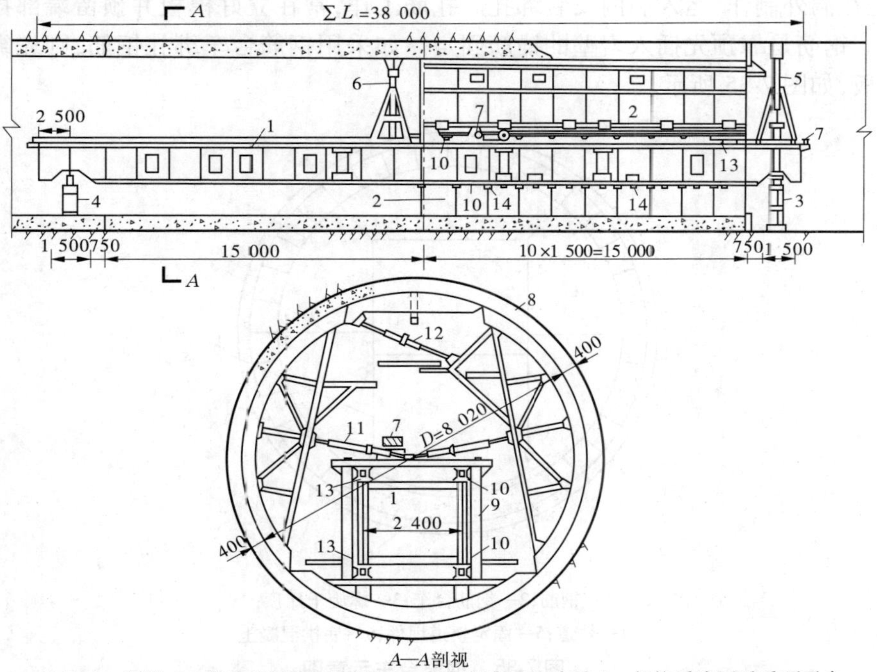

1—针梁;2—钢模;3—前支座液压千斤顶;4—后支座液压千斤顶;5—前抗浮液压千斤顶平台;
6—后抗浮液压千斤顶平台;7—行走装置系统;8—混凝土衬砌;9—针梁的梁框;
10—装在梁框上的轮子,供钢模行走用;11—手动螺栓千斤顶,供伸缩边模用;
12—手动螺栓千斤顶,供伸缩顶模用;13—针梁上下共 4 条钢轨,供有轨行走用;14—千斤顶定位螺栓

图 7-33 针梁式钢模台车示意图 (单位:mm)

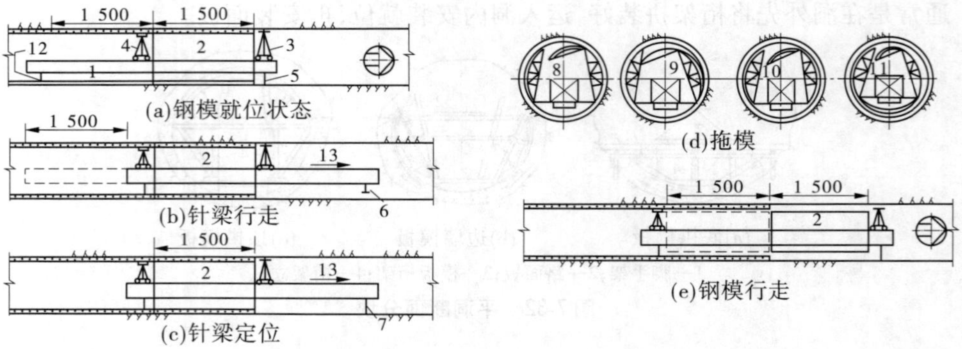

1—针梁;2—钢模;3—前抗浮;4—后抗浮;5—前支座千斤顶;6—千斤顶收起;7—千斤顶受力;
8—收缩顶拱;9—收缩右边拱;10—收缩左边拱;11—收缩底拱;12—后支座;13—针梁移动

图 7-34　针梁式钢模台车运行示意图　(单位:cm)

三、衬砌混凝土的浇筑和封拱

由于隧洞衬砌的工作面狭窄,混凝土的运输和浇筑,以及浇筑前钢筋的绑扎安装等工作都较困难,采用合理的施工方案、先进的施工技术和组织设计尤为重要。隧洞衬砌内的钢筋,是在洞外制作,运入洞内安装绑扎。扎筋工作,常在立好模板并预留端部挡板的时候进行。钢筋是靠预先插入岩壁的锚筋固定。如采用钢筋台车绑扎钢筋,则先绑扎钢筋后立模板,如图 7-35 所示。

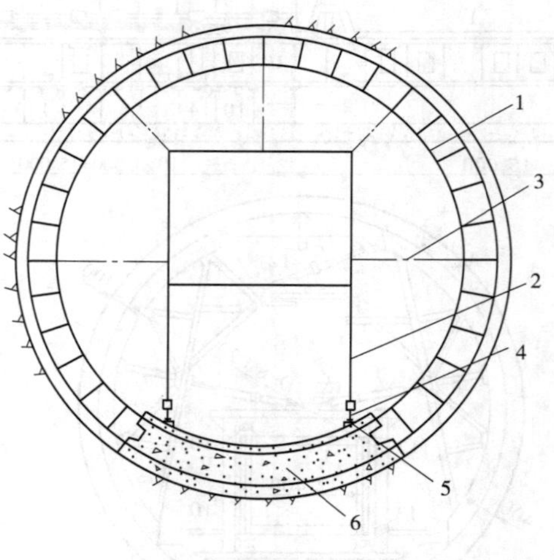

1—钢筋;2—钢筋台车;3—螺旋千斤顶;
4—轨道;5—固定轨道埋件;6—底拱混凝土

图 7-35　钢筋台车示意图

隧洞混凝土浇筑能力的关键是混凝土的运输组合。混凝土水平运输有自卸汽车、搅拌运输车、专用梭车、搅拌罐车等。混凝土的入仓运输常用混凝土泵,常用型号为液压活塞泵。各种运输车辆和适用条件见表 7-11。

表 7-11 隧洞混凝土施工运输车辆和适用条件

运输方式	运输车辆	适用条件
有轨	斗车或箱式车,搅拌罐车,专用车	中小断面隧洞,长隧洞最优方案是搅拌罐车
无轨	搅拌运输车,自卸汽车	大中断面隧洞,搅拌运输车较优

混凝土泵的给料设备是保证混凝土泵生产率的重要配套设备,应根据混凝土泵进料高度、运输车辆出料高度及工作面等进行选择。常用的给料设备和配套如图 7-36 所示。浇筑布置图如 7-37 所示。

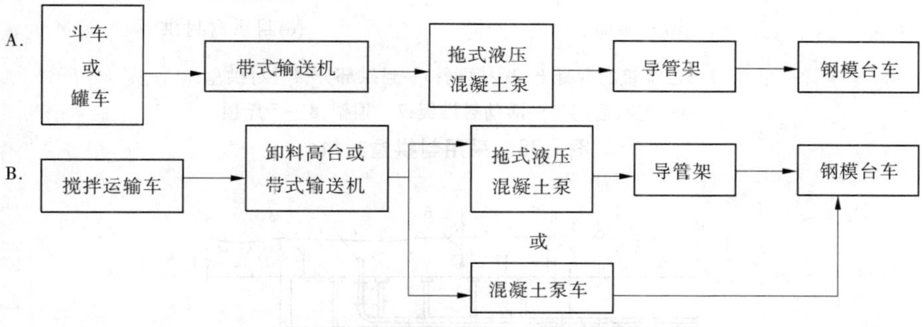

图 7-36 边拱、顶拱混凝土浇筑机械化配套

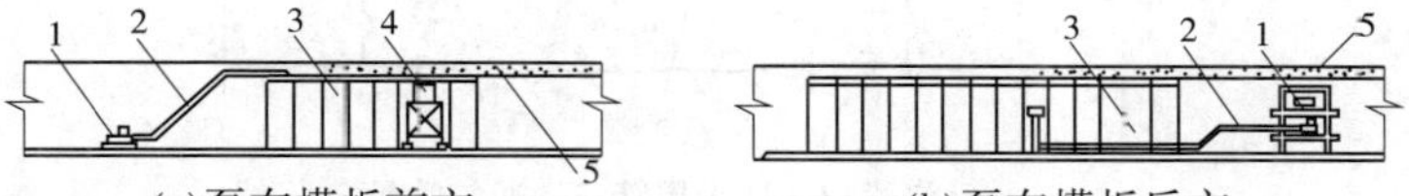

(a)泵在模板前方 (b)泵在模板后方

1—混凝土泵;2—泵管;3—钢模;4—运输台车;5—混凝土衬砌

图 7-37 混凝土泵浇筑边拱、顶拱施工布置

在浇筑顶拱时,浇筑段的最后一个预留窗口的混凝土封堵,称为封拱。由于受仓内工作条件限制,使混凝土形成完整拱圈的封拱工作,常采取以下两种措施:

(1)封拱盒封拱。当最后一个顶拱预留窗口,工人无法操作时,退出窗口,并在窗口四周装上模框,将窗口浇筑成长方形,待混凝土强度达到 1 N/mm^2 后,拆除模框,洞口凿毛,装上封拱盒封拱,如图 7-38 所示。

(2)混凝土泵封拱。使月混凝土泵浇筑顶拱混凝土时,封拱布置如图 7-39 所示,即将导管的末端接上冲天尾管,垂直地穿过模板伸入仓内,冲天尾管的位置应用钢筋固定,尾管之间的间距根据混凝土扩散半径确定,一般为 4 ~ 6 m,离端部约 1.5 m,尾管出口与岩面的距离一般为 20 cm 左右,其原则是在保证压出的混凝土能自由扩散的前提下,越贴近岩面,封拱效果越好。为了排除仓内空气和检查拱顶混凝土充填情况,在仓内最高处设置通气孔。为了便于人进仓工作,在仓的中央设置进人孔。

混凝土泵封拱的步骤如下:当混凝土浇筑至顶拱仓面时,撤出仓内各种器材,并尽量填高;当混凝土浇筑至与进人孔齐平时,撤出仓内人员,封闭进人孔,增大混凝土坍落度(达 14 ~ 16 cm),并加快泵送速度,直至通气管开始漏浆或压入混凝土超过预计量时止,

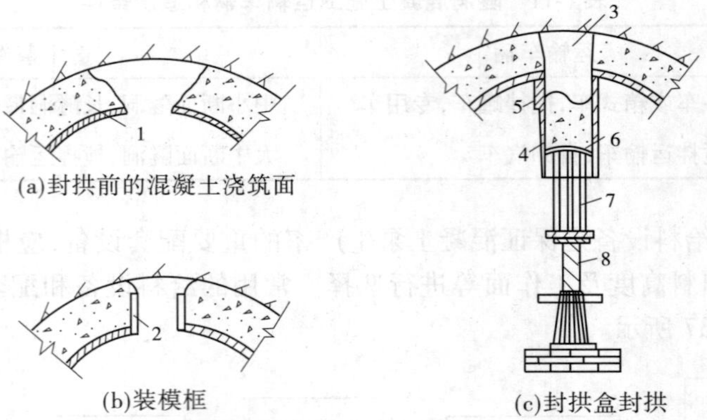

(a)封拱前的混凝土浇筑面　(b)装模框　(c)封拱盒封拱

1—已浇筑的混凝土；2—模框；3—封拱部分；4—封拱盒；
5—进料盒门；6—活动封拱板；7—顶架；8—千斤顶

图 7-38　采用封拱盒封拱

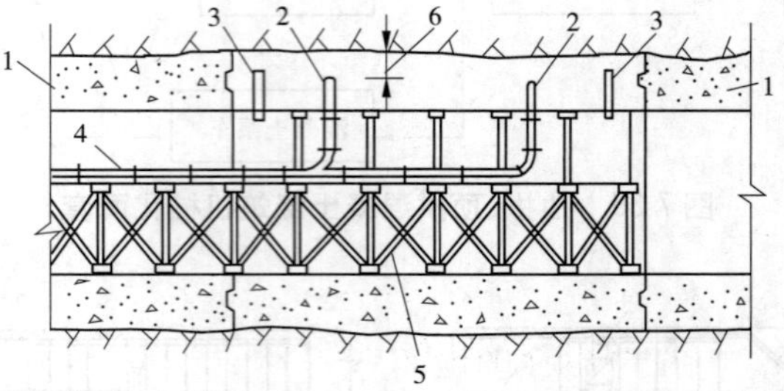

1—已浇段；2—冲天尾管；3—通气管量；
4—导管；5—脚手架；6—尾管出口与岩面距离

图 7-39　混凝土泵封拱示意图

停止压送混凝土后，拆除尾管上包住预留孔眼的铁箍，从孔眼中插入钢筋，防止混凝土下落，并拆除尾管。待顶拱混凝土凝固后，将外伸的尾管割除，用灰浆抹平，如图 7-40 所示。

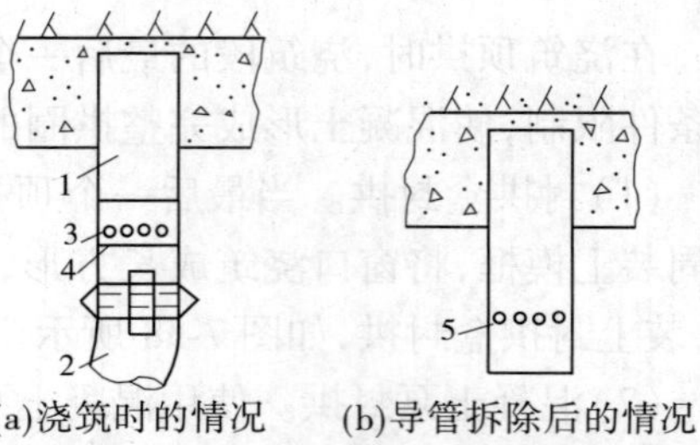

(a)浇筑时的情况　(b)导管拆除后的情况

1—尾管；2—导管；3—直径 2 ~ 3 cm 的孔眼；
4—铁皮箍；5—插入孔眼中的钢筋

图 7-40　垂直尾管上的孔眼

四、压浆混凝土施工

压浆混凝土，又称预填骨料压浆混凝土。其施工顺序是将组成混凝土的粗骨料预先填入立好的模板中，并尽可能使粗骨料密实，然后用灌浆泵把水泥砂浆压入，填满骨料孔隙，凝固后成混凝土。由于压浆混凝土比一般混凝土含有较多的粗骨料，因此干缩性减小而弹性模量稍高。常应用于高压管道和竖井衬砌、封拱、堵洞、反缝处理及事故混凝土修补等部位。

为了保证压浆混凝土的质量，施工时应注意以下几点：

(1)模板应专门设计,接缝严密,不漏浆,不产生位移和变形。

(2)粗骨料要求表面干净,无泥土及粉尘,填入时不易破裂和磨损,级配良好,孔隙率小。

(3)水泥砂浆应掺入适量的混合材料和外加剂,使砂浆具有良好的和易性和流动性(稠度为250~500 mm),保证充填密实。

(4)压浆部位要埋设观测管、排气管,以检查观测压浆进展情况。

(5)压浆前应用0.1 N/mm^2的压力水冲洗,检查模板无漏浆发生后,才可进行压浆。压浆时宜先灌注水泥浆,然后灌注水泥砂浆。压浆程序应由下而上,逐渐上升,不得间断,压浆压力可采用0.2~0.5 N/mm^2,浆体上升速度以50~100 cm/h为宜。

(6)压浆过程中,应加强观测,看是否有管路堵塞、模板变形、漏浆等现象。若因故中断,短期内又无法恢复,则须待砂浆凝固后重新钻孔,压力水冲洗干净,才能继续压浆施工。

五、隧洞灌浆

隧洞灌浆有回填灌浆和固结灌浆。前者的作用是填塞围岩与衬砌间空隙,所以只限于拱顶一定范围内;后者的作用是加固围岩,提高围岩的整体性和强度,所以其范围包括断面四周的围岩。

灌浆孔可在衬砌时预留,孔径为38~50 mm。灌浆孔沿洞轴线2~4 m布置一排,各排孔位交叉排列。同时还需布置一定数量的检查孔,用以检查灌浆质量,如图7-41所示。

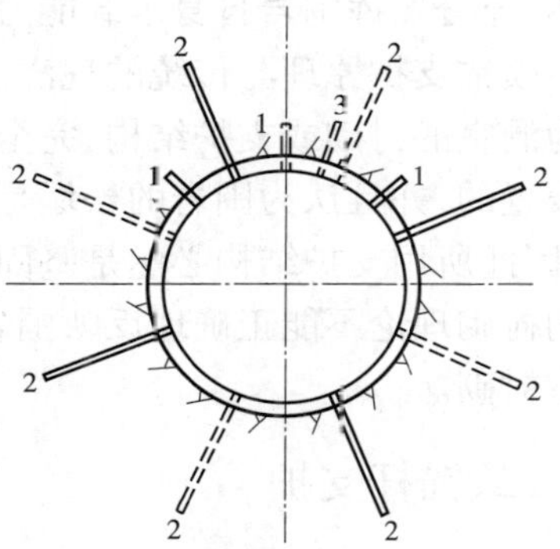

1—回填灌浆孔;2—固结灌浆孔;3—检查孔

图7-41　灌浆孔的布置

水工隧洞灌浆应按先回填后固结的顺序进行,回填灌浆应在衬砌混凝土达到70%设计强度后尽早进行。回填灌浆结束7 d后再进行固结灌浆。灌浆前应对灌浆孔进行冲洗,冲洗压力不宜大于本段灌浆压力的80%。回填灌浆须按分序加密原则进行,固结灌浆应按环间分序、环内加密的原则进行,灌浆压力、浆液浓度、升压顺序和结束灌浆标准应符合设计要求。

任务五　喷锚支护

喷锚支护是喷混凝土支护、锚杆支护、喷混凝土锚杆支护、喷混凝土锚杆钢丝网支护等不同支护型式的统称,是地下工程支护的一种新型式。合理应用可最大限度地发挥围岩的自承能力,所以也是新奥地利隧道工程法(新奥法)的主要支护措施。

喷锚支护的施工特点,是在洞室开挖后,将围岩冲洗干净,适时喷上一层厚3~8 cm的混凝土,防止围岩松动。如发现围岩变形过大,可视需要及时加设锚杆或加厚混凝土,使围岩稳定。所以,喷锚支护既可以作临时支护,也可以作永久支护。它适用于各种地质条件、不同断面大小的地下洞室,但不适用于地下水丰富的地区。

近年来,凡是正确应用喷锚支护,并且与新奥法紧密相连,都收到了良好的技术经济效益。它与沿用的现浇混凝土衬砌相比,混凝土量减少 50% 以上,开挖量减少 15% ~ 25%,可省去支模和灌浆工序,劳动力节省 50% 左右,施工速度加快一倍以上,造价降低 50% 左右。

一、喷锚支护原理

喷锚支护是充分利用围岩的自承能力和具有弹塑性变形的特点,有效控制和维护围岩稳定、最大限度发挥围岩自承能力的新型支护。它的原理是把岩体视为具有黏性、弹性和塑性等物理性质的连续介质,洞室开挖后,洞室周围的岩体(围岩)将向着临空面变形,变形随时间而增大,增大到一定程度,围岩将产生坍塌。因此,在围岩产生一定变形前,应及时采用既有一定刚度又有一定柔性的薄层支护结构,使支护与围岩紧密地黏结成一个整体,既限制围岩变形又可与围岩"同步变形",从而加固和保护围岩,使围岩成为支护的主体,充分发挥围岩自身承载能力,增加了围岩的稳定性。

喷锚支护原理与传统的现浇混凝土衬砌的松动围岩压力理论有着本质的不同。后者认为洞室的衬砌或支护结构,完全是为了承担洞壁邻近部分松塌岩体所形成的松动围岩而设置的,并且认为围岩的松塌是不可避免的,认为围岩越差、洞室越大,松塌的范围也越大,因此所用支护结构必然是坚固的、比较厚的混凝土或钢筋混凝土衬砌。实践证明,传统的衬砌理论不能正确地反映围岩的自承能力,这种理论只适用于围岩非常松散破碎的洞室衬砌。

二、锚杆支护

锚杆是锚固在岩体中的杆件,锚杆插入岩体后,与围岩共同工作,提高了围岩的自稳能力。工程中常用的锚杆,按锚杆种类分为钢筋锚杆和钢丝索锚索;按锚杆的受力条件分,可分为不加预应力锚杆和加预应力锚杆;按锚固方式可分为集中锚固和全长锚固。

楔缝式锚杆和胀壳式锚杆是属于集中锚固的两种锚杆,如图 7-42(a)、(b)所示。其施工顺序是:将楔块(或锥形螺母)嵌入锚杆端部的楔瓣(或胀圈)内后,同时插入钻孔,使楔块(或锥形螺母)与孔底接触。再用冲击力(楔缝式)或用扳手旋转锚杆(胀壳式)使楔瓣或胀圈胀开,紧压孔壁,最后安上垫板,拧紧螺帽,将岩石压紧锚固。

全长锚固的锚杆有砂浆锚杆和树脂锚杆等,如图 7-42(c) ~ (g)所示。其施工顺序是:在清孔后,孔内注入胶凝材料(砂浆或树脂)后,再插入锚杆,也可采用先固定锚杆,再注入胶凝材料。锚杆可用钢筋,也可用钢丝索或钢丝绳。为了充分发挥锚杆强度,尤其是用钢丝索或钢丝绳作锚杆时,可对锚杆施加预应力而成为预应力锚杆。其施工顺序是钻孔(孔径 >100 mm)后冲洗干净,放入锚索及内锚头,固定锚索,张拉锚索到控制应力后,用外锚头固定锚索,最后灌浆,用混凝土封闭外锚头,如图 7-43 所示。

锚杆的布置有局部锚杆和系统锚杆之分。局部锚杆主要用于加固危石,防止掉块,如图 7-44 所示。系统锚杆是用于提高围岩的承载能力,顶拱的系统锚杆可在顶拱围岩中形成连续压缩带,提高了围岩的承载能力。系统锚杆在岩层中的布置和在围岩中的作用,如图 7-45 和图 7-46 所示。

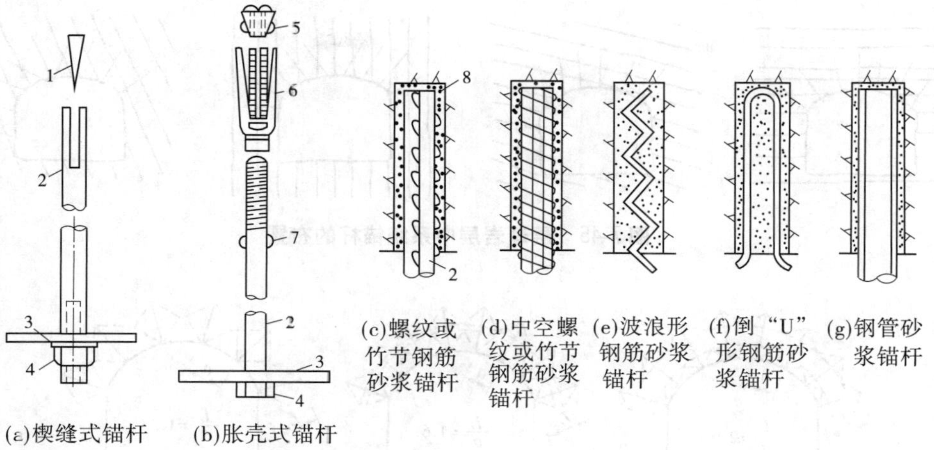

1—楔块;2—锚杆;3—垫块;4—螺帽;5—锥形螺帽;6—胀圈;7—突头;8—水泥砂浆或树脂

图 7-42 锚杆的类型

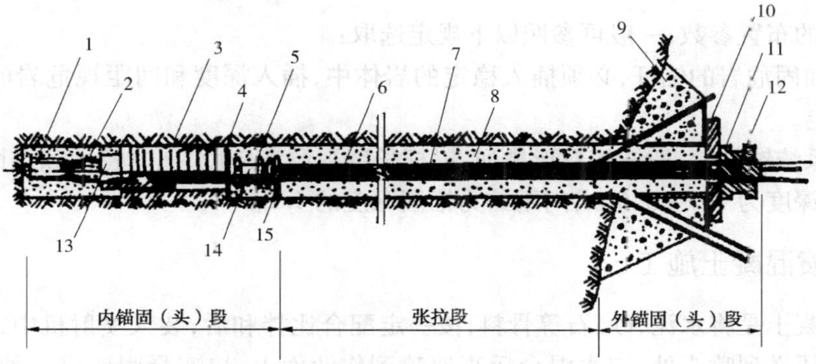

1—导向帽;2—六棱锚塞;3—外夹片;4—挡圈;5—顶簧;6—套管;7—排气管;8—黏结砂浆;
9—现浇混凝土支墩;10—垫板;11—锚环;12—锚塞;13—锥筒;14—顶簧套筒;15—托筒

图 7-43 胀壳式内锚头钢绞线预应力锚索

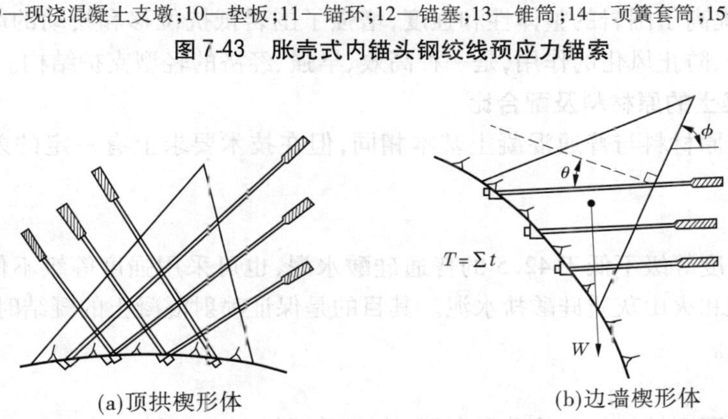

图 7-44 围岩楔形体锚杆支护

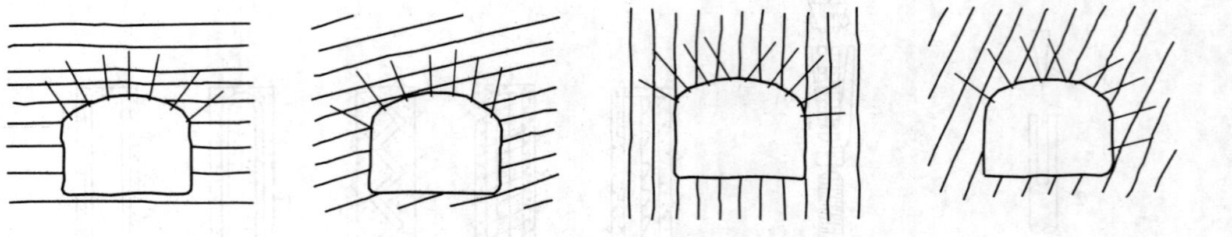

图7-45　层理岩层中系统锚杆的布置

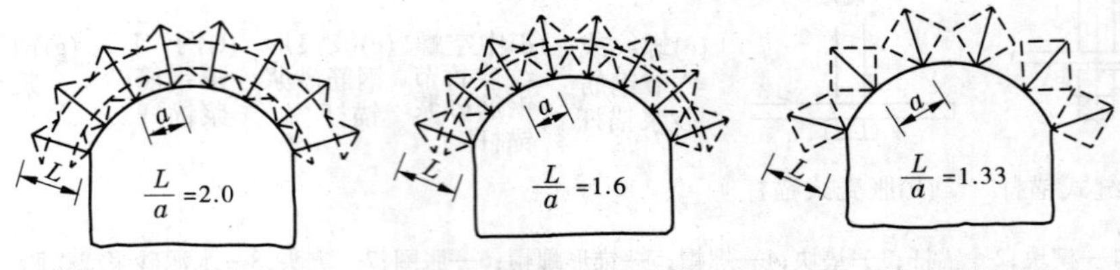

(a)形成较好的预压拱　(b)预压拱很狭窄　(c)形不成预压拱

图7-46　围岩中的顶压拱

锚杆的布置参数,一般可参照以下规定选取:

(1)加固危岩的锚杆,必须插入稳定的岩体中,插入深度和间距视危岩的质量(或滑动力)确定。

(2)系统锚杆,一般按梅花形排列,锚杆长度视洞室跨度、围岩特性和锚固部位而定,通常插入深度为1.5~3.5 m,间距约为锚固深度的1/2。

三、喷混凝土施工

喷混凝土是将水泥、砂、石等骨料,按一定配合比拌和后,装入喷射机中,用压缩空气将混合料压送到喷头处,与水混合后高速喷到作业面上,快速凝固而成一种薄层支护结构。这种支护结构的主要作用是,喷射混凝土不但与围岩表面有一定的黏结力,而且能充填围岩的缝隙,提高了围岩的整体性和强度,增强了围岩抵抗位移和松动的能力,同时还起到了封闭围岩、防止风化的作用,是一种高效、早强、经济的轻型支护结构。

(一)喷混凝土的原材料及配合比

喷混凝土的原材料与普通混凝土基本相同,但在技术要求上有一定的差别,现说明如下。

1. 水泥

优先选用强度等级不低于42.5的普通硅酸水泥,也可采用强度等级不低于52.5的矿渣硅酸盐水泥和火山灰质硅酸盐水泥。其目的是保证喷射混凝土的凝结时间与速凝剂有较好的相容性。

2. 砂石料

优先选用磨圆度较好的天然砂和卵石,也可采用机制砂石料。砂的细度模数应大于2.5,细石粒径不宜大于15 mm,以减少施工操作时的粉尘、回弹量和堵管。最大粒径为15 mm的级配应满足表7-12要求。

表 7-12 喷射混凝土骨料级配

级配	通过各种筛径的累计质量百分数(%)							
	0.15 mm	0.30 mm	0.60 mm	1.20 mm	2.50 mm	5.00 mm	10.0 mm	15.0 mm
优	5~7	10~15	17~22	23~31	35~43	50~60	73~82	100
良	4~8	5~12	13~31	18~41	26~54	40~70	62~90	100

3. 水

喷混凝土用水与一般混凝土对水的要求相同。地下洞室中的混浊水和一切含酸、碱具侵蚀性的水不能使用。

4. 外加剂

为提高喷射混凝土的早期强度,增加一次喷射的厚度,宜在喷射混凝土中掺加速凝、早强、减水等外加剂,但掺入外加剂的喷混凝土的各项性能指标不得低于设计要求。在使用速凝剂时,水泥净浆试验的初凝时间应小于5 min,终凝时间不得大于10 min。

5. 硅粉

硅粉是在电弧炉中生产硅金属和硅铁合金的过程中产生的副产品,含有85%~95%的无定形二氧化硅,平均粒径0.1 μm,为水泥颗粒粒径的1/100,颗粒呈圆形。在混凝土中掺入适量的硅粉,可以减少混凝土拌和物的泌水性和混凝土的孔隙率,提高了混凝土的强度、抗渗性和耐久性。硅粉的一般掺量为水泥质量的5%~15%。

喷射混凝土的配合比应满足混凝土强度和喷射工艺的要求,可按类比法选择后通过试验确定。采用一般施工工艺时,水泥与砂石质量比为1:3.5~1:4.5;砂率35%~55%;水灰比0.35~0.5;速凝剂掺量为水泥质量的2%~4%。采用水泥裹砂时,水泥:硅粉:砂:卵石:水=1:0.09:3.29:2.24:0.57。采用双裹湿喷时,水泥:硅粉:砂:卵石:水=1:0.11:3.55:2.28:0.58。以上配合比仅供参考。

(二)喷混凝土的施工工艺

喷射混凝土的施工方法有干喷、湿喷和半湿喷四种。主要区别是投料的程序不同,尤其是加水和速凝剂的时机不同。

1. 干喷

干喷是将骨料、水泥和速凝剂按设计比例干拌均匀,然后装入喷射机,用压缩空气将混合的干骨料压送到喷枪,再在喷嘴处与高压水混合,以较高速度喷射到岩面上。其优点是喷射机械较简单,机械清洗和故障处理容易。其缺点是产生的粉尘量大、回弹量大、水灰比不易控制。

其施工工艺流程如图7-47所示。

2. 湿喷

湿喷是将骨料、水泥和水按设计比例拌和均匀,用湿式喷射机压送到喷头处,再在喷头上添加速凝剂后喷出。其施工工艺流程如图7-48所示。

湿喷的优点是粉尘少、回弹量小、混凝土质量容易控制,应当发展应用。缺点是对喷射机械要求较高,机械清洗和故障处理较麻烦。

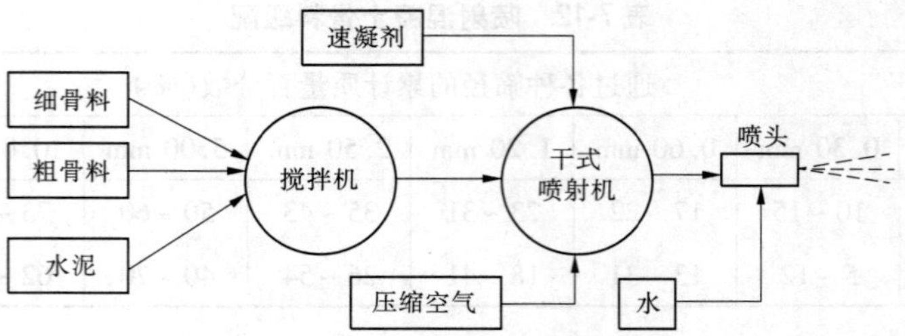

图 7-47 干喷工艺流程

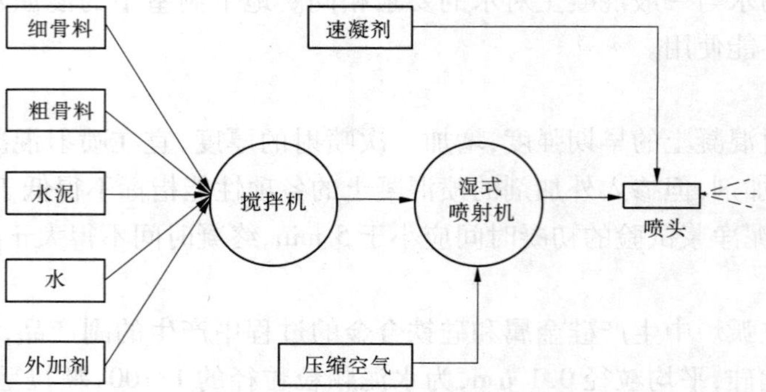

图 7-48 湿喷工艺流程

湿喷只是在骨料中预加少量水，从而降低了上料、拌和和喷射时的粉尘。其余与干喷工艺一样。由于湿喷可降低一定的粉尘，目前使用较多。

3. 半湿喷

半湿喷又称混合喷射或水泥裹砂造壳喷射法。施工程序是先将一部分砂加第一次水拌湿，再投入全部水泥预制搅拌造壳，然后加第二次水和减水剂拌和成 SEC 砂浆，同时将另一部分砂和石及速凝剂强制搅拌均匀。然后分别用砂浆泵和干式喷射机压送到混合管后喷出。其施工工艺流程如图 7-49 所示。

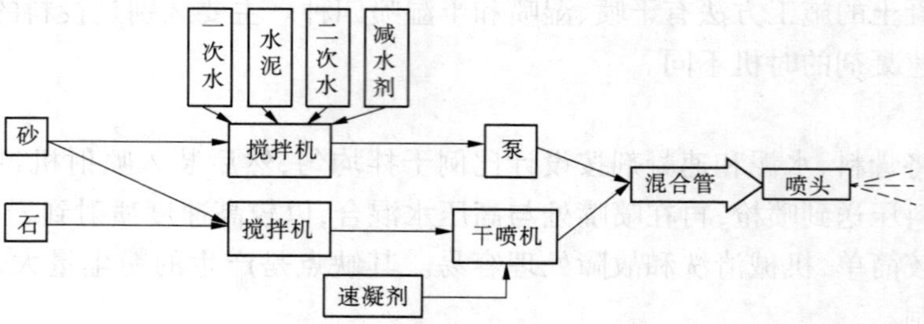

图 7-49 半湿喷工艺流程

半湿喷所使用的主要机械设备与干喷基本相同。但由于半湿喷是分次投料搅拌，混凝土的质量较干喷时要好，粉尘和回弹率也有大幅度降低。但机械数量较多，工艺较复杂，机械清洗和故障处理很麻烦。尤其是水泥裹砂造壳技术的质量，直接影响到喷射混凝土的质量，施工技术要求高。

由于湿喷和半湿喷工作面粉尘小，混凝土强度高，回弹量小，所以湿喷和半湿喷被广泛应用。我国小浪底水利枢纽的洞室壁几乎全部采用湿喷。

(三)喷射混凝土机械设备

1. 喷射机

喷射机是喷射混凝土的主要设备,有干式喷射机和湿式喷射机。干式喷射机有双罐式喷射机、转体式喷射机和转盘式喷射式,如图7-50所示;湿式喷射机有挤压泵式喷射机、转体活塞式喷射机和螺杆泵式喷射机。泵式喷射机要求混凝土具有较大的流动性和大于70%的含砂率,机械构造较为复杂,清洗和故障处理麻烦,机械使用费用较高,目前现场使用较少,有待进一步改进推广。

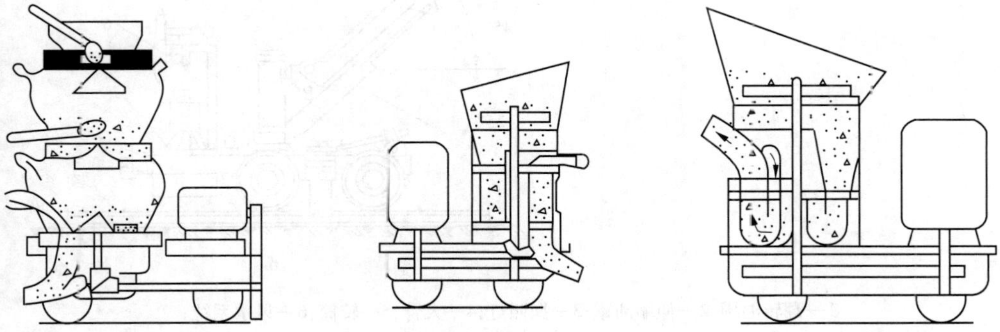

(a)双罐式喷射机　(b)转体式喷射机　(c)转盘式喷射机

图7-50　干式喷射机

2. 机械手

喷头的喷射方向和距离的控制,可采用人工控制或机械手控制。人工控制可以近距离随时观察喷射情况,但劳动强度大,粉尘危害大,易危及人身安全,现场只用于解决少量和局部的喷射工作。机械手控制可避免以上缺点,喷射灵活方便,工作范围大,效率高。其工作原理见图7-51。

3. 其他

喷射混凝土的拌制是用强制式搅拌机,喷射时的风压为0.1～0.15 MPa,水压应稍高于风压。湿式喷射时,风压和水压均较干喷时高。输料管在使用过程中应转向,以减少管道磨损。

(四)喷前检查及准备

喷射前应做好以下工作:

(1)对开挖断面尺寸进行检查,清除松动危石,用高压风和水清洗受喷面,对欠挖、超挖严重的应予以处理。

(2)受喷岩面有集中渗水处,应作好排水的引流处理,并根据岩面潮湿程度,适当调整水灰比。

(3)埋设喷层厚度检查标志。可在石缝处钉铁钉、安设钢筋头等方法作标志。

(4)检查调试好的各机械设备的工作状态。

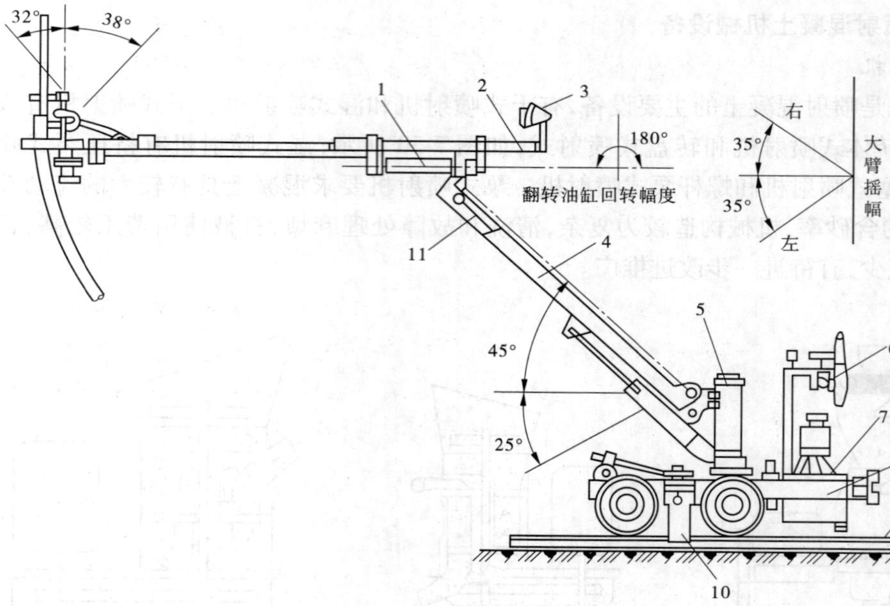

1—翻转油罐;2—伸缩油罐;3—探照灯;4—大臂;5—转筒;6—风水系统;
7—液压系统;8—车架;9—钢轨;10—卡轨器;11—拉杆

图 7-51　喷射机械手

(五)施喷注意事项

(1)喷射时应分段(不超过 6 m)、分部(先下后上)、分块(2 m×2 m)进行,严格按先墙后拱、先下后上的顺序进行,以减少混凝土因重力作用而引发的滑动或脱落现象。

(2)喷头要垂直于受喷面,倾斜角度不大于 10°,距离受喷面 0.8～1.2 m。喷头移动可采用 S 形往返移动前进,也可采用螺旋形移动前进,如图 7-52 所示。

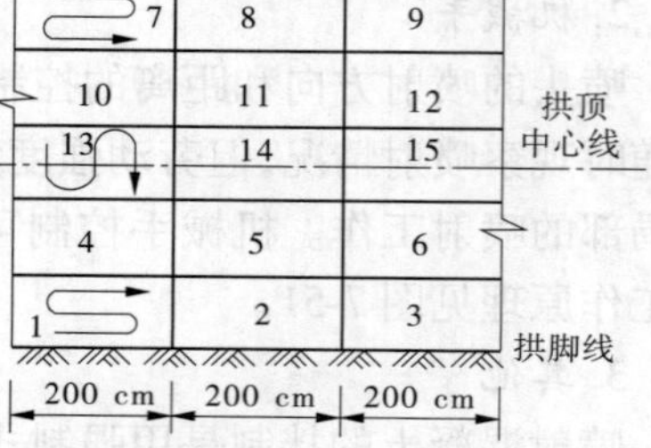

图 7-52　混凝土喷射程序

(3)喷射时一次喷射厚度不得太薄或太厚,对于岩面凹陷处应先喷且多喷,凸出处应后喷、少喷。一次喷射厚可参考表 7-13。

表 7-13　一次喷射厚度　(单位:cm)

部位	掺速凝剂	不掺速凝剂
边墙	7～10	5～7
拱部	5～7	3～5

(4)若设计喷射混凝土较厚,应分 2～3 层喷射。分层时间间隔不得太短,在初喷混凝土终凝后,即可复喷。喷射混凝土的终凝时间与水泥品种、施工温度、速凝剂类型及掺

量等因素有关。间隔时间较长时,应将初喷面清洗干净后再进行复喷。

(5)喷射混凝土的养护应在其终凝 1 ~2 h 后进行,养护时间不得小于 7 d。

(6)冬季施工时,喷射混凝土作业区的气温不得低于 5 ℃;混凝土强度未达到设计强度的 50%时,若气温降于 5 ℃以下,则应注意采取保温防冻措施。

(7)回弹物料的利用。采用干法喷射混凝土时,一般边墙的回弹率为 10% ~20%,拱部为 20% ~35%,故应将回弹混凝土回收利用。常用的方法是及时将洁净的尚未凝结的回弹物回收后,掺入混合料重新搅拌,但掺量不宜超过 15%,且不宜用于顶拱。也可将回弹混凝土掺入普通混凝土中,但掺量也应加以控制。

目前常用喷射混凝土有:素喷混凝土、钢纤维喷射混凝土、钢筋网喷射混凝土。

钢纤维喷射混凝土是在喷射混凝土中加入钢纤维,弥补了素喷混凝土的脆性破坏缺陷,改善了喷射混凝土的物理力学性能。钢纤维的掺量为喷混凝土质量的 1.0% ~1.5%,钢纤维喷射混凝土比素喷混凝土的抗压强度提高 30% ~60%,抗拉强度提高 50% ~80%,抗冲击性能提高 8% ~30%,抗磨损性能提高 30%左右。所以,钢纤维喷射混凝土适用于承受强烈震动、冲击的动荷载的结构物,也适用于有耐磨要求,或不便配置钢筋,但又要求有较高强度和韧性的工程中。

钢筋网喷射混凝土是在喷射混凝土之前,在岩面上挂设钢筋网,然后再喷射素混凝土。主要用于软弱破碎围岩,更多的是与锚杆构成联合支护,在我国隧洞工程中应用较多。

项目八 渠道及渠系建筑工程

任务一 渠道开挖与衬护

渠道工程施工包括渠道开挖、填筑和衬护，其特点是工程量大，施工线路长，场地分散；但工种单纯，技术要求较低，工作面宽，可以同时组织较多的劳力施工。

一、渠道开挖

渠道开挖的施工方法有人工开挖、机械开挖和爆破开挖等。选择开挖方法，取决于技术条件、土壤种类、渠道纵横断面尺寸、地下水位等因素。下面将这几种方法介绍如下。

（一）人工开挖渠道

1. 施工排水

渠道开挖关键是排水问题。排水应本着上游照顾下游、下游服从上游的原则，即向下游放水的时间和流量，应照顾下游的排水条件，同时下游应服从上游的需要，一般下游应先开工，并不得阻碍上游水量的排泄，以保证水流畅通。如遇有需排除降水和地下水，还必须开挖排水沟。

2. 开挖方法

在干地施工，应自中心向外，分层开挖，先深后宽，边坡处可按边坡比挖成台阶状，待挖至设计要求时，再进行削坡。如有条件应尽可能做到挖填平衡。必须弃土时，应先规划堆土区，横断面方向做到远挖近倒、近挖远倒、先平后高，渠道开挖时，可根据土质、地下水和地形条件，分别采用不同的施工方法。

（1）龙沟一次到底法。适用于土质较好（如黏性土）、地下水来量小、总挖深 2～3 m 的渠道，一次将龙沟开挖到设计高程以下 0.3～0.5 m，然后由龙沟向左右扩大，如图 8-1 所示。

（2）分层开挖法。如开挖深度较深，龙沟一次开挖到底有困难，可以根据地形施工条件分层开挖龙沟，分层挖土，如图 8-2 所示。图 8-2（a）所示中心龙沟法适用于工期短、地下水来量小和平地开挖的工地。图 8-2（b）所示滚龙沟法适用于开挖深度大、土质差、地下水来量大、可以双面出土的工地，采用双龙沟分层交叉开挖。每层龙沟开挖断面小，便于争取时间。

3. 边坡开挖与削坡

开挖渠道如一次开挖成坡，将影响开挖进度。因此，一般先按设计坡度要求挖成台阶状，其高宽比按设计坡度要求开挖，最后进行削坡，这样施工，削坡方量小，但施工时必须严格掌握，台阶平台应水平，高必须与平台垂直，否则会产生较大误差，增加削坡方量。

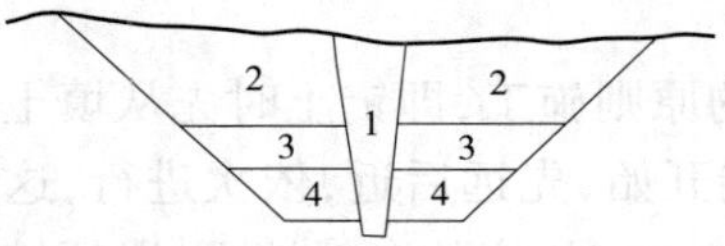

1～4—龙沟开挖顺序；1—排水沟

图 8-1　龙沟一次到底法

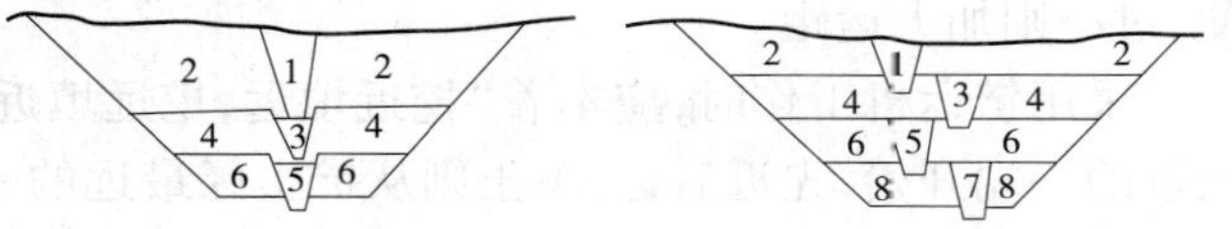

(a)中心龙沟法　(b)衮龙沟法

1～8—开挖顺序；1、3、5、7—排水沟

图 8-2　分层开挖龙沟布置

(二)机械开挖渠道

1. 推土机开挖渠道

采用推土机开挖渠道，其深度一般不宜超过 1.5～2.0 m，填筑渠道高度不宜超过 2～3 m，其边坡不宜陡于 1∶2（见图 8-3）。在渠道施工中，推土机还可以平整渠底、清除植土层、修整边坡、压实渠道等。

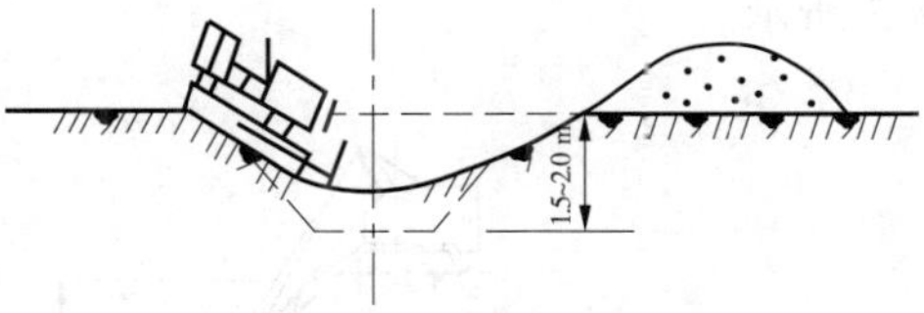

图 8-3　推土机开挖渠道

2. 铲运机开挖渠道

半挖半填渠道或全挖方渠道就近弃土时，采用铲运机开挖最为有利。需要在纵向调配土方的渠道，如运距不远，也可用铲运机开挖。

铲运机开挖渠道的开行方式有：

(1)环形开行。当渠道开挖宽度大于铲土长度，而填土或弃土宽度又大于卸土长度时，可采用横向环形开行，如图 8-4(a)所示；反之，则采用纵向环形开行，如图 8-4(b)所示。铲土和填土位置可逐渐错动，以完成所需要的断面。

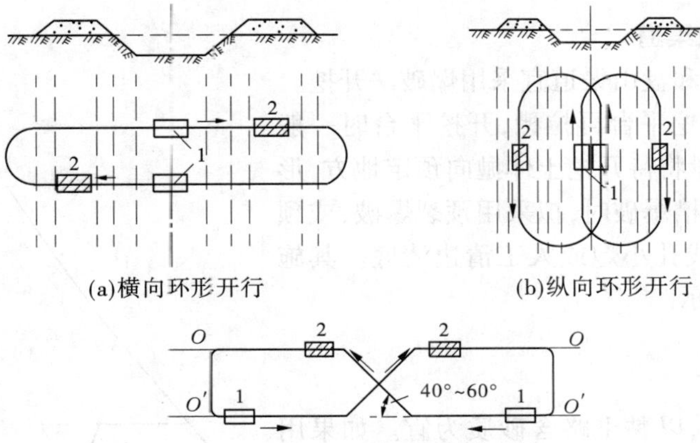

(a)横向环形开行　(b)纵向环形开行

(c)“8”字形开行

1—铲土；2—填土；O—O—填方轴线；O'—O'—挖方轴线

图 8-4　产运机的开行路线

(2)“8”字形开行。当工作前线较长，填挖高差较大时，则应采用“8”字形开行，如图 8-4(c)所示。其进口坡道与挖方轴线间的夹角以 40°～60°为宜，过大则重车转弯不

便，过小则加大运距。

采用铲运机工作时，应本着“挖近填远，挖远填近”的原则施工，即铲土时先从填土区最近的一端开始，先近后远；填土则从铲土区最远的一端开始，先远后近，依次进行，这样不仅创造了下坡铲土的有利条件，还可以在填土区内保持一定长度的自然地面，以便铲运机能高速行驶。

3. 反向挖掘机开挖渠道

对于渠道开挖较深时，采用反向挖掘机开挖是较为理想的选择，该方案有方便快捷、生产效率高的特点，在生产实践中应用相当广泛，其布置方式有沟端开挖和沟侧开挖，如图 8-5 所示。

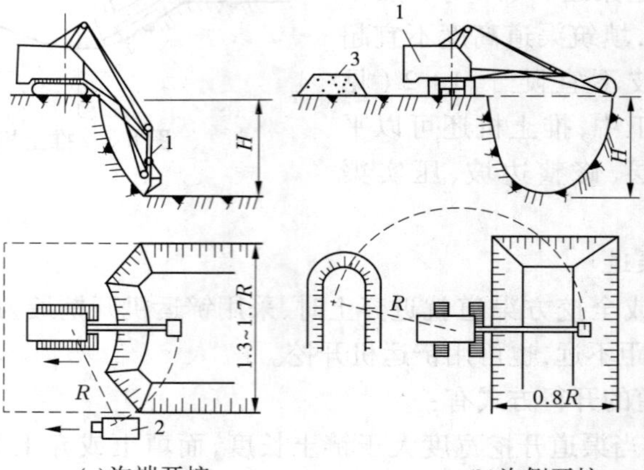

1—挖土机；2—自卸汽车；3—弃土堆

图 8-5　反向挖掘机开挖方式与工作面

(三)爆破开挖渠道

对于岩基渠道和盘山渠道宜采用爆破法开挖。

开挖程序是先挖平台再拉槽，开挖平台时一般采用抛掷爆破，尽量将待开挖土体抛向预定地方，形成理想的平台。抽槽爆破时，拟采用预裂爆破，或预留保护层，再采取浅孔小炮或人工清边清底。其施工程序如图 8-6 所示。

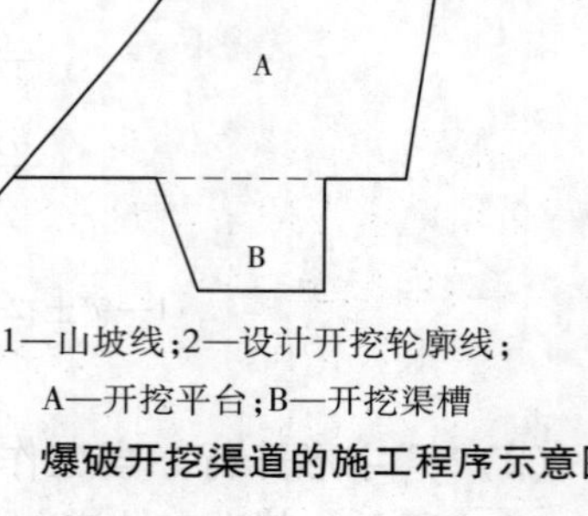

1—山坡线；2—设计开挖轮廓线；
A—开挖平台；B—开挖渠槽

图 8-6　爆破开挖渠道的施工程序示意图

二、渠堤填筑

筑堤用的土料，以黏土略含砂质为宜。如果用几种土料，应将透水性小的填在迎水坡，透水性大的填在背水坡。土料中不得掺有杂质，并应保持一定的含水量，以利压实。

填方渠道的取土坑与堤脚保持一定距离，挖土深度不宜超过2 m,且中间应留有土埂。取土宜先远后近,并留有斜坡道以便运土。半填半挖渠道应尽量利用挖方筑堤,只有在土料不足或土质不适用时,才在取土坑取土。

铺土前应先行清基,并将基面略加平整,然后进行刨毛,铺土厚度一般为20~30 cm,并应铺平铺匀。每层铺土宽度应略大于设计宽度,以免削坡后断面不足。堤顶应做成坡度为2%~5%的坡面,以利排水。填筑高度应考虑沉陷,一般可预加5%的沉陷量。

对小型渠道土堤夯实宜采用人力夯和蛙式夯击机。对砂卵石填堤在水源充沛时可用水力夯实,否则选用轮胎碾或振动碾,在四川某工程的砂卵石填筑中,利用轮胎式装载机碾压取得了较好的技术经济效果。

三、渠道衬护

渠道衬护是渠道施工的重要组成部分,渠道衬护的目的是防止渗漏,保护渠基不风化,减少糙率,美化建筑物。渠道衬护的类型有灰土、砌石、混凝土、沥青材料及塑料薄膜等。在选择衬护类型时,应考虑以下原则:防渗效果好,因地制宜,就地取材,施工简易,能提高渠道输水能力和抗冲能力,减小渠道断面尺寸,造价低廉,有一定的耐久性,便于管理养护,维修费用低等。

(一)砌石衬护

在砂砾石地区坡度大、渗漏强的渠道,采用浆砌卵石衬护,有利于就地取材,发挥当地河工的技术特长,是一种经济的抗冲防渗措施,同时还具有较高的抗磨能力和抗冻性,一般可减少渗漏量80%~90%。施工时应先按设计要求铺设垫层,然后砌卵石;砌卵石的基本要求是使卵石的长边垂直于边坡或渠底,并砌紧、砌平、错缝、坐落在垫层上,如图8-7所示。为了防止砌面被局部冲毁而扩大,每隔10~20 m距离用较大的卵石砌一道隔墙。渠坡隔墙可砌成平直形,渠底隔墙可砌成拱形,其拱顶迎向水流方向,以加强抗冲能力。隔墙深度可根据渠道可能冲刷深度确定。

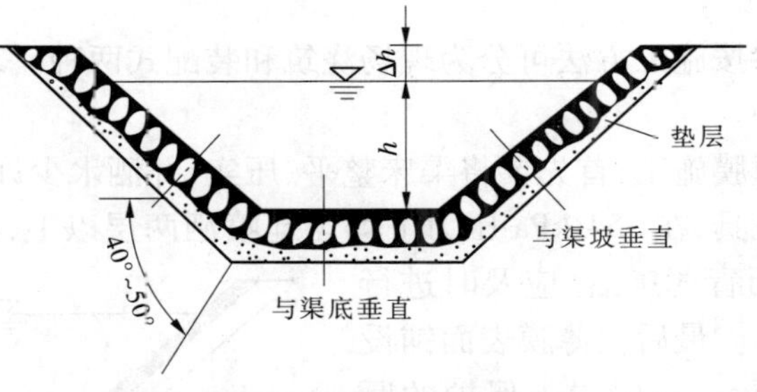

图8-7 浆砌卵石渠道衬砌示意图

渠底卵石的缝最好垂直于水流方向,这样抗冲效果较好。不论是渠底还是渠坡,砌石缝面必须用水泥砂浆勾缝,以保证施工质量。

(二)混凝土衬护

混凝土衬护由于防渗效果好,一般能减少90%以上渗漏量,耐久性强,糙率小,强度高,便于管理,适应性强,因而成为一种广泛采用的衬护方法。

渠道混凝土衬砌,目前多采用板型结构,但小型渠道也采用槽型结构。素混凝土板常用于水文地质条件较好的渠段；钢筋混凝土板则用于地质条件较差和防渗要求较高的重要渠道。钢筋混凝土板按其截面形状的不同，又有矩形板、楔形板、肋梁板等不同型式。矩形板适用于无冻胀地区的各种渠道，楔形、肋形板多用于冻胀地区的各种渠道。

大型渠道的混凝土衬砌多为就地浇筑，渠道在开挖和压实处理以后，先设置排水，铺设垫层，然后浇筑，渠底跳仓浇筑，但是有依次连续浇筑的。渠坡分块浇筑时，先立两侧模板，然后随混凝土的升高，边浇筑边安设表面模板。如渠坡较缓，用表面振动器捣实混凝土，则不安设表面模板。在浇筑中间块时，应按伸缩缝宽度设立两边的缝子板。缝子板在混凝土凝固以后拆除，以便灌浇沥青、油膏等填缝材料。

混凝土拌和站的位置，应根据水源、料场分布和混凝土工程量等因素来确定。中、小型工程人工施工时，拌和站控制渠道长度以 150 ~ 400 m 为宜；大型渠道采用机械化施工时，以每 3 km 移动一次拌和站为宜。有条件时还可采用移动式拌和站或汽车搅拌机。

装配式混凝土衬砌，是在预制场制作混凝土板，运至现场安装和灌筑填缝材料。预制板的尺寸应与起吊运输设备的能力相适应。人工安装时，一般为 0.4 ~ 0.6 m^2。装配式衬砌预制板，施工受气候条件影响较小。在已运用的渠道上施工，可减少施工与放水间的矛盾。但装配式衬砌的接缝较多，防渗、抗冻性能差，一般在中小型渠道采用。

（三）钢丝网水泥衬护

该方法是一种无模化施工，其结构为柔性，适应变形能力强，在渠道衬护中有较好的应用前景。

其做法是在平整的基底（渠底或渠坡）上铺小间距的钢丝，然后抹水泥砂浆或喷浆。操作简单、易行。

（四）沥青材料衬护

由于沥青材料具有良好的不透水性，一般可减少渗漏量的 90% 以上，并具有抗碱类腐蚀能力，其抗冲能力则随覆盖层材料而定。沥青材料渠道衬护有沥青薄膜与沥青混凝土两类。

沥青薄膜类防渗按施工方法可分为现场浇筑和装配式两种。现场浇筑又可分为喷洒沥青和沥青砂浆两种。

现场喷洒沥青薄膜施工，首先要将渠床整平、压实，并洒水少许，然后将温度为 200 ℃ 的软化沥青用喷洒机具，在 354 kPa 压力下均匀地喷洒两层以上，厚度 6 ~ 7 mm，各层间需结合良好。喷洒沥青薄膜后，应及时进行质量检查和修补工作。最后在薄膜表面铺设保护层，如图 8-8 所示。一般素土保护的厚度，小型渠道多为 10 ~ 30 cm，大型渠道多为 30 ~ 50 cm。渠道内坡以不陡于 1∶1.75 为宜，以免保护层产生滑动。

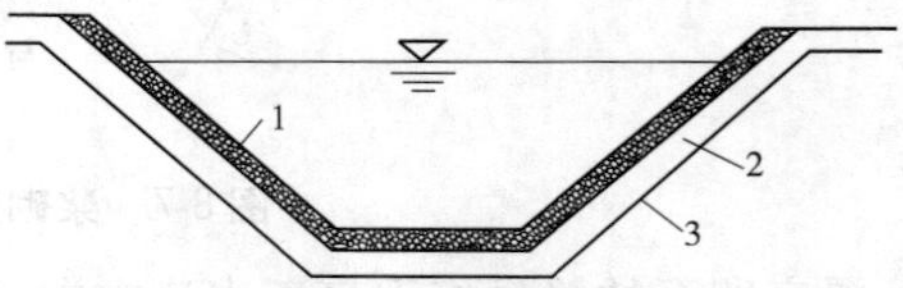

1—砾石铺盖；2—保护层；3—沥青薄膜

图 8-8　现场喷洒沥青薄膜衬护渠道

沥青砂浆防渗多用于渠底。施工时先将沥青和砂分别加热，然后进行拌和，拌好后温度保持在 160 ~ 180 ℃，即在现场摊铺，然后用大方铣反复烫压，直至出油，再做保护层。

沥青混凝土衬护分现场铺筑与预制安装两种施工方法。现场铺筑与沥青混凝土面板施工相似。预制安装多采用矩形预制板。施工时为保证运用过程中不被折断，可设垫层，并将表面进行平整。安装时应将接缝错开,顺水流方向,不应留有通缝,并将接缝处理好。

(五)塑料薄膜衬护

采用塑料薄膜进行渠道防渗,具有效果好、适应性强、质量轻、运输方便、施工速度快和造价较低等优点。用于渠道防渗的塑料薄膜厚度以 0.12 ~ 0.20 mm 为宜。塑料薄膜的铺设方式有表面式和埋藏式两种。表面式是将塑料薄膜铺于渠床表面。薄膜容易老化和遭受破坏。埋藏式是在铺好的塑料薄膜上铺筑土料或砌石作为保护层。由于塑料表面光滑,为保证渠道断面的稳定,避免发生渠坡保护层滑塌,渠床边坡宜采用锯齿形。保护层厚度一般不小于 30 cm。

塑料薄膜衬护渠道施工大致可分为渠床开挖和修整、塑料薄膜的加工和铺设、保护层的填筑等三个施工过程。薄膜铺设前,应在渠床表面加水湿润,以保证薄膜能紧密地贴在基土上。铺设时,将成卷的薄膜展开铺设,然后填筑保护层。铺填保护层时,渠底部分应从一端向另一端进行,渠坡部分则应自下向上逐渐推进,以排除薄膜下的空气。保护层分段填筑完毕后,再将塑料薄膜的边缘固定在顺渠顶开挖的堑壕里,并用土回填压紧。

塑料薄膜的接缝可采用焊接或搭接。焊接有单层热合与双层热合两种,如图 8-9 所示。搭接时为减少接缝漏水,上游一块塑料薄膜应搭在下游一块之上,搭接长度为 5 cm;也可用连接槽搭接,如图 8-10 所示。

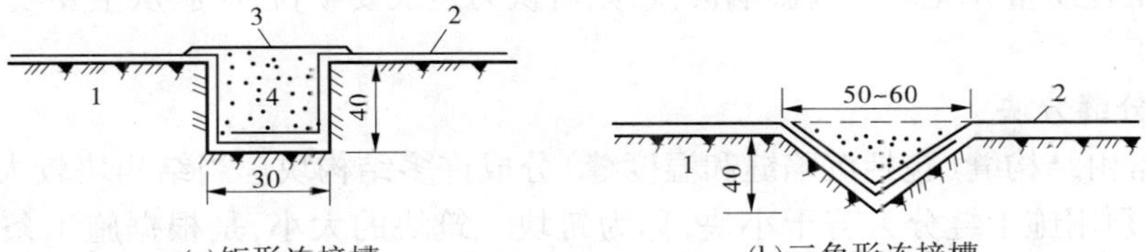

(a)矩形连接槽 (b)三角形连接槽

1—渠床;2—塑料薄膜;3—封顶塑料薄膜;4—回填夯实土

图 8-9 塑料薄膜焊接接缝示意图 (单位:cm)

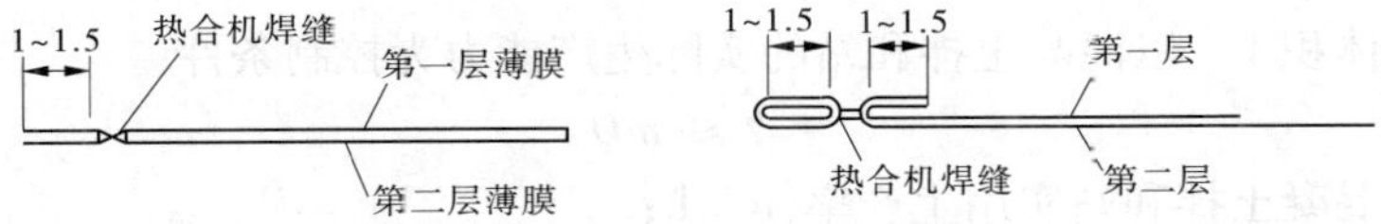

(a)单层热合 (b)双层热合

图 8-10 有连接槽搭接方式接缝示意图 (单位:cm)

任务二 混凝土水闸施工

一、浇筑顺序与筑块划分

(一)施工内容

水闸由上游段、闸室段、下游段三部分组成。一般大、中型水闸的主要部分(如闸室)多为混凝土及钢筋混凝土工程,其施工内容一般可分为以下几个部分:

(1)导流工程与基坑排水;

(2)基坑开挖与基础处理;

(3)闸室段的底板、闸墩、边墩、胸墙及交通桥、工作桥施工;

(4)上、下游连接段的铺盖、护坦、海漫、防冲槽的施工;

(5)两岸的上、下游翼墙,刺墙,上、下游护坡的施工;

(6)闸门及启闭设备的安装。

(二)浇筑顺序

混凝土浇筑是水闸施工中的主要环节,各部分的施工次序应遵守以下原则:

(1)先深后浅,即先浇深基础,后浇浅基础,以免浅基土体受扰动破坏,并减少排水工作难度。

(2)先重后轻,即先浇荷重较大的部分,待其完成部分沉陷后,再浇筑与其相邻的荷重较小的部分,以减少两者间的沉陷差。

(3)先高后低,即某些高度较大要分几次浇筑的部位或有上层建筑物的部位应先行浇筑。如底板与闸墩应尽量先安排浇筑,以便上部桥梁与启闭设备安装,而翼墙、消力池则可安排稍后施工。

(4)次要服从主要。所谓主要、次要,是指那些工程部位不论排前或排后对其他部位的进度和工程质量并无影响或影响甚微,则可认为是次要项目,应服从主要项目的进展穿插其间施工。

(三)分缝分块

水闸常由结构缝(包括沉陷缝和温度缝)分成许多结构块。当结构块较大时,为了施工方便,又须用施工缝分为若干小块,称为筑块。筑块的大小,是根据施工条件(混凝土的生产、运输能力)以及浇筑的连续性确定的。

(1)筑块面积A。以混凝土不产生冷缝为控制条件,则

$$A \leqslant \frac{Qk}{h}(t_2 - t_1) \tag{8-1}$$

(2)筑块体积V。以混凝土拌和站的实际生产能力为控制条件:

$$V \leqslant mQ \tag{8-2}$$

式中 Q——混凝土拌和站实用生产率,m^3/h;

k——混凝土运输延误系数,取0.80~0.85;

t_2——混凝土初凝时间,s;

t_1——混凝土运输及浇筑占用时间,h;

h——混凝土铺料厚度,m;

m——非三班制作业时,连续生产的时间,h。

若模板架立高度受施工技术等条件限制,则也应作为一个条件考虑。

在满足以上各式的前提下,划分筑块的数目应尽可能少些,以减少施工缝,加快施工速度。

二、闸底板与闸墩施工

(一)闸底板施工

在闸室地基处理后,软基多先铺筑素混凝土垫层 8 ~ 10 cm,以保护地基,找平基面。浇筑前先进行扎筋、立模、搭设仓面脚手架和清仓工作。

浇筑底板时运送混凝土入仓的方法很多。可以用载重汽车装载立罐通过履带式起重机吊运入仓,也可以用自卸汽车通过卧罐、履带式起重机入仓。采用上述两种方法时,都不需要在仓面搭设脚手架。

若用手推车、斗车或机动翻斗车等运输工具运送混凝土入仓,必须在仓面搭设脚手架。仓面脚手架和模板的布置如图 8-11 所示。

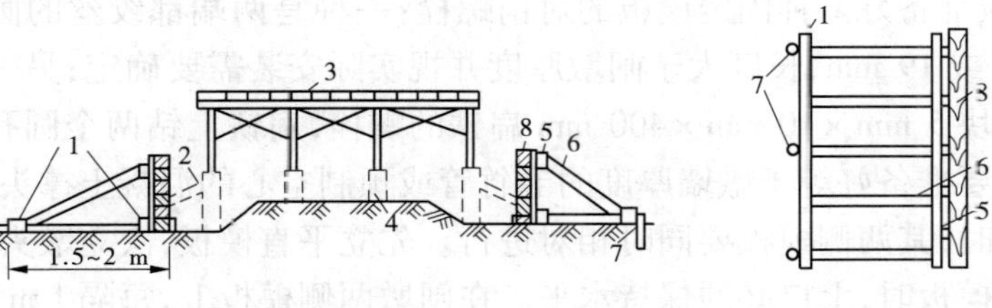

1—地龙木;2—内撑;3—仓面脚手架;4—混凝土柱;
5—横围图木;6—斜撑;7—木桩;8—模板

图 8-11 底板立模与仓面脚手架

在搭设脚手架前,应先预制混凝土支柱(断面为 15 cm × 15 cm,高度略小于底板厚板,表面应凿毛、洗净)。柱的间距,视横梁的跨度而定,然后在混凝土柱顶上架立短木柱、斜撑、横梁等以组成脚手架。当底板浇筑接近完成时,可将脚手架拆除,并立即对混凝土表面进行抹面。底板的上、下游一般都设有齿墙,待齿墙浇平后,第一组由下游向上游进行,抽出第二组去浇上游齿墙,当第一组浇到底板中部时,第二组的上游齿墙已基本浇平,然后将第二组转到下游浇筑第二坯。当第二组浇到底板中部,第一组已到达上游底板边缘,这时第一组再转回浇第三坯。如此连续进行,可缩短每坯间隔时间,因而可以避免冷缝的发生,提高工程质量,加快施工进度。

钢筋混凝土底板,往往有上、下两层钢筋。在进料口处,上层钢筋易被砸变形。所以,开始浇筑混凝土时,该处上层钢筋可暂不绑扎,待混凝土浇筑面将要到达上层钢筋位置时,再进行绑扎,以免因校正钢筋变形延误浇筑时间。

水闸的闸室部分重量很大,沉陷量也很大;而相邻的消力池则重量较小,沉陷量也小。如两者同时浇筑,由于不均匀沉陷,往往造成沉陷缝的较大差动,可能将止水片撕裂,为了避免上述情况,最好先浇筑闸室部分,让其沉陷一段时间再浇消力池。但是这样对施工安排不利,为了使底板与消力池能够穿插施工,可在消力池靠近底板处留一道施工缝,将消力池分成大、小两部分。在浇筑闸墩时,就可穿插浇筑消力池的大部分,当闸室已有足够沉陷后,便可浇筑消力池的小部分。在浇筑第二期消力池时,施工缝应进行凿毛、冲洗等处理。

(二)闸墩施工

由于闸墩高度大、厚度小,门槽处钢筋较密,闸墩相对位置要求严格,所以闸墩的立模与混凝土浇筑是施工中的关键。

1. 闸墩模板安装

为使闸墩混凝土一次浇筑达到设计高度,闸墩模板不仅要有足够的强度,而且要有足够的刚度。所以,闸墩模板安装以往采用"铁板螺栓、对拉撑木"的立模支撑方法。此法虽需耗用大量木材(对于木模板而言)和钢材,工序繁多,但对中小型水闸施工仍较为方便。由于随着滑模施工方法在水利工程上的应用,目前有条件的施工单位,闸墩混凝土浇筑逐渐采用滑模施工。

1)"铁板螺栓、对拉撑木"模板安装

立模前,应准备好两种固定模板的对销螺栓:一种是两端都绞丝的圆钢,直径可选用12 mm、16 mm或19 mm,长度大于闸墩厚度并视实际安装需要确定;另一种是一端绞丝,另一端焊接一块5 mm×40 mm×400 mm扁铁的螺栓,扁铁上钻两个圆孔,以便固定在对拉撑木上。还要准备好等于墩墙厚度的毛竹管或预制空心的混凝土撑头。

闸墩立模时,其两侧模板要同时相对进行。先立平直模板,次立墩头模板。在闸底板上架立第一层模板时,上口必须保持水平。在闸墩两侧模板上,每隔1 m左右钻与螺栓直径相应的圆孔,并于模板内侧对准圆孔撑以毛竹管或混凝土撑头,再将螺栓穿入,且端头穿出横向双夹围囹竖直围囹木,然后用螺帽拧紧在竖直围囹木上。铁板螺栓带扁铁的一端与水平对拉撑木相接,与两端均绞丝的螺栓要相间布置。在对拉撑木与竖直围囹木之间要留有10 cm空隙,以便用木楔校正对拉撑木的松紧度。对拉撑木是为了防止每孔闸墩模板的歪斜与变形。若闸墩不高,可每隔两根对销螺栓放一根铁板螺栓。具体安装如图8-12、图8-13所示。

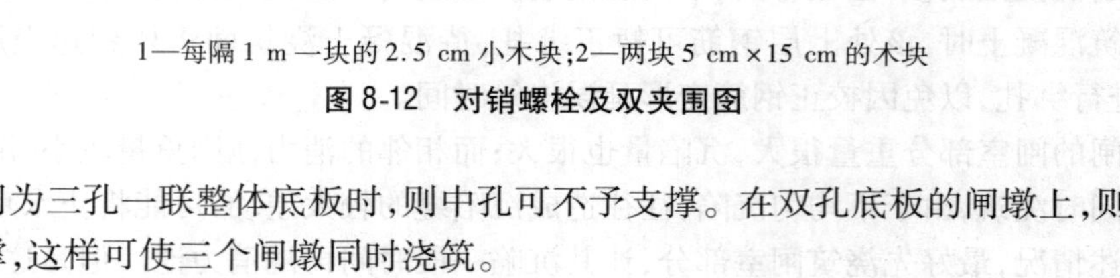

(a)对销螺栓和铁板螺栓　　(b)双夹围囹

1—每隔1 m一块的2.5 cm小木块;2—两块5 cm×15 cm的木块

图8-12　对销螺栓及双夹围囹

当水闸为三孔一联整体底板时,则中孔可不予支撑。在双孔底板的闸墩上,则宜将两孔同时支撑,这样可使三个闸墩同时浇筑。

2)翻模施工

由于钢模板在水利水电工程上的广泛应用,施工员依据滑模的施工特点,发展形成了使用于闸墩施工的翻模施工法。立模时一次至少立三层,当第二层模板内混凝土浇至腰箍下缘时,第一层模板内腰箍以下部分的混凝土须达到脱模强度(以98 kPa为宜),这样

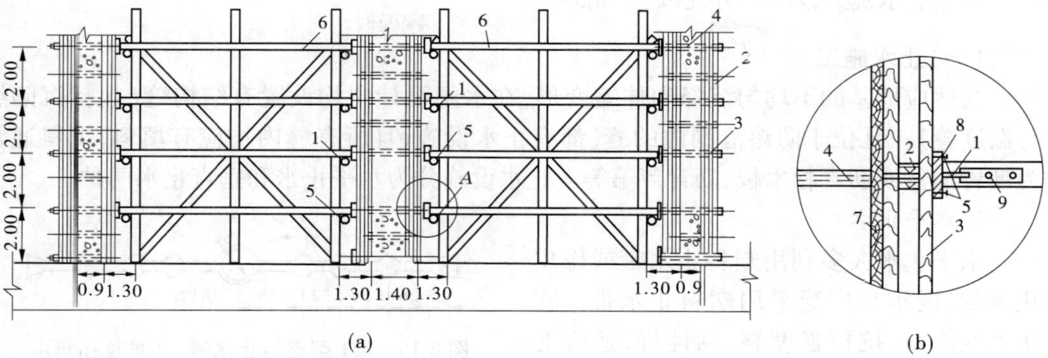

1—铁板螺栓；2—双夹围囹；3—纵向围囹；4—毛竹管；5—马钉；
6—对拉撑木；7—模板；8—木楔块；9—螺栓孔

图 8-13　铁板螺栓对拉撑木支撑的闸墩模板　（单位：m）

便可拆掉第一层，架立第四层模板，并绑扎钢筋。依次类推，保持混凝土浇筑的连续性，以避免产生冷缝。如江苏省高邮船闸，仅用了两套共 630 m^2 组合钢模，就代替了原计划四套共 2 460 m^2 的木模，节约木材 200 m^3，具体组装如图 8-14所示。

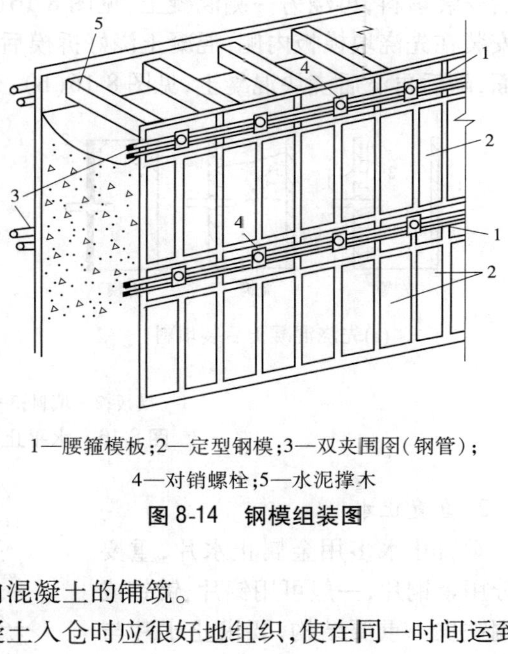

1—腰箍模板；2—定型钢模；3—双夹围囹（钢管）；
4—对销螺栓；5—水泥撑木

图 8-14　钢模组装图

2. 混凝土浇筑

闸墩模板立好后，随即进行清仓工作。用压力水冲洗模板内侧和闸墩底面，废水由底层模板上的预留孔排出。清仓完毕堵塞小孔后，即可进行混凝土浇筑。

闸墩混凝土的浇筑，主要是解决好两个问题，一是每块底板上闸墩混凝土的均衡上升；二是流态混凝土的入仓及仓内混凝土的铺筑。

为了保证混凝土的均衡上升，运送混凝土入仓时应很好地组织，使在同一时间运到同一底板各闸墩的混凝土量大致相同。

为防止流态混凝土在 8 ~ 10 m 高度下落时产生离析，应在仓内设置溜管，可每隔 2 ~ 3 m 设置一组。由于仓内工作面窄，浇捣人员走动困难，可把仓内浇筑面划分成几个区段，每区段内固定浇捣工人，这样可提高工效。每坯混凝土厚度可控制在 30 cm 左右。小型水闸闸墩浇筑时，工人一般可在模板外侧，浇筑组织较为简单。

三、止水施工及二期混凝土浇筑

(一)止水施工

为适应地基的不均匀沉降和伸缩变形,在水闸设计中均设置有结构缝(包括沉陷缝与温度缝)。凡位于防渗范围内的缝,都有止水设施;且所有缝内均应有填料,填料通常为沥青油毡或沥青杉木板、沥青芦苇等。止水设施分为水平止水和垂直止水两种。

1. 水平止水

水平止水大多利用塑料止水带或橡皮止水带,近年来广泛采用塑料止水带。它止水性能好,抗拉强度高,韧性好,适应变形能力强,耐久且易黏结,价格便宜。国产651 型塑料止水带如图 8-15 所示,其他还有 652、653、654 等型式大同小异,宽度分别为 28 cm、23 cm、35 cm,可根据实际情况采用。

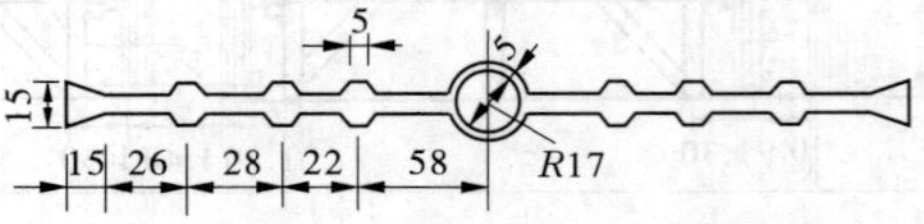

图 8-15　651 型塑料止水带　(单位:mm)

水平止水施工简单,有两种方法:一是先将止水带的一端埋入先浇块的混凝土中,拆模后安装填料,再浇另一侧混凝土,见图 8-16(a);另一种方法是先将填料及止水带的一端安装在先浇块模板内侧,混凝土浇好拆模后,止水带嵌入混凝土中,填料被贴在混凝土表面,随后再浇后浇块混凝土,见图 8-16(b)。

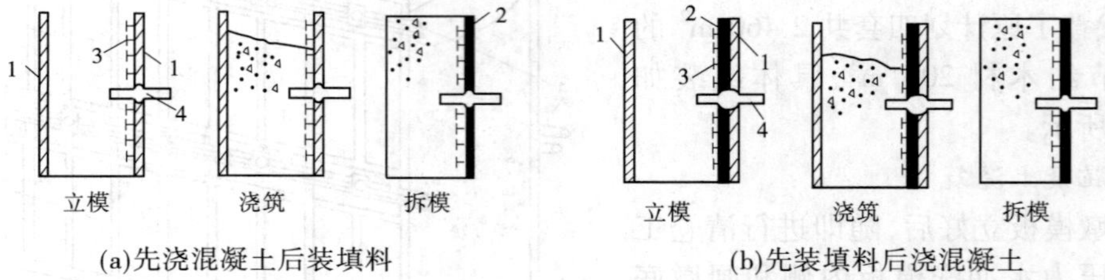

1—模板;2—填料;3—铁钉;4—止水带

图 8-16　水平止水安装示意图

2. 垂直止水

垂直止水多用金属止水片,重要部分用紫铜片,一般可用铝片、镀锌或镀铜铁皮。重要结构,要求止水片与沥青井联合使用,沥青井与垂直止水的施工过程如图 8-17 所示。沥青井用预制混凝土块砌筑,用水泥砂浆胶结,2 ~ 3 m 可分为一段,与混凝土接触面应凿毛,以利于结合,沥青要在后浇块浇筑前随预制块的接长分段灌注。井内灌注的是沥青胶,其配合比

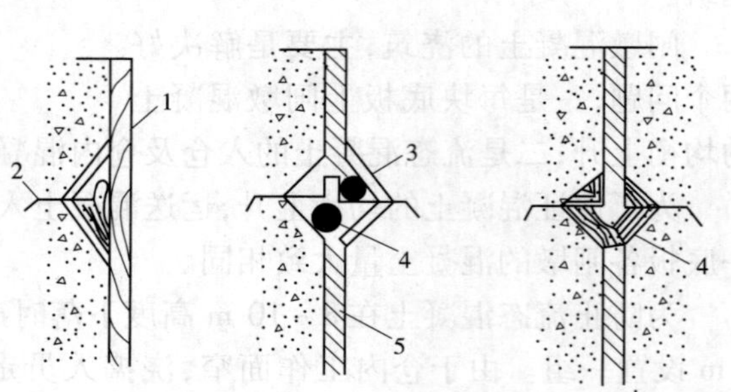

1—模板;2—金属止水片;3—预制混凝土块;
4—灌热沥青;5—填料

图 8-17　垂直止水施工过程示意图

为沥青: 水泥: 石棉粉 =2:2:1。沥青井内沥青的加热方式,有蒸汽管加热和电加热两种,多采用电加热。

(二)门槽二期混凝土施工

1. 平板闸门门槽施工

采用平板闸门的水闸,闸墩部位都设有门槽,门槽部分的混凝土中埋有导轨等铁件,如滑动导轨,主轮、侧轮及反轮导轨,止水座等。这些铁件的埋设有以下两种方法。

1)直接预埋,一次浇筑混凝土

在闸墩立模时将导轨等铁件直接预埋在模板内侧,如图 8-18 所示。施工时一次浇筑闸墩混凝土成型。这种方法适用于小型水闸,在导轨较小时施工方便,且能保证质量。施工中应严格控制门槽垂直度,在立模及浇筑过程中应随时用垂球校核,发现偏斜应及时予以调整。当门槽较高时,垂球易于晃动,可在垂球下部放一桶油,把垂球浸于黏度较大的油中。垂球应选用 0.5 ~1 kg 的大垂球。

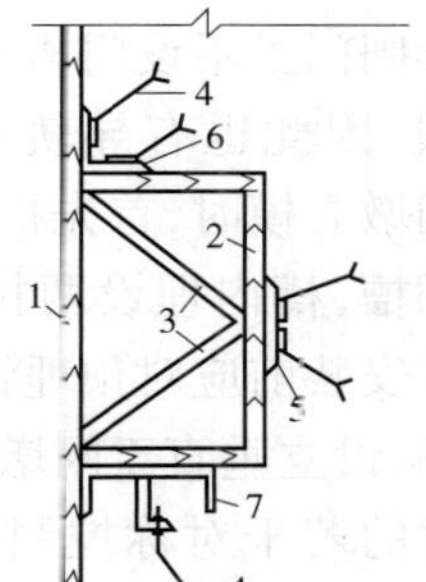

1—闸墩模板;2—门槽模板;
3—撑头;4—开脚螺栓;5—侧导轨;
6—门槽角铁;7—滚轮导轨

图 8-18 直接预埋、一次浇筑混凝土

2)留槽二次浇筑混凝土

中型以上水闸,在闸墩立模时,于门槽部位留出大于门槽尺寸的凹槽,同时将导轨基础螺栓预埋在凹槽的模板上,闸墩第一次浇筑拆模后导轨基础螺栓即埋入混凝土中,如图 8-19 所示。

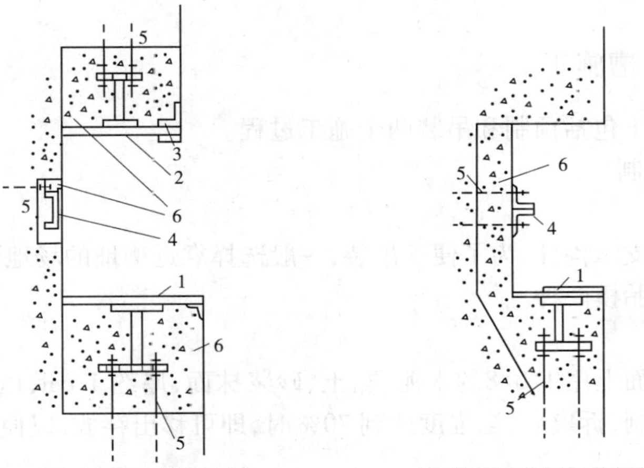

(a)平面滚轮闸门的门槽 (b)平面滑动闸门的门槽

1—主轮(或滑动)导轨;2—反轮导轨;3—侧水封座;
4—侧导轨;5—预埋基础螺栓;6—二期混凝土

图 8-19 门槽二期混凝土

导轨安装前,要对基础螺栓进行校正,安装导轨过程中应随时用垂球控制垂直度。埋件安装检查合格后,宜立即浇筑二期混凝土。如间隔时间过长或遇有碰撞,应予复测,合格后方可浇筑。

浇筑二期混凝土时,需用较细骨料混凝土,振捣时要防止撞击埋件。当门槽较高时,可以分段安装和浇筑。二期混凝土拆模后,应对门槽混凝土尺寸和埋件进行复测,并作好记录,同时清除杂物,避免影响闸门启闭。

2. 弧形闸门的导轨安装及二期混凝土浇筑

弧形闸门虽不设门槽,但闸门两侧亦设置转轮或滑块,因此也有导轨安装及二期混凝土施工。在闸墩立模时,首先根据导轨的设计位置预留弧形凹槽,槽内埋设两排钢筋,用于拆模后固定导轨。安装前应对预埋钢筋进行校正,并在预留槽两侧,设立垂直于闸墩侧面并能控制导轨安装垂直度的若干对称控制点,安装时,将导轨分段与预埋钢筋焊接固定,并逐一校正设计坐标位置和垂直度,经检验合格后方可浇筑二期混凝土,如图8-20所示。

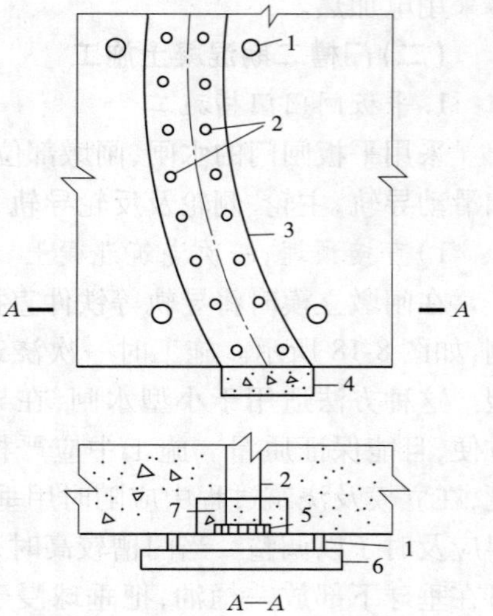

1—垂直平面控制点;2—预埋钢筋;3—预留槽;4—底坎;5—侧轨;6—样尺;7—门槽二期混凝土

图8-20 弧形门侧轨安装示意图

任务三 渡槽施工

一、装配式渡槽施工

装配式渡槽施工包括预制和吊装两个施工过程。

(一)构件的预制

1. 槽架的预制

槽架是渡槽的支承构件,为了便于吊装,一般选择靠近槽址的场地预制。制作的方式有地面立模和砖土胎模两种。

1)地面立模

在平坦夯实地面上用1∶3∶8的水泥、黏土、砂浆抹面,厚约1 cm,压抹光滑作为底模,立上侧模后就地浇制,拆模后,当强度达到70%时,即可移出存放,以便重复利用场地。

2)砖土胎模

其底模和侧模均采用砌砖或实土做成,与构件的接触面用水泥黏土砂浆抹面,并涂上脱模剂即可。使用土模应做好四周的排水工作。

高度在15 m以上的排架,如受起重设备能力限制,可以分段预制。吊装时,分段定位,用焊接固定接头,待槽身就位后,再浇二期混凝土。

2. 槽身的预制

为了便于预制后直接吊装,整体槽身预制宜在两排架之间或排架一侧进行。槽身的方向可以垂直或平行于渡槽的纵向轴线，根据吊装设备和方法而定。要避免因预制位置选择不当，而在起吊时发生摆动或冲击现象。

U形薄壳梁式槽身的预制，有正置和反置两种浇筑方式。正置浇筑是槽口向上，优点是内模板拆除方便，吊装时不需翻身，但底部混凝土不易捣实，适用于大型渡槽或槽身不便翻身的工地。反置浇筑是槽口向下，优点是捣实较易，质量容易保证，且拆模快、用料少等，缺点是增加了翻身的工序。

矩形槽身的预制，可以整体预制也可以分块预制。中小型工程，槽身预制可采用砖土材料制模，如图8-21所示。

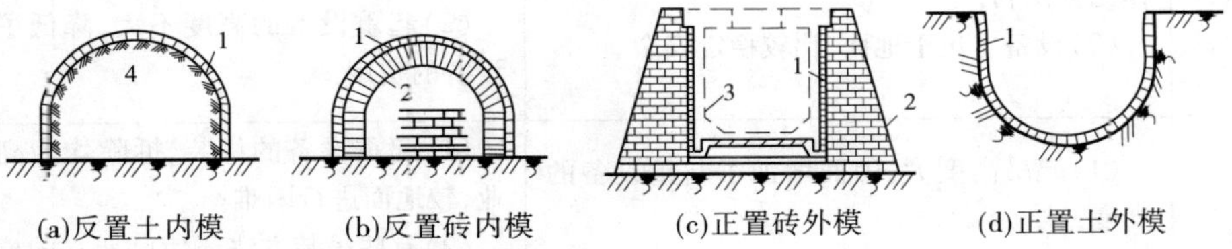

1—1∶4水泥砂浆层厚3～5 mm；2—砖砌体；3—槽身；4—填土

图8-21 砖土材料制模

反置浇筑钢丝网水泥渡槽槽身木内模的构造如图8-22所示。

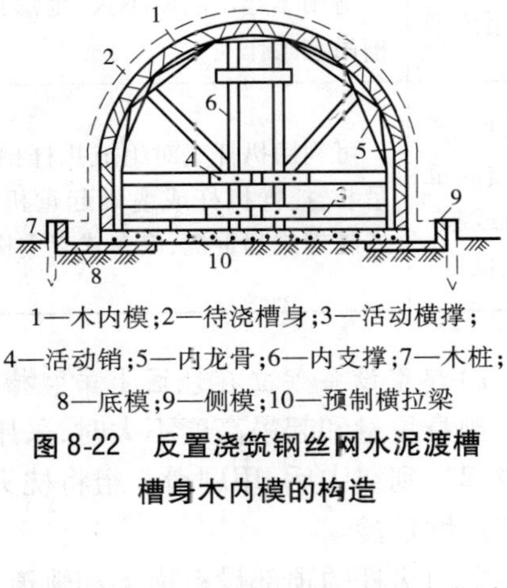

1—木内模；2—待浇槽身；3—活动横撑；4—活动销；5—内龙骨；6—内支撑；7—木桩；8—底模；9—侧模；10—预制横拉梁

图8-22 反置浇筑钢丝网水泥渡槽槽身木内模的构造

3. 预应力构件的制造

在制造装配式梁、板及柱时采取预应力钢筋混凝土结构，不仅能提高混凝土的抗裂性与耐久性，减轻构件自重，并可节约钢筋用量20%～40%。预应力就是在构件使用前，预先加一个力，使构件产生应力，以抵消构件使用时荷载产生相反的应力。制造预应力钢筋混凝土构件的方法很多，一般分为先张法和后张法两大类（见项目二中的任务三混凝土工程）。

（二）梁式渡槽的吊装

装配式渡槽的吊装工作是渡槽施工中的主要环节。必须根据渡槽的形式、尺寸、构件重量、吊装设备能力、地形和自然条件、施工队伍的素质以及进度要求等因素，进行具体分析比较，选定快速简便、经济合理和安全可靠的吊装方案。

1. 槽架的吊装

槽架下部结构有支柱、横梁和整体排架等。支柱和排架的吊装通常有垂直起吊插装和就地转起立装两种。垂直起吊插装是用起重设备将构件垂直吊离地面后，插入杯形基础，先用木楔（或钢楔）临时固定，校正标高和平面位置后，再填充混凝土作永久固定。就地转起立装法，与扒杆的竖立法相同。两支柱间的横梁仍用起吊设备吊装。吊装次序由下而上，将横梁先放置在临时固定于支柱上的三角撑铁上。位置校正无误后，即焊接梁与柱连系钢筋，并浇二期混凝土，使支柱与横梁成为整体。待混凝土达到一定强度后，再将三角撑铁拆除。

2. 槽身的吊装

装配式渡槽槽身的吊装，基本上可分为两类，即起重设备架立于地面上吊装及起重设备架立在槽墩或槽身上吊装。两类吊装方法的比较见表8-1。

表8-1 梁式槽身吊装方法的比较

项目	起重设备架立于地面上	起重设备架立在槽墩上或槽身上
优点	(1)起重设备在地面上进行组装、拆除工作比较便利； (2)设备立足于地面，比较稳定安全	(1)起重设备架立在槽墩上或已安装好的槽身上进行吊装，不受地形的限制； (2)起重设备的高度不大，降低了制造设备的费用
缺点	(1)起吊高度大，因而增加了起重设备的高度； (2)易受地形的限制，特别是在跨越河床水面时，架立和移动设备更为困难	(1)起重设备的组装、拆除均为高空作业，较地面进行困难； (2)有些吊装方法还使已架立的槽架产生很大的偏心荷载，必须加强槽架结构和基础
适用范围	适用于起吊高度不大、地形比较平坦的渡槽吊装工作	适用性很强，在吊装渡槽工作中采用广泛
采用的吊装起重机或起重机构	可利用扒杆成对组成扒杆抬吊、龙门扒杆吊装、摇臂扒杆或缆索起重机进行吊装，此外履带式起重机、汽车式起重机等均可应用	在槽墩上架立T形钢塔、门形钢塔进行吊装；在槽墩上利用推拖式吊装进行整体槽身架设；在槽身上设置摇头扒杆和双人扒杆吊装槽身等已被广泛采用

1)起重设备架立在地面上吊装槽身的方法

槽身重量和起吊高度不大时，采用二台或四台独脚扒杆抬吊，如图8-23(a)所示。当槽身起吊到空中后，用副滑车组将枕头梁吊装在排架顶上。这种方法起重扒杆移行费时，吊装速度较慢。

龙门扒杆的顶部设有横梁和轨道，并装有行车，如图8-23(b)所示。操作上使四台卷扬机提升速度相同，并用带蝴蝶铰的吊具，使槽身四吊点受力均匀，槽身平稳上升。横梁轨道顶面要有一定坡度，以便行车在自重作用下能顺坡下滑，从而使槽身平移在排架顶上降落就位。采用此法吊装渡槽者较多。

2)起重设备架立在槽墩或槽身上吊装槽身的方法

双人字扒杆吊装槽身法如图8-24(a)所示。此法不设侧身缆风，起重杆为人字形，以增加吊装的稳定性。

如图8-24(b)所示为T形钢架抬吊槽梁法，为了使槽梁能平移就位，在钢架顶部设置横梁和平移小车。

如图8-24(c)所示为用四副门形钢架抬吊整体槽身法。钢架用螺栓连接，以便重复使用。

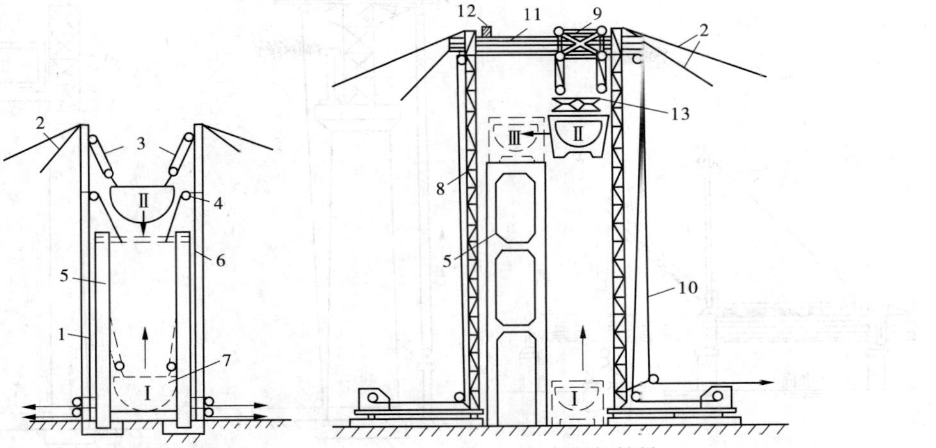

(a)独脚扒杆抬吊 (b)龙门架抬吊

1—扒杆;2—缆风;3—主滑车组;4—副滑车组;5—排架;6—枕头木;7—预槽身位置;
8—龙门架;9—行车;10—行车控制索;11—横梁;12—行车止动块;13—蝴蝶铰;
Ⅰ、Ⅱ、Ⅲ—槽身吊装过程

图 8-23 地面吊装槽身示意图

如图 8-24(d)所示为湖北排子河渡槽采用的推拖式钢架吊装槽身法,渡槽跨度 25 m、质量 200 t。

此桁架包括前端导架、中段起重架和后端平衡架三部分。桁架首尾的摇臂扒杆用来安装和拆除行走用的滚轮托架。为了使槽身在起吊时能错开牛腿,槽身的预制位置偏离渡槽中心线一个距离,平移装置由安装在底盘上的胶木滑道和螺杆驱动装置所组成。

钢架是沿临时安放在现浇短槽身顶部的滚轮向前移动,在钢架首部用牵引绳拉紧并控制前进方向,同时收紧推拖索,钢架便向前移动。

二、砌石拱渡槽施工

砌石拱渡槽由基础、槽墩、拱圈和槽身四个部分组成。基础、槽墩和槽身的施工与一般圬工结构相似。下面着重介绍拱圈的施工,其施工程序包括砌筑拱座、安装拱架、砌筑拱圈及拱上建筑、拆卸拱架等。

(一)拱架

砌拱时用以支承拱圈砌体的临时结构称为拱架。拱架的形式很多,按所用材料分为木拱架、钢拱架、钢管支撑拱架及土(砂)牛拱胎等。

在小跨度拱的施工中,较多地采用工具式的钢管支撑拱架,它具有周转率高、损耗小、装拆简捷的特点,可节省大量人力、物力。土(砂)牛拱胎是要在槽墩之间填土(砂),层层夯实,做成拱胎,然后在拱胎上砌拱圈,如图 8-25 所示。这种方法由于不需钢材、木材,施工进度快,对缺乏木材而又不太高的砌石拱是可取的。但填土质量要求高,以防止在拱圈砌筑产生较大的沉陷。如为跨越河沟有少量流水,可预留一泄水涵洞。

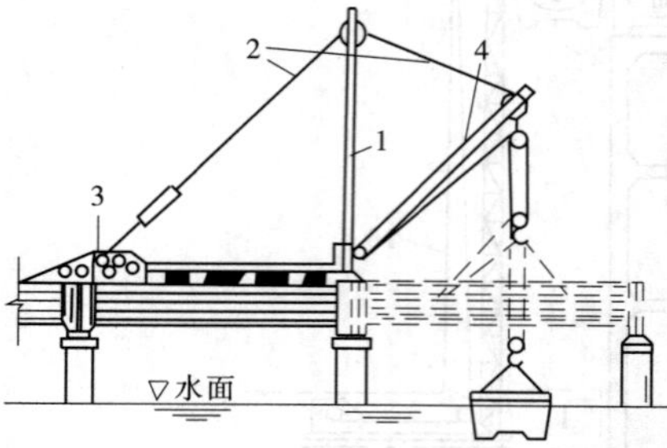

(a)双人字扒杆吊装槽身法

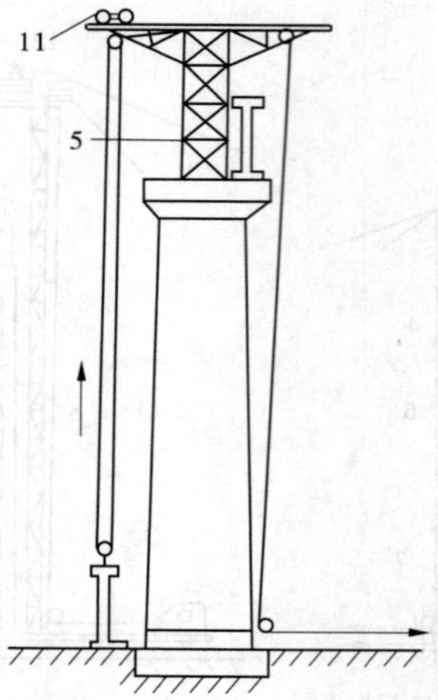

(b)T形钢架抬吊槽梁法

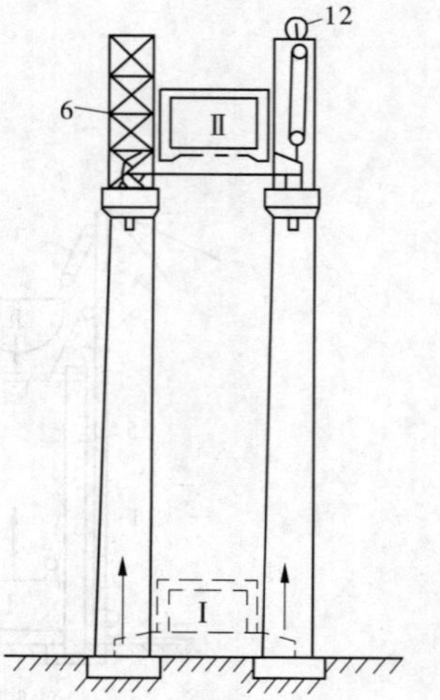

(c)门形钢架抬吊槽身法

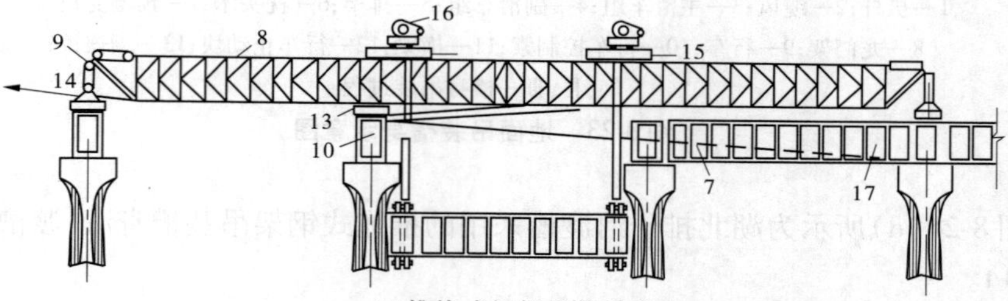

(d)推拖式钢架吊装槽身法

1—钢管人字架；2——钢拉杆；3—起重卷扬机；4—人字形起重臂；5—T形钢架；6—门形钢架；7—推拖索；8—钢架；9—扒杆；10—现浇短槽身；11—推拖定滑车；12—承重工字架；13—滚轮托架；14—牵引绳；15—平移装置底盘；16—平移小车；17—卷扬机

图 8-24　在槽身或槽墩上吊装示意图

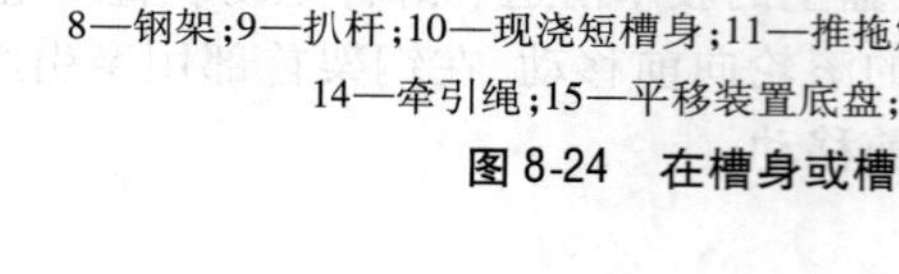

(a)上、下游砌直墙

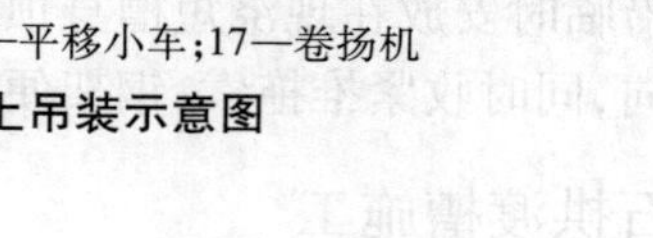

(b)上、下游填土

1—泄水洞；2—砂浆抹面；3—填土夯实

图 8-25　土牛拱胎

由于拱圈的自重和温度影响以及拱架受载后的压缩（包括支柱与地基的压缩、卸架装置的压缩等），都将使拱圈下沉。为此，在制作拱架时，应将原设计的拱轴线坐标适当提高，以抵消拱圈的下沉值。使建成后的拱轴线与设计的拱轴线接近吻合。拱架的这种预加高度称为预留拱度，其数值可通过计算或查有关表格。

（二）拱圈的砌筑

砌筑拱圈时，应注意施工程序和方法，以免在砌筑过程中拱架变形过大而使拱圈产生裂缝。

根据经验，跨度在 8 m 以下的拱圈，可按拱的全宽和全厚，自拱脚同时对称连续地向拱顶砌筑。

跨度在 8 ~ 15 m 的拱圈，最好先在拱脚留出空缝，从空缝开始砌至 1/3 矢高时，在跨中 1/3 范围内预压总数 20% 的拱石，以控制拱架在拱顶部分上抬。当砌体达到设计强度的 70% 时，可将拱脚预留的空缝用砂浆填塞。

跨度大于 15 m 的拱圈，宜采用分环、分段砌筑。

1. 分环

当拱圈厚度较大，由 2 ~ 3 层拱石组成时，可将拱圈全厚分环（厚）砌筑，即砌好一环合龙后，再砌上面一环，从而减轻拱架负担。

2. 分段

若跨度较大，需将全拱分成数段，同时对称砌筑，以保持拱架受力平衡。砌的次序是先拱脚，后拱顶，再 1/4 拱跨处，最后其余各段，每段长 5 ~ 8 m。分段砌筑拱圈，须在分段处设置挡板或三角木支撑，以防砌体下滑，如图 8-26 所示，如拱圈斜度小于 20°，也可不设支撑，仅在拱模板上钉扒钉顶住砌体。拱圈砌筑，在同一环中应注意错缝，缝距不小于 10 cm。砌缝面应呈辐射状，当用矩形石砌筑拱圈时，可用砂浆调节灰缝宽度，使其成辐射状，但灰缝上下宽差不得超过 30%。

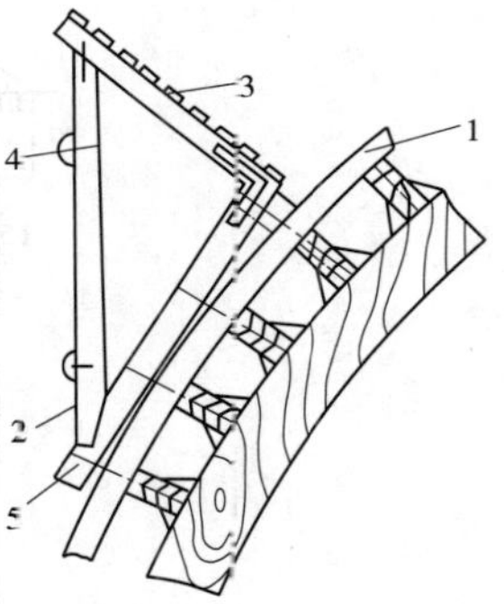

1—模板；2—三角木支撑；3—挡板；4—拉条；5—螺栓

图 8-26　三角木支撑

3. 空缝的设置

大跨度拱圈砌筑，除在拱脚留出空缝外，还需在各段之间设置空缝，以避免拱架变形过程中使拱圈开裂。

4. 拱上建筑的砌筑

拱圈合龙后，待砂浆达到承压强度，即可进行拱上建筑的砌筑。空腹拱的腹拱圈，宜在主拱圈落架后再砌筑，以免因主拱圈下沉不均，使腹拱产生裂缝。

（三）拱架拆除

拆架期限，主要是根据合龙的砌筑砂浆强度能否满足静荷载的应力需要。具体日期应根据跨度大小、气温高低、砂浆性能等决定。

拱架卸落前，上部圬工的重量绝大部分由拱架承受，卸架后，转由拱圈负担。为避免拱圈因突然受力而发生颤动，甚至开裂，卸落应分次对称进行，逐排完成，其卸落顺序见图 8-27。待全部降完第一次后，再从拱顶开始第二次下降，直至拱架与拱圈完全脱开。

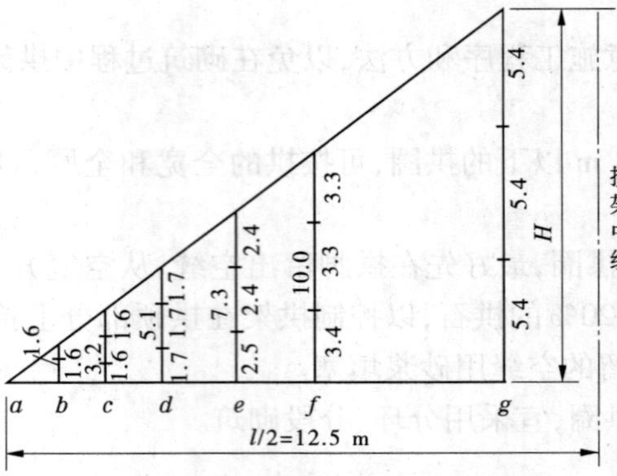

(a)各排拱架卸落量图解

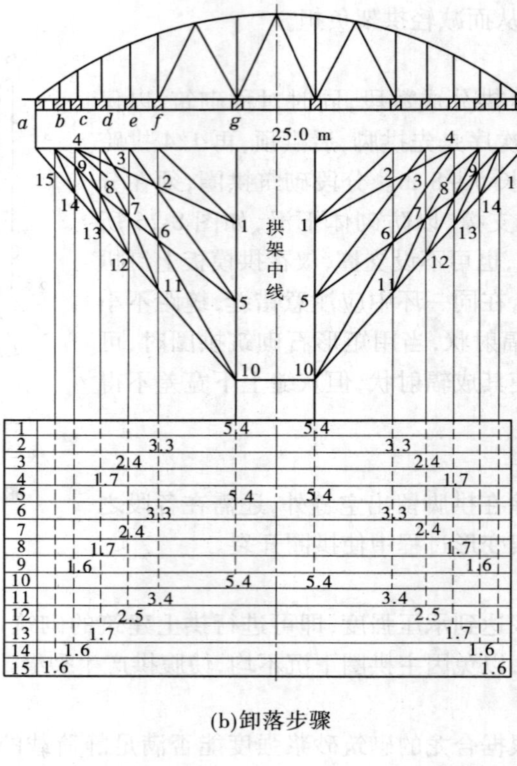

(b)卸落步骤

图 8-27　拱架分层卸落(纵横比例不同)

项目九　水电站厂房工程

水电站厂房包括主厂房和副厂房两部分,主厂房通常以发电机层为界,分为下部结构和上部结构。下部结构大多数是大体积钢筋混凝土,有尾水管、锥管、蜗壳、机墩等大的孔洞结构;上部结构、中小型厂房为一般钢筋混凝土板、梁、柱、屋架等轻型结构,与工业厂房基本相似。本章重点介绍主厂房的施工。

任务一　厂房施工特点及混凝土分期

一、厂房类型对施工的影响

水电站厂房的基本类型为坝后式、河床式、坝内式、引水式等。坝后式厂房位于挡水坝之后,厂、坝之间用永久缝分开,厂房可以与大坝分开施工,厂房施工对坝体工期不起控制作用。河床式厂房,厂房兼作挡水建筑物,该类型厂房因其流量较大、水头较低,常采用钢筋混凝土蜗壳,确定施工方案时应与大坝统筹考虑。坝内式厂房,厂房和坝体是一个整体,厂房与大坝施工干扰较大。由于机组安装在厂房封顶后进行,所以二期混凝土施工较为困难。引水式厂房远离挡水建筑物,厂房、引水和挡水等建筑物可以分别确定施工方案与场地布置,各建筑物施工相互干扰小,但施工线路长。

二、厂房施工特点

水电站厂房根据机组类型,可分为立式机组厂房和卧式机组厂房。立式机组水轮机与发电机是竖向布置,在垂直方向分为水轮机层、发电机层。卧式机组水轮机与发电机是平行布置,上部结构即为主机房,下部结构为尾水室,厂房结构较为简单,比立式机组厂房施工简单。本章主要介绍立式机组厂房的施工。其施工特点如下:

(1)地基开挖较深,施工道路布置及基坑排水困难。

(2)厂房下部结构的基础板、尾水管、蜗壳等结构位于水下,尾水管、蜗壳的结构形状复杂,孔洞多、预埋件多,质量要求高,因此厂房下部结构施工的关键是保证模板的形状及安装精度。

(3)厂房上部结构为大跨度框架结构,模板支撑工作量大。

(4)厂房施工与机电设备安装平行交叉进行,二期混凝土多,精度要求高,施工干扰大。

(5)大型厂房温度控制要求较严。

三、混凝土分期

厂房混凝土为了满足机组安装的要求,一般都分为两期浇筑,一期混凝土一般包括基础板、尾水管、厂房上下游墙、厂房排架、吊车梁,以及部分楼层的梁、板、柱等。当采用混凝土蜗壳时,除尾水管锥管段及室外附近局部混凝土外,也为一期混凝土。二期混凝土是为了机组安装和埋设部件需要而预留的,待机组和有关设备到货安装后浇灌,如尾水管锥管段钢板里衬和金属蜗壳设备安装好后才分层浇筑。二期混凝土一般包括尾水管锥管段、金属蜗壳外围混凝土、机墩、风道墙,以及与之相连接的部分楼板、梁等。如图 9-1 所示为立轴水轮发电机组和金属蜗壳水电站的一、二期混凝土划分的示意图。厂房一、二期混凝土的划分,主要取决于厂房型式和机组到货情况及施工进度等要求,同时还要满足下列要求:

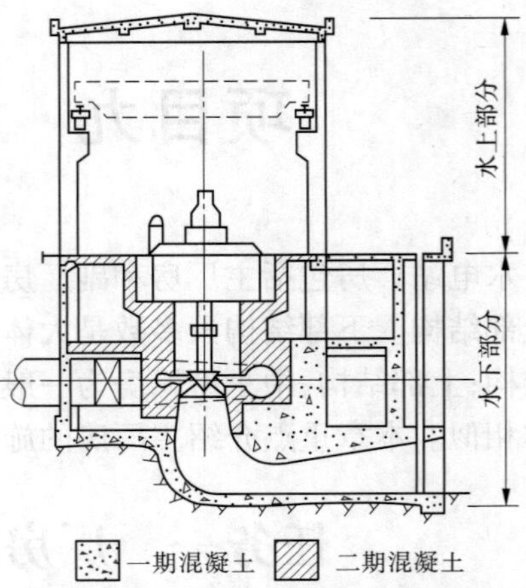

图 9-1 主厂房一、二期混凝土划分

(1)为了满足预埋件和机组安装时操作方便,二期混凝土应预留有足够的空间。如锥管里衬、金属蜗壳周围二期混凝土最小厚度要留 0.8 ~1.2 m。

(2)机组台数较多的厂房,往往分期投产。对于后期安装的机组段,其一期混凝土结构应能满足初期运行时的强度、稳定性和防渗要求。

(3)为了一、二期混凝土之间的结合可靠,二期混凝土应有足够的厚度,以保证其整体性。

任务二 厂房混凝土施工

一、水电站厂房混凝土浇筑的分层分块

水电站厂房上部结构,是属于板、梁、柱或框架组成的结构,其施工方法与一般的工业厂房基本相同。水电站厂房的下部结构,是介于大体积混凝土和杆件系统之间的结构型式,其尺寸大、孔洞多、受力条件复杂,必须分层分块进行浇筑。合理的分层分块是减少混凝土温度应力、保证工程质量和结构整体性的重要措施。

(一)分层分块原则

(1)根据厂房下部结构的特点、形状及应力情况进行分层分块,避免在应力集中、结构薄弱部位分缝。

(2)分层厚度应根据结构特点和温度控制要求确定。基础约束区一般为 1 ~2 m,约束区以上可适当加厚。墩、墙侧面可以散热,分层可适当厚些。

(3)分块面积的大小是根据混凝土的浇筑能力和温度控制要求确定的。块体面积的长宽比不宜过大,一般以小于 5∶1为宜。

(4)分层分块应考虑土建施工和设备安装的方便,例如尾水管弯管底部应单独分层,以便于模板和钢筋绑扎,又如在钢蜗壳底部以下 1 m 左右要分层,以便于钢蜗壳的安装。

(5)对于可能预见到产生裂缝的薄弱部位,应布置防裂钢筋。

(二)分层分块形式

厂房下部结构分层分块可采用通仓、错缝、预留宽槽、封闭决和灌浆缝等形式,其施工方法简述如下。

1.分层通仓浇筑

分层通仓浇筑即整个厂房段不设纵缝,逐层浇筑,如图 9-2 所示。此法可加快施工进度,又有利于结构的整体性。适用于厂房尺寸不大、混凝土浇筑可安排在低温季节或具有一定的温度控制能力的厂房施工。

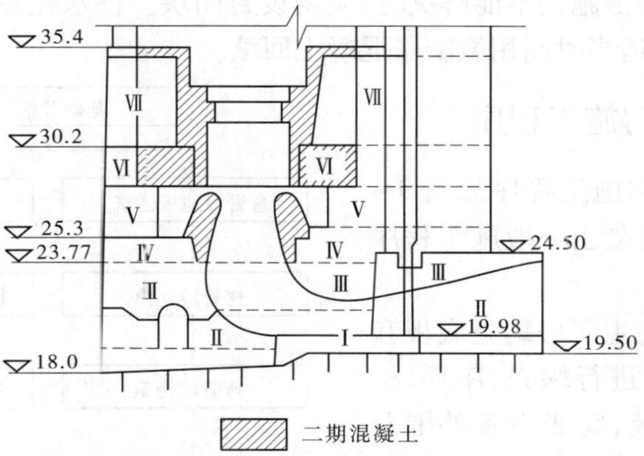

图 9-2　某水电站厂房通仓浇筑分层分块示意图

2.错缝分块浇筑

错缝分块浇筑又称砌砖法,即上、下层浇筑块相互搭接,相邻浇筑块均匀上升的施工方法,如图 9-3 所示。错缝分块长度一般为 8 ~ 30 m,分层厚度 2 ~ 4 m,下层浇筑块的搭接长度,一般为浇筑块厚度的 1/3 ~ 1/2。当采用台阶缝隙施工时,相邻块高差一般不得超过 4 ~ 5 m。在结构较薄弱部位的垂直或水平施工缝,必要时设置键槽,埋设止浆片及

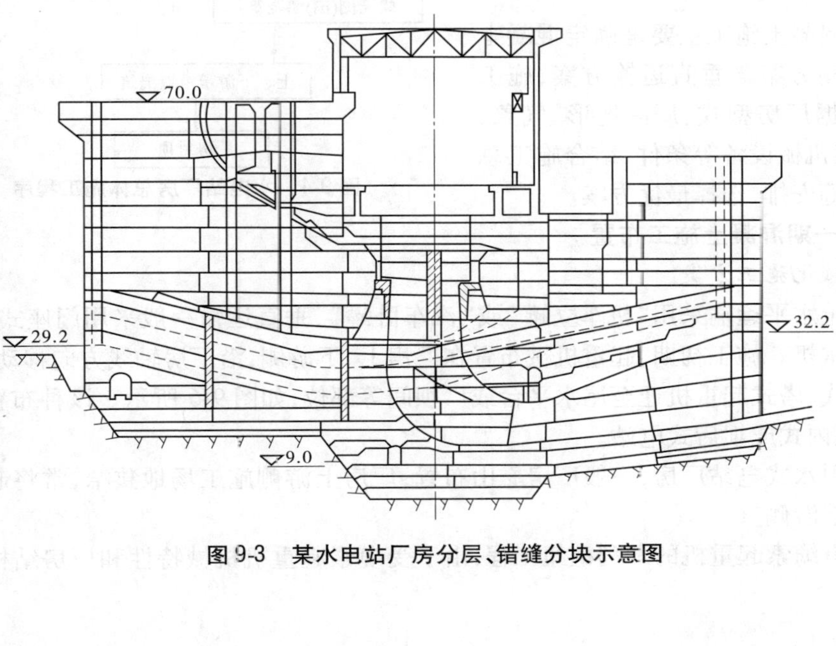

图 9-3　某水电站厂房分层、错缝分块示意图

灌浆系统进行灌浆。适用于混凝土浇筑能力小的大型厂房。

3. 预留宽槽

大型水电站厂房，为加快施工进度，减少施工干扰，可在某些部位设置宽槽，宽槽宽度一般为 1 m 左右，如葛洲坝二江厂房进口底板以下，在进口段与主机段之间，顺坝轴方向预留了宽槽。

4. 设置封闭块

当厂房框架结构顶板的跨度大或者墩体刚度大时，施工期间会出现较大的温度应力，在采取一般温度控制措施仍不能解决时，应增设封闭块。待水化热散发和混凝土体积变形基本结束后，选择适当时间用微膨胀混凝土回填。

二、水电站厂房施工程序

水电站厂房总体施工程序如图 9-4 所示。主厂房一期混凝土一般施工程序如图 9-5 所示。

待一期混凝土的主厂房蜗壳底板和侧墙浇筑后，一方面进行蜗壳、座环、机坑里衬等设备的安装，完成设备外围及相关部位的二期混凝土浇筑；另一方面，浇筑厂房上下游柱、承重墙、吊车梁、屋顶等结构混凝土，完成厂房桥吊的安装。在上述两方面工作都完成后，可利用桥吊安装水轮机、发电机、调速器等设备。

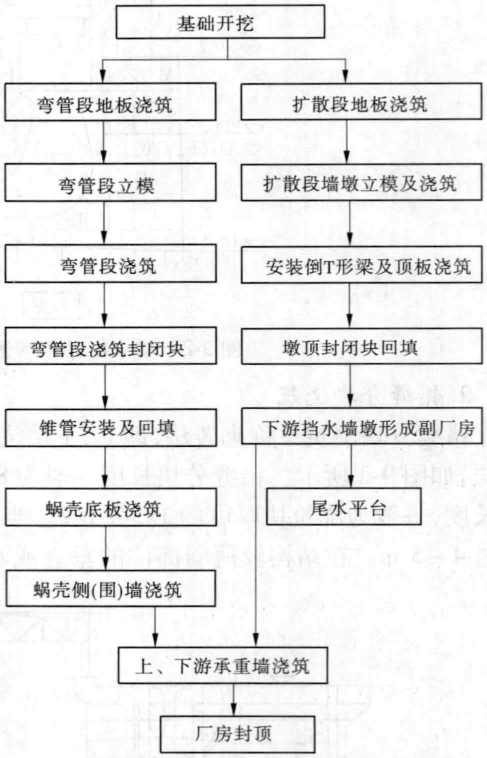

图 9-4　水电站厂房总体施工程序

三、厂房混凝土施工方案

厂房混凝土施工主要是确定混凝土的水平运输方案与垂直运输方案，施工布置应根据厂房型式、厂区地形、气象、水文、施工机械设备等条件，结合施工总体布置统筹安排，选择最优方案。

（一）一期混凝土施工布置

1. 机械化施工方案

混凝土水平运输采用“机车立罐”或“汽车卧罐”，垂直运输一般采用门座式、塔式或履带式起重机。施工初期，起重机械布置在厂房上、下游侧，沿厂房轴线方向移动，后期需要将门座式、塔式起重机迁至尾水平台或厂坝间等部位，如图 9-6 所示。该种布置适用于河床式、坝内式或坝后式电站。

对于引水式电站厂房，一般厂房靠山布置，厂房上游侧施工场地狭窄，常将起重机布置在厂房下游侧。

在设有缆索起重机的水利枢纽工程，由于受缆索起重机机械特性和厂房结构特点所

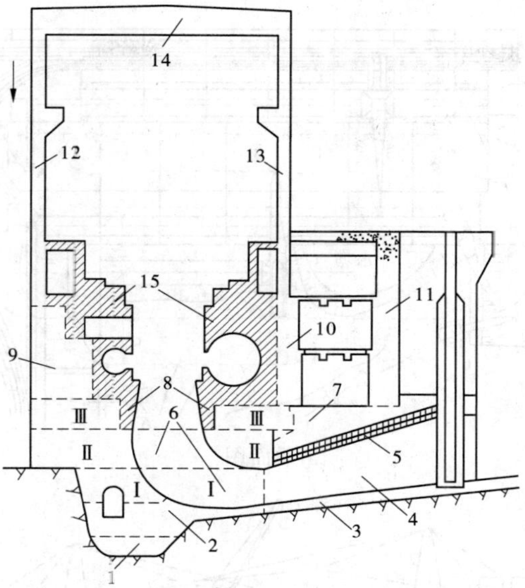

1—基础填筑;2—弯管段底板;3—扩散段底板;4—扩散段墩墙;5—倒T形梁;
6—弯管段;7—扩散段顶板;8—锥管段;9—蜗壳上游侧墙;10—蜗壳下游侧墙;
11—挡水墙墩;12—上游墙;13—下游墙;14—屋顶;15—二期混凝土

图9-5 主厂房一期混凝土一般施工程序

限制,缆索起重机可用于厂房下部结构混凝土施工,上部结构混凝土施工仍采用门座式起重机或塔式起重机。

在采用上述施工方案时,当门座式、塔式起重机在栈桥尚未形成时的基础部分浇筑,或在起重机控制范围以外的部位浇筑,还需要布置辅助机械和设备,完成厂房混凝土的浇筑任务。如水平运输可采用“汽车卧罐”,垂直运输采用履带式起重机等方法。

2. 以机械为主、人工为辅的施工方案

在起重设备数量不足的大中型工程,混凝土工程量大的部位,或施工困难部位,可采用机械化施工。其他部位可采用活动栈桥等人工施工方案,如图9-7所示。

小型厂房工程,厂房下部结构混凝土施工,常采用满堂脚手架方案,即在厂房基坑中布满脚手架,上面平铺马道板,用胶轮手推车运输混凝土,辅以溜筒入仓。但在施工过程中必须控制混凝土拌和物的离析现象。厂房上部结构的混凝土浇筑和屋顶结构的吊装,还是需要配置履带式或采用井架和龙门架等垂直运输设备。

(二)二期混凝土施工布置

各台机组的二期混凝土,如主机段蜗壳底板和侧墙等厂房下部结构的二期混凝土,应在厂房封顶前利用外部设备浇筑。厂房封顶后,则可利用桥吊运输混凝土,也可采用混凝土泵、胶带输送机或胶轮手推车运输混凝土入仓,这样既增加了设备,又影响了浇筑速度,在考虑施工方案时应尽量利用外部设备。

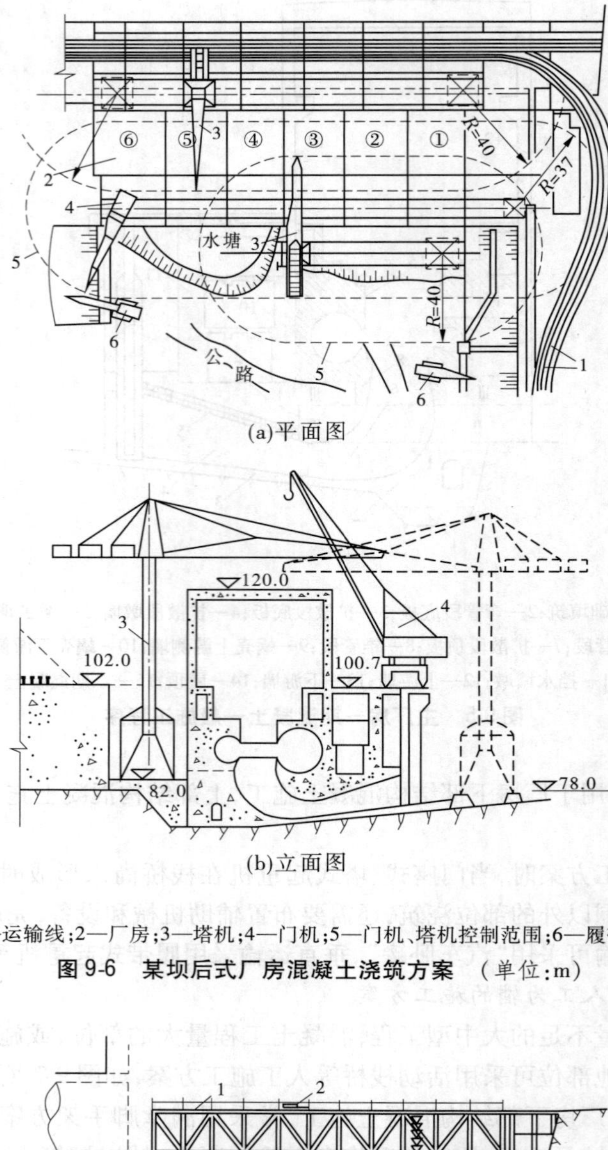

(a)平面图

(b)立面图

1—铁路运输线;2—厂房;3—塔机;4—门机;5—门机、塔机控制范围;6—履带式起重机

图 9-6　某坝后式厂房混凝土浇筑方案　(单位:m)

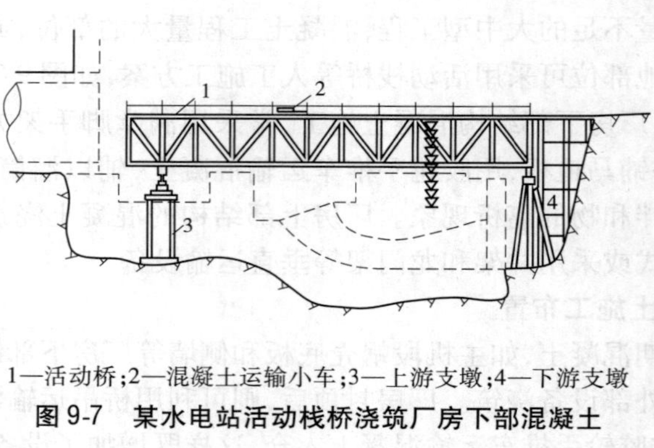

1—活动桥;2—混凝土运输小车;3—上游支墩;4—下游支墩

图 9-7　某水电站活动栈桥浇筑厂房下部混凝土

四、尾水管模板施工

尾水管分为三段,如图 9-8 所示。上段称锥管段(也称圆锥段),一般都用钢内衬,不需要作模板;下段称扩散段,其截面为矩形,高度、宽度呈直线变化,上口与弯管段相连,中间常设置隔墩,其模板与一般平面模板制作安装相同;中段称弯管段,其形状由多种几何面组合而成,剖面呈肘弯形,如图 9-9(e)所示,其几何尺寸参数由机组制造厂家提供。由于弯管段模板主要承受混凝土的侧压力、浮托力、混凝土自重、振捣动荷载和模板结构自重,所以弯管段模板是厂房模板中最复杂的部位,必须特别重视。

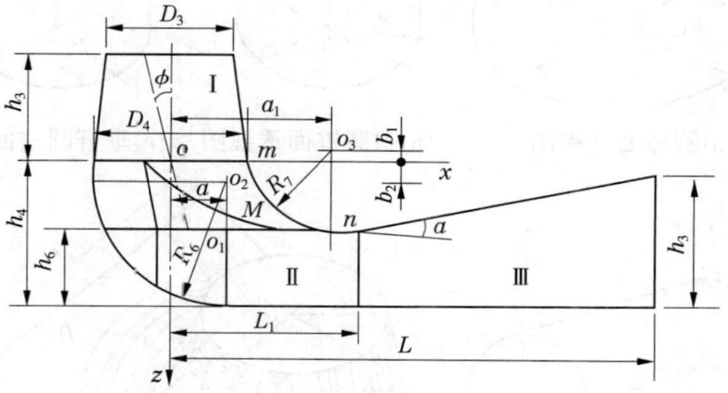

(a)正视图

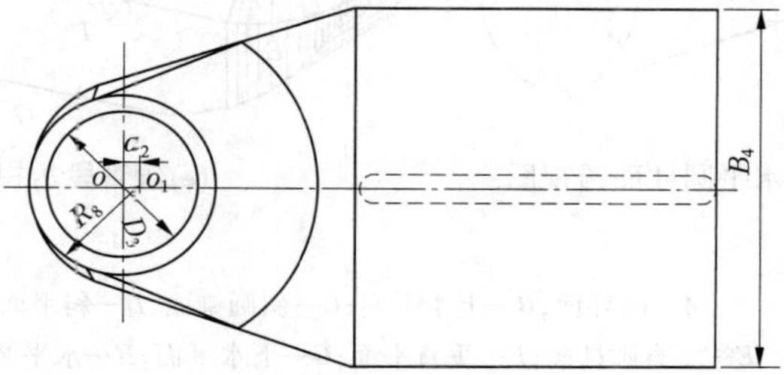

(b)平面图

Ⅰ—锥管段;Ⅱ—弯管段;Ⅲ—扩散段

图 9-8 4H 型尾水管单线图

(一)弯管段体形图及几何尺寸

弯管段以尾水平台面为界,分为上、下两弯管段。弯管段的体型是由圆环面、斜圆锥面、斜平面、垂直圆柱面、垂直平面、水平圆柱面、水平面组成,共计 7 种类型、12 个几何面,如图 9-8 和图 9-9 所示。7 个几何面的几何尺寸参数和特征分述如下。

圆柱环面(A)是以 o_3 为圆心,以 R_7 为半径形成的母线圆弧 mn 再绕水轮机主轴旋转而成的双曲面,其中 o_3n 是垂线;上水平面(B)与圆环面相切;斜圆锥面(C)的锥顶在 S 处(S 点为直线 gh 和直线 oo_1 的交点,图中未标出),圆心连线 So_1,锥底圆半径 $R_8 = R_4 + a_2$,素线 Sgh 是垂线;斜平面(D)是一个与斜圆锥面相切、与圆环面相交的倾斜平面;垂直圆柱面(E)是以通过 o_1 点的垂线为轴心,以 R_8 为半径的圆柱面。它的顶部与斜圆锥面相衔接;垂直平面(F)有两个,水平投影为“八”字形,分别与垂直圆柱面相切,与斜平面相交;

水平圆柱面(H)是以过 o_2 点的水平线为轴心,以 R_6 为半径的圆柱面;下水平面(G)与水平圆柱面下缘相切。应注意,组成弯管段的 12 个几何面,均不是完整的几何平面或曲面,而是与相邻几何面存在相切或相交的相互关系。例如,水平圆柱面(H),它与下水平面相切,切线为平面直线;与斜圆锥面和垂直圆柱面相交,交线为空间曲线;与垂直平面相交,交线为平面曲线。

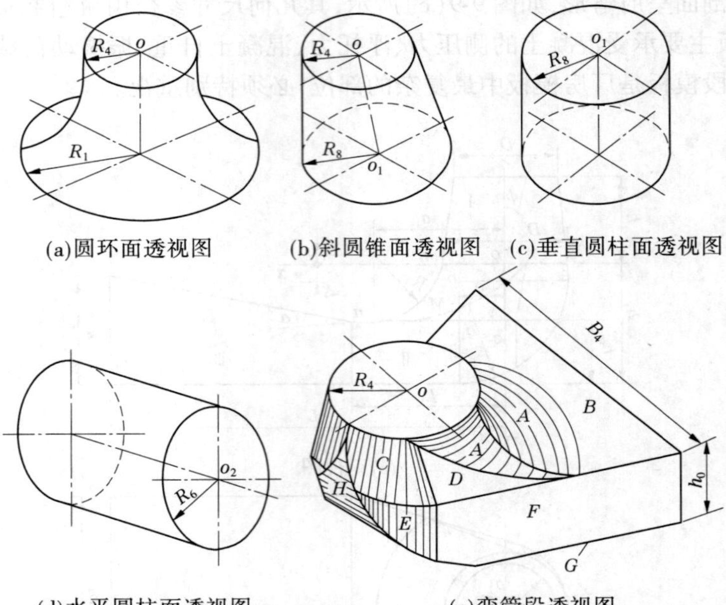

(a)圆环面透视图　(b)斜圆锥面透视图　(c)垂直圆柱面透视图

(d)水平圆柱面透视图　(e)弯管段透视图

A—圆环面;B—上水平面;C—斜圆锥面;D—斜平面;

E—垂直圆柱面;F—垂直平面;G—下水平面;H—水平圆柱面

图 9-9　弯管段几何形状图

(二)弯管段各剖面单线图的绘制

为制作模板的需要,必须绘制出一系列水平面与弯管段外形轮廓的交线图,称为剖面单线图。其方法有图解法和数解法,是根据厂家提供的正视图、平面图和几何尺寸的参数进行绘制。图解法简单,但精度不及数解法,常用于中小型厂房工程。现以图 9-10 中 k—k剖面为例,介绍图解法绘制剖面单线图的基本方法与步骤。

(1)在正视图中,作出 k—k 剖面线,与斜圆锥轴线相交于 o'_k,与斜圆锥的垂线点 gh 相交于 u'点,注意 gh 必须与以 o_2 为圆心、R_6 为半径的圆弧相切于 g 点(R_6 参见图 9-9);与弯管段轮廓线的交点为 a'、b'、c'、d'。

(2)定出剖面单线图的原点 o,并作出 x 轴和 y 轴,其分别平行于弯管段平面图上的两个轴,图 9-10 中未画出,参见图 9-8。

(3)在单线图 x 轴上,作出 u'、o'_k、d'相对应点的水平投影 u、o_k、d 点,并以 o_k 为圆心、以 $R_{锥}=o_ku$ 为半径画圆,此圆与过 a'点的垂线相交于 a 点。

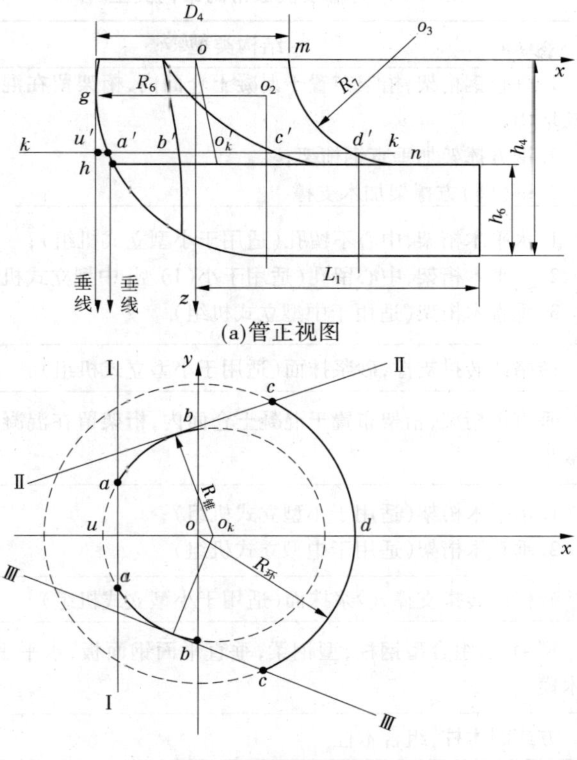

图9-10 弯管段 k—k 剖面正视图解法

(4)作所画圆的切线Ⅱ—Ⅱ和Ⅲ—Ⅲ,分别平行于弯管段平面图上的直线 pqt 和 $p'q't'$(参见图9-8),得切点 b。

(5)以单线图上 o 点为圆心、以 $R_{环}=od$ 为半径画圆,交Ⅱ—Ⅱ和Ⅲ—Ⅲ线于 c 点。

(6)连接 a、b、c、d 各点,得出弯管段 k—k 剖面的单线图,即 cdc 圆弧为圆环面线;cb 直线为斜平面线;ab 圆弧为斜圆锥面线;aa 直线为水平圆柱面线。也就是说,k—k 剖面剖到的几何面有圆环面、斜平面、斜圆锥面、水平圆柱面。

用相同的方法,可得出其他剖面的单线图。当尾水管中心与机组中心线相交成一个角度时,其单线图绘制仍以尾水管中心线为准。

(三)模板结构类型、制作与安装

1.弯管段结构类型

尾水管弯管段模板的结构类型较多,一般根据材料来源和施工单位的习惯与施工经验而定。以往采用木结构较多,现在逐步采用以钢材为主的钢木混合结构。弯管段模板常用结构类型见表9-1。

表 9-1 弯管段模板常用结构类型

部位	主要材料	结构类型	说明
上弯段	钢、木	1. 垂直钢桁架,桁架布置于混凝土仓面内,桁架留在混凝土内,无法取出; 2. 钢方撑架加垂直钢桁架; 3. 钢(圆)方撑架加木支撑	木面板
	木	1. 水平木桁架,中心不留孔(适用于小型立式机组); 2. 水平木桁架,中心留孔(适用于小(1)型、中型立式机组); 3. 垂直木桁架(适用于中型立式机组)	木面板
	砖	砖格或砖拱支撑,砂浆抹面(适用于小型立式机组)	
下弯段上游部分	钢、木	垂直钢桁架,桁架布置于混凝土仓面内,桁架留在混凝土内,无法取出	木面板
	木	1. 水平木桁架(适用于小型立式机组); 2. 垂直木桁架(适用于中型立式机组)	木面板
	砖	砖格或砖拱支撑,砂浆抹面(适用于小型立式机组)	
下弯段下游部分	钢、木	型钢柱,组合型钢柱,型钢梁,垂直平面钢面板,水平平面和曲面木模	钢面板、木面板
	木	方或圆木柱,组合木柱	木面板
	砖、木	砖墙承重,方木梁或型钢,水平面木模板,垂直面砂浆抹面,砖拱承重,砂浆抹面	

2. 模板形式

1) 小型整体式模板

当弯管段的高度小于 4 m 时,可采用整体式模板,即在水平方向划分为若干个剖面,将各剖面的单线图按 1∶1比例在样台上放出大样图,根据剖面单线图大样制作水平桁架,如图 9-11 所示,再按各剖面之间的高度,在现场拼装,并用竖向支撑固定为一个整体,如图 9-12所示。为了方便现场拼装和保持一定精度,常在高度方向上分成三节,各节模板在加工厂拼装成独立的整体,在每节的接头处,应设置连接构件,以便用铁件连接固定。带圆弧面的模板,如圆环面模板,可用 3 ~5 层板或 10 mm 厚的杉木板条钉成设计曲面,并适当增设弧形带木,增强模板整体性。

2) 分层式模板

对于高度 5 ~8 m 的弯管段模板,宜分两层制作与安装。第一层为倒悬弧面模板,其承重桁架垂直布置,并用水平梁联成整体,用拉条和混凝土支撑固定,以防模板浮动变形,面板上留出活动仓口,以利混凝土下料和振捣。第二层桁架按径向垂直布置,面层为小方木横梁,双层竖向木面板,同时设置组装式筒形中心体构架,以加强模板结构的整体性。某电站尾水管弯管段全高 7.6 m,分两层立模,第一层 3.44 m,第二层 4.16 m。

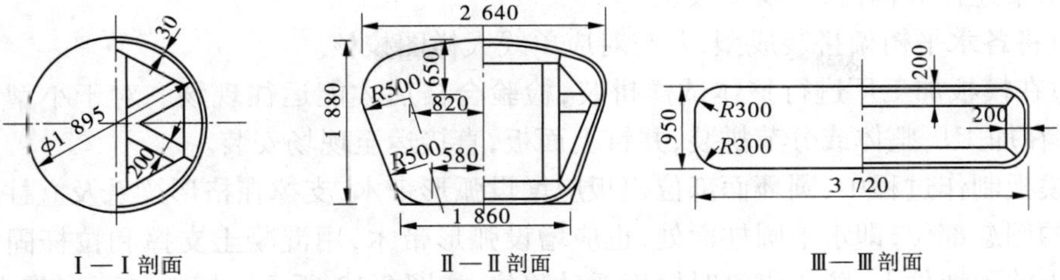

图 9-11　尾水管模板横剖面结构图　（单位：mm）

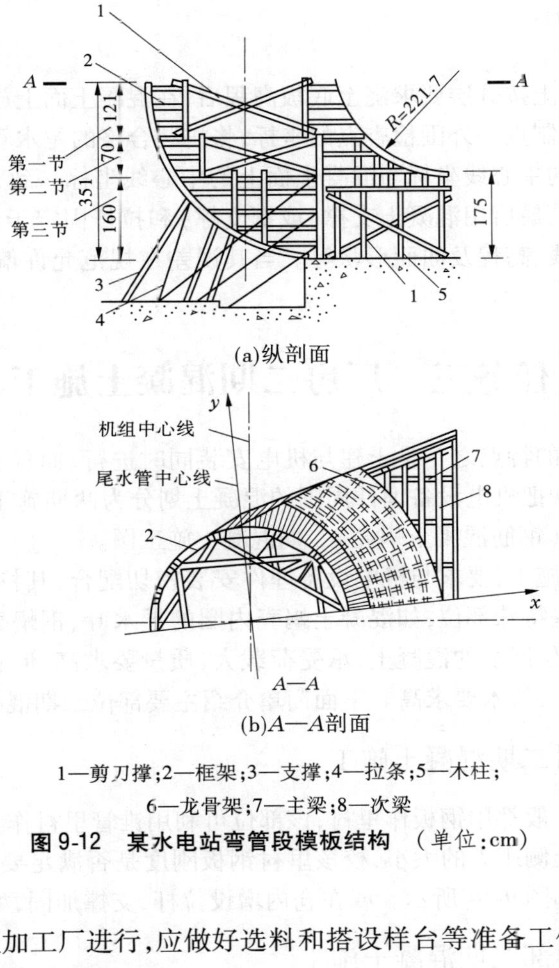

1—剪刀撑；2—框架；3—支撑；4—拉条；5—木柱；

6—龙骨架；7—主梁；8—次梁

图 9-12　某水电站弯管段模板结构　（单位：cm）

3. 模板制作

模板制作在模板加工厂进行，应做好选料和搭设样台等准备工作。现以小型整体式模板为例，简述具体制作步骤：

（1）根据模板制作要求，在厂家提供的正视图上按水平方向划分为若干个剖面。

（2）在样台上按 1∶1 比例放出各剖面单线大样图。

（3）在剖面单线大样图上，画出桁架或框架的结构图，并用杉木薄板制作上弦和下弦弧形带木样板。在制作样板时，应考虑模板厚度。

（4）用制作的上、下弦弧形带木样板，在选好的材料上画线、裁料，制作上、下弦弧形带木和桁架连杆等构件，并反复校正。

(5)将各水平桁架拼装成型，并与对应单线大样图校核。

(6)在模板加工厂进行整体试样拼装，检验合格后才能运往现场。对于小型弯管段模板，可在加工厂整体或分节拼装，并钉上面板，直接运至现场安装。

在模板制作过程中，圆环面部位模板应增设弧形带木，支撑在格形梁系及立柱上。模板上游的倒悬部位，即水平圆柱面处，也应增设弧形带木，用混凝土支撑和拉杆固定于已浇混凝土的预埋件上，防止浇筑时模板浮动移位，如图 9-12 所示。框架和弧形带木上，常用层板 1 cm 厚经水浸泡的杉木板条(3 ~ 5 cm 宽)钉成设计曲面，层间要错缝，并将模板刨光，浇筑前刷脱模剂。

4. 模板安装

当厂房基础混凝土按分层要求浇至底板高程后，在混凝土面上放出机组中心线、尾水管中心线、高程点、控制点和外围检查点的坐标，将拼装合格的尾水管模板吊入基坑，按控制点对位，使模板上的中心线坐标与混凝土面上的中心线坐标一致，并控制安装高程，校核定位后作临时固定，最后用混凝土支撑(或钢支撑)和拉杆固定于预埋件上。再做全面检查，复核模板中心线、高程及曲面形状等。当其误差在规范允许偏差内时，才能浇筑混凝土。

任务三　厂房二期混凝土施工

水电站厂房施工的特点之一是土建与机电安装同时进行，而且土建必须满足机电安装的要求。为此，通常把机电设备埋件周围的混凝土划分为两期施工。如图 9-13 所示为葛洲坝水电站小机组(钢筋混凝土蜗壳)二期混凝土施工图。

厂房二期混凝土施工，要求与机电设备埋件安装密切配合，其特点是施工面狭小，互相干扰大，尤其是某些特殊部位，如混凝土蜗壳内圈的导水叶、钢蜗壳与座环相连的阴角处和基础螺栓孔等部位回填的混凝土，承受荷载大，质量要求高，但仓面小，钢筋密，进料和振捣困难，施工复杂，技术要求高。下面简单介绍主要部位二期混凝土施工措施。

一、圆锥面里衬二期混凝土施工

尾水管圆锥段，一般都用钢板作里衬，该部位可利用锥管里衬作为模板。为了防止里衬变形，应根据混凝土侧压力的大小，校核里衬钢板刚度是否满足要求，必要时可在里衬内侧布置桁架加强，如图 9-14 所示。或在仓内增设拉杆，支撑加固，如图 9-15 所示。

二、钢蜗壳下半部二期混凝土施工

该部位施工难度最大的是钢蜗壳与座环相连的阴角处，该部位空间狭窄，进料困难，不易振捣，为保证质量，可采取以下专门措施：

(1)在座环和钢蜗壳上开孔进料施工措施。可向厂商提出要求，在座环上和钢蜗壳上预留若干进料孔，蜗壳下部二期混凝土浇筑工艺布置及预留孔口位置如图 9-16 所示。

(2)预填骨料或砌筑混凝土预制块灌浆的施工措施，即在阴角部位预先用骨料填塞

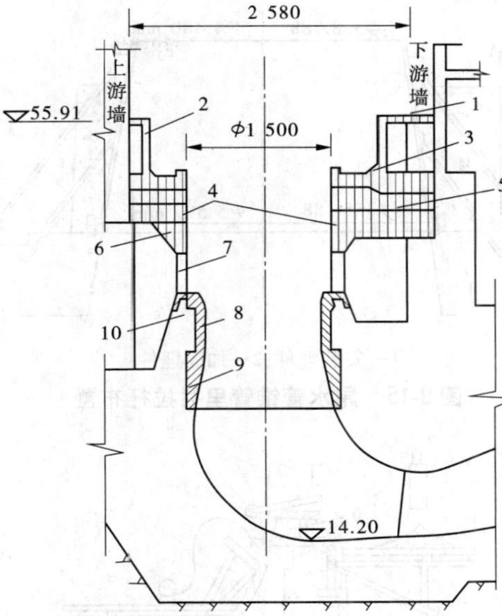

1—发电机层楼板；2—风罩；3—发电机墩；4—机井里衬；5—蜗壳顶板；
6—上锥体；7—座环、固体导水叶；8—转轮室；9—锥管里衬；10—下锥体

图 9-13　葛洲坝水电站小机组(钢筋混凝土蜗壳)二期混凝土部位　(单位:cm)

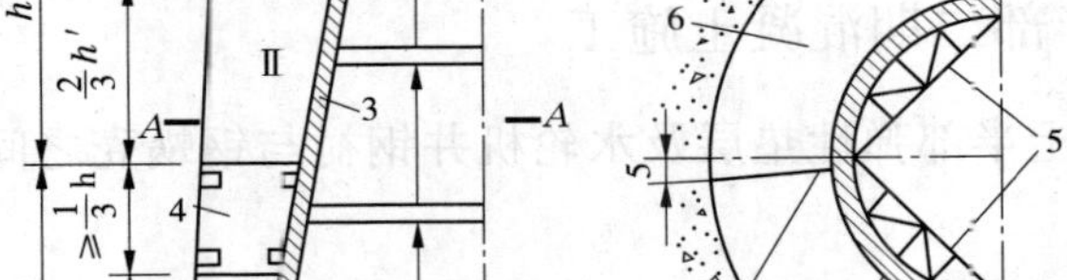

1—弯管段；2—韧性接头模板；3—钢板里衬；
4—引缝钢板；5—桁架；6—二期混凝土

图 9-14　圆锥面里衬二期混凝土与引缝片示意图　(单位:cm)

或砌筑预制混凝土砌块，预填骨料或预制砌块可用钢筋托位，并埋设灌浆管路。当蜗壳二期混凝土全部浇筑完 15 d 后，再灌注水泥砂浆，灌满为止。

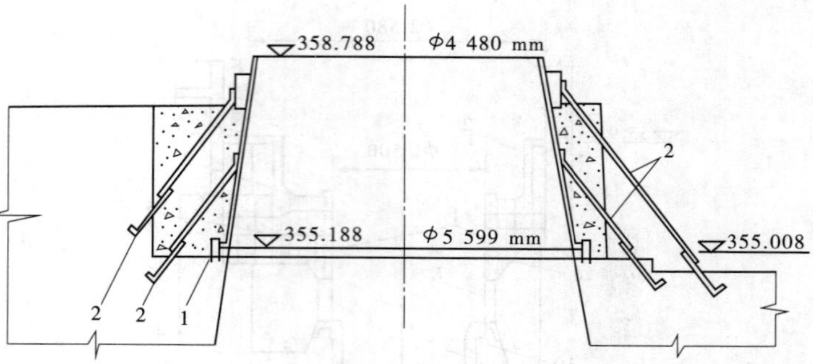

1—安装埋件;2—加固埋件

图 9-15 尾水管锥管里衬拉杆布置

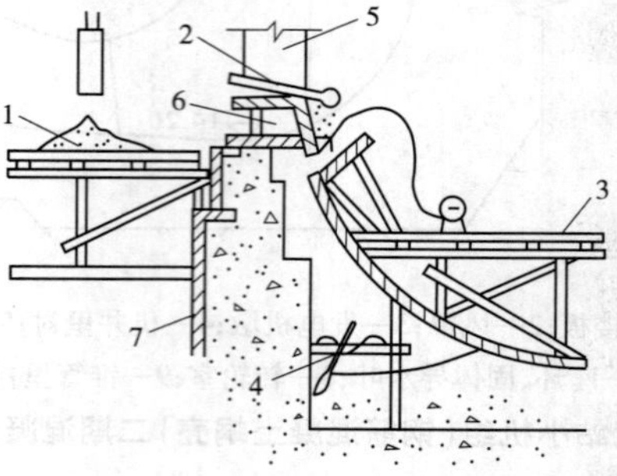

1—转料平台;2—转料工具;3—操作平台;
4—操作跳板;5—导叶;6—座环底板;7—钢板里衬

图 9-16 蜗壳阴角部位浇筑工艺布置图

三、钢蜗壳上半部二期混凝土施工

该部位是钢蜗壳上半部弹性垫层及水轮机井钢衬与钢蜗壳之间凹槽部位的混凝土浇筑。

为了保证钢蜗壳不承受上部混凝土结构传来的荷载,在蜗壳上半圆表面设置弹性垫层,使钢蜗壳与上部混凝土分开。在浇筑钢蜗壳前必须将弹性垫层做好,使其与蜗壳弧度吻合。在浇筑混凝土时,应防止水泥砂浆侵入垫层,防止垫层失去弹性作用。

水轮机井钢衬与蜗壳之间的凹槽部位,由于钢筋较密,二期混凝土采用细石混凝土,施工时应注意捣实。

钢蜗壳外围二期混凝土浇筑前,应考虑钢蜗壳承受外压时的刚度和稳定性,一般在蜗壳内设置临时支撑。

四、发电机机墩及风罩二期混凝土施工

机墩是发电机支撑结构,采用圆环形结构。机墩内外侧模板可采用一次或二次架立,需要考虑模板的整体稳定性。通风槽底面面积较大,安装模板时应考虑混凝土浇筑时的上浮力。定子地脚螺栓孔模板,应严格控制安装位置。机墩混凝土浇筑时,常采用溜筒入

仓，薄层振捣，均匀上升。

任务四 厂房上部结构施工

水电站厂房上部结构类似于一般工业厂房，主要由立柱、吊车梁、连系梁、圈梁、预制屋架、屋面和柱间隔墙组成。下面简单介绍立柱、吊车梁、屋架的施工。

一、立柱施工

厂房立柱布置在厂房下部结构和混凝土上，并与基础固结。一般在立柱基础混凝土浇筑完成后，应立即浇筑立柱混凝土，以便尽早利用桥吊，完成机组埋件安装和二期混凝土施工。厂房的立柱一般是现场浇筑，其施工顺序是先安装钢筋，后支模板。立柱钢筋应在浇筑厂房下部混凝土时预埋。立柱模板安装后，必须检查其垂直度和模板尺寸，并使模板支撑系统保持一定的刚度、强度和稳定性。混凝土浇筑时应采用溜筒入仓，分层振捣。立柱施工缝的留设应符合《混凝土结构工程施工质量验收规范(2010 版)》(GB 50204—2002)的要求。

二、吊车梁施工

吊车梁一般采用预制。由于吊车梁钢筋较密，所以浇筑的混凝土应采用一级配，最好采用附着式振捣器振捣密实。

吊车梁的安装，大中型厂房可利用一期混凝土浇筑的起重设备，小型厂房可采用履带式起重机，也可采用桅杆式起重机吊装。吊车梁安装校核后，才能与牛腿预埋件焊接固定。

三、屋架施工

大型或中型水电站厂房屋架，常采用预应力屋架，在厂房附近预制。小型厂房屋架，采用预制薄腹 I 字梁。由于跨度较大，断面较小，钢筋净距较小，混凝土最大粒径采用 20 mm，并且在预制时要振捣密实，有条件的应用附着式振捣器。

屋架的安装，大中型水电站厂房可利用浇筑一期混凝土的起重设备，小型厂房可用桅杆式起重机吊装，也可用桥吊配桅杆式起重机吊装。

项目十 施工组织概论

任务一 施工组织设计

一、概述

施工组织设计是研究施工条件、选择施工方案、对工程施工全过程实施组织和管理的指导性文件，是编制工程投资估算、设计概算和招标投标文件的主要依据。本节仅对初步设计中的施工组织设计进行介绍。

二、施工组织设计的内容

根据初步设计编制规程和施工组织设计规范，初步设计的施工组织设计应包含以下8个方面的内容：

(1)施工条件包括工程条件、自然条件、物质资源供应条件以及社会经济条件等，主要有：

①工程所在地点，对外交通运输，枢纽建筑物及其特征。

②地形、地质、水文、气象条件，主要建筑材料来源和供应条件。

③当地水源、电源情况，施工期间通航、过木、过鱼、供水、环保等要求。

④对工期、分期投产的要求。

⑤施工用地、居民安置以及与工程施工有关的协作条件等。

(2)施工导流：设计应在综合分析导流条件的基础上，确定导流标准，划分导流时段，明确施工分期，选择导流方案、导流方式和导流建筑物，进行导流建筑物的设计，提出导流建筑物的施工安排，拟定截流、度汛、拦洪、排冰、通航、过木、下闸封堵、供水、蓄水、发电等措施。

(3)主体工程施工：包括挡水、泄水、引水、发电、通航等主要建筑物，应根据各自的施工条件，对施工程序、施工方法、施工强度、施工布置、施工进度和施工机械等问题，进行分析比较和选择。

(4)施工交通运输：

①对外交通运输：是在弄清现有对外水陆交通和发展规划的情况下，根据工程对外运输总量、运输强度和重大部件的运输要求，确定对外交通运输方式，选择线路的标准和线路，规划沿线重大设施和与国家干线的连接，并提出场外交通工程的施工进度安排。

②场内交通运输：应根据施工场区的地形条件和分区规划要求，结合主体工程的施工运输，选定场内交通主干线路的布置和标准，提出相应的工程量。施工期间，若有船、木过坝问题，应作出专门的分析论证，提出解决方案。

(5)施工工厂设施和大型临建工程：

①施工工厂设施，应根据施工的任务和要求，分别确定各自位置、规模、设备容量、生产工艺、工艺设备、平面布置、占地面积、建筑面积和土建安装工程量，提出土建安装进度和分期投产的计划。

②大型临建工程，要作出专门设计，确定其工程量和施工进度安排。

(6)施工总布置的主要任务：

①对施工场地进行分期、分区和分标规划。

②确定分期分区布置方案和各承包单位的场地范围。

③对土石方的开挖、堆料、弃料和填筑进行综合平衡，提出各类房屋分区布置一览表。

④估计用地和施工征地面积，提出用地计划。

⑤研究施工期间的环保和植被恢复的可能性。

(7)施工总进度，合理安排施工进度：

①必须仔细分析工程规模、导流程序、对外交通、资源供应、临建准备等各项控制因素，拟定整个工程的施工总进度。

②确定项目的起讫日期和相互之间的衔接关系。

③对导流截流、拦洪度汛、封孔蓄水、供水发电等控制环节，工程应达到的形象面貌，需作出专门的论证。

④对土石方及混凝土等主要工种工程的施工强度，对劳动力、主要建筑材料、主要机械设备的需要量，要进行综合平衡。

⑤要分析施工工期和工程费用的关系，提出合理工期的推荐意见。

(8)主要技术供应计划：

①根据施工总进度的安排和定额资料的分析，对主要建筑材料和主要施工机械设备，列出总需要量和分年需要量计划。

②在施工组织设计中，必要时还需提出进行试验研究和补充勘测的建议，为进一步深入设计和研究提供依据。

③在完成上述设计内容时，还应提出相应的附图。

任务二 施工进度计划

一、概述

各设计阶段施工总进度的任务包括：分析工程所在地区的自然条件、社会经济条件、工程施工特性和可能的施工进度方案，研究确定关键性工程的施工分期和施工程序，协调平衡安排其他工程的施工进度，使整个工程施工前后兼顾、互相衔接、均衡生产，最大限度地合理使用资金、劳动力、设备、材料，在保证工程质量和施工安全的前提下，按时或提前建成投产、发挥效益，满足国家经济发展的需要。可分为三个阶段：

(1)可行性研究阶段。

(2)初步设计阶段。

(3)技术设计(招标设计)阶段。

施工总进度编制原则:

(1)认真贯彻执行党的方针政策、国家法令法规、上级主管部门对本工程建设的指示和要求。

(2)密切施工组织设计各专业的联系,统筹考虑,以关键性工程的施工分期和施工程序为主导,协调安排其他各单项工程的施工进度。

(3)在充分掌握及认真分析基本资料的基础上,尽可能采用先进的施工技术和设备,最大限度地组织均衡施工,加快施工进度,保证工程质量和安全施工,根据实际施工情况及时地调整和落实施工总进度。

(4)充分重视和合理安排准备工程的施工进度。在主体工程开工前,相应各项准备工作应基本完成,为主体工程开工和顺利进行创造条件。

(5)对高坝大库大容量的工程,应研究分期建设或分期蓄水的可能性,尽可能减少第一批机组投产前的工程投资。

施工总进度描述的类型,施工进度计划的设计成果,常以图表的形式来表述,有以下几种类型:

(1)横道图。

(2)网络图。

(3)横道图与网络图结合。

二、施工进度计划的编制

(一)编制施工进度计划

(1)收集基本资料 。

(2)编制轮廓性施工进度。

(3)编制控制性施工进度。

(4)施工进度方案比较。

(5)编制施工总进度表。

(6)编写施工总进度研究报告。

(二)编制轮廓性施工进度

编制轮廓性施工进度的方法如下:

(1)配合施工设计研究,选定代表性施工方案,了解主要建筑物的施工特性,初步选定关键性的工程项目。

(2)对初步掌握的基本资料进行粗略分析,根据对外交通和施工总布置的规模与难易程度,拟定准备工程的工期。

(3)对以拦河坝为主要主体建筑物的工程,根据初步拟订的导流方案,对主体建筑物进行施工分期规划,确定截流和主体工程下基坑的施工日期。

(4)根据已建工程的施工进度指标,结合本工程的具体条件,规划关键性工程项目的施工期限,确定工程受益的日期和总工期。

(5)对其他主体建筑物施工进度作粗略的分析,绘制轮廓性施工进度表。

(三)编制控制性施工进度表

控制性施工进度表应列出控制性施工进度指标的主要工程项目,明确工程的开工、截流日期,反映主体建筑物的施工程序和开工日期、竣工日期,标明大坝各期上升高程、工程受益日期和总工期,以及主要工种的施工强度。

1. 分析选定关键性工程项目

选定关键性工程项目的方法如下:

(1)分析工程所在地区的自然条件,即研究水文、气象、地形、地质等基本资料对工程施工的影响。

(2)分析主体建筑物的施工特性,根据水工建筑物的图纸,研究大坝坝型、高度、宽度和施工特点,研究地下厂房跨度、高度和可能的出渣通道及引水隧洞的洞径、长度、可能开挖方式,可否有施工支洞等。

(3)分析主体建筑物的工程量,对各建筑物的工程量进行分析,例如河床水上部分或水下部分、右岸和左岸、上游和下游,以及在某些特征高程以上或以下的工程量。

(4)选定关键性工程,通过以上分析,用施工进度参考指标,粗估各项主体建筑物的控制工期,即可初步选定控制工程受益工期的关键性工程。

随着控制性施工进度编制工作的深入,可能发现新的关键性工程,于是控制性施工进度就应相应调整。

2. 初拟控制性施工进度表

初拟控制性施工进度表的步骤和方法是:

(1)拟定截流时段。

(2)拟定底孔(导流洞)封堵日期和水库蓄水时间。

(3)拟定大坝施工程序。

(4)拟定坝基开挖及基础处理工期。

(5)确定坝体各期上升高程的一般方法。

(6)安排地下工程进度。

(7)确定机组安装工期等。

3. 编制控制性进度表

控制性进度表可按以下步骤进行编制:

(1)首先以导流工程和拦河坝工程为主体,明确截流日期、不同时期坝体上升高程和封孔(洞)日期、各时段的开挖及混凝土浇筑(或土石料填筑)的月平均强度。

(2)绘制各单项工程的进度,计算施工强度(土石方开挖和混凝土浇筑强度)。

(3)安排土石坝施工进度时,考虑利用有效开挖料上坝的要求,尽可能使建筑物的有效开挖和大坝填筑进度互相配合,充分利用建筑物开挖的石料直接上坝。

(4)计算和绘制施工强度曲线。

(5)反复调整,使各项进度合理,施工强度曲线平衡。

施工总进度表是施工总进度的最终成果,它是在控制性进度表的基础上进行编制的,其项目较控制性进度表全面、详细。

（四）坝体施工进度安排应注意的问题

1. 拦洪高程和拦洪日期的确定

（1）拦洪高程。首先根据拦洪时的坝高及相应的库容，按照规范要求，确定设计拦洪挡水标准。由导流设计进行水力学计算，初步确定大坝拦洪高程。经施工进度研究后，如果不能达到此高程，则应加大导流的泄水能力，以降低拦洪高程，或者采取特殊的泄水和保坝措施，以保证大坝拦洪的安全。需要经过反复的方案比较，才能确定一个经济上合理、技术上可行的拦洪高程。

（2）拦洪日期。是指施工进度规定的坝体达到拦洪高程的日期。

2. 拦洪过渡期坝体上升高程的确定

（1）按水文特性划分时段法。

（2）按月划分时段法。

3. 施工强度论证

（1）根据坝体各期上升高程，可以在坝体高程—工程量曲线上查得该高程以下的工程量，再根据各时段的有效工日，可以算出时段的日平均施工强度。

（2）强度的论证。确定了日高峰强度之后，应进行施工设计，研究物料运输、上坝方式、施工方法、坝面流水作业分区等，论证能否达到预定的施工强度。

（3）坝体上升速度论证。根据坝体各期上升高程和该时段的有效工日，可以确定坝的日平均上升速度。大中型土石坝的上升速度，主要是由塑性心墙或斜墙的上升速度控制的。

三、施工网络进度计划

（一）网络进度计划的编制

（1）收集基本资料。

（2）列出工程项目。

（3）计算工程量和施工延续时间。

①计算工程量：工程量的计算应根据设计图纸，按工程性质，考虑工程分期和施工顺序等因素，分别按土方、石方、水上、水下、开挖、回填、混凝土等进行计算。

②根据计算的工程量，应用相应的定额资料，可以计算或估算各项目的施工延续时间 t。

$$t = \frac{V}{kmnN} \tag{10-1}$$

式中 V——项目的工程量；

m——日工作班数，实行一班制时 $m = 1$；

n——每班工作的人数或机械设备台数；

N——人工或机械台班产量定额；

k——考虑不确定因素而计入的系数，$k < 1$。

有时为了便于对施工进度进行分析比较和调整，需要定出施工延续时间可能变动的幅度，常用三值估计法进行估计：

$$t = \frac{t_a + 4t_m + t_b}{6} \tag{10-2}$$

式中 t_a——最乐观的估计时间；

t_b——最悲观的估计时间；

t_m——最可能的估计时间。

③分析确定项目之间的依从关系。

④初拟施工进度。

⑤优化、调整和修改。

⑥提出施工进度成果。

(二)网络进度计划的计算

用网络图来反映施工进度，它的逻辑关系明确，便于分析计算和优化调整。根据施工项目之间的依从关系所绘制的网络图，可以用单代号网络图表示，也可以用双代号网络图表示，参见图10-1，它们都是由节点和箭线所组成的有向网络，反映的逻辑关系是等价的。网络进度计划的计算方法可参考相关的著作。

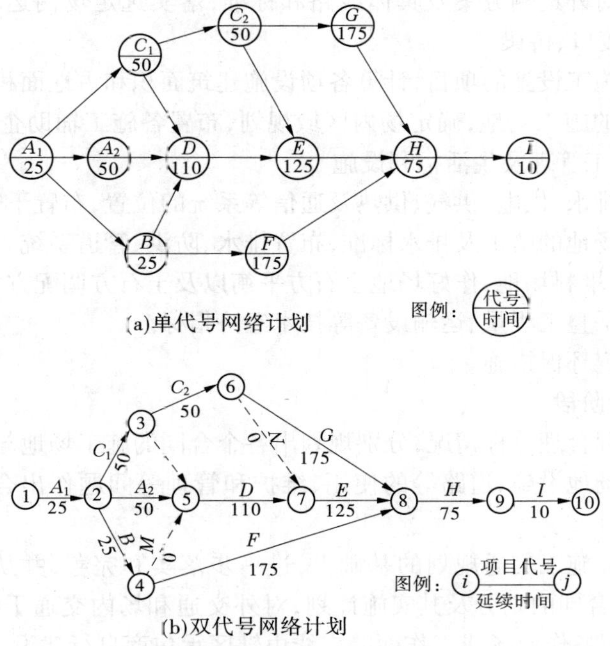

(a)单代号网络计划

(b)双代号网络计划

图10-1 施工进度成果举例

(三)施工进度的调整

根据优化目标的不同，人们提出了各种优化理论、方法和计算程序。

(1)资源冲突的调整。是指在计划时段内，某些资源的需要量过大，超出了可能供应的限度。

(2)工期压缩的调整。当网络计划的计算总工期 T 与限定的总工期[T]不符时，或计划执行过程中实际进度与计划进度不一致时，需要进行工期调整。

任务三　施工总体布置

一、概述

施工总体布置是施工场区在施工期间的空间规划，是施工组织设计的重要内容，可分为三个阶段。

（一）可行性研究阶段

合理选择对外运输方案，选择场内运输及两岸交通联系方式；初步选择合适的施工场地，进行分区布置、主要交通干线规划，提出主要施工设施的项目，估算建筑面积、占地面积、主要工程量等技术指标。

（二）初步设计阶段

（1）落实选定对外运输方案及具体线路和标准，落实选定场内运输及两岸交通联系方式，布置线路和渡口、桥梁。

（2）确定主要施工设施的项目，计算各项设施建筑面积和占地面积。

（3）选择合适的施工场地，确定场内区域规划，布置各施工辅助企业及其他生产辅助设施、仓库站场、施工管理及生活福利设施。

（4）选择给水排水、供电、供气、供热及通信等系统的位置，布置干管、干线。

（5）确定施工场地的防洪及排水标准，布置排水、防洪、管道系统。

（6）规划弃渣、堆料场地，作好场地土石方平衡以及土石方调配方案。

（7）提出场地平整工程量、运输设备等技术经济指标。

（8）研究和确定环保措施。

（三）招标设计阶段

（1）根据全工程合理分标情况，分别规划出各个合同的施工场地与合同责任区。

（2）对于公用场地设施、道路等的使用、维护和管理等问题作出合理安排，明确各方的权利和义务。

（3）在初步设计施工交通规划的基础上，进一步落实和完善，并从合同实施的角度，确定场内外工程各合同的划分及其实施计划，对外交通和场内交通干线、码头、转运站等由业主组织建设，至各作业场或工作面的支线由辖区承包商自行建设。

二、施工总布置的设计

一般说来，施工系统布置应该符合以下原则：

（1）施工临时设施与永久性设施，应研究相互结合、统一规划的可能性。

（2）确定施工临建设施项目及其规模时，应研究利用已有企业设施为施工服务的可能性与合理性。

（3）主要施工设施和主要辅助企业的防洪标准应根据工程规模、工期长短、水文特性和损失大小，采用防御 10 ~ 20 年一遇的洪水。高于或低于上述标准的，要进行论证。

（4）场内交通规划，必须满足施工需要，适应施工程序、工艺流程的要求；全面协调单项工程、施工企业、地区间交通运输的连接与配合;力求使交通联系简便,运输组织合理,节省线路和设施的工程投资,减少管理运营费用。

(5)施工总布置应紧凑、合理,节约用地,并尽量利用荒地、滩地、坡地,不占或少占良田。

三、施工场地区域规划

(一)区域划分

大中型水利水电工程施工场地内部,可分为下列主要区域。

(1)主体工程施工区。

(2)辅助企业区。

(3)仓库、站场、转运站、码头等储运中心。

(4)施工管理及主要施工工段。

(5)建筑材料开采区。

(6)机电、金属结构和大型施工机械设备安装场地。

(7)工程弃料堆放区。

(8)生活福利区。

(二)区域规划方式

在区域规划时,按主体工程施工区与其他各区域互相关联或相互独立的程度,分为集中布置、分散布置、混合布置三种方式。水电工程一般多采用混合布置。

(三)分区布置

(1)其内容包括:场内交通线路布置、施工辅助企业及其他辅助设施布置、仓库站场及转运站布置、施工管理及生活福利设施布置,风、水、电等系统布置,施工料场布置和永久建筑物施工区的布置。

(2)分区布置的原则是:

①场外交通采用标准轨铁路和水运时,要确定车站、码头的位置,布置重大辅助企业、生产系统和主要场内交通干线。然后,协调布置其他辅助企业,仓库,生产指挥系统,风、水、电等系统,施工管理和生活福利设施。

②场外交通采用公路时,首先布置重大辅助企业和生产系统,再按上述次序布置其他各项临时设施;或者首先布置与场外公路相连接的主要公路干线,再沿线布置各项临时设施。前者较适用于场地宽阔的情况,后者较适用于场地狭窄的情况。

③凡有铁路线路通过的施工区域,一般应先布置线路,或者考虑和预留线路的布置。

(四)现场布置总体规划

施工现场总体规划是解决施工总体布置的关键,要着重研究解决一些重大原则问题。如:施工场地是设在一岸还是分布在两岸?是集中布置还是分散布置?如果是分散布置,则主要场地设在哪里?如何分区?哪些临时设施要集中布置?哪些可以分散布置?主要交通干线设几条?它们的高程、走向如何布置?场内交通与场外交通如何衔接?以及临建工程和永久设施的结合、前期和后期的结合等。

四、施工场地选择

施工场地选择步骤如下：

(1)根据枢纽工程施工工期、导流分期、主体工程施工方法、能否利用当地企业为工程施工服务等状况，确定临时建筑项目，初步估算各项目的建筑物面积和占地面积。

(2)根据对外交通线路的条件、施工场地条件、各地段的地形条件和临时建筑的占地面积，按生产工艺的组织方式，初步考虑其内部的区域划分，拟订可能的区域规划方案。

(3)对各方案进行初步分区布置，估算运输量及其分配，初选场内运输方式，进行场内交通线路规划。

(4)布置方案的供风、供水、供电系统。

(5)研究方案的防洪、排水条件。

(6)初步估算方案的场地平整工程量、主要交通线路、桥梁隧道等工程量及造价，场内主要物料运输量及运输费用等技术经济指标。

(7)进行技术经济比较，选定施工场地。

施工场地选择的基本原则如下：

(1)一般情况下，施工场地不宜选在枢纽上游的水库区。如果不得已必须在水库区布置施工场地，其高程应不低于场地使用期间最高设计水位，并考虑回水、涌浪、浸润、坍岸的影响。

(2)利用滩地平整施工场地，尽量避开因导流、泄洪而造成的冲淤及主河道与两岸沟谷洪水的影响。

(3)位于枢纽下游的施工场地，其整平高程应能满足防洪要求。如地势低洼，又无法填高，应设置防汛堤和排水泵站、涵闸等设施，并考虑清淤措施。

(4)施工场地应避开不良地质地段，考虑边坡的稳定性。

(5)施工场地地段之间、地段与施工区之间，联系简捷方便。

五、施工总布置的步骤

施工总体布置图的设计，由于施工条件多变，不可能列出一种一成不变的格局，只能根据实践经验，因地制宜，按场地布置优化的原理和原则，创造性地予以解决。设计施工总体布置图，大体步骤如图10-2所示。

六、施工总布置的评价

总布置方案综合比较的内容如下：

(1)场内主要交通线路的可靠性、修建线路的技术条件、工程数量和造价。

(2)场内交通线路的技术指标(弯道、坡度、交叉等)，场内物料运输是否产生倒流现象。

(3)场地平整的技术条件、工程量、费用及建设时间，场地平整、防洪、防护工程量。

(4)区域规划及其组织是否合理，管理是否集中、方便，场地是否宽阔，有没有扩展的余地等；施工临时设施与主体工程施工之间、临时设施之间的干扰性；场内布置是否满足

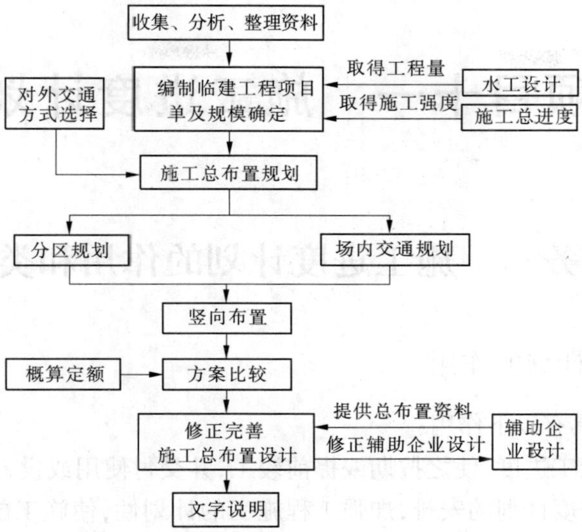

图 10-2 施工总布置设计程序

生产和施工工艺的要求。

(5)施工给水、供电条件。

(6)场地占地条件、占地面积(尤其是耕地、林木、房屋等)。

(7)施工场地防洪标准能否满足要求,安全、防火、卫生和环境保护能否满足要求。

评价因素大体有两类:一类是定性因素,一类是定量因素。

(1)属于定性因素的主要有:

①有利生产,易于管理,方便生活的程度;

②在施工流程中,互相协调的程度;

③对主体工程施工和运行的影响;

④满足保安、防火、防洪、环保方面的要求;

⑤临建工程与永久工程结合的情况等。

(2)属于定量因素的指标主要有:

①场地平整土石方工程量和费用;

②土石方开挖利用的程度;

③临建工程建筑安装工程量和费用;

④各种物料的运输工作量和费用;

⑤征地面积和费用;

⑥造地还田的面积;

⑦临建工程的回收率或回收费等。

项目十一 施工进度计划

任务一 施工进度计划的作用和类型

一、施工进度计划的作用

施工进度计划具有以下作用:

(1)控制工程施工进度,使之按期或提前竣工,并交付使用或投入运转。

(2)通过施工进度计划的安排,加强工程施工的计划性,使施工能均衡、连续、有节奏地进行。

(3)从施工顺序和施工进度等组织措施上保证工程质量和施工安全。

(4)合理地使用建设资金、劳动力、材料和机械设备,达到多、快、好、省地进行工程建设的目的。

(5)确定各施工时段所需的各类资源的数量,为施工准备提供依据。

(6)施工进度计划是编制更细一层进度计划(如月、旬作业计划)的基础。

二、施工进度计划的类型

(一)施工总进度计划

施工总进度计划是以整个水利水电枢纽工程为编制对象,拟定出其中各个单项工程和单位工程的施工顺序与建设进度,以及整个工程施工前的准备工作和完工后的结尾工作的项目与施工期限。施工总进度计划的任务是:分析工程所在地区的自然条件、社会经济资源、影响施工质量与进度的关键因素,确定关键性工程的施工分期和施工程序,并协调安排其他工程的施工进度,使整个工程施工前后兼顾、互相衔接、均衡生产,从而最大限度地合理使用资金、劳动力、设备、材料,在保证工程质量和施工安全的前提下,按时或提前建成投产。

(二)单项工程进度计划

单项工程进度计划是以枢纽工程中的主要工程项目(如大坝、水电站等单项工程)为编制对象,并将单项工程划分成单位工程或分部分项工程,拟定出其中各项目的施工顺序和建设进度,以及相应的施工准备工作内容和施工期限。

(三)单位工程进度计划

单位工程进度计划是以单位工程(如土坝的基础工程、防渗体工程、坝体填筑工程等)为编制对象,拟定出其中各分部分项工程的施工顺序、建设进度,以及相应的施工准备工作内容和施工期限。

(四)施工作业计划

施工作业计划是以某一施工作业过程(即分项工程)为编制对象,制定出该作业过程的施工起止日期及相应的施工准备工作内容和施工期限,它是最具体的实施性进度计划。

任务二 施工总进度计划的编制

一、施工总进度计划的编制原则

(1)国家方针政策、国家法令法规、上级指示和要求。

(2)专业的密切联系,统筹考虑。

(3)先进的施工技术和设备,最大限度地组织均衡施工;准备工程的施工进度,在主体工程开工前,相应各项准备工作应基本完成,为主体工程开工和顺利进行创造条件。

(4)分期建设或分期蓄水的可能性。

二、施工总进度计划的编制方法

(一)基本资料的收集和分析

(1)上级主管部门对工程建设的指示和要求,有关工程的合同协议。

(2)设计文件和有关的法规、技术规范、标准。

(3)工程勘测和技术经济调查资料。

(4)工程规划设计和概预算方面的资料。

(5)施工组织设计其他部分对施工进度的限制和要求。

(6)施工单位施工技术与管理方面的资料,类似工程的经验及施工组织设计资料等。

(7)征地及移民搬迁安置情况。

(8)其他有关资料,如环境保护、文物保护和野生动物保护等。

(二)施工总进度计划的编制步骤

(1)划分并列出工程项目。

(2)计算工程量。

(3)计算各项目的施工持续时间:①按实物工程量和定额标准计算;②套用工期定额法;③三时估计法。

(4)分析确定项目之间的逻辑关系。

①工艺关系,即由施工工艺决定的施工顺序关系。

②组织关系,即由施工组织安排决定的施工顺序关系。

项目之间的逻辑关系,是科学安排施工进度的基础,应逐项研究,仔细确定。

(5)初拟施工总进度计划。

通过对项目之间的逻辑关系分析,掌握工程进度的特点,理清工程进度的脉络,就可以初步拟出一个施工进度方案。

(6)调整和优化。

初拟进度计划形成以后,要配合施工组织设计其他部分的分析,对一些控制环节、关键项目的施工强度、资源需要量、投资过程等重大问题,进行分析计算,若发现主要工程的施工强度过大或施工强度很不均衡(此时也必然引起资源使用的不均衡),就应进行调整和优化,使新定出的计划更加完善、更加切实可行。

(7)编制正式施工总进度计划。

经过调整优化后的施工进度计划,可以作为设计成果,整理以后提交审核。

施工进度计划的成果可以用横道进度表(又称横道图或甘特图)的形式表示,也可以用网络图(包括时标网络图)的形式表示。此外,还应提交有关主要工种工程施工强度、主要资源需用强度和投资费用动态过程等方面的成果。

三、施工总进度计划的编制示例

现以新安江工程草拟进度时必须考虑的几个主要问题和进度安排的方法为例,以横道进度表的形式,来反映一水电枢纽工程的进度安排。

(一)混凝土坝施工分期

(略)

(二)第一期工程施工的时间安排

新安江水利枢纽第一期工程施工的主要任务包括:第一期围堰的修建、右岸坝基的开挖和右岸溢流底孔及电站厂房底板的混凝土浇筑。

在组织第一期工程的施工时,为了早日浇筑混凝土坝,必须尽量缩短围堰施工、基坑排水、坝基开挖和处理的时间。

(三)第一期工程施工中的安全度汛问题

临时采用黏土麻袋加高,安然度过了汛期,围堰没有过水,基坑没有淹没,赢得了施工工期。

(四)混凝土坝施工安排

可以根据采用的度汛方案来安排混凝土坝的施工。混凝土坝第一期工程的施工究竟何时可以开始,实际上很大程度要根据地质条件(覆盖层的种类、深度和地基的好坏等)而定,尽早地开始坝基开挖和坝基处理,就可以为坝体浇筑提供有利条件。

(五)第二期围堰截流

第二期围堰截流标志着整个工程施工由第一期转入第二期,是整个枢纽施工的一个控制关键。因此,选择截流时间一定要兼顾一、二期工程施工,同时又要考虑截流本身的有利时机。

从施工总进度的观点来看,安排第二期围堰截流时间应考虑以下前提条件:

(1)保证混凝土坝第一期工程的浇筑高程和超过截流后泄流建筑物(在新安江工程中是导流底孔)泄流时所需的水位。

(2)保证修好泄水建筑物,并做好泄水前的一切准备工作(包括全部或部分拆除第一期围堰)。

(3)解决好截流后的施工通航、过筏等问题。

(4)完成第二期围堰截流的准备工作。

(5)做好上游料场、上游临时建筑物等的拆迁工作。

(六)第二期工程施工的进度控制

现在先研究二期度汛问题。一般解决二期度汛的办法有:

(1)第二期工程采用高围堰挡汛,以保证混凝土坝的施工安全。但这会加大第二期围堰的工程量,这样做是否合理需要论证。

(2)加快坝体上升速度,将混凝土坝的一、二期工程全面上升到洪水位以上,用坝体(或临时断面)挡汛。这样做实际施工是否能够达到,需要论证。

(3)在混凝土坝第一期工程中预留适当缺口,降低第二期围堰高度,等汛期过后再升高缺口。但必须保证缺口能在坝体拦洪前达到拦洪高程,不会影响蓄水发电。

(4)洪水期淹没基坑。实际工程中采用的是以上一项或多项综合的解决办法。

(七)蓄水发电与机组安装的时间安排

为了保证机组按时发电,必须对机组安装和水库蓄水所需的时间进行仔细的安排。如果坝体能够浇筑到蓄水高程以上,水库蓄水也能达到发电水位,但机组还未安装和试运转,还是不能发电的;同样,如果坝体能够达到蓄水高程以上,但水库蓄水没有达到发电水位,即使机组已经安装并试运转好,也同样是不能发电的。因此,保证机组按时发电的条件应该是:

(1)大坝全线上升达到发电蓄水高程以上,并能起整体作用,拦洪蓄水。其中特别需要注意的是坝身纵缝灌浆(如果设有纵缝)的时间不能延迟,以免影响大坝拦洪蓄水。

(2)根据蓄水计划确定底孔封堵的时段。为了保证底孔的封堵,封堵时间一般宜选在枯水期,因为这时封堵工作较易进行。但又不能将底孔封堵时间安排太早,因为这样将很难解决防洪与发电的矛盾。所以,最好将底孔封堵安排在枯水期末,并在泄洪建筑物修好后进行,这样既能保证枯水期多做一些工程,又能在底孔封堵后、洪水来临时立即蓄水。蓄水前,还要做好库区清理和移民工作。

(3)机电设备安装妥当,并进行了试运转,同时输变电系统已相应完工,可以正式发电、送电。通常组织机电安装工程和土建工程平行施工。第一台机组的安装时间在相应机组段水下大体积混凝土完工后的3~6个月内完成,在水下大体积混凝土完工前,可以事先在安装场进行拼装,以后各台机组的安装时间可以彼此间隔1.5~2.0个月。输水钢管的制作,一般可按150~200 t/月控制,输水钢管的安装,一般一个工作面可按30~40 t/月安排。

(八)准备工作和结束工作

(1)修好对外交通线路。

(2)修建部分场内交通线路、汽车基地和机车车库等,特别要注意解决好两岸交通联系问题。

(3)修建部分仓库和保证提供必要的机修服务工作。

(4)修建工地风、水、电供应系统,最好能够完成永久的输电线路,争取从国家电网得到电力供应。

(5)修建满足施工需要的混凝土系统和砂石供应系统。

(6)修建部分生产、生活必需的房屋及工棚等。结束工作主要是工地的收尾工作,如拆除临时结构物和房屋、运走机械设备、清理场地、保护环境等。在初步设计时,混凝土坝枢纽工程的准备工作、结束工作及主体工程的施工工期可以参考表 11-1 的期限安排分配。

表 11-1　混凝土坝建设工期参考指标

坝体混凝土量（万 m^3）	总工期（a）	准备工程工期（a）	主体工程工期（a）	完建工程工期（a）	高峰年浇筑强度（万 m^3）
20 ~ 80	2.5 ~ 4.0	0.5 ~ 1.0	1.5 ~ 2.0	0.5 ~ 1.0	16 ~ 40
80 ~ 120	3.0 ~ 5.0	0.5 ~ 1.0	2.0 ~ 3.0	0.5 ~ 1.0	16 ~ 60
120 ~ 200	4.0 ~ 6.0	0.5 ~ 1.0	3.0 ~ 3.5	0.5 ~ 1.5	48 ~ 100
200 ~ 300	5.5 ~ 7.0	1.0 ~ 1.5	3.5 ~ 4.0	1.0 ~ 1.5	80 ~ 150
300 ~ 400	6.0 ~ 8.0	1.0 ~ 2.0	4.0 ~ 4.5	1.0 ~ 1.5	120 ~ 200
>400	7.0 ~ 10.0	1.5 ~ 2.5	4.5 ~ 5.5	1.0 ~ 2.0	200

（九）其他施工项目的安排

安排好有关控制性项目的进度后，对于其他施工项目，则可按一般的施工程序予以适当安排，用来平衡整个工程总进度计划，构成拟定的施工总进度计划草案。

四、落实、平衡、调整、修正计划

在完成草拟工程进度后，要对各项进度安排逐项落实。根据工程的施工条件、施工方法、机具设备、劳动力和材料供应以及技术质量要求等有关因素，分析论证所拟进度是否切合实际，各项进度相互之间是否协调。研究主体工程的工程量是否大体均衡，进行综合平衡工作。对原拟进度草案进行调整、修正。

以上简要地介绍了施工总进度计划的编制步骤。在实际工作中不能机械地划分这些步骤，而应该把它们相互联系起来，经过几次反复，大体上依照上述程序来编制施工总进度计划。当初步设计阶段的施工总进度计划批准后，在技术设计阶段还要结合单项工程进度计划的编制，来修正总进度计划。在工程施工中，再根据施工条件的演变予以调整，用来指导工程施工，控制工程工期。

任务三　流水施工

流水施工是组织项目施工最有效的科学方法之一，它是建立在分工协作的基础上，充分地利用工作面和工作时间，提高劳动生产率，保证施工连续、均衡、有节奏地进行，从而达到提高工程质量、降低工程成本、缩短工期的效果。

一、组织施工三种基本方式和特点

在组织同类项目或将一个项目分成若干个施工区段进行施工时，可以采用不同的施工组织方式，如依次施工、平行施工、流水施工等。

（一）依次施工

依次施工是指完成一个施工对象之后，再去完成另一个施工对象，直到将所有的施工对象全部完成的组织方式。

(二)平行施工

平行施工是指将所有的施工对象同时开始,然后同时结束的组织方式。

(三)流水施工

流水施工是指施工对象按一定的时间间隔依次开始施工,各工作队按一定的时间间隔依次在各施工对象上工作,不同的工作队在不同的施工对象上同时工作的组织施工的方法。

流水施工特点:

(1)科学地利用了工作面,工期比较合理。

(2)工作队实现了专业化,且能够连续作业。

(3)单位时间投入施工的资源量较为均衡,有利于资源供应的组织工作。

(4)施工现场易于管理。

例:拟兴建四幢相同的建筑物,其编号分别为Ⅰ、Ⅱ、Ⅲ、Ⅳ。它们的基础工程量都相等,而且均由挖土方、做垫层、砌基础和回填土等四个施工过程组成,每个施工过程在每个建筑物中的施工天数均为 5 d。其中,挖土方时,工作队由 8 人组成;做垫层时,工作队由 6 人组成;砌基础时,工作队由 14 人组成;回填土时,工作队由 5 人组成。施工组织方式见图 11-1。

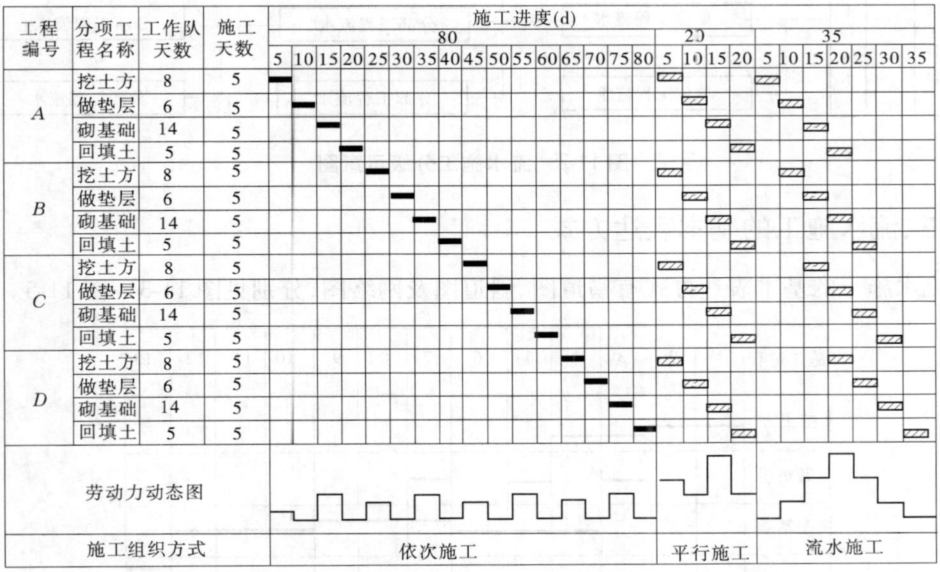

图 11-1 施工组织方式

组织施工三种方式的特点见表 11-2。

二、组织流水施工的条件

(1)划分施工过程。

(2)划分施工段。

(3)实行独立专业施工班组。

表 11-2　组织施工三种方式的特点

依次施工	平行施工	流水施工
1. 工作面有空闲，工期长； 2. 实行专业班组，有窝工现象； 3. 日资源用量少，品种单一，但不均匀； 4. 消除窝工则不能实行专业班组施工，对提高劳动生产率和工程质量不利	1. 充分利用工作面，工期短； 2. 实行专业班组如不进行工程协调，则有窝工现象； 3. 日资源用量大，品种单一，且不均匀； 4. 对合理利用资源、提高劳动生产率和工程质量不利	1. 合理利用工作面，工期适中； 2. 实行专业班组减少窝工现象； 3. 日资源耗用量适中，且比较均匀； 4. 实行专业班组，则有利于提高劳动生产率和工程质量

(4)保证主导施工过程连续均衡进行。

(5)不同施工过程尽可能组织平行搭接施工。

流水施工分级见图 11-2。

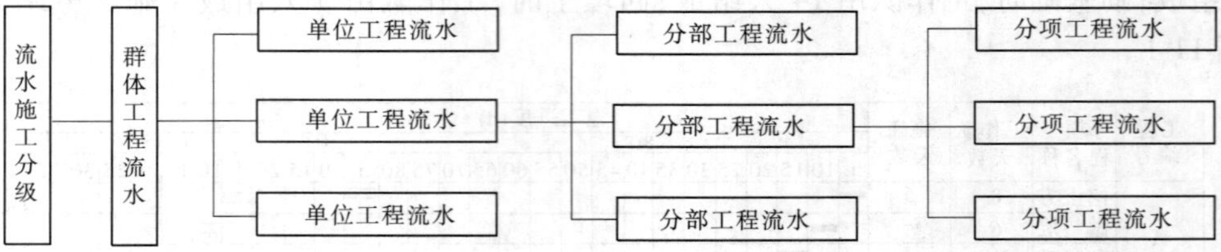

图 11-2　流水施工分级示意图

三、流水施工的基本表达方式

流水施工的基本表达方式有横道图、斜道图及网络图，分别见图 11-3 ~ 图 11-5。

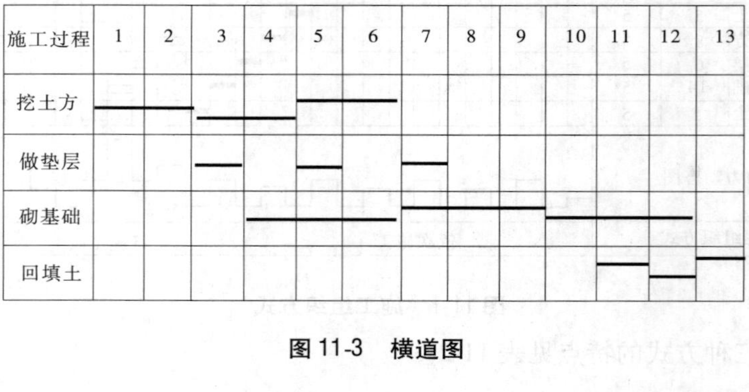

图 11-3　横道图

四、流水施工的基本参数

在组织流水施工时，用以描述流水施工在工艺流程、空间布置和时间安排等方面的特征和各种数量关系的参数，称为流水施工参数。按其性质的不同，一般可分为工艺参数、

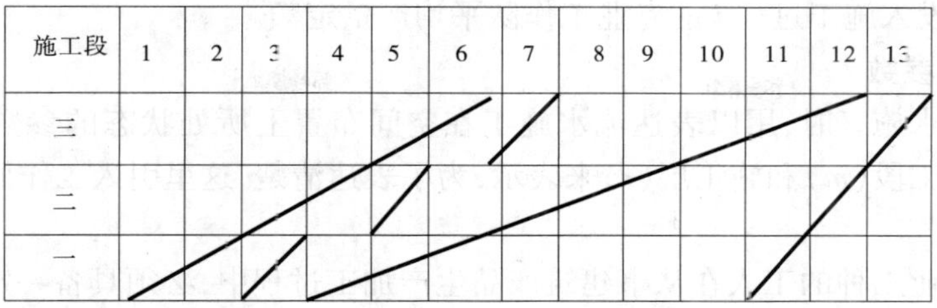

图 11-4 斜道图

空间参数和时间参数三类。

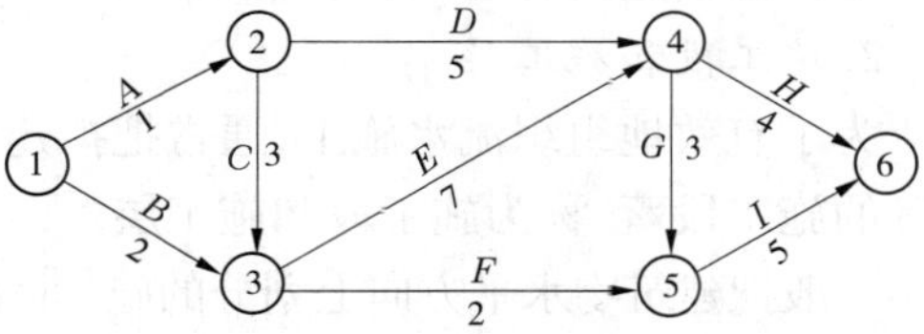

图 11-5 网络图

（一）工艺参数

工艺参数是用以表达流水施工在施工工艺上开展的顺序及其特征的参数，通常工艺参数包括施工过程数和流水强度两种。

1. 施工过程数

施工过程数是指参与一组流水的施工过程数目，是对某项目工作由开始到结束的整个过程的泛称。一般用 n 表示。

施工过程数是流水施工的主要参数之一。

施工过程划分依据如下：

（1）施工进度计划的性质和作用。

（2）施工方案和工程结构。

（3）劳动组织及劳动量的大小。

（4）施工过程的内容和工作范围。

2. 流水强度

流水强度也叫流水能力或生产能力，它是指流水施工的某一施工过程在单位时间内能够完成的工程量。

流水强度可由式（11-1）、式（11-2）求得。

（1）机械操作流水强度。

$$V_i = \sum_{i=1}^{x} R_i S_i \tag{11-1}$$

式中 V_i——某施工过程 i 的机械操作流水强度；

R_i——投入施工过程 i 的某种施工机械台数；

S_i——投入施工过程 i 的某种施工机械产量定额；

x——投入施工过程 i 的施工机械种类数。

（2）人工操作流水强度。

$$V_i = R_i S_i \tag{11-2}$$

式中 V_i——某施工过程 i 的人工操作流水强度；

R_i——投入施工过程 i 的专业工作队工人数；

S_i——投入施工过程 i 的专业工作队平均产量定额。

(二)空间参数

在组织流水施工时，用以表达流水施工在空间布置上所处状态的参数，称为空间参数。一般用施工段(m)和施工层(r)来表示，为了表达清楚，这里引入工作面的概念。

1. 工作面

从事某专业工种的工人在从事建筑产品生产加工过程中，必须具备一定的活动空间，这个活动空间称为工作面。

工作面确定的合理与否，直接影响专业工种工人的劳动生产效率 。

2. 施工段和施工层

为了有效地组织流水施工，通常把拟建工程项目在平面上划分成若干个劳动量大致相等的施工段落，称为施工段和施工层。

一般把建筑物水平方向上划分的施工区段称为施工段，用符号 m 表示。把建筑物垂直方向上划分的施工区段称为施工层，用符号 r 表示。因此，流水施工总的流水段数即为 mr。

划分施工段的目的和原则如下：

(1)专业工作队在各个施工段上的劳动量要大致相等。

(2)对多层或高层建筑物，施工段的数目要满足合理流水施工组织的要求，即 $m \geqslant n$ (n 为施工过程数)。

(3)为了充分发挥工人、主导施工机械的生产效率，每个施工段要有足够的工作面。

(4)为了保证拟建工程项目结构整体的完整性，施工段的分界线应尽可能与结构的自然界线相一致。

(5)对于多层的拟建工程项目，既要划分施工段，又要划分施工层。

(三)时间参数

在组织流水施工时，用以表达流水施工在时间排列上所处状态的参数，称为时间参数。时间参数主要有流水节拍(t)、流水步距(k)、平行搭接时间、技术与组织间歇时间、流水施工工期。

1. 流水节拍

流水节拍是指从事某个专业的施工班组在某一施工段上完成任务所需的时间，用 t 表示。流水节拍应为 0.5 d 的整数倍数。流水节拍的确定方法如下。

1)经验估算法

$$t = \frac{a + 4c + b}{6} \tag{11-3}$$

式中 t——某施工过程在某施工段上的流水节拍；

a——最乐观的工作延续时间估算(考虑最有利的因素)；

b——最悲观的工作延续时间估算(考虑最不利的因素)；

c——最可能的延续时间估算(常规情况下)。

2)施工定额法

$$P = \frac{Q}{S} = QH, t = \frac{P}{RN} \tag{11-4}$$

式中　P——劳动量；

Q——工程量(按几何形体计算)；

H——时间定额；

S——产量定额；

t——某施工过程的流水节拍；

N——每天工人班数，按 8 h 工作制计算，最少为 1 班，最多为 3 班；

R——每班工人数，它受到最小工作面和最小劳动组合的限制。

最小工作面是指当一个工人或一个班组发挥其最大效益且在保证安全的情况下应具有的工作面。

最小劳动组合是指为了完成某一施工任务且在合理协调的情况下所应具有的工人数。

3)工期计算法

对于有工期要求的工程，为了满足工期要求，可用工期计算法，即根据对施工任务规定的完成日期，采用倒排进度法。

2. 流水步距

流水步距是指两个相邻的施工过程的施工班组相继进入同一施工段开始施工的最小时间间隔(不包括技术间歇时间与组织间歇时间)，用符号 $K_{i,i+1}$ 表示。

确定流水步距的基本要求如下：

(1)流水步距要满足相邻两个专业工作队在施工顺序上的相互制约关系。

(2)流水步距要保证各专业工作队连续作业。

(3)流水步距要保证相邻两个专业工作队在开始作业的时间上最大限度地、合理地搭接。

(4)流水步距的确定要保证工程质量，满足安全生产。

确定流水步距的方法如下：确定流水步距的方法很多，简捷、实用的方法主要有图上分析法、分析计算法(公式法)、累加数列错位相减取大差法(潘特考夫斯基法)。

累加数列错位相减取大差法适用于各种形式的流水施工，具体步骤如下：

第一步，将每个施工过程的流水节拍按施工段逐段累加，求出累加数列。

第二步，根据施工顺序，对所求相邻的两个累加数列，错位相减。

第三步，错位相减中差数列数值最大者即为相邻两施工班组之间的流水步距。

【例 11-1】　某项目由 4 个施工过程 A、B、C、D 组成，分别由相应的 4 个专业施工班组完成，在平面上划分成 4 个施工段进行流水施工，每个施工过程在各个施工段上的流水节拍见表 11-3，试确定流水步距。

表 11-3　各个施工段的流水节拍

施工过程	施工段			
	一	二	三	四
A	2	4	3	1
B	3	2	1	2
C	1	3	2	3
D	4	1	2	1

解:(1)求流水节拍的累加数列。

A:2,6,9,10

B:3,5,6,8

C:1,4,6,9

D:4,5,7,8

(2)错位相减,求得差数列。

A 与 B:

$$\begin{array}{rrrrrr} & 2 & 6 & 9 & 10 & \\ -) & & 3 & 5 & 6 & 8 \\ \hline & 2 & 3 & 4 & 4 & -8 \end{array}$$

B 与 C:

$$\begin{array}{rrrrrr} & 3 & 5 & 6 & 8 & \\ -) & & 1 & 4 & 6 & 9 \\ \hline & 3 & 4 & 2 & 2 & -9 \end{array}$$

C 与 D:

$$\begin{array}{rrrrrr} & 1 & 4 & 6 & 9 & \\ -) & & 4 & 5 & 7 & 8 \\ \hline & 1 & 0 & 1 & 2 & -8 \end{array}$$

(3)在差数列中取数值最大者确定流水步距。

$K_{A,B} = \max\{2,3,4,4,-8\} = 4$

$K_{B,C} = \max\{3,4,2,2,-9\} = 4$

$K_{C,D} = \max\{1,0,1,2,-8\} = 2$

五、流水施工的基本组织方式

流水施工根据各施工过程时间参数的不同特点,可以分为等节奏流水施工、异节奏流水施工、非节奏流水施工。具体示例参见表 11-4 ~ 表 11-6。

表 11-4　等节奏流水施工

施工过程	施工段			
	一	二	三	四
A	6	6	6	6
B	6	6	6	6
C	6	6	6	6
D	6	6	6	6

表 11-5　异节奏流水施工

施工过程	施工段			
	一	二	三	四
A	6	6	6	6
B	12	12	12	12
C	6	6	6	6
D	12	12	12	12

表 11-6　非节奏流水施工

施工过程	施工段			
	一	二	三	四
A	6	6	6	3
B	4	4	4	4
C	5	6	5	6
D	3	3	3	3

(一)等节奏流水施工

等节奏流水施工是指在组织流水施工时,同一个施工过程的流水节拍相等,不同施工过程之间的流水节拍也相等的一种流水施工方式。

1.特征

(1)各施工过程在各施工段上的流水节拍(t)都相等。

(2)流水步距(K)彼此相等,而且等于流水节拍(t)。

(3)各专业工作队在各施工段上能够连续作业,施工段之间没有空闲。

(4)专业工作队数等于施工过程数(n)。

2.组织步骤

(1)确定施工起点流向,分解施工过程 n。

(2)确定施工顺序,划分施工段 m。

施工段 m 的确定方法如下:

①无层间关系或无施工层时:$m=n$。

②有层间关系或无施工层时分两种情况:

a. 无技术间歇和组织间歇时:$m=n$。

b. 有技术间歇和组织间歇时,为了保证各专业队能连续施工,应取 $m>n$,此时,

$$m = n + \frac{\sum Z_1}{K} + \frac{Z_2}{K} \tag{11-5}$$

式中　m——施工段数;

　　n——施工过程数;

$\sum Z_1$——层内技术间歇时间与组织间歇时间之和；

Z_2——层间技术间歇时间与组织间歇时间之和；

K——流水步距。

如层内技术间歇时间与组织间歇时间和层间技术间歇时间与组织间歇时间各不相等，则应取各自最大值，即

$$m = n + \frac{\max \sum Z_1}{K} + \frac{\max Z_2}{K} \tag{11-6}$$

(3)计算流水节拍 t、流水步距 K。

采用经验估计法或定额法确定 t、或用式(11-7)计算：

$$t = T/m, K = t \tag{11-7}$$

(4)计算工期。

①无施工层

$$T = (m + n - 1)K + \sum Z - \sum G \tag{11-8}$$

②有施工层

$$T = (mr + n - 1)K + \sum Z - \sum G \tag{11-9}$$

式中 m——施工段数；

n——施工过程数；

$\sum Z$——技术间歇与组织间歇时间之和；

$\sum G$——搭接时间之和；

K——流水步距；

r——施工层数。

(5)绘制流水施工图。

施工图的绘制见图 11-6。

(二)异节奏流水施工

异节奏流水施工是指同一施工过程在各施工段上的流水节拍彼此相等，不同施工过程之间的流水节拍不一定相等的流水施工方式。

异节奏流水施工又可分为等步距异节拍流水施工、异步距异节拍流水施工。

1.等步距异节拍流水施工

等步距异节拍流水施工是指在组织流水施工时，同一个施工过程的流水节拍相等，不同施工过程之间的流水节拍不全相等，但各个施工过程的流水节拍均为其中最小流水节拍的整数倍数的流水施工方式。

等步距异节拍流水施工的组织的计算步骤如下：

(1)确定流水步距

$$K = K_b \tag{11-10}$$

(2)确定施工班组数

$$b_i = \frac{t_i}{K}, n_1 = \sum_{i=1}^{n} b_i \tag{11-11}$$

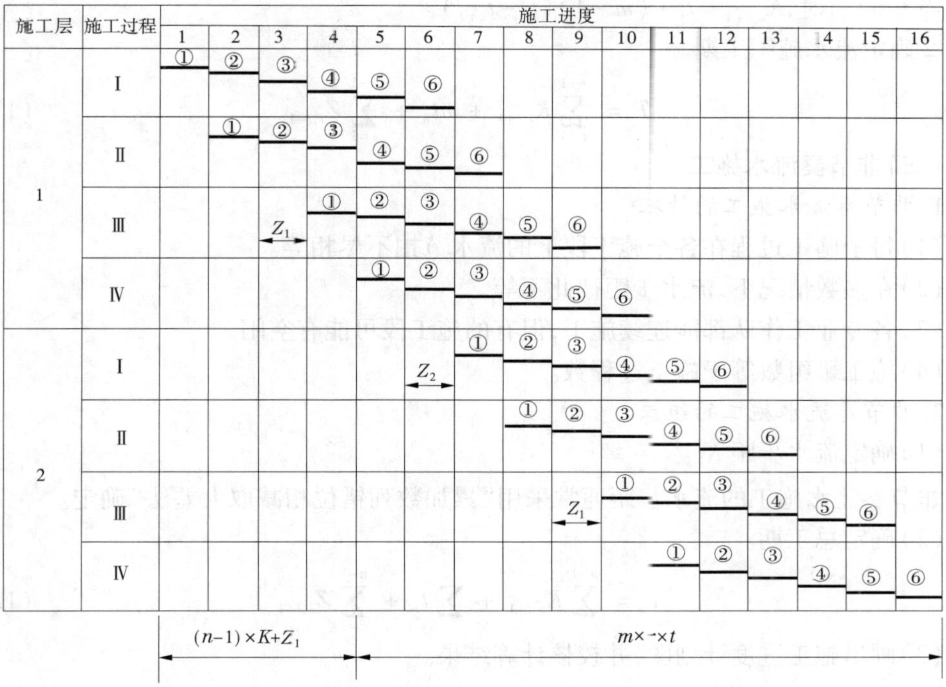

图 11-6　流水施工图

(3)确定施工段数。

施工段数按划分施工段的基本要求确定即可。

(4)确定总工期。

①当无层间关系时

$$T = (m + n_1 - 1)K_b + \sum_{i=1}^{n-1} Z_{i,i-1} \tag{11-12}$$

②当有层间关系时

$$T = (mr + n_1 - 1)K_b + \sum_{i=1}^{n-1} Z_{i,\ +1} \tag{11-13}$$

(5)画出施工进度计划图,并校核计算结果。

2. 异步距异节拍流水施工

(1)异步距异节拍流水施工的特征如下:

①同一个施工过程的流水节拍相等,不同施工过程的流水节拍不一定相等。

②各施工过程之间的流水步距不一定相等。

③各专业施工队都能够保证连续施工,但有的施工段之间可能有空闲。

④施工班组数等于施工过程。

(2)异步距异节拍流水施工的组织。

①确定流水步距。

当 $t_i \leqslant t_{i+1}$ 时,$K_{i,i+1} = t_i$。

当 $t_i > t_{i+1}$ 时，$K_{i,i+1} = t_i + (m-1)(t_i - t_{i+1})$。

②确定流水施工工期。

$$T = \sum_{i=1}^{n-1} K_{i,i+1} + mt_n + \sum_{i=1}^{n-1} Z_{i,i+1} \tag{11-14}$$

（三）非节奏流水施工

1. 非节奏流水施工的特征

（1）每个施工过程在各个施工段上的流水节拍不尽相等。

（2）在多数情况下，流水步距彼此不等。

（3）各专业工作队都能连续施工，但有的施工段可能有空闲。

（4）施工班组数等于施工过程数。

2. 非节奏流水施工的组织

（1）确定流水步距 $K_{i,i+1}$。

非节奏流水施工的流水步距通常采用"累加数列错位相减取大差法"确定。

（2）确定总工期。

$$T = \sum_{i=1}^{n-1} K_{i,i+1} + \sum t_n + \sum_{i=1}^{n-1} Z_{i,i+1} \tag{11-15}$$

（3）画出施工进度计划图，并校核计算结果。

3. 应用举例

【例 11-2】 某工程有关参数如表 11-7 所示，组织无窝工现象的无节奏流水，请计算步距、工期。

表 11-7　某工程流水节拍

施工过程	施工段			
	一	二	三	四
A	3	4	3	4
B	2	2	2	2
C	4	3	2	3
D	5	2	2	5

解：（1）从表 11-7 中可看出分有 4 个施工段，有 4 个施工过程，每个施工过程在每一段上的节拍不一定相等。根据无窝工无节奏流水的特征，可知每个施工过程的延续时间等于同一施工过程在每一段上的节拍之和，如要计算工期则需计算步距。

（2）计算流水步距 $K_{i,i+j}$。

A 与 *B*：

$$\begin{array}{rrrrrr} & 3 & 7 & 10 & 14 & \\ -) & & 2 & 4 & 6 & 8 \\ \hline & 3 & 5 & 6 & 8 & -8 \end{array}$$

$$K_{A,B} = \max\{3\quad 5\quad 6\quad 8\quad -8\} = 8$$

B 与 C：

$$\begin{array}{rrrrrr} & 2 & 4 & 6 & 8 & \\ -) & & 4 & 7 & 9 & 12 \\ \hline & 2 & 0 & -1 & -1 & -12 \end{array}$$

$$K_{B,C} = \max\{2\quad 0\quad -1\quad -1\quad -12\} = 2$$

C 与 D：

$$\begin{array}{rrrrrr} & 4 & 7 & 9 & 12 & \\ -) & & 5 & 7 & 9 & 14 \\ \hline & 4 & 2 & 2 & 3 & -14 \end{array}$$

$$K_{C,D} = \max\{4\quad 2\quad 2\quad 3\quad -14\} = 4$$

(3)计算工期 T。

$$T = \sum_{t=1}^{n-1} K_{i,i+1} + \sum Z_1 + D_e = (8+2+4)+0+(5+2+2+5) = 28(\mathrm{d})$$

任务四　网络进度计划

网络图由箭线(用一端带有箭头的实线或虚线表示)和节点(用圆圈表示)组成,用来表示一项工程或任务进行顺序的有向及有序的网状图形。在网络图上加注工作的时间参数,就形成了网络进度计划(一般简称网络计划)。

网络计划的形式主要有双代号与单代号两种,此外还有时标网络与流水网络等。

一、双代号网络图

用一条箭线表示一项工作(或工序),在箭线首尾用节点编号表示该工作的开始和结束,其中箭尾节点表示该工作开始,箭头节点表示该工作结束,如图 11-7 所示。根据施工顺序和相互关系,将一项计划的所有工作用上述符号从左至右绘制而成的网状图形,称为双代号网络图,用这种网络图表示的计划叫作双代号网络计划。

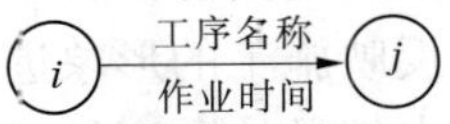

图 11-7　双代号网络图表示方法

双代号网络图由箭线、节点和线路三个要素所组成,现将其含义和特性分述如下:

(1)箭线。在双代号网络图中,一条箭线表示一项工作。需要注意的是,根据计划编制的粗细不同,工作所代表的内容、范围是不一样的,但任何工作(虚工作除外)都需要占用一定的时间,并消耗一定的资源(如劳动力、材料、机械设备等)。因此,凡是占用一定时间的施工活动,例如基础开挖、混凝土浇筑、混凝土养护等都可以看作一项工作。

除表示工作的实箭线外,还有一种虚箭线,它表示一项虚工作,没有工作名称,不占用时间,也不消耗资源,其主要作用是在网络图中解决工作之间的连接或断开关系问题。在

图 11-8 中，若工作 D 的开始既依赖于工作 B 的结束，也依赖于工作 C 的结束，那么连接工作 C 与工作 D 的关系就要使用虚工作。在图 11-9 中，工作 A、B 完成之后，可以进行工作 C、D，如果现在工作 D 只依赖于工作 B 而不依赖于工作 A，则需加一虚工作来断开工作 D 与工作 A 的联系，如图 11-10 所示。

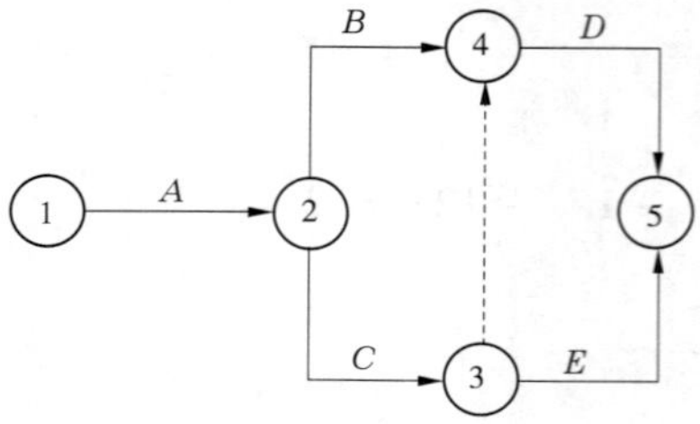

图 11-8　虚箭线用途之一

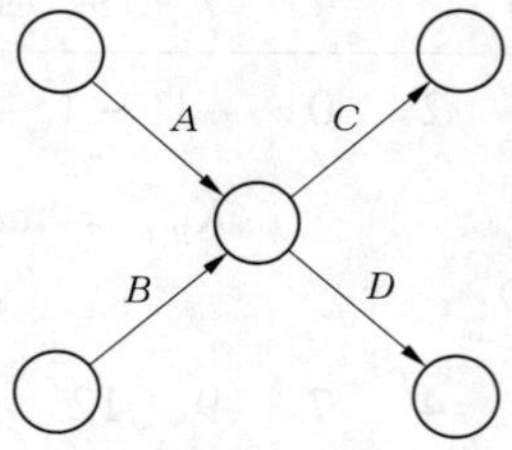

图 11-9　双代号网络图

另外，箭线的长短并不表示工作持续时间的长短。箭线的方向表示施工过程的进行方向，绘图时应保持自左向右的总方向。

就工作而言，紧靠其前面的工作称为紧前工作，紧靠其后面的工作称为紧后工作，与之平行的工作称为平行工作，该工作本身则称为本工作，见图 11-11 中的工作 ①→②、④→⑤、②→③分别是工作②→④的紧前工作、紧后工作和平行工作。

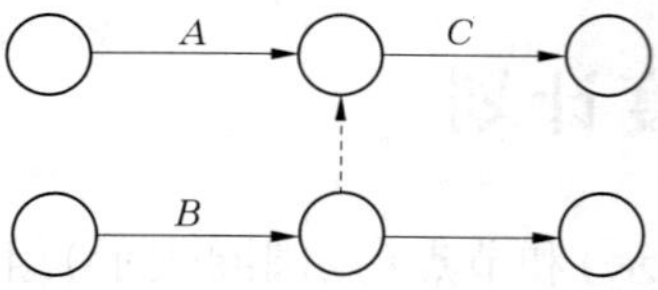

图 11-10　虚箭线用途之二

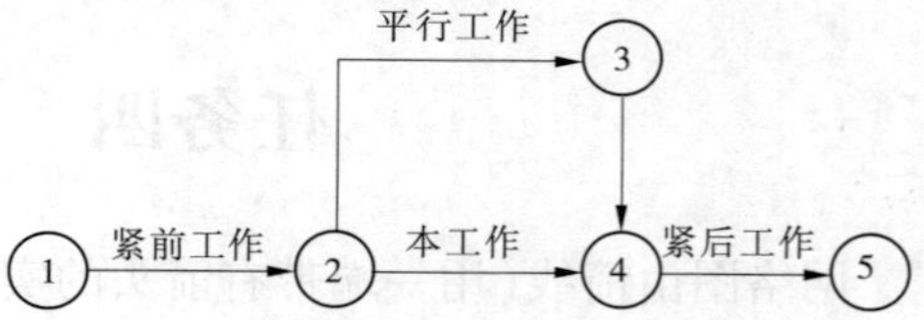

图 11-11　工作之间的关系

（2）节点。网络图中表示工作开始、结束或连接关系的圆圈称为节点。节点仅为前后诸工作的交接之点，只是一个“瞬间”，它既不消耗时间，也不消耗资源。

网络图的第一个节点称为起点节点，它表示一项计划（或工程）的开始；最后一个节点称为终点节点，它表示一项计划（或工程）的结束。其他节点称为中间节点。任何一个中间节点既是其前面各项工作的结束节点，又是其后面各项工作的开始节点。因此，中间节点可反映施工的形象进度。

节点编号的顺序是：从起点节点开始，依次向终点节点进行。编号的原则是：每一条箭线的箭头节点编号必须大于箭尾节点编号，并且所有节点的编号不能重复出现。

（3）线路。在网络图中，顺箭线方向从起点节点到终点节点所经过的一系列箭线和节点组成的可通路径称为线路。一个网络图可能只有一条线路，也可能有多条线路，一条线路上所有工作持续时间的总和称为该条线路的计算工期。其中，工期最长的线路称为关键线路（即主要矛盾线），其余线路称为非关键线路。关键线路与非关键线路、关键工作与非关键工作，在一定条件下可以相互转化。

（一）绘制双代号网络图的基本规则

（1）网络图必须正确地反映各工序的逻辑关系。绘制网络图之前，要正确确定施工顺序，明确各工作之间的衔接关系，根据施工的先后次序逐步把代表各工作的箭线连接起来，绘制成网络图。

（2）一个网络图只允许有一个起点节点和一个终点节点，即除网络的起点和终点外，不得再出现没有外向箭线的节点，也不得再出现没有内向箭线的节点。如昊一个网络图中出现多个起点或多个终点，此时可将没有内向箭线的节点全部并为一个节点，把没有外向箭线的节点也全部并为一个节点。如图 11-12（a）所示，节点①、④皆为没有内向箭线的起点节点，节点⑤、⑧皆为没有外向箭线的终点节点，改正后见图 11-12（b）。

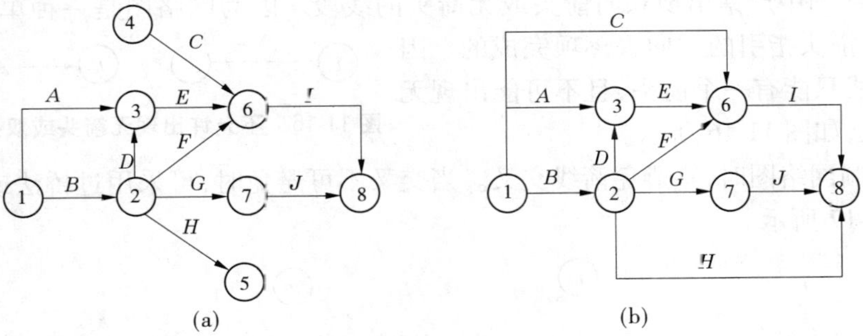

图 11-12　双代号网络图起点和终点表示方法

（3）网络图中不允许出现循环线路。在网络图中从某一节点出发，沿某条线路前进，最后又回到此节点，出现循环现象，就是循环线路。例如图 11-13 中②→③→⑤→②和②→④→⑤→②都是循环线路，循环线路表示的逻辑关系是错误的，在工艺顺序上是相互矛盾的。

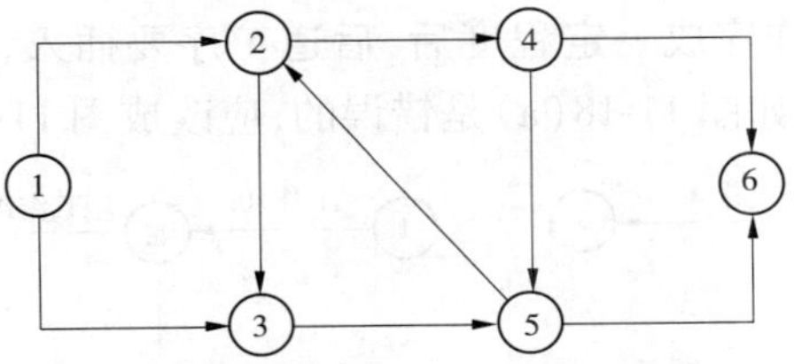

图 11-13　循环线路示意图

（4）网络图中不允许出现代号相同的箭线。网络图中每一条箭线都各有一个起点节点和终点节点的代号，号码不能完全重复。一项工作只能有唯一的代号。例如图 11-14（a）中，工作 A 与工作 B 的代号都是①→②，①→②究竟代表哪项工作无法确定。正确的表示方法是增加一个节点和一条虚箭线，如图 11-14（b）所示。

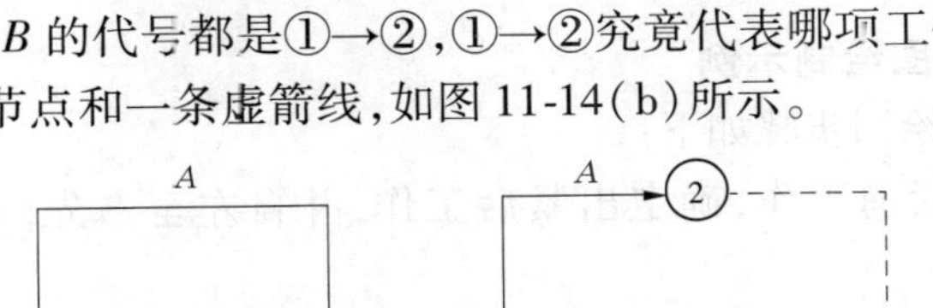

(a)错误　　(b)正确

图 11-14　重复编号工作示意图

（5）网络图中严禁出现没有箭尾节点的箭线和没有箭头节点的箭线，如图 11-15

所示。

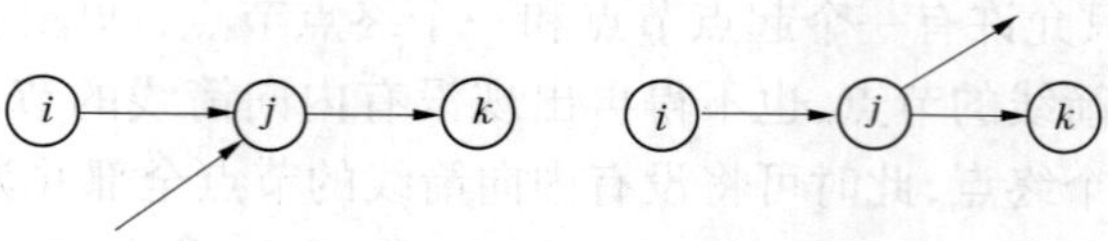

图 11-15　没有箭尾节点和没有箭头节点的箭线

(6)网络图中严禁出现双向箭头或无箭头的线段。因为网络图是一种单向图,施工活动是沿着箭头指引的方向去逐项完成的。因此,一条箭线只能有一个箭头,且不可能出现无箭头的线段,如图 11-16 所示。

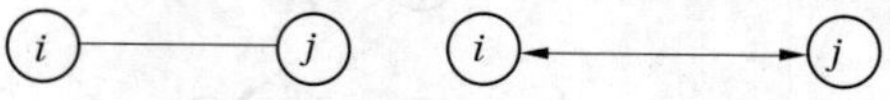

图 11-16　不允许出现无箭头或双头箭的箭线

(7)绘制网络图时,宜避免箭线交叉。当交叉不可避免时,可采用过桥法或断线法表示,如图 11-17 所示。

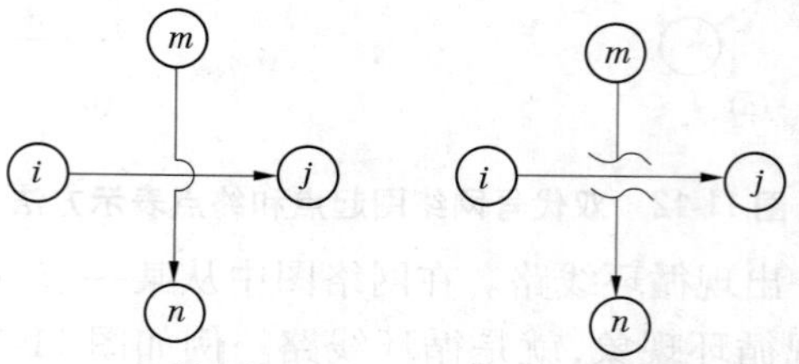

(a)过桥法　　(b)断线法

图 11-17　箭线交叉表示方法

(8)如果要表明某工作完成一定程度后,后道工序要插入,可采用分段画法,不得从箭线中引出另一条箭线。如图 11-18(a)是错误的,应改成图 11-18(b)所示的正确形式。

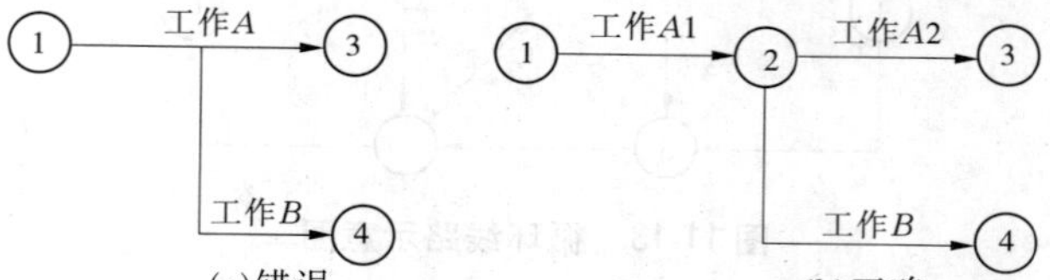

(a)错误　　(b)正确

图 11-18　紧后工作提前插入画法

(二)双代号网络图绘制示例

双代号网络图的绘制步骤如下:

(1)根据已知的紧前工作,确定出紧后工作,并自左至右先画紧前工作,后画紧后工作。

(2)若没有相同的紧后工作或只有相同的紧后工作,则肯定没有虚箭线;若既有相同的紧后工作,又有不同的紧后工作,则肯定有虚箭线。

(3)到相同的紧后工作用虚箭线,到不同的紧后工作则无虚箭线。

表 11-8 给出了从 A 到 I 共 9 个工作的紧前工作逻辑关系,绘制双代号网络图并进行节点编号。

表 11-8 某分部工程各施工过程的逻辑关系(一)

施工工作	A	B	C	D	E	F	G	H	I
紧前工作	无	A	B	B	B	C、D	C、E	C	F、G、H

画图前,先找到各工作的紧后工作,如表 11-9 所示。显然工作 C、D 有共同的紧后工作 F 和不同的紧后工作 G、H,所以有虚箭线,工作 C 指向共同的紧后工作 F,用虚箭线;另外,工作 C、E 有共同的紧后工作 G 和不同的紧后工作 F、H,因此也肯定有虚箭线,工作 C 指向共同的紧后工作 G 是虚箭线。其他均无虚箭线,绘出网络图并进行编号,如图 11-19 所示。绘好后还可用紧前工作进行检查,看绘出的网络图有无错误。

表 11-9 某分部工程各施工过程的逻辑关系(二)

施工工作	A	B	C	D	E	F	G	H	I
紧后工作	B	C、D、E	F、G、H	F	G	I	I	I	无

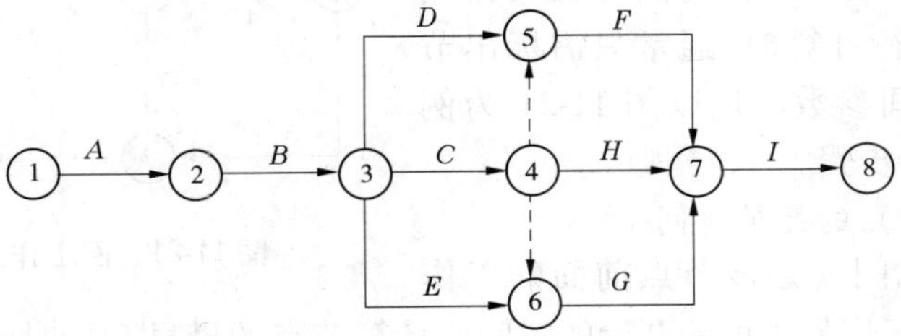

图 11-19 某分部工程网络计算图

(三)双代号网络图时间参数计算

网络图时间参数计算的目的是确定各节点的最早可能开始时间和最迟必须开始时间,以及各工作的最早可能开始时间和最早可能完成时间,最迟必须开始时间和最迟必须完成时间,各工作的总时差和自由时差,以便确定整个计划的完成日期、关键工作和关键线路,从而为网络计划的执行、调整和优化提供科学的数据。时间参数的计算可采用不同方法,如图上作业法、表上作业法和电算法等,这里主要介绍图上作业法和表上作业法。

1. 各项时间参数的符号表示

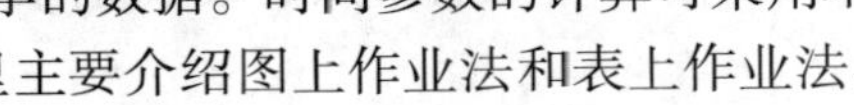

图 11-20 时间参数关系简图

设有线路 $h \to i \to j \to k$(见图 11-20),则:

D_{i-j}——工作 i—j 的施工持续时间;

D_{h-i}——工作 i—j 的紧前工作 h—i 的施工持续时间;

D_{j-k}——工作 i—j 的紧后工作 j—k 的施工持续时间;

T_i^E——节点 i 最早时间;

T_i^L——节点 i 最迟时间;

T_{i-j}^{ES}——工作 i—j 的最早开始时间;

T_{i-j}^{EF}——工作 i—j 的最早完成时间;

T_{i-j}^{LS}——工作 i—j 的最迟开始时间；

T_{i-j}^{LF}——工作 i—j 的最迟完成时间；

F_{i-j}^{T}——工作 i—j 的总时差；

F_{i-j}^{F}——工作 i—j 的自由时差。

2. 时间参数间的关系

分析图 11-20 这条线路，可以得出如下结论：

$$T_{i-j}^{ES} = T_i^E \tag{11-16}$$

$$T_{i-j}^{EF} = T_{i-j}^{ES} + D_{i-j} \tag{11-17}$$

$$T_{i-j}^{LF} = T_j^L \tag{11-18}$$

$$T_{i-j}^{LS} = T_{i-j}^{LF} - D_{i-j} \tag{11-19}$$

3. 图上作业法

当工作数目不太多时，直接在网络图上进行时间参数的计算十分方便。由于双代号网络图的节点时间参数与工作时间参数紧密相关，因此在图上进行计算时，通常只需标出节点（或工作）的时间参数。现以图 11-21 为例介绍图上作业法的步骤。

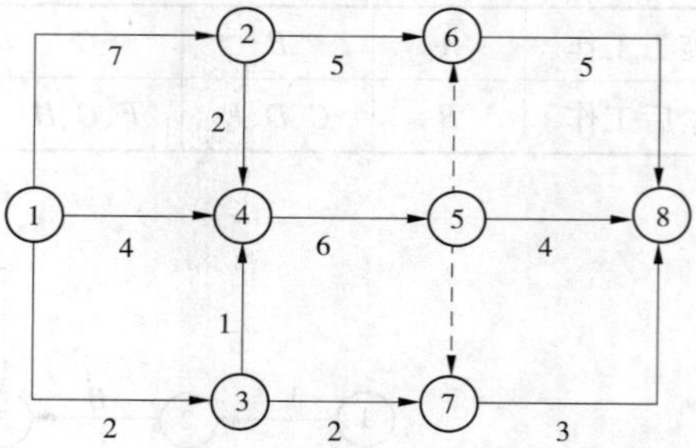

图 11-21 图上作业法示意图

1）计算各个节点的最早时间 T_i^E

节点的最早时间就是该节点前面的工作全部完成，后面的工作最早可能开始的时间。计算节点的最早开始时间应从网络图的起点节点开始，顺着箭线方向依次逐项计算，直到终点节点。计算方法是：先假定起点节点①的最早时间为零，即 $T_1^E=0$；中间节点的最早时间为该节点前各紧前工作最早完成时间中的最大值。根据公式（11-17），工作的最早完成时间为工作的最早开始时间（即工作的开始节点的最早时间）加上工作的持续时间，故

$$T_j^E = \max\{T_i^E + D_{i-j}\} \tag{11-20}$$

在图 11-21 中，各节点的最早时间计算如下：

$$T_1^E = 0$$

$$T_2^E = T_1^E + D_{1-2} = 0 + 7 = 7$$

$$T_3^E = T_1^E + D_{1-3} = 0 + 2 = 2$$

$$T_4^E = \max\begin{Bmatrix} T_1^E + D_{1-4} = 0 + 4 = 4 \\ T_2^E + D_{2-4} = 7 + 2 = 9 \\ T_3^E + D_{3-4} = 2 + 1 = 3 \end{Bmatrix} = 9$$

$$T_5^E = T_4^E + D_{4-5} = 9 + 6 = 15$$

余下节点的计算留给同学们来完成。

2）计算各个节点的最迟时间 T_i^L

节点的最迟时间，是指在保证工期的条件下，该节点紧前的所有工作最迟必须结束的时间，若不结束，就会影响紧后工作的最迟必须开始时间，从而影响工期。计算节点的最

迟时间要从网络图的终点节点开始逆箭头方向依次计算，当工期有规定时，终点节点的最迟时间就等于规定工期；当工期没有规定时，最迟时间就等于终点节点的最早时间，其他中间节点和起点节点的最迟时间就是该节点紧后各工作的最迟必须开始时间中的最小值，即

$$T_i^L = \begin{cases} \lambda & (\lambda \text{ 为规定工期}) \\ T_n^E & (\text{未规定工期时}) \end{cases}$$

$$T_i^L = \min\{T_j^L - D_{i-j}\} \qquad (11\text{-}21)$$

在图 11-21 中，各节点的最迟时间计算如下：

$$T_8^L = T_8^E = 20$$

$$T_7^L = T_8^L - D_{7-8} = 20 - 3 = 17$$

$$T_6^L = T_8^L - D_{6-8} = 20 - 5 = 15$$

$$T_5^L = \min\begin{Bmatrix} T_7^L - D_{5-7} = 17 - 0 = 17 \\ T_6^L - D_{5-6} = 15 - 0 = 15 \end{Bmatrix} = 15$$

余下节点的计算留给同学们来完成。

3）计算各工作的最早开始时间 T_{i-j}^{ES} 和最早完成时间 T_{i-j}^{EF}

各项工作的最早开始时间等于其开始节点的最早时间，即

$$T_{i-j}^{ES} = T_i^E \qquad (11\text{-}22)$$

各项工作的最早完成时间等于其开始节点的最早时间加上工作持续时间，即

$$T_{i-j}^{EF} = T_i^E + D_{i-j} \qquad (11\text{-}23)$$

在图 11-21 中，各工作的最早开始时间和最早完成时间计算如下：

$$T_{1-2}^{ES} = T_1^E = 0 \qquad T_{1-2}^{EF} = T_1^E + D_{1-2} = 0 + 7 = 7$$

$$T_{1-3}^{ES} = T_1^E = 0 \qquad T_{1-3}^{EF} = T_1^E + D_{1-3} = 0 + 2 = 2$$

$$T_{1-4}^{ES} = T_1^E = 0 \qquad T_{1-4}^{EF} = T_1^E + D_{1-4} = 0 + 4 = 4$$

$$T_{2-4}^{ES} = T_2^E = 7 \qquad T_{2-4}^{EF} = T_2^E + D_{2-4} = 7 + 2 = 9$$

$$T_{2-6}^{ES} = T_2^E = 7 \qquad T_{2-6}^{EF} = T_2^E + D_{2-6} = 7 + 5 = 12$$

$$T_{3-4}^{ES} = T_3^E = 2 \qquad T_{3-4}^{EF} = T_3^E + D_{3-4} = 2 + 1 = 3$$

$$T_{3-7}^{ES} = T_3^E = 2 \qquad T_{3-7}^{EF} = T_3^E + D_{3-7} = 2 + 2 = 4$$

$$T_{4-5}^{ES} = T_4^E = 9 \qquad T_{4-5}^{EF} = T_4^E + D_{4-5} = 9 + 6 = 15$$

其余节点的计算留给同学们来完成。

4）计算各工作的最迟完成时间 T_{i-j}^{LF} 和最迟开始时间 T_{i-j}^{LS}

各项工作的最迟完成时间等于其结束节点的最迟时间，各项工作的最迟开始时间等于其结束节点的最迟时间减去工作持续时间，计算式如下：

$$T_{i-j}^{LF} = T_j^L \qquad (11\text{-}24)$$

$$T_{i-j}^{LS} = T_j^L - D_{i-j} \qquad (11\text{-}25)$$

在图 11-21 中，各工作的最早开始时间和最早完成时间计算如下：

$$T_{1-2}^{LF} = T_2^L = 7 \qquad T_{1-2}^{LS} = T_2^L - D_{1-2} = 7 - 7 = 0$$

$$T_{1-3}^{LF} = T_3^L = 8 \qquad T_{1-3}^{LS} = T_3^L - D_{1-3} = 8 - 2 = 6$$

$$T_{1-4}^{LF} = T_4^L = 9 \qquad T_{1-4}^{LS} = T_4^L - D_{1-4} = 9 - 4 = 5$$
$$T_{2-4}^{LF} = T_4^L = 9 \qquad T_{2-4}^{LS} = T_4^L - D_{2-4} = 9 - 2 = 7$$
$$T_{2-6}^{LF} = T_6^L = 15 \qquad T_{2-6}^{LS} = T_6^L - D_{2-6} = 15 - 5 = 10$$
$$T_{3-4}^{LF} = T_4^L = 9 \qquad T_{3-4}^{LS} = T_4^L - D_{3-4} = 9 - 1 = 8$$
$$T_{3-7}^{LF} = T_7^L = 17 \qquad T_{3-7}^{LS} = T_7^L - D_{3-7} = 17 - 2 = 15$$

其余工作的计算留给同学们来完成。

5)计算各工作的总时差 F_{i-j}^T

工作的总时差是在不影响工期的前提下,各项工作所具有的机动时间;而一项工作从最早开始时间或最迟开始时间开始,均不会影响工期。因此,一项工作可以利用的时间范围是从最早开始时间到最迟完成时间,从中扣除本工作的持续时间后,剩下的部分就是工作可以利用的机动时间,称为总时差,如图 11-22 所示。据此含义,工作的总时差可用如下公式计算:

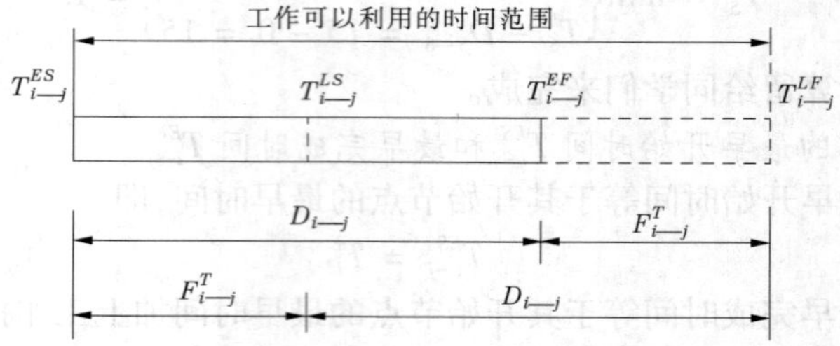

图 11-22 总时差计算简图

$$\begin{aligned} F_{i-j}^T &= T_{i-j}^{LF} - T_{i-j}^{EF} \\ &= T_{i-j}^{LS} - T_{i-j}^{ES} \\ &= (T_{i-j}^{LF} - D_{i-j}) - T_{i-j}^{ES} \\ &= T_j^L - T_i^E - D_{i-j} \end{aligned} \tag{11-26}$$

在图 11-21 中,各工作的总时差计算如下:

$$F_{1-2}^T = T_2^L - T_1^E - D_{1-2} = 7 - 0 - 7 = 0$$
$$F_{1-3}^T = T_3^L - T_1^E - D_{1-3} = 8 - 0 - 2 = 6$$
$$F_{1-4}^T = T_4^L - T_1^E - D_{1-4} = 9 - 0 - 4 = 5$$
$$F_{2-4}^T = T_4^L - T_2^E - D_{2-4} = 9 - 7 - 2 = 0$$
$$F_{2-6}^T = T_6^L - T_2^E - D_{2-6} = 15 - 7 - 5 = 3$$
$$F_{3-4}^T = T_4^L - T_3^E - D_{3-4} = 9 - 2 - 1 = 6$$
$$F_{3-7}^T = T_7^L - T_3^E - D_{3-7} = 17 - 2 - 2 = 13$$

其余工作总时差的计算留给同学们来完成。

总时差主要用来判别关键工作和控制工期。凡是总时差为零的工作就是关键工作;总时差不为零的工作,必定是非关键工作。

6)计算各工作的自由时差 F_{i-j}^F

工作的自由时差是总时差的一部分,指在不影响其紧后工作最早开始时间的前提下,该工作所具有的机动时间。这时工作的可利用时间范围被限制在本工作最早开始时间与其紧后工作的最早开始时间之间,从中扣除本工作的作业持续时间后,剩下的部分即为该工作的自由时差,如图 11-23 所示。据此含义,工作的自由时差可用如下公式计算:

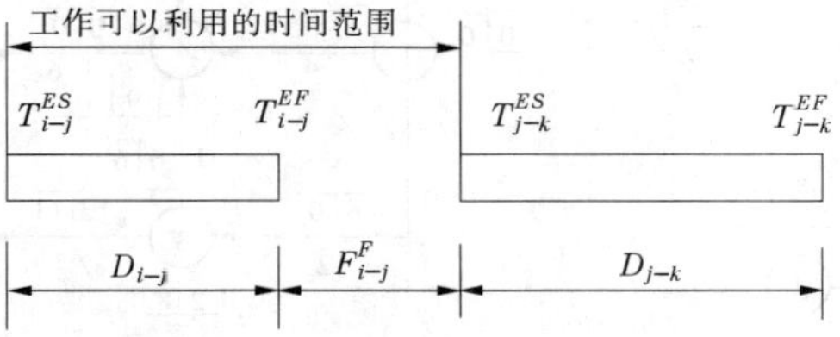

图 11-23 自由时差计算简图

$$
\begin{aligned}
F_{i-j}^{F} &= T_{j-k}^{ES} - T_{i-j}^{EF} \\
&= T_{j}^{E} - (T_{i-j}^{ES} + D_{i-j}) \\
&= T_{j}^{E} - T_{i}^{E} - D_{i-j}
\end{aligned}
\tag{11-27}
$$

在图 11-21 中,各项工作的自由时差计算如下:

$$
\begin{aligned}
F_{1-2}^{F} &= T_{2}^{E} - T_{1}^{E} - D_{1-2} = 7 - 0 - 7 = 0 \\
F_{1-3}^{F} &= T_{3}^{E} - T_{1}^{E} - D_{1-3} = 2 - 0 - 2 = 0 \\
F_{1-4}^{F} &= T_{4}^{E} - T_{1}^{E} - D_{1-4} = 9 - 0 - 4 = 5 \\
F_{2-4}^{F} &= T_{4}^{E} - T_{2}^{E} - D_{2-4} = 9 - 7 - 2 = 0 \\
F_{2-6}^{F} &= T_{6}^{E} - T_{2}^{E} - D_{2-6} = 15 - 7 - 5 = 3 \\
F_{3-4}^{F} &= T_{4}^{E} - T_{3}^{E} - D_{3-4} = 9 - 2 - 1 = 6 \\
F_{3-7}^{F} &= T_{7}^{E} - T_{3}^{E} - D_{3-7} = 15 - 2 - 2 = 11
\end{aligned}
$$

其余工作自由时差的计算留给同学们来完成。

从上面的分析与实例计算中知道,工作的总时差与自由时差具有一定的联系。动用某工作的自由时差不会影响其紧后工作的最早开始时间,说明自由时差是该工作独立使用的机动时间,该工作是否使用,与后续工作无关;而工作总时差是属于某条线路上所共有的机动时间,动用某工作的总时差若超过了该工作的自由时差,则会相应减少后续工作拥有的总时差,并会引起该工作所在线路上所有后续非关键工作以及与该线路有关的其他非关键工作时差的重新分配。由此可见,总时差不仅为本工作所有,也是经过该工作的线路所共有。

各时间参数计算完成后,可按如图 11-24 所示的标注形式在网络图上标出时间参数。本例题最后算出的结果如图 11-25 所示。

4. 表上作业法

当工作数目较多、网络图比较复杂时,使用表上作业法进行时间参数的计算更加方便,也使计算过程和数据更加清晰与条理化。由于表上作业法与图上作业法的计算原理相同,它们的区别只是形式不同而已,故这里只介绍其作业步骤(仍以图 11-21 为例)。进行表上作业法应先绘制如表 11-10 所示形式的计算表。

(1)将节点号码、工作号码及工作持续时间分别填入表 11-10 第一、四、五栏内。

(2)计算各节点的最早时间。起点节点填零,其他节点按公式(11-20)进行计算,结

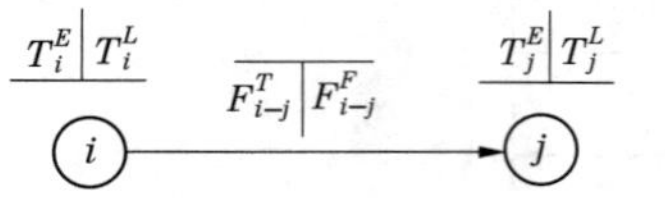

图 11-24　时间参数的标注形式

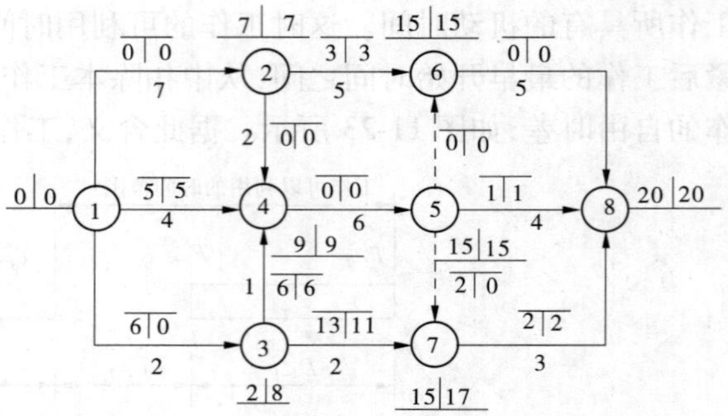

图 11-25　图上作业法计算结果

表 11-10　表上作业法

节点号码	T_i^E	T_i^L	工作号码	D_{i-j}	T_{i-j}^{ES}	T_{i-j}^{EF}	T_{i-j}^{LS}	T_{i-j}^{LF}	F_{i-j}^T	F_{i-j}^F
一	二	三	四	五	六	七	八	九	十	十一
1	0	0	1—2 1—3 1—4	7 2 4	0 0 0	7 2 4	0 6 5	7 8 9	0 6 5	0 0 5
2	7	7	2—4 2—6	2 5	7 7	9 12	7 10	9 15	0 3	0 3
3	2	8	3—4 3—7	1 2	2 2	3 4	8 15	9 17	6 13	6 11
4	9	9	4—5	6	9	15	9	15	0	0
5	15	15	5—6 5—7 5—8	0 0 4	15 15 15	15 15 19	15 17 16	15 17 20	0 2 1	0 0 1
6	15	15	6—8	5	15	20	15	20	0	0
7	15	17	7—8	3	15	18	17	20	2	2
8	20	20								

果填入第二栏内。

(3)计算各节点的最迟时间。先确定终点节点的最迟时间,其他节点按公式(11-21)进行计算,结果填入第三栏内。

(4)计算各工作的最早开始时间和最早完成时间。各项工作的最早开始时间等于其开始节点的最早时间,可从第二栏相应的节点中查出,结果填入第六栏;各项工作的最早完成时间等于其最早开始时间加上工作持续时间,即第六栏的相应值加上第五栏的相应值，结果填入第七栏。

(5)计算各工作的最迟完成时间和最迟开始时间。各项工作的最迟完成时间等于其结束节点的最迟时间，可从第三栏相应的节点中查出，结果填入第九栏；各项工作的最迟开始时间等于其最迟完成时间减去工作持续时间，即由第九栏的相应值减去第五栏的相应值，结果填入第八栏。

(6)计算各工作的总时差。各项工作的总时差等于其最迟开始时间(第八栏)减去最早开始时间(第六栏)，结果填入第十栏。

(7)计算各工作的自由时差。各项工作的自由时差等于其紧后工作的最早开始时间(由第六栏查出)减去本工作的最早完成时间(由第七栏查出)，结果填入第十一栏。

二、单代号网络图

(一)单代号网络图的表示方法

单代号网络图也是由许多节点和箭线组成的，但是节点和箭线的意义与双代号网络图有所不同。单代号网络图的一个节点代表一项工作(节点代号、工作名称、作业时间都标注在节点圆圈或方框内，如图 11-26 所示)，而箭线仅表示各项工作之间的逻辑关系，所以箭线既不占用时间，也不消耗资源。用这种表示方法，把一项计划的所有施工过程按其先后顺序和逻辑关系从左至右绘制成的网状图形，叫作单代号网络图。用这种网络图表示的计划叫单代号网络计划。

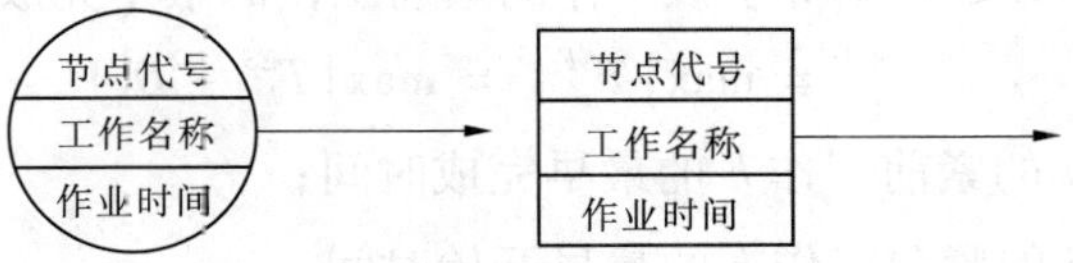

图 11-26 单代号表示法

单代号网络图与双代号网络图相比，具有如下优点：工作之间的逻辑关系更为明确，容易表达，且没有虚工作；网络图绘制简单，便于检查、修改。所以，国内单代号网络图正得到越来越广泛的应用，而国外单代号网络图早已取代双代号网络图。

在图 11-27(a)、(b)两个网络图都有四项工作，逻辑关系也相同，但图 11-27(a)是用双代号表示的，而图 11-27(b)则是用单代号表示的。很显然，图 11-27(b)比图 11-27(a)更简单、更直观。

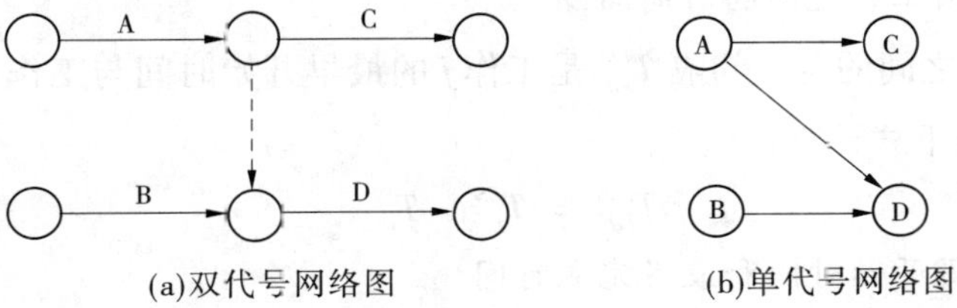

图 11-27 两种网络图

(二)单代号网络图的绘制规则

同双代号网络图一样,绘制单代号网络图也必须遵循一定的规则,这些基本规则主要有:

(1)网络图必须按照已定的逻辑关系绘制;

(2)不允许出现循环线路;

(3)工作代号不允许重复,一个代号只能代表唯一的工作;

(4)当有多项开始工作或多项结束工作时,应在网络图两端分别增加一虚拟的起点节点和终点节点;

(5)严禁出现双向箭头或无箭头的线段;

(6)严禁出现没有箭尾节点或没有箭头节点的箭线。

(三)单代号网络计划的时间参数计算

1.计算工作的最早开始时间和最早完成时间

工作 i 的最早开始时间 T_i^{ES} 应从网络图的起点节点开始,顺着箭线方向依次逐个计算。

起点节点的最早开始时间 T_1^{ES} 如无规定,其值等于零,即

$$T_1^{ES} = 0 \tag{11-28}$$

其他工作的最早开始时间等于该工作的紧前工作的最早完成时间的最大值,即

$$T_i^{ES} = \max\{T_h^{EF}\} = \max\{T_h^{ES} + D_h\} \tag{11-29}$$

式中 T_h^{EF}——工作 i 的紧前工作 h 的最早完成时间;

T_h^{ES}——工作 i 的紧前工作 h 的最早开始时间;

D_h——工作 i 的紧前工作 h 的工作持续时间。

工作的最早完成时间 T_i^{EF} 等于工作的最早开始时间加该工作的持续时间,即

$$T_i^{EF} = T_i^{ES} + D_i \tag{11-30}$$

2.计算网络计划计算工期 T_c

$$T_c = T_n^{EF} \tag{11-31}$$

式中 T_n^{EF}——终点节点 n 的最早完成时间。

3.计算相邻两项工作之间的时间间隔

工作 i→工作 j 之间的时间间隔 $T_{i,j}^{LAG}$ 是工作 j 的最早开始时间与工作 i 的最早完成时间的差值,其大小按下式计算:

$$T_{i,j}^{LAG} = T_j^{ES} - T_i^{EF} \tag{11-32}$$

4.计算工作最迟开始时间和最迟完成时间

工作的最迟完成时间应从网络图的终点节点开始,逆着箭线方向依次逐项计算。终点节点所代表的工作 n 的最迟完成时间 T_n^{LF},应按网络计划的计划工期 T_p 或计算工期 T_c 确定,即

$$T_n^{LF} = T_p \quad 或 \quad T_n^{LF} = T_c \tag{11-33}$$

工作的最迟完成时间等于该工作的紧后工作的最迟开始时间的最小值,即

$$T_i^{LF} = \min\{T_j^{LS}\} = \min\{T_j^{LF} - D_j\} \tag{11-34}$$

式中 T_j^{LS}——工作 i 的紧后工作 j 的最迟开始时间;

T_j^{LF}——工作 i 的紧后工作 j 的最迟完成时间;

D_j——工作 i 的紧后工作 j 的持续时间。

工作的最迟开始时间等于该工作的最迟完成时间减去工作持续时间,即

$$T_i^{LS} = T_i^{LF} - D_i \tag{11-35}$$

5. 计算工作的总时差

工作总时差应从网络图的终点节点开始,逆着箭线方向依次逐项计算。

终点节点所代表的工作 n 的总时差 F_n^T 为零,即

$$F_n^T = 0 \tag{11-36}$$

其他工作的总时差等于该工作与其紧后工作之间的时间间隔加该紧后工作的总时差所得之和的最小值,即

$$F_i^T = \min\{T_{i,j}^{LAG} + F_j^T\} \tag{11-37}$$

式中 F_j^T——工作 i 的紧后工作 j 的总时差。

当已知各项工作的最迟完成时间或最迟开始时间时,工作的总时差也可按下式计算:

$$F_i^T = T_i^{LS} - T_i^{ES} = T_i^{LF} - T_i^{EF} \tag{11-38}$$

6. 计算工作的自由时差

工作的自由时差等于该工作与其紧后工作之间的时间间隔的最小值或等于其紧后工作最早开始时间的最小值减本工作的最早完成时间,即

$$F = \min\{T_j^{ES} - T_i^{EF}\} = \min\{T_j^{ES} - T_i^{ES} - D_i\} \tag{11-39}$$

7. 寻找关键线路

寻找关键线路的方法有以下几种:

(1)凡是 T_i^{ES} 与 T_i^{LS} 相等(或 T_i^{EF} 与 T_i^{LF} 相等)的工作都是关键工作,把这些关键工作连接起来形成自始至终的线路就是关键线路。

(2)$T_{i,j}^{LAG}=0$,并且由始点至终点能连通的线路,就是关键线路。由终点向始点找比较方便,因为在非关键线路上也有 $T_{i,j}^{LAG}=0$ 的情况。

(3)工作总时差为零的关键工作连成的自始至终的线路,就是关键线路。

(四)单代号网络计划时间参数计算实例

为了便于比较,现将图 11-25 的双代号网络图,改画成单代号网络图 11-28,计算结果标于节点旁图例所示相应位置,图中粗线框与粗箭线分别表示关键工作与关键线路。

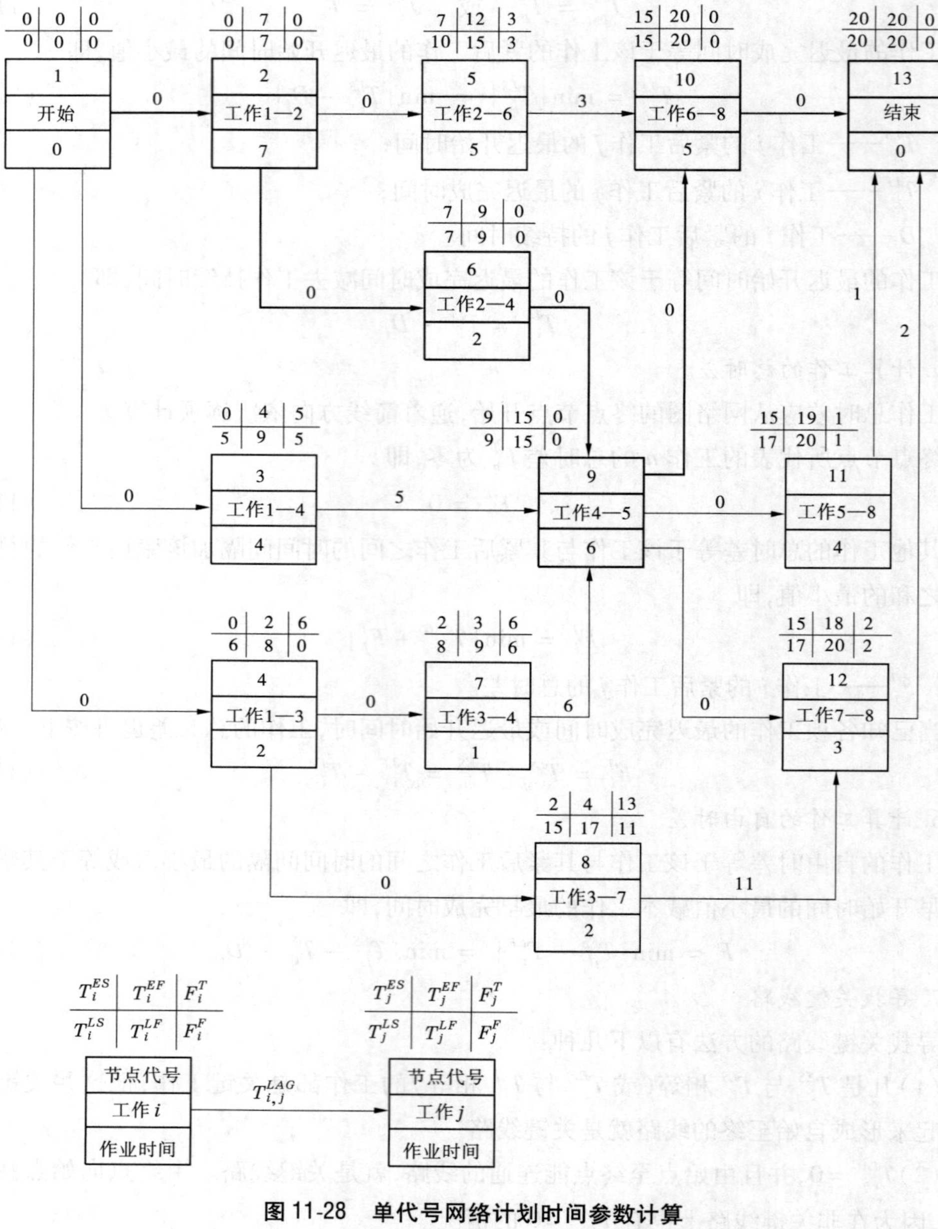

图 11-28　单代号网络计划时间参数计算

项目十二 施工总布置

任务一 施工总布置的任务、内容和设计原则

一、施工总布置的任务、内容

(一)施工总布置的任务

施工总布置设计,涉及的问题比较广泛,且每个工程各有其特点,共性少,难有一定格式可以沿用。所以,在设计过程中,要根据工程规模、特点和施工条件,以永久建筑物为中心,研究解决主体工程施工与其辅助企业、交通道路、仓库、临时房屋、施工动力、给水排水管线及其他施工设施等总布置问题,即正确解决施工地区的空间组织问题,以期在规定期限内完成整个工程的建设任务,并应注意下列各点:

(1)施工临时设施与水利水电枢纽工程永久性设施,应相互结合,统一规划。

(2)确定施工临建设施项目及其规模时,应研究利用已有的当地企业(或附近地区和其他专业部门经营的设施)为水利水电工程施工服务的可能性与合理性。

(3)建设工程所在地区,如果有国家批准的城镇建设规划,施工总布置设计在满足工程施工需要和不增加(或增加很少)工程投资的前提下,尽可能结合城镇建设进行布置。

(4)主要施工设施和主要施工工厂与防洪标准应根据工程规模、工期长短、水文特性及损失大小,采用防御5~20年一遇的洪水,高于或低于上述标准的,要进行论证。

(5)施工场内交通规划,必须满足工程施工需要,适应施工程序、工艺流程;全面协调单项工程、施工企业、地区间交通运输的连接与配合;力求使交通联系简便,运输组织合理,节省工程投资,减少管理运营费用。

(6)施工总布置设计,应紧凑合理,节约用地,并尽量利用荒地、滩地、坡地,不占或少占良田。

(7)统筹规划堆、弃渣场地,必须作好土石方量平衡设计,在不影响防洪的情况下,尽量利用山沟、荒地、河滩堆渣,并做必要的疏导、排水工程。作好水土保持方案,如有条件,可适当考虑利用弃渣改土造田或做他用。如太平驿电站利用弃渣堆填场地为搬迁的村民修建房屋。

(8)施工总布置设计除应遵循本部门各有关专业规程规范外,还应参照执行各有关专业部门颁布的规程、规范和规定。

(9)凡属下列特殊类别地区,不经论证,不得布置施工设施:①严重不良地质区域或滑坡体危害地区;②受泥石流或雪崩危害地区;③国家或地方政府保护的文物古迹区、名胜区或自然保护区;④对重要资源开发有干扰的地区;⑤空气、水质、噪声等环境污染较严重地区;⑥受爆破或其他因素影响严重的地区。

(二)施工总布置的内容

施工总布置总的来说应包括以下内容:一切原有的建筑物、构筑物(含地上、地下),一切拟建的建筑物、构筑物(含地上、地下),一切为拟建建筑物施工服务的临时建筑物和临时设施。该部分内容根据设计阶段不同,其深度也不同。

1. 可行性研究报告阶段的内容

(1)论证选择对外交通方式;

(2)研究主要生产、生活设施的规模;

(3)规划分区布置;

(4)估算临建工程量和施工占地。

2. 初步设计阶段的内容

(1)选择对外交通方式及具体线路;提出选定方案的线路标准(包括改建、新建标准);重大部件运输措施;转运站、桥涵、隧洞、渡口、码头、仓库和装卸设施的规划与布置;水陆联运及国家干线的连接方案;对外交通工程施工进度安排。

(2)选定场内主要交通线路的规划、布置和标准;提出场内交通运输线路、工程设施工程量;提出在工程筹建期为施工单位进场施工创造条件的场内主要交通干线、桥梁、码头、车站、转运站、仓库、货场及装卸设施等工程项目的施工进度安排和技术要求;选定施工期间过坝交通运输方案;在永久和临时交通干线相结合时,提出场内交通干线的规划设计,及其使用条件。

(3)确定施工现场分区布置(包括生产生活设施和交通运输等布置、占地面积及土石方工程量);提出场地平整土石方工程量、出渣及土石方平衡利用规划;提出各类房屋分区布置一览表;提出总的施工总布置图。

(4)提出工程施工期和工程筹建期所需要的总的施工征地面积、范围,以及两者的衔接和协调;提出各施工分区及分期施工场地范围内的各类移民、征地和实物指标,计算施工征地面积,提出分区分期施工的征地计划,研究征地再利用的可能性。

(5)提出工程筹建期和施工准备工程项目在布置、进度、施工之间的衔接和协调,提出工程筹建期的施工总布置图。

3. 技施设计阶段的内容

(1)在初步设计确定的施工总布置方案的基础上,根据全工程合同的组合和划分情况,分别规划出各个合同的施工场地与合同责任区,并标出明显的分区标志。

(2)对于共用场地设施、道路等的使用、维护和管理等问题作出合理安排,明确各方的权利和义务。

(3)工程内外交通(包括施工期通航、过木设施),本阶段应在初步设计施工交通规划的基础上,进一步落实和完善,并从合同实施的角度,确定场内外工程各合同的划分及其实施计划。原则上对外交通和主要的场内交通干线、码头转运站等,由业主组织建设。至各个作业场或工作面的支线,由辖区承包商自行建设。场内外施工道路、专用铁路及航运码头的建设,一般按当地合同提前组织施工,以保证后续工程尽早具备开工条件。

(4)对于大型超限设备的运输问题,本阶段应与有关运输部门联系,共同研究制订超限运输措施并落实实施计划。在有条件的情况下,尽早考虑由承运单位与承包商直接建立运输合同,尽量简化现场合同管理工作。

(5)在初设施工组织设计的基础上,根据技术设计提供的更为精确的土石方开挖量及土石料填筑量,进行全工程范围内的土石方平衡设计,最终确定土石料场、堆弃渣场的位置、数量与规模。

(6)对施工期的施工现场的“三废”、料场、堆渣场、弃渣场以及露天开挖面等,均要按国家有关法律与规定作必要的环保设计。

(7)施工现场计划征用的土地,包括料场堆、弃渣场、作业场道路设施等占用的土地,均应本着节约的原则,认真考虑,并做出详细的分区分期征地计划。

二、施工总布置的规划原则及规划分区

(一)施工总布置的规划原则

施工总布置设计的基本原则为:应在因地制宜和利于生产、方便生活、快速安全、经济可靠、易于管理的原则指导下进行。同时应注意以下几点:

(1)根据工程施工特点及进度要求,选择适当的施工临时设施项目和规模。

(2)根据地形地质条件和枢纽布置情况,以分区规划为重点,结合场内外主要交通运输线路条件,按紧凑合理、节约用地、少占耕地的原则布置。

(3)作好土石方挖填平衡,在符合环保要求和不影响河道排洪及抬高下游尾水位的前提下,充分利用渣料形成施工场地。

(4)避免在下列地区设置施工临时设施:

①严重不良地质区域或滑坡体危害地区;

②泥石流、山洪、沙暴或雪崩可能危害地区;

③重点保护文物、古迹、名胜区或自然保护区;

④对重要资源开发有干扰的地区;

⑤受爆破或其他因素影响严重的地区。

(5)设在河道沿岸的主要施工场地,应根据工程规模、工期长短、河流水文特性等情况,选择5~20年重现期洪水标准予以防护,必要时应进行水力学模型试验,确定场地防护范围。

(6)工程施工区内当地政府若有城镇发展规划方案,则应在满足工程施工需要和不增加工程投资的前提下,适当结合城镇规划方案,设置各种临时生活福利设施,尽量使临建工程与永久设施结合。

(7)作好施工场地排水系统规划,并使废水排放符合环保要求。

(8)对工程弃渣应合理规划堆放,并采取水土保持措施,防止水土流失。

(二)施工总布置的规划分区

(1)施工总布置可按以下分区:

①主体工程施工区;

②施工工厂区;

③当地建材开采区;

④仓库、站场、码头等储运系统;

⑤机电设备、金属结构和大型施工机械设备安装场地；

⑥工程弃料堆放区；

⑦施工管理中心及各施工工区；

⑧生活福利区、施工单位营地。

(2)施工区布置应使枢纽工程施工形成最优工艺流程，分区间交通道路布置合理，运输方便，尽量避免反向运输和二次倒运。以混凝土建筑物为主的枢纽工程，施工区布置宜以砂石开采加工、混凝土拌和、浇筑系统为主线布置；以当地材料坝为主的枢纽工程，施工区宜以土石料采挖、加工、堆料场和上坝运输线为主线布置。

(3)机电设备、金属结构安装场地，宜靠近主要安装场地，无条件时，亦应有方便的运输道路。

(4)施工管理中心宜设在主体工程、施工工厂区和仓库区的适中地段，各施工区应靠近各施工对象。生活福利设施应考虑风向、日照、噪声、绿化、水源水质等因素，生活与生产区相对分离。

(5)主要施工物资仓库、站场、转运站等，一般布置在场内外交通衔接处，各承包单位的物资仓库可设在相应的施工区内；炸药库、雷管库、油库等应按有关安全规程要求设置。

(6)现场内除业主自己经营的设施，或虽不由业主经营，但从现场全局规划来看需要对某些设施的位置、容量、生产规模或其他布置上的要求作出具体规定外，一般对承包商辖区内的布置不宜规定过死，留给承包商一定的机动权，以便使他们能按照自己的生产经验与技术特点安排好自己辖区内的布置。

任务二　施工总布置的步骤和方法

一、收集、分析、整理基本资料和设计条件

深入现场调查研究，收集地形、地质、水文、气象资料，以及社会经济状况、工程设计导流方式和程序、天然建筑材料、对外交通运输条件、可供利用的住房情况、电力供应情况等资料。地形图的比例一般为1/10 000～1/1 000。

二、编制临建工程项目清单及其规模估算

在掌握基本资料的基础上，根据工程的施工条件，结合类似工程的施工经验，编制临时建筑物及设施的项目清单，并估算出它们的占地面积、工棚面积、建筑面积和布置要求，对于施工工厂项目要提出服务对象、生产能力、班制、人员，以及风、水、电的需要量等。编制项目清单时，应仔细研究工程的施工方法、施工程序，了解整个施工时期各阶段的施工需要，确定各临时建筑物的使用期限。

对于以混凝土建筑物为主体工程的枢纽，一般包括下列一些项目：

(1)混凝土生产(包括拌和楼、净料堆场、水泥库、制冷楼)和运输系统。

(2)砂石加工系统(包括破碎筛分厂、毛料堆场、净料堆场)。

(3)金属结构及机电加工拼装系统(包括金属结构加工厂、金属结构拼装场、钢管加

工厂、钢管拼接场、制氧厂、机电拼装场、部件及装置性材料加工系统等)。

(4)机械修配系统(包括机械修配厂、汽车修配厂、汽车停放保养场、船舶修配厂、机车修配厂)。

(5)综合加工系统(包括木材、钢筋及混凝土预制)。

(6)风、水、电、通信系统(包括空压站、水厂、变电站、通信总机房)。

(7)基础处理系统(包括防渗墙施工设备及钻灌设备基地)。

(8)仓库系统(包括基地仓库、工区仓库、现场仓库、专业仓库)。

(9)交通运输系统(包括铁路车站、公路汽车站、码头港区和轮渡)。

(10)办公生活福利系统(办公房屋、管理设施、单身宿舍、公共福利房屋、招待所)。

(11)水土保持与环境保护系统。

三、轮廓规划

轮廓规划是施工总布置极其关键的一步,着重解决施工总布置中的一些重大原则问题。例如,施工场地选择,是一岸布置还是两岸布置,是一个施工场地还是几个施工场地,如果有几个施工场地时,哪一个作为主要场地。再者区域如何划分,工地内部划分哪些区域和区域规划方式,哪些临时设施采取集中布置的方式,而哪些又采取分散布置的方式,以及施工场地内部布置几条主要交通干线?它们的高程各是多少?场外交通与场内交通如何衔接?两岸交通联系采取何种方式,以及对外运输的场内码头、车站的位置与高程、过江桥的位置与高程等。

(一)区域划分

大中型水利水电工程,可划分为八个主要区域,各区之间应以场内交通为纽带,按工艺流程和施工方案的要求,在布置上应做到协调统一,便于管理。

(二)区域规划应着重研究的问题

(1)研究枢纽工程的组成和布置特点,确定施工设施的组成及其布置重点。对以混凝土建筑物为主体工程的枢纽,应以砂石料开采、加工、混凝土拌和与浇筑系统的布置为重点,围绕它来布置其他各项临建设施;对以当地材料建筑物为主体工程的枢纽,应以土、石料场的采挖、加工,堆弃料场和上坝运输线路布置为重点。以重点为主导,力求将主要生产系统集中布置和尽量靠近有关主体工程施工区的宽阔平坦的地段,占据有利地形,协调布置场内运输线路,其他系统企业围绕重点进行布置,确保主体工程顺利施工。

(2)研究主要场地内部运输干线的布置条件,如混凝土运输路线、土石方运输路线、砂石骨料运输路线、围堰及截流材料运输路线、重大件运输路线、两岸联系方式、上下游联系过坝方式等。

(3)研究施工场地地形、地质条件,结合工程特点、施工管理的习惯、组织形式确定区域规划方式。混合式布置可做到有利生产、方便生活,又便于各工段内部的管理。集中布置可减少施工干扰,为文明施工创造条件,同时可结合城镇工农业发展规划,布置生活福利以及辅助企业、站场区,繁荣地方经济,以提高经济效益。

(4)研究各施工系统的生产工艺或使用方式、本身功能的特点确定各系统的布置位置顺序。

（三）区域规划一般应遵循的原则

（1）以混凝土建筑物为主的枢纽工程，混凝土系统应尽可能靠近枢纽建筑物混凝土浇筑设备布置，缩短运距，减少混凝土运输时间；以当地材料为主的枢纽工程，其土石料场（如取料、堆存、中转）应力求布置在使用其综合运距最小的合适场地，使枢纽工程施工形成最优化工艺流程。

（2）机电设备、金属结构安装场地，应靠近安排地点和尽可能布置在主要施工工区附近。

（3）施工管理中心作为施工现场的总指挥部，布置时应尽量靠近主体工程、主要施工工区、仓库等区域的适中地段。主要施工工区应靠近该工区的主要施工对象。

（4）生活福利区应考虑风向、日照、噪声、绿化和水质等因素，最好集中布置在距施工现场有一定距离的地段。若职工居住区分散到各工区，则生产、生活应有明显的界限，其福利区宜规划在工区的适中地段。

（5）弃渣地点应选择在主要施工场地以外地段的滩地、沟、谷等处。

（6）特种材料库（炸药、雷管库、油库等）应根据国家安全规程要求布置。

（7）主要施工器材仓库、站场、转运站等储运系统，一般应布置在与对外交通线易于连接，或在进入施工场地的入口处。

（四）区域规划方式

根据工程特点，施工场地地形、地质和交通条件，施工管理的组织形式等，施工总布置一般除建筑材料开采区、转运站和特种材料仓库外，可分为集中式、分散式和混合式三种基本形式。

1. 集中式布置

集中式布置的基本条件是枢纽永久建筑物集中在坝轴线附近，坝址附近两岸场地开阔，可基本上满足施工总布置的需要；交通条件比较方便，可就近与铁路或公路连接。因此，集中布置又可分为一岸集中式布置方式和两岸集中式布置方式，但其主要施工场地选择在对外交通线路引入的一岸。湖北陆水水利枢纽就是采取集中式一岸施工总布置的例子。长江三峡、葛洲坝和丹江口等水电枢纽是集中式两岸施工总布置的例子。

2. 分散式布置

分散式布置有两种情况，一种情况是枢纽永久建筑物集中布置在坝轴线附近，坝址位于峡谷地区，地形比较狭窄，施工场地沿河一岸或两岩冲沟延伸。因此，常把施工临时设施根据现场施工直接影响程度分别排队，把密切相关的项目靠近坝址布置，其他项目依次远离坝址。新安江水电枢纽、上犹江水电枢纽、资水柘溪水电枢纽就是因地形狭窄，而采用分散式施工总布置的例子。另一种情况是，因枢纽建筑物布置分散，如引水式水利水电工程主体建筑物的施工地段长达几千米甚至几十千米，为此常需在枢纽首部、末端和引水建筑物中间等地段设置主要的施工工区，负责该地段的全面施工，合理选择布置交通路线，妥善解决跨河桥渡的位置等构成有机整体。鱼子溪、鲁布革水电枢纽就是因枢纽主体建筑物布置分散，而采用分散式施工总布置的例子。

3. 混合式布置

由于工程特性和自然条件各异，施工总布置采取多种形式，统称混合式布置。混合式布置有较大的灵活性,能更好利用现场地形(斜坡、滩地、冲沟等)和不同地段场地条件,因地制宜选择内部施工区域划分,以各区的布置要求和工艺流程为主,协调内部各生产环节,就近安排职工生活区,使该区构成有机的整体。黄河三门峡工程,由于坝区地形特别狭窄,只好采用混合式布置把现场施工工区、施工工厂、仓库、居住区分开布置,把施工临时设施分第一线和第二线,第一线布置在现场,第二线布置在远离现场 17 km 的会兴镇后方基地,现场与基地间用标准轨铁路专用线和公路连结起来。此外,还有刘家峡、碧口等枢纽也是采用混合式施工总布置的例子。

根据我国水利水电工程施工经验,对于各项临时建筑物和施工设施,宜根据具体情况采取集中和分散相结合的混合式布置,例如砂石骨料的开采和加工,应根据料场的选择来决定,力求做到集中开采、集中加工。大型混凝土系统,多选择集中式布置的方式,但应兼顾初期浇筑和零星的浇筑对象,必要时可以设置临时拌和站予以解决。机械修配系统尽可能简化,原则上只在各工区设设备保养站(含维修备品备件库)。交通运输系统则由全工地统一管理,为其服务的设施(如车库、保养场)应全盘规划。仓库设施,除设立集中的仓库区外,对于专用仓库(如水泥、炸药)和工区仓库、附属企业仓库都需分散布置。生活居住房屋一般也采用分散式布置,形成与各工区相配合的生活区,但部分家属居住区可以在远离现场处适当集中。供电通常是建立全工地统一的供电系统,由供电站分区供应。供水、供风则往往是分区形成独立系统。场内交通要注意以下几条干线:两岸联系的线路,混凝土和水泥的运输路线,砂石骨料的运输线路,围堰施工的运输线路,基坑开挖出渣运输线路,金属结构和机电设备进厂线路,以及上下游联系的过坝线路等。上述这些干线,一般采取分高程统筹布置的方式。低线用于施工的初期,高线用于施工的中、后期。两岸交通联系有可能时,宜在坝址下游修建永久性的跨河桥梁,保证全年运输畅通。当对外交通采用标准轨铁路专用线时,工地车站位置应便于通向全场而不产生反向运输,并且与坝址应有适当距离,以便调整线路适应施工高程的较大幅度变化,并避免压缩场地。工地车站应引出支线通往场内各大型施工工厂、仓库、水电站厂房和基坑施工现场等。这些线路的高程要根据地形、水文等自然条件和主体工程施工方法的要求来选定。砂石料运输取决于料场筛分厂和混凝土工厂的相对位置,可以设专线运输。场内铁路轨距,应力求简化,尽可能采用一种轨距,最多不要超过两种轨距。场内运输除铁路外,都应有公路联系,在通航河流上建坝,还应充分利用水运条件为工程施工服务。

四、具体布置各工区、各项临时设施

在施工场地区域规划后,进行各项临时设施的具体布置。具体布置包括场内交通线路布置,施工辅助企业和其他施工辅助设施布置,风、水、电等系统布置,永久建筑物施工工区的布置。

(1)当对外交通采用标准轨铁路时,首先确定车站、码头的位置,然后布置场内交通干线,同时布置重点施工工厂和生产系统,再沿干线布置其他施工工厂、仓库等有关各项临建设施,最后布置风、水、电等系统和施工管理、生活福利设施。

(2)当对外交通采用公路时,则可与场内交通连接成一个系统,由此再沿线布置施工工厂、仓库等各项临建设施,最后布置行政管理和生活福利设施。

五、场内交通规划

场内交通规划的任务是正确选择场内运输主要运输方式和辅助运输方式，合理布置路线，合理规划和组织场内运输。

六、施工场地竖向布置

(一)竖向布置的任务

(1)选择各施工场地竖向布置和设计地面的连接方式。

(2)选择各施工场地中各系统的建筑物、构筑物的地坪标高，以及铁路、公路和排水构筑物的标高，并需相互协调。此外，在决定各企业用地的平整标高时，需与厂外有关的运输线和管线的标高相协调，以保证各企业在生产运输上有最好的联系条件。

(3)拟定场地排水措施，保证地面水的排除。

(4)尽量使用自然地形，减少土石方平整工程量。

(5)确定建筑物必需的各种工程及排水构筑物。

(6)计算场地平整工程量。

(二)竖向布置的一般技术要求

(1)道路纵横坡度的要求参见表12-1。

表 12-1 道路纵横坡度

铺砌层类型	纵坡(%)			横坡(%)	
	最小	最大	特殊	最小	最大
水泥混凝土及沥青混凝土路面	0.4	6	10	1.5	3
条石及红砖路面	0.4	6	10	2	3
用黑色结合材料处理的碎石矿渣碎石路面	0.4	6	10	2	3
碎石路面及砾石路面		6	8	2.5	3
改善的土路		4	6	4	5

(2)特种道路(行驶自动搬运车、电动车等)纵坡一般以40‰以下为宜，最大不要超过60‰。

(3)厂内货物专卸铁路线，应设计为平坡，在困难情况下，可设计为小于2.5‰的纵坡，联络线的坡度不得大于20‰。

(4)铁路和公路如为水平交叉，交叉处在铁路中心线两边各10 m的范围内，道路路面标高需与铁路路轨标高相同。

(5)场地坡度应考虑排水，并防止雨水冲刷。

七、调整、修正和完善施工总布置

各项施工临时设施的平面布置和竖向布置完成之后，对整个施工总布置进行协调、修正工作，检查施工临时设施和主体工程施工之间，各项临时建筑物之间，彼此有无干扰矛盾，是否协调一致，生产和施工工艺间的配合如何？能否满足保安、防火和卫生方面的要求？对于不协调的布置进行调整，并注意对整个布置留有余地，最后编制总布置有关技术经济指标图表，完成施工总布置方案。

任务三 施工临时设施布置及风、水、电供应

一、临时设施

（一）仓库

由于供应与使用之间的不协调，必须修建临时仓库进行一定的物料储备，以保证及时供应，仓库面积和大小，应根据仓库的储存量确定。仓库的储存量应满足施工的要求。

仓库中某种物料的储存量可按下式估算

$$P = Qnk/T \tag{12-1}$$

式中 P——某种物料的储存量，t 或 m^3；

Q——计算时段内该种物料的需要量，t 或 m^3；

n——物料储存天数指标，参考表 12-2 选用；

k——物料使用的不均衡系数，取 1.2～1.5；

T——计算时段内的天数。

表 12-2 各种材料储存天数参考

材料名称	储存时间（d）	说明	材料名称	储存时间（d）	说明
钢筋、钢材	120～180		电石、油漆、化工	20～30	
设备配件	180～270	根据同种配件的多少还要乘 0.5～1.0 修正系数	煤	30～90	
			电线、电缆	40～50	
水泥	7～15		钢丝绳	40～50	
炸药、雷管	60～90		地产房建材料	10～20	
油料	30～40		砂、石骨料成品	10～20	
木材	30～90	在工地打捞，储放的木材，可按下一年用量储备	混凝土制品	10～15	
			劳保、生活用品	30～40	
五金材料	20～30		土产杂品	30～40	
沥青、玻璃、油毡	20～30				

根据物料的储存量，可由下式确定所需的仓库面积：

$$F = P/qa \tag{12-2}$$

式中 F——仓库面积，包括通道及管理室，m^2；

P——某种物料的储存量,t 或 m^2;

q——仓库单位有效面积的存放量,见表 12-3;

a——仓库有效面积利用系数,参考表 12-3 选定。

表 12-3　仓库面积估算指标

材料名称	单位	堆高(m)	每平方米有效面积存放量	存放方式	仓库型式	仓库有效面积利用系数
水泥	t	1.5 ~ 1.6	1.3 ~ 1.5	堆垛	仓库,料棚	0.45 ~ 0.60
圆钢	t	1.2	3.1 ~ 4.2	堆垛	料棚,露天	0.66
方钢	t	1.2	3.2 ~ 4.3	堆垛	料棚,露天	0.68
扁、角钢	t	1.2	2.1 ~ 2.9	堆垛	料棚,露天	0.45
工、槽钢	t	0.5	1.3 ~ 1.6	堆垛	料棚,露天	0.32 ~ 0.54
钢板	t	1.0	4.0	堆垛	仓库,料棚	0.57
钢管	t	1.2	0.8	堆垛	料棚,露天	0.11
铝线	t	2.2	0.4	堆垛	仓库	0.11
电缆	t	1.4	0.4	堆垛	仓库	0.35 ~ 0.40
炸药、雷管	t	1.5	0.66	堆垛,料架	仓库	0.45 ~ 0.60
油毡	卷	1 ~ 1.5	15 ~ 22	堆垛	仓库	0.35 ~ 0.45
石油沥青	t	2.0	2.2	堆垛	料棚	0.50 ~ 0.60
小五金	t	2.2	1.5 ~ 2.0	堆垛	仓库	0.35 ~ 0.40
石灰	t	1.5	0.85	堆垛	仓库,料棚	0.55
原木	m^3	2.0 ~ 3.0	1.3 ~ 2.0	堆垛	露天	0.40 ~ 0.50
锯材	m^3	2.0 ~ 3.0	1.2 ~ 1.8	堆垛	露天	0.40 ~ 0.50
砂石料	m^3	5.6 ~ 6.0	3.0 ~ 4.0	堆垛	露天(机械化)	0.60 ~ 0.70
砂石料	m^3	1.5 ~ 2.0	1.5 ~ 2.0	堆垛	露天(非机械化)	0.60 ~ 0.70

(二)临时房屋

在一般中型水利工程中常设的工地临时房屋包括办公室、会议室等行政办公用房,职工及家属宿舍等居住用房,俱乐部、图书室等文化娱乐用房,以及医院、商店、浴室、食堂、理发室等生活用房等。

工地各类临时房屋的需要量,取决于工程规模、工期长短及工程所在地区的条件。设计时可根据职工及家属的总人数,按国家规定的房屋面积定额,并参照工程所在地区的具体条件,计算出各类临时房屋的建筑面积。

二、风、水、电供应

(一)工地供风

工地供风包括风动机械供风(凿岩机、风镐等)、风力输送(如风力输送水泥)和其他供风(如风砂枪除锈)。

供风系统由压缩空气站和供风管网两部分组成。压缩空气站规模可根据用气高峰期内同时使用的风动机械数量和额定耗气量计算。计算公式为

$$Q = k_1 k_2 k_3 \sum n q k_4 k_5 \tag{12-3}$$

式中 Q——压气需用量,m^3/min;

k_1——因空气压缩机效率降低及未预计到的少量用气而采用的系数,取 1.05 ~ 1.10;

k_2——管网漏气系数,一般取 1.10 ~ 1.30,管网长或敷设质量差时取大值;

k_3——高原修正系数,参照表 12-4 选取;

n——同时工作的同类型风动机械台数;

k_4——各类风动机械同时工作系数,参照表 12-5 选取;

k_5——风动机械磨损修正系数;

q——风动机械的定额耗气量,m^3/min。

表 12-4 高原修正系数

海拔(m)	0	305	610	914	1 219	1 524	1 829	2 134	2 433	2 743	3 049	3 653	4 572
k_3	1.00	1.03	1.07	1.10	1.14	1.17	1.20	1.23	1.26	1.29	1.32	1.37	1.43

表 12-5 凿岩机同时工作系数

同时工作凿岩机台数	1	2	3	4	5	6	7	8	9	10	12	15	20	30
k_4	1.00	0.90	0.90	0.85	0.82	0.80	0.78	0.75	0.73	0.71	0.68	0.61	0.59	0.50

工地供风应满足风压要求。通常选用空压机的工作压力为 588 ~ 785 kPa,风动机具的驱动压力为 98 ~ 196 kPa。为调节管网中的风压、排除压缩空气中的水分和油脂,每台空压机均需设置贮气罐。对于较长的管道,还应在中间适当的位置增设贮气罐,以调节风压。

压气站的位置应尽量靠近耗气负荷中心,接近供电和供水点,处于空气洁净、通风良好、交通方便、远离需要安静和防振的场所。压气管网一般沿地表敷设,管道应具有 0.005 ~ 0.01 的顺坡,并且每隔 200 ~ 300 m 在管底部设一放水阀,以排除管中的凝结水。压气管网和压力降低值最大不应超过气压站供给压力的 10% ~ 15%。

(二)工地供水

工地供水主要指生产、生活用水和消防用水。供水系统由取水工程、净水工程和输配

水工程等三部分组成。供水设计的主要任务是确定需水地点,根据水质和水量要求,选择水源,设计供水系统。

1. 生产用水

生产用水指土石方工程、混凝土工程等施工用水,以及施工机械、动力设备和施工辅助企业用水等。生产用水的需水量可按下式计算。

$$Q_1 = 1.2 \times [\sum kq / (8 \times 3\ 600)] \tag{12-4}$$

式中　Q_1——生产用水的需水量,L/s;

q——生产用水项目每班(8 h)平均用水量,L,查施工生产用水定额;

k——用水不均匀系数,见表 12-6;

1.2——考虑水量损失和未计入的各种小额用水系数。

表 12-6　用水不均匀系数

用水对象	k 值
土建工程施工	1.5
建筑运输机械	2.0
施工辅助企业	1.25
施工现场生活用水	2.7
居住区的生活用水	2.0

2. 生活用水

生活用水包括生活区和现场生活用水,生活用水的需水量可按下式计算。

$$Q_2 = [k_2 k_4 n_3 q_3 / (24 \times 3\ 600)] + [k'_2 k_4 n'_3 q'_3 / (8 \times 3\ 600)] \tag{12-5}$$

式中　Q_2——生活用水的需水量,L/s;

n_3——施工高峰工地居住最多人数;

q_3——每人每天生活用水量定额,综合定额参考表 12-7;

k_2——一天生活用水不均衡系数,见表 12-8;

k_4——未计及的用水系数,可取 1.1;

n'_3——在同一班次内现场和施工生产企业内工作的最多人数;

q'_3——每人每班在现场生活用水量定额,见表 12-8;

k'_2——现场生活用水不均衡系数,见表 12-8。

3. 消防用水(Q_3)

消防用水的需水量按工地范围及居住人数计算,见表 12-9。

施工供水量应满足不同时期日高峰生产用水和生活用水的需要,并按消防用水量进行校核,即 $Q = Q_1 + Q_2$,但不得小于 Q_3。

供水系统可分为集中供水和分区供水两种方式,一般包括水泵站、净水建筑物、蓄水池或水塔、输水管网等。生活用水和生产用水共用水源时,管网应分别设置。

表 12-7 生活用水量定额

用水项目	单位	用水量定额	用水项目	单位	用水量定额
全部综合生活用水	L/(人·d)	100~120	托儿所、幼儿园	L/(人·c)	75~90
饮用及盥洗	L/(人·d)	25~30	医院	L/(人·c)	100~150
食堂	L/(人·d)	15~20	道路绿化洒水	L/(人·c)	20~30
浴室	L/(人·d)	50~60	现场生活	L/(人·班)	10~20
洗衣	L/(人·d)	30~35	现场淋浴	L/(人·班)	25~30
理发室	L/(人·次)	15	现场道路洒水	L/(人·班)	10~15
小学校	L/(人·d)	12~15			

表 12-8 给水不均衡系数

项目	类别	不均衡系数	项目	类别	不均衡系数
施工、生产用水	工程施工用水	1.50	生活用水 k_2、k_2'	居住区生活用水	2.00~2.50
	辅助企业生产用水	1.25			
	施工机械用水	2.00		现场生活用水	1.30~1.50
	动力设备用水	1.05~1.10			

表 12-9 消防用水量定额

月水项目	按火灾同时发生次数计(次)	耗水量(L/s)	用水项目	按火灾同时发生次数计(次)	耗水量(L/s)
1. 居住区消防用水			2. 施工现场消防用水		
5 000 人以内	1	10	现场面积在 25 hm^2 以内	2	10~15
10 000 人以内	2	10~15	每增加 25 hm^2 递增		5
25 000 人以内	2	15~20			

(三)工地供电

工地供电主要指施工动力用电和照明用电。其设计工作包括确定用电量、选定电源和设计供电系统。

工地的用电量,应根据施工阶段分别确定。供电系统应保证生产、生活高峰负荷需要。电源选择一般优先考虑电网供电,施工单位自发电作备用电源和用电高峰时使用。估算水利工地所需临时发电站或变电站的设备容量时,可用下式求得

$$P = 1.1 \times (k_m \sum k_c P_y / \cos\psi_0 + \sum k_e P_z) \tag{12-6}$$

式中 P——工地所需的电站设备容量,kVA;

1.1——考虑输电线路中功率损失的系数;

k_m——动力用电的同时负荷系数,可采用 0.75~0.85;

$\cos\psi_0$——功率因素的平均计算值,可采用 0.5~0.6;

k_c——容量利用系数(即需电系数),见表 12-10;

P_y——动力用电的铭牌功率,kW;

P_z——照明用电量,kW。

表 12-10 需电系数 k_c

负荷特征	k_c	负荷特征	k_c
电动挖掘机 1~3 台	0.5	水泵、鼓风机、空压机	0.6
电动挖掘机 3 台以上	0.4	电焊变压器	0.3
塔式和门式起重机 1~3 台	0.3	单个电焊机	0.35
塔式和门式起重机 2 台以上	0.2	混凝土工厂电力设备	0.6
连续式运输机械	0.5	木工厂电力设备	0.5
移动式机械	0.1		

工地供电系统由电网供电时,应在工地附近设总变电所,将高压电变为中压电(3 300 V 或 6 600 V),输送到用电地点附近时,再通过变电站变为低压电(380 V/220 V),由变电站送至用户。生产用电与生活用电的配电所尽可能分开,若混合供电,应在 380 V/220 V 侧的出线回路上分开。

任务四 施工总布置实例

三峡水利枢纽是当今世界上最大的水利枢纽工程,它位于长江三峡的西陵峡中段,坝址在湖北宜昌三斗坪。工程由大坝及泄水建筑物、厂房、通航建筑物等组成,具有防洪、发电、航运、供水等巨大的综合利用效益。坝顶高程 185 m,坝长 2 309.47 m,总库容 1 820 万 m^3,总装机容量 1 820 万 kW。该工程为我国自行设计、投资和施工的大型工程,汇聚了全国水电建设精英,为充分学习先进经验,特选用三峡工程的总布置为实例。

三峡枢纽大坝为混凝土重力坝,左右两岸布置电站厂房,左岸布置升船机和永久船闸。主体建筑物土石开挖 10 400 万 m^3,填方 4 149.2 万 m^3,混凝土 2 671.4 万 m^3。

初步设计推荐的施工总进度安排仍按三期施工。施工准备及一期工程 5 年,二期工程 6 年,三期工程 6 年,总工期 17 年。一期工程主要围右岸,挖明渠浇纵向围堰;二期工程围左岸,主河床施工,修建溢流坝及左厂房;三期工程围右岸,主要施工右厂房。

一、场地布置条件

坝址河岸宽阔,两岸低山丘陵,沟谷发育。右岸沿江有 75~90 m 高程带状台地,坝线下游沿江 6 km 范围内有三斗坪、高家冲、白庙子、东岳庙、杨家湾等场地;上游有余家冲、茅坪等缓坡地可资利用。左岸台地较少,而冲沟较发育,坝线下游 7 km 范围内有覃家沱、许家冲、陈家冲、瓦窑坪、坝河口、杨淌河等较大冲沟,山脊普遍高程为 100~140 m,沟底 78~90 m;另有面积约 100 万 m^2 的陈家坝滩地,地面高程 65 m 左右;坝线上游有刘家河、苏家坳等场地。左右岸共有可利用场地 15 km^2,可满足施工场地布置要求。

二、场地布置原则

(1)主要施工场地和交通道路布置在 20 年一遇洪水位 77 m 高程以上。

(2)以宜昌市为后方基地,充分利用已建施工工厂、仓库、车站、码头、生活系统。坝址附近主要布置砂石、混凝土、制冷系统,机电、金属结构安装基地,汽车机械保养、中小修配加工企业和办公生活房屋。

(3)由于两岸都布置有主体建筑物,左岸尤为集中,故采取两岸布置并以左岸为主的方式。

(4)生产与生活区相对分开。

(5)节约用地,多利用荒山坡地布置施工工厂和生活区,利用基坑开挖弃渣填滩造地,布置后期使用的安装基地和施工设施。

(6)根据主体工程高峰年施工需要,坝区布置相应规模的生产、交通、生活、服务系统,按两岸采用公路运输方式进行施工总体规划。

三、左岸布置

(一)覃家沱—古树岭区

该区是左岸前方施工主要基地,布置有120 m高程、82 m高程及98.7 m高程三个混凝土系统。120 m高程混凝土系统设4×4 m^3 和6×4 m^3 拌和楼各1座,供应大坝120 m高程以上及临时船闸、升船机和永久船闸一部分混凝土浇筑;82 m高程混凝土系统设4×4 m^3 和6×3 m^3 拌和楼各1座,供应溢流坝、厂房坝段下游面120 m高程以下部位和电厂混凝土浇筑;98.7 m高程混凝土系统设2座4×3 m^3 拌和楼,月产量20万 m^3,供应永久船闸混凝土浇筑。各混凝土系统分设水泥、粉煤灰储存罐及供风站。古树岭布置人工骨料加工系统,设备生产能力为2 108 m^3/h,承担左岸4个混凝土系统砂石料供应。

(二)刘家河—苏家坳区

该区是左岸坝上游施工基地,苏家坳90 m高程布置4×3 m^3 及4×6 m^3 拌和楼各1座,其辅助设施,供应溢流坝、厂房坝段上游面和混凝土纵向围堰90 m高程以上混凝土浇筑。刘家河、瞿家湾一带为弃渣场和二期围堰土石料备料堆场,弃渣量约600万 m^3。上游引航道130 m平台至左坝头185 m平台一带在弃渣场上布置有钢筋、混凝土预制、木材加工厂、机械修配厂、汽车停放保养场及承包商营地等。

(三)陈家坝—望家坝区

陈家坝—望家坝约1万 m^2 地面高程在70 m以上外,其余在60 m高程左右,葛洲坝蓄水后常年被淹。作为左岸主要弃渣场,结合主体工程弃渣填筑场地,布置后期使用的企业,如金属结构、压力钢管安装场和机电设备仓库,以及二期围堰土石料堆场。弃渣容量约1 600万 m^3。

(四)许家冲—黎家湾区

许家冲、陈家冲布置容量约800万 m^3 的岩石利用料堆场及220 kV施工变电所,柳树湾布置生产能力为200 m^3/h的前期砂砾料加工系统;黎家湾布置物资仓库、材料仓库和承包商营地等。

(五)瓦窑坪—坝河口区

该区为左岸主要办公生活区,布置有业主、监理、设计、施工办公及生活各类设施,建有高水准的餐厅、医院、体育场馆、公园、游泳池、接待中心等,是三峡坝区的办公、商业、文化中心。

(六)坝河口—大象溪区

该区是对外交通与场内交通相衔接的区域,沿江峡大道布置有政府有关部门办事机构、保税仓库、鹰子嘴水厂、临时砂石码头、重件杂货码头;大象溪布置贮量为8 000 t的油库;杨淌河布置前期临时货场、临时炸药库和爆破材料贮放场地。

四、右岸布置

(一)徐家冲—茅坪区

徐家冲弃渣场弃渣容量约1 600万 m^3,谢家坪弃渣容量约450万 m^3。此两处为右岸主要弃渣场。茅坪溪布置围堰备料场、围堰施工土石料堆场和茅坪溪防护大坝施工承包商营地。

(二)三斗坪—高家冲区

该区是右岸前方主要施工基地。青树湾布置85 m高程和120 m高程混凝土系统。85 m高程布置4×3 m^3 拌和楼2座和6×3 m^3 拌和楼1座,担负混凝土纵向围堰和导流明渠上游碾压混凝土围堰58 m和50 m高程以下混凝土浇筑,二期拆迁至左岸,供75 m和79 m高程混凝土系统安装使用;三期工程在84 m高程布置2座4×3 m^3 拌和楼,担负右岸大坝85 m高程以下和电站厂房及三期上游横向混凝土围堰浇筑;120 m高程新建4×3 m^3 和6×4 m^3 拌和楼各1座,担负三期碾压混凝土围堰、明渠坝段和厂房的混凝土供应。枫箱沟布置生产能力为815 m^3/h的砂石加工系统和砂石料堆场;高家冲、鸡公岭可弃渣680万 m^3,布置容量为3 000万 m^3 的基岩利用料堆场;三斗坪布置汽车停放场、施工机械停放场、金属结构拼装场、基础处理基地;高家冲口布置生产能力为200 m^3/h的砂砾料加工系统、机电设备库、实验室等。

(三)白庙子—东岳庙区

白庙子布置混凝土预制、钢筋、木材加工厂,水厂,消防站,建材仓库和物资仓库;东岳庙布置葛洲坝集团办公生活中心营地;江边布置船上水厂基地和砂石码头。

(四)杨家湾区

该区布置对外交通水运码头、水泥和粉煤灰中转储存系统,右桥头布置有桥头公园。

五、场内交通

三峡场内运输总量约53 850万t,其中汽车运输量约38 210万t。共兴建公路约108 km,大中型公路桥梁6座,总长约1 700 m。根据坝区场地条件,考虑结合城镇发展,布置公路主干线连通施工辅助企业、仓库、生活区。左岸布置有江峡大道、江峡一路两条纵向主干道,坝址上下游交通在临时船闸运行后由苏覃路改经苏黄路;右岸布置西陵大道,在导流明渠边坡加宽马道,以沟通坝区上下游交通。

为满足施工期和未来两岸交通运输需要,在距坝轴线约4 km的望家坝—大沱修建西陵长江公路大桥。因三峡工程分期导流及航运需要,要求最好河床不建桥墩,经长期研究、比较,选定悬索桥,主跨约900 m,跨越下航道隔流堤,总长约1 450 m。根据泥沙模型试验和实测资料,左岸滩地普遍淤积厚度较大,因此港口集中布置于右岸杨家湾,港区岸线约1 km,

布置重件、水泥、件杂件、客运等4座码头；左岸设重件码头，兼作件杂货码头使用。

工程施工初期，于右岸茅坪、三斗坪和丝瓜槽，左岸覃家沱、坝河口、小湾和乐天溪共设置7座临时简易码头，担负两岸临时交通汽渡和施工机械设备进场运输。

六、办公、生活布置

初步设计文件估算施工高峰期职工人数42 700人，在坝区居住的39 700人，共需修建办公、生活房屋建筑面积66万m^2，其中生活房屋44.5万m^2，公共房屋13.7万m^2，办公房屋7.8万m^2。右岸集中布置于东岳庙、高家冲两处，占地面积分别约25万m^2和7万m^2；左岸集中布置于瓦窑坪一带，占地面积约92 m^2，洞湾布置部分前期办公、生活房屋。实施结果比原设计数字少一些，但大多数房屋与永久使用相结合。

七、场地排水与环保

场内集水面积约63 km^2，设计排水量采用10年一遇小时降雨量80 mm标准。以暗排为主，管网结构为箱涵或涵管，分区形成独立排水系统。考虑到施工附属企业一般不产生严重有害废水，施工期暂按混流制，即雨水、污水合用同一排水管道直接排入长江。排污管道与雨水道同时建成，先将排污管道封闭，工程建成后再改分流制，污水经处理后排入长江。各小区利用地形或行道树形成分隔带，降低噪声和灰尘，空地尽可能保留原有植被，场地绿化除选择适当地方重点绿化外，生产、生活小区利用零散场地植树种花进行绿化。晴天或干燥季节施工要求路面洒水降尘。

八、施工布置的特点与经验教训

三峡工程规模巨大，项目和标段繁多，如何适应这些项目及标段对施工场地、道路等方面的各自要求，是施工总布置的核心内容。三峡工程的施工总布置在兼顾诸多因素的条件下满足了区域经济发展和国家宏观经济发展进程。

(1)施工总布置格局较好地适应了施工管理模式和生产力水平。以左岸为主、右岸为辅，生产区、生活区相对分开。西陵长江大桥以上布置施工区，主要包括混凝土系统、弃渣、综合加工厂、临时营地等；江峡大道以右布置仓储区及辅助工厂；西陵长江大桥以下，江峡大道与江峡一路间布置办公、生活服务设施。右岸高家溪以上布置施工区，高家溪以下布置办公生活区及仓储、服务设施等。

(2)施工交通规划和道路技术标准较合理，施工期间基本无交通堵塞和道路返修现象。

(3)施工场地排水规划保障了坝区排水通畅。雨水与污水排放系统布置考虑近期与远期相结合。

(4)施工景观布置与环境保护相结合。各小区利用行道树形成分隔带，空地尽可能保留原有植被，场地绿化除选择适当地方重点绿化外，生产、生活小区利用零散场地植树种花进行绿化，降低了噪声和灰尘，形成良好的生产生活环境。

三峡工程施工总布置，根据工程施工实践在施工征地和考虑地方交通方面还有待改进。有关三峡工程施工的总布置如图12-1所示。

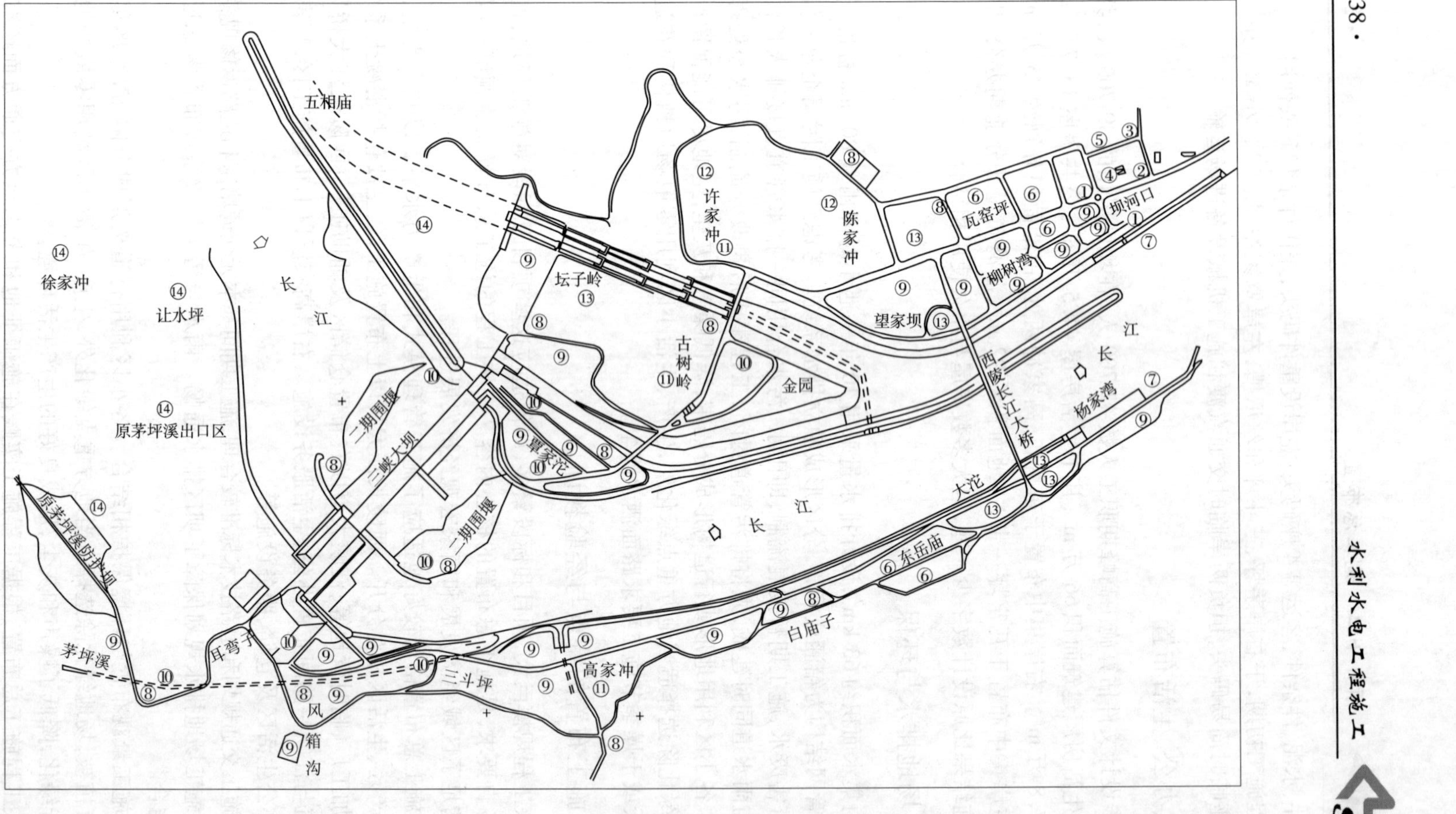

①—建设指挥中心；②—接待中心；③—培训中心；④—体育设施；⑤—急救中心；⑥—办公、生活区；⑦—港口码头；⑧—变电所；⑨—生产区；
⑩—混凝土拌和系统；⑪—混凝土骨料加工系统；⑫—利用料堆场；⑬—绿化区；⑭—弃渣场

图 12-1　三峡工程施工总布置图

项目十三 施工管理

施工管理水平对于缩短建设工期、降低工程造价、提高施工质量、保证施工安全至关重要。施工管理工作涉及施工、技术、经济活动等。其管理活动是从制订计划开始，通过计划的制订，进行协调与优化，确定管理目标；然后在实施过程中按计划目标进行指挥、协调与控制；根据实施过程中反馈的信息调整原来的控制目标；通过施工项目的计划、组织、协调与控制的活动，实现施工管理的目标。

任务一 施工进度控制

施工进度的控制是影响工程项目建设目标实现的关键因素之一。其控制的总任务是在满足工程项目建设总进度计划要求的基础上，编制或审核施工进度计划，对其执行情况进行动态控制与调整，以保证工程项目按期实现控制的目标。

一、施工进度计划的控制方法

施工项目进度控制是工程项目进度控制的主要环节，常用的控制方法有横道图控制法、S 形曲线控制法、“香蕉”曲线比较法、前锋线法和列表法。

（一）横道图控制法

横道图控制法是在项目过程实施中，收集检查实际进度的信息，经整理后直接用横道线表示，并直接与原计划的横道线进行比较。

（二）S 形曲线控制法

S 形曲线是一个以横坐标表示时间、纵坐标表示工作量完成情况的曲线图。该工作量的具体内容可以是实物工程量、工时消耗或费用，也可以是相对的百分比。对于大多数工程项目来说，在整个项目实施期内单位时间（以天、周、月、季等为单位）的资源消耗（人、财、物的消耗）通常是中间多而两头少。由于这一特性，资源消耗累加后便形成一条中间陡而两头平缓的形如 S 的曲线。

像横道图一样，S 形曲线也能直观地反映工程项目的实际进展情况。项目进度控制工程师事先绘制进度计划的 S 形曲线。在项目施工过程中，每隔一定时间按项目实际进度情况绘制完工进度的 S 形曲线，并与原计划的 S 形曲线进行比较，如图 13-1 所示。

（三）“香蕉”曲线比较法

“香蕉”曲线是由两条以同一开始时间、同一结束时间的 S 形曲线组合而成的。其中，一条 S 形曲线是工作按最早开始时间安排进度所绘制的 S 形曲线，简称 ES 曲线；而另一条 S 形曲线是工作按最迟开始时间安排进度所绘制的 S 形曲线，简称 LS 曲线。除项目的开始和结束点外，ES 曲线在 LS 曲线的上方，同一时刻两条曲线所对应完成的工作量是不同的。在项目实施过程中，理想的状况是任一时刻的实际进度在这两条曲线所包区域

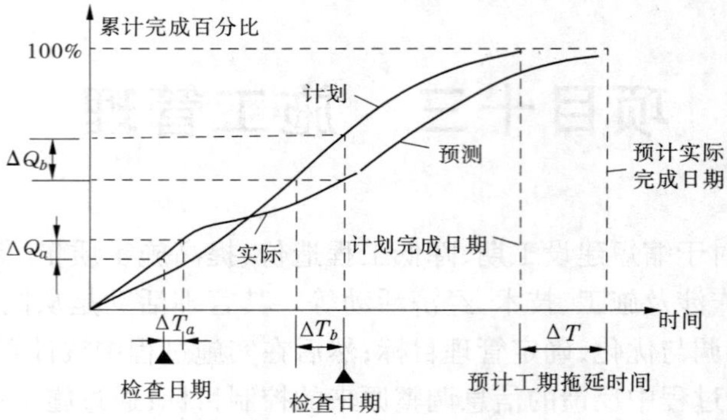

图 13-1　S 形曲线比较图

内的 R 曲线，如图 13-2 所示。

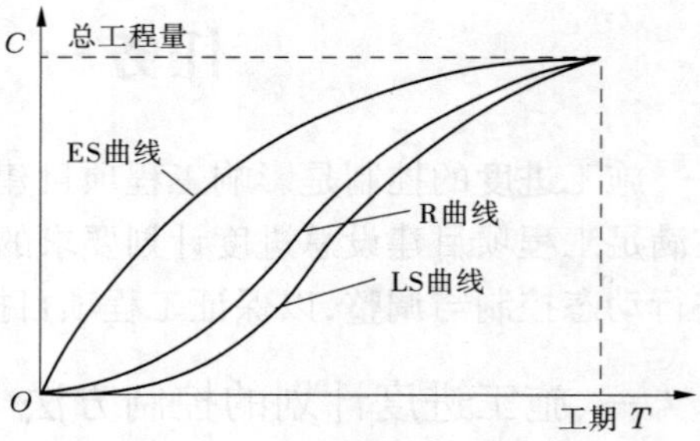

图 13-2　“香蕉”曲线图

二、进度计划实施中的调整方法

（一）分析偏差对后继工作及工期影响

当进度计划出现偏差时，需要分析偏差对后继工作产生的影响。分析的方法主要是利用网络计划中工作的总时差和自由时差来判断。工作的总时差（*TF*）不影响项目工期，但影响后继工作的最早开始时间，是工作拥有的最大机动时间；而工作的自由时差是指在不影响后继工作的最早开始时间的条件下，工作拥有的最大机动时间。利用时差分析进度计划出现的偏差，可以了解进度偏差对进度计划的局部影响（后继工作）和对进度计划的总体影响（工期）。进度偏差对后继工作和工期影响分析过程见图 13-3。

（二）进度计划实施中的调整方法

进度调整的方法主要有以下两种。

1. 改变工作之间的逻辑关系

这种方式主要是通过改变关键线路上工作之间的先后顺序、逻辑关系来实现缩短工期的目的。采取这种方式进行调整时，由于增加了工作之间的相互搭接时间，进度控制工作显得更加重要，实施中必须做好协调工作。

2. 改变工作延续时间

这种方式与第一种方式不同，它主要是对关键线路上工作本身的调整，工作之间的逻辑关系并不发生变化。这种调整方式通常在网络计划图上直接进行，其调整方法与限制条件以及对后继工作的影响程度有关，一般可考虑以下两种情况。

（1）在网络图中，某项工作进度拖延，但拖延的时间在该工作的总时差范围内、自由时差以外。若用 Δ 表示此项工作拖延的时间，即

$$F^F < \Delta < F^T$$

根据前面的分析，这种情况不会对工期产生影响，只对后继工作产生影响。因此，在

进行调整前，要确定后继工作允许拖延的时间限制，并作为进度调整的限制条件。

(2)在网络图中，某项工作进度的拖延时间大于项目工作的总时差，即

$$\Delta > F^T$$

这时该项工作可能在关键线路上($F^T=0$)；也可能在非关键线路上，但拖延的时间超过了总时差($\Delta > F^T$)。调整的方法是，以工期的限制时间作为规定工期，对未实施的网络计划进行工期－费用优化。通过压缩网络图中某些工作的持续时间，使总工期满足规定工期的要求。

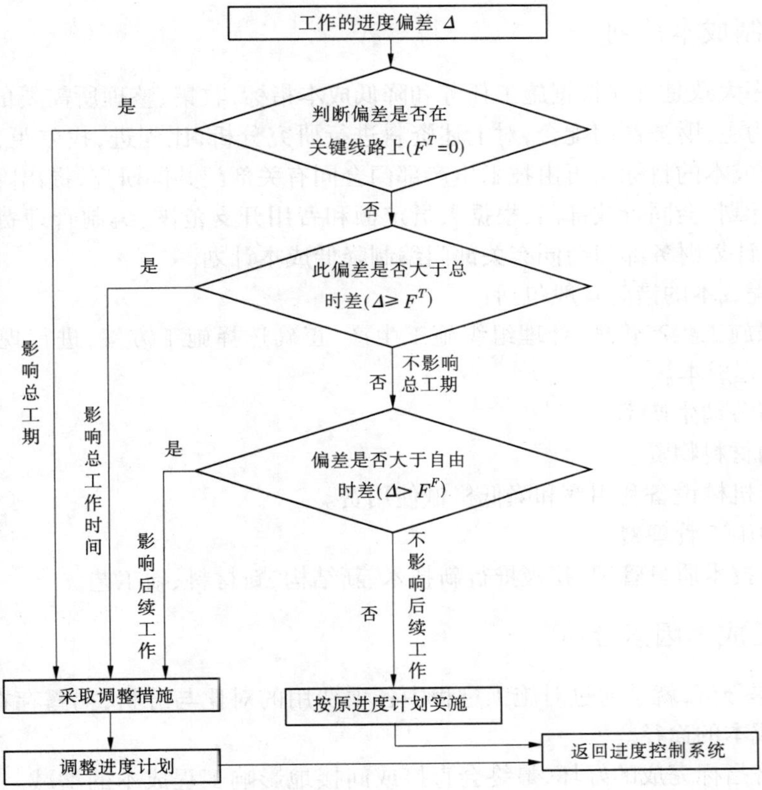

图 13-3　进度偏差对后继工作和工期影响分析过程

(3)在网络计划中工作进度超前。在计划阶段所确定的工期目标，往往是综合考虑各方面因素优选的合理工期。

任务二　施工成本控制

施工成本控制是施工生产过程中以降低工程成本为目标，对成本的形成所进行的预测、计划、控制、核算、分析等一系列管理工作的总称。

施工成本是施工过程工作质量的综合性指标，反映着企业生产经营管理活动各个方面的工作成果。

一、施工成本控制的基础工作

(1)定额工作。

(2)计量检验工作。

(3)原始记录工作。

(4)内部价格工作。

(5)编制施工预算。

二、编制成本计划

编制程序大致是首先根据施工任务和降低成本指标,收集、整理所需要的资料。然后以计划部门为主,财务部门配合,对上述资料进行研究分析,比先进,找差距,挖掘企业潜力,提出降低成本的目标。再由技术生产部门会同有关部门共同研究,提出降低成本的技术组织措施计划,会同行政部门,根据人员定额和费用开支范围,编制管理费用计划。在此基础上,由计划财务部门会同有关部门编制降低成本计划。

降低工程成本的措施一般包括:

(1)加强施工生产管理,合理组织施工生产,正确选择施工方案,进行现场施工成本控制,降低工程成本。

(2)提高劳动生产率。

(3)节约材料物资。

(4)提高机械设备利用率和降低机械使用费。

(5)节约施工管理费。

(6)加强技术质量管理,积极推行新技术、新结构、新材料、新工艺。

三、施工成本因素分析

工程成本分析,就是通过对施工过程中各项费用的对比与分析,揭露存在的问题,寻找降低工程成本的途径。

技术经济指标完成的好坏,最终会直接或间接地影响工程成本的增减。下面就主要工程技术经济指标变动对工程成本的影响作简要分析。

(一)产量变动对工程成本的影响

工程成本一般可分为变动成本和固定成本两部分。由于固定成本不随产量变化,因此随着产量的提高,各单位工程所分摊的固定成本将相应减少,单位工程成本也就会随产量的增加而有所减少,即

$$D_Q = R_Q C \tag{13-1}$$

式中 D_Q——因产量变动而使工程成本降低的数额,简称成本降低额;

C——原工程总成本;

R_D——成本降低率,即 D_D/C。

(二)劳动生产率变动对工程成本的影响

提高劳动生产率,是增加产量、降低成本的重要途径。在分析劳动生产率的影响时,

还须考虑人工平均工资增长的影响。其计算公式为

$$R_L = (1 - \frac{1 + \Delta W}{1 + \Delta L}) W_0 \quad (13\text{-}2)$$

式中 R_L——由于劳动生产率(含工资增长)变动而使成本降低的成本降低率；

ΔW——平均工资增长率；

ΔL——劳动生产率增长率；

W_0——人工费占总成本的比重。

(三)资源、能源利用程度对工程成本的影响

影响资源、能源费用的因素主要是用量和价格两个方面。就企业角度而言，降低耗用量(当然包含损耗量)是降低成本的主要方面。其计算公式为

$$R_m = \Delta m W_m \quad (13\text{-}3)$$

式中 R_m——因降低资源、能源耗用量而引起的成本降低率；

Δm——资源、能源耗用量降低率；

W_m——资源、能源费用在工程成本中的比重。

如果用利用率表示，则有

$$R_m = (1 - \frac{m_0}{m_n}) W_m \quad (13\text{-}4)$$

式中 m_0、m_n——资源、能源原来和变动后的利用率；

其余符号意义同前。

在建筑工程中，有时要根据不同原因，在保证工程质量的前提下，采用一些替代材料，由此引起的工程成本降低额为

$$D_r = Q_0 P_0 - Q_r P_r \quad (13\text{-}5)$$

式中 D_r——替代材料引起的成本降低额；

Q_0、P_0——原拟用材料用量和单价；

Q_r、P_r——替代材料用量和单价。

(四)机械利用率变动对工程成本的影响

机械利用率变动对工程成本的影响，可直接利用式(13-1)和式(13-2)分析。

为便于随时测定，亦可用以下两式计算

$$R_T = (1 - \frac{1}{P_T}) W_d \quad (13\text{-}6)$$

$$R_r = \frac{P_r - 1}{P_T P_r} W_d \quad (13\text{-}7)$$

式中 R_T、R_r——机械作业时间和生产能力变动引起的单位成本降低率；

P_T、P_r——机械作业时间的计划完成率和生产能力计划完成率；

W_d——固定成本占总成本比重。

(五)工程质量变动对工程成本的影响

质量提高，返工减少，既能加快施工速度，促进产量增加，又能节约材料、人工、机械和其他费用消耗，从而降低工程成本。

水利水电工程虽不设废品等级，但对废品存在返工、修补、加固等要求。一般用返工损失金额来综合反映工程成本的变化。其计算式为

$$R_d = C_d/B \tag{13-8}$$

式中 R_d——返工损失率，即返工对工程成本的影响程度(‰)；

C_d——返工损失金额；

B——施工总产值(亦可用工程总成本)。

(六)技术措施变动对工程成本的影响

在施工过程中，施工企业应尽力发挥潜力，采取先进的技术措施，这不仅是企业发展的需要，也是降低工程成本最有效的手段。其对工程成本的影响程度为

$$R_s = \frac{Q_s S}{C} W_s \tag{13-9}$$

式中 R_s——采取技术措施引起的成本降低率；

Q_s——措施涉及的工程量；

S——采取措施后单位工程量节约额；

W_s——措施涉及工程原成本占总成本的比重；

C——工程总成本。

(七)施工管理费变动对工程成本的影响

施工管理费在工程成本中占有较大的比重，如能注意精简机构，提高管理工作质量和效率，节省开支，对降低工程成本也具有很大的作用。其成本降低率为

$$R_g = W_g \Delta G \tag{13-10}$$

式中 R_g——节约管理费引起的成本降低率；

ΔG——管理费节约百分率；

W_g——管理费占工程成本的比重。

四、工程成本综合分析

工程成本综合分析，就是从总体上对企业成本计划执行的情况进行较为全面概略的分析。

在经济活动分析中，一般把工程成本分为三种：预算成本、计划成本和实际成本。

预算成本一般为施工图预算所确定的工程成本，在实行招标承包工程中，一般为工程承包合同价款减去法定利润后的成本，因此又称为承包成本。

计划成本是在预算成本的基础上，根据成本降低目标，结合本企业的技术组织措施计划和施工条件等所确定的成本。它是企业降低生产消耗费用的奋斗目标，也是企业成本控制的基础。

实际成本是指企业在完成建筑安装工程施工中实际发生费用的总和，是反映企业经济活动效果的综合性指标。

计划成本与预算成本之差即为成本计划降低额，实际成本与预算成本之差即为成本实际降低额。将成本实际降低额与成本计划降低额比较，可以考察企业降低成本的执行情况。

工程成本的综合分析,一般可分以下三种情况:

(1)实际成本与计划成本进行比较,以检查完成降低成本计划情况和各成本项目降低和超支情况。

(2)对企业间各单位之间进行比较,从而找出差距。

(3)本期与前期进行比较,以便分析成本管理的发展情况。

在进行成本分析时,既要看成本降低额,又要看成本降低率。成本降低率是相对数,便于进行比较,看出成本降低水平。

五、施工成本偏差分析方法

(一)横道图法

用横道图法进行施工成本偏差分析,是用不同的横道标识已完工程计划施工成本、拟完工程计划施工成本和已完工程实际施工成本,横道的长度与其金额成正比例。

横道图法的优点是形象、直观、一目了然。一般用于项目的决策分析层次。

(二)表格法

表格法是进行偏差分析最常用的一种方法,它具有灵活、适用性强、信息量大、便于计算机辅助施工成本控制等特点。

六、施工成本控制的方法

施工成本控制的目的是确保施工成本目标的实现,合理地确定施工项目成本控制目标值,包括项目的总目标值、分目标值、各细目标值。在确定施工成本控制目标时,应有科学的依据。

工程项目的施工成本控制目标,又要允许对脱离实际的既定施工成本控制目标进行必要的调整,调整并不意味着可以随意改变项目施工成本控制的目标值,而必须按照有关的规定和程序进行。

任务三 施工质量控制

施工质量控制是施工管理的中心内容之一。施工技术组织措施的实施与改进、施工规程的制定与贯彻、施工过程的安排与控制,都是以保证工程质量为主要前提,也是最终形成工程产品质量和工程项目使用价值的保证。

一、施工质量控制的任务

施工质量控制的中心任务是要通过建立健全有效的质量监督工作体系来确保工程质量达到合同规定的标准和等级要求。根据工程质量形成的时间阶段,施工质量控制又可分为质量的事前控制、事中控制和事后控制。其中,工作的重点应是质量的事前控制。

(一)质量的事前控制

(1)确定质量标准,明确质量要求。

(2)建立本项目的质量监理控制体系。

(3)施工场地质检验收。

(4)建立完善质量保证体系。

(5)检查工程使用的原材料、半成品。

(6)施工机械的质量控制。

(7)审查施工组织设计或施工方案。

(二)质量的事中控制

(1)施工工艺过程质量控制:现场检查、旁站、量测、试验。

(2)工序交接检查:坚持上道工序不经检查验收不准进行下道工序的原则,检验合格后签署认可才能进行下道工序。

(3)隐蔽工程检查验收。

(4)做好设计变更及技术核定的处理工作。

(5)工程质量事故处理:分析质量事故的原因、责任,审核、批准处理工程质量事故的技术措施或方案,检查处理措施的效果。

(6)进行质量、技术鉴定。

(7)建立质量监理日志。

(8)组织现场质量协调会。

(三)质量的事后控制

(1)组织试车运转。

(2)组织单位、单项工程竣工验收。

(3)组织对工程项目进行质量评定。

(4)审核竣工图及其他技术文件资料,搞好工程竣工验收。

(5)整理工程技术文件资料并编目建档。

二、质量控制的基本方法

(一)施工质量控制的工作程序

工程项目施工过程中,为了保证工程施工质量,应对工程建设对象的施工生产进行全过程及全面的质量监督、检查与控制,即包括事前的各项施工准备工作质量控制、施工过程中的控制,以及各单项工程和整个工程项目完成后,对建筑施工及安装产品质量的事后控制。

(二)施工质量控制的途径

在施工过程中,质量控制主要是通过审核有关文件、报表,以及进行现场检查和试验这两条途径来实现的。

1.审核有关技术文件、报告或报表

(1)审查进入施工单位的资质证明文件。

(2)审查开工申请书,检查、核实与控制其施工准备工作质量。

(3)审查施工方案、施工组织设计或施工计划,保证工程施工质量的技术组织措施。

(4)审查有关材料、半成品和构配件质量证明文件(出厂合格证、质量检验或试验报告等),确保工程质量有可靠的物质基础。

(5)审核反映工序施工质量的动态统计资料或管理图表。

(6)审核有关工序产品质量的证明文件(检验记录及试验报告)、工序交接检查(自检)、隐蔽工程检查、分部分项工程质量检查报告等文件与资料,以确保和控制施工过程的质量。

(7)审查有关设计变更、修改设计图纸等,确保设计及施工图纸的质量。

(8)审核有关应用新技术、新工艺、新材料、新结构等的应用申请报告后,确保新技术应用的质量。

(9)审查有关工程质量缺陷或质量事故的处理报告,确保质量缺陷或事故处理的质量。

(10)审查现场有关质量技术签证、文件等。

2. 质量监督与检查

现场监督检查的内容有:

(1)开工前的检查。主要是检查开工前准备工作的质量,能否保证正常施工及工程施工质量。

(2)工序施工中的跟踪监督、检查与控制。主要是监督、检查在工序施工过程中,人员、施工机械设备、材料、施工方法和工艺或操作以及施工环境条件等是否均处于良好的状态,是否符合保证工程质量的要求,若发现问题应及时纠偏和加以控制。

(3)对于重要的和对工程质量有重大影响的工序,还应在现场进行施工过程的旁站监督与控制,确保使用材料及工艺过程质量。

(4)工序的检查、工序交接检查及隐蔽工程检查。在施工单位自检与互检的基础上,隐蔽工程须经监理人员检查确认其质量后,才允许加以覆盖。

(5)复工前的检查。当工程因质量问题或其他原因停工后,在复工前应经检查认可后,下达复工指令,方可复工。

(6)分项、分部工程完成后,应检查认可后,签署中间交工证书。

3. 现场质量检验工作的作用

要保证和提高工程施工质量,质量检验与控制是施工单位保证施工质量的十分重要的、必不可少的手段。质量检验的主要作用如下:

(1)它是质量保证与质量控制的重要手段。

(2)质量检验为质量分析与质量控制提供了所需依据的有关技术数据和信息。

(3)保证质量合格的材料与物资,避免因材料、物资的质量问题而导致工程质量事故的发生。

(4)在施工过程中,可以及时判断质量,采取措施,防止质量问题的延续与积累。

(5)在某些工序施工过程中,通过旁站监督,在施工过程中采取某些检验手段及所显示的数据,可以判断其施工质量。

4. 现场质量控制的方法

施工现场质量控制的有效方法就是采用全面质量管理。

全面质量管理的基本方法,可以概括为四个阶段、八个步骤和七种工具。

1）四个阶段

质量管理过程可分成四个阶段，即计划、执行、检查和措施，简称 PDCA 循环。

PDCA 循环的特点有三个：

（1）各级质量管理都有一个 PDCA 循环，形成一个大环套小环、一环扣一环，互相制约、互为补充的有机整体，如图 13-4 所示。在 PDCA 循环中，一般说，上一级的循环是下一级循环的依据，下一级的循环是上一级循环的落实和具体化。

（2）每个 PDCA 循环，都不是在原地周而复始运转，而是像爬楼梯那样，每一循环都有新的目标和内容，这意味着质量管理，经过一次循环，解决了一批问题，质量水平有了新的提高，如图 13-4 所示。

（3）在 PDCA 循环中，A 是一个循环的关键，这是因为在一个循环中，从质量目标计划的制订，质量目标的实施和检查，到找出差距和原因。

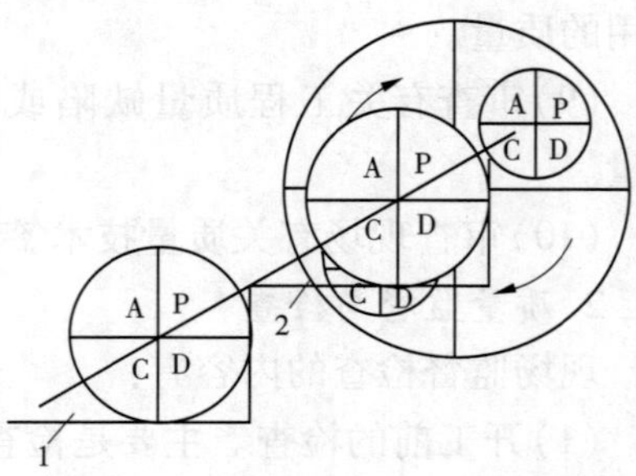

1—原有水平；2—新的水平

图 13-4 PDCA 循环上升示意图

2）八个步骤

为了保证 PDCA 循环有效地运转，有必要把循环的工作进一步具体化，一般细分为以下八个步骤：

（1）分析现状，找出存在的质量问题。

（2）分析产生质量问题的原因或影响因素。

（3）找出影响质量的主要因素。

（4）针对影响质量的主要因素，制订措施，提出行动计划，并预计改进的效果。

以上四个步骤是“计划”阶段的具体化。

（5）质量目标措施或计划的实施，这是“执行”阶段。

在执行阶段，应该按上一步所确定的行动计划组织实施，并给以人力、物力、财力等保证。

（6）调查采取改进措施以后的效果，这是“检查”阶段。

（7）总结经验，把成功和失败的原因系统化、条例化，使之形成标准或制度，纳入到有关质量管理的规定中去。

（8）提出尚未解决的问题，转入到下一个循环。

最后两个步骤属于“措施”阶段。

3）七种工具

在以上八个步骤中，需要调查、分析大量的数据和资料，才能作出科学的分析和判断。

常用的七种工具是：排列图、直方图、因果分析图、分层法、控制图、散布图、统计分析表等。

5. 施工质量监督控制手段

施工质量监督控制，一般可采用以下几种手段：

（1）旁站监督。

（2）测量。

(3)试验。

(4)指令文件。

(5)规定的质量监控程序。

三、质量事故的原因分析

(一)常见的工程质量事故发生的原因

常见的工程质量事故发生的原因归纳起来主要有以下几方面:

(1)违背基本建设规律。基本建设程序是工程项目建设过程及其客观规律的反映,但有些工程不按基建程序办事。

(2)地质勘察原因。诸如未认真进行地质勘察或勘探时钻孔深度、间距、范围不符合规定要求,地质勘察报告不详细、不准确、不能全面反映实际的地基情况等,从而使得地下情况不清,或对基岩起伏分布误判等,它们均会导致采用不恰当或错误的基础方案,造成地基不均匀沉降、失稳,使上部结构或墙体开裂、破坏,或引发建筑物倾斜、倒塌等质量事故。

(3)对不均匀地基处理不当。对软弱土、杂填土、冲填土、大孔性土或湿陷性黄土、膨胀土、红黏土、岩溶、土洞、岩层出露等不均匀地基未进行处理或处理不当也是导致重大事故的原因。必须根据不同地基的特点,从地基处理、结构措施、防水措施、施工措施等方面综合考虑,加以治理。

(4)设计计算问题。诸如盲目套用图纸,采用不正确的结构方案,计算简图与实际受力情况不符,荷载取值过小,内力分析有误,沉降缝或变形缝设置不当,悬挑结构未进行抗倾覆验算,以及计算错误等,都是引发质量事故的隐患。

(5)建筑材料及制品不合格。

(6)施工与管理问题。

(7)自然条件影响。空气温度、湿度、暴雨、风、浪、洪水、雷电、日晒等均可能成为质量事故的诱因,施工中应特别注意并采取有效的措施预防。

(二)质量事故原因分析

由于影响工程质量的因素众多,所以引起质量事故的原因也错综复杂,应对事故的特征表现,以及事故条件进行具体分析。

工程质量事故原因分析可概括为如下的方法和步骤:

(1)对事故情况进行细致的现场调查研究,充分了解与掌握质量事故或缺陷的现象和特征。

(2)收集资料(如施工记录等),调查研究,摸清质量事故对象在整个施工过程中所处的环境及面临的各种情况。

(3)分析造成质量事故的原因。根据对质量事故的现象及特征,结合施工过程中的条件,进行综合分析、比较和判断,找出造成质量事故的主要原因。对于一些特殊、重要的工程质量事故,还可能进行专门的计算、试验验证分析,分析其原因。

四、质量事故的处理

(一)施工质量事故的处理程序

施工质量事故发生后,一般可以按以下程序进行处理,如图 13-5 所示。

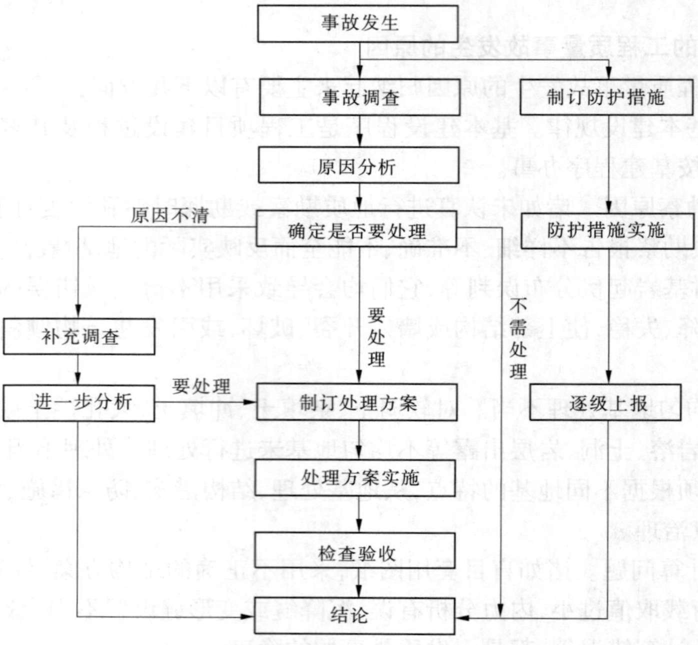

图 13-5 施工质量事故分析处理程序

(1)当出现施工质量缺陷或事故后,应停止有质量缺陷部位和其有关部位及下道工序施工,需要时,还应采取适当的防护措施。同时,要及时上报主管部门。

(2)进行质量事故调查,主要目的是要明确事故的范围、缺陷程度、性质、影响和原因,为事故的分析处理提供依据。调查力求全面、准确、客观。

(3)在事故调查的基础上进行事故原因分析,正确判断事故原因。事故原因分析是确定事故处理措施方案的基础。正确的处理来源于对事故原因的正确判断。只有对调查提供的调查资料及数据进行详细、深入的分析后,才能由表及里、去伪存真,找出造成事故的真正原因。

(4)研究制订事故处理方案。事故处理方案的制订应以事故原因分析为基础。如果某些事故一时认识不清,而且事故一时不致产生严重的恶化,可以继续进行调查、观测,以便掌握更充分的资料数据,作进一步分析,找到原因,以利制订方案。

(5)按确定的处理方案对质量缺陷进行处理。

(6)在质量缺陷处理完毕后,应组织有关人员对处理结果进行严格的检查、鉴定和验收。

(二)事故处理方案的确定

一般的质量事故处理,必须具备以下资料:

(1)与施工质量事故有关的施工图。

(2)与施工有关的资料、记录。

(3)事故调查分析报告。

(三)质量事故处理的鉴定验收

事故处理的质量检查鉴定,应严格按施工验收规范及有关标准的规定进行,必要时还应通过实际量测、试验和仪表检测等方法获取必要的数据,才能对事故的处理结果作出确切的检查结论和鉴定结论。

任务四 施工安全管理

施工安全管理是施工企业全体职工及各部门同心协力,把专业技术、生产管理、数理统计和安全教育结合起来,为达到安全生产目的而采取各种措施的管理。

一、安全管理的内容

(1)建立安全生产制度。

(2)贯彻安全技术管理。

(3)坚持安全教育和安全技术培训。

(4)组织安全检查。

(5)进行事故处理。

二、安全生产责任制

(一)安全生产责任制概念

安全生产责任制,是根据"管生产必须管安全""安全工作、人人有责"的原则,以制度的形式,明确规定各级领导和各类人员在生产活动中应负的安全职责。

(二)责任制的制定和考核

施工现场项目经理是项目安全生产第一责任人,对安全生产负全面的领导责任。

施工现场从事与安全有关的管理、执行和检查人员,特别是独立行使权力、开展工作的人员,应规定其职责、权限和相互关系,定期考核。

(三)安全生产目标管理

施工现场应实行安全生产目标管理,制订总的安全目标,如伤亡事故控制目标、安全达标、文明施工目标等。制订达标计划,将目标分解到人,责任落实,考核到人。

(四)安全技术操作规程

施工现场要建立、健全各种规章制度,除安全生产责任制,还有安全技术交底制度、安全宣传教育制度、安全检查制度、安全设施验收制度、伤亡事故报告制度等。

(五)施工现场安全管理网络

施工现场要建立以项目经理为组长、由各职能机构和分包单位负责人和安全管理人员参加的安全生产管理小组,组成自上而下覆盖各单位、各部门、各班组的安全生产管理网络。

三、安全生产检查

(一)安全检查内容

施工现场应建立各级安全检查制度,工程项目部在施工过程中应组织定期和不定期的安全检查。主要是查思想、查制度、查教育培训、查机械设备、查安全设施、查操作行为、查劳保用品的作用、查伤亡事故处理等。

(二)安全检查的要求

(1)各种安全检查都应该根据检查要求配备力量。

(2)每种安全检查都应有明确的检查目的和检查项目、内容及标准。

(3)检查记录是安全评价的依据,因此要认真、详细,特别是对隐患的记录必须具体,如隐患的部位、危险性程度及处理意见等。

(4)安全检查需要认真地、全面地进行系统分析,定性定量进行安全评价。

(5)整改是安全检查工作重要的组成部分,是检查结果的归宿。整改工作包括隐患登记、整改、复查、销案。

(三)施工安全文件编制要求

施工安全管理的有效方法按照水利水电工程施工安全管理的相关标准、法规和规章、编制安全管理体系文件。编制的要求有:

(1)安全管理目标应与企业的安全管理总目标协调一致。

(2)安全保证计划应围绕安全管理目标,将要素用矩阵图的形式,按职能部门(岗位)进行安全职能各项活动的展开和分解,依据安全生产策划的要求和结果,对各要素在本现场的实施提出具体方案。

(3)体系文件应经过自上而下、自下而上的多次反复讨论与协调,以提高编制工作的质量,并按标准规定由上报机构对安全生产责任制、安全保证计划的完整性和可行性、工程项目部满足安全生产的保证能力等进行确认,建立并保存确认记录。

(4)安全保证计划应送上级主管部门备案。

(5)配备必要的资源和人员,首先应保证适应工作需要的人力资源,适宜而充分的设施、设备,以及综合考虑成本、效益和风险的财务预算。

(6)加强信息管理、日常安全监控和组织协调。

(7)由企业按规定对施工现场安全生产保证体系运行进行内部审核,验证和确认安全生产保证体系的完整性、有效性和适合性。

为了有效、准确、及时地掌握安全管理信息,可以根据项目施工的对象、特点要求,编制安全检查表。

(四)检查和处理

(1)检查中发现隐患应该进行登记,作为整改备查依据,提供安全动态分析信息。

(2)安全检查中查出的隐患除进行登记外,还应发出隐患整改通知单。

(3)对于违章指挥、违章作业行为,检查人员可以当场指出,进行纠正。

(4)被检查单位领导对查出的隐患,应立即研究整改方案,按照“三定”(定人、定期限、定措施)原则,立即进行整改。

(5)整改完成后要及时报告有关部门。

四、安全生产教育

(一)安全教育内容

(1)新工人(包括合同工、临时工、学徒工、实习和代培人员)必须进行公司、工地和班组的三级安全教育。教育内容包括安全生产方针、政策、法规、标准及安全技术知识、设备性能、操作规程、安全制度、严禁事项及本工种的安全操作规程。

(2)电工、焊工、架工、司炉工、爆破工、机操工及起重工、打桩机和各种机动车辆司机等特殊工种工人,除进行一般安全教育外,还要经过本工种的专业安全技术教育。

(3)采用新工艺、新技术、新设备施工和调换工作岗位时,对操作人员进行新技术、新岗位的安全教育。

(二)安全教育的种类

(1)安全法制教育。

(2)安全思想教育。

(3)安全知识教育。

(4)安全技能教育。

(5)事故案例教育。

(三)特种作业人员培训

根据国家经济贸易委员会《特种作业人员安全技术培训考核管理办法》的规定,特种作业是指容易发生人员伤亡事故,对操作者本人、他人及周围设施的安全有重大危害的作业。从事这些作业的人员必须进行专门培训和考核。与建筑业有关的主要种类有:

(1)电工作业。

(2)金属焊接切割作业。

(3)起重机械(含电梯)作业。

(4)企业内机动车辆驾驶。

(5)登高架设作业。

(6)压力容器操作。

(7)爆破作业。

(四)安全生产的经常性教育

施工企业在作好新工人入场教育、特种作业人员安全生产教育和各级领导干部、安全管理干部的安全生产培训的同时,还必须把经常性的安全教育贯穿于管理工作的全过程,并根据接受教育对象的不同特点,采取多层次、多渠道和多种方法进行。

(五)班前安全活动

班组长在班前进行上岗交底、上岗教育,作好上岗记录。

(1)上岗交底。对当天的作业环境、气候情况、主要工作内容和各个环节的操作安全要求以及特殊工种的配合等进行交流。

(2)上岗检查。查上岗人员的劳动防护情况,每个岗位周围作业环境是否安全无患,机械设备的安全保险装置是否完好有效,以及各类安全技术措施的落实情况等。

任务五　工程招标投标与合同管理

一、施工招标

施工招标过程如图 13-6 所示,大致经历招标准备、招标和开标决标三个阶段。

招标投标是确定工程建设承发包关系的一种方式,必须遵循《中华人民共和国招标投标法》。下面就其中几个主要问题作一些说明。

(一)招标文件

招标文件是发包单位为了选择承包单位对标的所作的说明,是承发包双方建立合同协议的基础。

其主要内容有:

(1)工程综合说明。

(2)工程设计和技术说明。

(3)工程量清单和单价表。

(4)材料供应方式。

(5)工程价款支付方式。

(6)投标须知。

(7)合同主要条件。

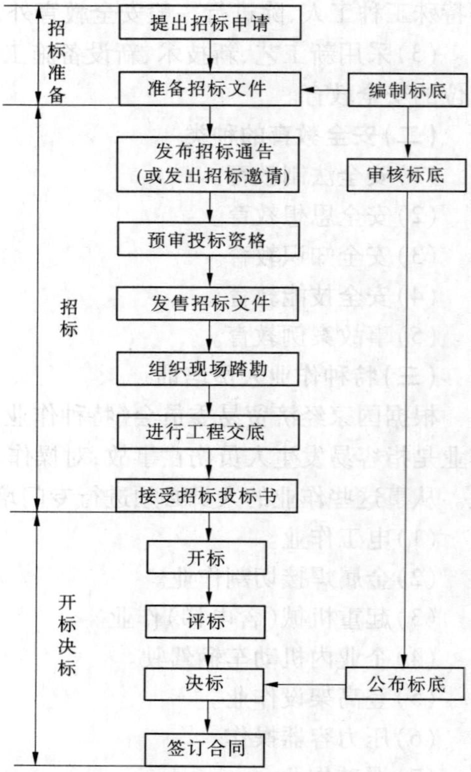

图 13-6　招标过程

(二)标底

标底是招标工程的预期价格,它是上级主管部门核实建设规模,建设单位预计工程造价和衡量投标单位标价的依据。

(三)招标

招标申请经主管部门批准,招标文件准备好以后,就可以开始招标。

招标阶段要进行的工作有:发布招标消息;接受投标单位的投标申请;对投标单位进行资格预审;发售招标文件,组织现场踏勘、工程交底和答疑;接受投标单位递送的标书等。

(四)开标

开标由招标单位主持,邀请投标单位、当地公证机关和有关部门代表参加。

经公证人确认标书密封完好,封套书写符合规定,当众由工作人员一一拆封,宣读标书要点,如标价、工期、质量保证、安全措施等,逐项登记,造表成册,经读标人、登记人、公证人签名,作为开标正式记录,由招标单位保存。

(五)评标决标

开标以后,首先从投标手续、投标资格等方面排除无效标书,并经公证人员确认,然后由评标小组就标价、工期、质量保证、技术方案、信誉、财务保证等方面进行审查评议,确定中标人。

二、施工投标

施工单位在决定参加投标以后,为了在竞争的投标环境中取得较好的结果,必须认真做好各项投标工作,主要有:建立或组成投标工作机构;按要求办理投标资格审查;取得招标文件;仔细研究招标文件;弄清投标环境,制定投标策略;编制投标文件;按时报送投标文件;参加开标、决标过程中的有关活动。现就几个主要问题加以说明。

(一)投标工作机构

为了适应招标投标工作的需要,施工企业应设立投标工作机构,其成员应由企业领导以及熟悉招标投标业务的技术、计划、合同、预算和供应等方面的专业人员组成。

投标工作班子的成员不宜过多,最终决策的核心人员,宜限制在企业经理、总工程师和合同预算部门负责人范围之内,以利投标报价的保密。

(二)研究招标文件

仔细研究招标文件,弄清其内容和要求,以便全面部署投标工作。

(三)弄清投标环境

投标环境主要是指投标工程的自然、经济、社会条件以及投标合作伙伴、竞争对手和谈判对手的状况。弄清这些情况,对于正确估计工程成本和利润,权衡投标风险,制定投标策略,都有重要作用。

(四)制定投标策略

施工企业为了在竞争的投标活动中取得满意的结果,必须在弄清内外环境的基础上,制定相应的投标策略,借以指导投标过程中的重要活动。

(五)编制投标文件

投标文件的主要内容应包括施工组织设计纲要、工程报价计算、投标文件说明和附表等部分。

三、施工合同

(一)施工合同的概念

施工合同即建筑安装工程承包合同,是建设单位(发包方)和施工单位(承包方)为完成商定的建筑安装工程,明确相互权利、义务关系的合同。

(二)施工合同的特点

(1)合同标的特殊性。

(2)合同履行期限的长期性。

(3)合同内容的多样性和复杂性。

(4)合同管理的严格性。

(三)施工合同的作用

(1)明确建设单位和施工企业在施工中的权利与义务。

(2)有利于对工程施工的管理。

(3)有利于建筑市场的培育和发展。

(四)订立施工合同应遵守的原则

(1)遵守国家法律、法规和计划的原则。

(2)平等互利、协商一致的原则。

(五)订立施工合同的程序

施工合同作为经济合同的一种,其订立也应经过要约和承诺两个阶段。如果没有特殊的情况,工程建设的施工都应通过招标投标确定施工企业。

四、施工合同的履行和管理

(一)施工合同的履行

施工合同的履行,是指合同当事人根据合同规定的各项条款,实现各自权利、履行各自义务的行为。施工合同一旦生效,对双方当事人均有法律约束力,双方当事人应当严格履行。

施工合同的工程竣工、验收和竣工结算是合同履行的三个基本环节。

(二)施工合同的管理

施工合同的管理,是指各级工商行政管理机关、建设行政主管机关和金融机构,以及工程发包单位、社会监理单位、承包企业依照法律和行政法规及规章制度,采取法律的、行政的手段,对施工合同关系进行组织、指导、协调及监督,保护施工合同当事人的合法权益,处理施工合同纠纷,防止和制裁违法行为,保证施工合同法规的贯彻实施等一系列活动。

(1)施工合同的签订管理。

(2)施工合同的履行管理。在合同履行过程中,为确保合同各项指标的顺利实现,承包方需建立一套完整的施工合同管理制度。主要有:①检查制度;②奖惩制度;③统计考核制度。

(3)施工合同的档案与信息管理。

五、施工索赔管理

(一)施工索赔的概念

索赔是当事人在合同实施过程中,根据法律、合同规定及惯例,对并非由于自己的过错,而应由对方承担责任的情况所造成的损失,向对方提出给予补偿或赔偿的权利要求。

(二)索赔与变更的关系

索赔与变更是既有联系也有区别的两个概念。

1. 索赔与变更的相同点

对索赔和变更的处理往往都是由于施工企业完成了工程量表中没有约定的工作,或者在施工过程中发生了意外事件,需要施工单位额外处理时,由建设单位或者监理工程师按照合同的有关规定给予施工企业一定的费用补偿或者批准展延工期。

2. 索赔与变更的区别

变更是建设单位或者监理工程师提出变更要求(指令)后,主动与施工企业协商确定一个补偿额付给施工企业;而索赔则是施工企业根据法律和合同的规定,对他认为有权得到的权益,主动向建设单位提出的要求。

(三)施工索赔的起因

索赔起因很多,但归结起来主要是:

(1)建设单位违约。

(2)甲方代表(监理工程师)指令或处置不当。

(3)合同文件的缺陷。

(4)合同变更。

(5)不可抗力事件。

(四)施工索赔的程序

(1)有正当的索赔理由。

(2)发出索赔通知。

(3)索赔的批准。

参考文献

[1] 刘祥柱. 水利水电工程施工[M]. 郑州:黄河水利出版社,2011.

[2] 刘振飞. 水利水电工程设计与施工新技术全书(第三卷)[M]. 北京:海潮出版社,2002.

[3] 中华人民共和国水利部. 水工预应力锚固施工规范:SL 46—94[S]. 北京:水利电力出版社,1994.

[4] 中国水利水电科学研究院. 碾压式土石坝施工规范:DL/T 5129—2013[S]. 北京:中国电力出版社,2013.

[5] 中华人民共和国水利部. 混凝土面板堆石坝施工规范:SL 49—2015[S]. 北京:中国水利水电出版社,2015.

[6] 中华人民共和国水利部. 水利水电工程混凝土防渗墙施工技术规范:SL 174—2014[S]. 北京:中国水利水电出版社,2015.

[7] 中华人民共和国水利部. 水工混凝土施工规范:SL 677—2014[S]. 北京:中国水利水电出版社,2015.

[8] 中华人民共和国水利部. 水工建筑物水泥灌浆施工技术规范:SL 62—2014[S]. 北京:中国水利水电出版社,2015.

[9] 中华人民共和国水利部. 水工建筑物滑动模板施工技术规范:SL 32—2014[S]. 北京:中国水利水电出版社,2015.

[10] 中华人民共和国国家能源局. 水工混凝土钢筋施工规范:DL/T 5169—2013[S]. 北京:中国电力出版社,2013.

[11] 中华人民共和国国家能源局. 水工建筑物地下工程开挖施工技术规范:DL/T 5099—2011[S]. 北京:中国电力出版社,2011.

[12] 袁光裕. 水利工程施工[M]. 5 版. 北京:中国水利水电出版社,2009.

[13] 司兆乐,等. 水利水电枢纽施工技术[M]. 北京:中国水利水电出版社,2001.

[14] 刘津明,韩明. 土木工程施工[M]. 天津:天津大学出版社,2001.

[15] 魏璇. 水利水电施工组织设计指南[M]. 北京:中国水利水电出版社,2001.